U0051813

Enjoy patchwork　Patchwork Pattern Book 1050

拼布職人必藏聖典！

拼接圖案1050 BEST選

傳統圖案 ・ 設計圖案 ・ 製圖技法 ・ 拼接技巧

ALL IN ONE !

Friend ship Album Quilt 1851-1852年　279×243cm　IQSC Object Number:1997.007.0666

Introduction
簡介

本書是為了拼布愛好者們所編寫的圖案集。以「能實際製作」為基礎，站在製作者的立場編輯。不僅介紹1050款圖樣，也提供了基本製圖、縫製方法、設計展開實例與古董作品照片……，期望為拼布愛好者盡一份心力。

一起設計自已想作的圖案，發揮個人創意，用心地來完成作品吧！

How to Use
使用方法

本書整理了1050種的傳統圖案與創作圖案，依照各自的變化、形狀、格子……歸納出幾種類別，也附註了製圖與縫製方法、表現特徵的圖示及格子記號。基本製圖與縫製方法（P.3至P.5）、重點筆記、圖案與古董作品照片（P.7至P.137各處）、設計創意（P.138至P.140）……等拼布製作重點，亦可使用本書書末的索引找到想使用的圖案。

分類

依不同種類來分類圖案，以想作的圖案來尋找吧！

圖案變化　01 **重覆**　02 **旋轉**　03 **放射狀**　04 **方向性**

形式表現　05 **具體圖形**　06 **多角形**　07 **圓形**

特性表現　08 **局部共用**

其他　09 **小木屋**　10 **邊框**

圖案

本書收錄的圖案名以英文標記。若一個圖案有多個名字，則選擇最普遍使用的。根據圖案不同，也會列出複數的標記。圖案名的選擇參考Maggie Malone著的《5500 Quilt Block Designs》一書。

所有的圖案以顏色介紹。依配色或縫線不同，感覺也會隨之改變，即使是相同的分割方式也會分成不同的圖案介紹。

圖示

各圖案的右上方標示出圖案的格子、縫製方法、特徵……可於書末的索引查詢，以目標的圖案來查找較為簡單。

格子　❷ **2格**　❸ **3格**　❹ **4格**　❺ **5格**　❻ **6格**　Ⓕ **任意分割**　**使用根號分割**

8格、9格等被分類為4格、3格。另外格子的細部說明、不易說明的部份會加入輔助線（……）來表示。

縫製方法　**嵌入式**　**連續式**

表示特殊的縫製方法，縫製方法請見P.5。

機縫　**機縫拼接**　**翻車拼接**

表示適合機縫拼接、翻車拼接的圖案，請見P.5。

效果　**萬花筒**　**3D（立體感）**　**明暗對比**

並排複數個圖案所呈現的特別效果，請見P.138。

圖示（基本製圖請見P.3、P.4）

標註了實際製圖的數字、記號、補助線……等。

①
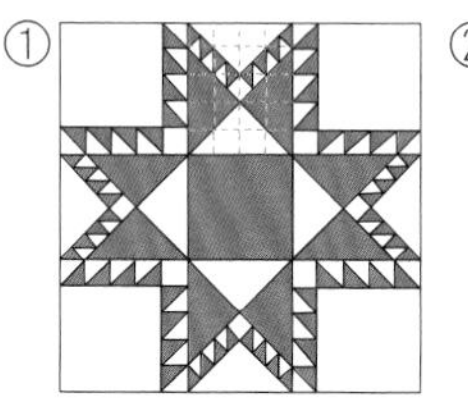
②
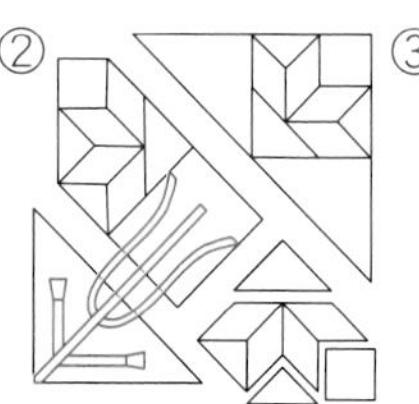
③
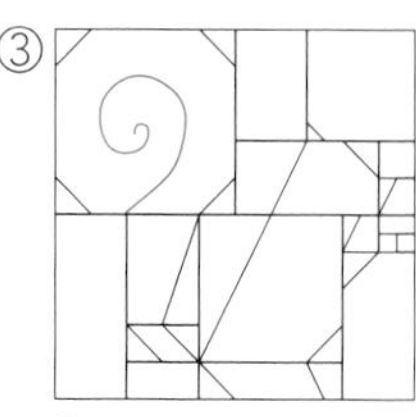
④
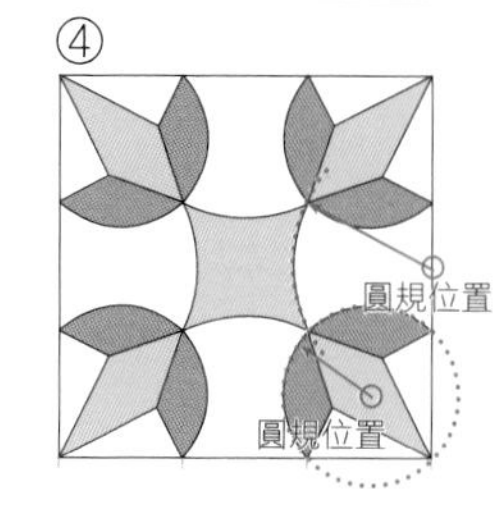

① 複雜的格子以 -------- 標示。
② 貼布縫以 ——— 描繪。
③ 刺繡以 ——— 描繪。
④ 複雜的製圖註記了分割的比例、圓規的位置……等。

拼接（縫製方法說明請見P.5）

標示出容易拼接布片的縫製方法與順序。
①容易縫製的順序以空隙的大小來標示。
②嵌入式與連續式等特殊縫法以圖示來標示，縫製方法的說明請見P.5。

古董作品&圖案的照片

刊載古董作品與實際圖案的照片，作為作品製作的範例與重點提示。透過實際使用的布料能夠帶給讀者更真實的感受，古董作品是取自International Quilt Study Center & Museum的收藏作品。

以note補充說明圖案名的由來、製圖與設計展開的重點……可以作為小知識、製作的創意活用。

＊International Quilt Study Center & Museum　http://www.quiltstudy.org/

Drafting 基礎製圖

來熟練製圖的基本功吧！畫線、製作角度、分割線與角度。以直線量尺、三角板、圓規互相組合完成製圖，依情況不同，會使用分度器等工具來輔助描繪。

1. 直角(90°)

組合兩片三角板，畫出縱向與橫向的線條。

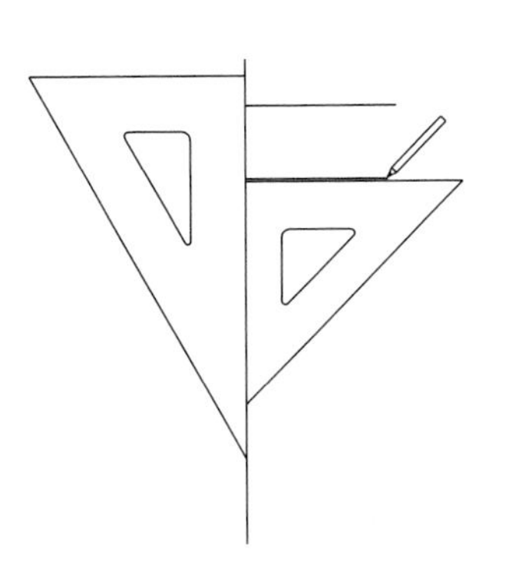

2. 平行線

將三角板靠著另一個三角板畫出直角，往下移動後，再畫出另一條線。

3. 分割

分割直線需使用量尺與圓規。在此舉幾個簡單分割的例子：

●圖案的格子不易均分時

如圖所示，於量尺上取出想要分割的數量，以容易劃分的刻度取出平行線。（在此分為五等分）

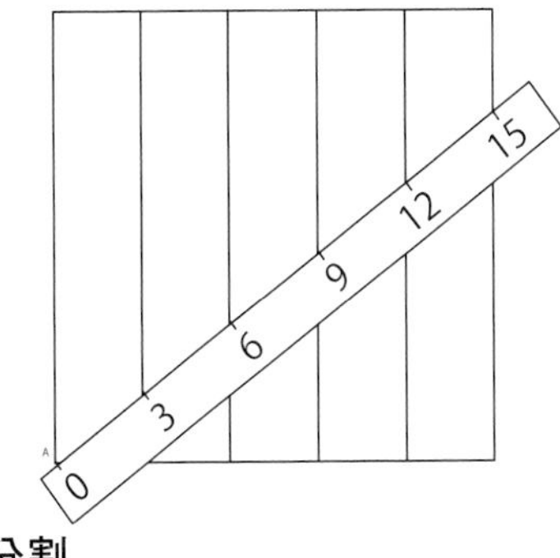

●角度的等分分割

將A與B當作各自的起點，使用圓規以等距離畫出任意的線，連接交點及角度的中心點。

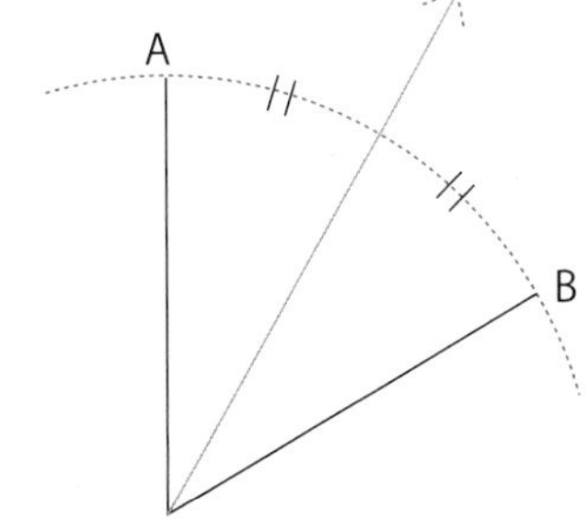

4. 正方形・長方形・平行四邊形

運用方法1、方法2的直角與平行線的畫法製圖。

5. 等腰直角三角形

畫出正方形，以對角線均分。

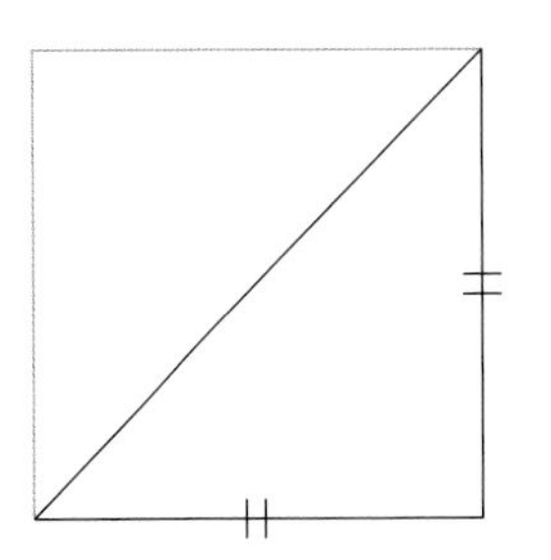

6. 正三角形

AB為半徑，各自為起點畫出弧形，交點為C，連接A、B、C。

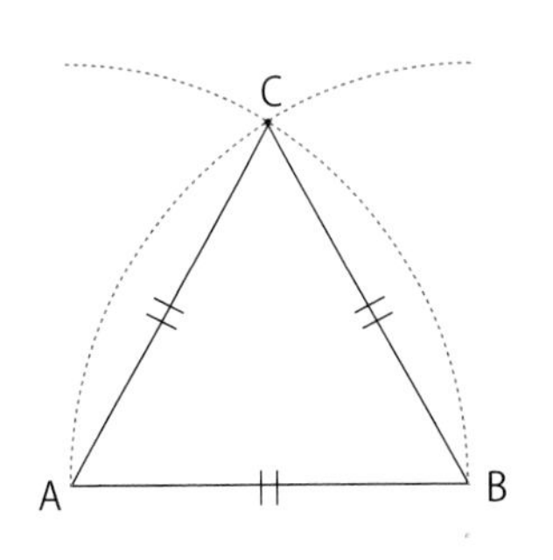

7. 平行四邊形

45°

於正方形的對角線上，取一邊相同長度畫出C，各自以B、C為起點，取一邊相同半徑畫出弧形，交點為D，連接A、B、C、D。

60°

以AB為半徑，各自從A、B為起點，畫出弧形，交點為C、D，連接A、B、C、D。

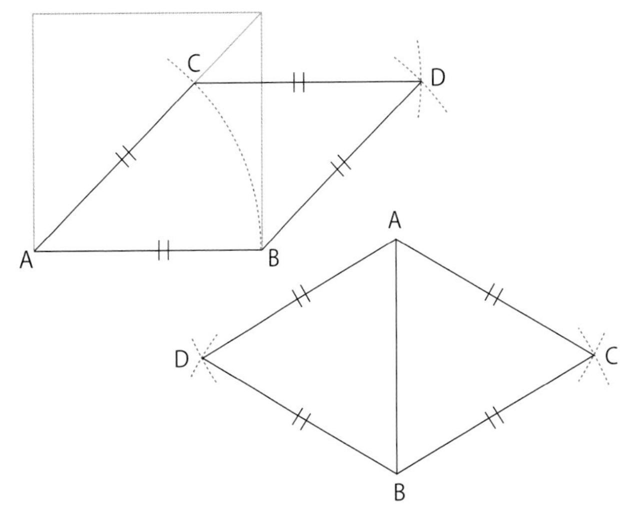

8. 正五角形

決定一邊長度時：

①以AB為一邊，從中間點X畫出垂直線。

②於此線上畫出與邊AB長度相同的點Y。

③連接B與Y，在此延長線上取出AX畫出Z。

④以BZ為半徑，B為起點畫出弧形，與從X延伸的垂直線的交點畫出D。

⑤以A、B、D為起點，AB為半徑畫出弧形取出CE，連接A、B、C、D、E。

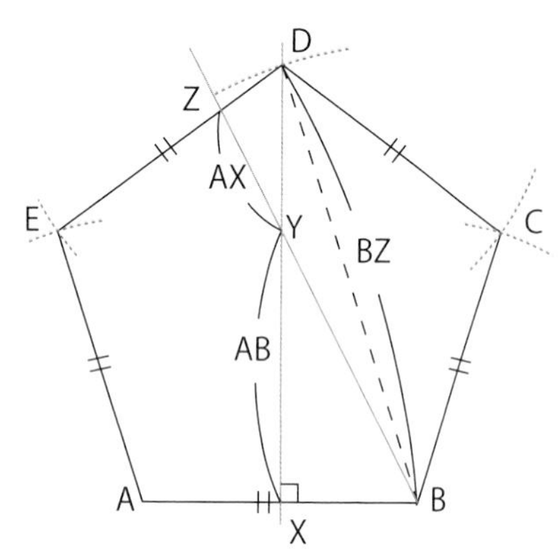

以圓形來描繪時：

①通過圓的中心點O畫出水平線與垂直線。

②水平線上的半徑OX的中間點Y作為中心，畫出與圓ⓐ內接的圓ⓑ。

③垂直線與圓ⓐ的交點是Z，以Z為中心畫出與圓ⓑ相接的圓ⓒ。

④圓ⓐ與圓ⓒ的交點為A、B，各自為起點，往圓ⓐ線上畫出AB，完成E、C。

⑤垂直線與圓ⓐ的交點為D，連接A、B、C、D、E。

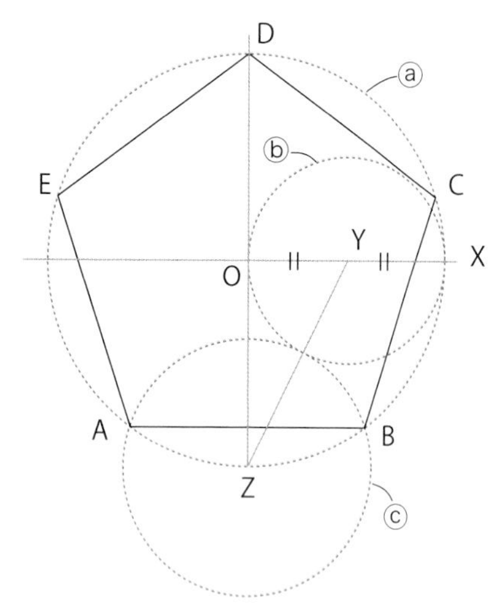

9. 正六角形

①取一邊的長作為半徑，畫圓。

②畫出通過中心的線，與圓的交點為A、B，各自為起點，畫出半圓。

③連接每個交點。

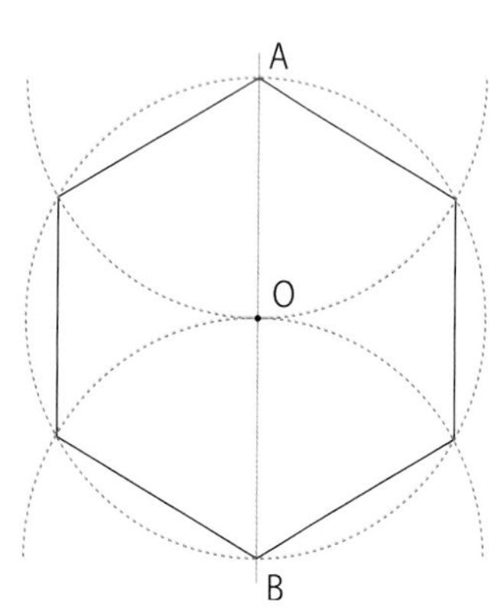

10. 正八角形

以正方形描繪：

①畫出正方形後，再畫出對角線。自四個角到交點O之距離作為半徑，畫出1/4圓。

②與正方形的交點為頂點，互相連接起來。

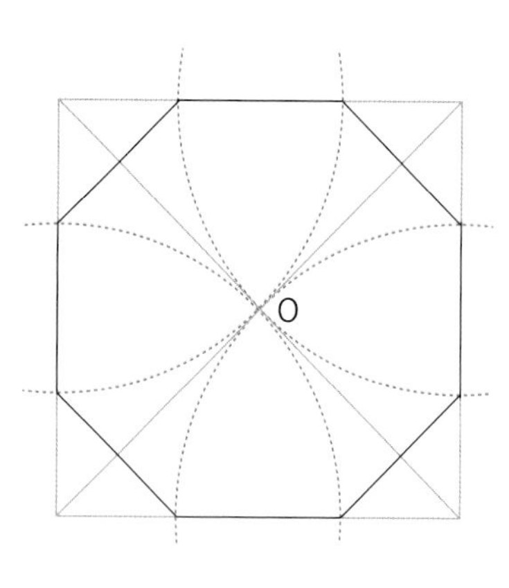

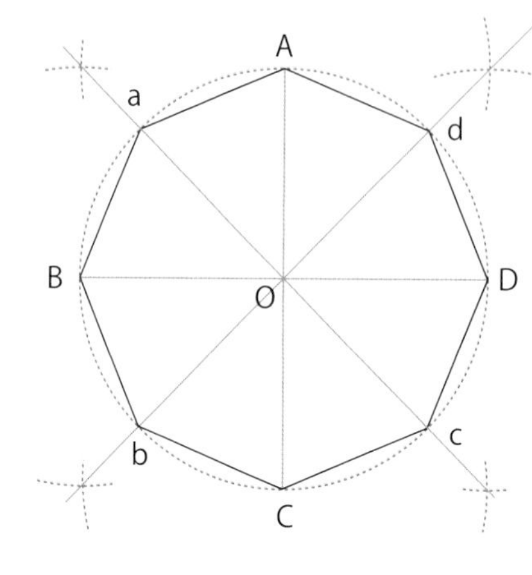

以圓來描繪：

①畫圓後，畫出通過中心O的水平線與垂直線。

②A、B、C、D作為交點，各自1/4圓的中點為a、b、c、d。

③連接A、a、B、b、C、c、D、d。

11. 使用√￣（根號）製圖

等腰直角三角形的三邊套用畢氏定理為1：1：$\sqrt{2}$。

圖案的製圖經常使用1/2、1/4的圖形。

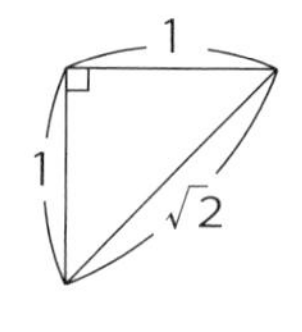

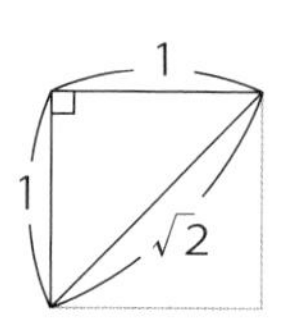

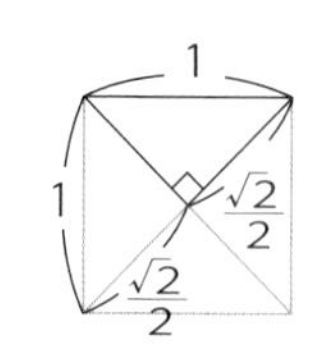

①√￣分割的算法：

以檸檬星為例，來看看分割的算法及製圖。

<計算方法>

一邊的分割如圖所示為1：$\sqrt{2}$：1。如果想要製作10cm時，

10÷（1+$\sqrt{2}$+1）$\sqrt{2}$是1.414所以——

=10÷3.414

=2.92cm為1的值，$\sqrt{2}$則將2.92乘以1.414為4.14cm

②使用圓規的算法：

正方形的對角線的1/2長度為$\sqrt{2}$+1，與圖a的長度相同。使用圓規以四個角為起點，取對角線的1/2長度畫出弧形，則可取出1：$\sqrt{2}$：1的刻度。

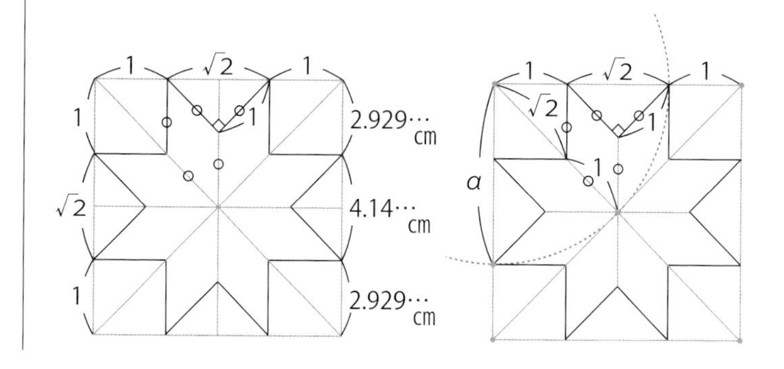

Piecing 拼接技巧

圖案製作沒有一定的縫製規則，重點在於思考什麼樣的拼接順序，能有效率地完成美麗的作品。也試著運用嵌入式、連續式……等縫製訣竅與貼布繡技巧，提昇拼接圖案的功力吧！

1. 拼接順序

從小片布片開始接合。

● 縫合布片集合成布塊，縫合布塊完成圖案。

參考例：No.31

組合兩種種類的布塊。

● 八角形的四個角連接等腰直角三角形。

● 正方形五片接成一列，連接五列成為一布塊。

將兩個布塊縫合，完成圖案。

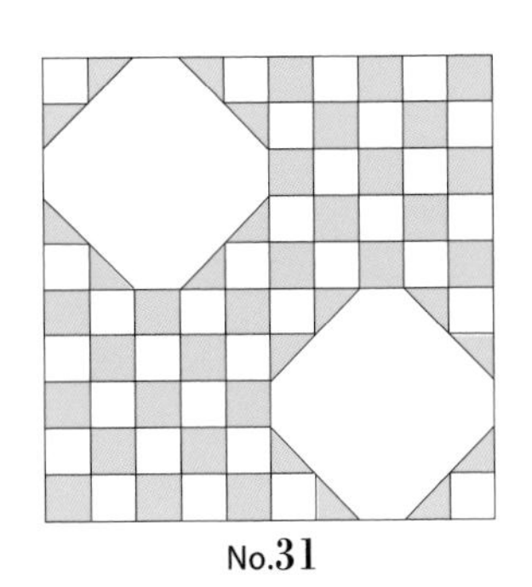

No.31

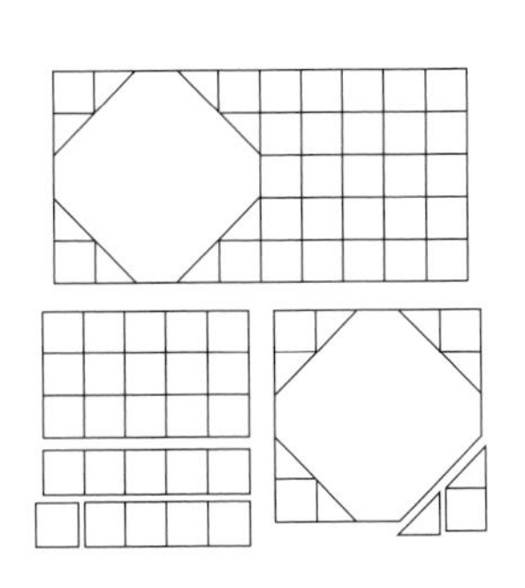

2. 嵌入式

如圖所示，相對於縫合好有角度的兩邊，將另一布片縫合時，便稱為「嵌入式」。

①被嵌入側A與B正面相對，嵌入部分縫合固定。（以回針縫縫合兩記號點之間）

②嵌入C時，B與C正面相對，以回針縫縫合兩記號點之間，不裁切A與C，直接正面相對不外加縫份，自記號處開始進行縫合。

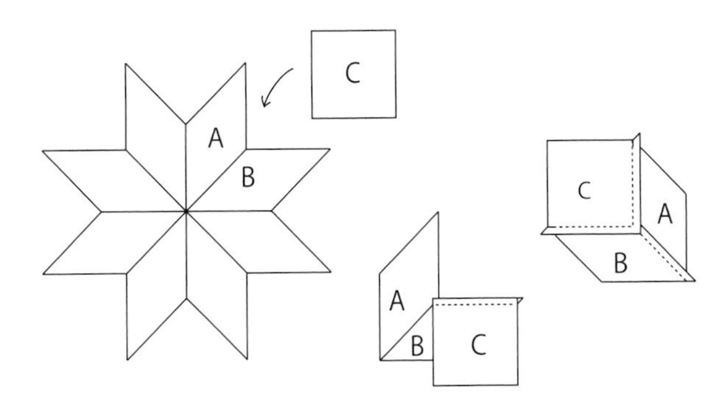

3. 連續式

如圖所示，順著一個方向縫合，稱為「連續式」。

①由始縫處縫至記號處固定。

②接著依②、③、④的順序縫合，最後縫合⑤。

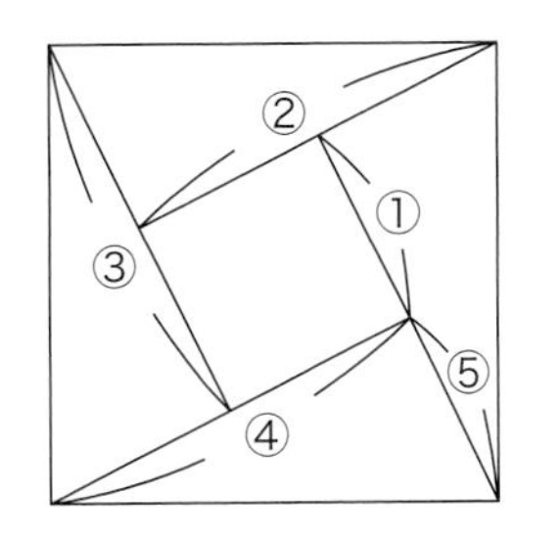

4. 貼布縫

如圖所示，製作貼布縫的圖案時，要相當注意拼縫的順序。

No.652

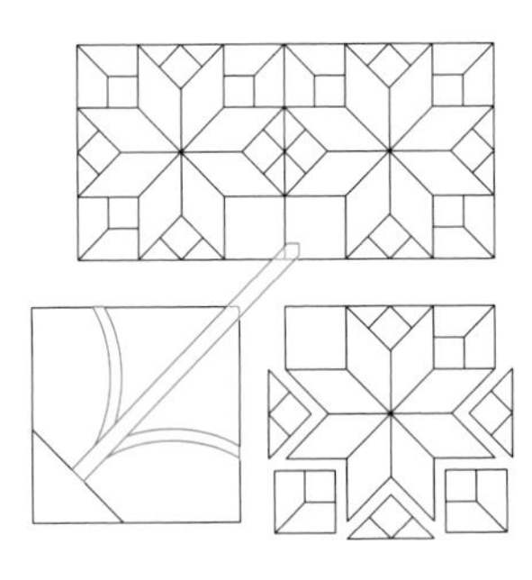

5. 機縫拼接

適合機縫拼接的圖案，請參考以下條件：

● 能夠縫合直線。

● 可以再次縫合已縫過並再次裁切的布料。

（Cut & Sow）

● 能連續縫合相同的圖案。（Chain Piecing）

● 可以使用裁切成斜紋布（窄幅布）的布料來縫製。

（Strip Piecing）

● 使用格子縫合後，包含複數個裁切過的相同布塊。

使用含縫份的紙型，先預留縫份（7mm）後裁切布片，不須描繪，拼接縫線使用壓布腳的寬度輔助。另外縫合處也須盡量縮小，裁剪時才不會容易纏線。

6. 翻車拼接

於已描繪好圖案的紙上放置布料，依照圖案進行縫製。縫製完成後再撕下紙張。

特色是不需要一一製作紙型，連細部都能正確的縫製完成。

如圖所示，起始的布片按照順序一起縫合紙張，所以縫份要倒向外側的布片。

簡單的形狀，以一片圖案就能縫製完成，也有同一圖案分割成好幾個部分縫合。

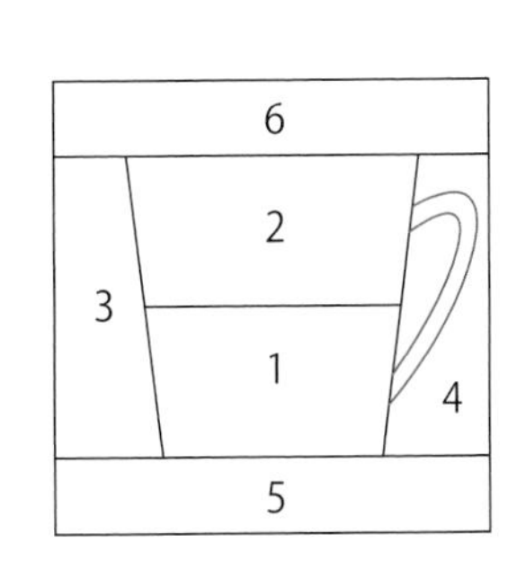

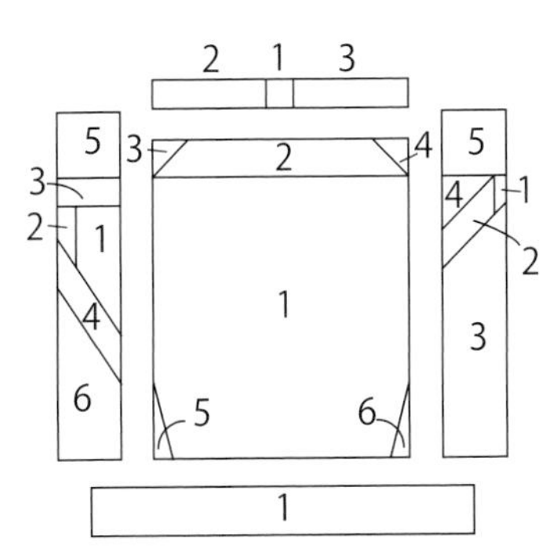

Contents 目錄

拼布職人必藏聖典！
拼接圖案 1050 BEST 選 傳統圖案 + 設計圖案 + 製圖技法 + 拼接技巧 ALL IN ONE !

01

1～56

Repeat
重覆圖形

圖形重覆排列，會形成一定的規則與節奏。
即使是單純的重覆，依配色與組合的方式不同，便能呈現出不同的線條表現，
可作為襯托主角的用途，亦可依照想要的效果活用圖形。

重覆
Repeat

布片與布塊重覆排列組成的圖案，以小碎塊的方式配色，作出對比，像這類簡單的圖形更是需要活用變化。

1 Four Patch, Checkerboard
四拼片 · 棋盤

 4

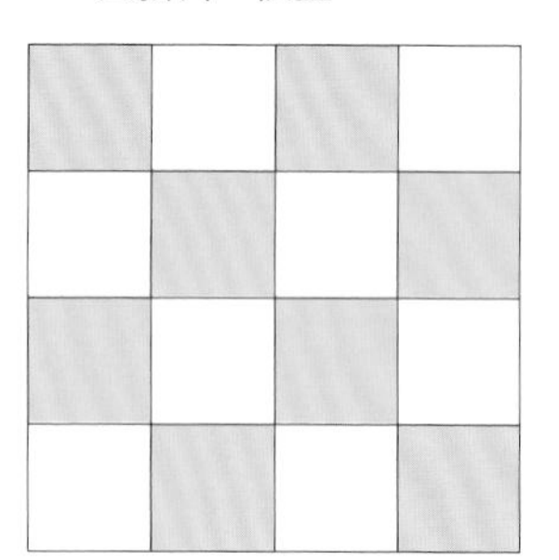
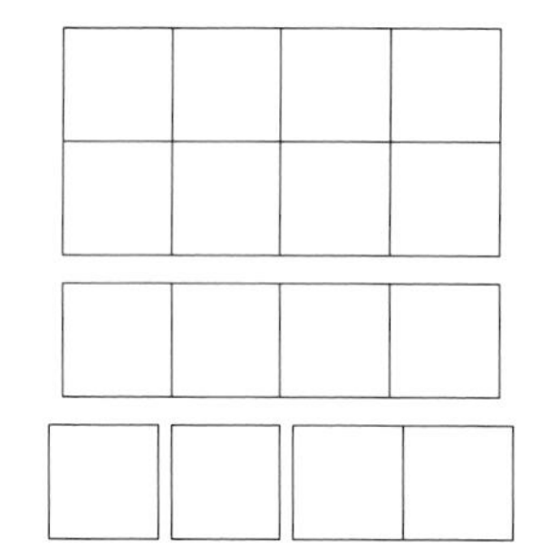

2 Nine Patch
九拼片

 3

3 Chicago Pavements
芝加哥街道

 4

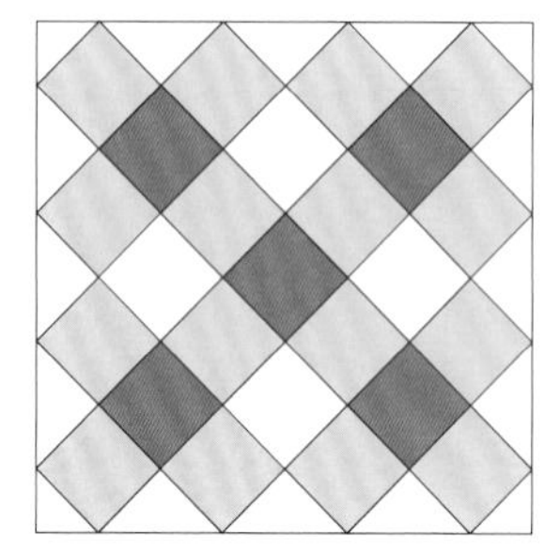
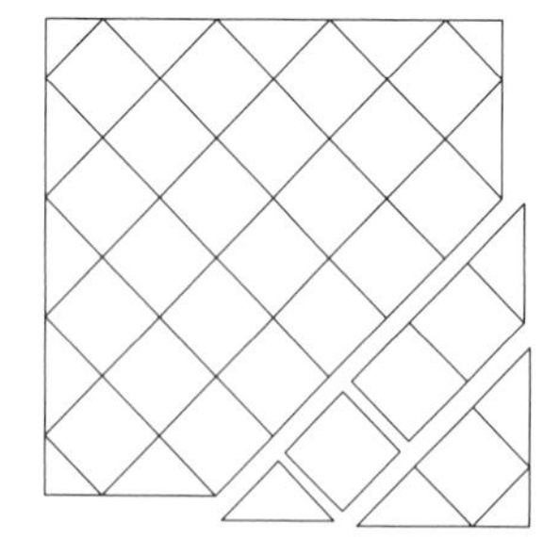

4 Checkerboard Squares
棋盤方塊

 5

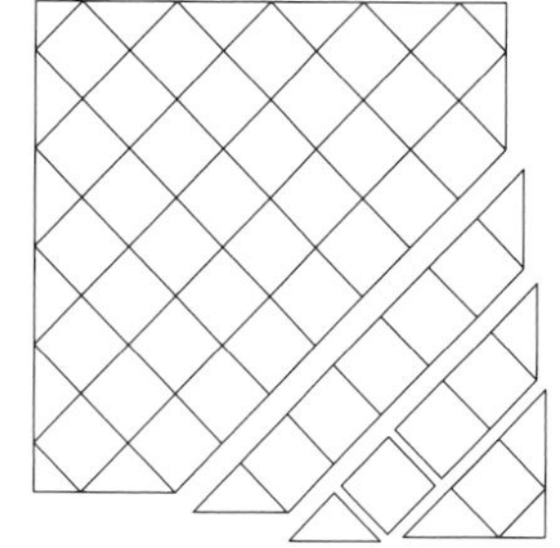

5 Slanted Diamonds
傾斜菱形

3

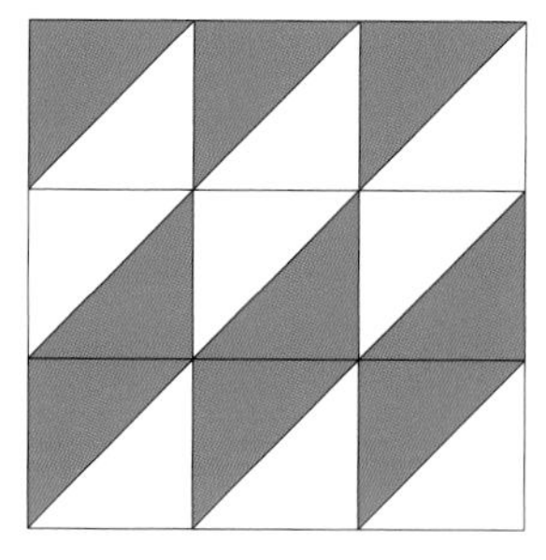
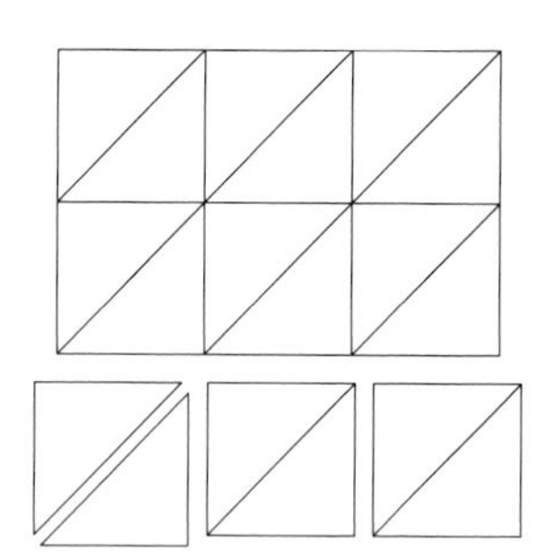

6 Ocean Waves, Thousands of Triangles
海浪 · 千片三角形

5

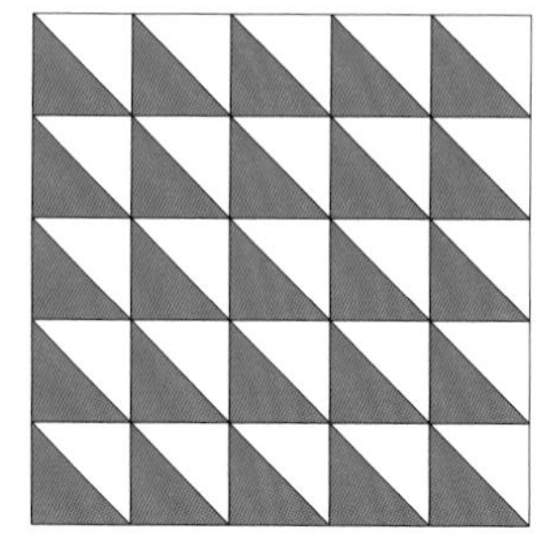
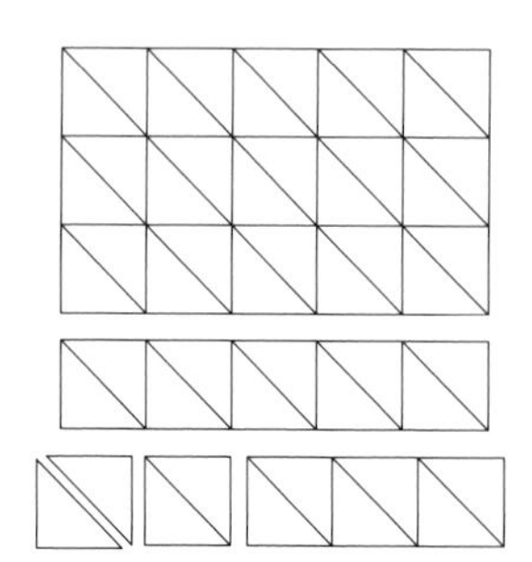

7 Strength in Union
聯合的力量

 5

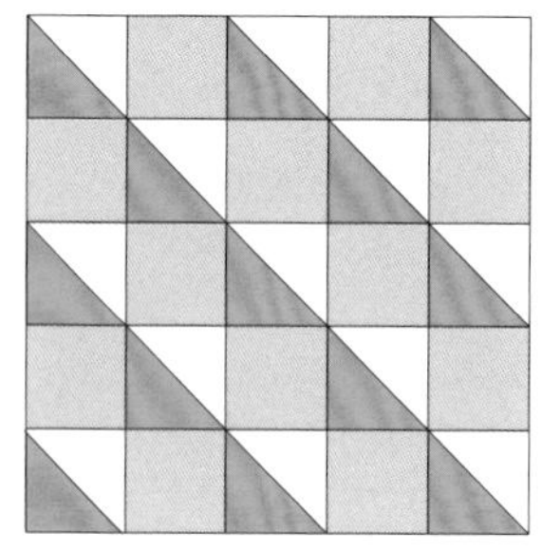
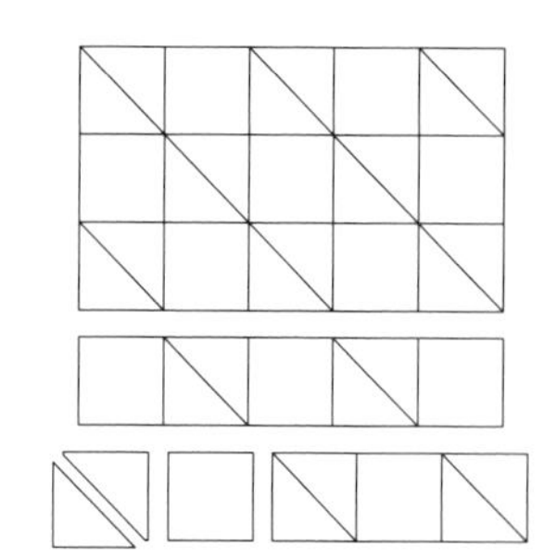

8 Journey Home
回家之旅

3

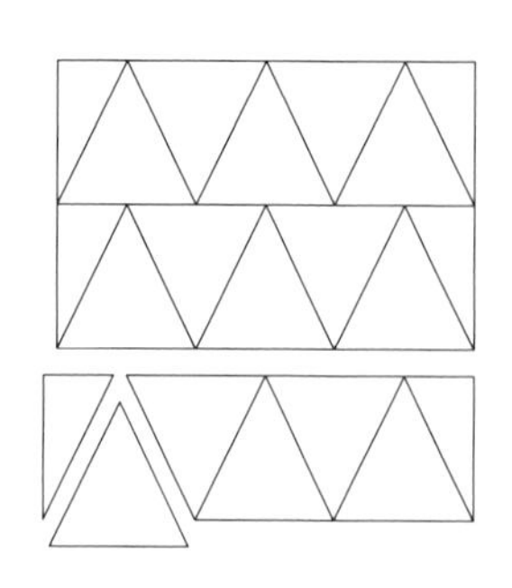

9 Reverse X
反轉 X

4

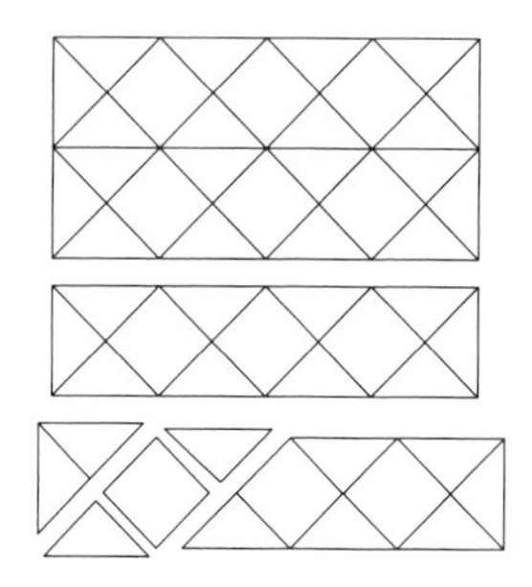

10 The Roman Stripe
羅馬條紋

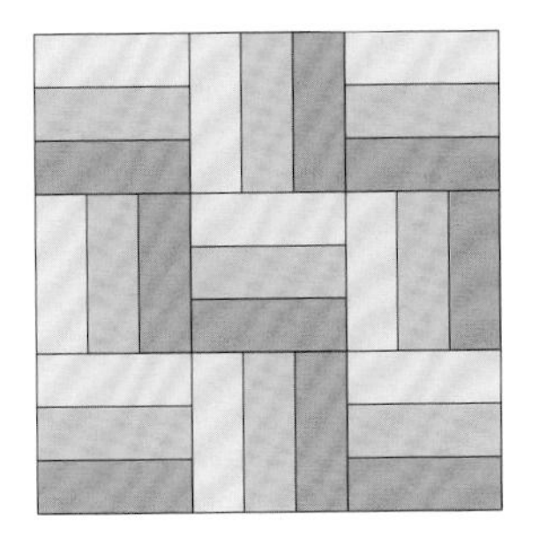
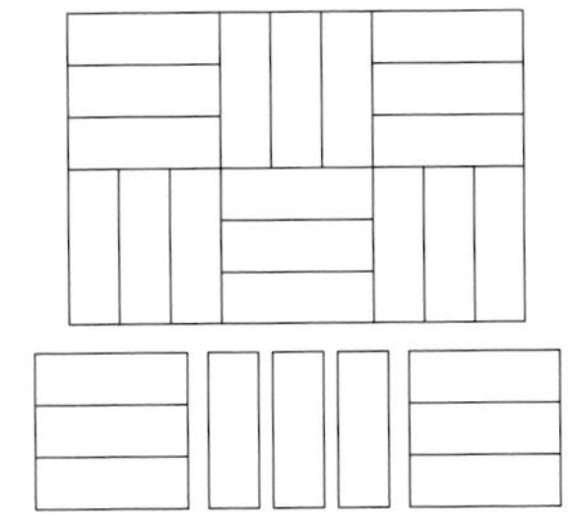

11 Windowpane
玻璃窗

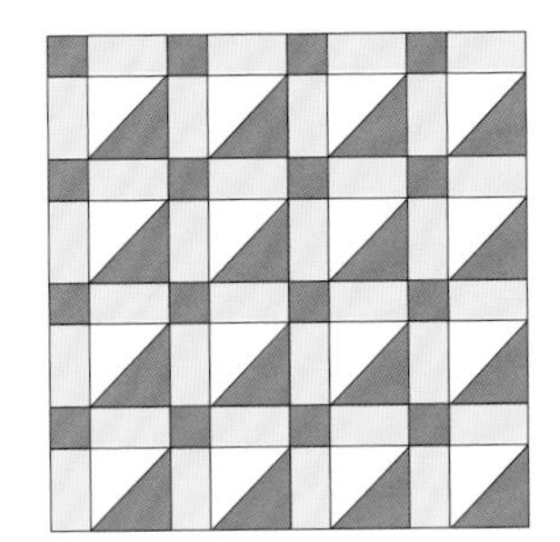
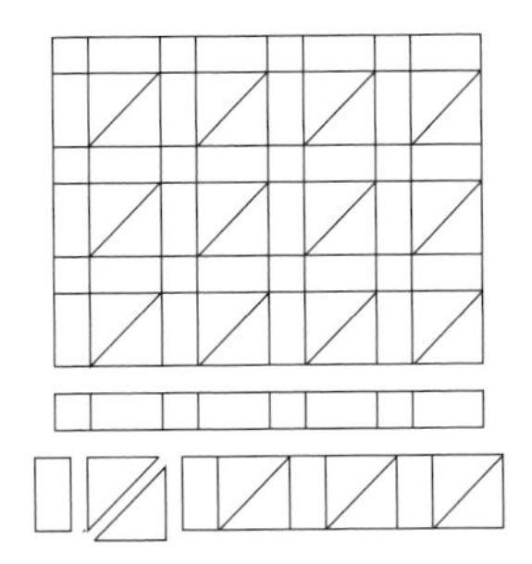

12 Walk Around
四處走動

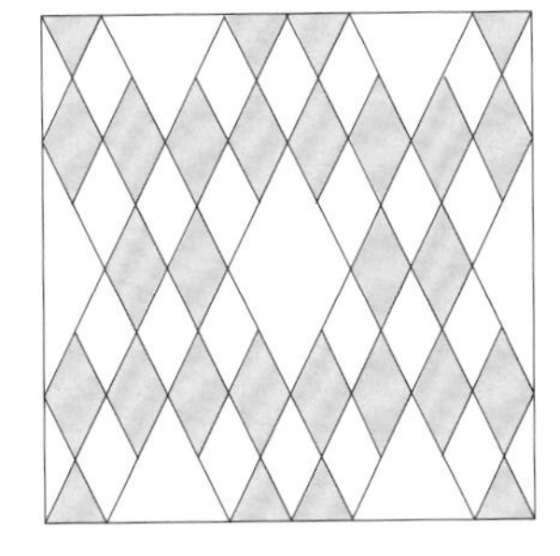
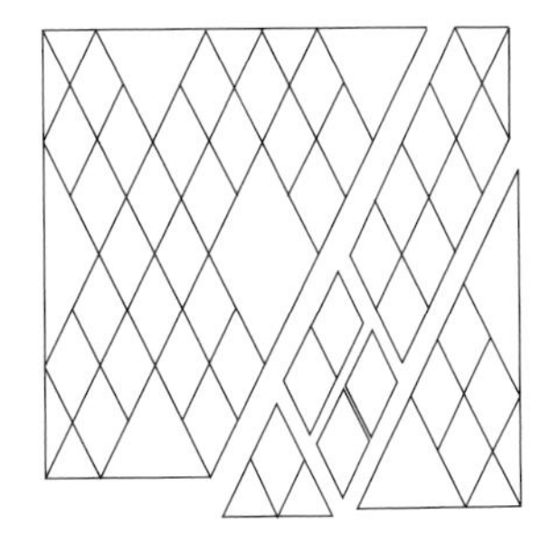

13 Depression
沮喪

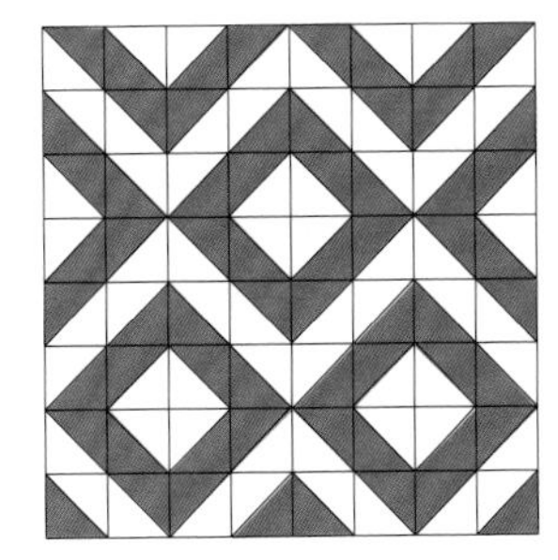
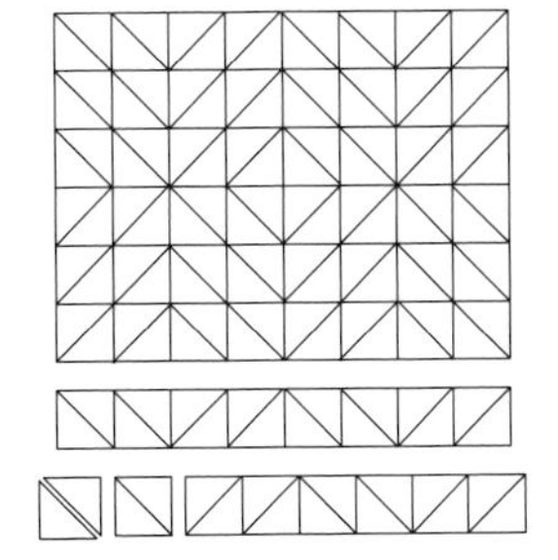

14 Brick Pavement
磚造街道

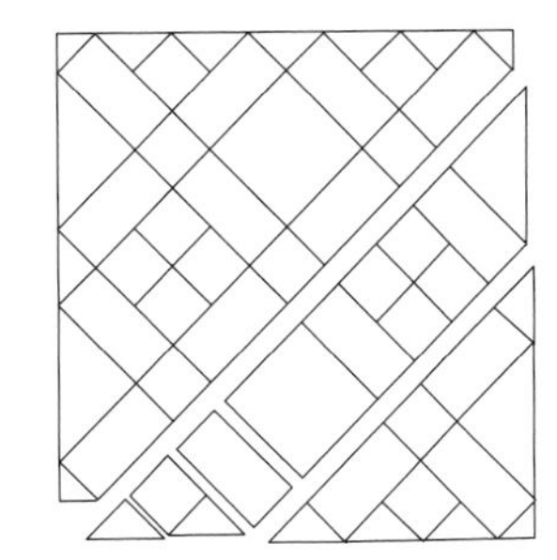

15 The World Fair Quilt
世博拼布

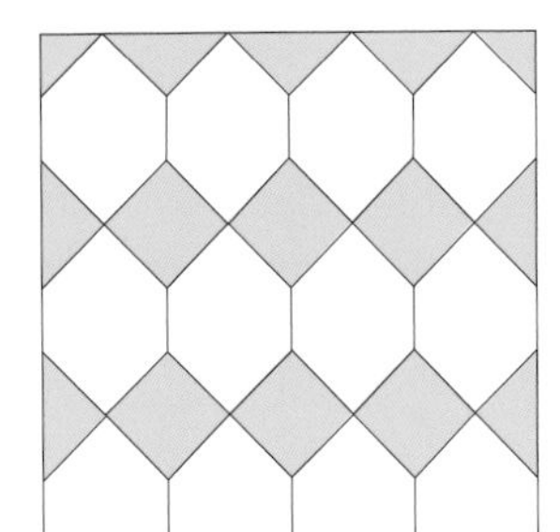
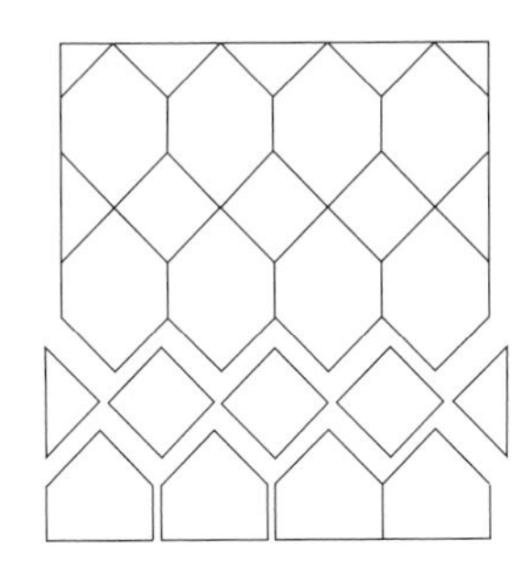

16 Grandmother's Dream
祖母之夢

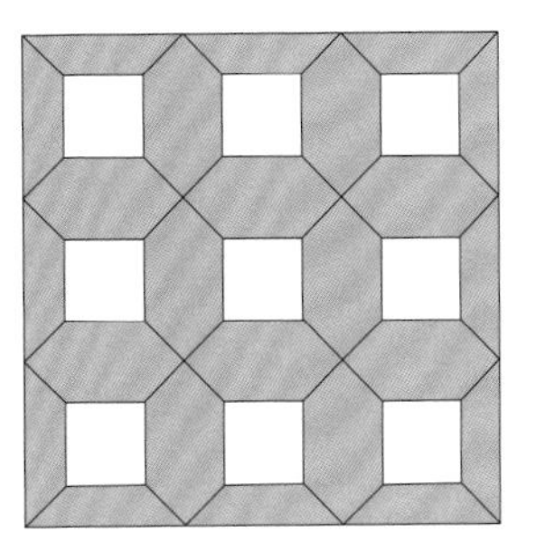
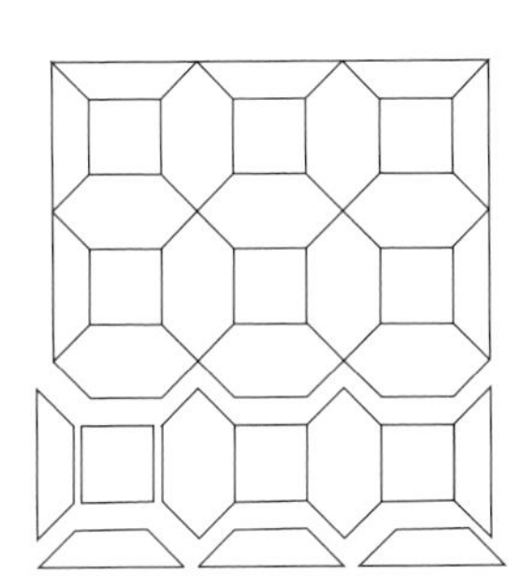

17 World's Fair Block
世博方塊

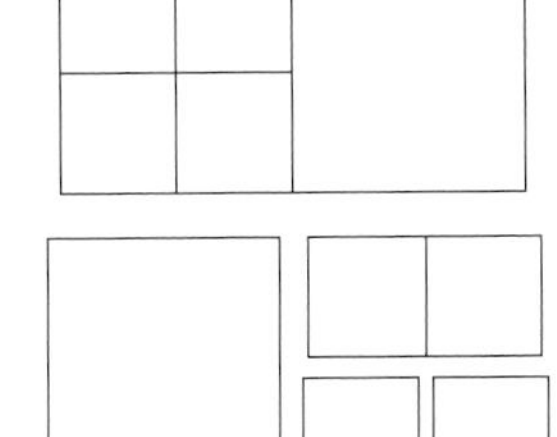

18 Cotton Reels
線軸

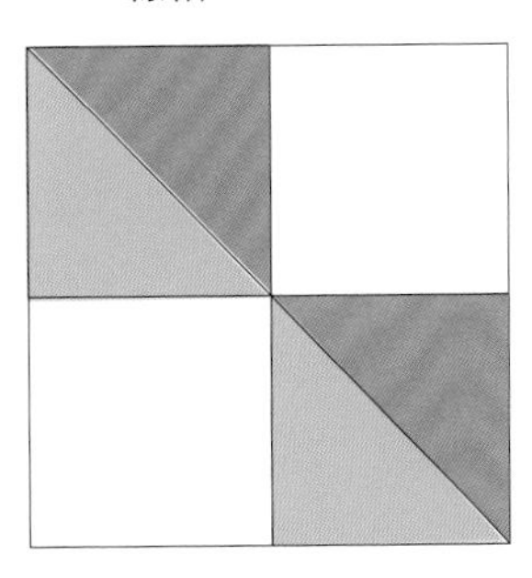
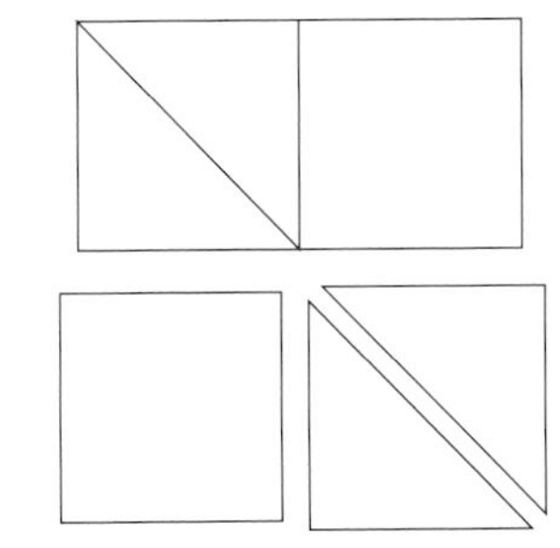

19 Flashing Windmills
閃爍風車

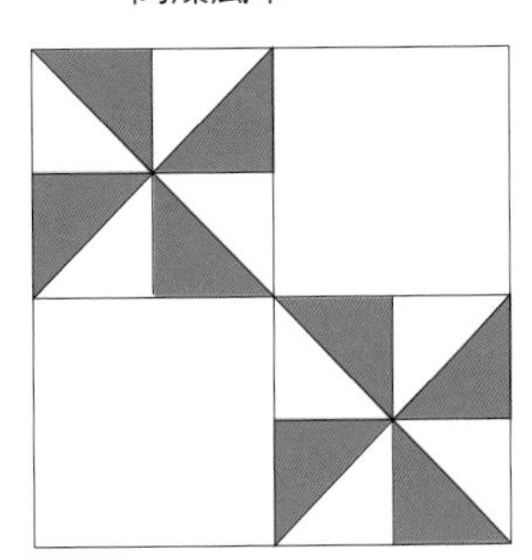
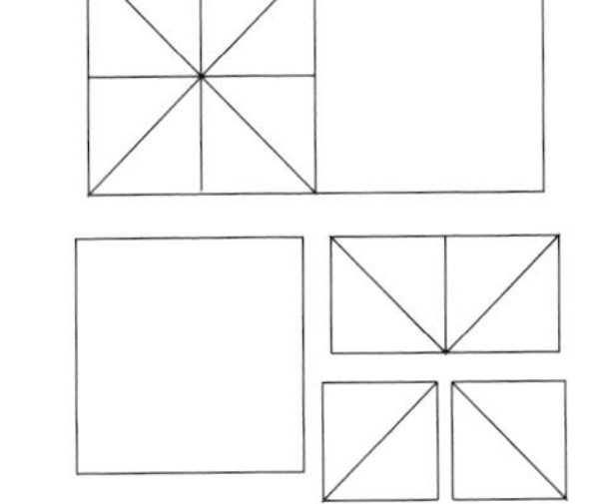

20 Arkansas Crossroads
阿肯色十字路

4

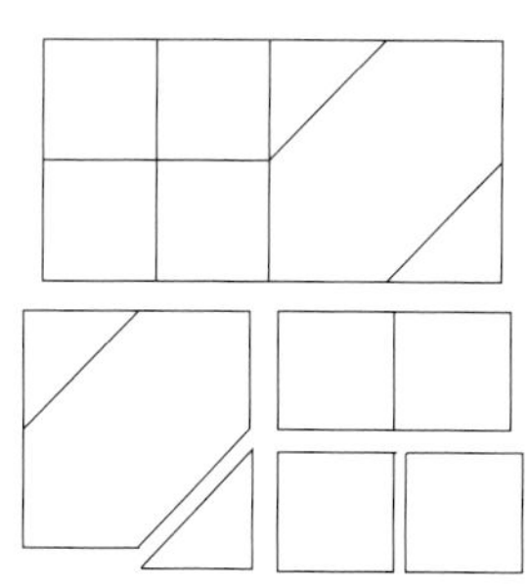

21 Pictures in the Stairwell
樓梯井之圖

4

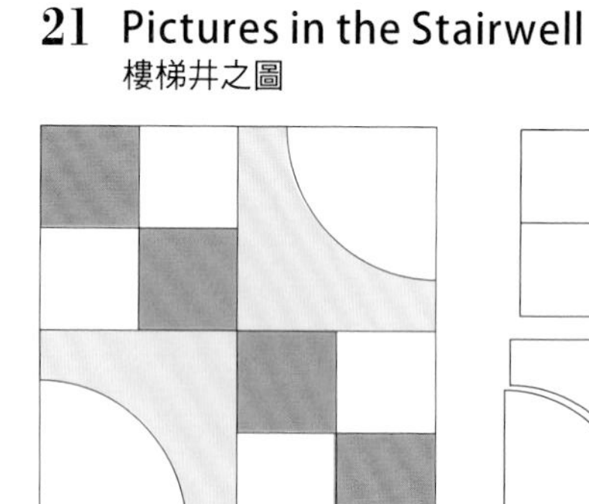

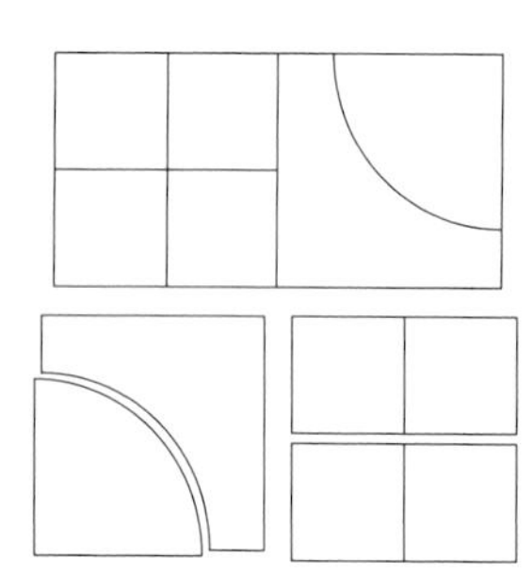

22 Oklahoma Dogwood
俄克拉荷馬山茱萸

4

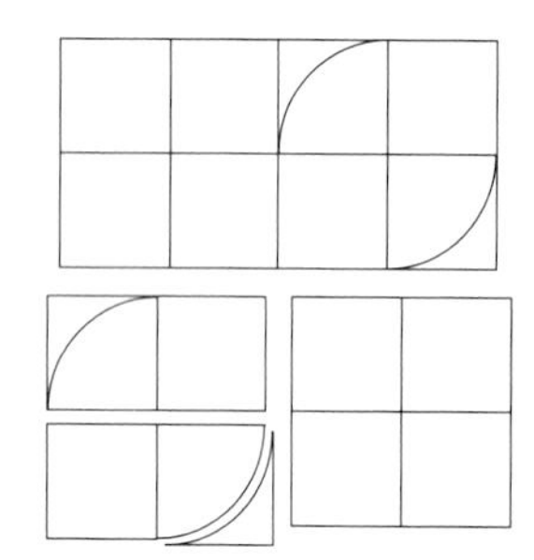

23 Indian Patch
印地安拼片

4

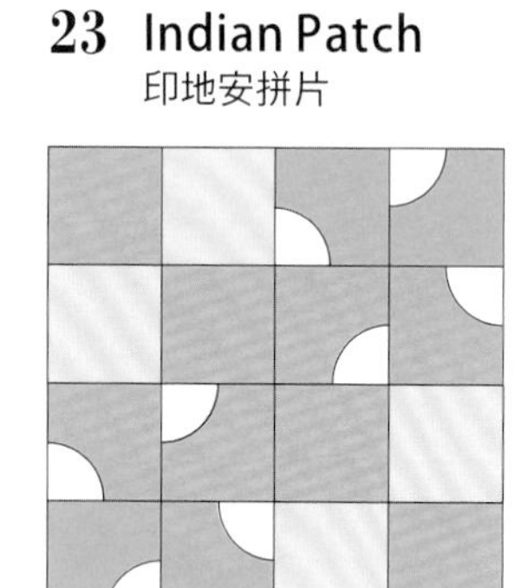

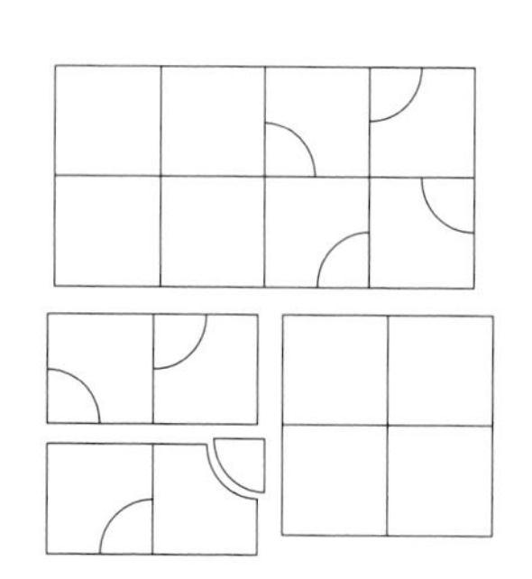

24 Carrie Nation Quilt
凱莉國家拼布

4

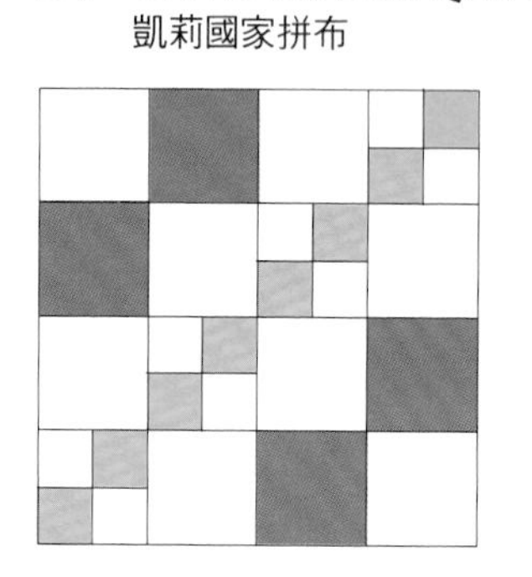

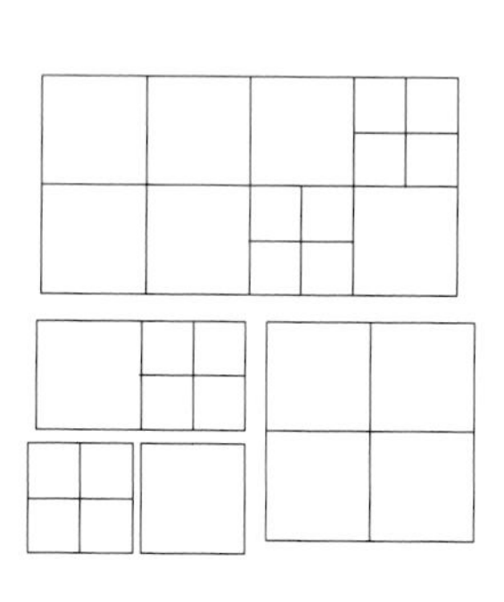

25 Four Patch
四拼片

4

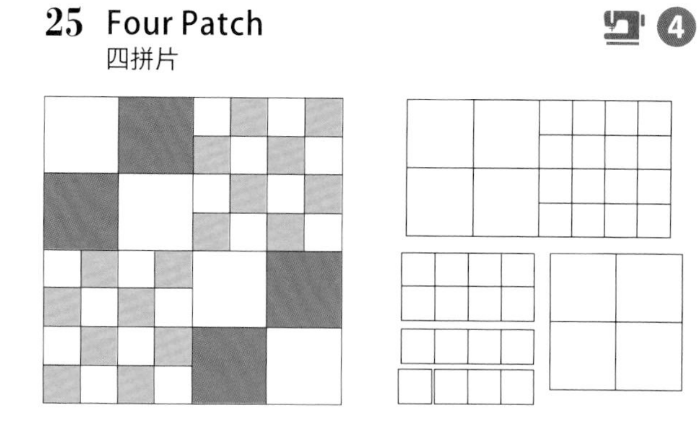

26 Viola's Scrap Quilt
中提琴片段

2

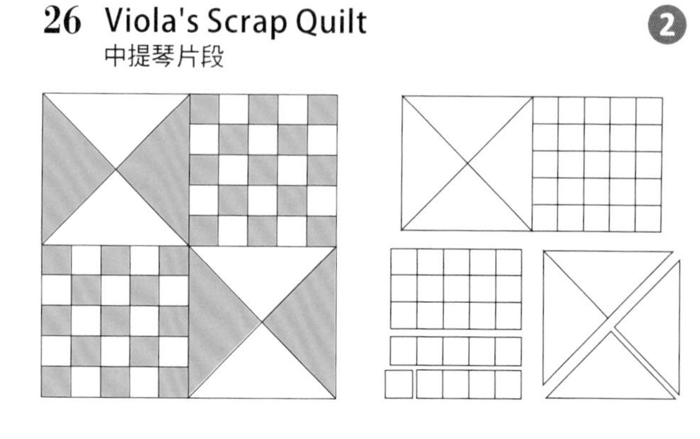

27 Snowball
雪球

2

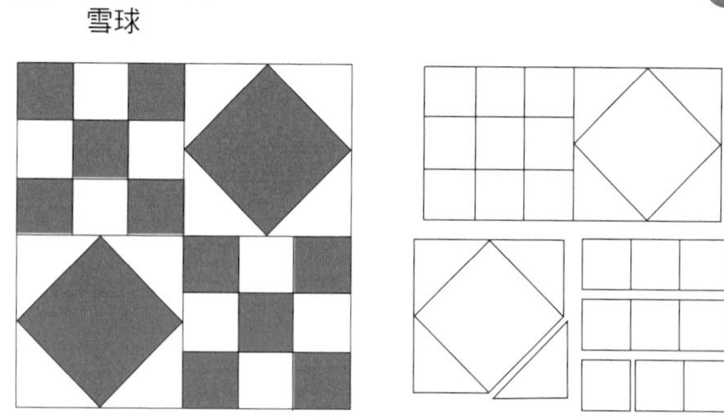

28 Dutch Mill, New Nine Patch
荷蘭風車・新式九拼片

2

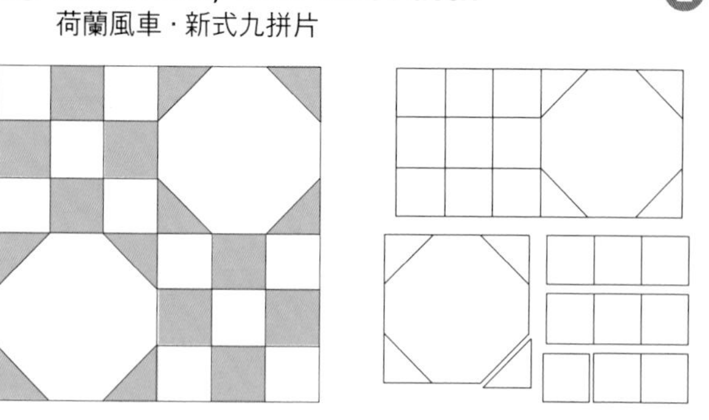

29 Buttons and Bows
鈕釦&弓

2

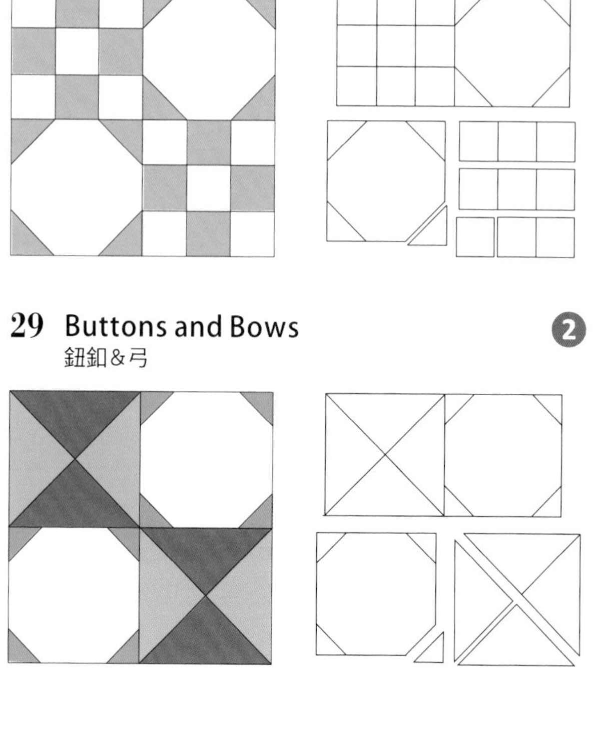

30 Twist Patchwork、Ribbon Twist

彎曲拼布．蝴蝶結式彎曲

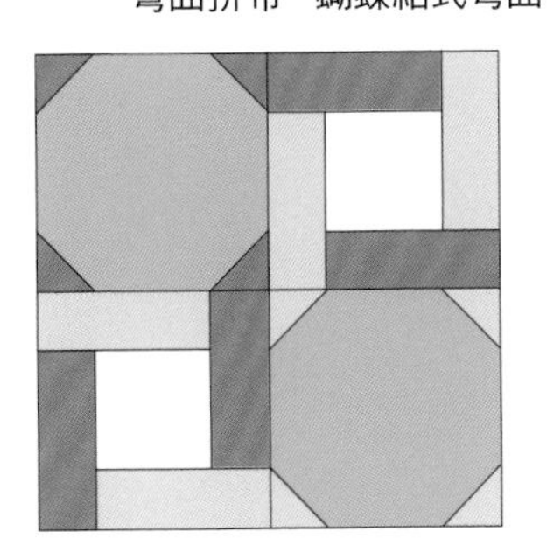
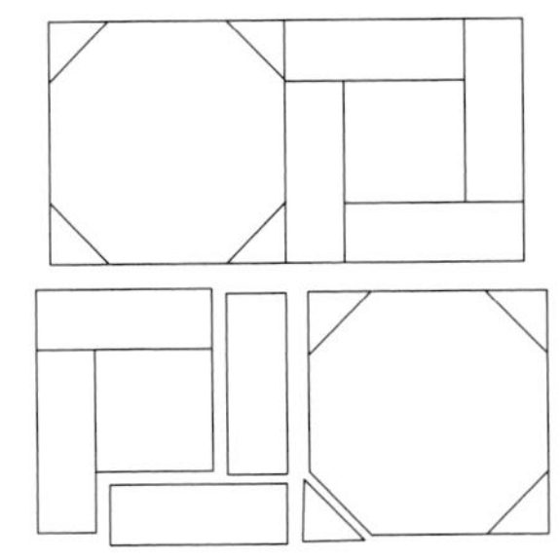

31 Federal Chain

聯邦鎖鍊

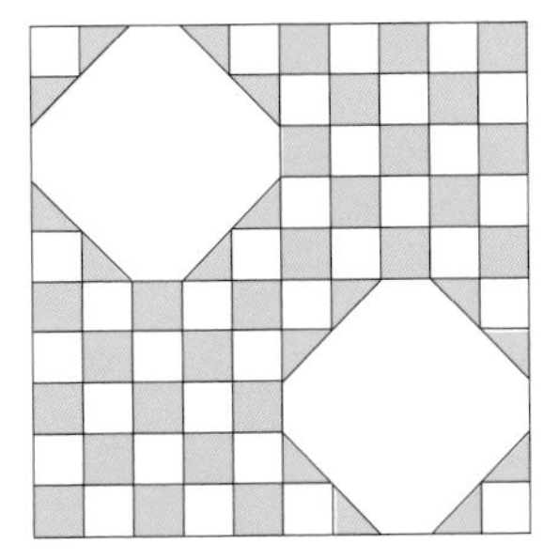
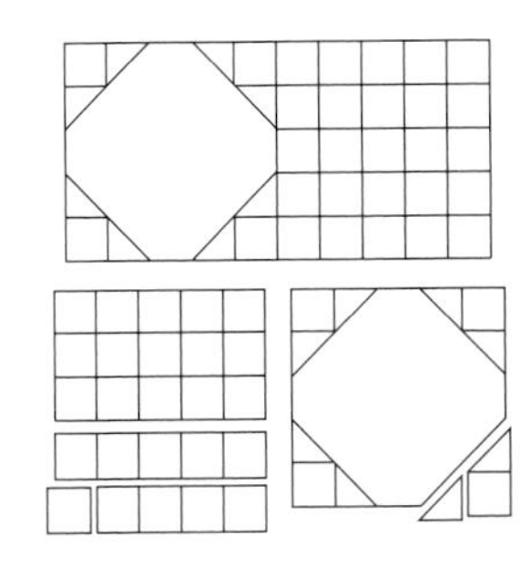

32 Conventional

慣例

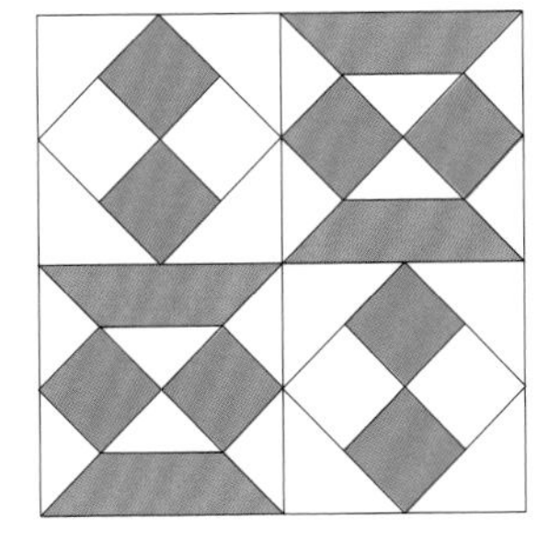
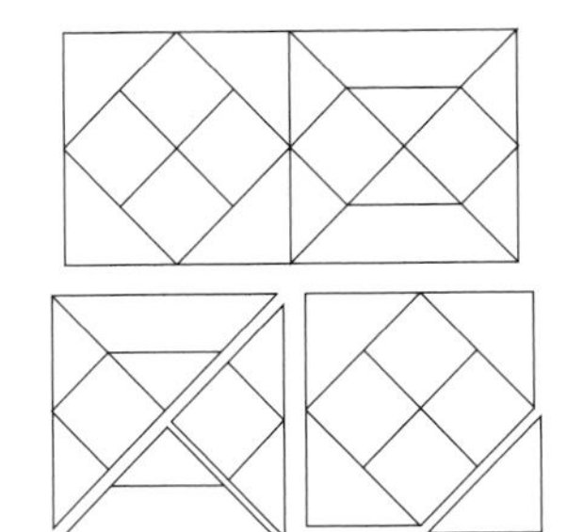

33 Clown's Choice

小丑的選擇

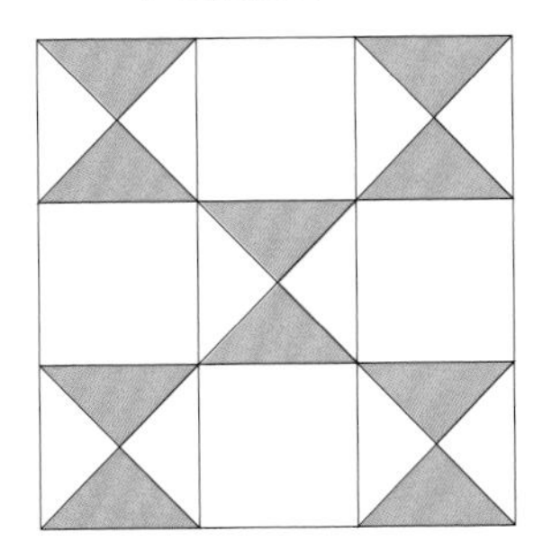
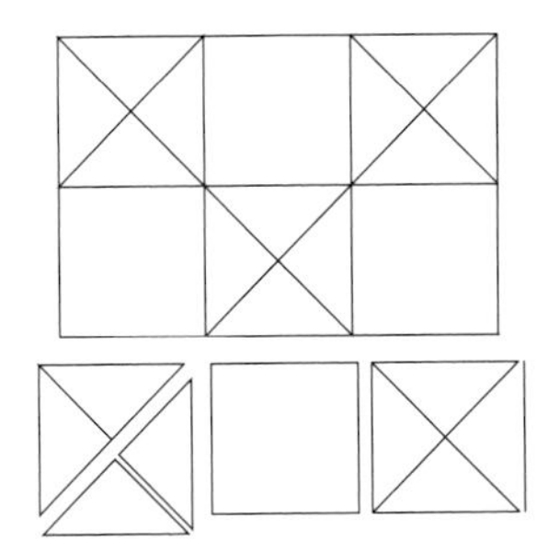

34 Malvina's Chain

馬爾維娜鎖鍊

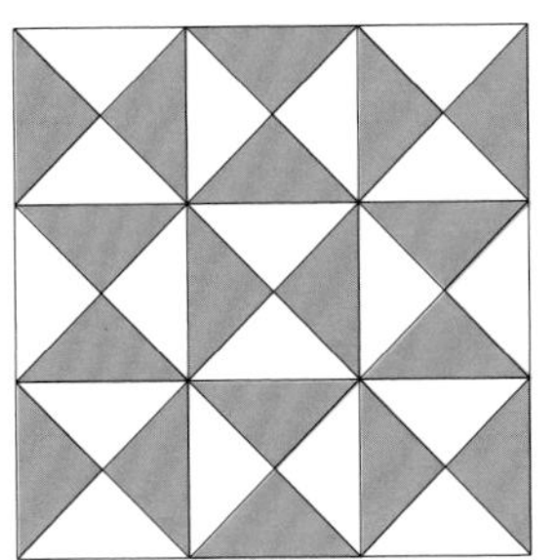
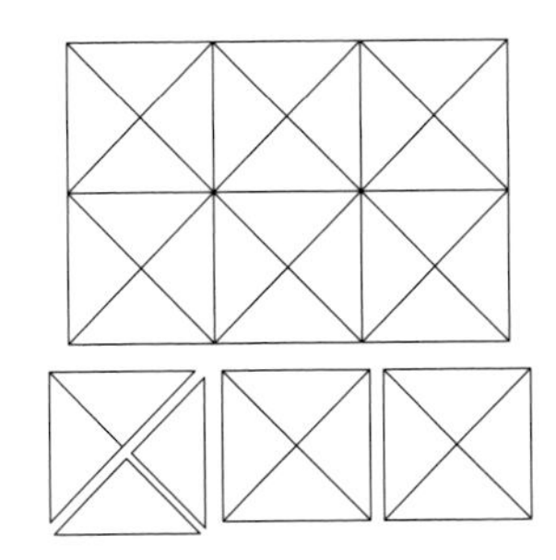

35 Aunt Malvina's Quilt

馬爾維娜阿姨的拼布

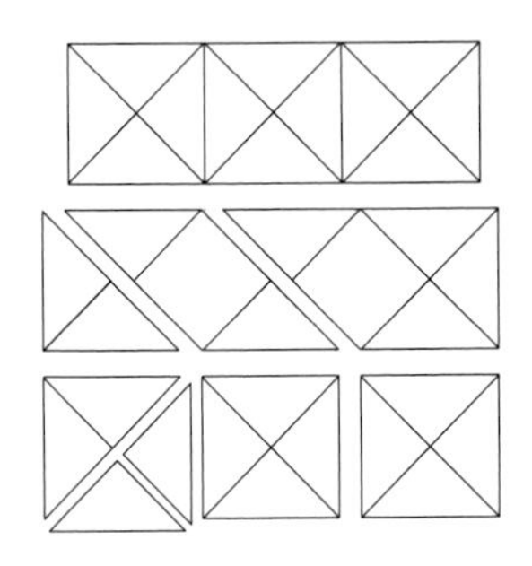

36 Double Nine Patch, Single Irsih Chain

雙重九拼片，單愛爾蘭鎖鍊

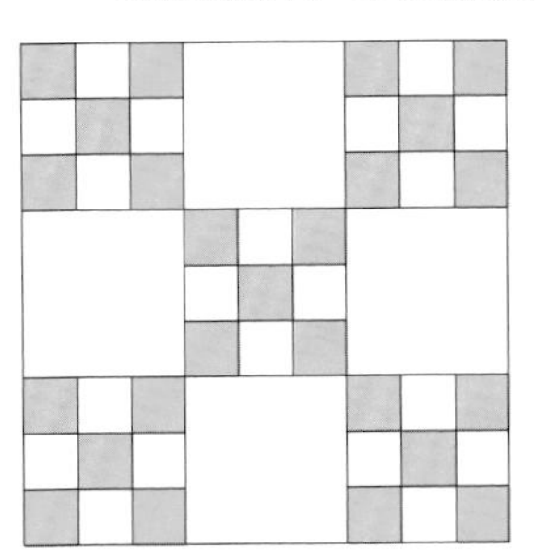
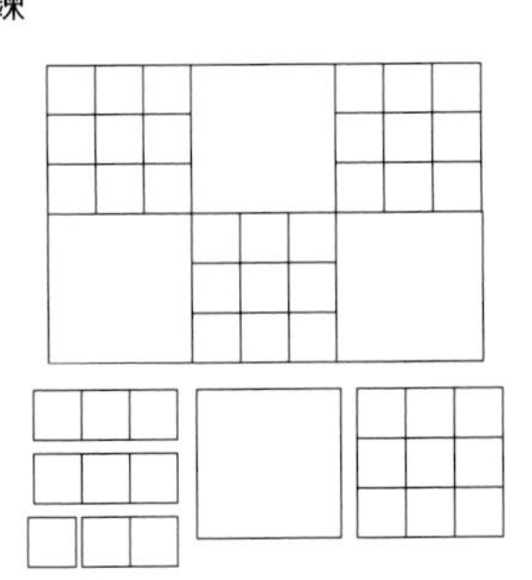

37 Windmill, Pin Wheels

風車，紙風車

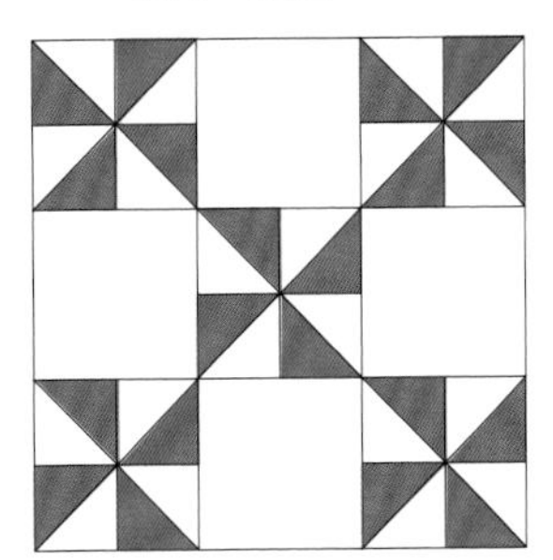
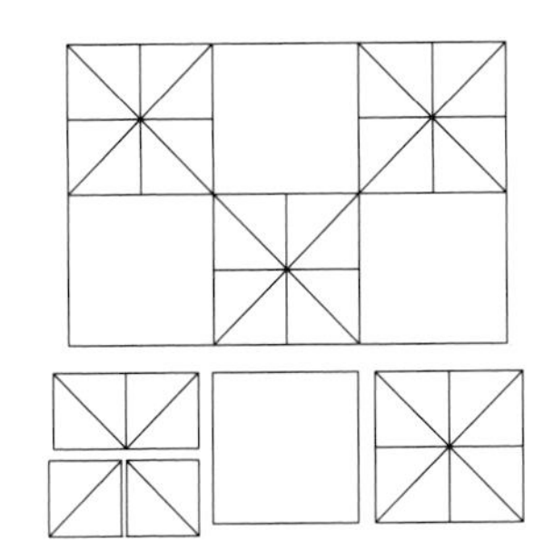

38 Oklahoma Trail and Fields

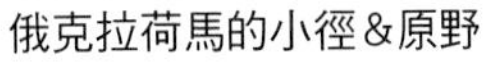

俄克拉荷馬的小徑＆原野

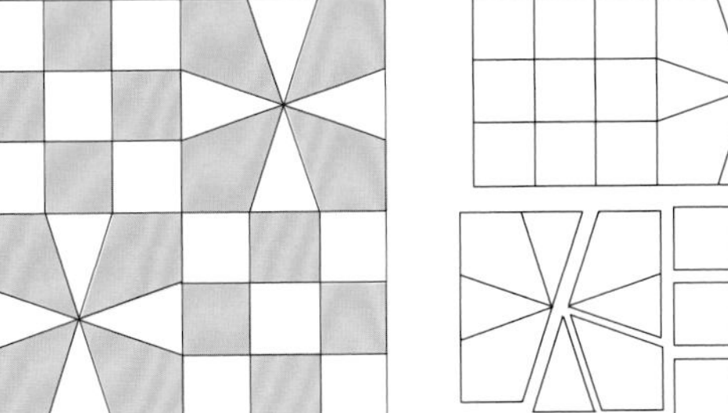
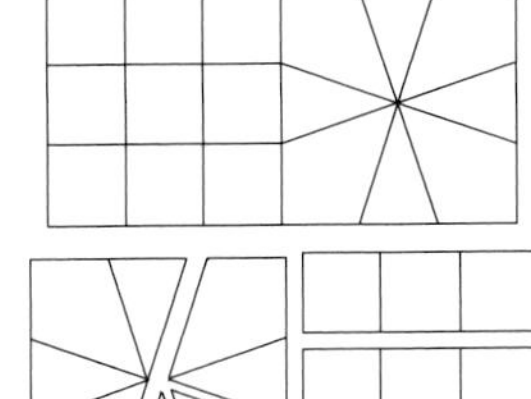

39 Light and Dark

明＆暗

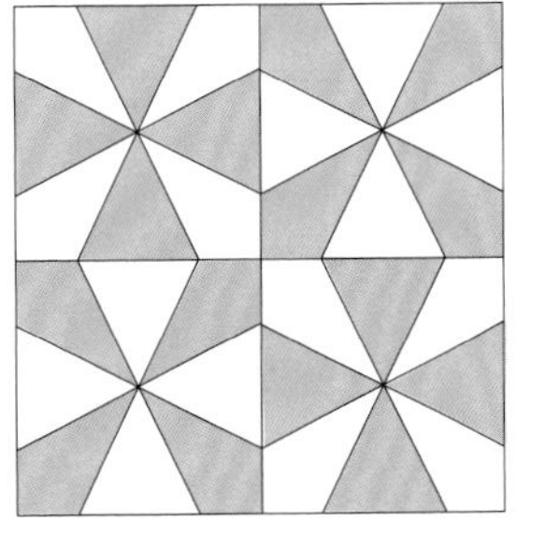
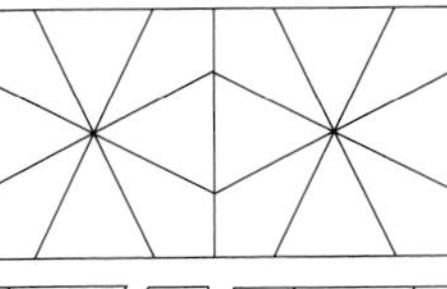
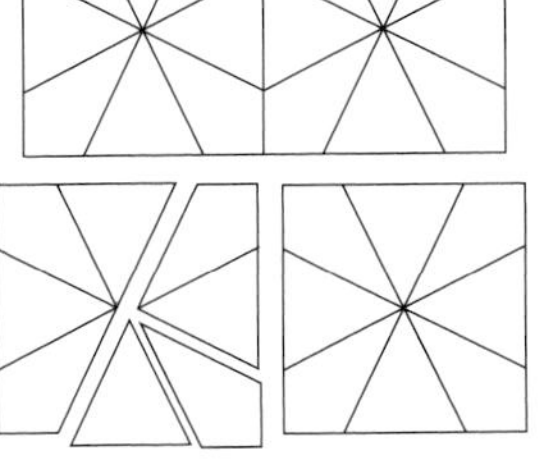

40 Windmill 風車

2

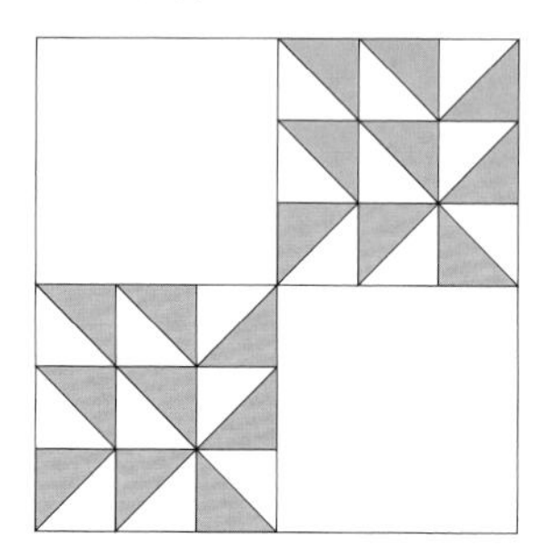

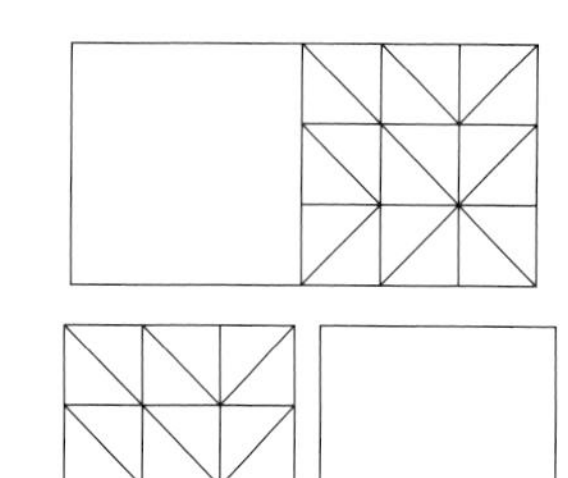

41 Nine Patch Square Within a Square 方塊中的九拼片方塊

3

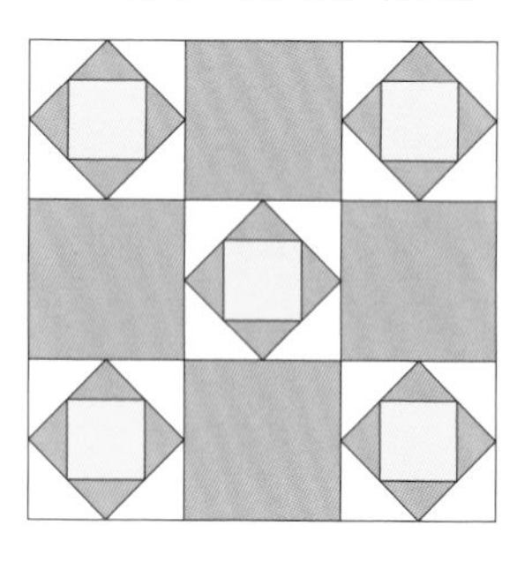

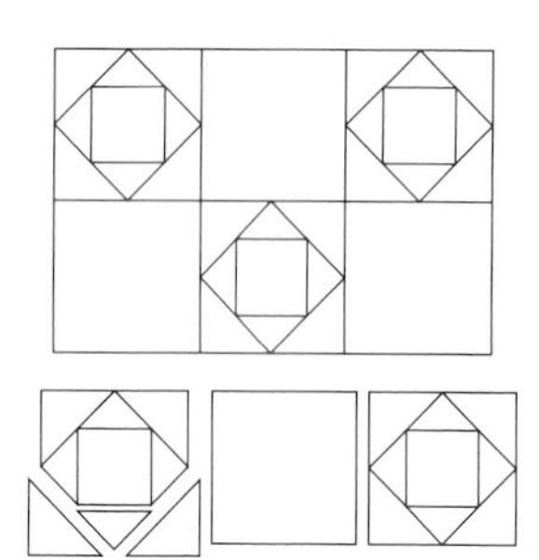

單拼片 One-Patch

單拼片是一種圖形重覆呈現的設計，也可以說是重覆圖案的極致，可使用一張紙型製作，很少使用複雜的形狀，較見的有三角形、四角形、六角形的簡單圖形。（請見P.139）

將正方形分成兩等分，形成兩個等腰直角三角形相連的圖案。無論是有規則性的拼接，或以小碎布隨機組合，都有各自不同的節奏感。布樣與顏色的選擇也是設計的重點喔！

明暗對比 Negative-Positive

圖案中胚布與配色布料的比例各半，互相襯托，產生視覺效果（明暗對比）。明暗差距愈大，效果愈明顯。

42 Old Maid's Rambler 老女僕的蔓生植物

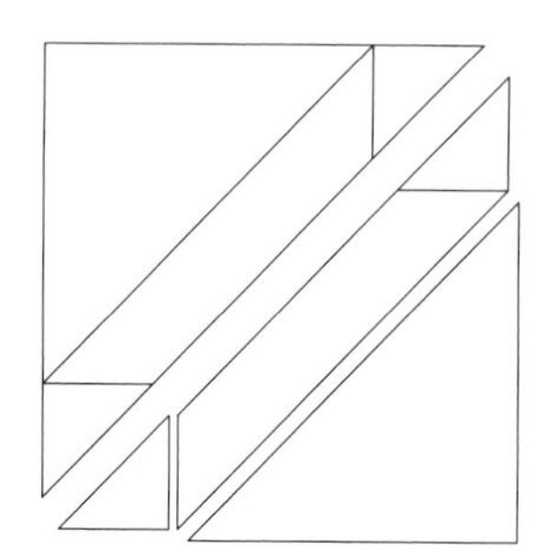

43 Indian Arrowhead 印地安楔形

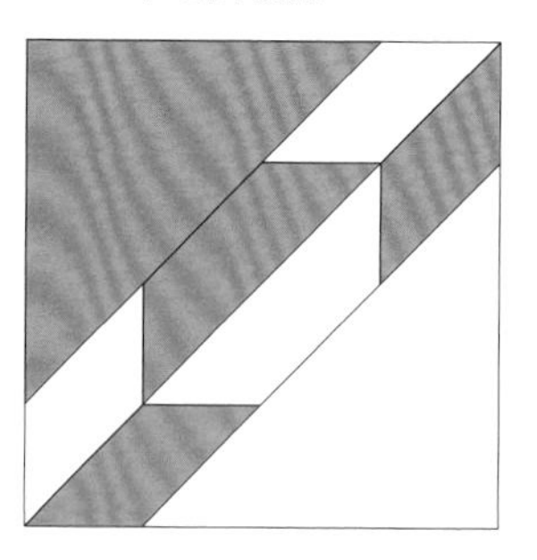

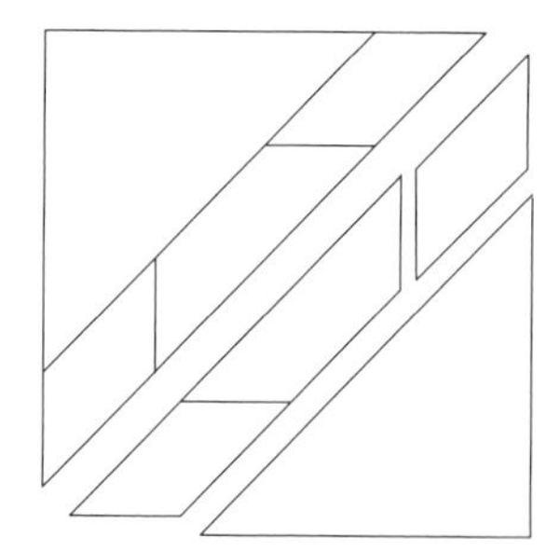

44 Left and Right, Chevron 左&右‧山形袖章

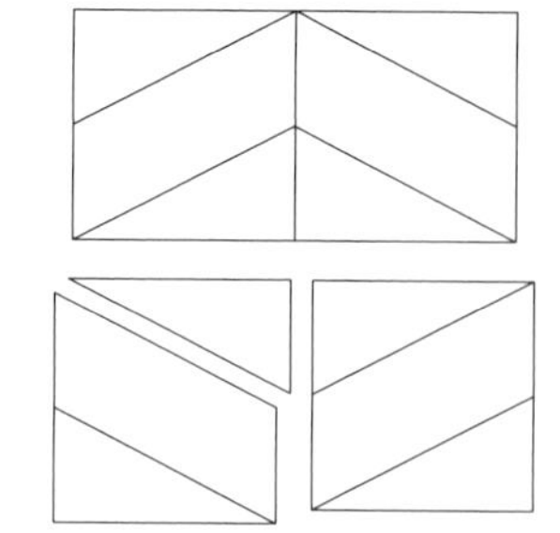

45 Hunter's Star, Indian Arrowhead 獵人之星‧印地安楔形

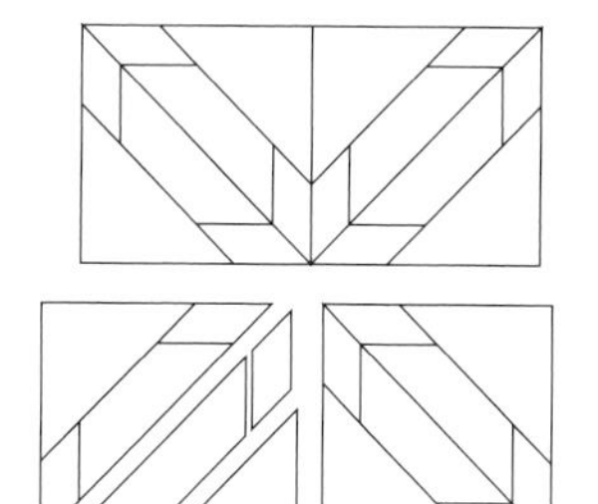

46 Rolling Stone, Snowball
滾動之石·雪球

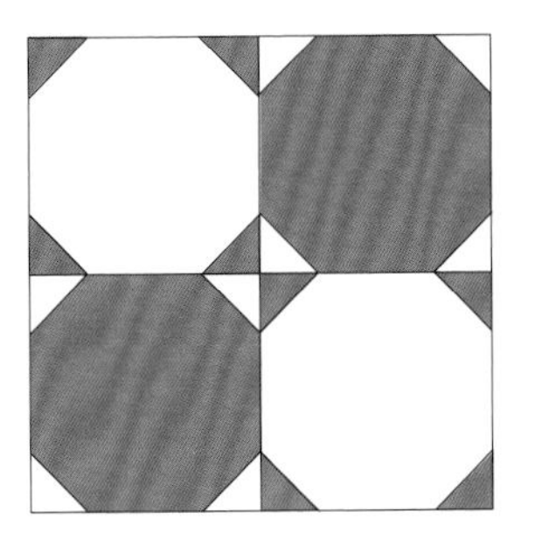
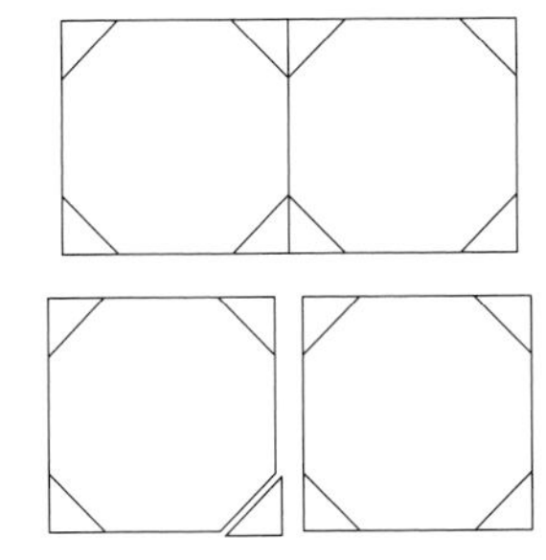

47 Four Patch、Southern Moon
四拼片·南方之月

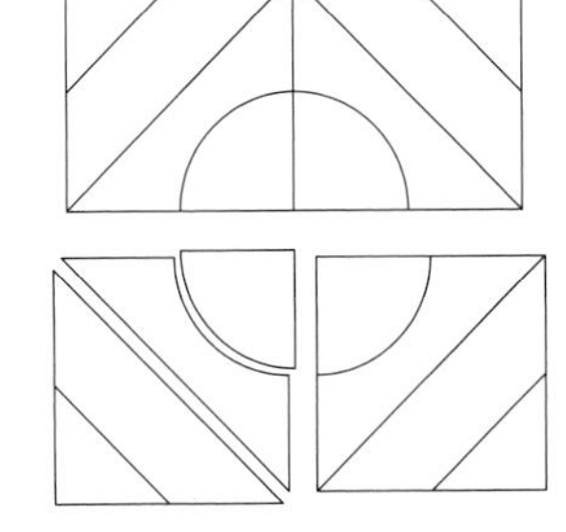

48 Give and Take
施&受

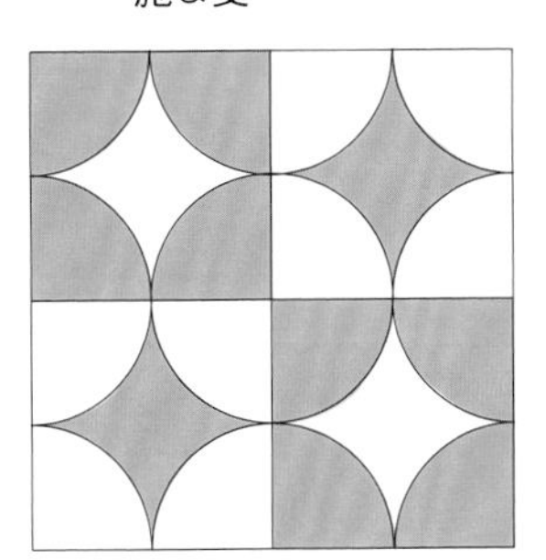
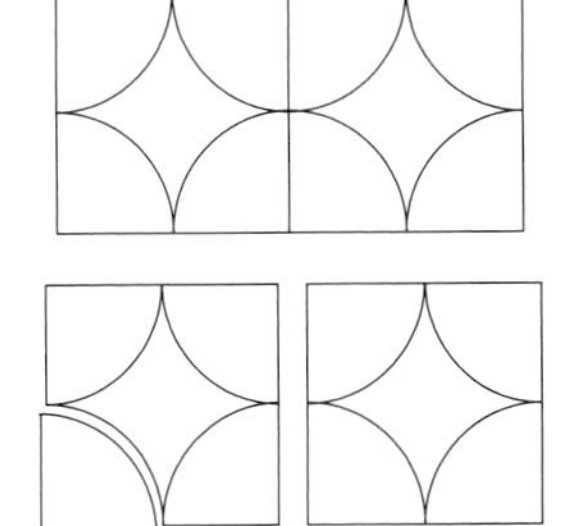

49 Snowball, Windmill Design
雪球·風車設計

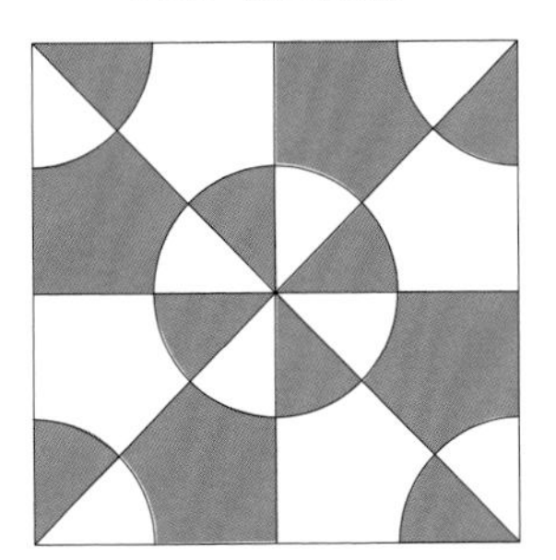
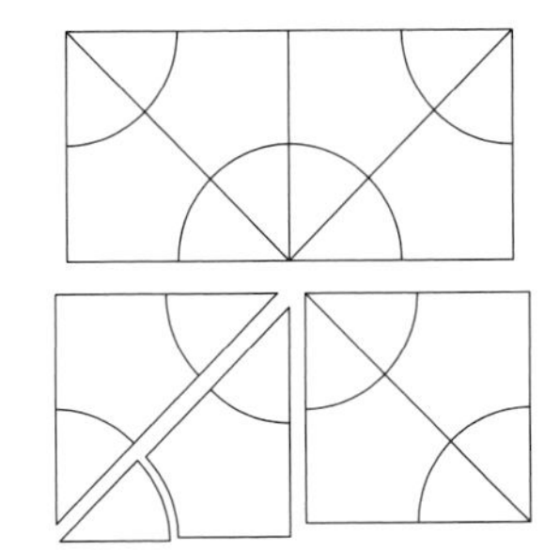

50 Dutch Rose, Dutch Windmill
荷蘭玫瑰·荷蘭風車

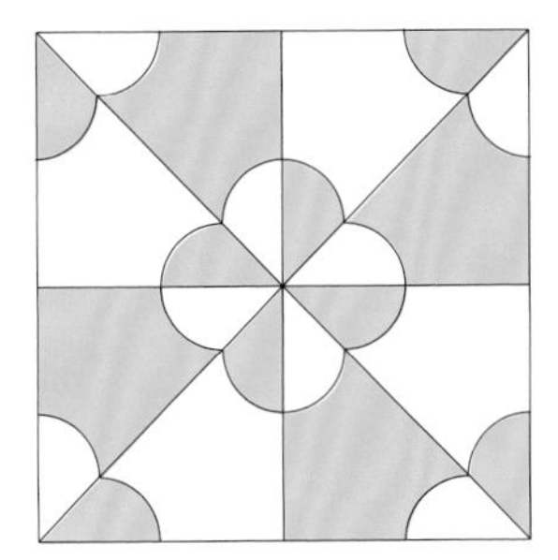
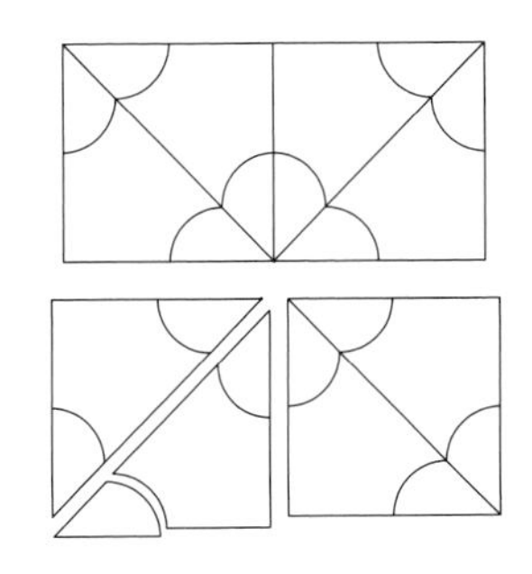

51 Old Maid Combination
老女僕的組合

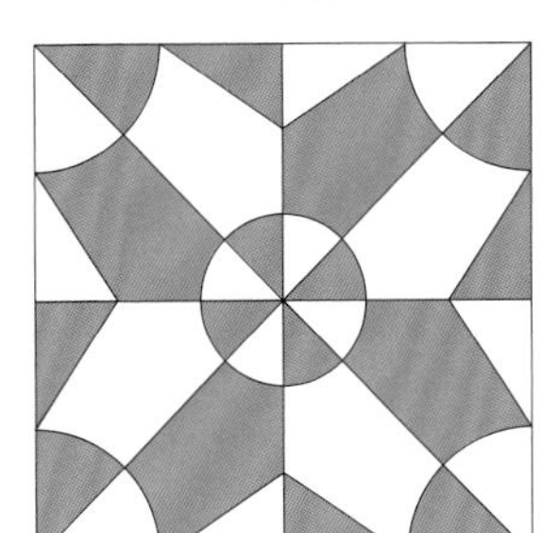
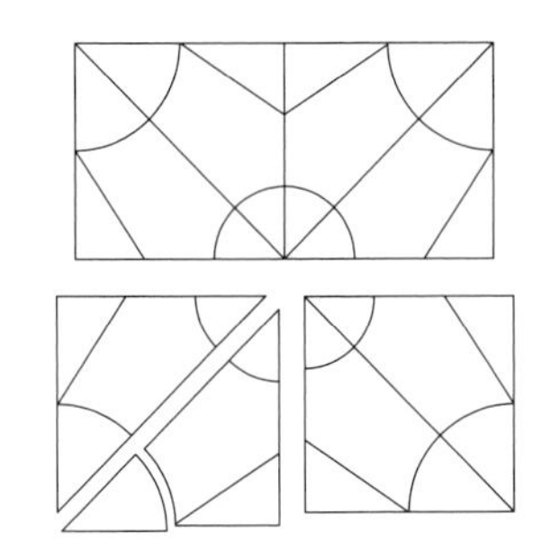

52 Fox Chase
狐狸追逐

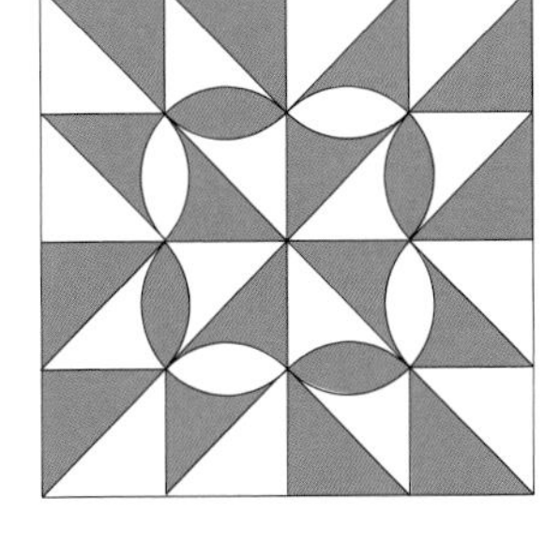
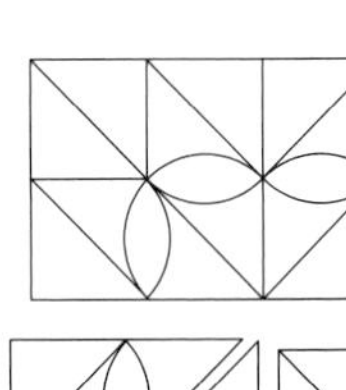
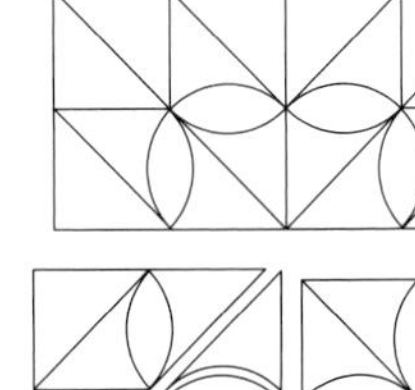
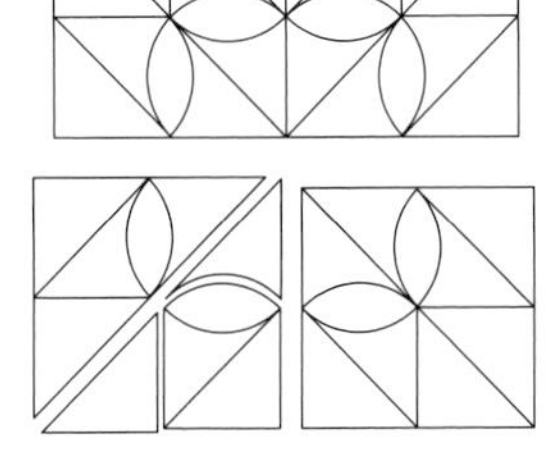

IQSC Object Number:1997.007.0141

Mill Wheel 水車

1875-1895年

206×171cm

南北戰爭後，美國盛行製作幾何圖形連接拼布。細小圖樣的印花棉布廣受喜愛，不以格子、方塊的樣式呈現，而是像此作品一樣，設計出閃爍明暗的效果，強調顏色的對比，反轉空間的明暗，衍生出複雜的設計。

愛爾蘭鎖鍊
Irish Chain

組合兩個不同方塊而構成的圖案。
依所看到的線條數量，作出單個、雙個、三個……等變化。一定要用奇數的格子才能呈現出鎖鍊喔！

IQSC Object Number:1997.007.0665.1

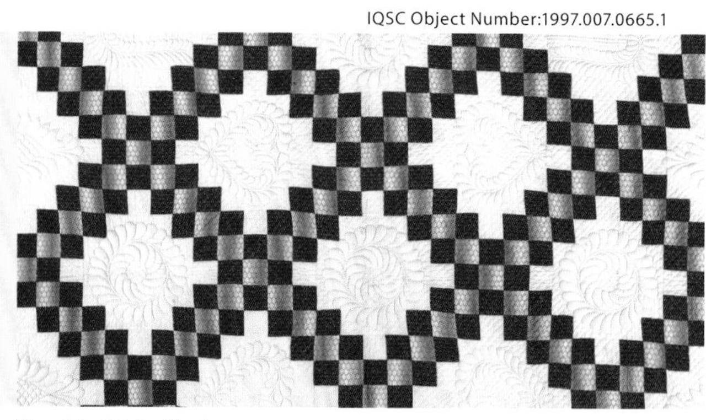

Double Irish Chaine 雙愛爾蘭鎖鍊的一部份　1853年
此拼布作品被視為是1953年製作的婚禮拼布，整體呈現漂亮且華麗的氛圍。

53 Double Irish Chaine
雙愛爾蘭鎖鍊

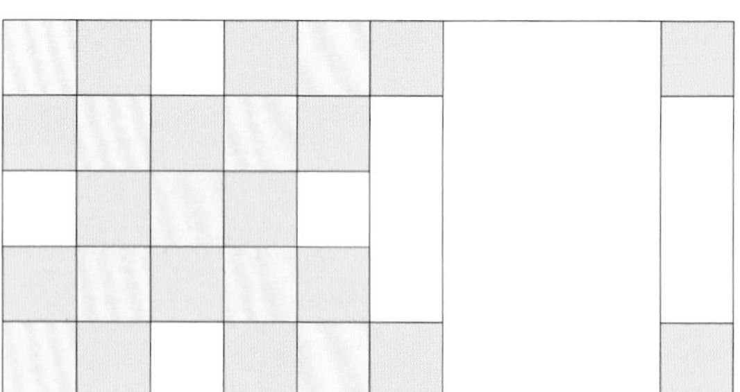

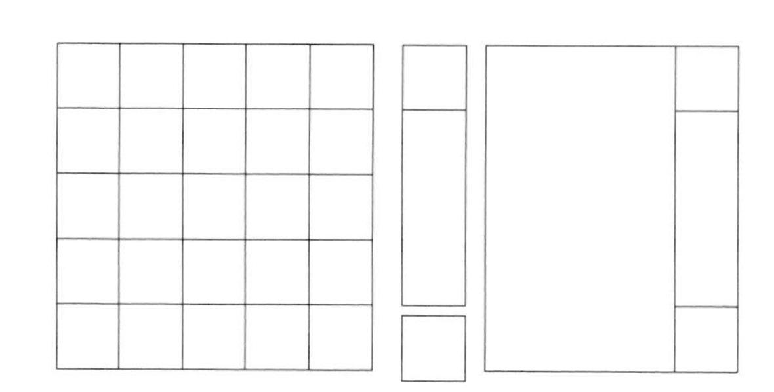

54 Triple Irish Chain, Three Irish Chain
三重愛爾蘭鎖鍊．三個愛爾蘭鎖鍊

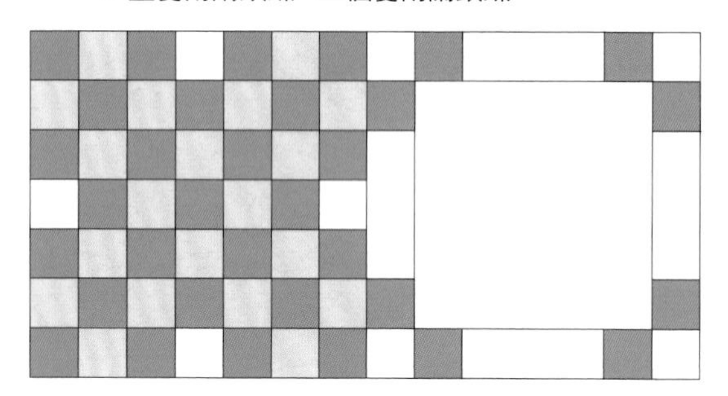

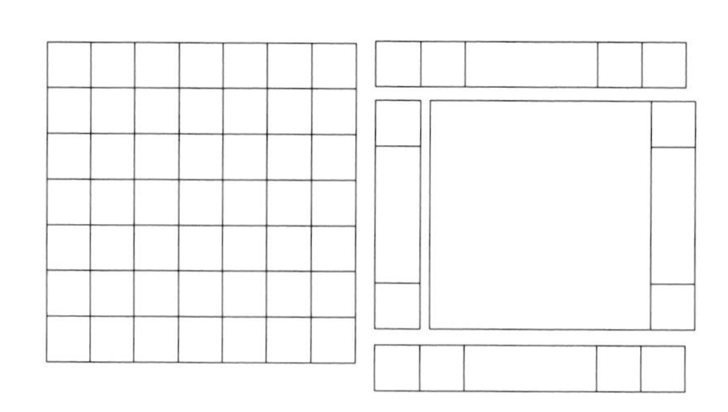

55 Forty Niner Quilt
四十九

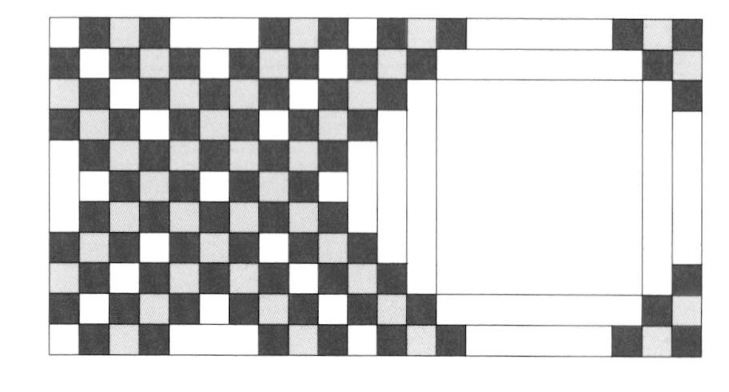

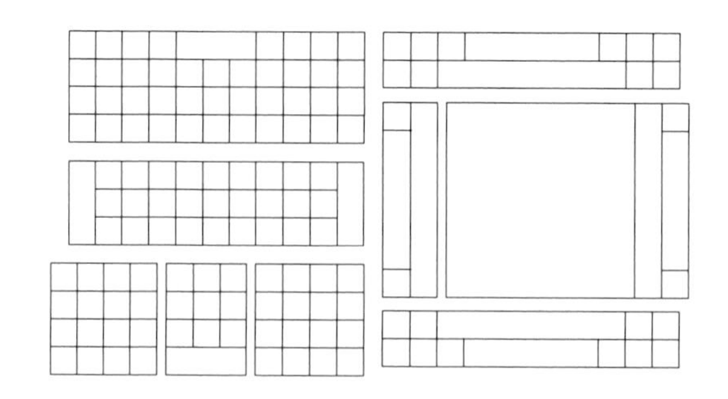

56 Nine Patch Irish Chain
九拼片愛爾蘭鎖鍊

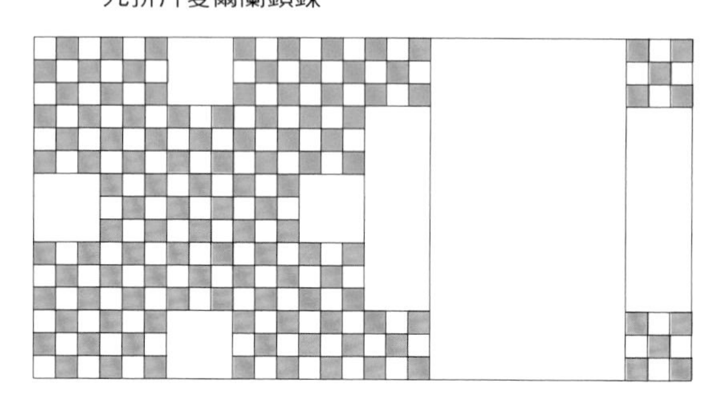

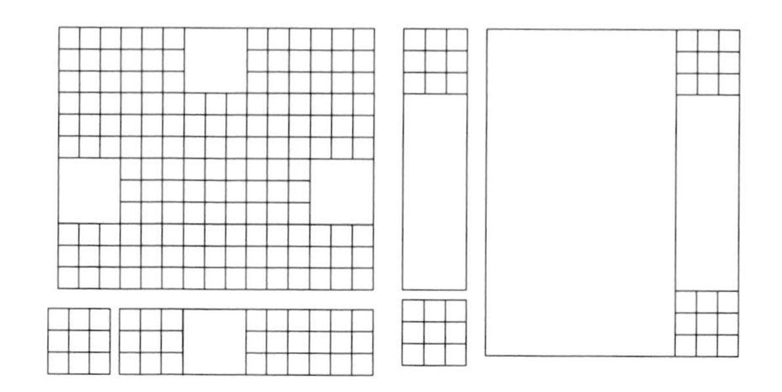

02

57～240

Spin
旋轉圖形

像風車轉動、漩渦流動一樣，
藉由配色與圖案設計讓作品呈現生動活潑的感覺，
並列時看不出有規則的單一圖案，也能產生不同的視覺變化。

風車
Wind Mill

像是風車扇葉旋轉的圖形。扇葉輕輕地旋轉，或是多個風車一起旋轉，都各有不同的變化。

57 Pinwheel, Windmill
紙風車．風車

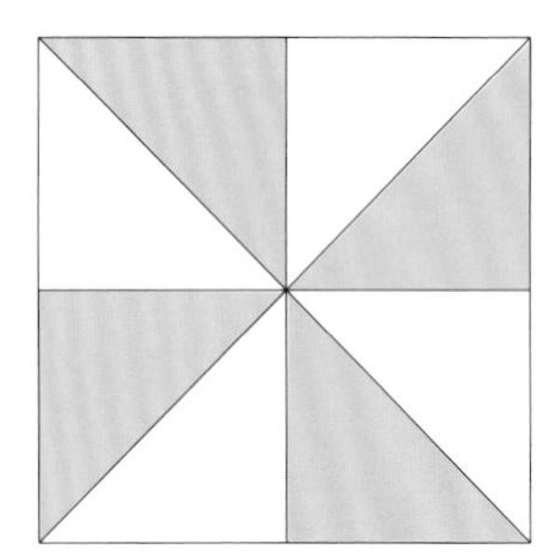

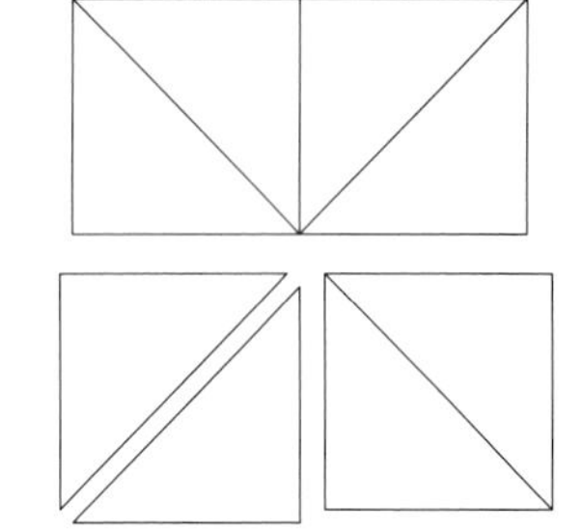

58 Turnstile
十字轉門

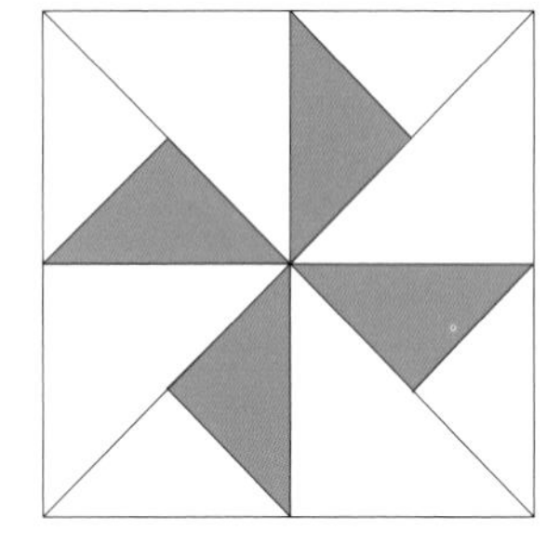

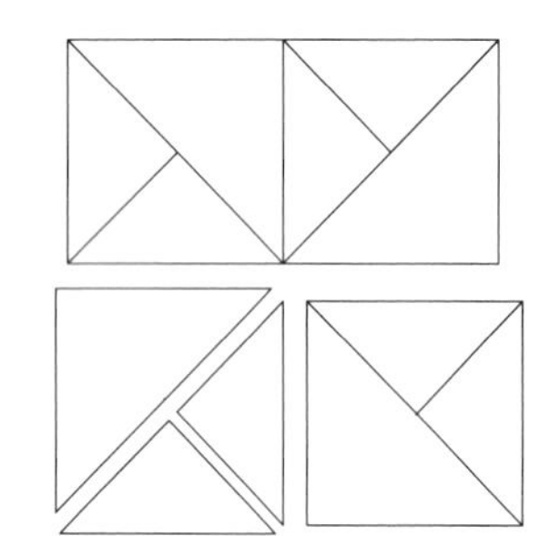

59 Double Pinwheel, Old Windmill
雙重紙風車．老風車

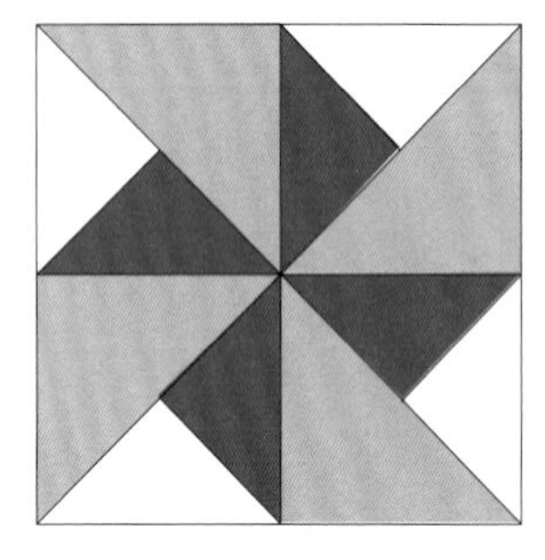

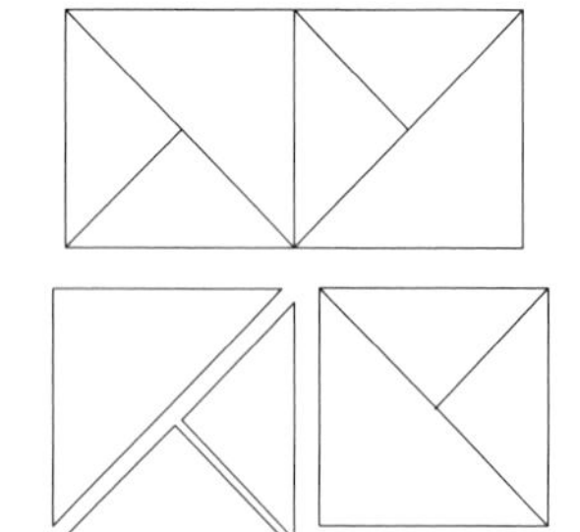

60 Aloha
阿囉哈

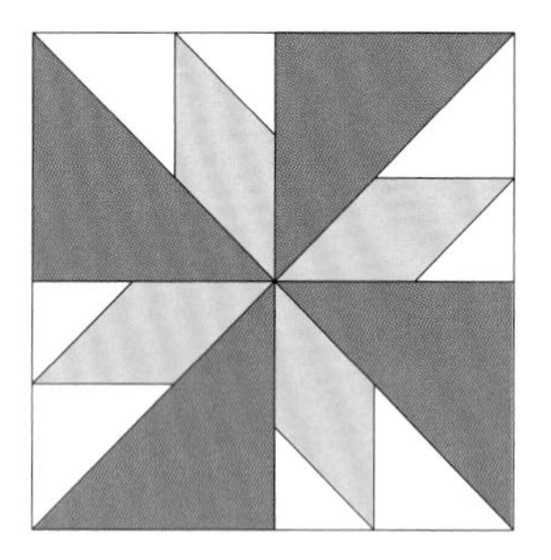

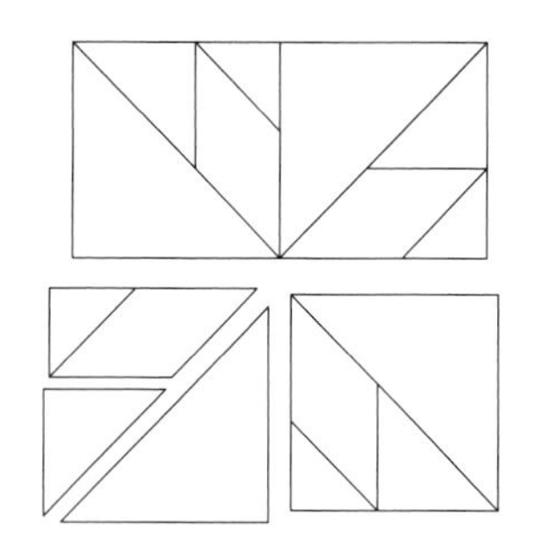

61 Brave World
勇敢世界

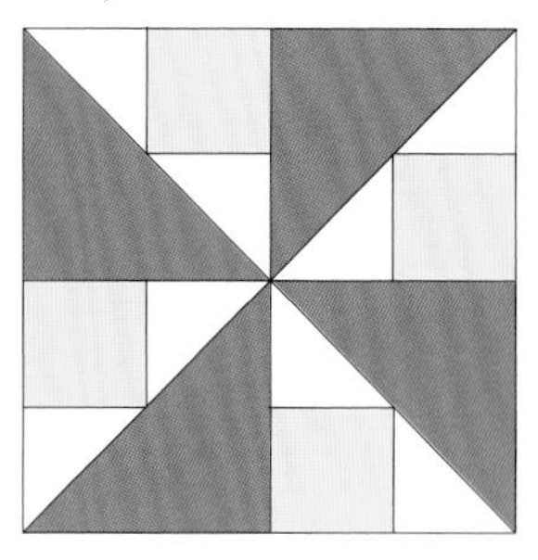

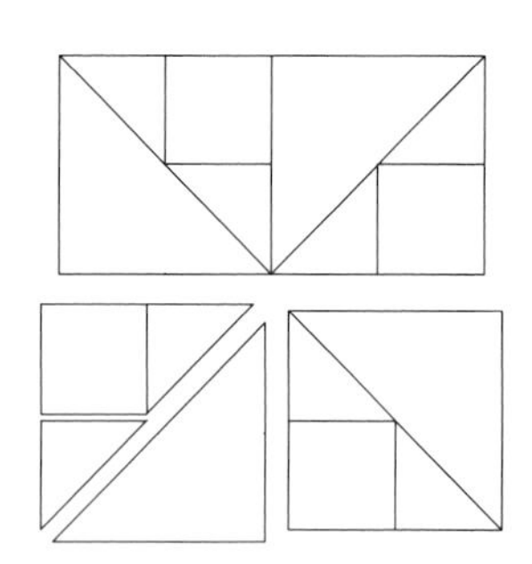

62 Spinner
紡紗機

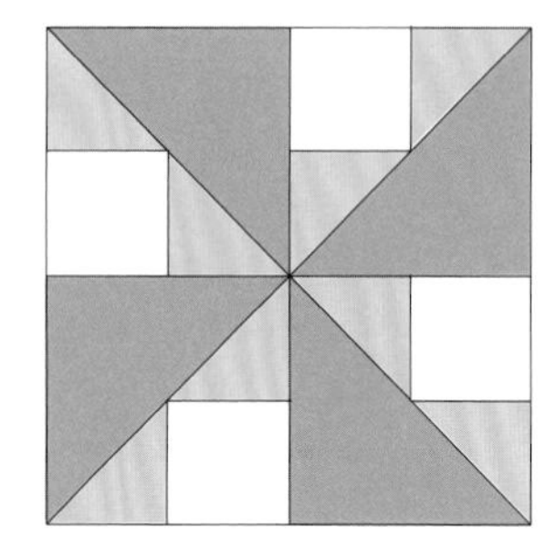

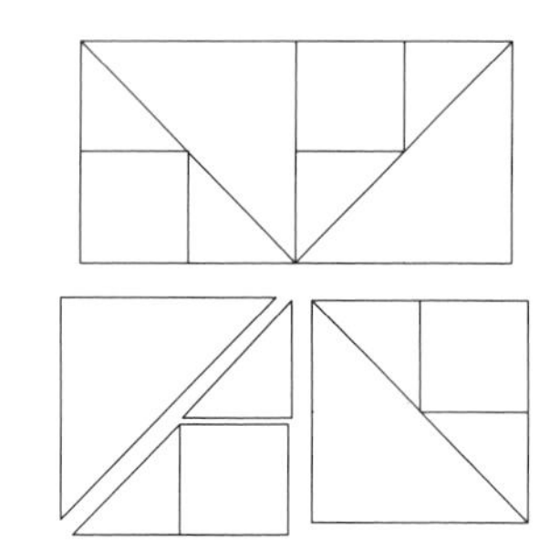

63 Pieced Pinwheel
拼接紙風車

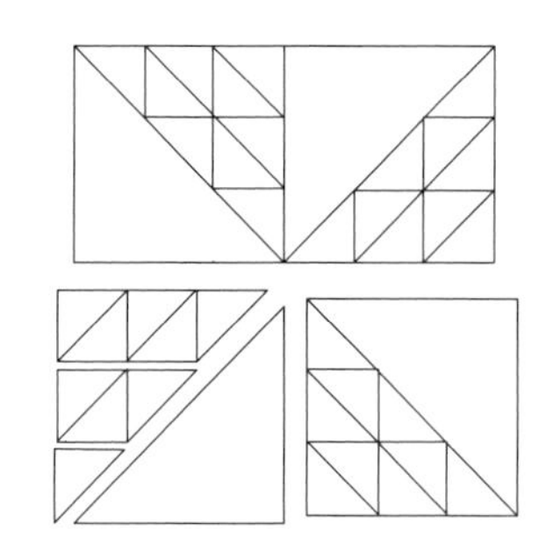

64 Double Windmil
雙重風車

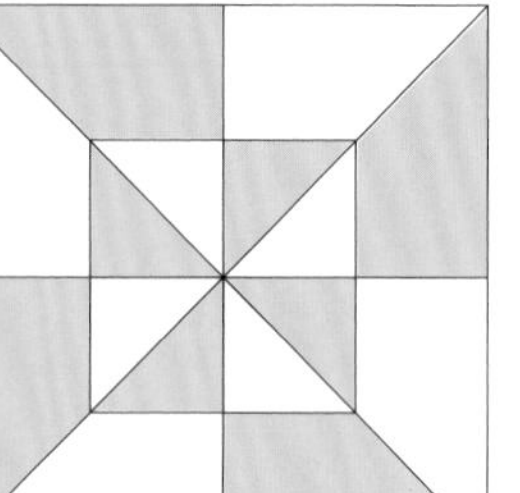

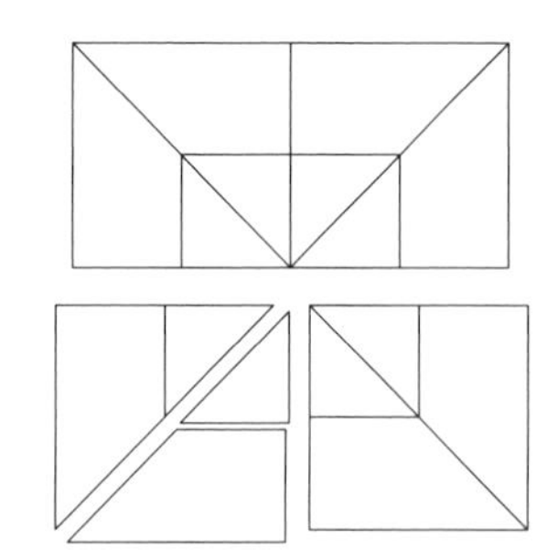

65 Squire Smith's Choice
方形史密斯的選擇

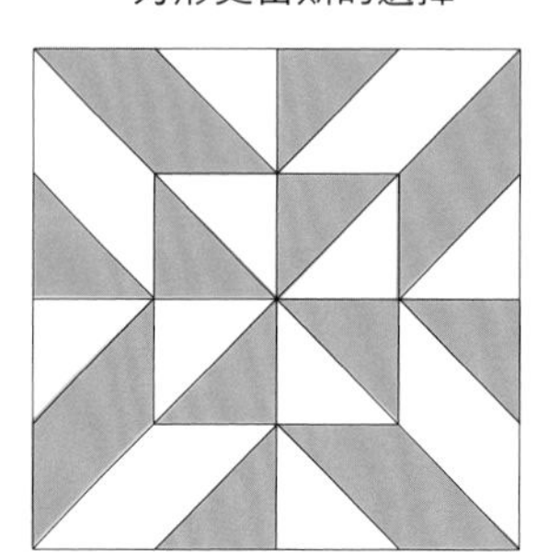

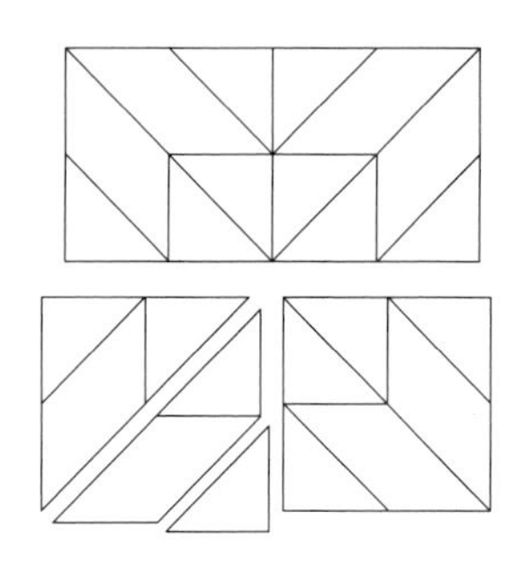

66 Maypole Dance
五朔節花柱舞

4

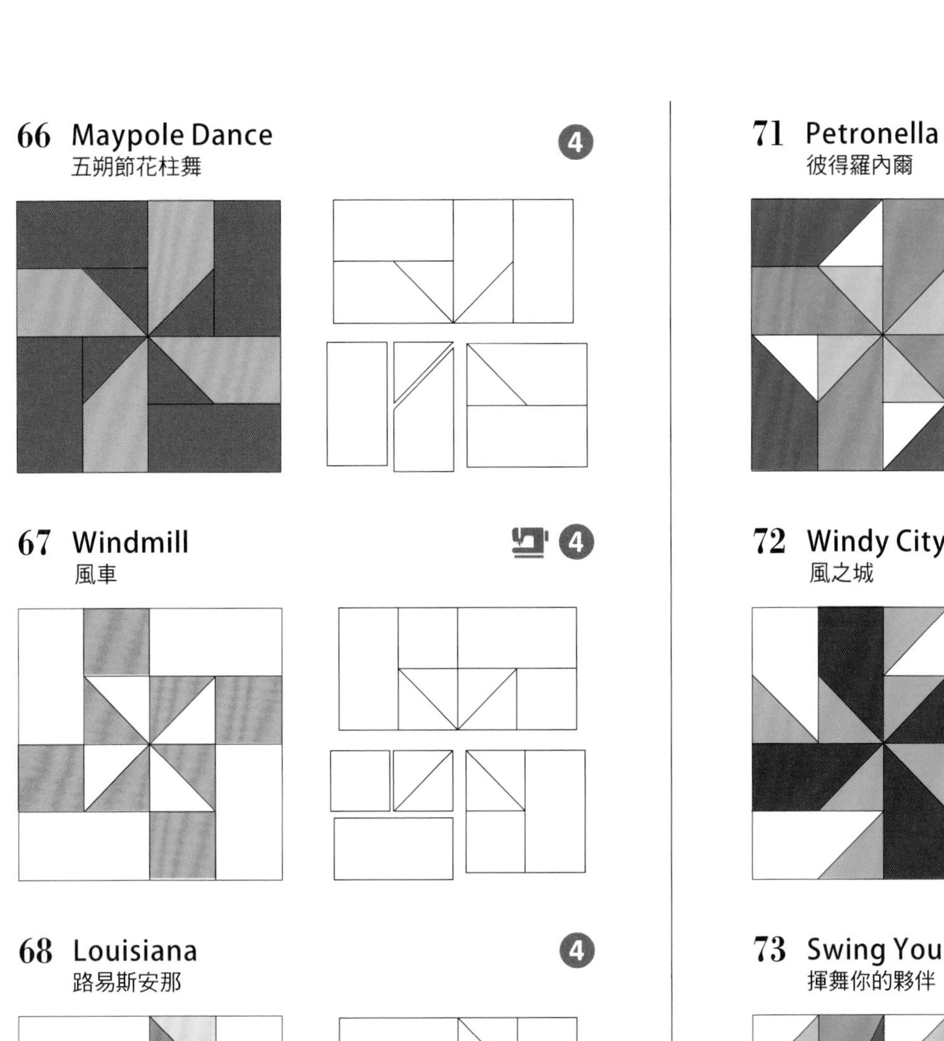

67 Windmill
風車

4

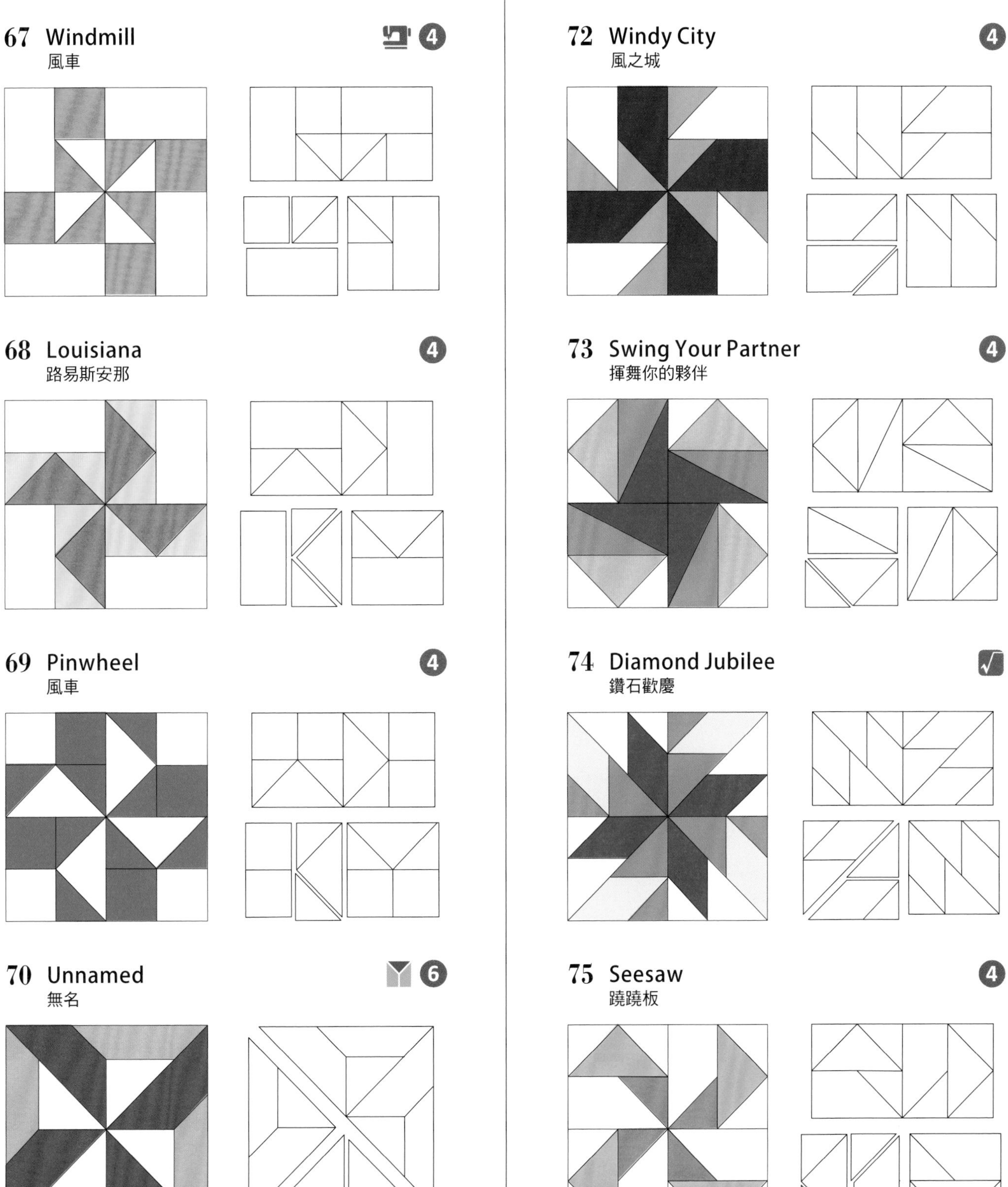

68 Louisiana
路易斯安那

4

69 Pinwheel
風車

4

70 Unnamed
無名

6

71 Petronella
彼得羅內爾

4

72 Windy City
風之城

4

73 Swing Your Partner
揮舞你的夥伴

4

74 Diamond Jubilee
鑽石歡慶

75 Seesaw
蹺蹺板

4

76 Windmill

風車

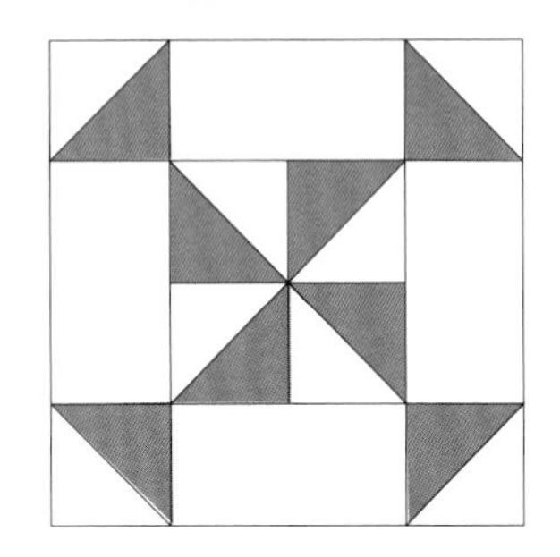

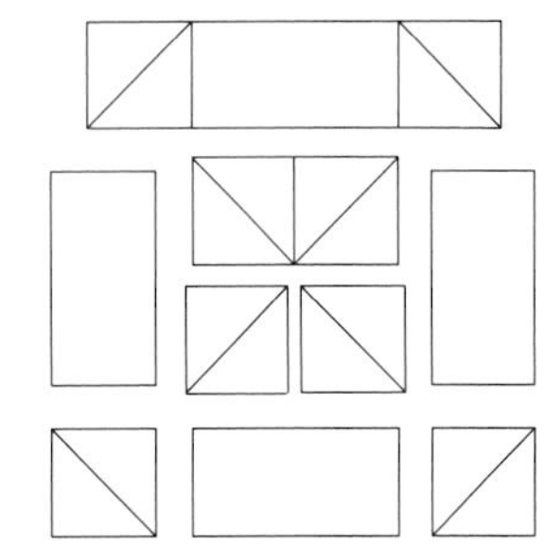

77 Dutchman's Puzzle, Dutchman's Wheel

荷蘭人拼圖・荷蘭人車輪

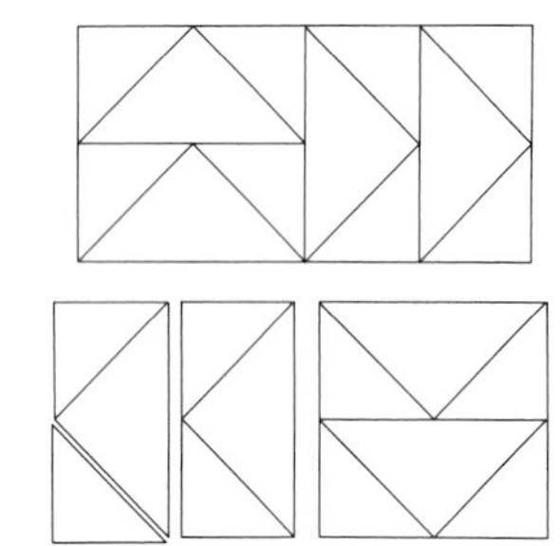

78 Flying X, Double Quartet

飛舞 X・雙重四重奏

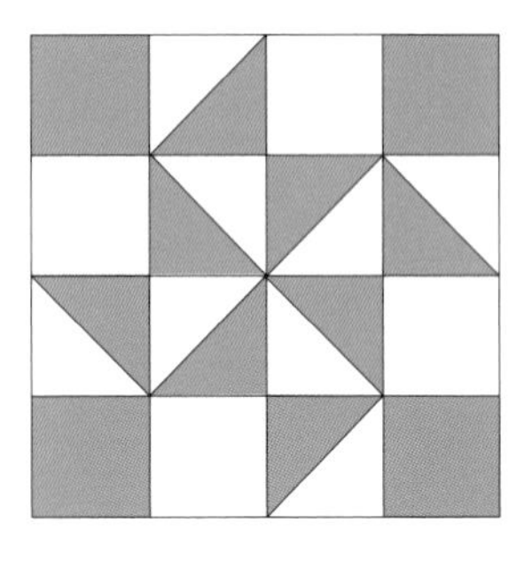

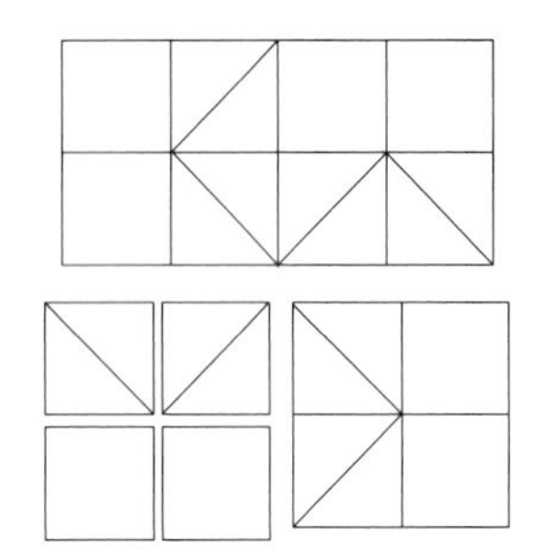

79 Electric Fan

電動扇葉

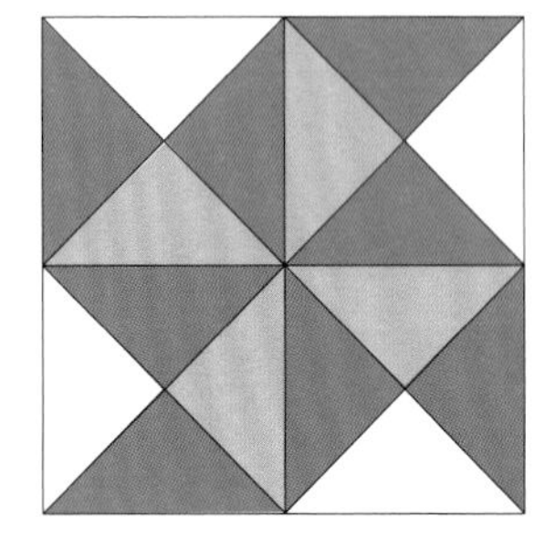

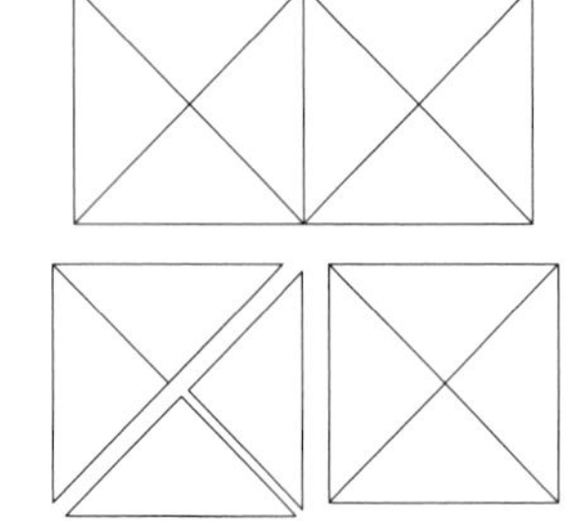

80 Peace and Plenty ④

和平&富足

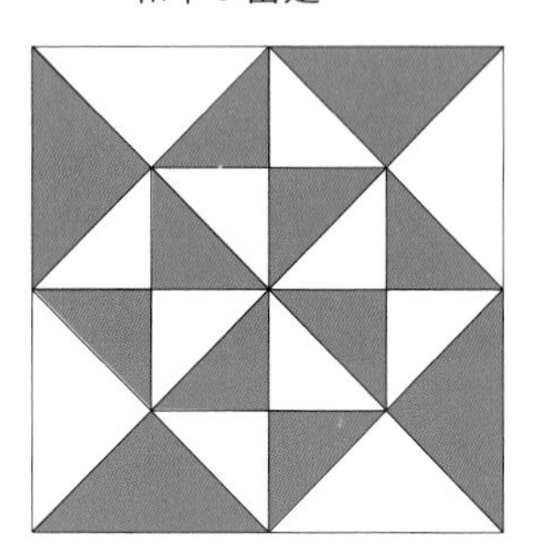

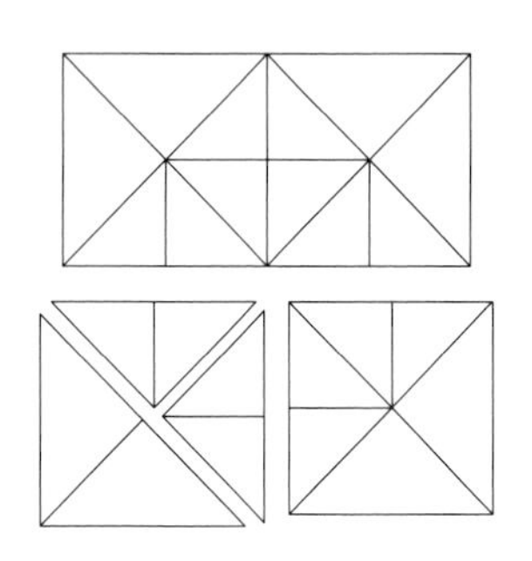

81 Martha's Choice ④

瑪莎的選擇

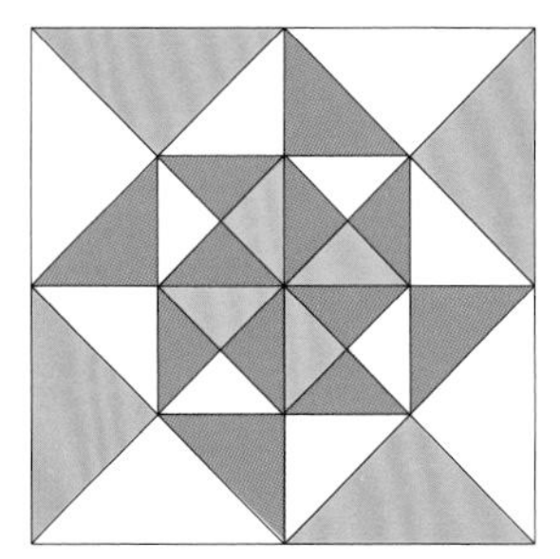

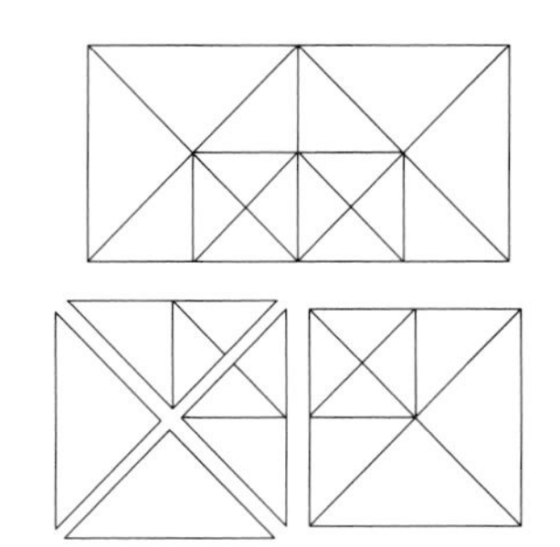

82 Housewife Quilt Block ⑥

主婦拼布方塊

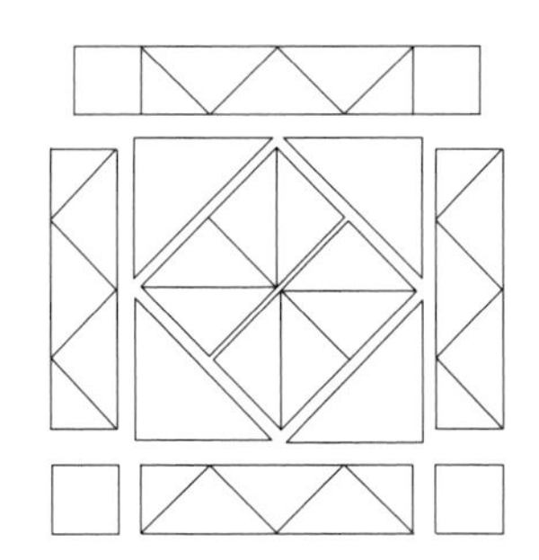

83 Pinwheel ⑤

紙風車

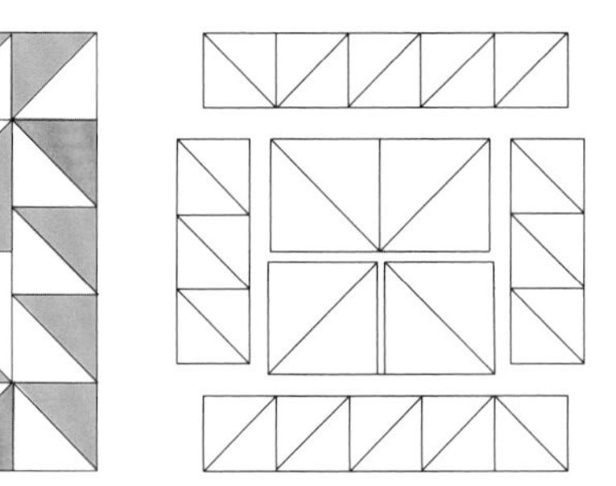

84 November Nights ⑤

十一月之夜

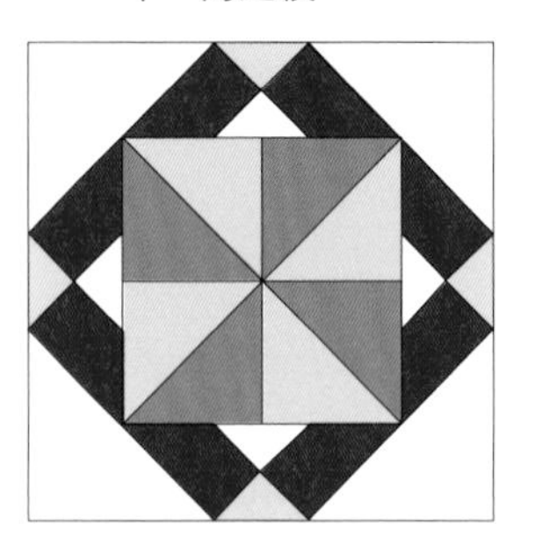

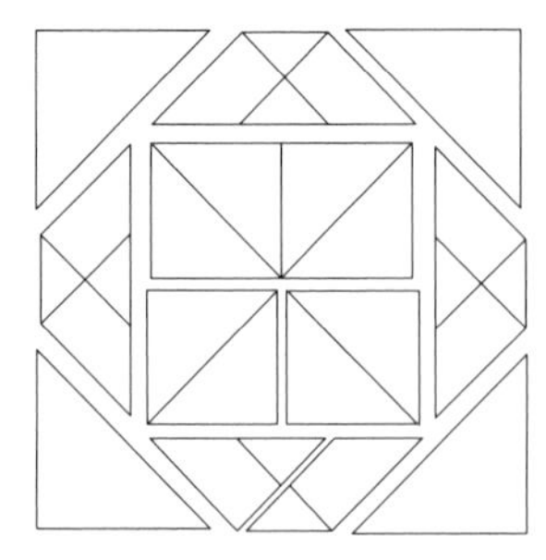

85 Pinwheel ④

紙風車

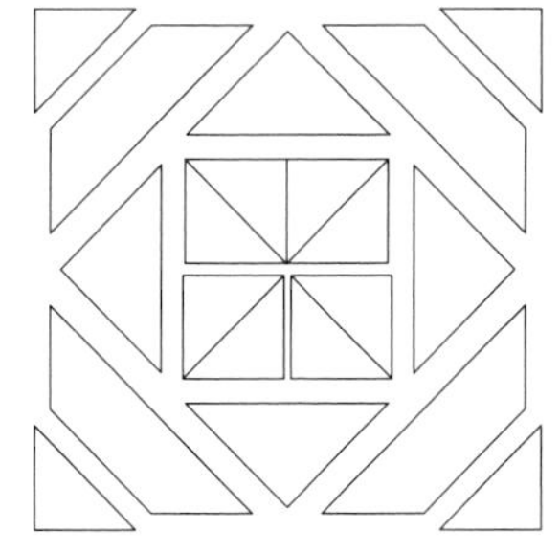

86 Missouri Windmills
密蘇里風車

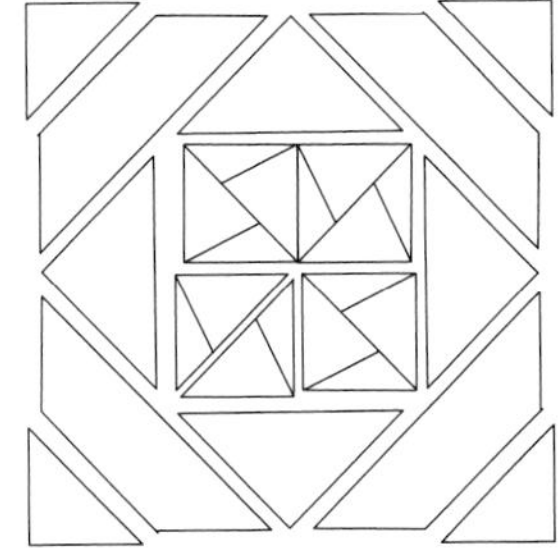

87 Unnamed
無名

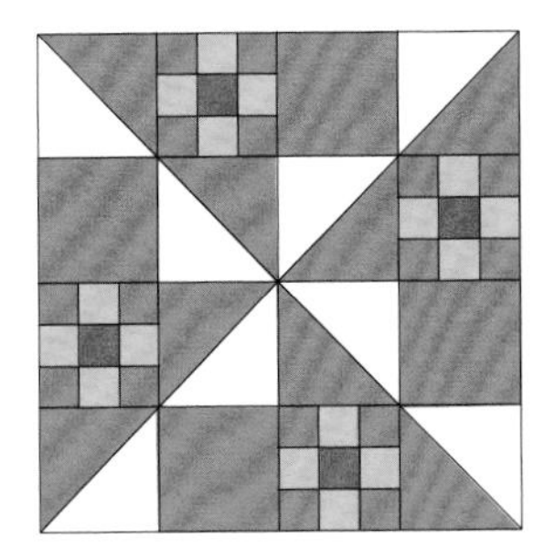

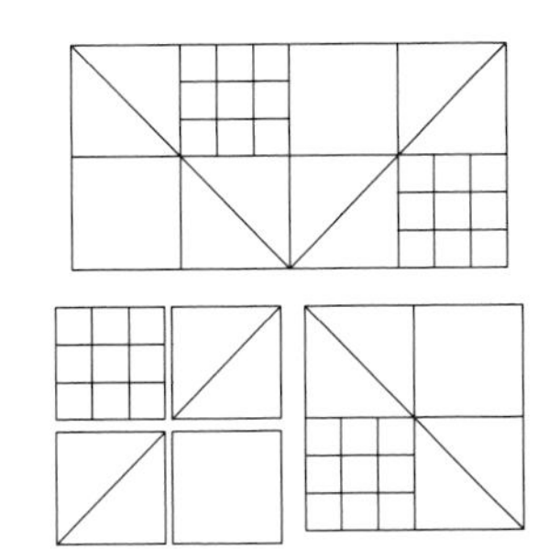

88 Kansas Troubles
堪薩斯麻煩

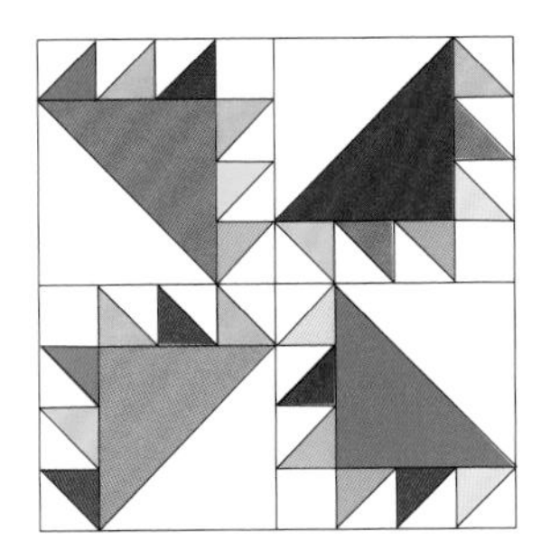

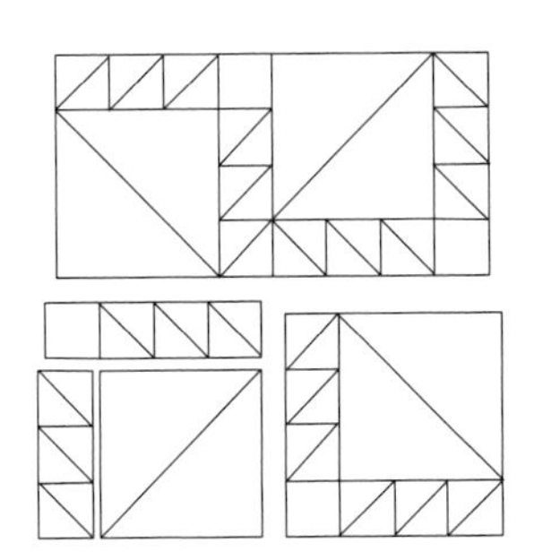

89 Pinwheels & Sawtooth
紙風車&鋸齒

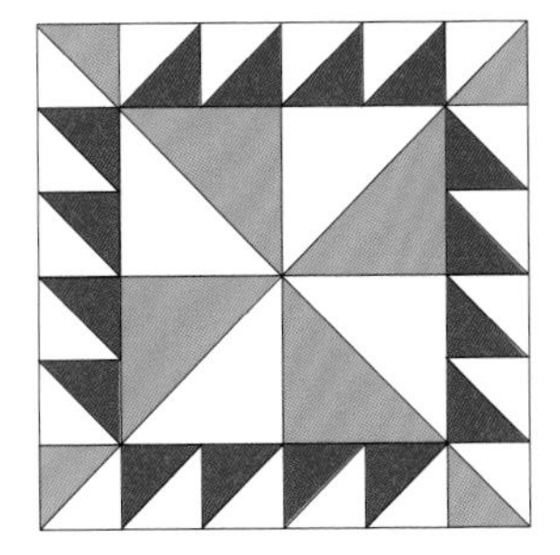

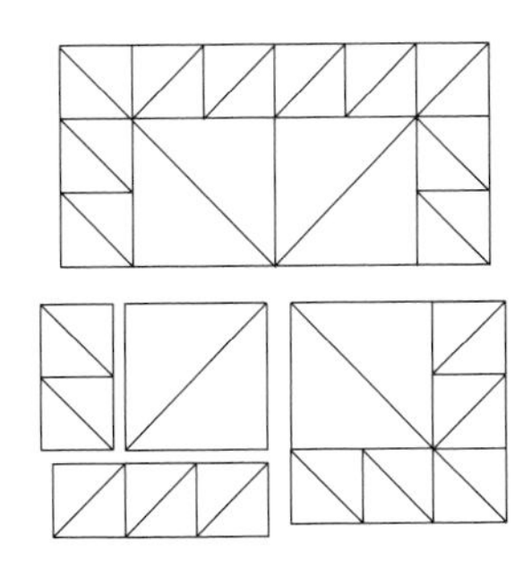

90 Triangles
三角形

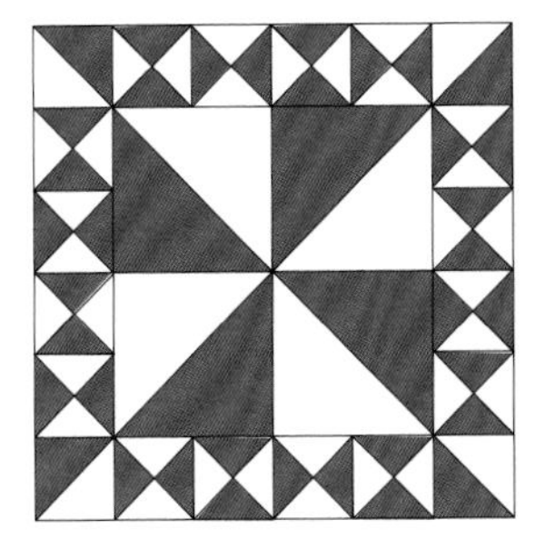

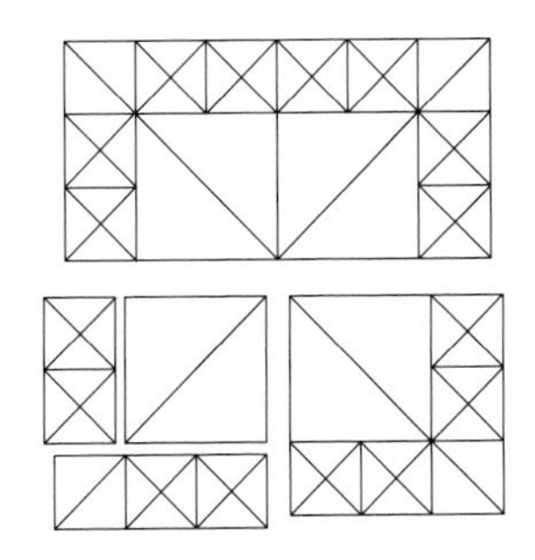

91 Catch as You Can
你能抓得住我

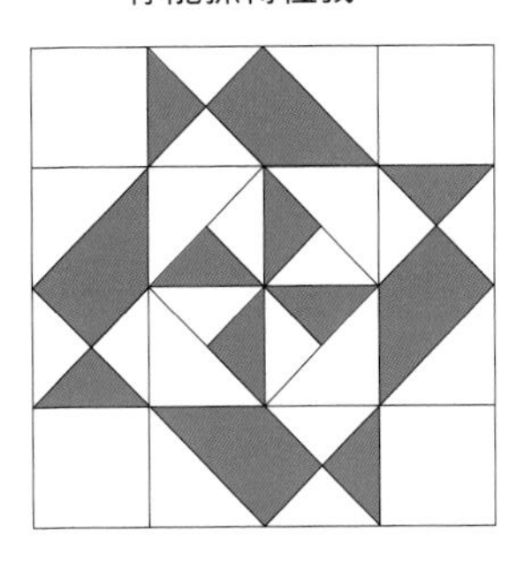

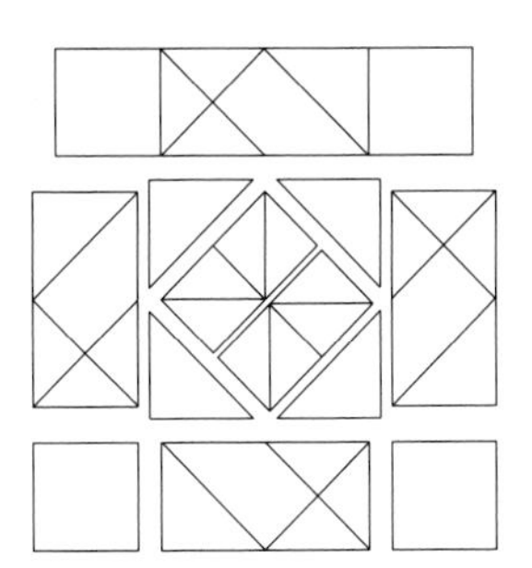

92 Straw Flowers
稻草之花

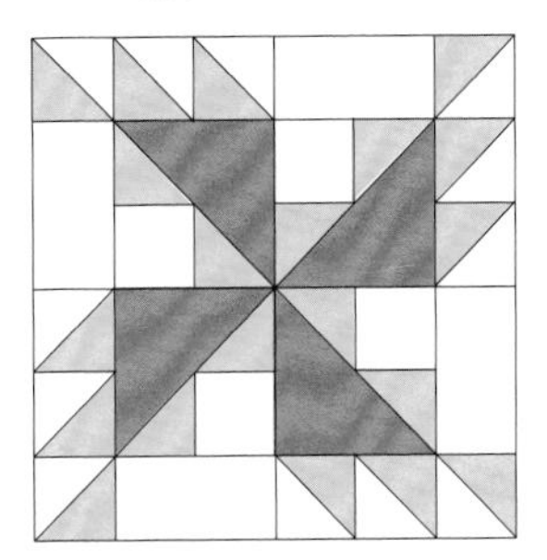

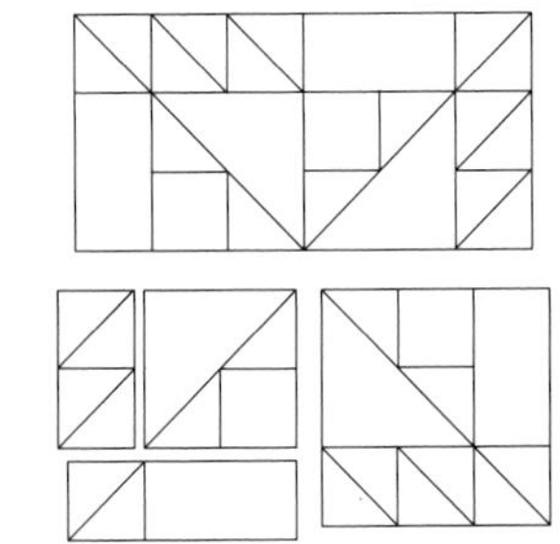

93 White House
白色房屋

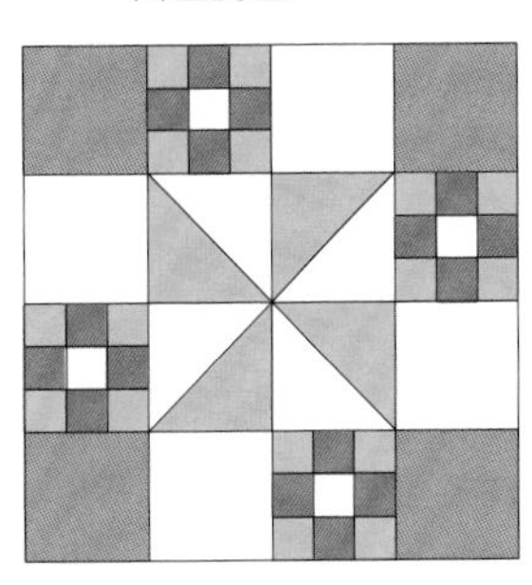

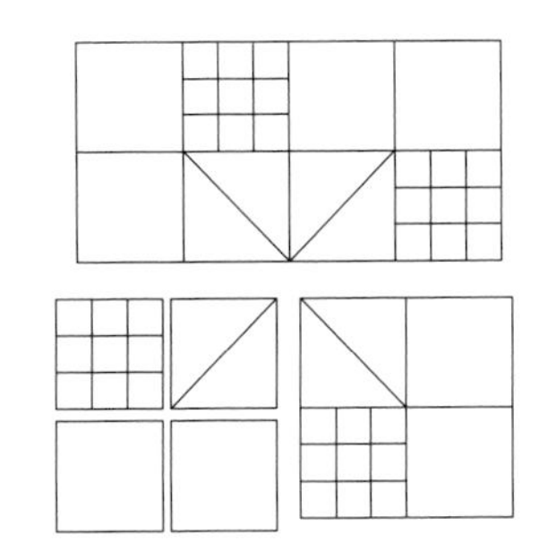

94 Virginia Reel, Tangled Lines
維吉尼亞捲軸・糾結的線

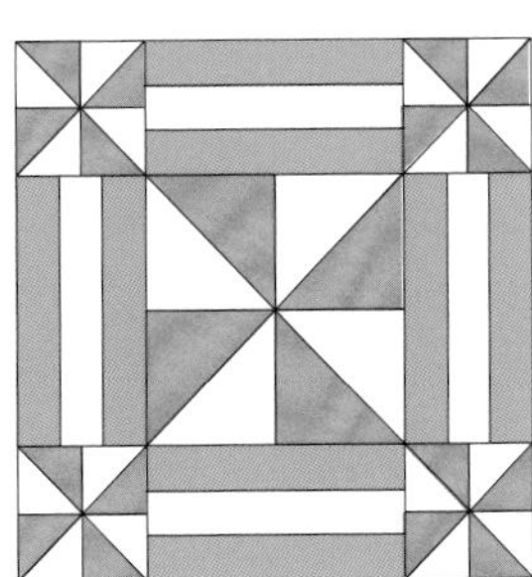

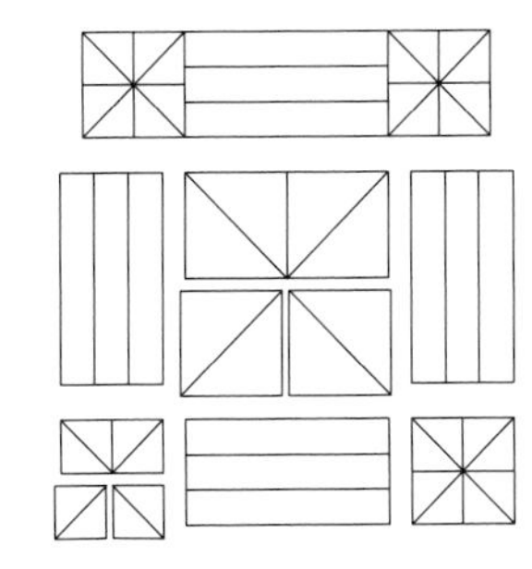

95 Dutch Windmill
荷蘭風車

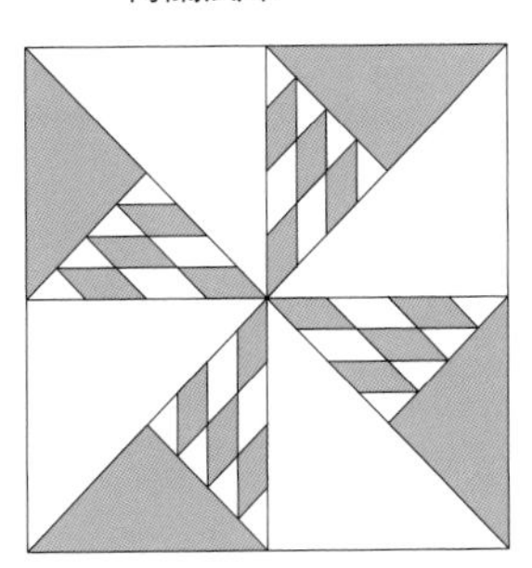

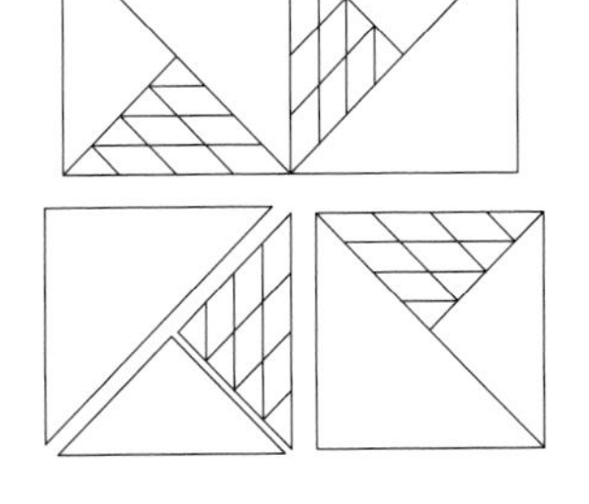

96 Spinning Arrows
旋轉箭頭

3

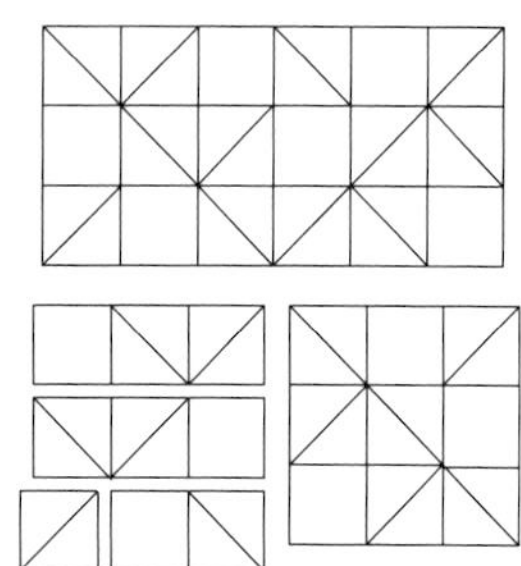

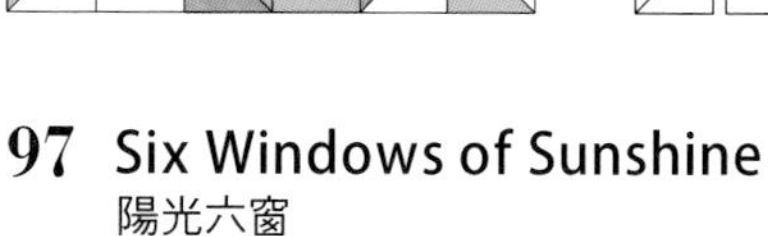

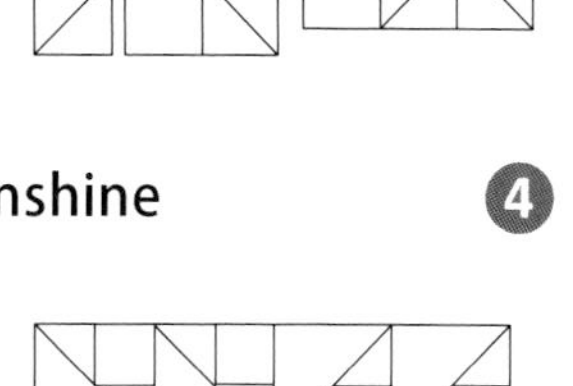

97 Six Windows of Sunshine
陽光六窗

4

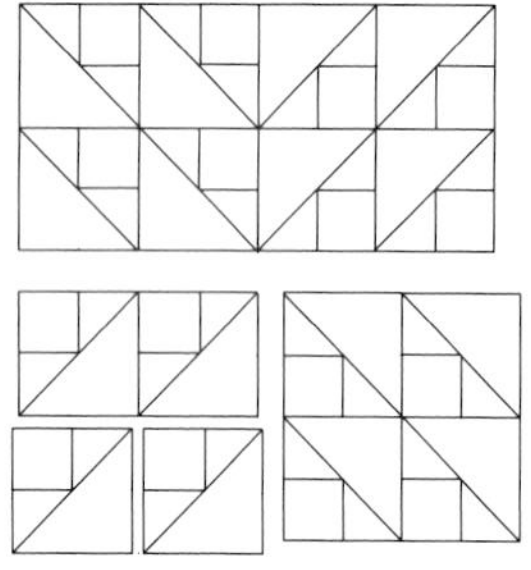

98 Clay's Choice, Star of the West
克萊的選擇 · 西方之星

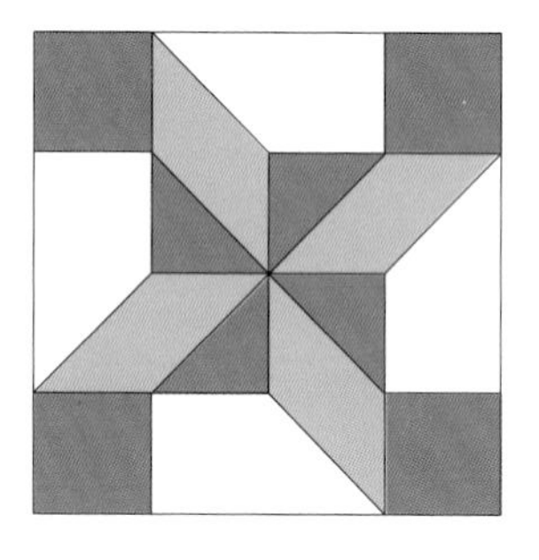

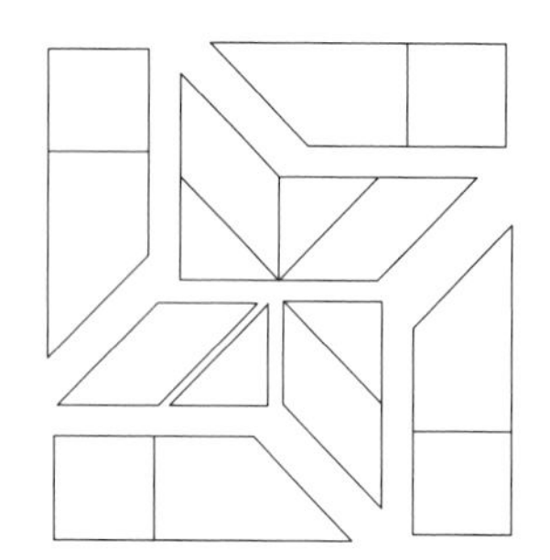

99 March Winds
三月的風

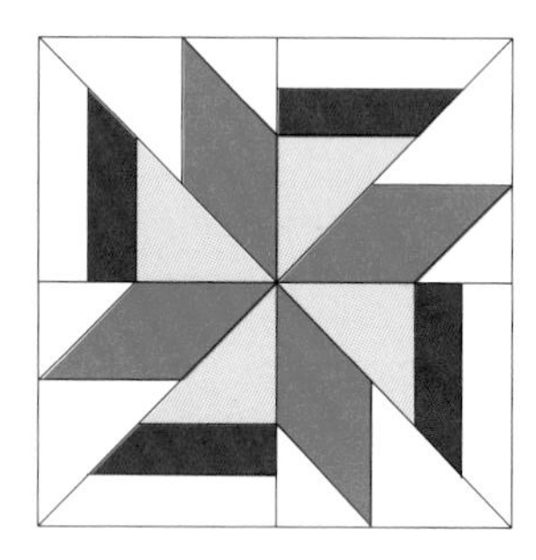

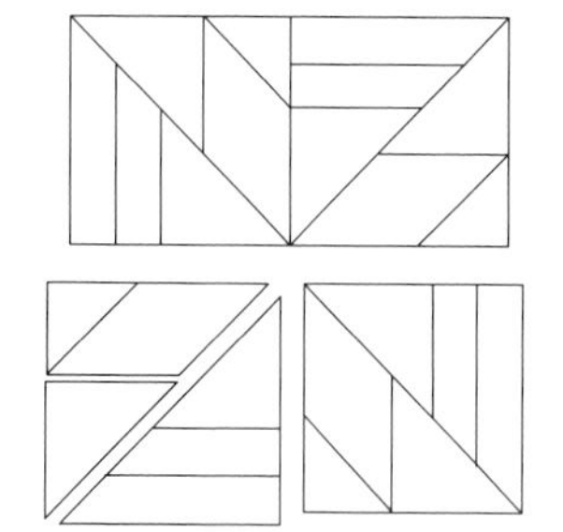

100 Wheels
車輪

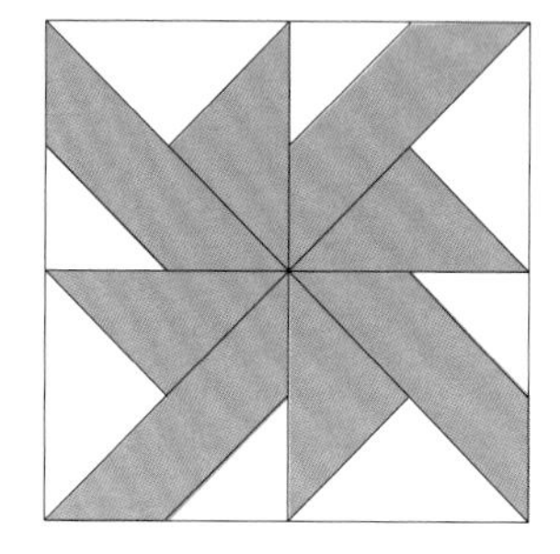

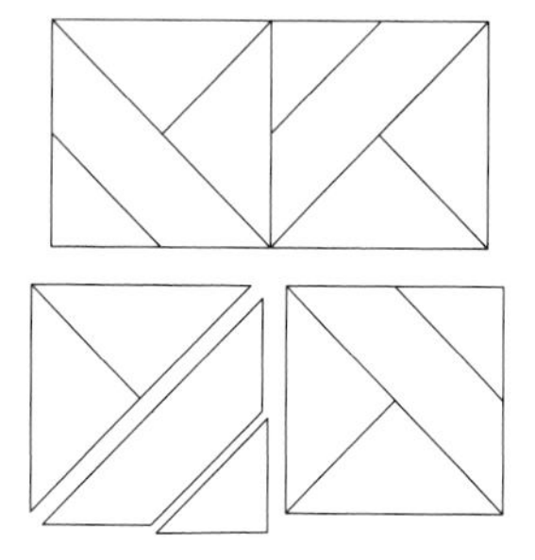

101 Motown Sounds
摩城之聲

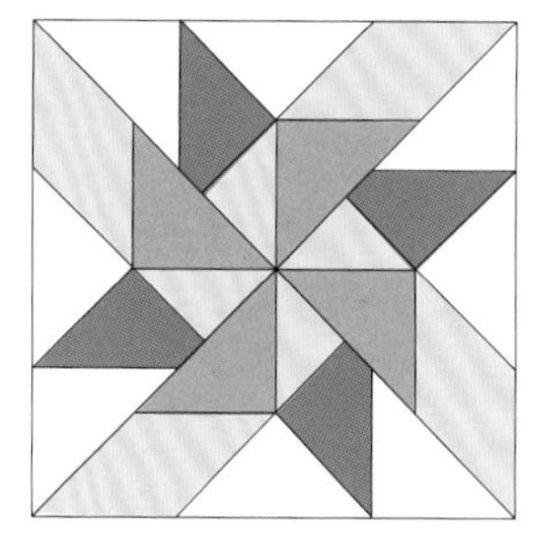

102 Double Pinwheel
雙重紙風車

6

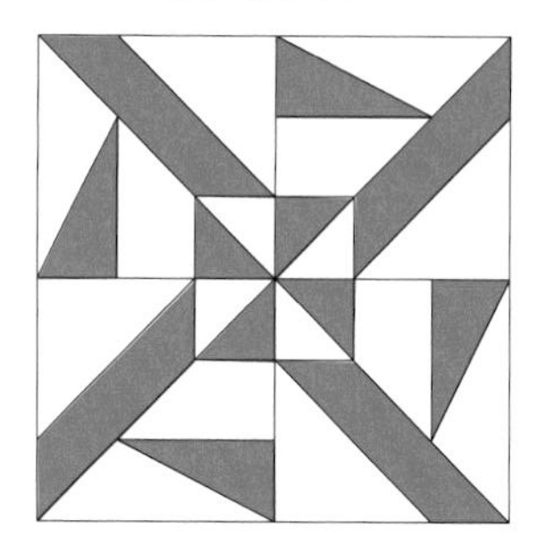

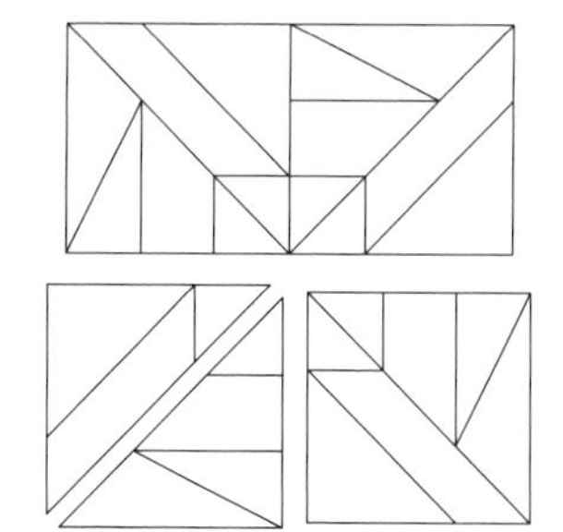

103 Farmers' Wife, Double Pinwheel
農夫之婦 · 雙重紙風車

4

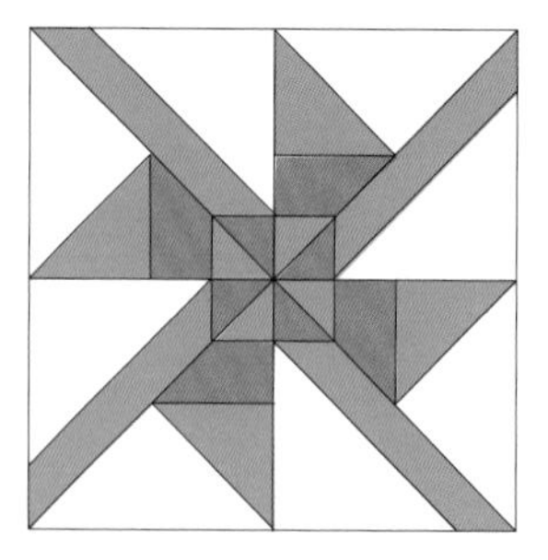

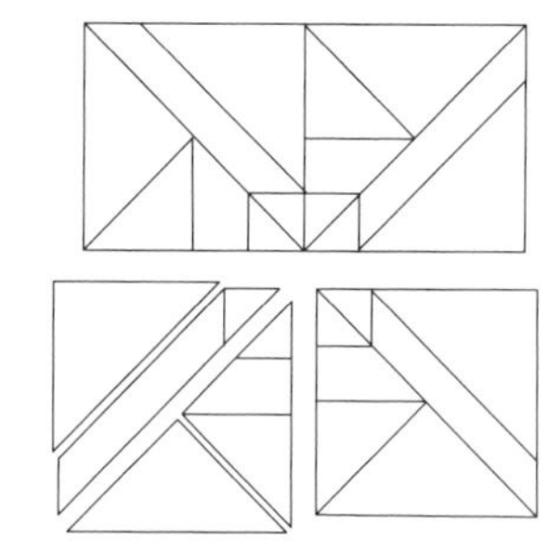

104 Whirling Star
旋轉之星

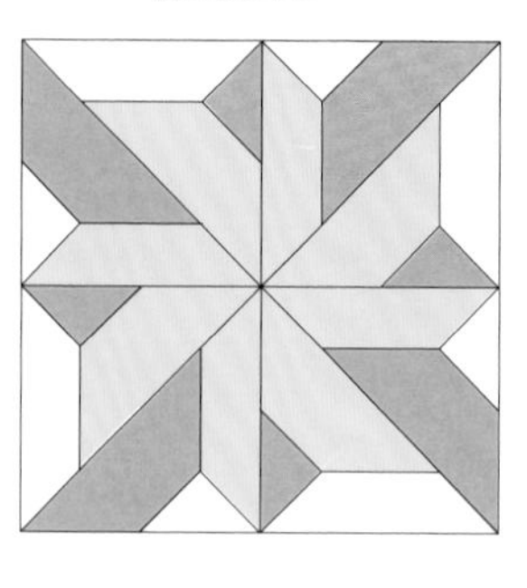

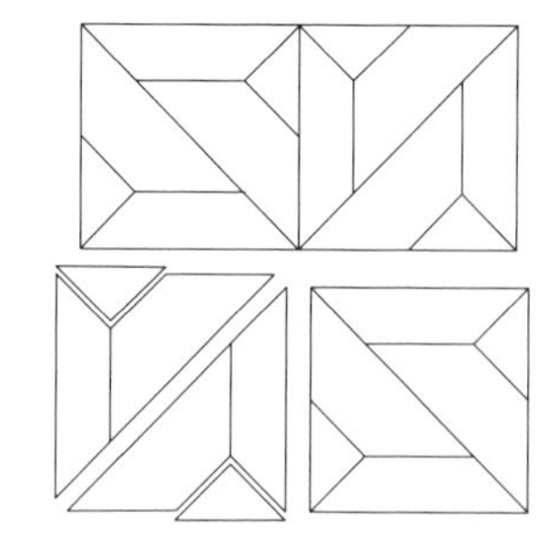

105 Four Winds
四面八方

6

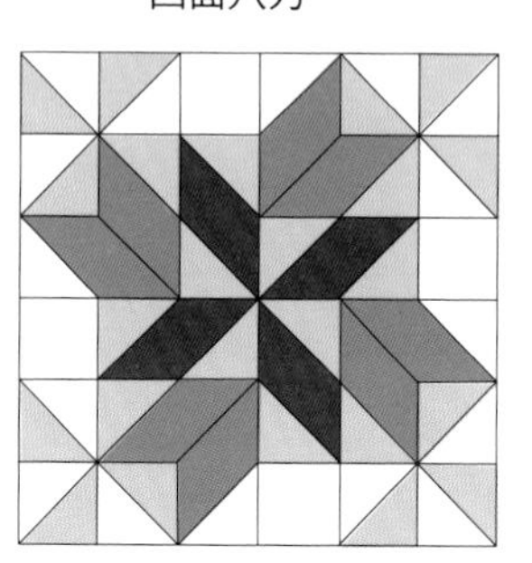

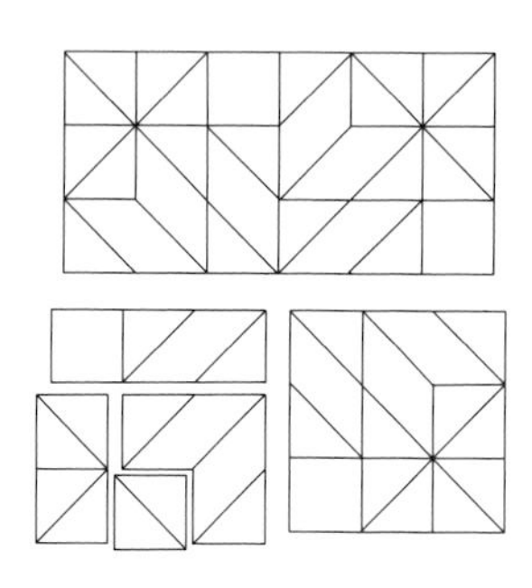

106 Lattice Star
格子框星星

6

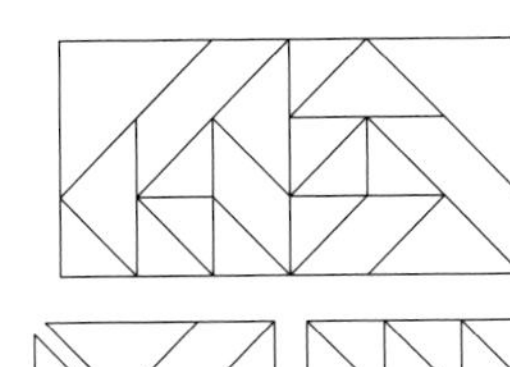

107 Dutch Waterways
荷蘭航道

5

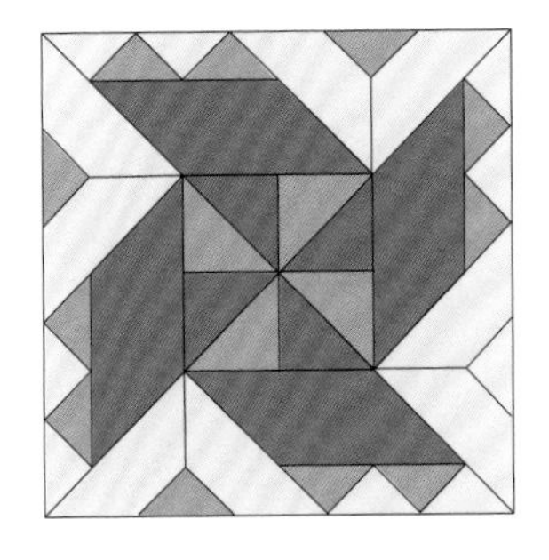

108 Holland Magic
荷蘭魔術

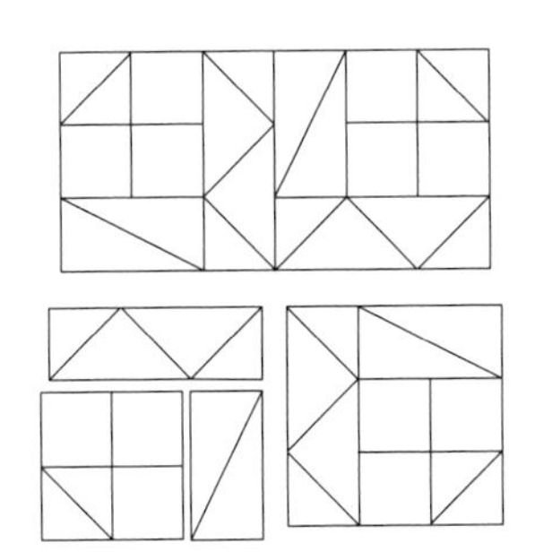

109 Chaos Theory
混沌理論

3

110 Kankakee Checkers
坎卡基西洋棋

6

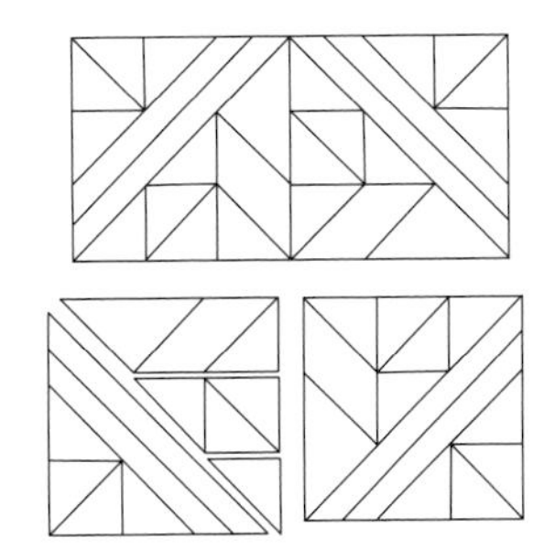

111 Catch Me If You Can, Devil's Pazzle
你能抓得住我・惡魔的拼圖

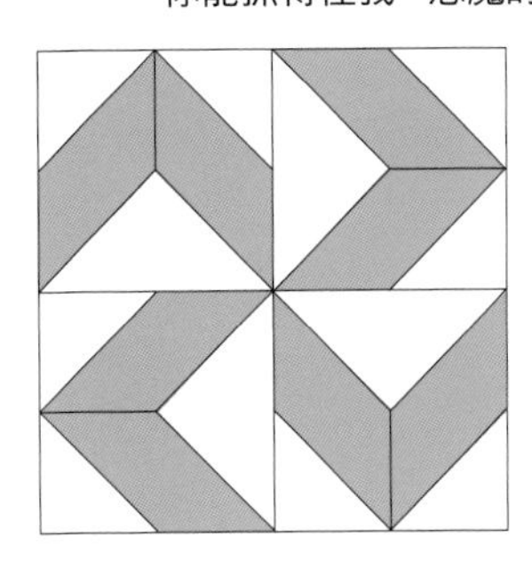

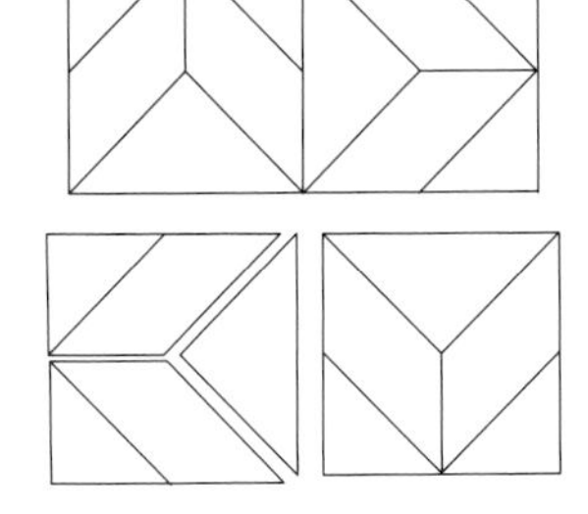

112 Good Luck
祝你好運

2

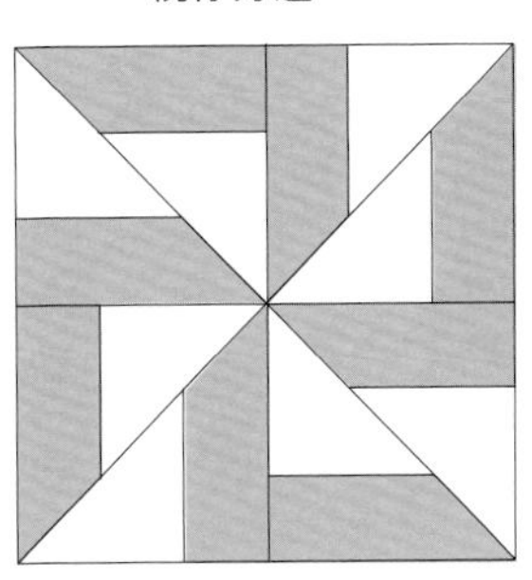

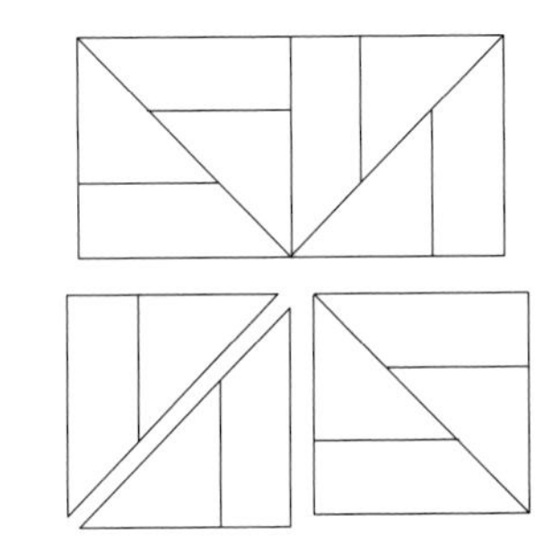

113 Flyfoot
飛毛腿

4

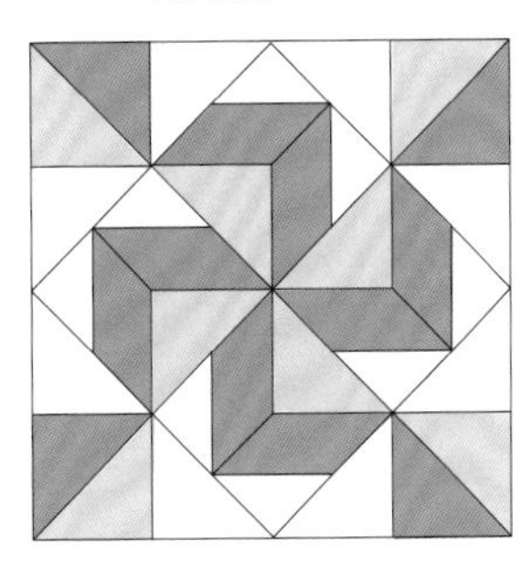

114 Colorado Beauty
科羅拉多之美

4

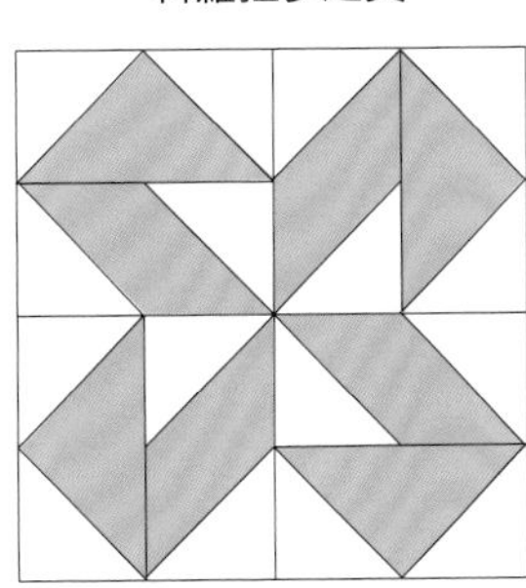

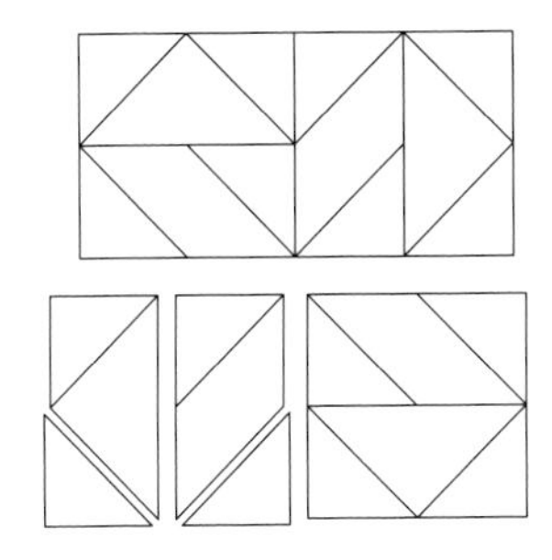

115 Yankee Puzzle
洋基之謎

4

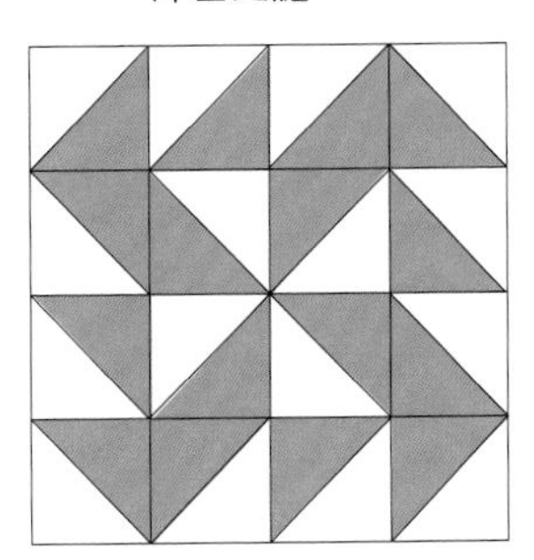

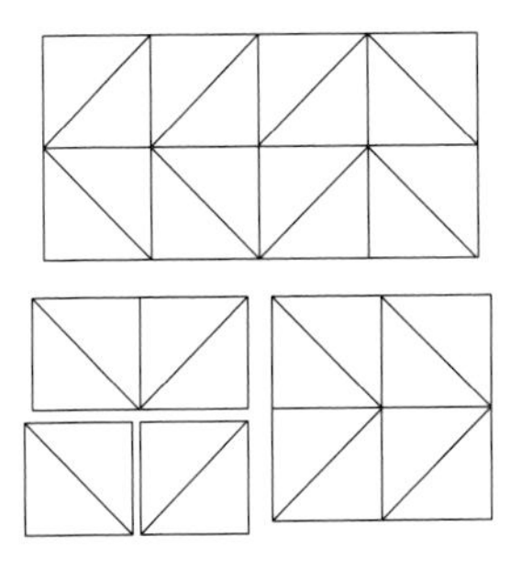

116 Rolling Pinwheel
旋轉紙風車

6

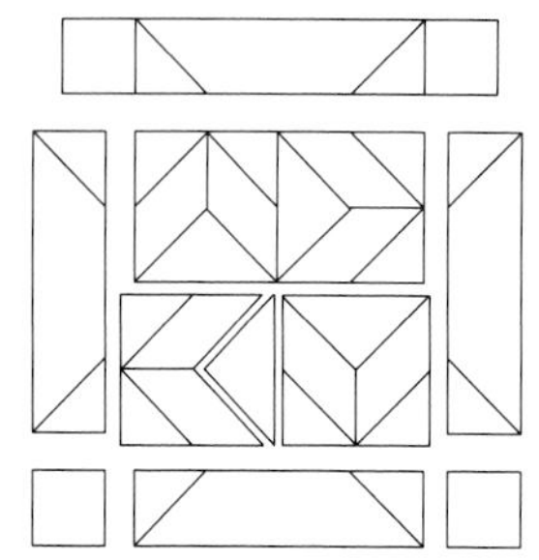

117 Card Trick
紙牌魔術

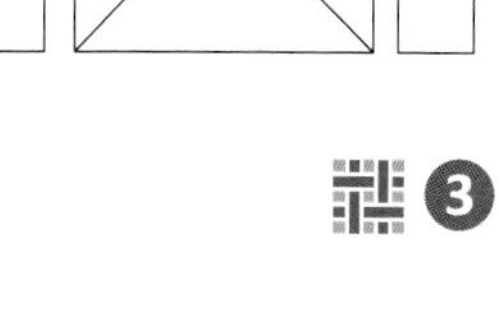

3

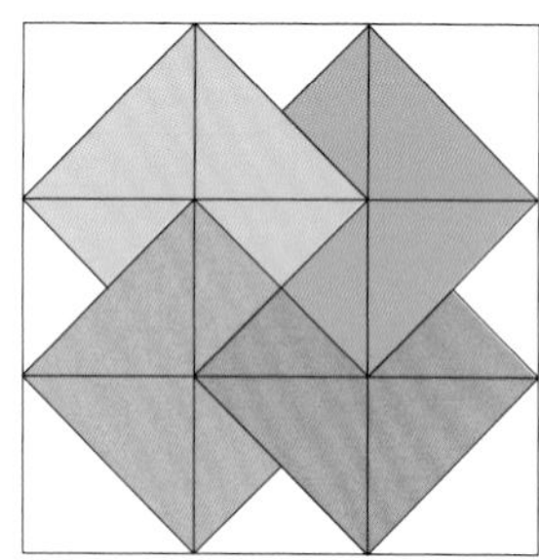

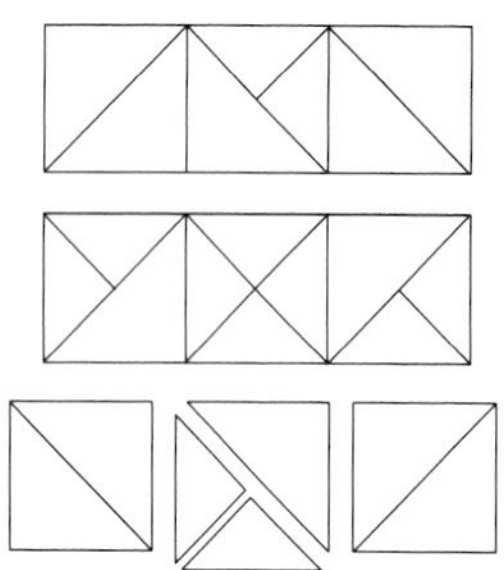

118 Wheeling Triangles
旋轉三角形

6

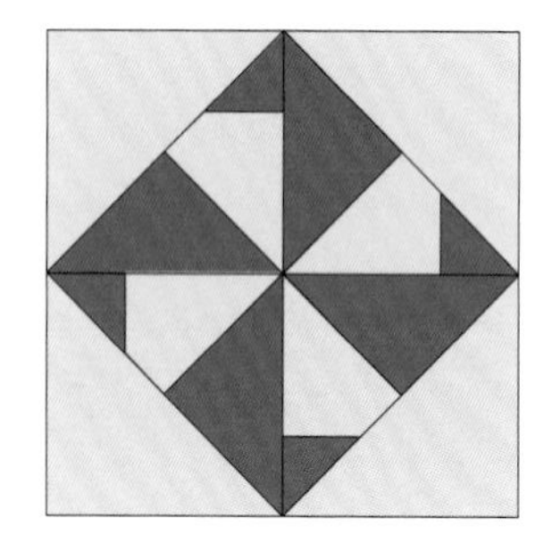

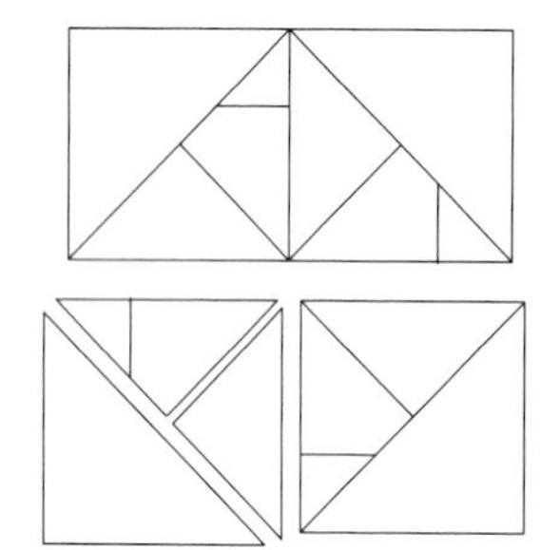

119 Twisting Star
扭轉之星

6

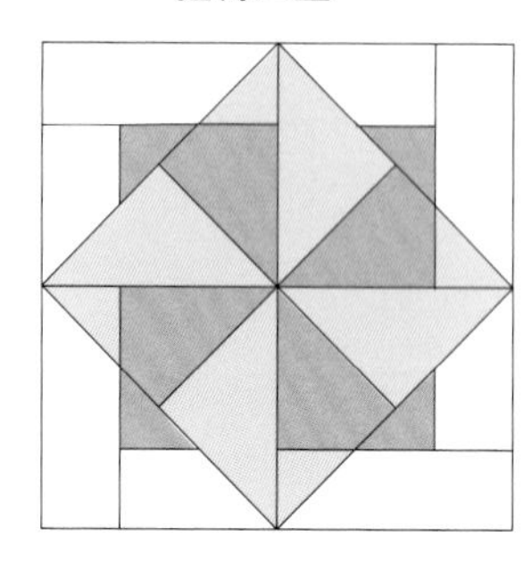

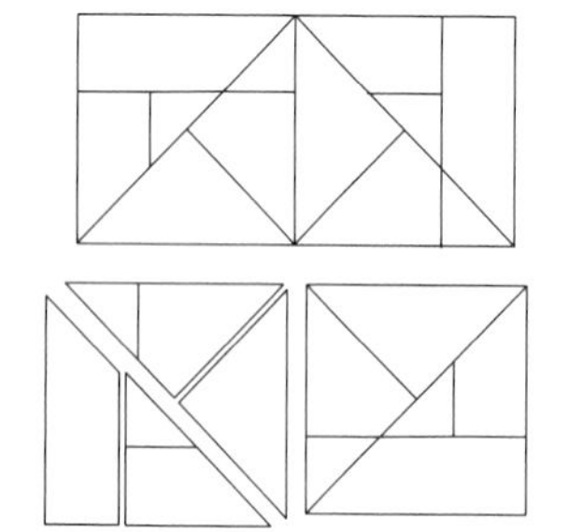

120 Wheel of Destiny
命運之輪

3

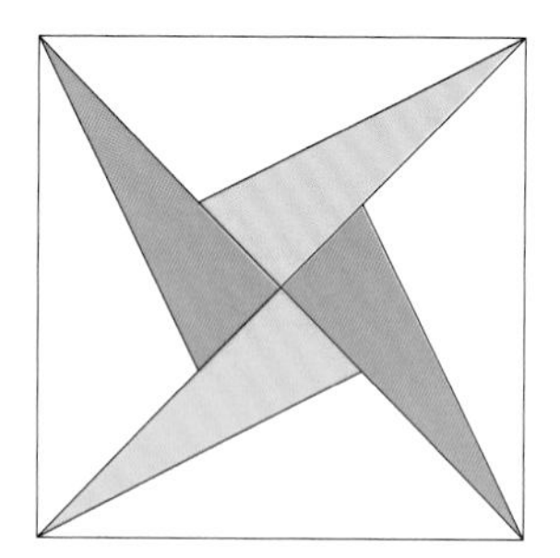

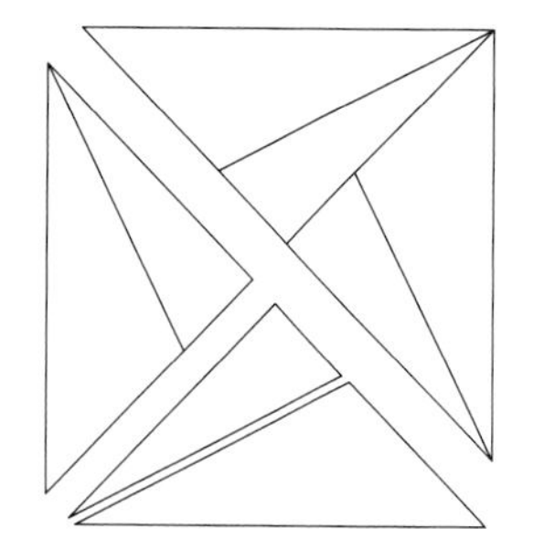

121 Starry Path
星光小徑

3

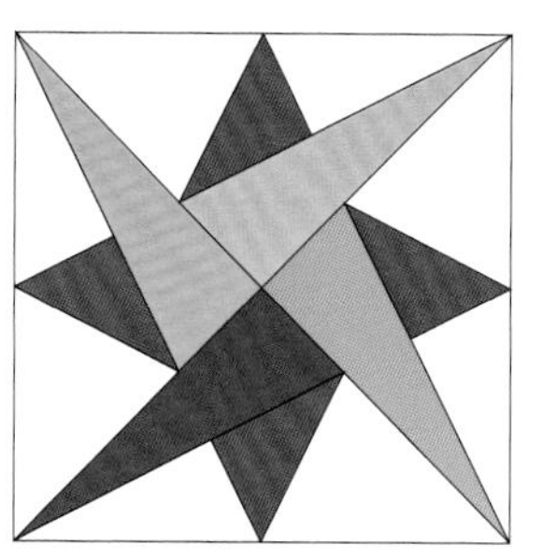

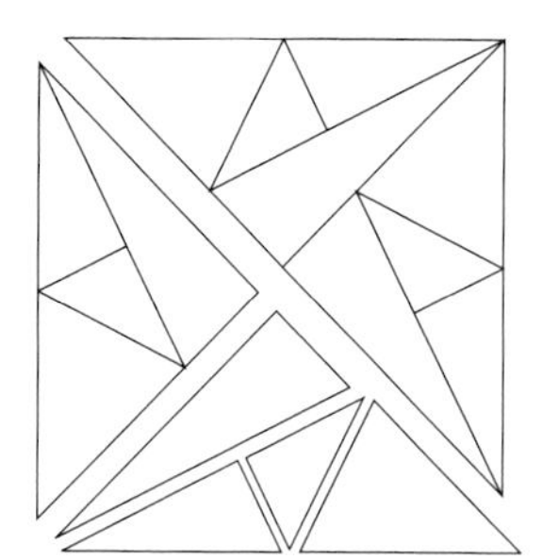

122 Waste Not
不浪費

4

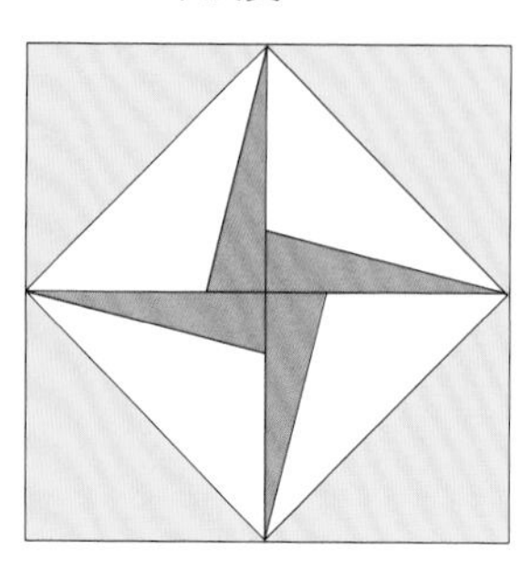

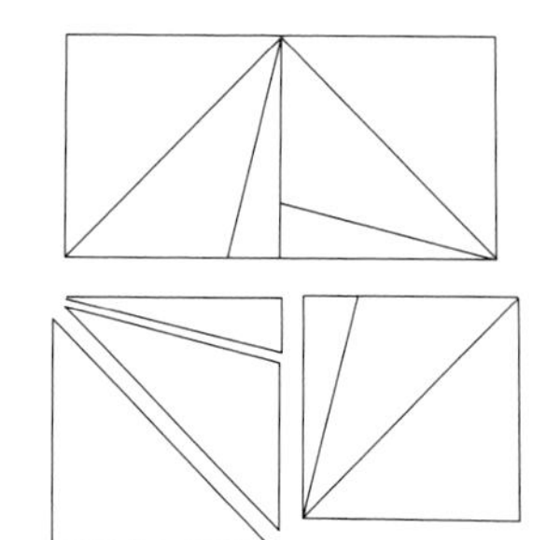

123 New Star
新星

4

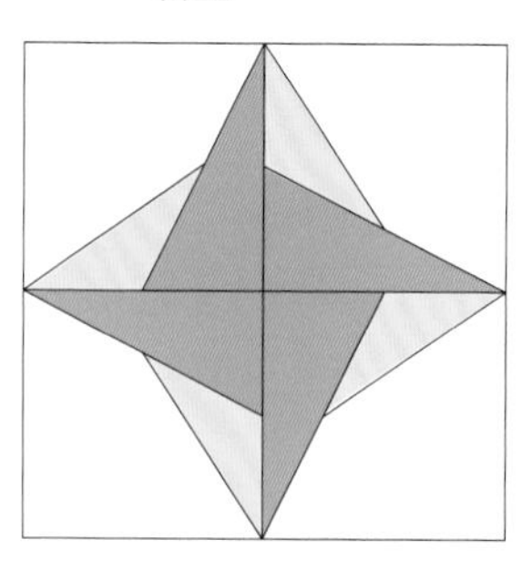

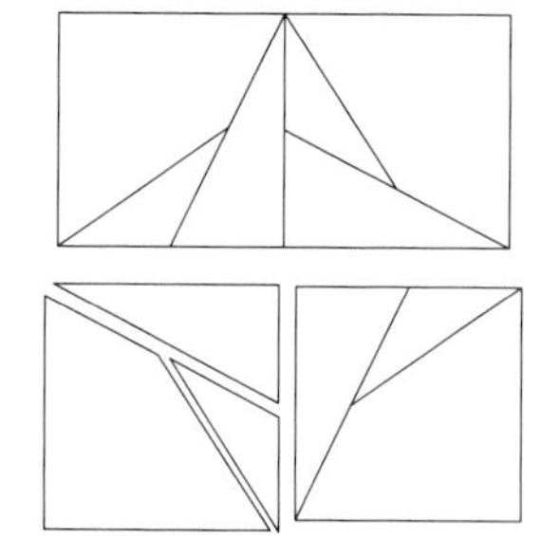

124 Star Light
星光

4

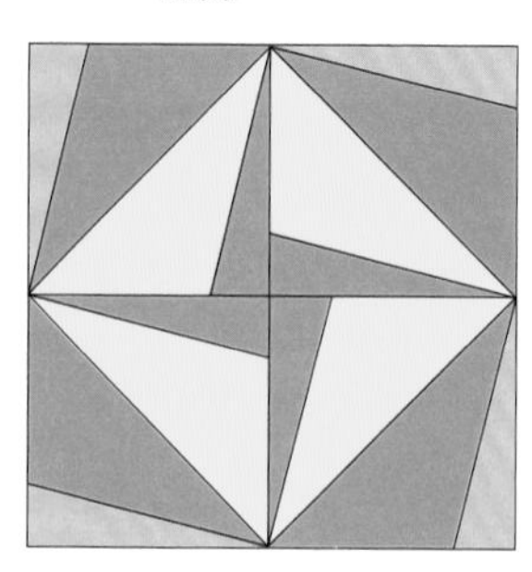

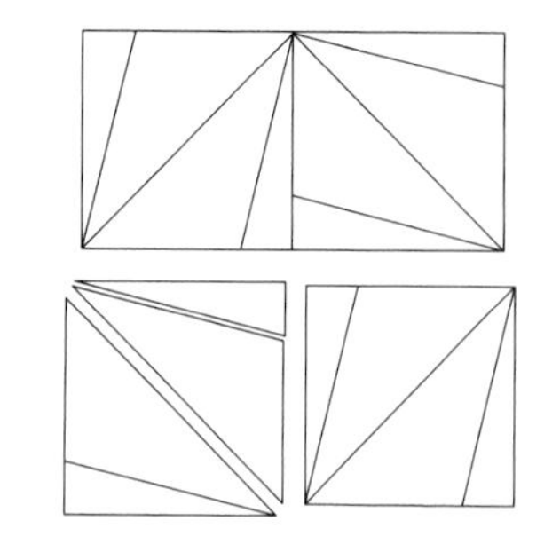

125 The Old Stars and Stripes
經典之星&橫條紋

4

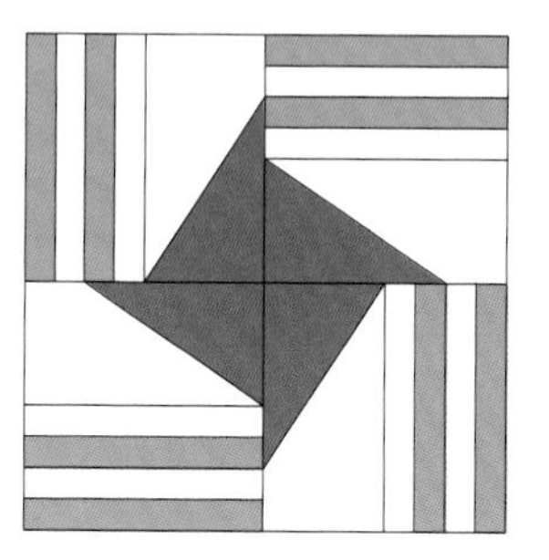

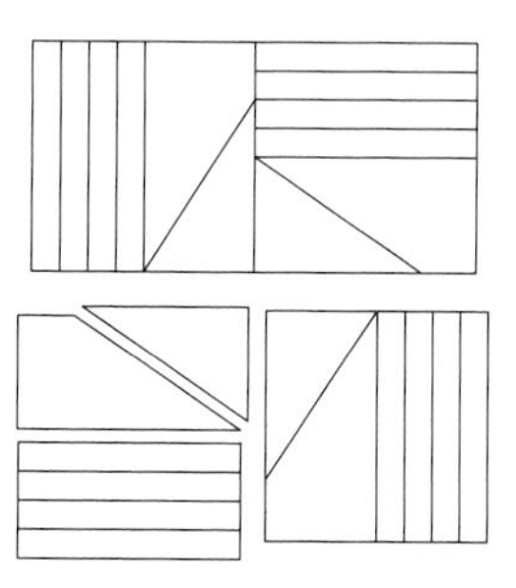

126 North Pole
北極

6

127 Double Pinwheel
雙重紙風車

6

128 Pinwheel Parade
紙風車遊行

6

129 Walking Triangles
步行三角形

6

130 Rolling Star
旋轉之星

4

131 Friendship Star
友誼之星

3

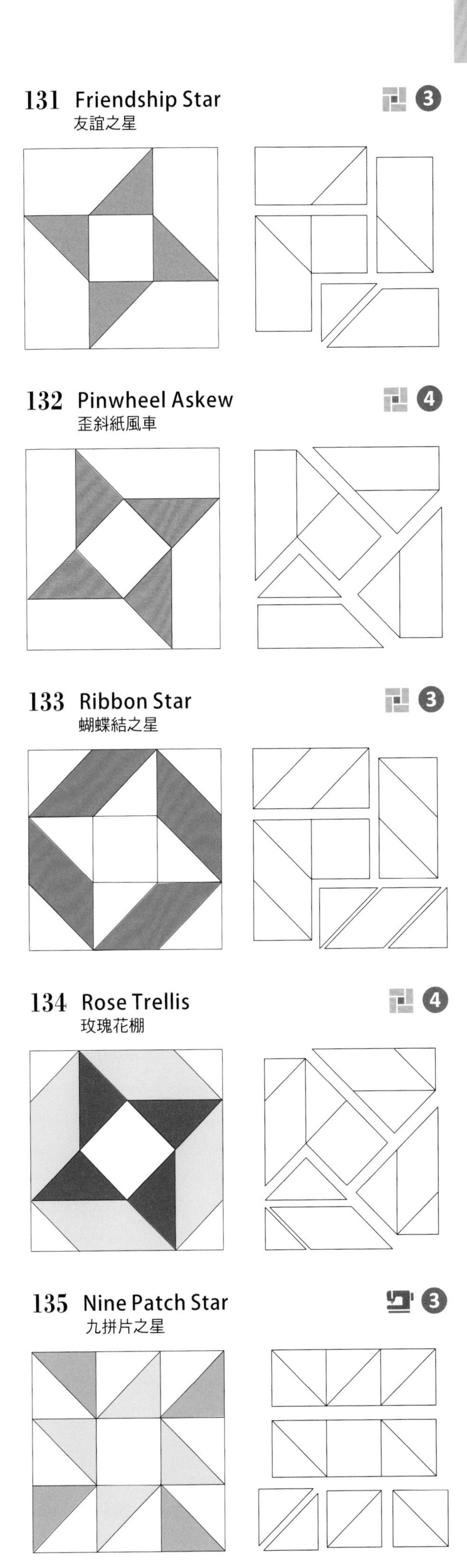

132 Pinwheel Askew
歪斜紙風車

4

133 Ribbon Star
蝴蝶結之星

3

134 Rose Trellis
玫瑰花棚

4

135 Nine Patch Star
九拼片之星

3

136 Indiana Puzzle
印地安之謎

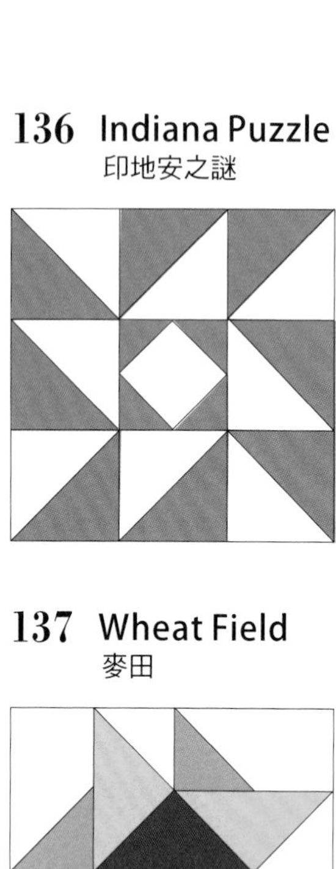

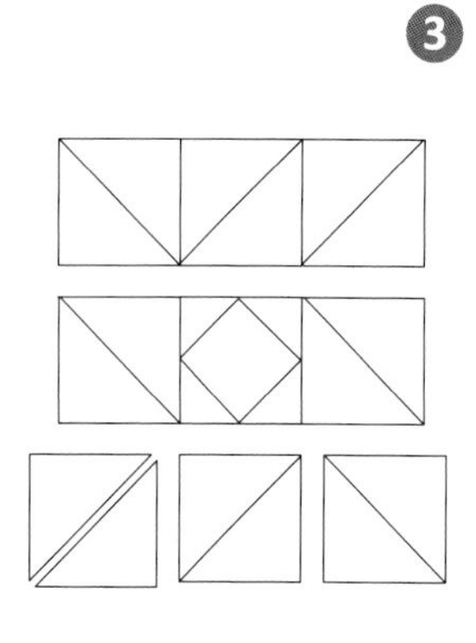

137 Wheat Field
麥田

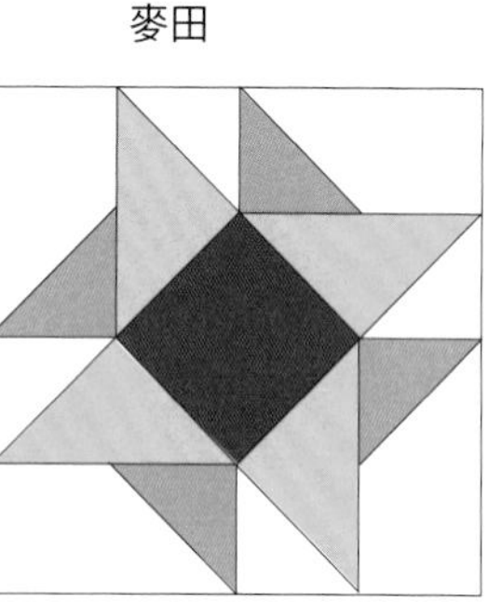

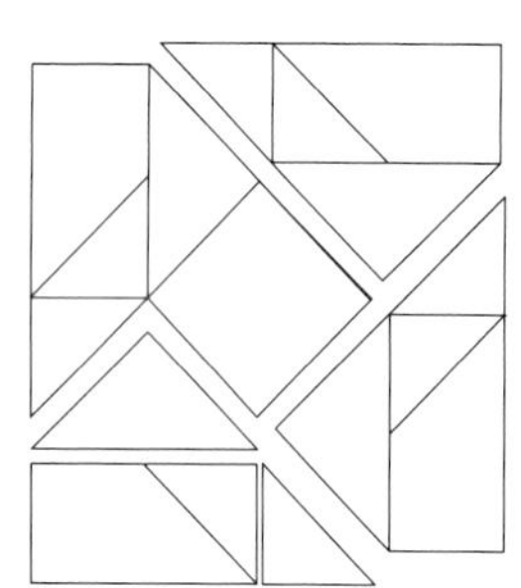

138 All That Jazz, Kitty Corner
盡是爵士・斜對角

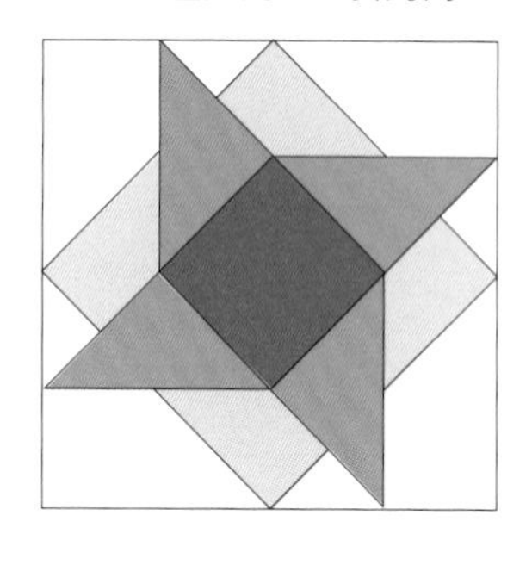

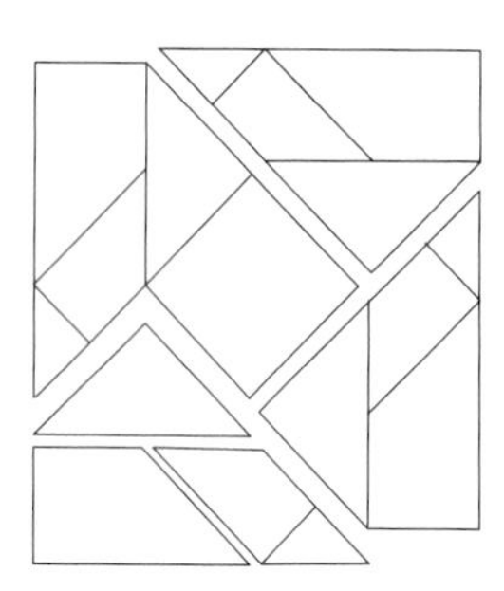

139 Next Door Neighbor
隔壁鄰居

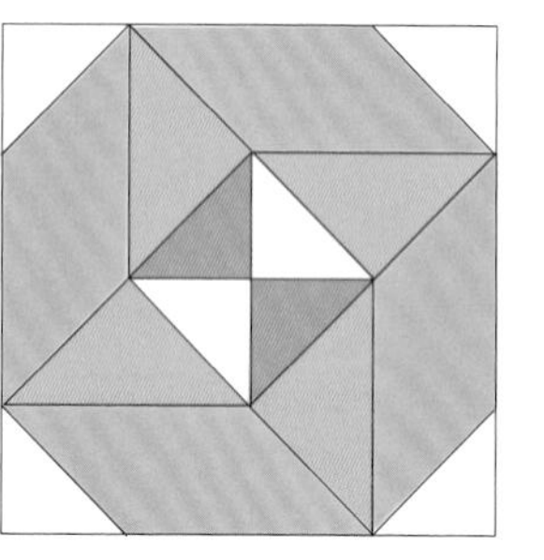

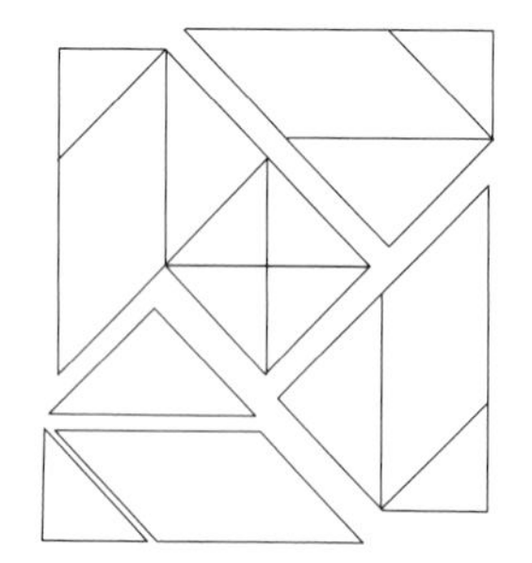

140 Wandering Star
蜿蜒之星

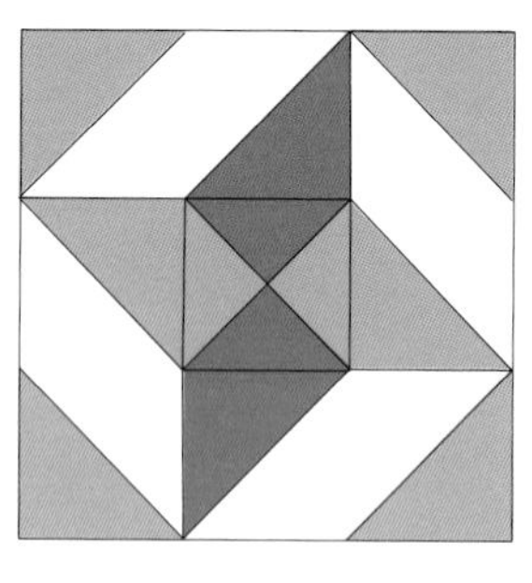

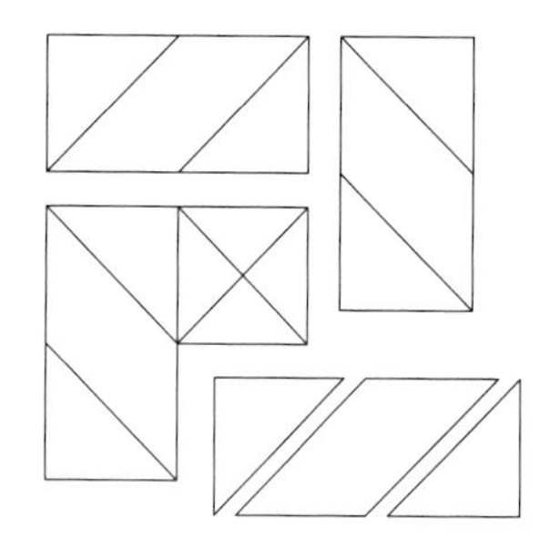

141 Mosaic #12
馬賽克 #12

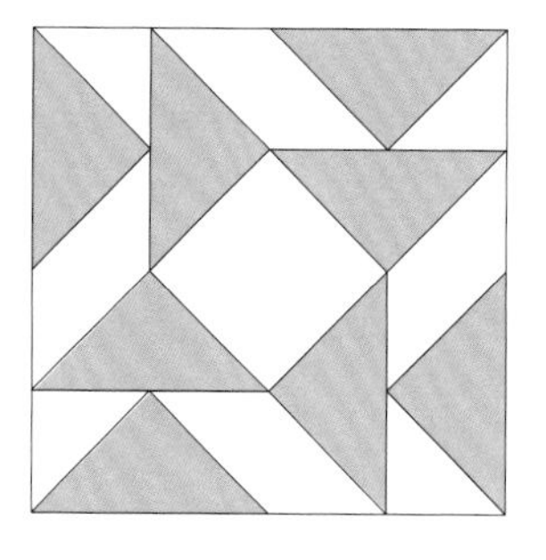

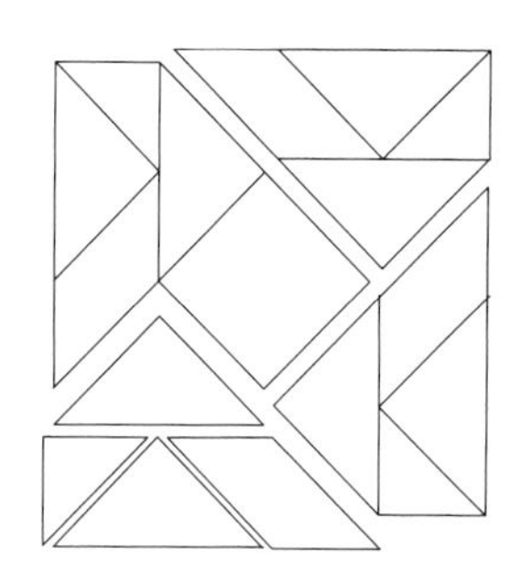

142 Winged Square
羽翼方塊

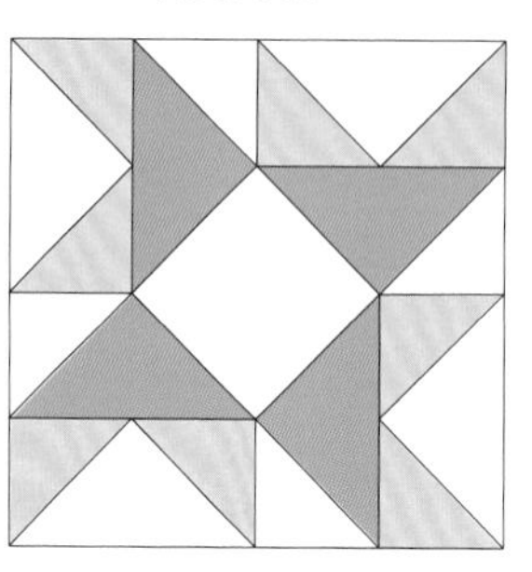

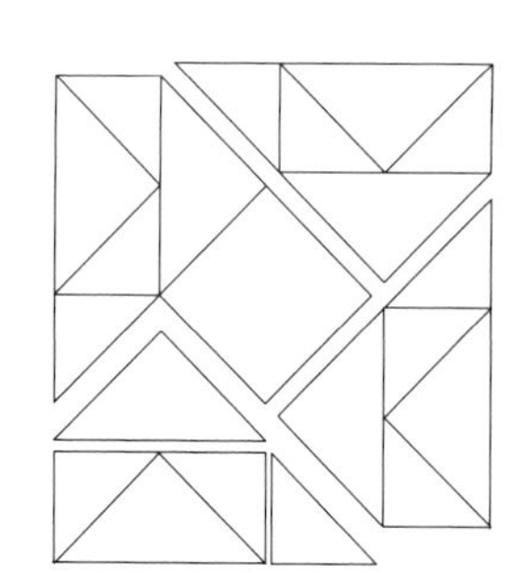

143 Campaign Trail
競選活動

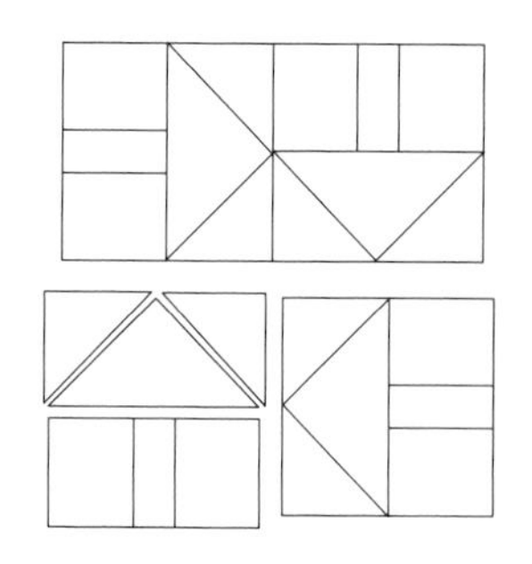

144 Paradox
自相矛盾

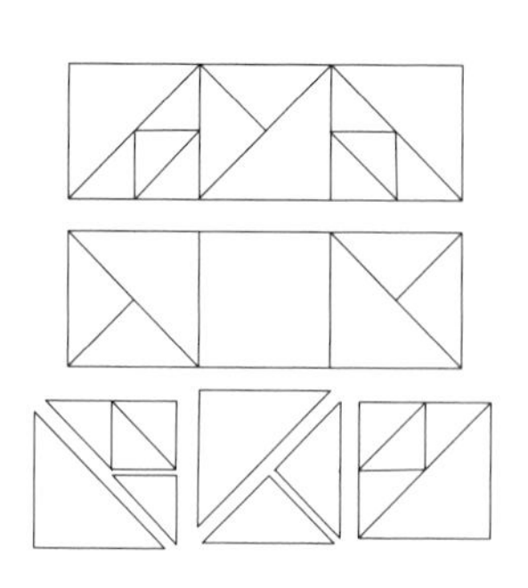

145 Eccentric Star
偏心之星

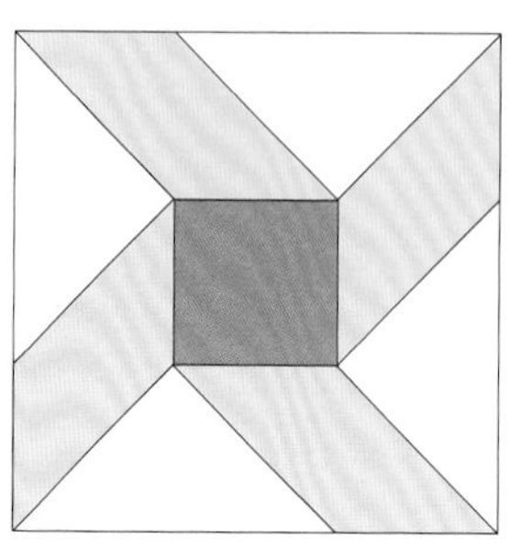

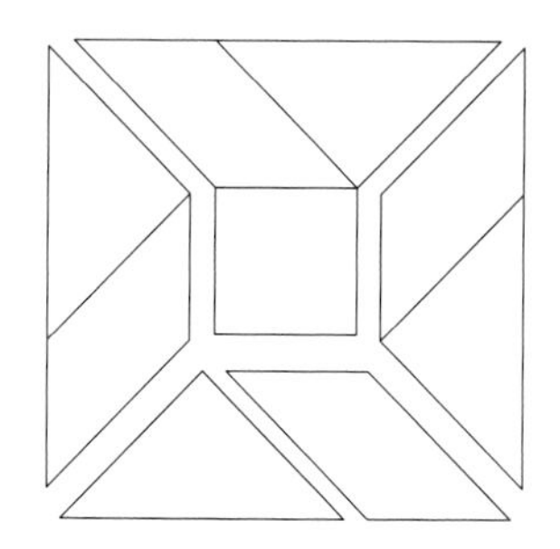

146 Box, Roads to Berlin
盒子，往柏林之路

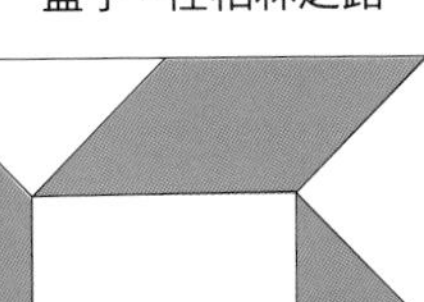

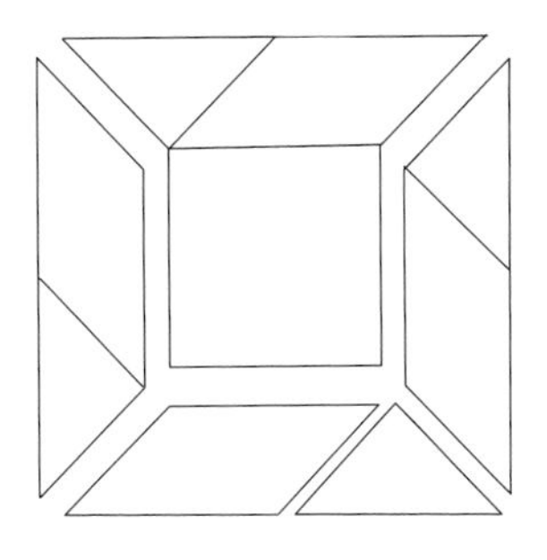

147 Whirlpool
漩渦

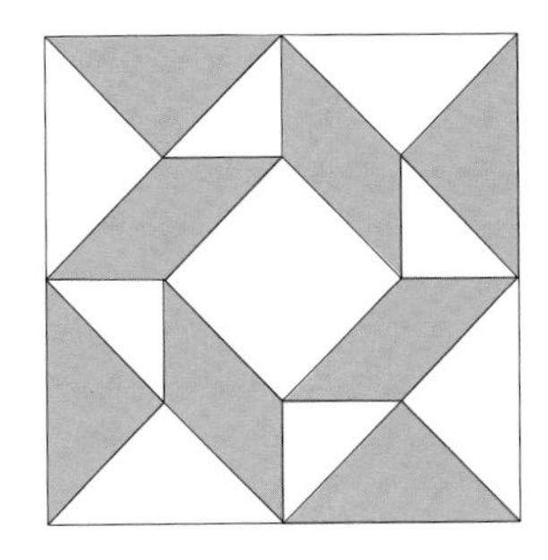

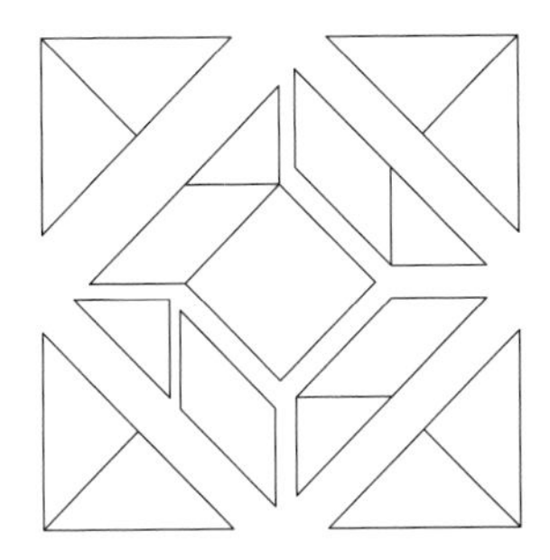

148 Zig Zag Tile Quilt
鋸齒狀瓦片

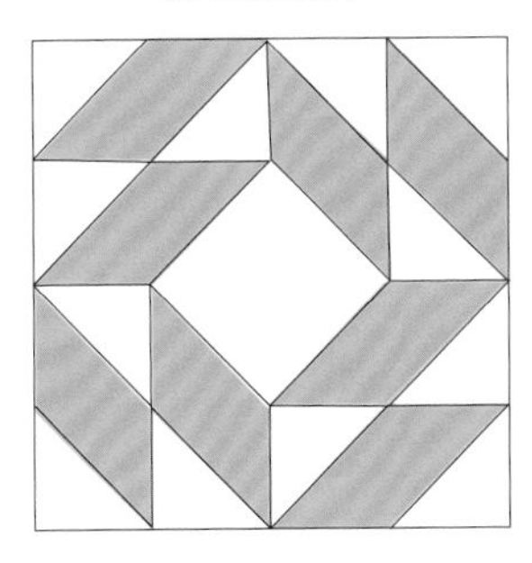

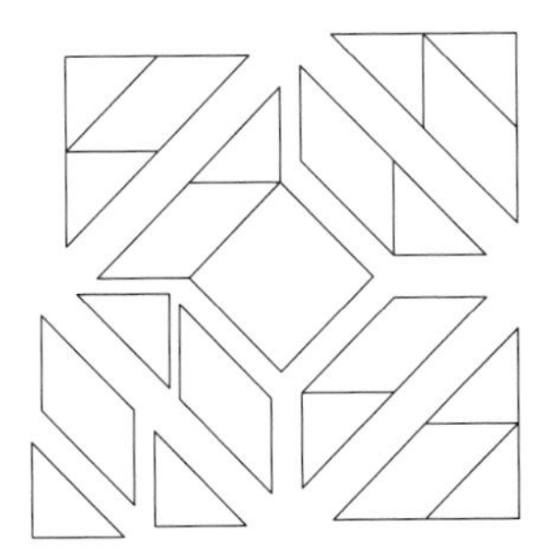

149 Tulip Twirl
鬱金香螺旋

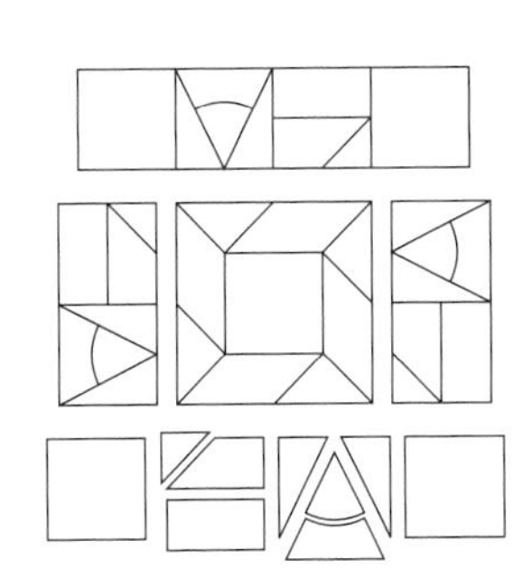

150 Radio Windmill
無線電風車

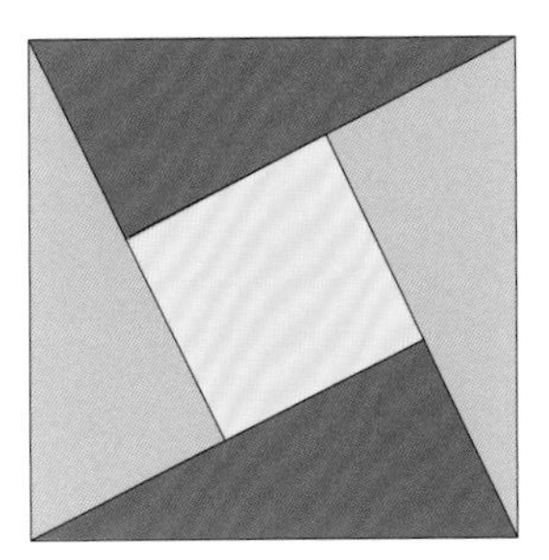

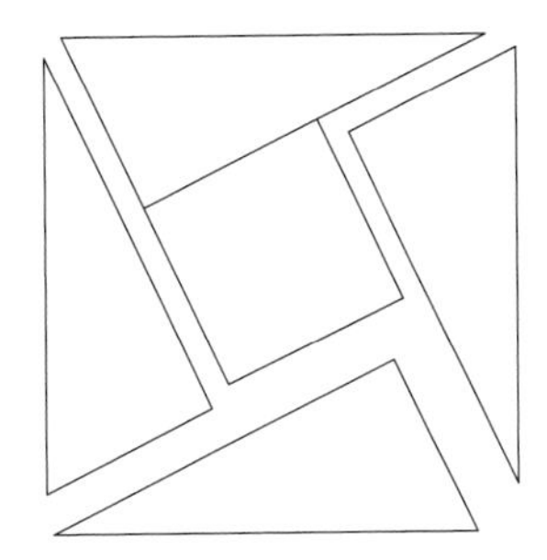

151 Amish Whirl
阿米什迴旋

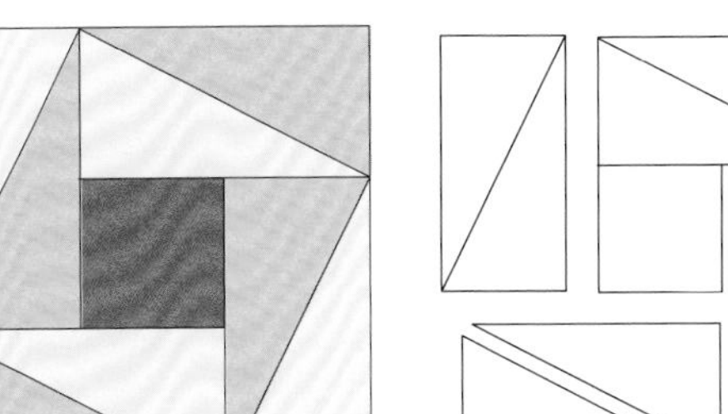

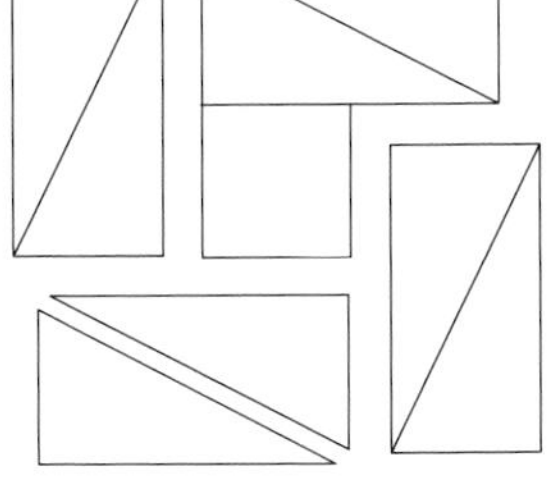

152 Night Vision
夜視

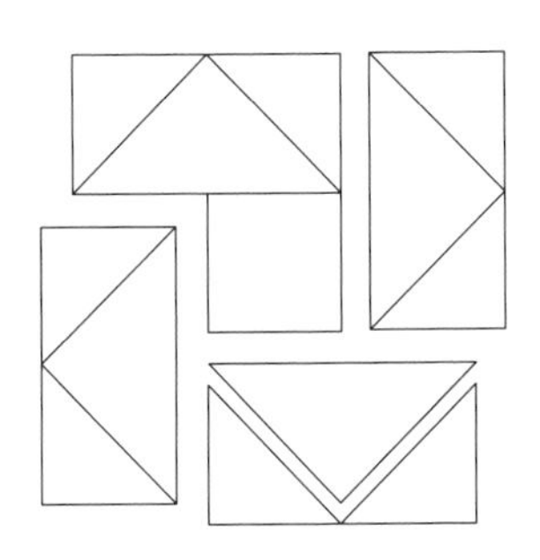

153 Dutchman's Puzzle
荷蘭人的拼圖

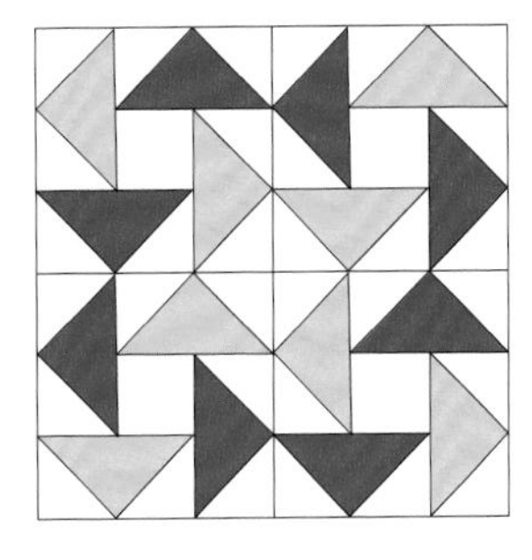

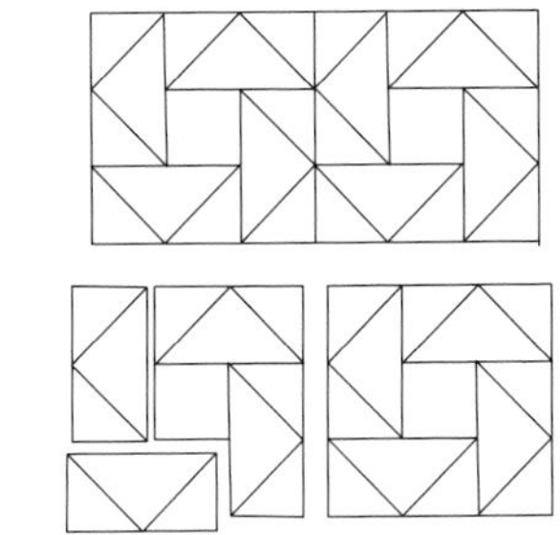

154 Morning Glory
早晨榮光

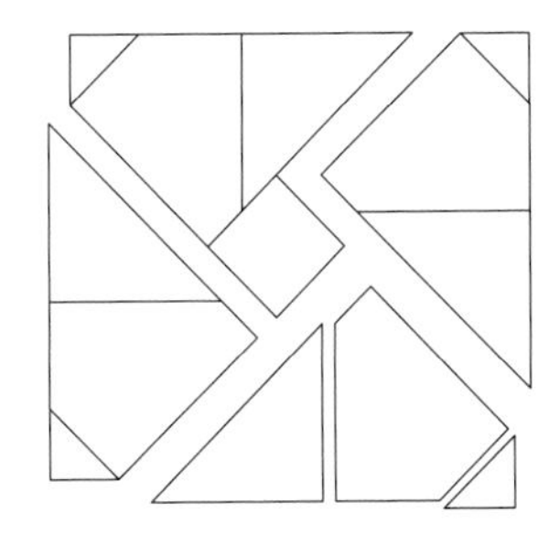

155 Triple Link Chain
三重連結鎖鍊

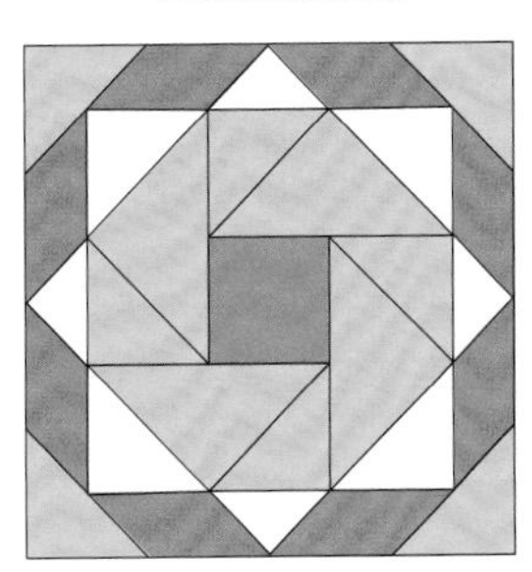

156 Symmetry in Motion
移動的對稱

4

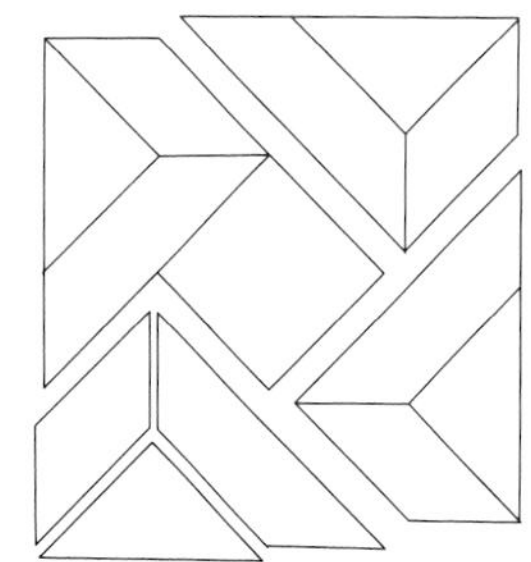

157 Delaware Crosspatch
德拉威十字交叉

2

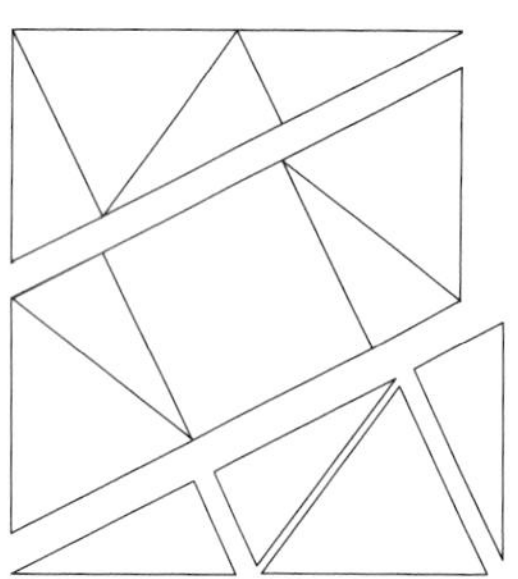

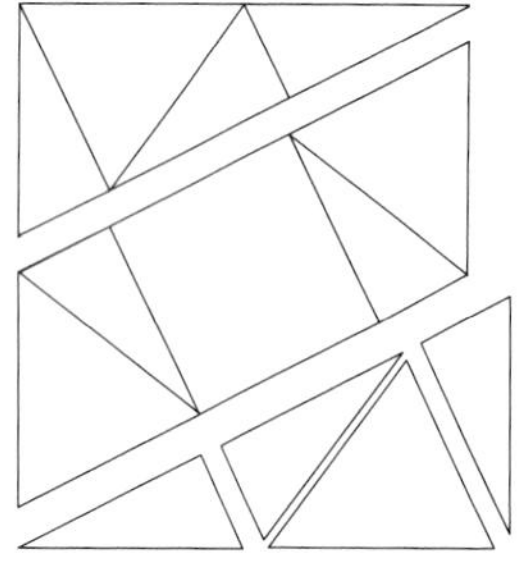

158 Susannah
蘇珊娜

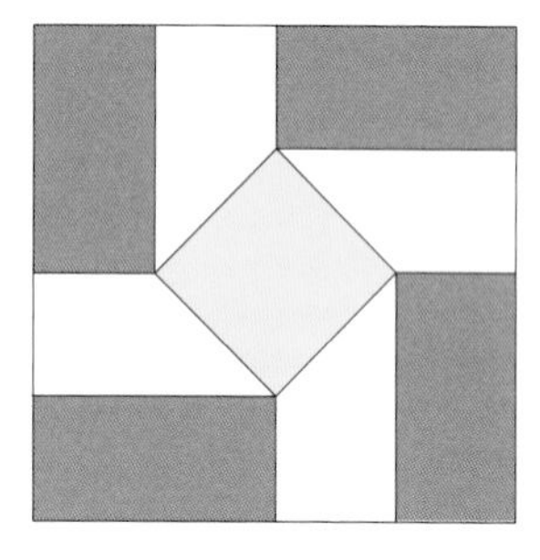

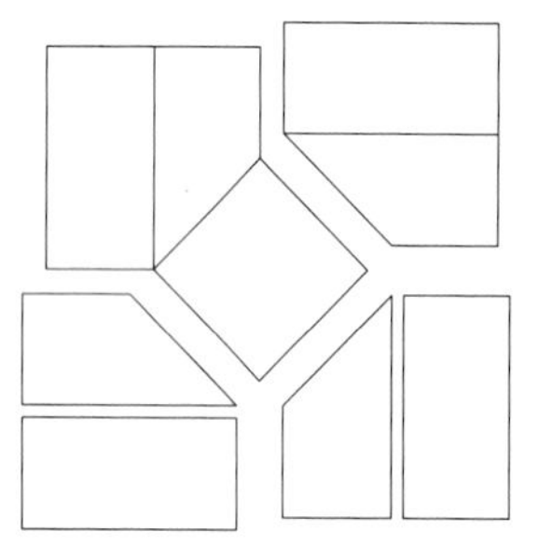

159 Economy
經濟

4

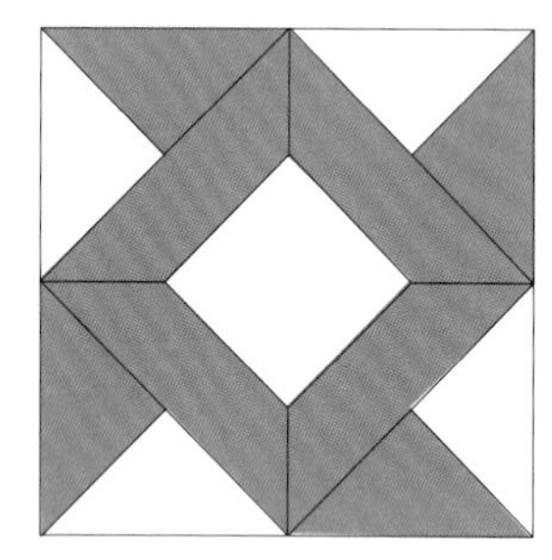

160 Whirlygig
旋轉運動

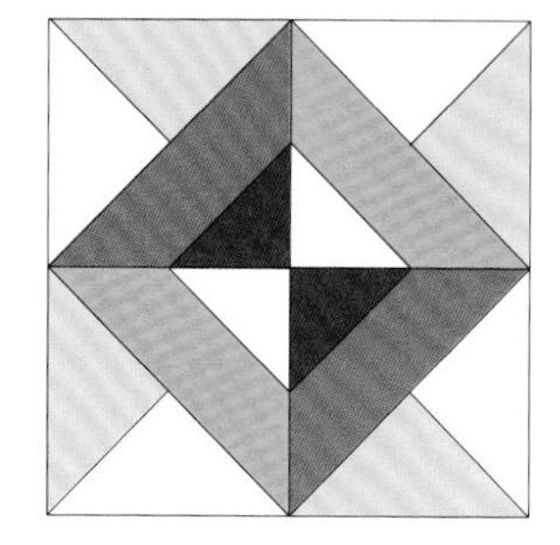

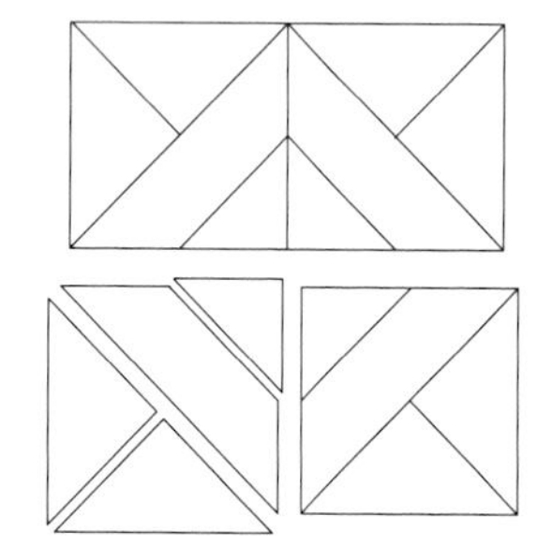

161 Eccentric Star
偏心圓之星

3

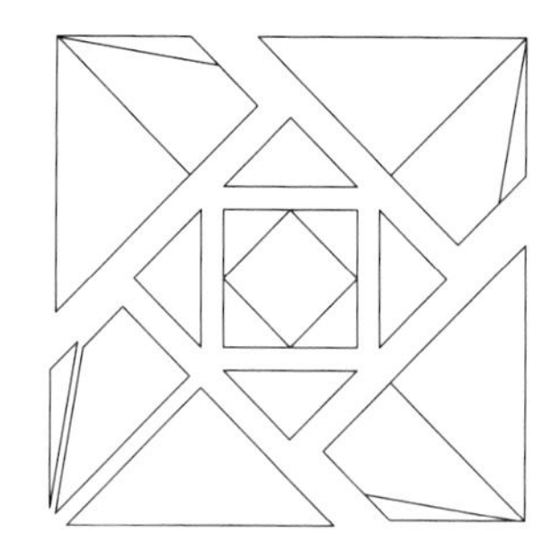

162 Quebec
魁北克

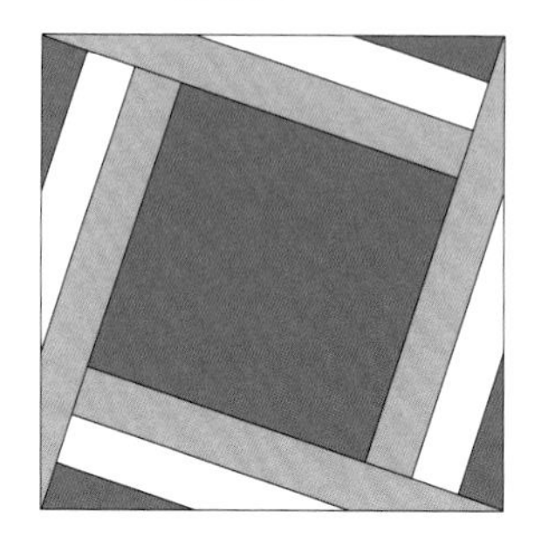

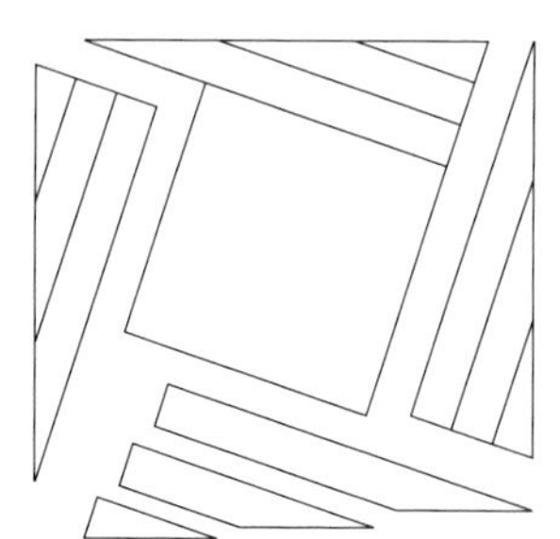

163 Hope of Hartford
哈特福特的希望

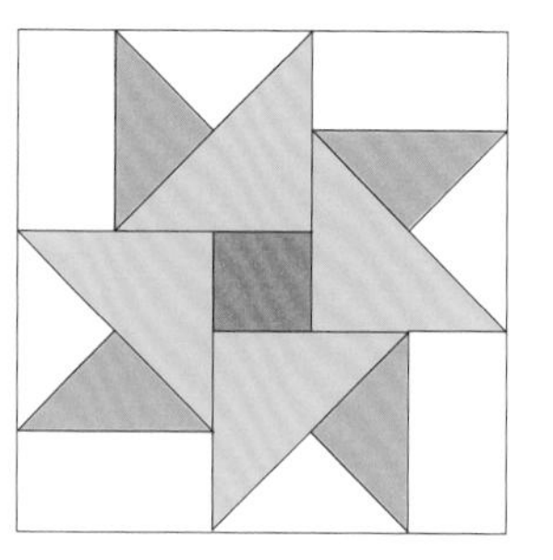

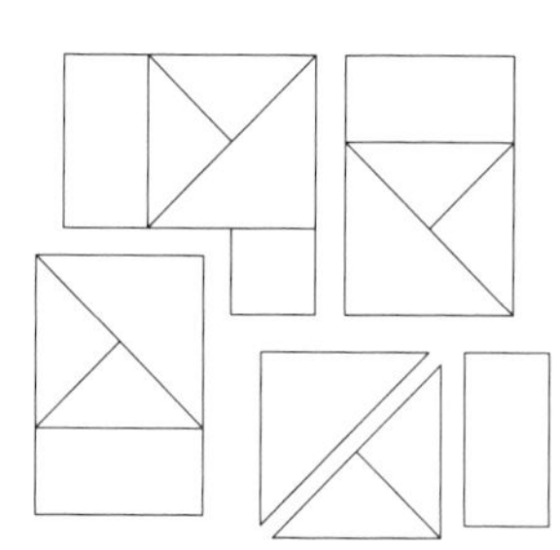

164 Double Windmill
雙重紙風車

4

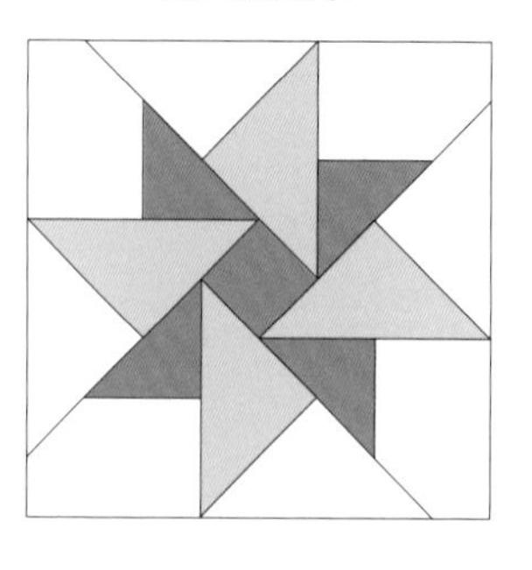

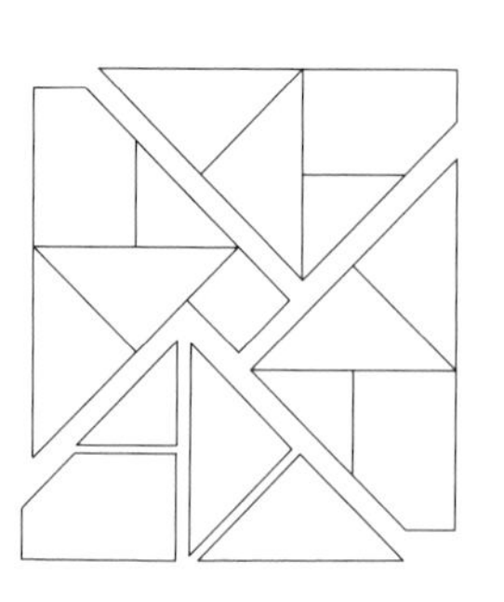

165 Broken Saw Blades
破碎鋸齒扇葉

7

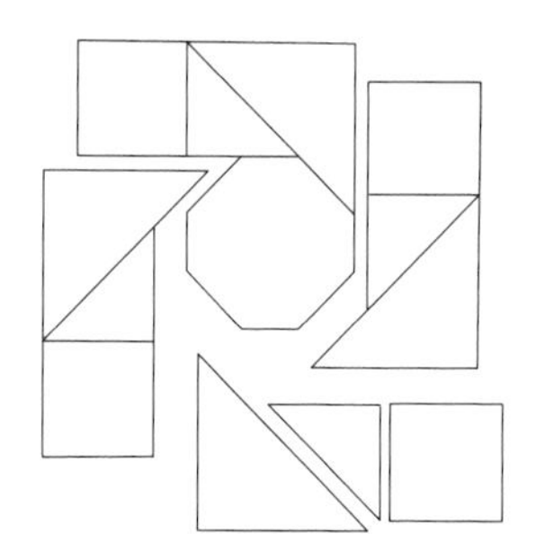

166 Whirlygig
旋轉運動

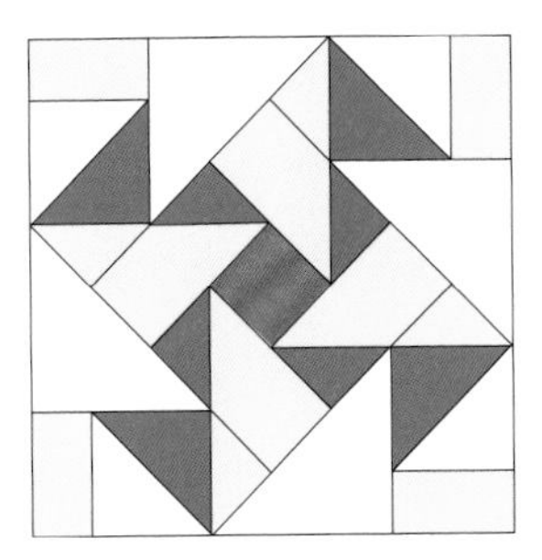

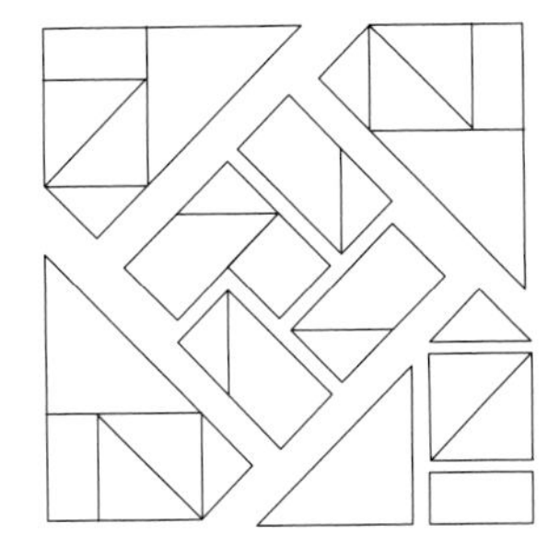

167 Duck Creek Puzzle
鴨溪拼圖

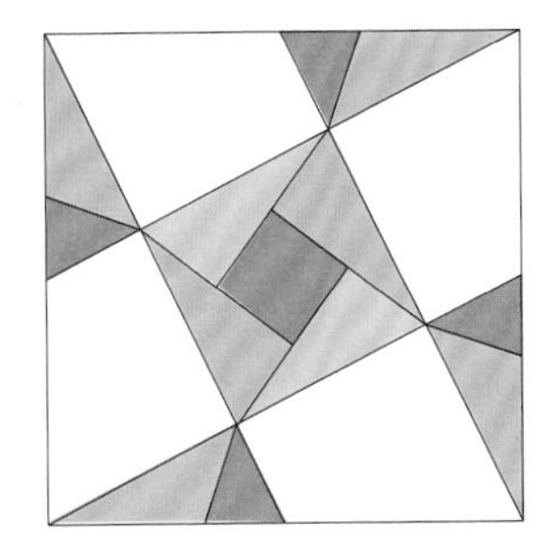

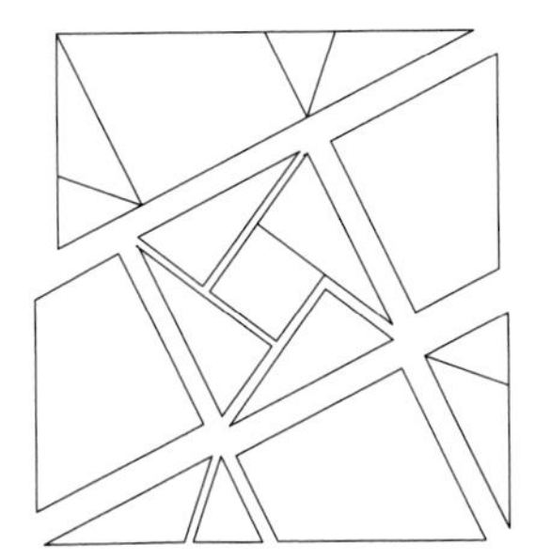

168 Comet
彗星

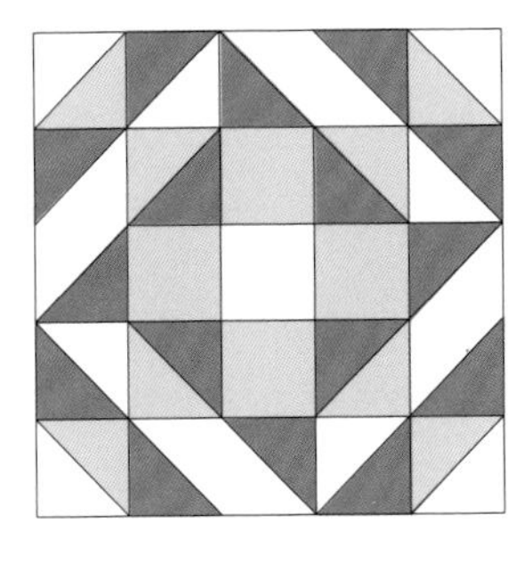

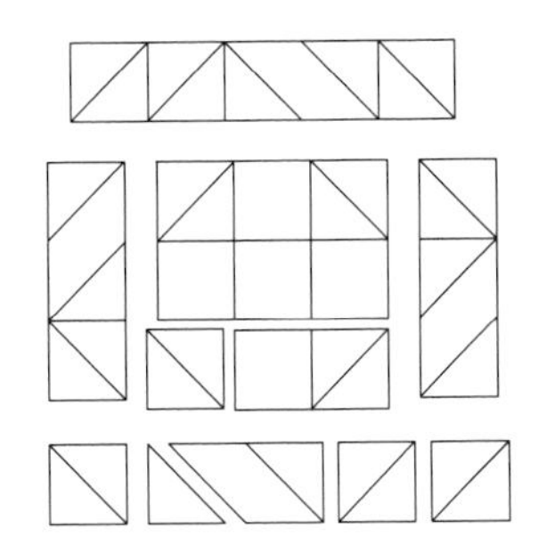

169 Peony and Forget Me Nots
牡丹&勿忘我

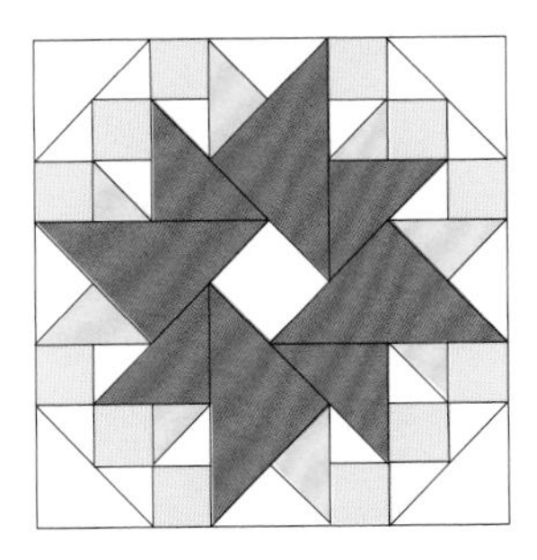

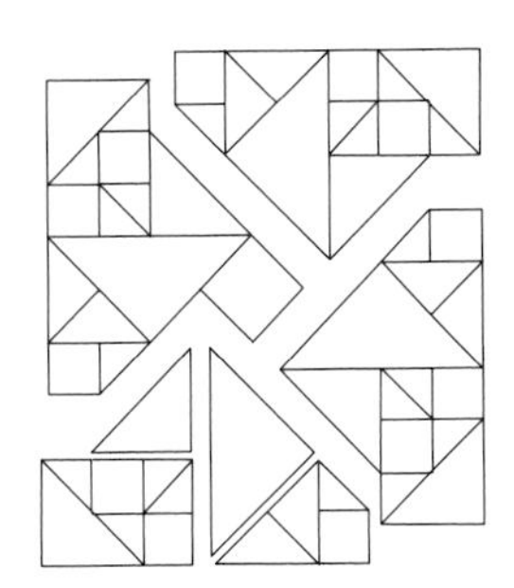

170 Lacy Latticework
花邊格子

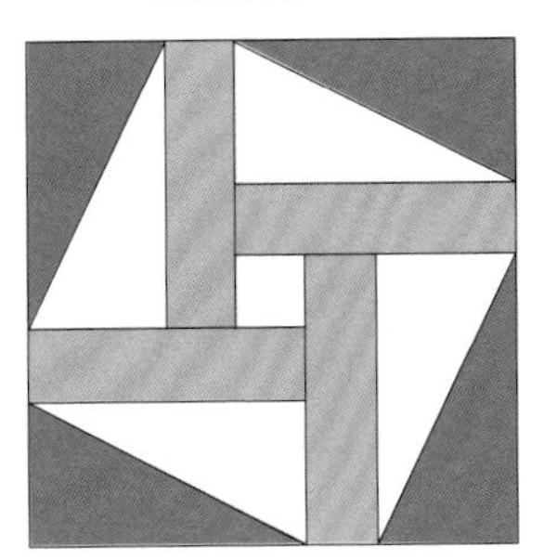

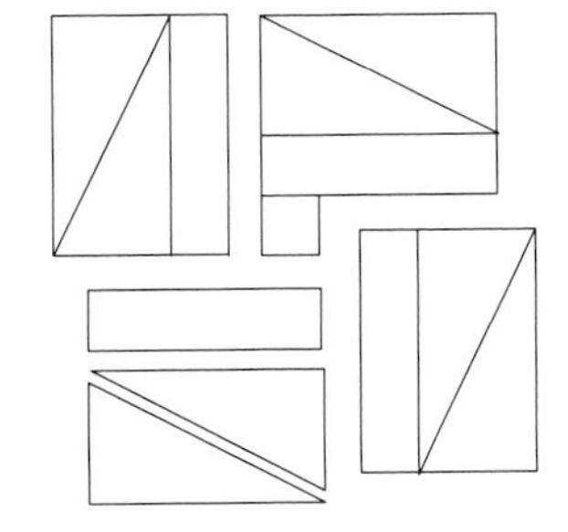

171 Interlocked Squares
方塊的連結

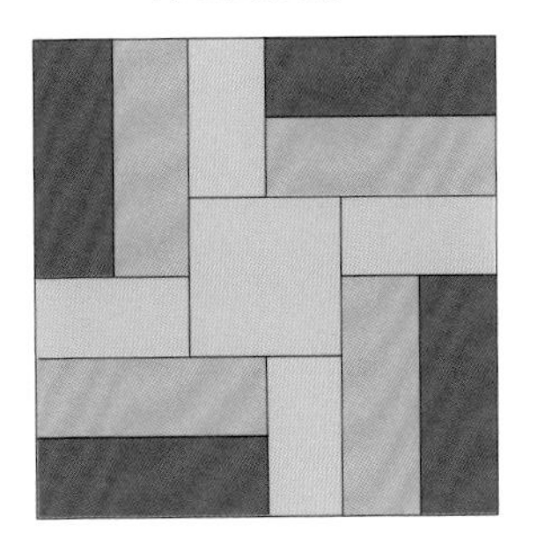

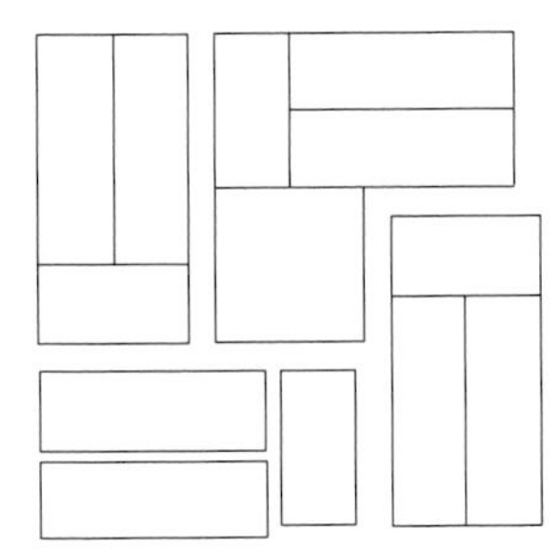

172 Interlocked Squares
方塊的連結

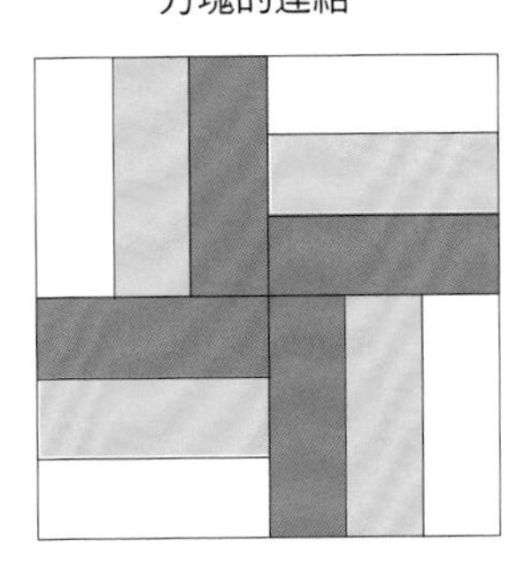

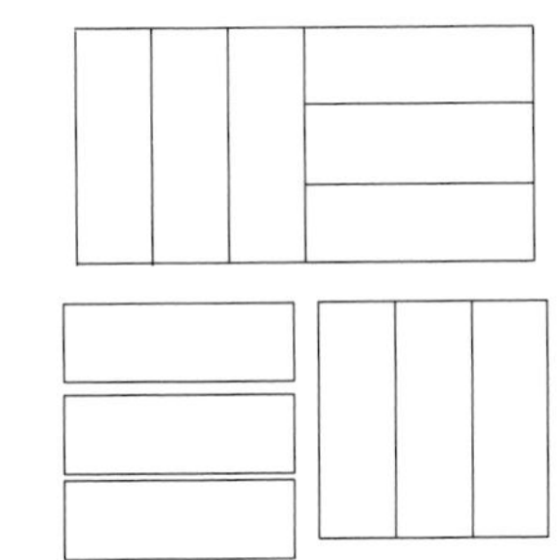

173 Double L
雙重L

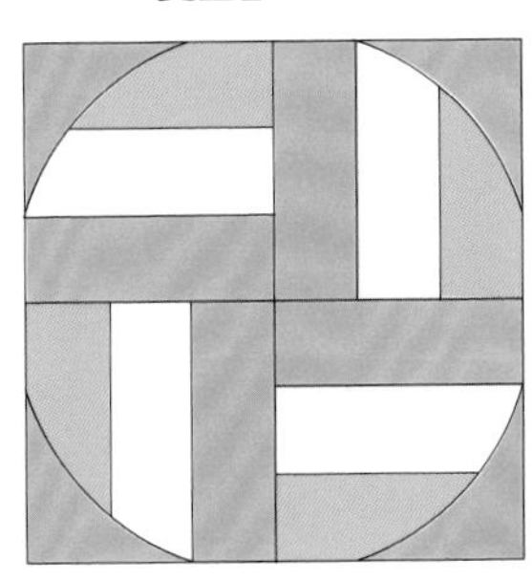

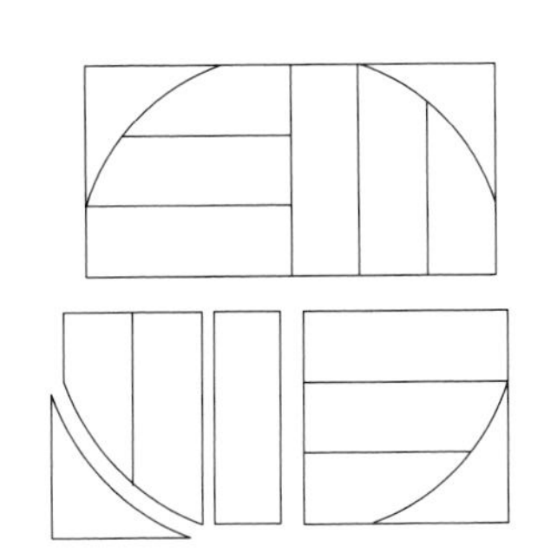

174 Turnabout
旋轉

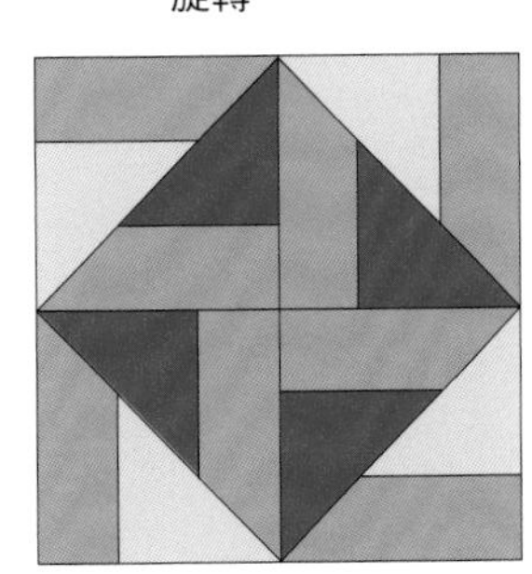

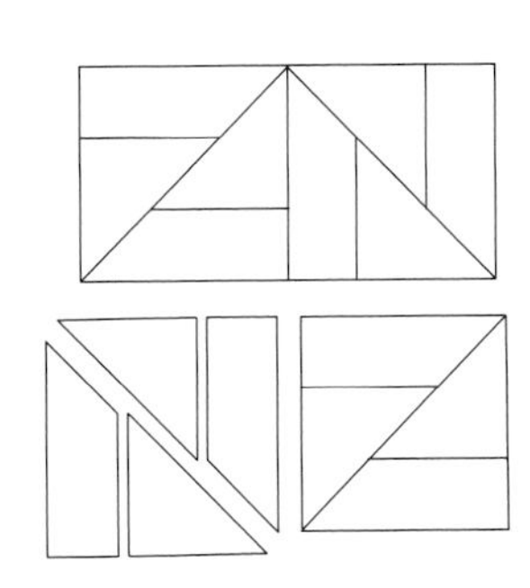

175 Interloking O's
相連的O

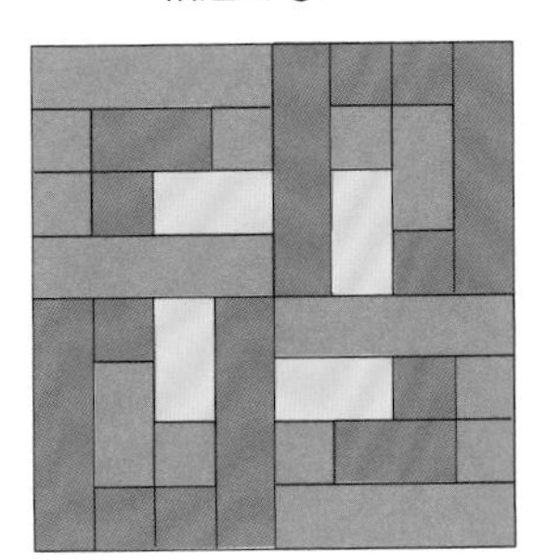

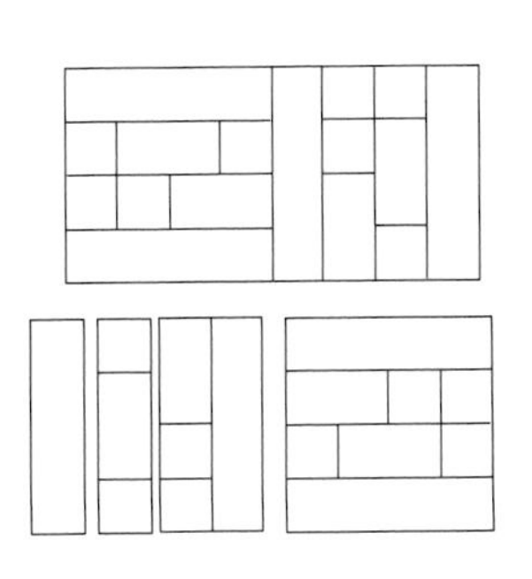

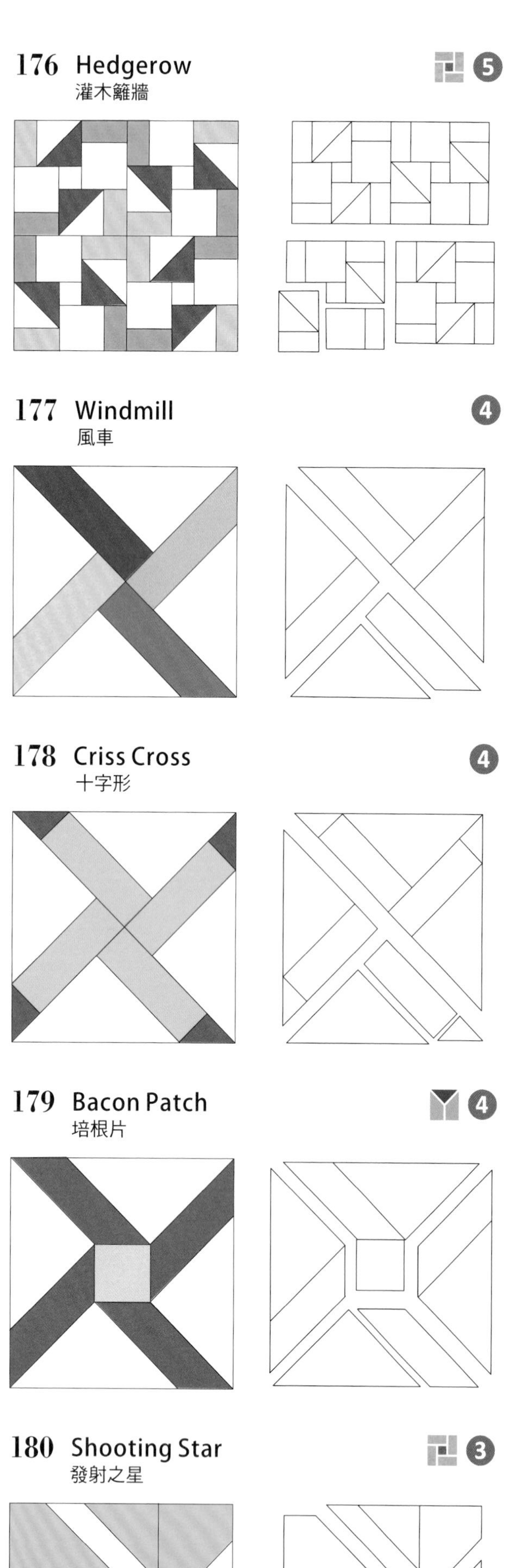
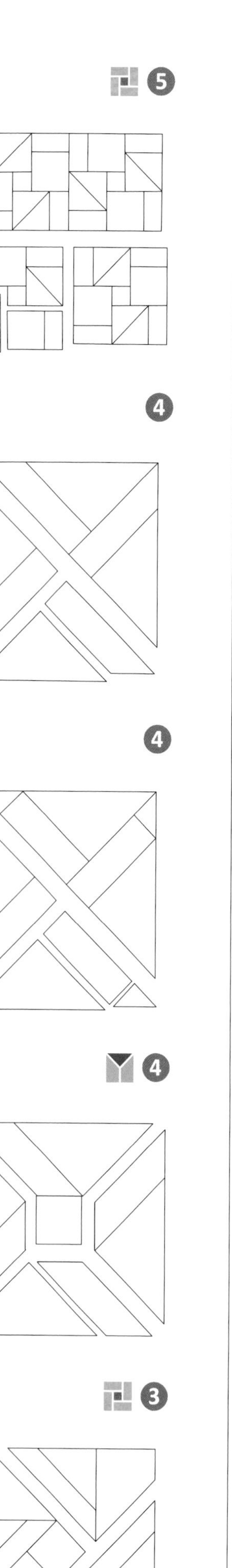
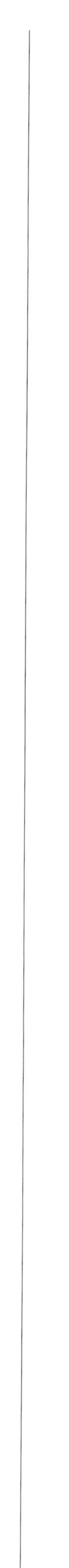
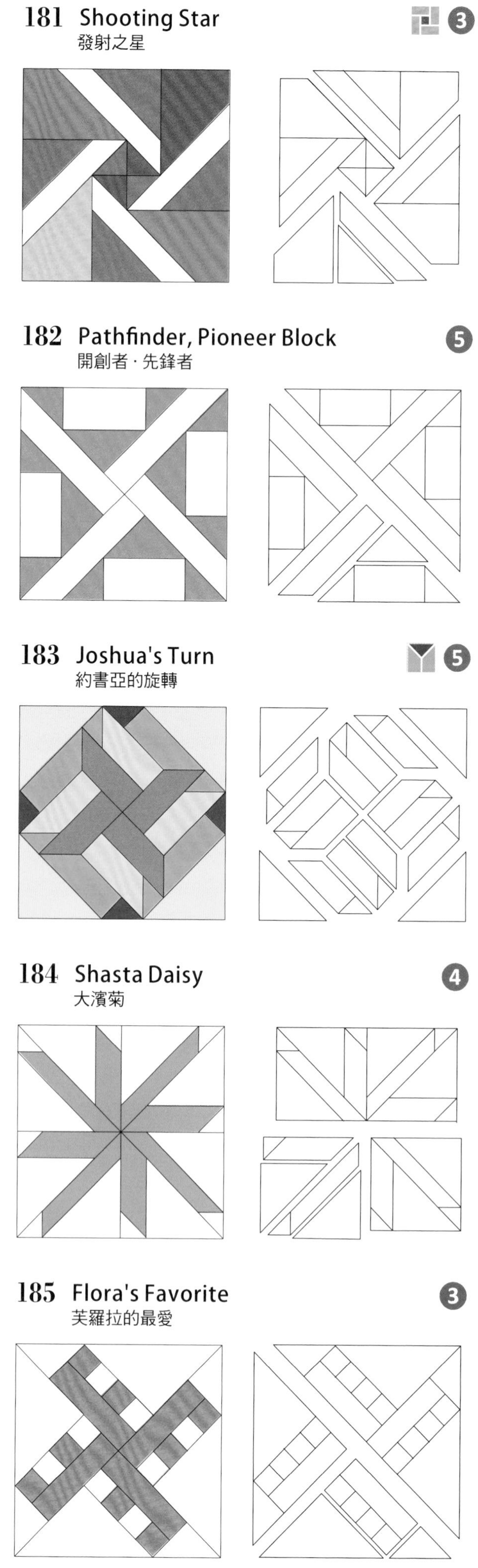

176 Hedgerow
灌木籬牆

5

177 Windmill
風車

4

178 Criss Cross
十字形

4

179 Bacon Patch
培根片

4

180 Shooting Star
發射之星

3

181 Shooting Star
發射之星

3

182 Pathfinder, Pioneer Block
開創者 · 先鋒者

5

183 Joshua's Turn
約書亞的旋轉

5

184 Shasta Daisy
大濱菊

4

185 Flora's Favorite
芙羅拉的最愛

3

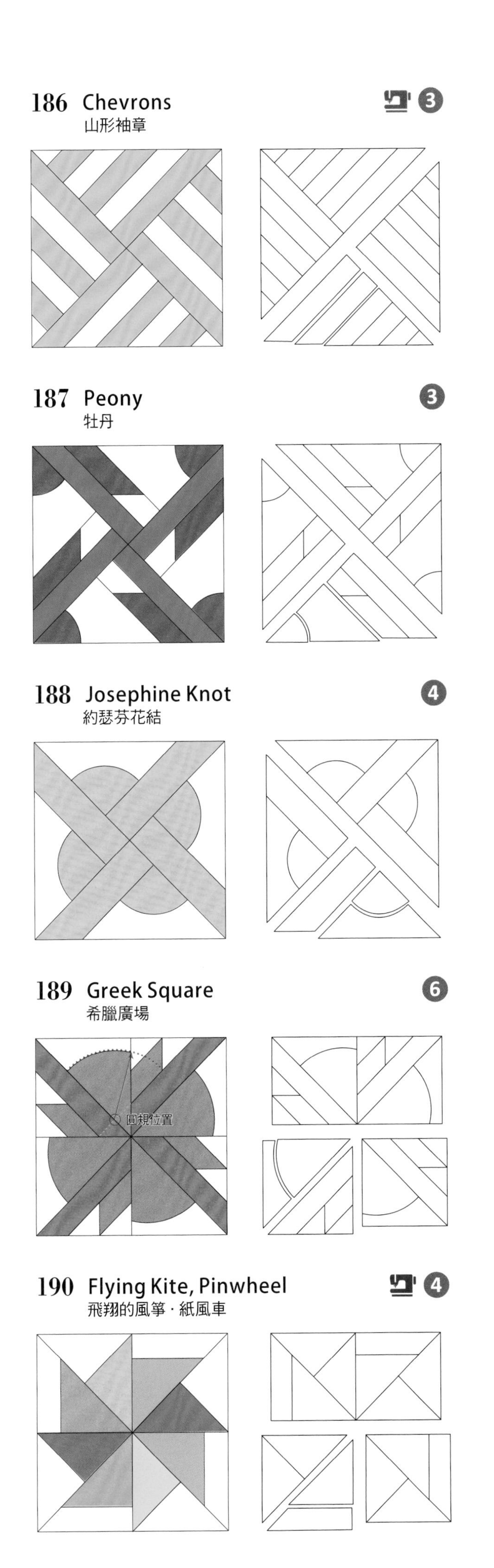
186 Chevrons
山形袖章
187 Peony
牡丹
188 Josephine Knot
約瑟芬花結
189 Greek Square
希臘廣場
190 Flying Kite, Pinwheel
飛翔的風箏・紙風車

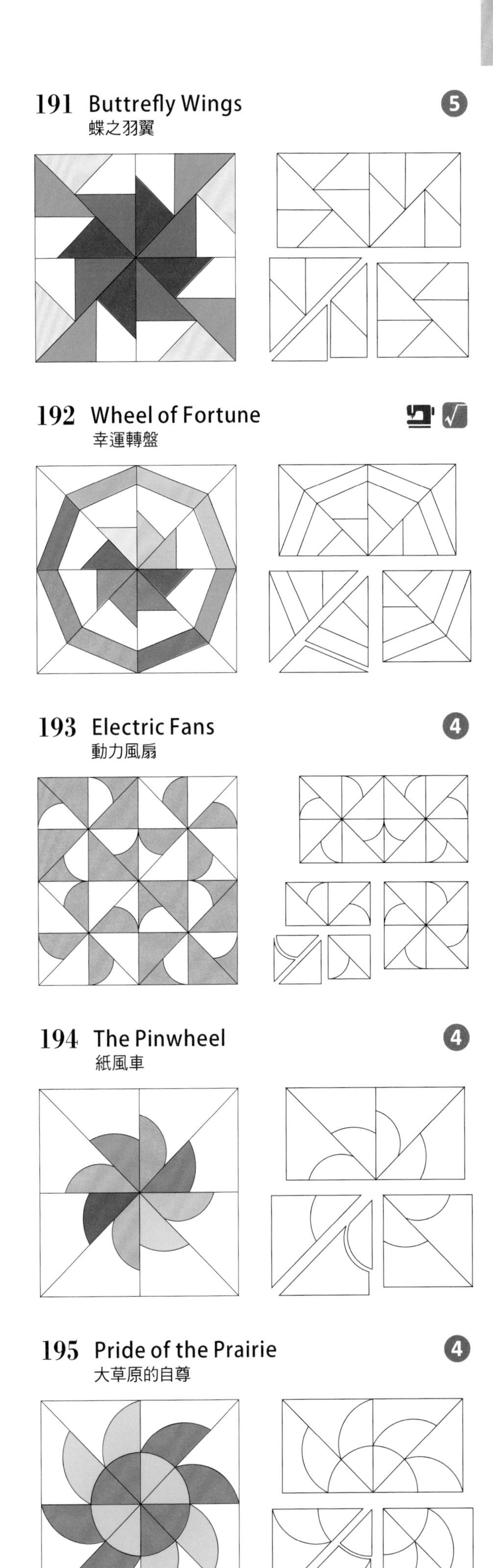
191 Buttrefly Wings
蝶之羽翼
192 Wheel of Fortune
幸運轉盤
193 Electric Fans
動力風扇
194 The Pinwheel
紙風車
195 Pride of the Prairie
大草原的自尊

196 Twinkling Star, Star and Crescent
閃耀之星，星星＆新月

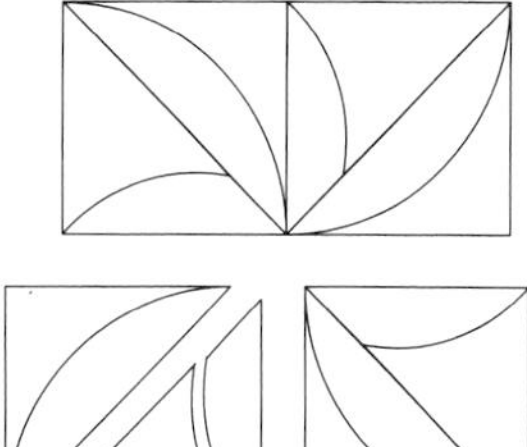

197 Dust Storm
塵暴

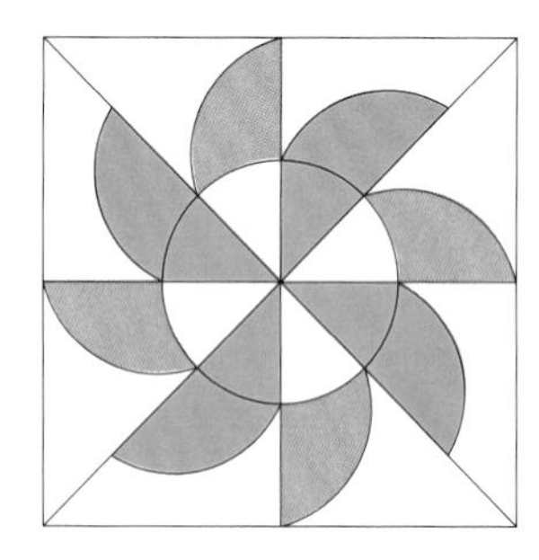
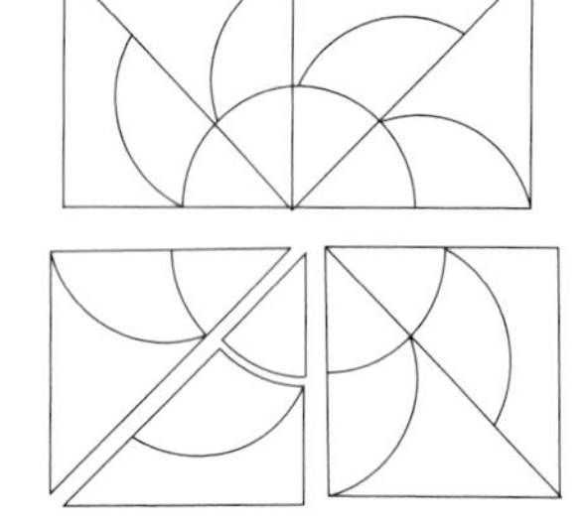

198 Windflower
銀蓮花

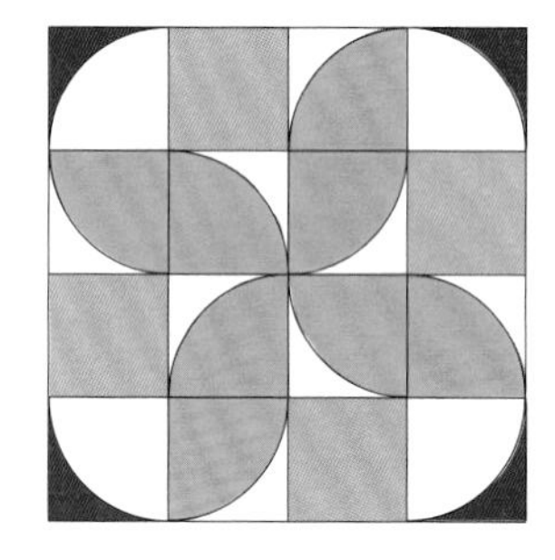
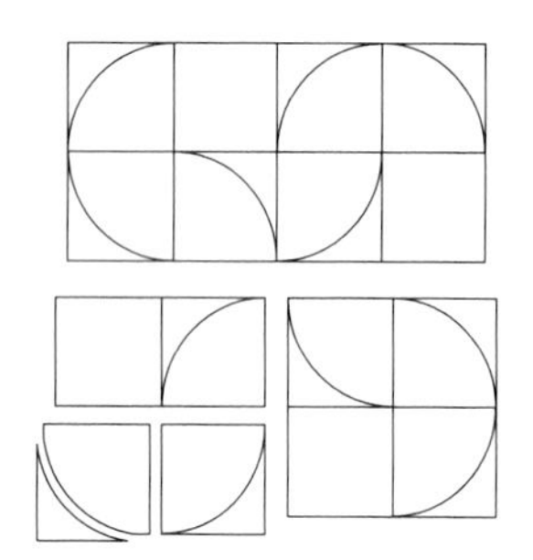

199 Time and Energy
時間＆精力

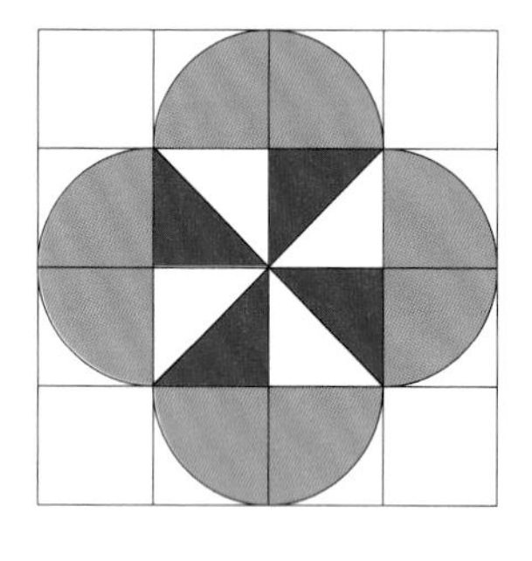
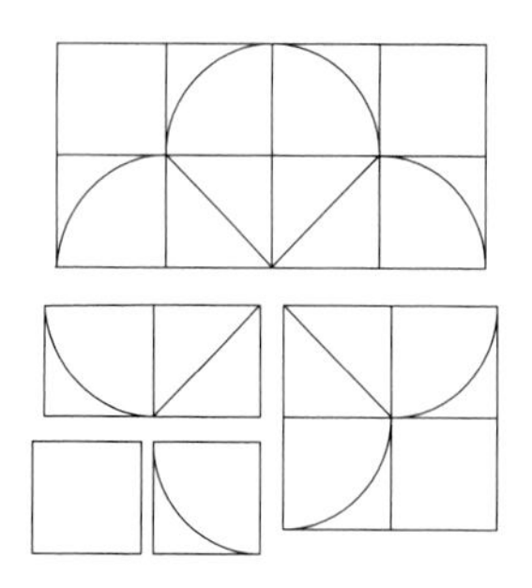

200 Amish Pin Wheel
阿米什紙風車

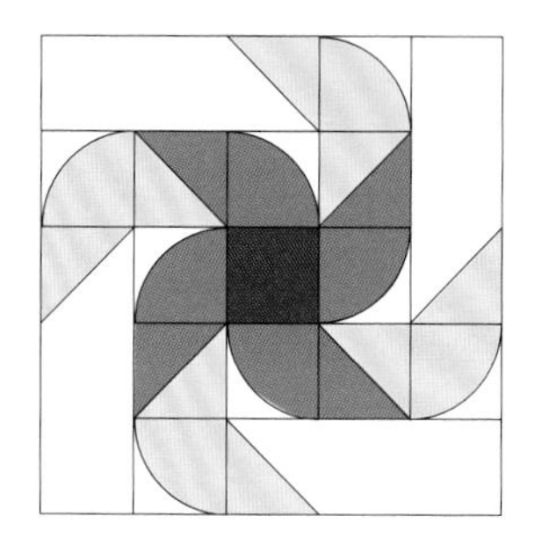
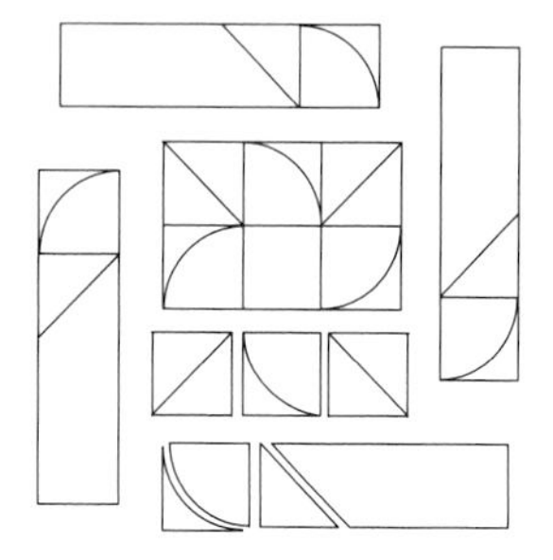

201 Greek Square
希臘廣場

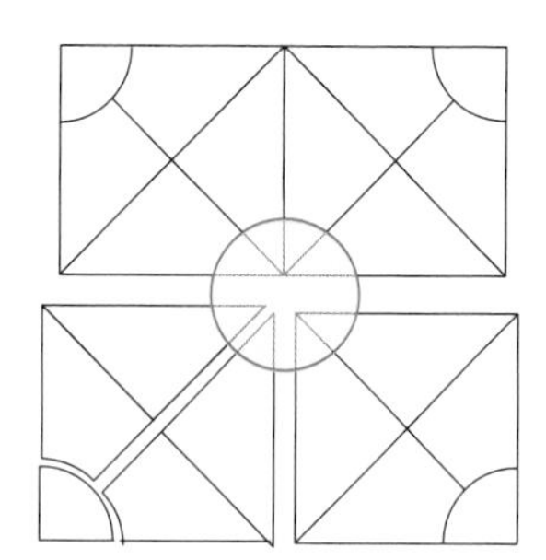

202 Appalachian Sunburst
阿巴拉契亞陽光四射

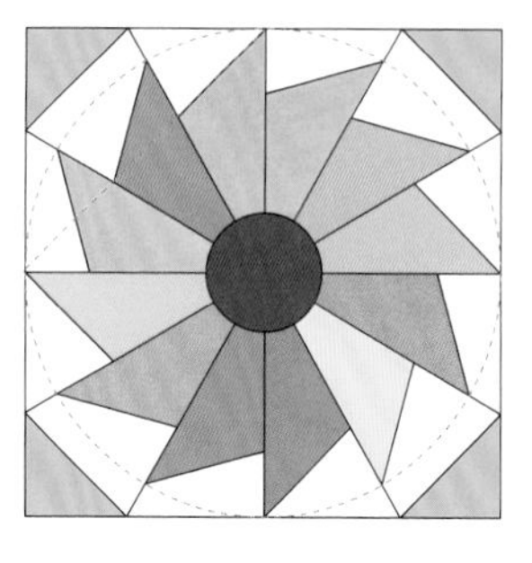
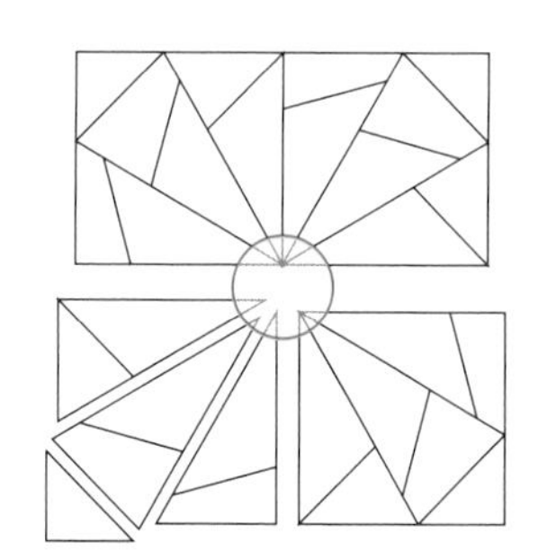

203 No Name
無名

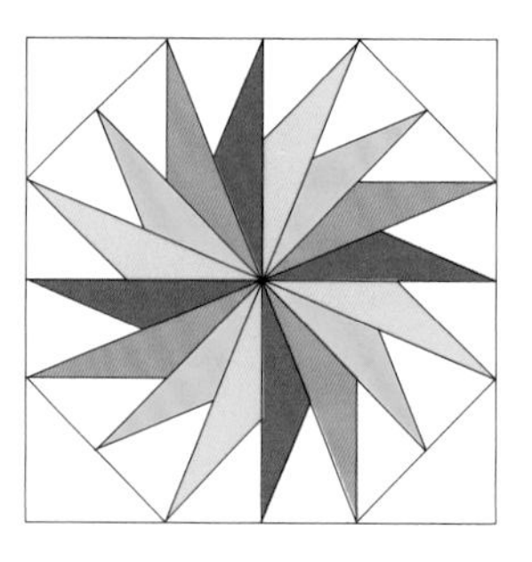
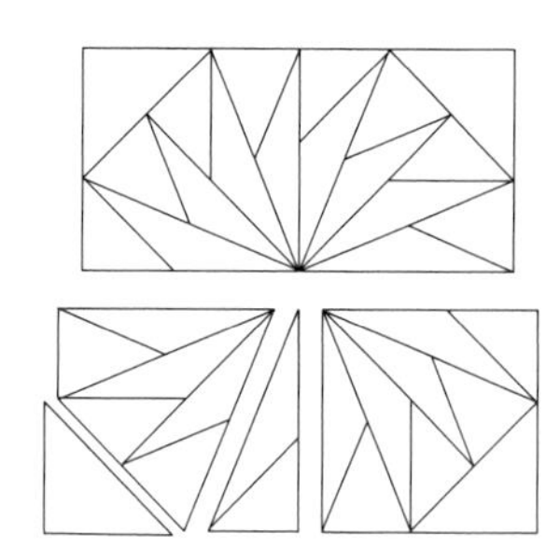

204 Desert Blooms
沙漠盛開

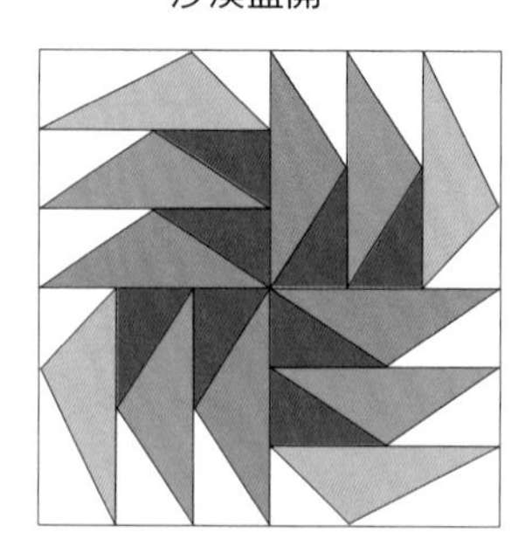
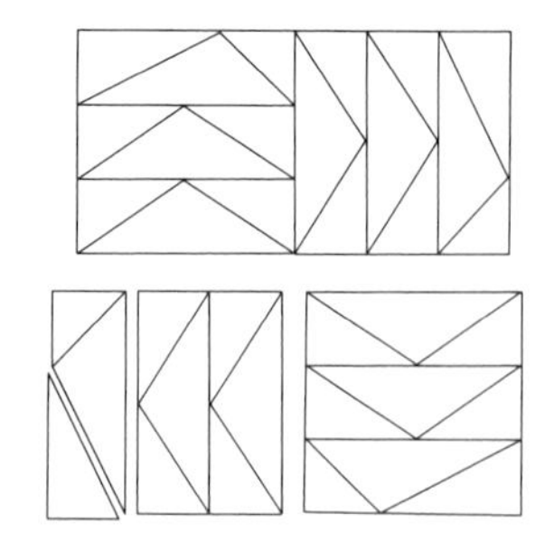

205 Lucky Star
幸運之星

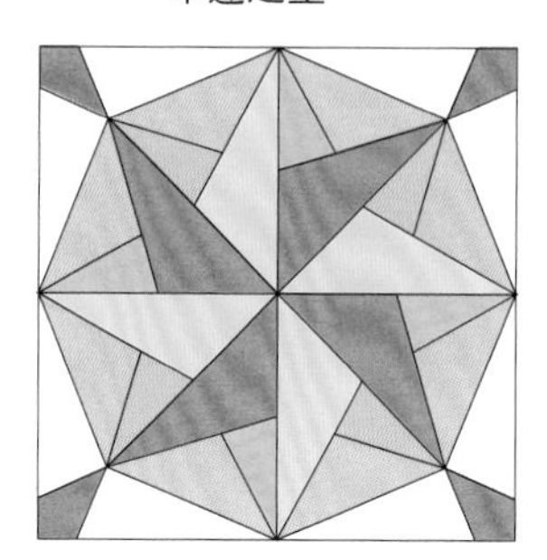
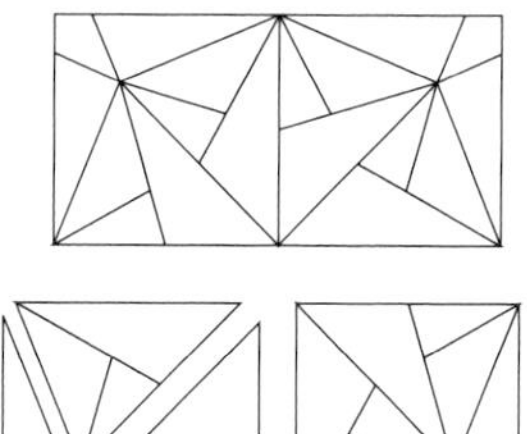
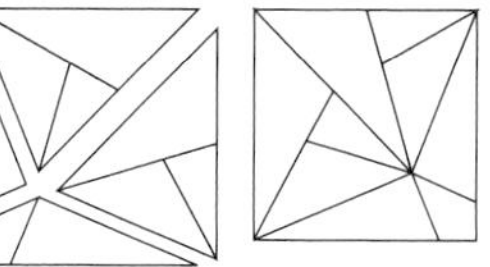

環形　Ring

圍成環形的旋轉圖形，依配色不同，有些圖案看起來就像花朵一樣。

206 Snowball Variation
雪球的變化

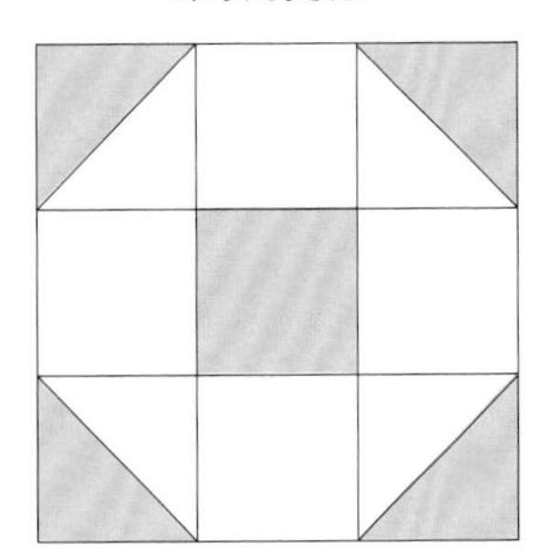
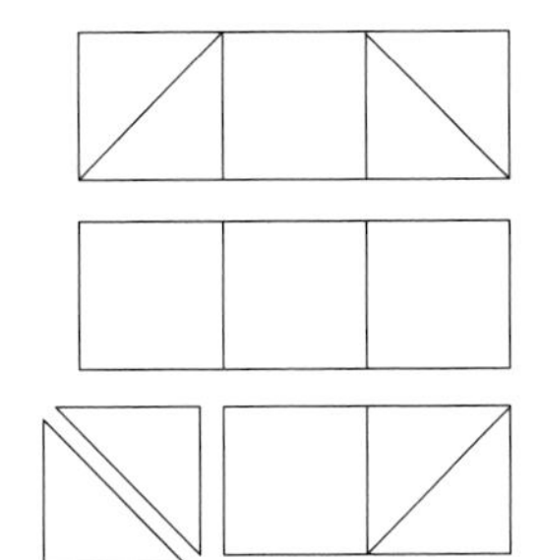

207 Big O
大O

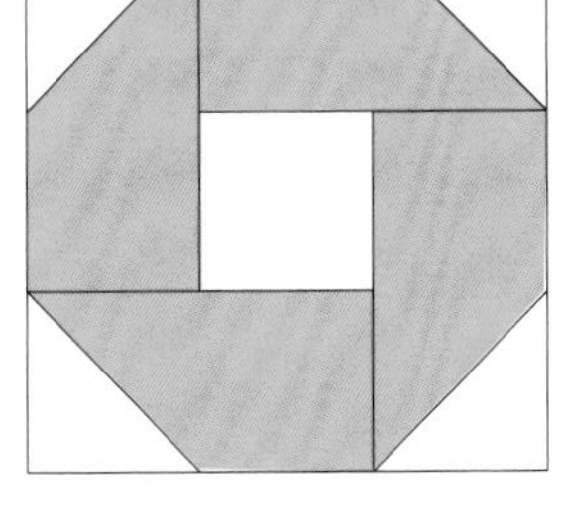
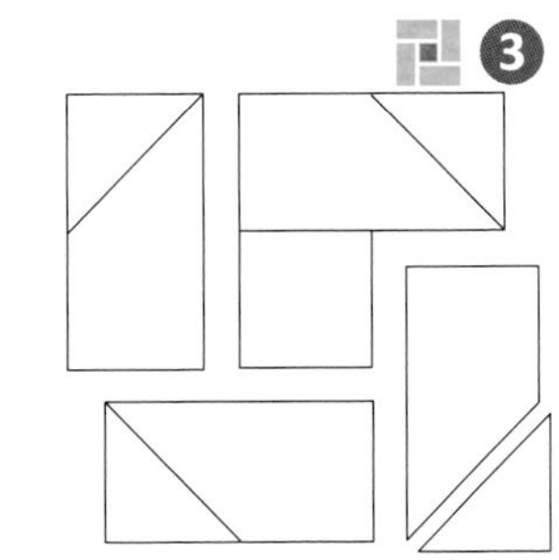
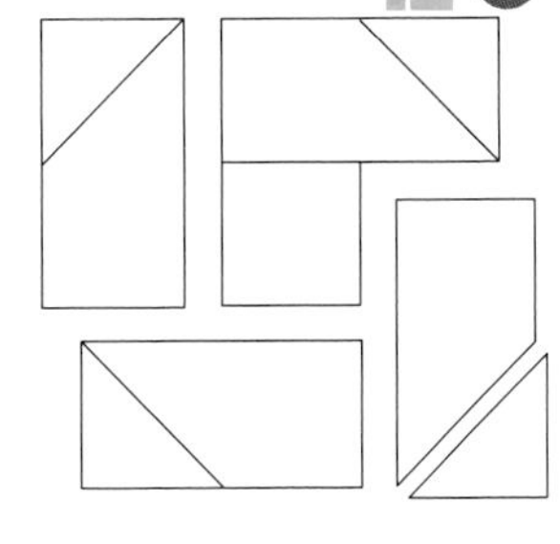

208 Greek Cross
希臘十字

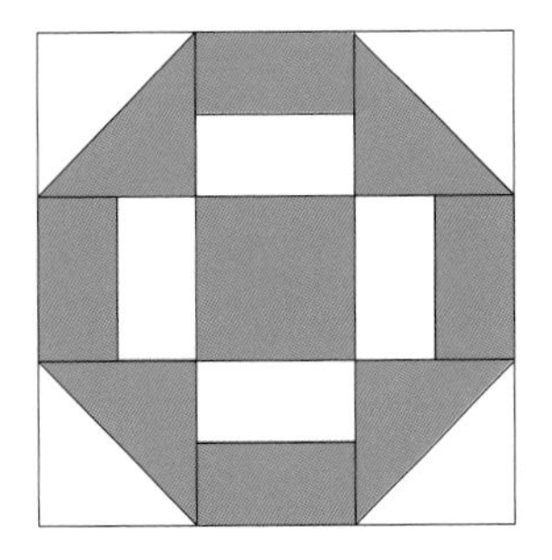
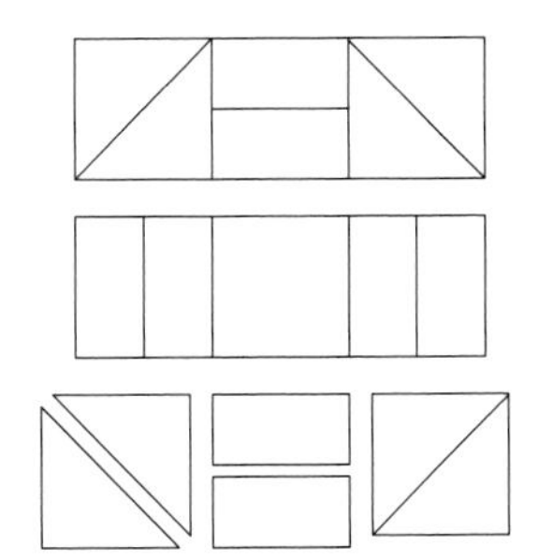

209 Big T
大T

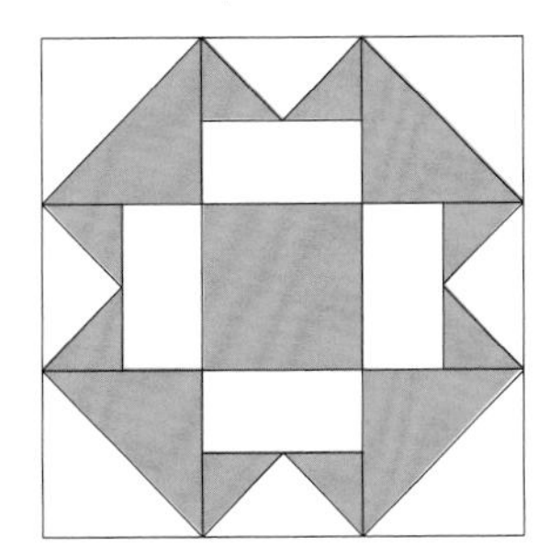
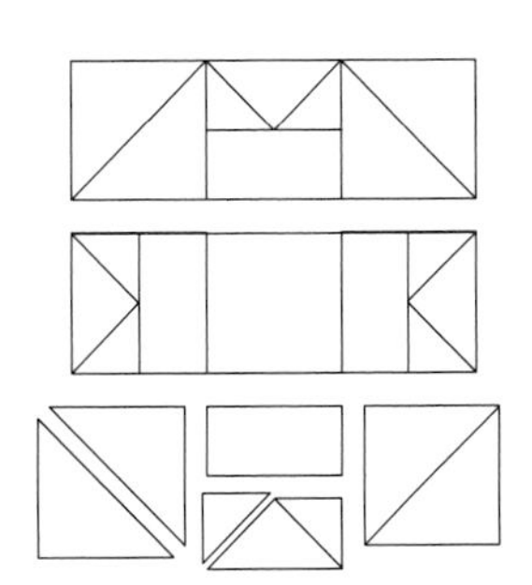

210 Monkey Wrench, Churn Dash
猴子扳手·螺旋鉗

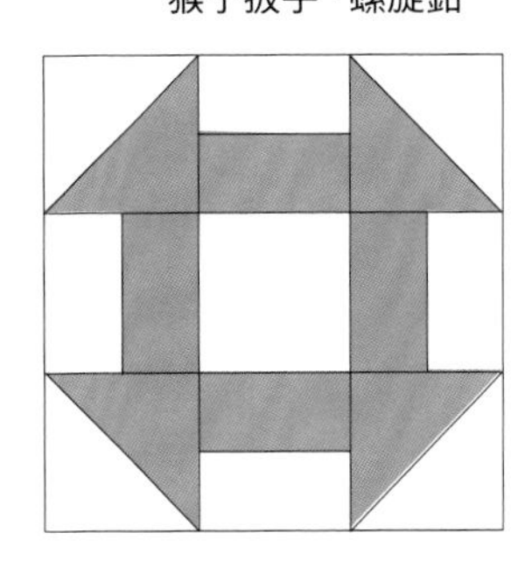
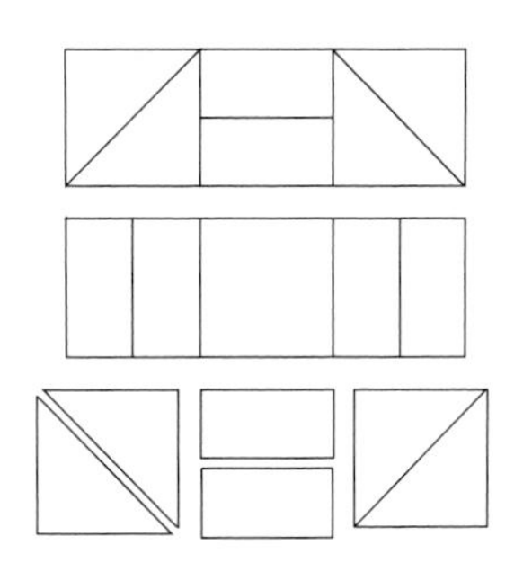

211 Prairie Queen, True Blue
牧場皇后·忠誠堅實

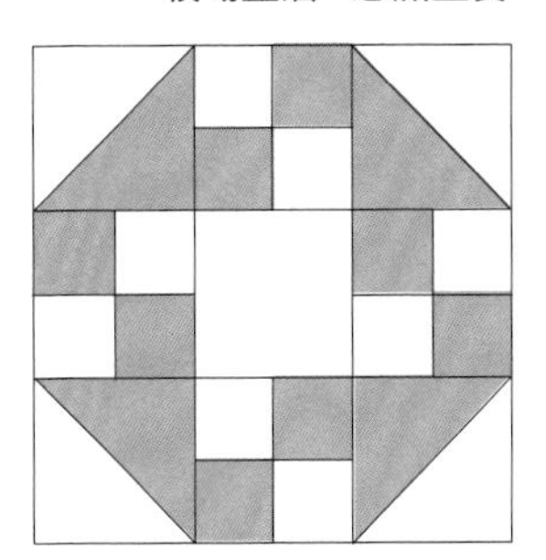
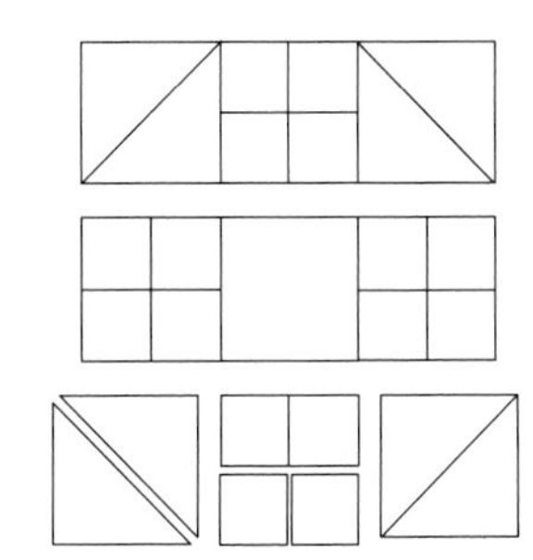

212 Crow's Nest
雞窩

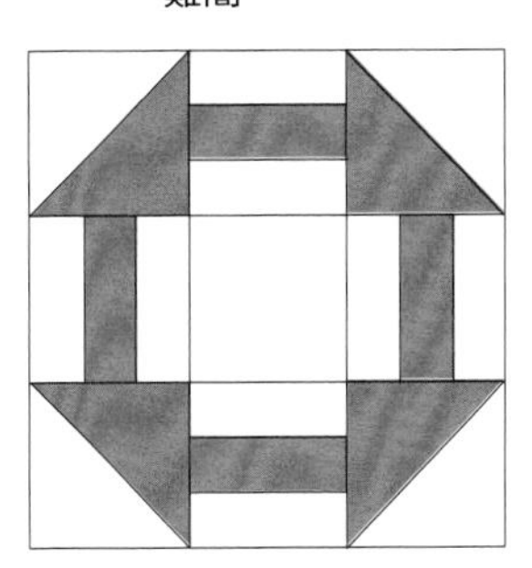
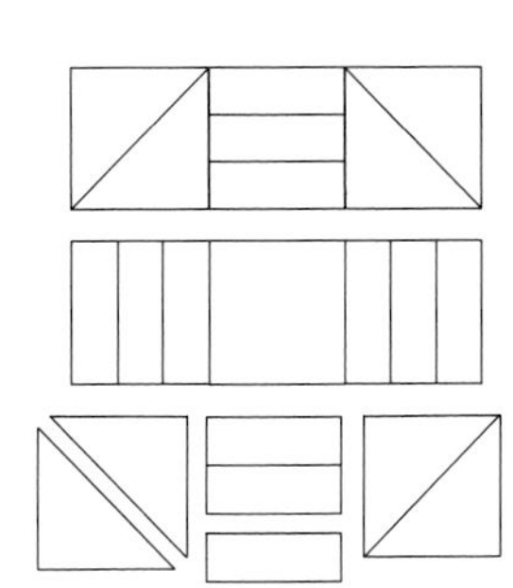

213 Golden Gate
黃金大門

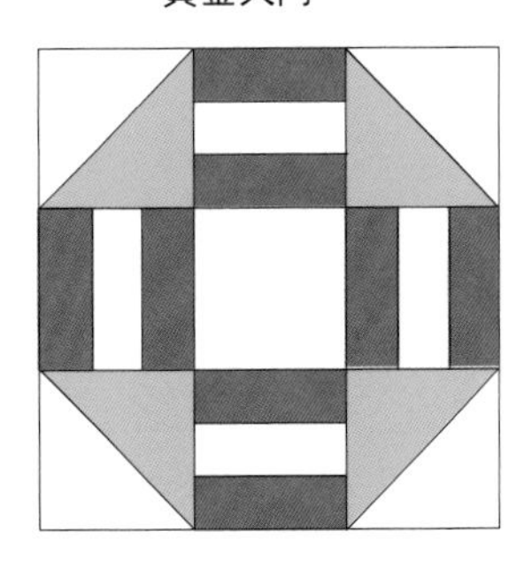
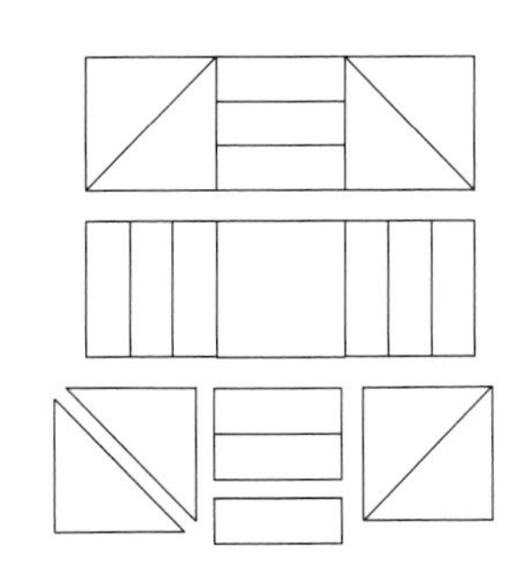

214 New Waterwheel
新式水車

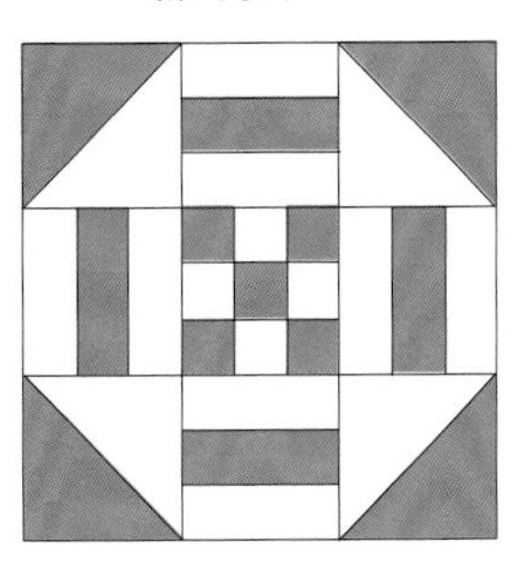
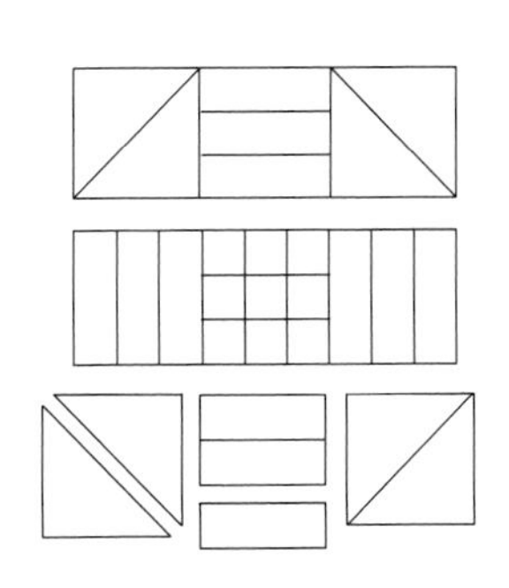

215 Triangles and Stripes
三角形&條紋

4

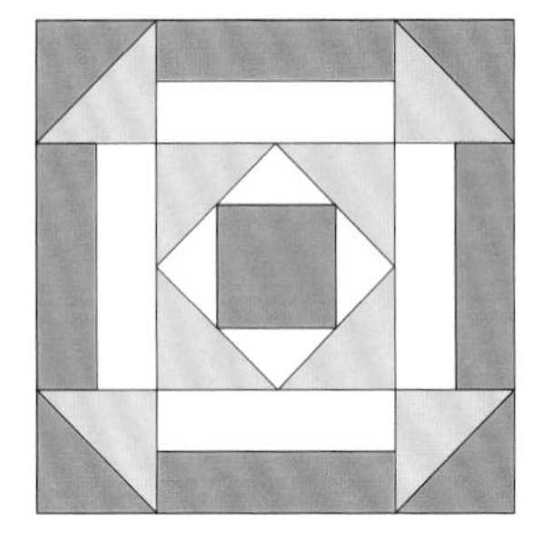

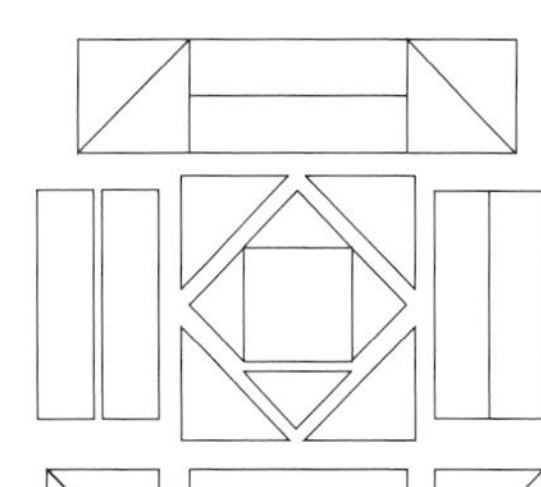

216 Broken Wheel, Block Circle
破碎車輪・方塊圓圈

3

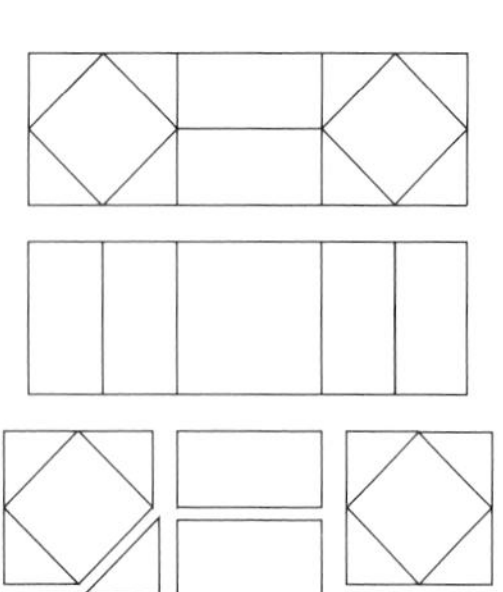

217 Irish Chain
愛爾蘭鎖鍊

4

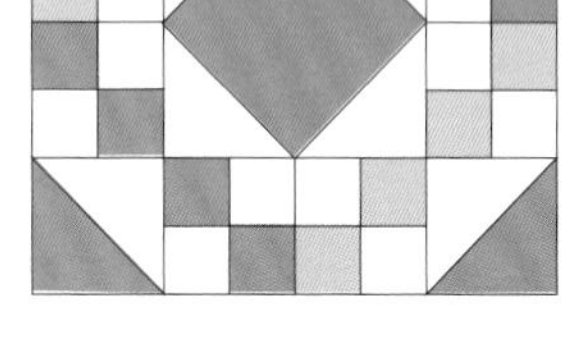

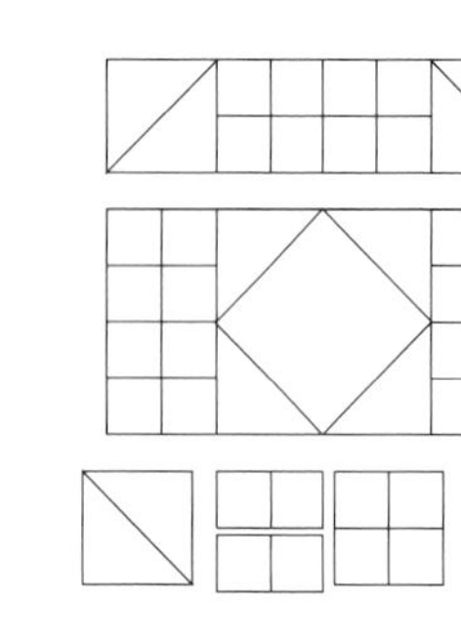

218 Home Circle, Rolling Square
家庭圓圈・轉動的方塊

5

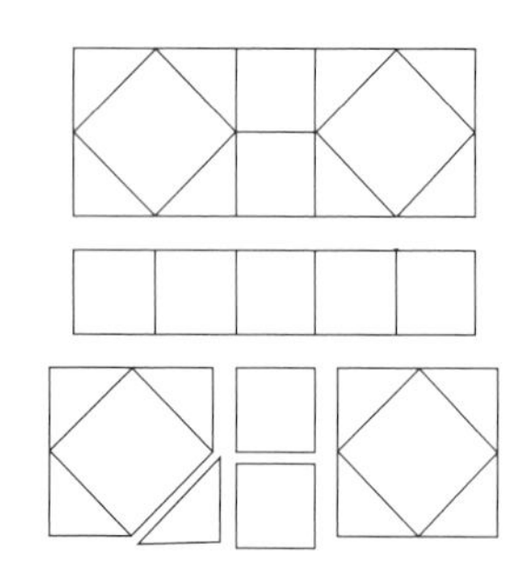

219 Pharlemina's Favorite
發勒米娜的最愛

3

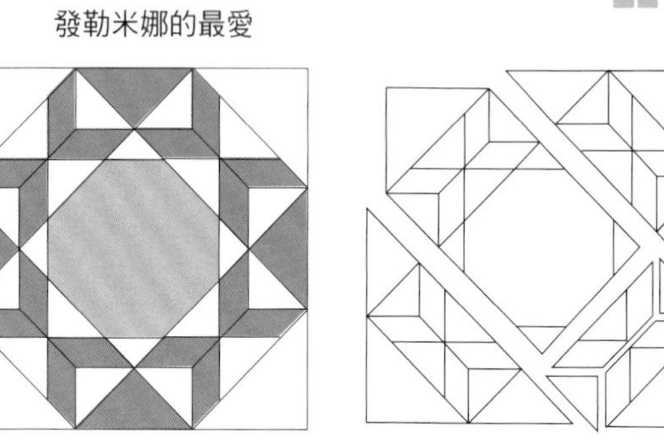

220 Economy, Hour Glass
節約・沙漏

4

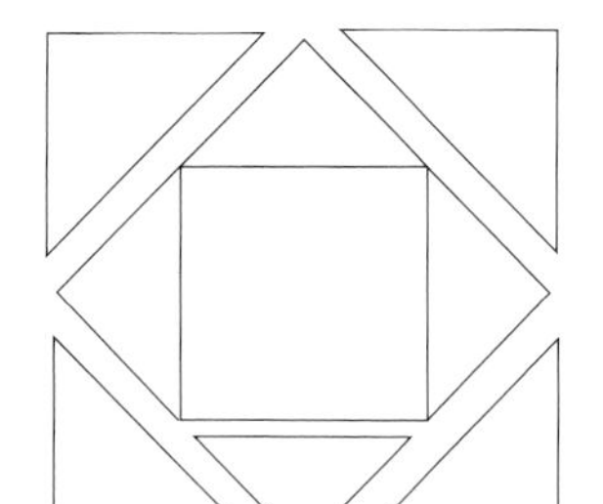

221 Memory Wreath, The Wedding Ring
記憶花圈・婚戒

4

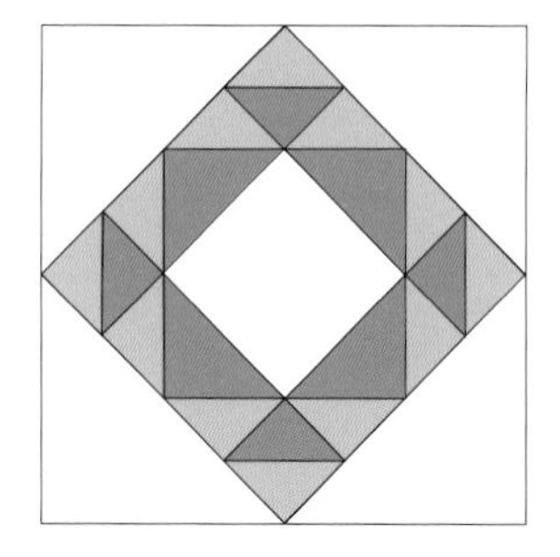

222 Rose Garden, Square on Square
玫瑰花園・方塊中的方塊

4

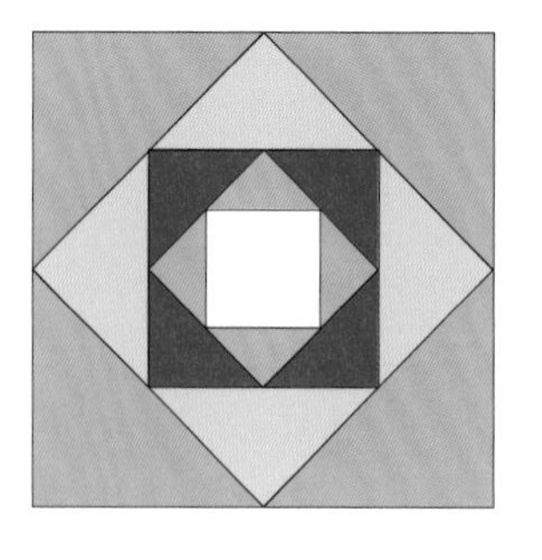

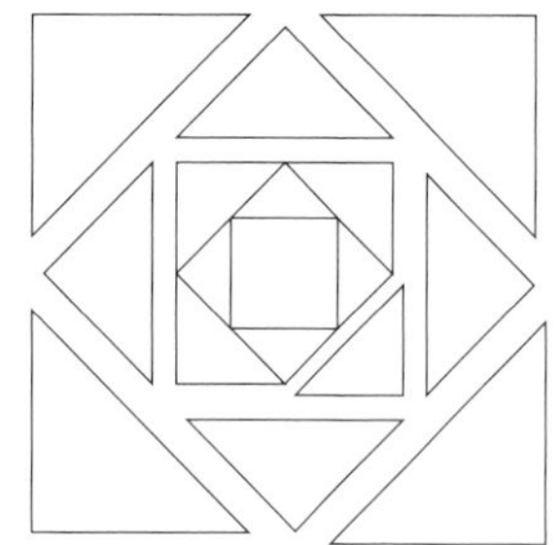

223 Tunnels
隧道

3

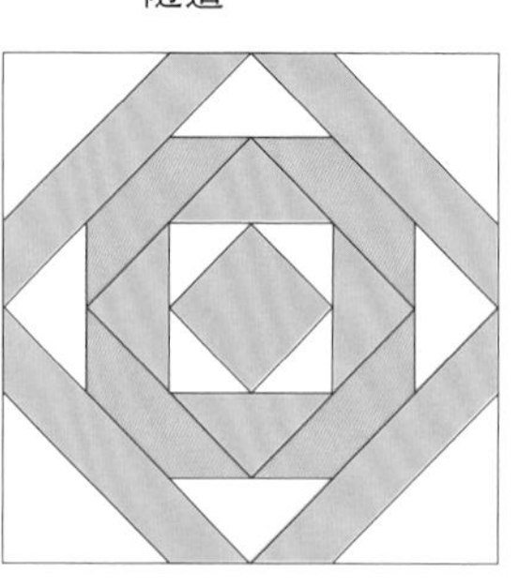

224 Confederate Rose
南方玫瑰

5

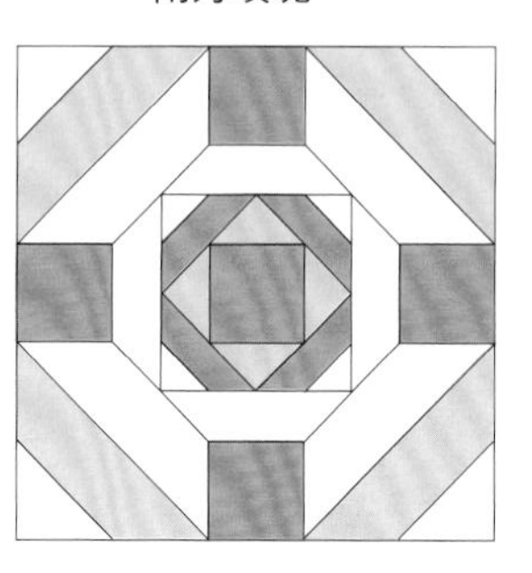

225 Six Windows of Sunshine
南方玫瑰

226 Interlocking Squares
連鎖方塊

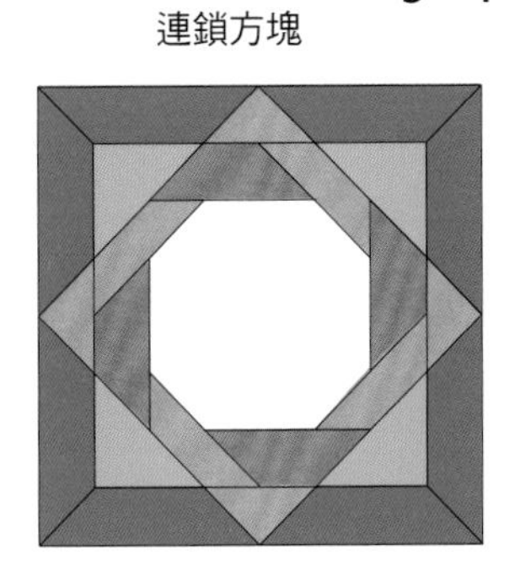

227 Alpha
阿爾法

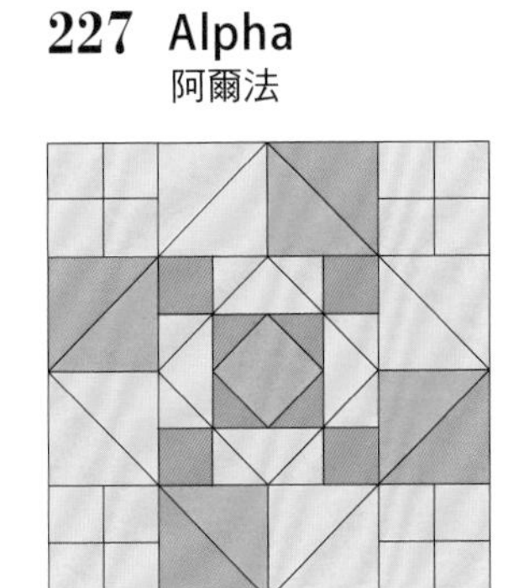
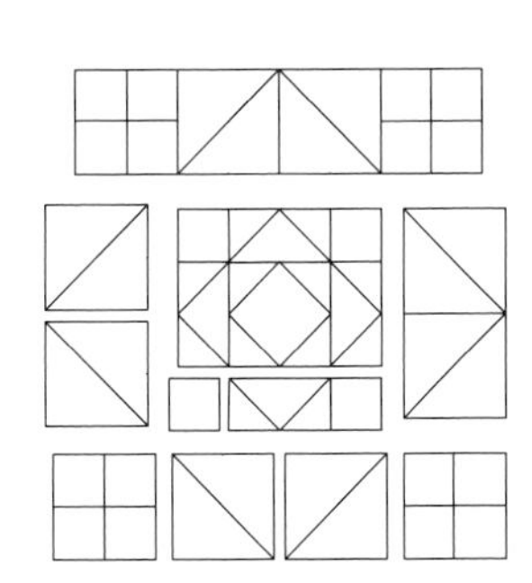

228 Goose in the Pond
池塘中的天鵝

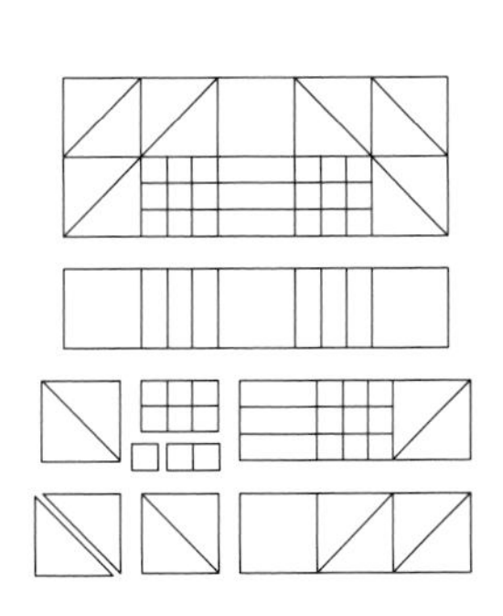

229 Monkey Wrench
猴子扳手

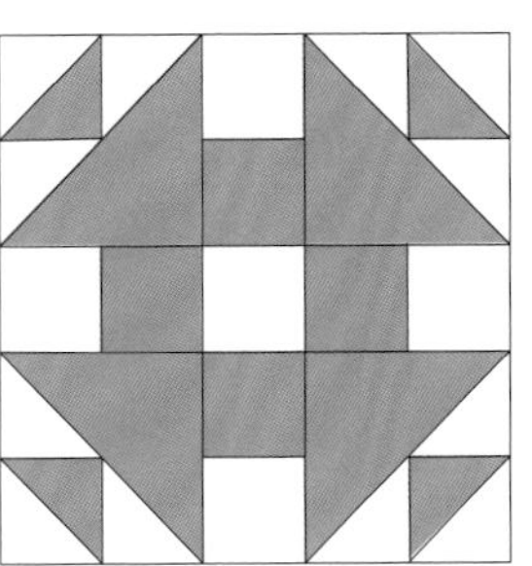
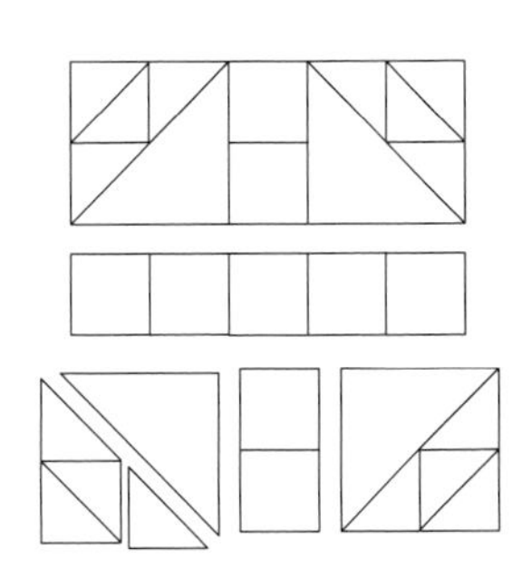

230 Red Cross
紅色十字

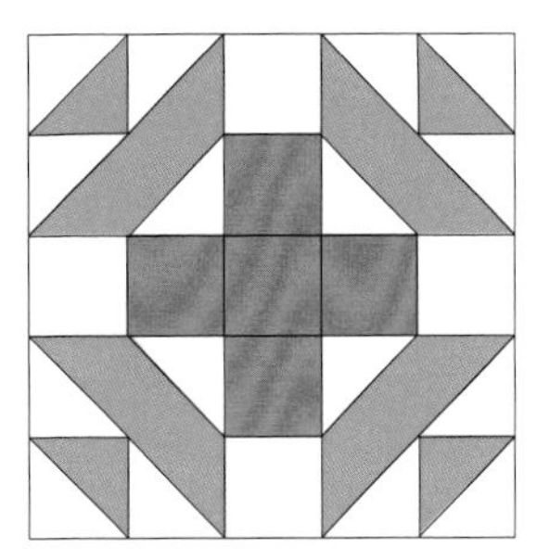
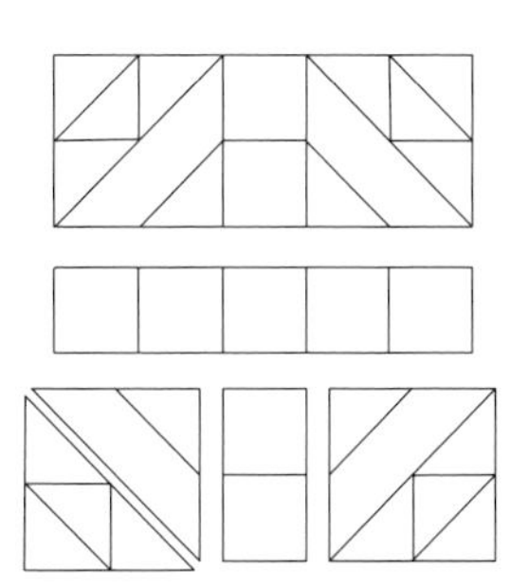

231 Georgetown Circle, Memory Wreath
喬治城圓圈，記憶花圈

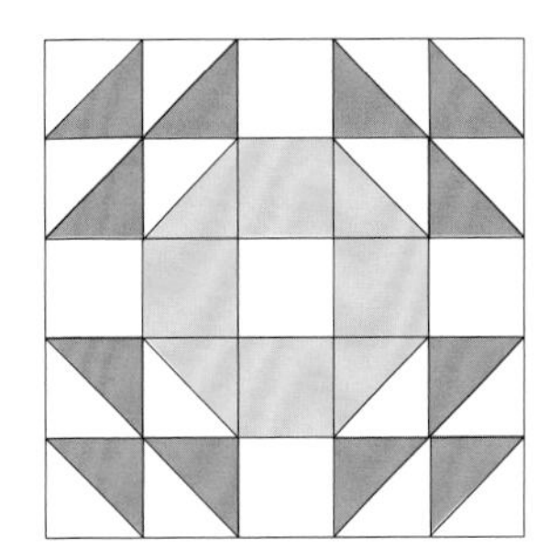
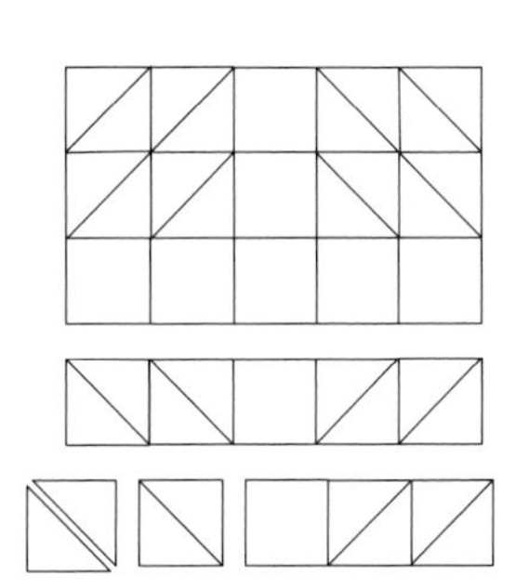

232 China Doll
中國娃娃

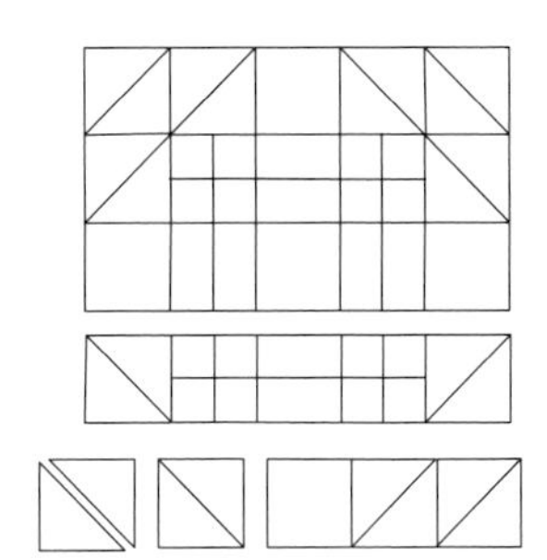

233 Texas Two Step
德州兩步舞

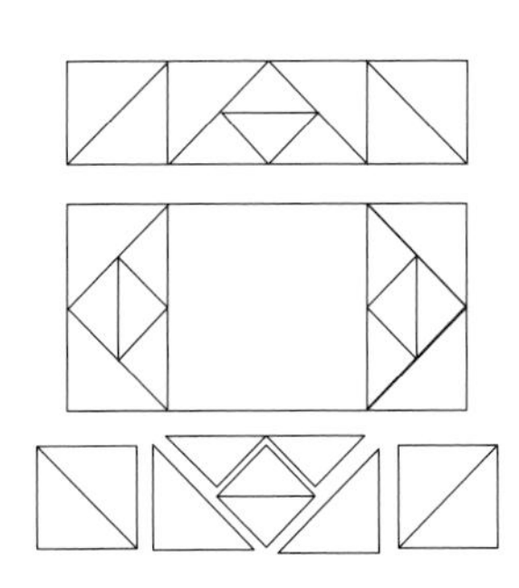

234 Corn and Beans
玉米&豆子

漩渦 Spiral

旋轉如漩渦一樣的圖案。只要設計出明暗閃爍，就能呈現栩栩如生的感覺。

235 Zig Zag Path
蜿蜒小徑

3

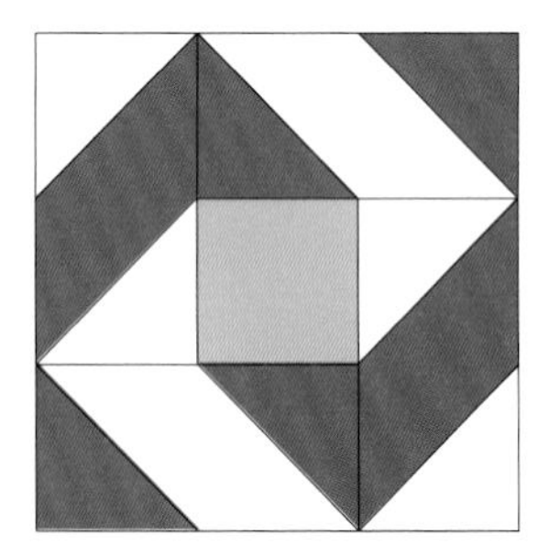
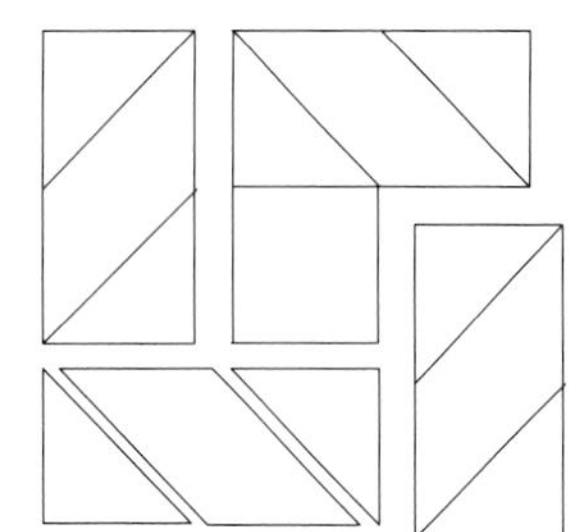

236 Monkey Wrench, Snail's Trail
猴子扳手・蝸牛足跡

4

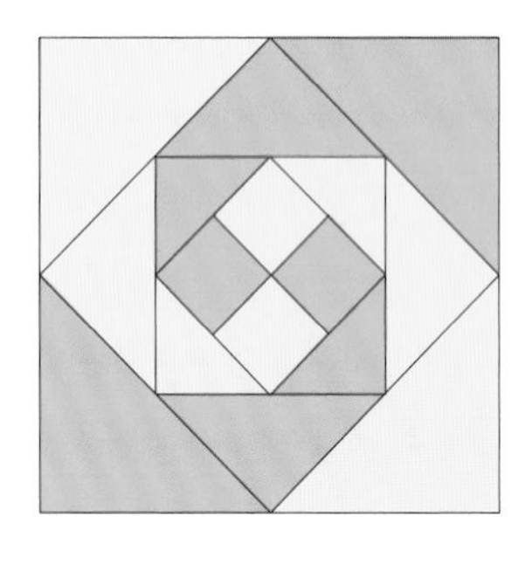
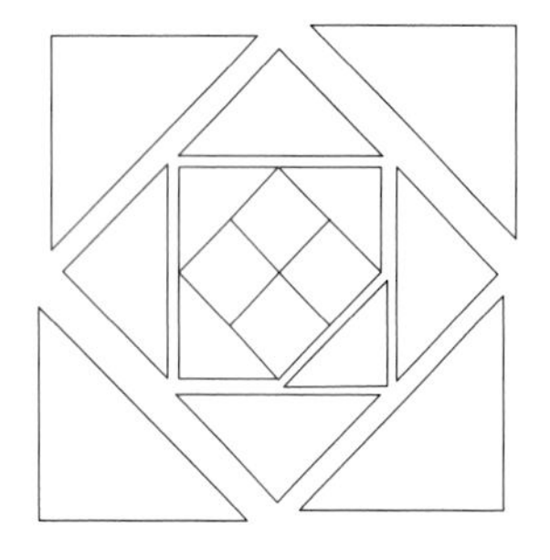

237 Monkey Wrench, Journey to California
猴子扳手・加州之旅

4

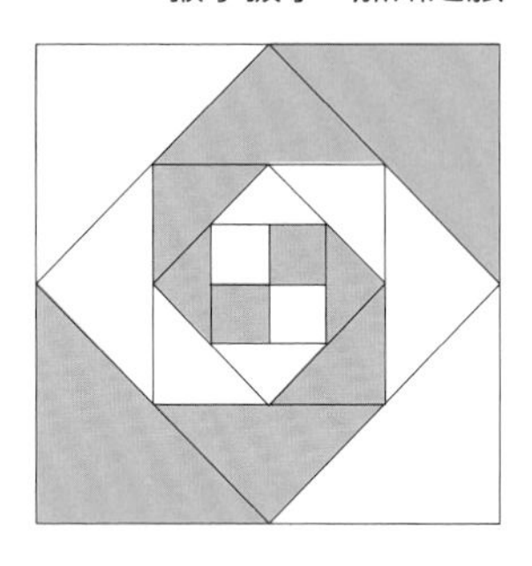
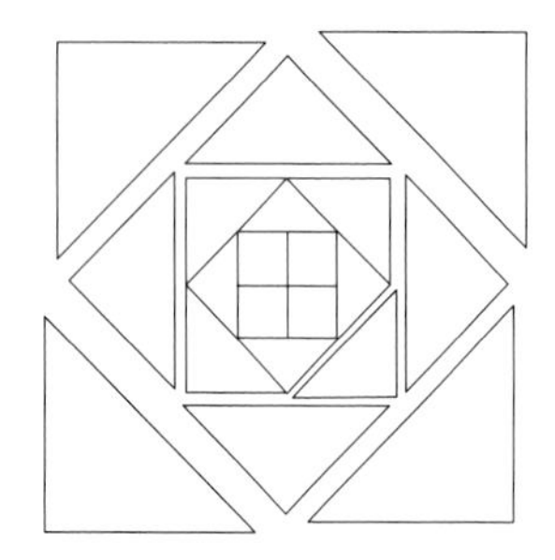

238 Virginia Reel, Pig's Tail
弗吉尼亞捲軸・豬尾巴

4

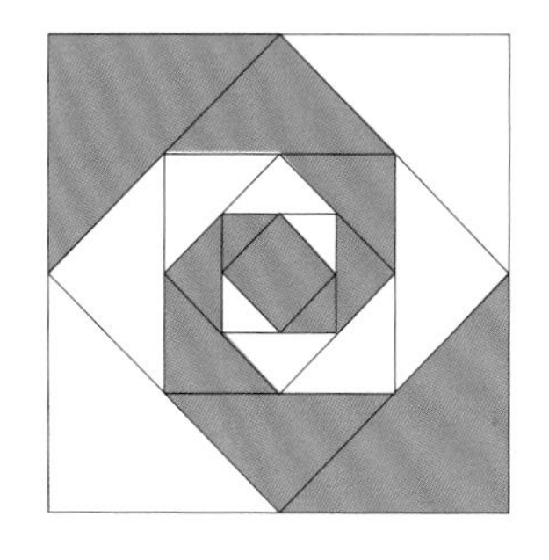

239 Nautilus
鸚鵡螺

4

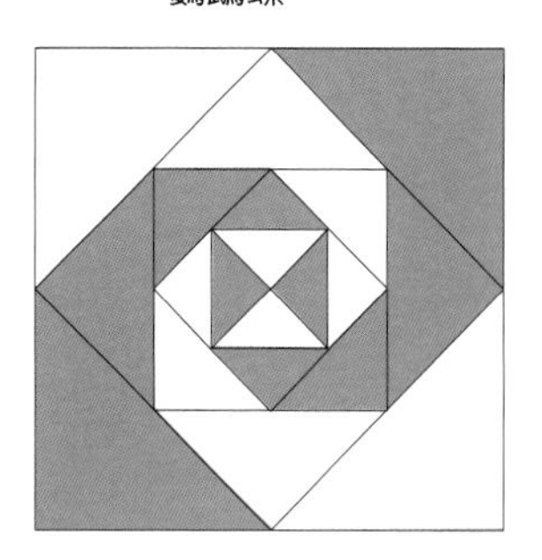
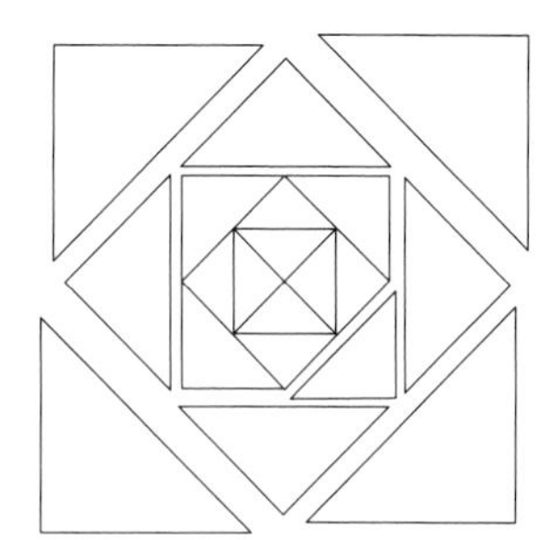

240 Vortex
漩渦

4

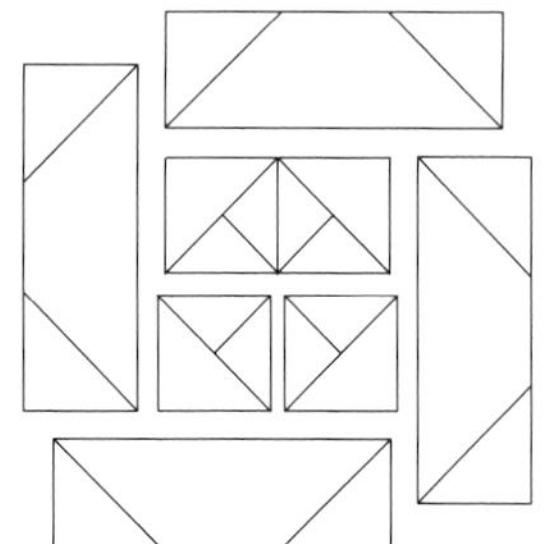

note

玫瑰花園＆弗吉尼亞捲軸 Rose Garden & Virginia Reel

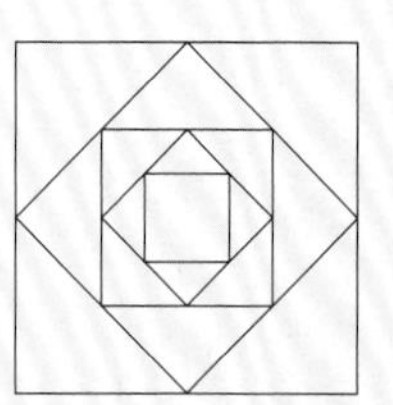

共用的製圖

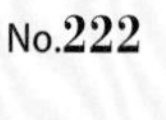

No.222

No.238

相同製圖依配色不同，即可呈現完全不同的圖形。另外，若是多排列幾張時，又能變成另一款圖案，產生有趣的設計。

03

241～465

Radiation

放射狀圖形

以放射狀向外延展的圖形。

雖然圖案看似簡單，但若能加以應用、衍生，

便能創造出豐富的視覺效果。

此類圖形大多以星星命名，也有取自地名、人名，或從形狀命名。

星星
Star

由中心向外側，橫向、縱向、斜向地自在變換，向外延展。星星的光亮由中心向四方發散，呈現整齊劃一的美感。

241 Diamond Star, Golden Wedding Quilt
鑽石之星 · 黃金婚禮拼布

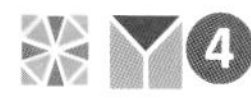

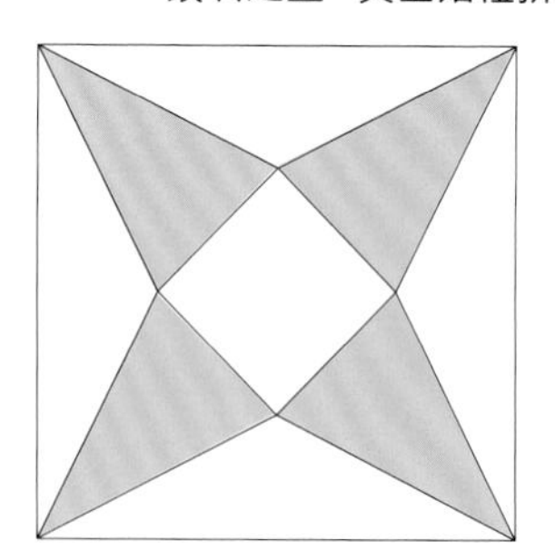
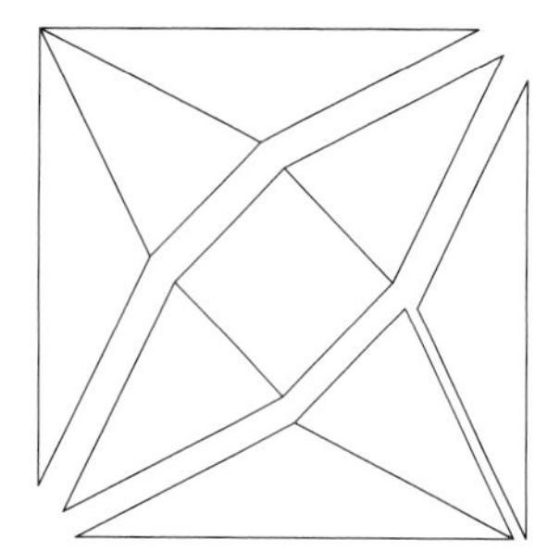

242 Lost Children
迷失的孩童

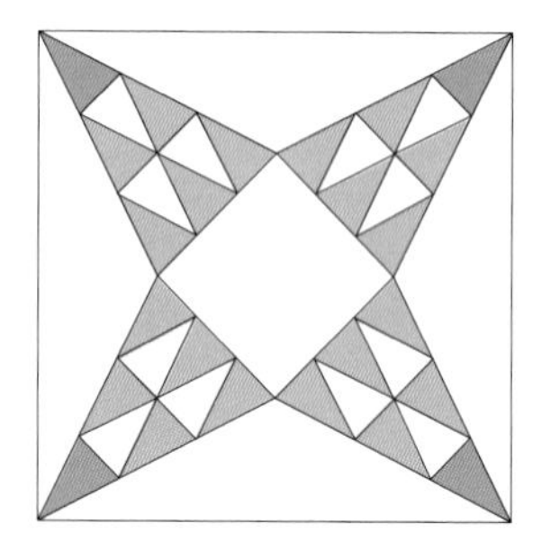
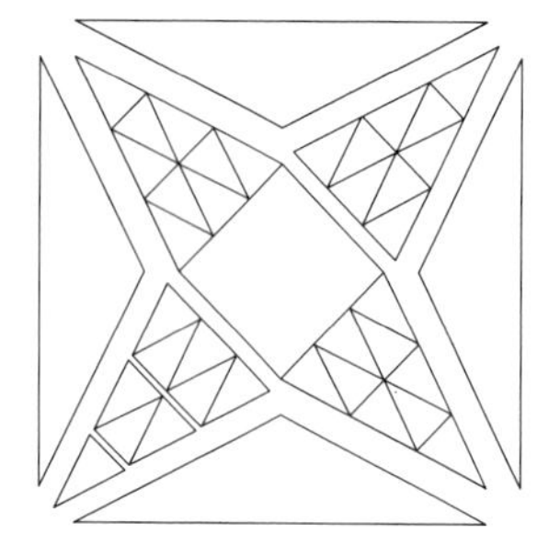

243 Texas Star
德州之星

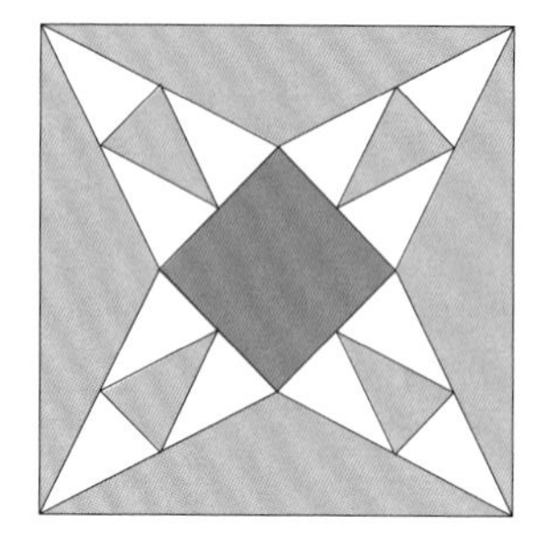
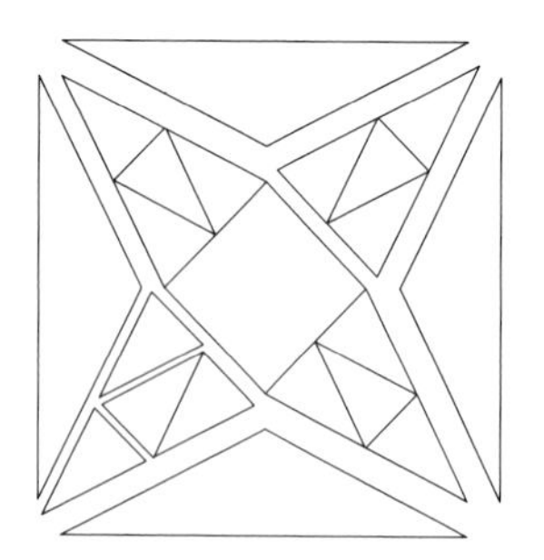

244 Lucky Star
幸運之星

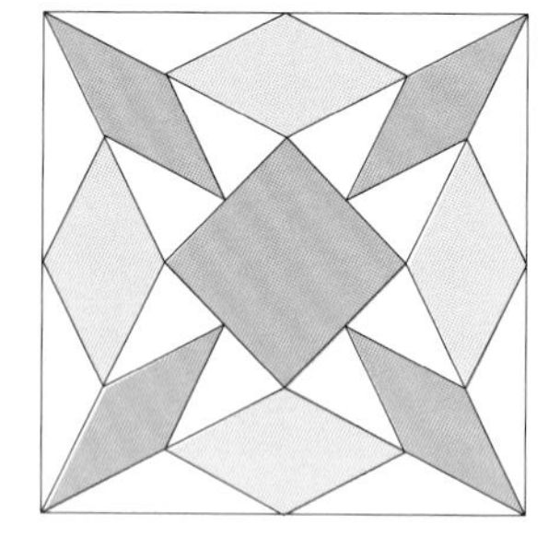
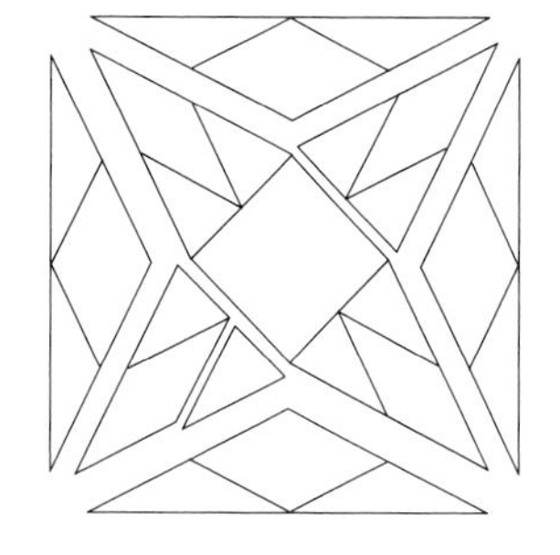

245 Exploding Star
爆炸之星

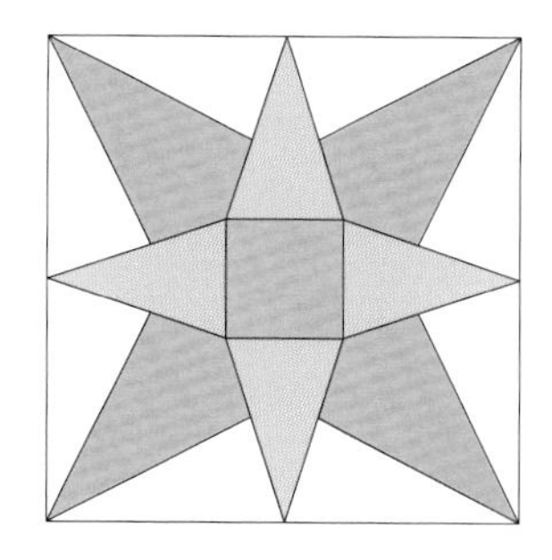

246 Double Star
雙重星星

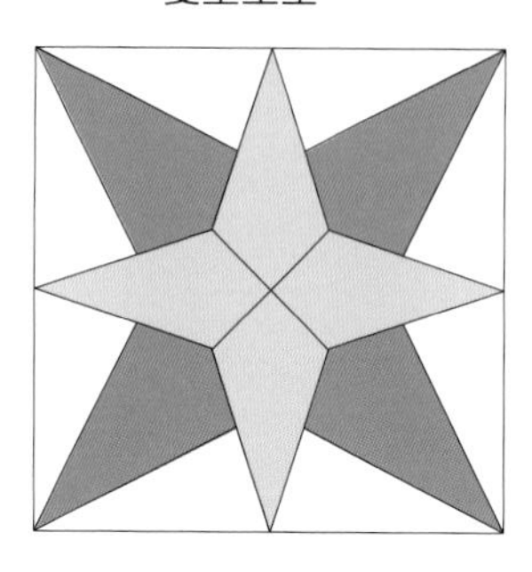
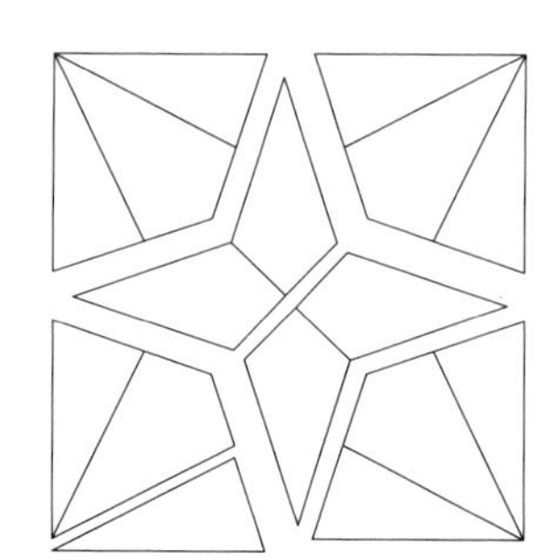

247 Flaming Star, Northern Lights
火焰之星 · 北極光

4

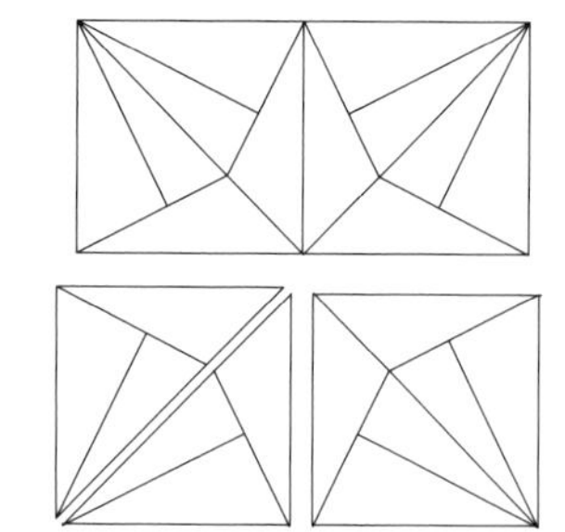

248 Star
星星

4

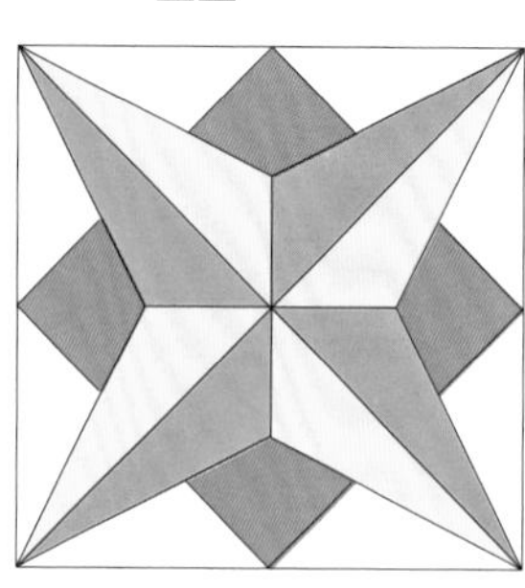
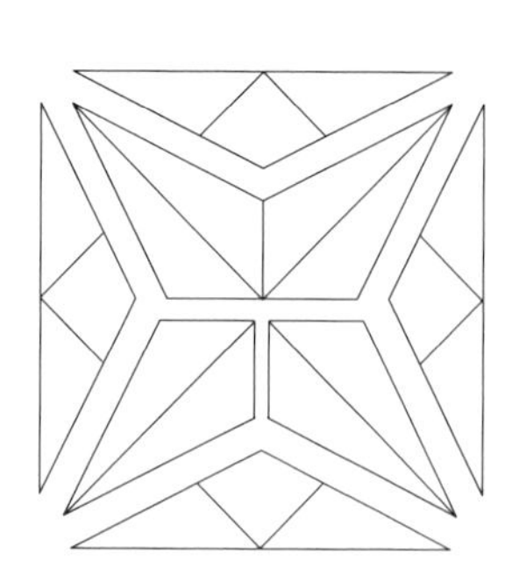

249 Sarah's Direction
莎拉的方向

4

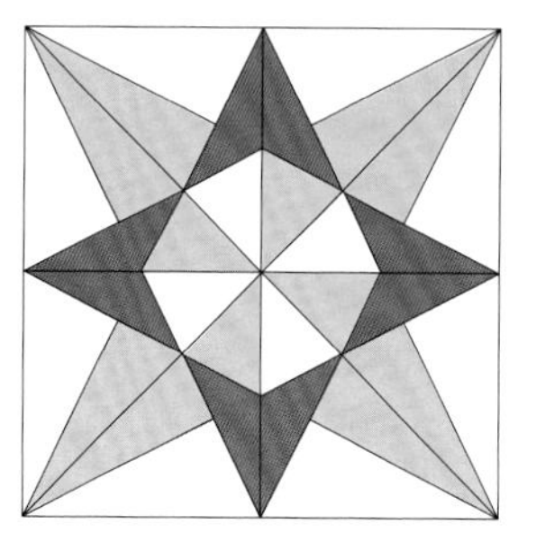
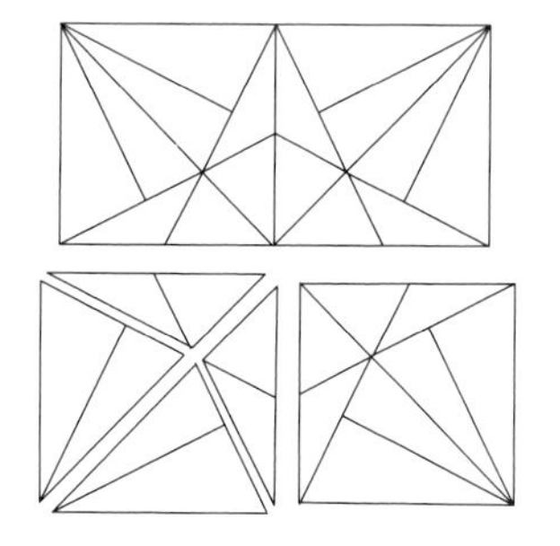

250 Guiding Star, Cowboy's Star
指引之星．牛仔之星

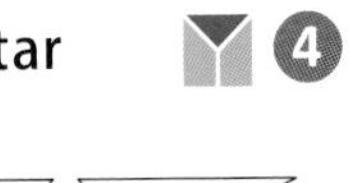

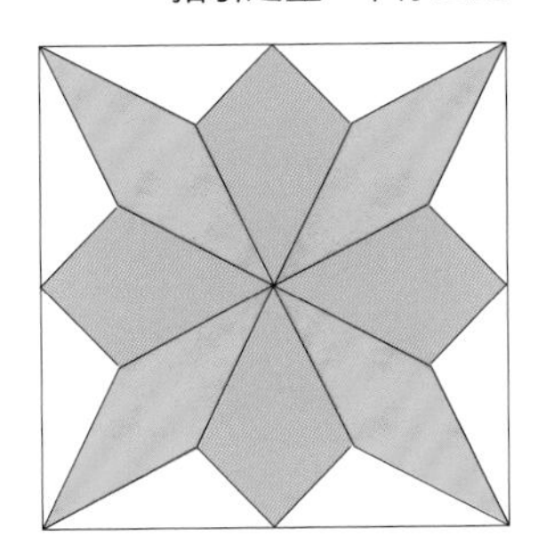

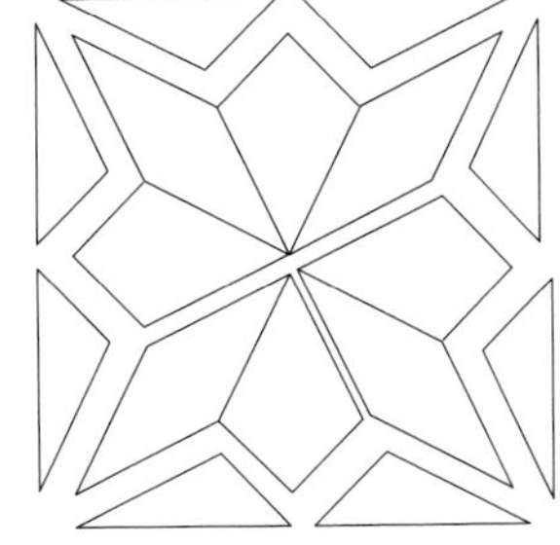

251 Four Star Block
四星方塊

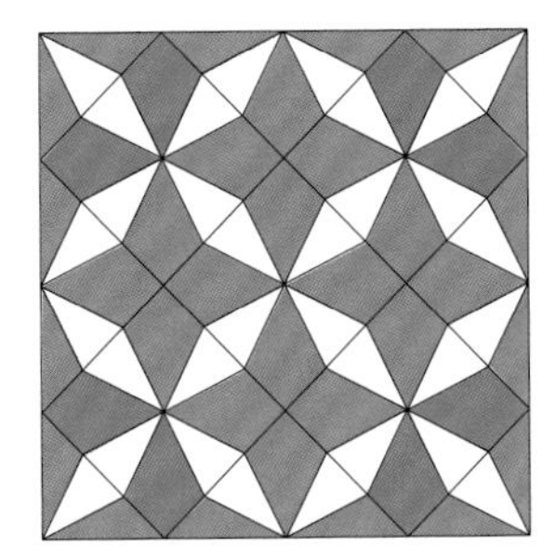

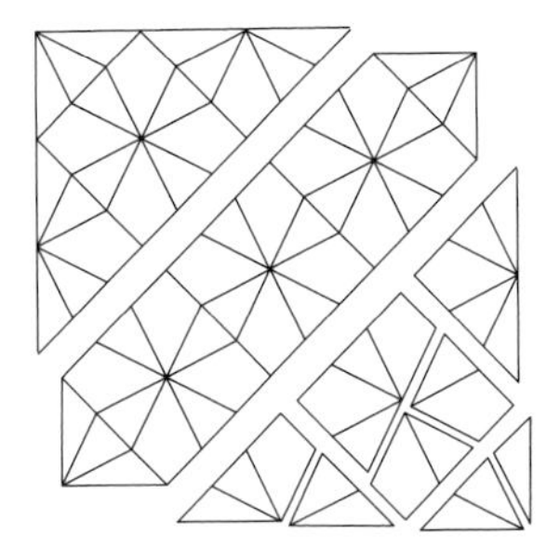

252 Diamond
鑽石

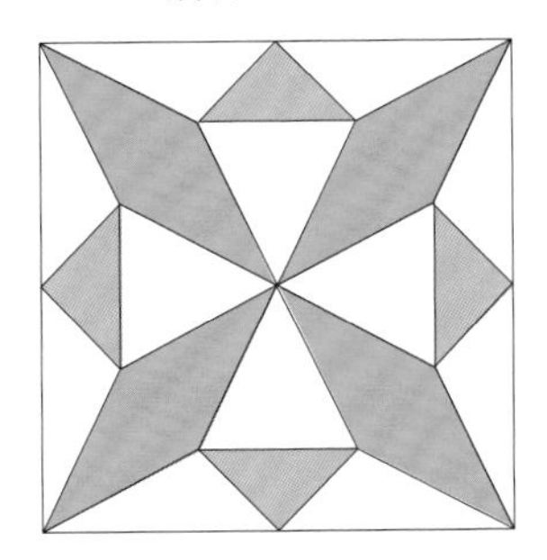

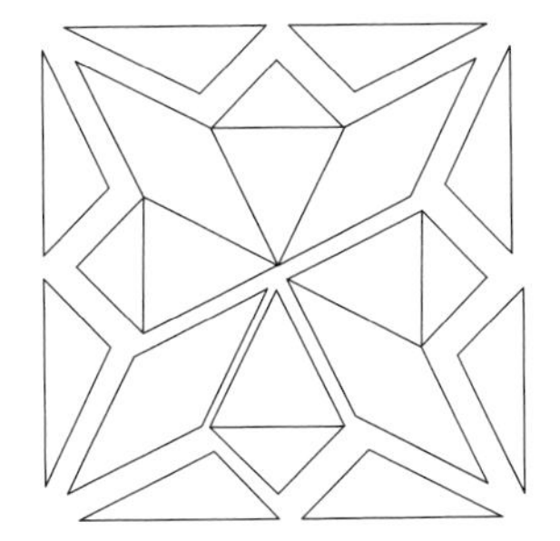

253 Whirling Star
旋轉之星

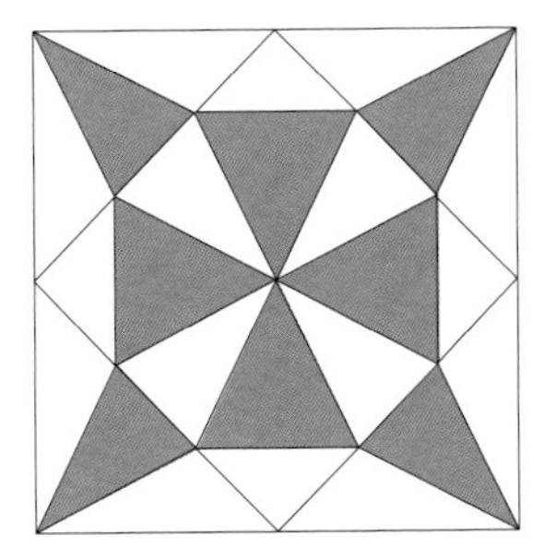

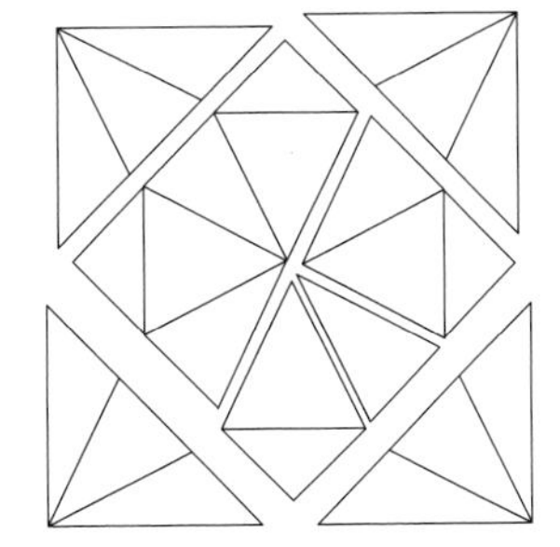

254 Swallow, Chimney Swallows
燕子．煙囪之燕

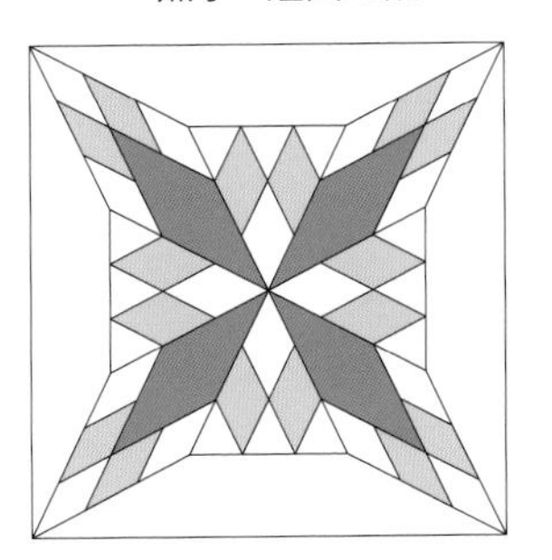

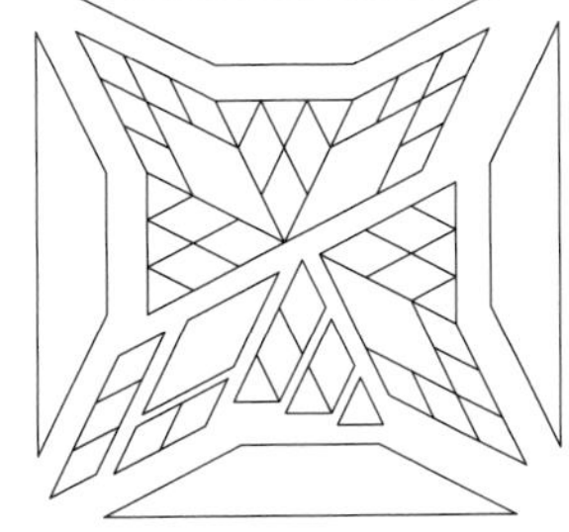

255 Kaleidoscope Star
萬花筒星星

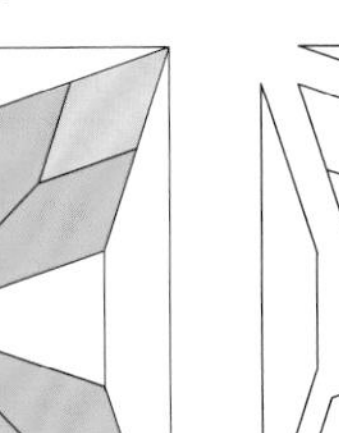

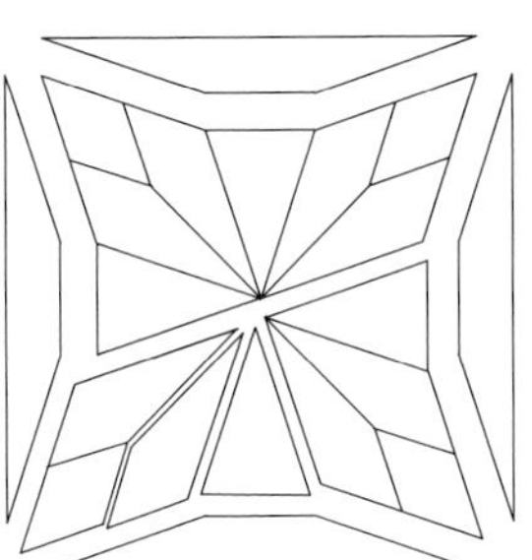

256 Cowboy Star, Travel Star
牛仔之星．旅行之星

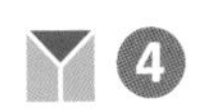

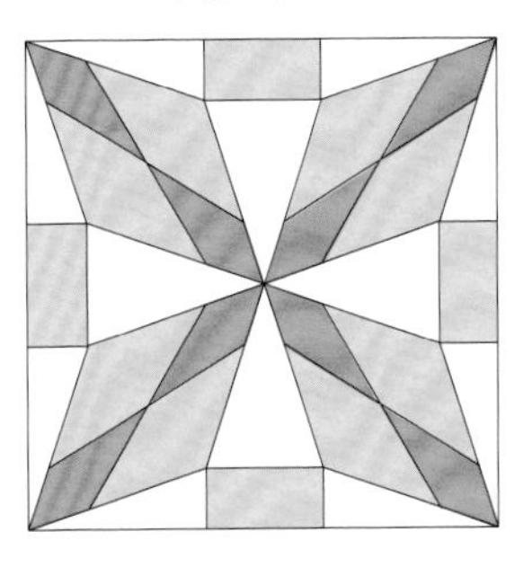

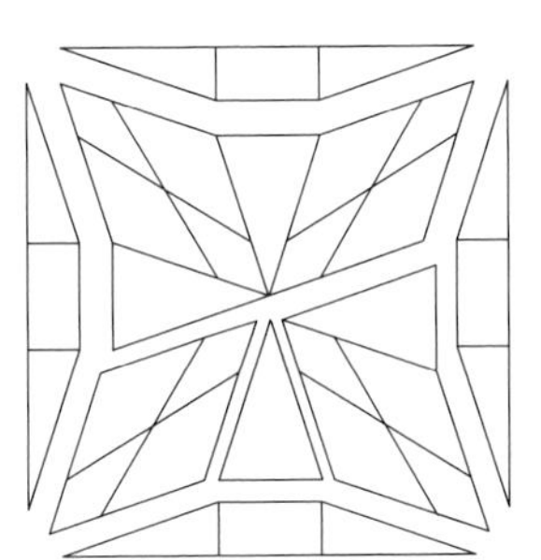

257 Star Bound
跳躍之星

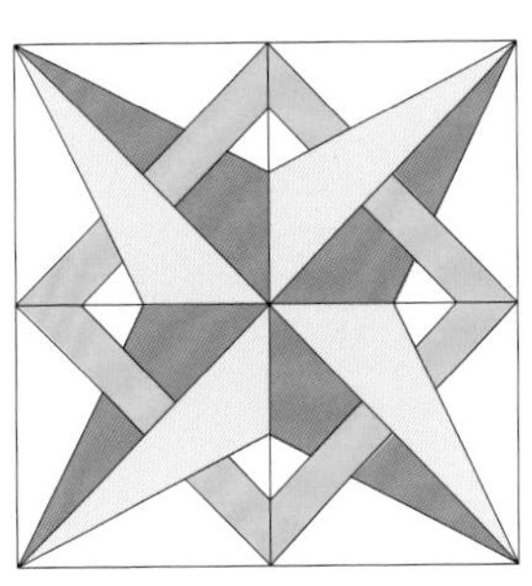

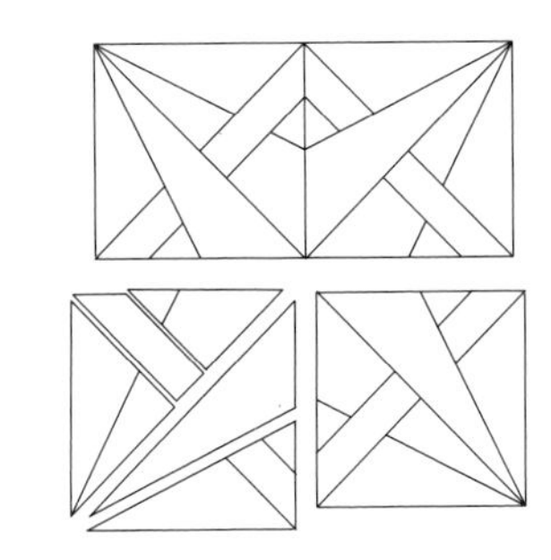

258 Tangled Stars
糾結的星星

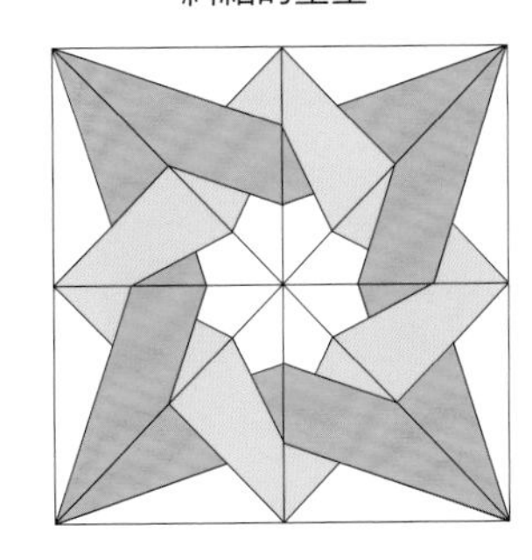

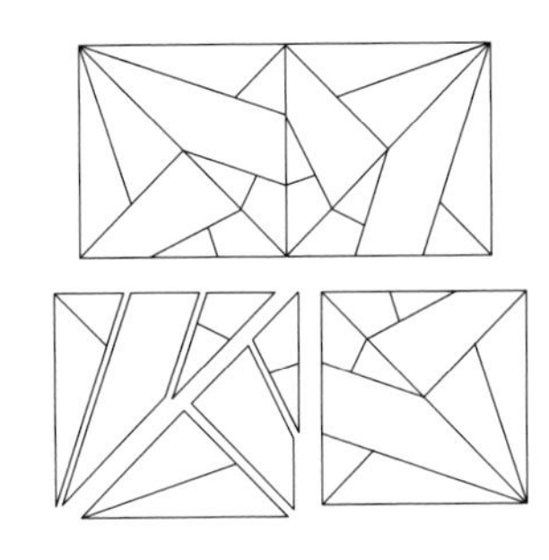

259 Star and Cone
星星＆圓錐

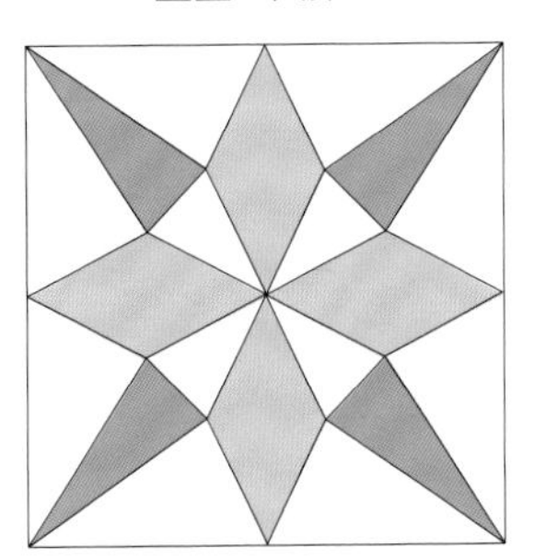

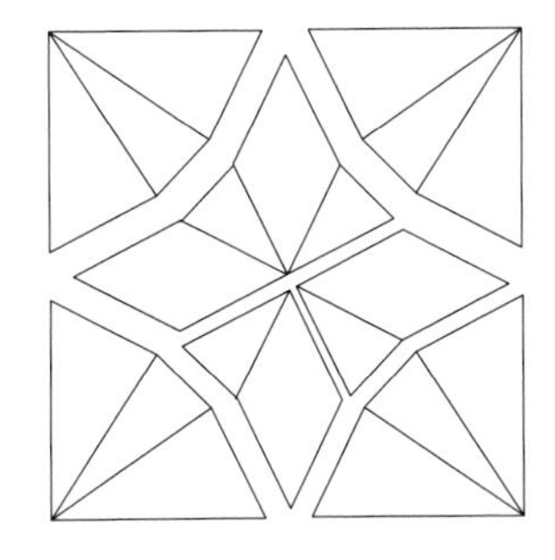

260 Beautiful Star, Arrow Star

美麗之星 · 箭頭之星

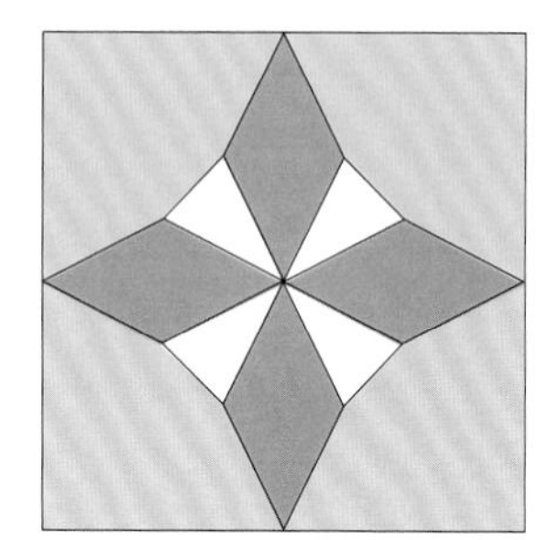
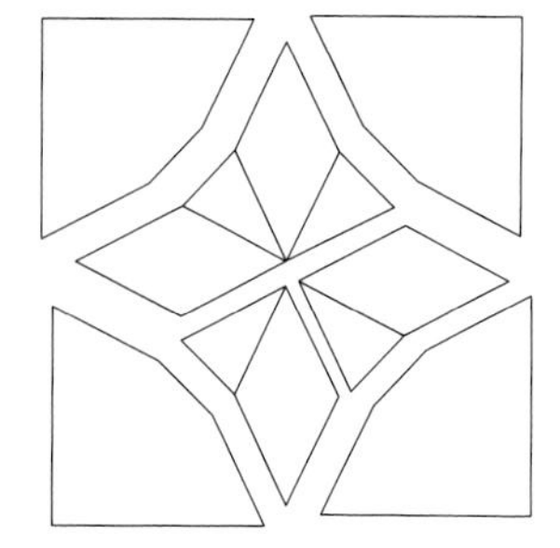

261 Ohio Star, Eight Point Star

俄亥俄之星 · 八角星

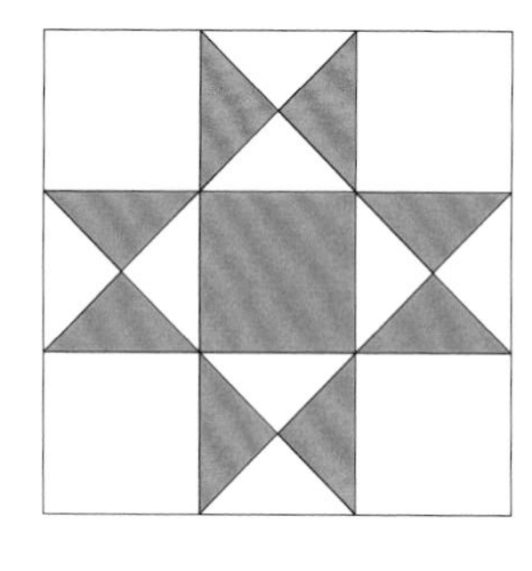
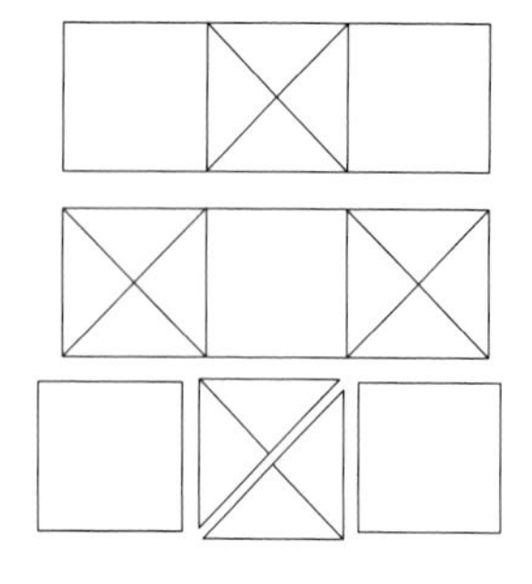

262 Braced Star

支柱之星

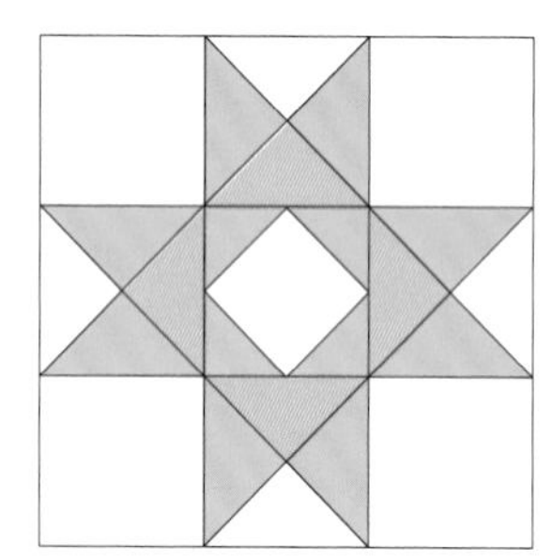
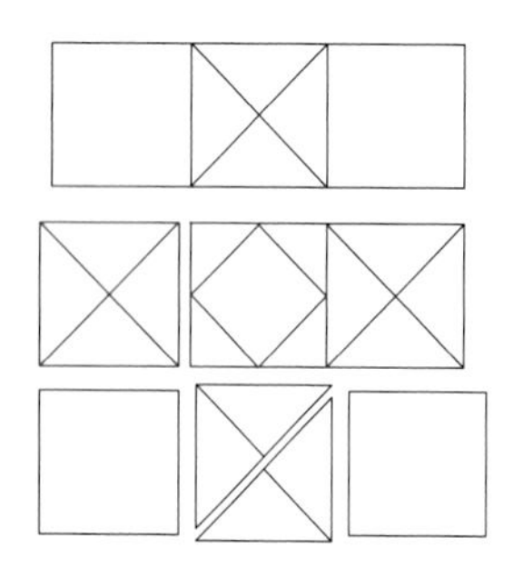

263 Twin Star

雙子星

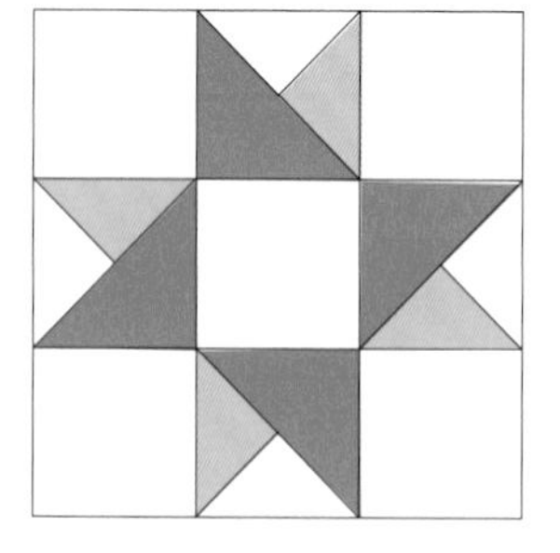
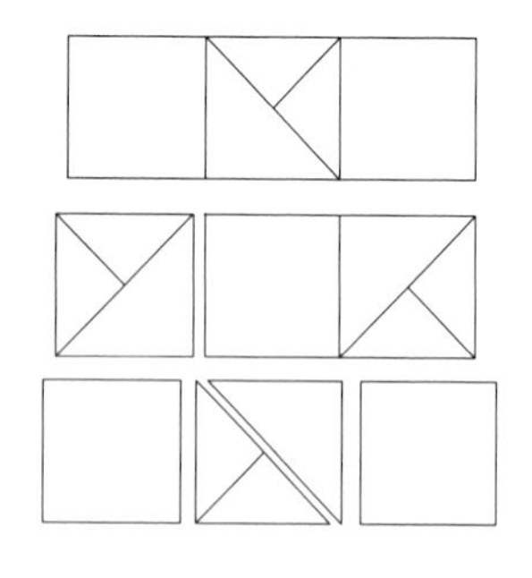

264 Sun Rays Quilt

太陽光線拼布

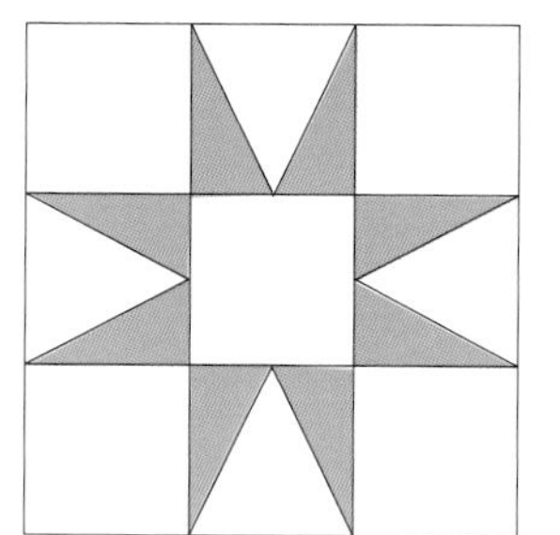
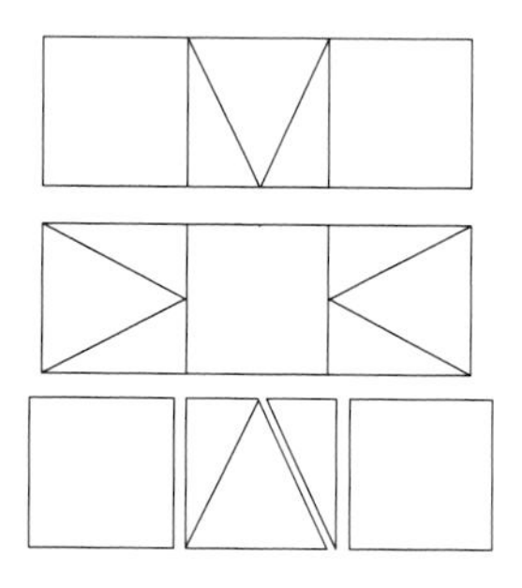

265 Greek Cross

希臘十字

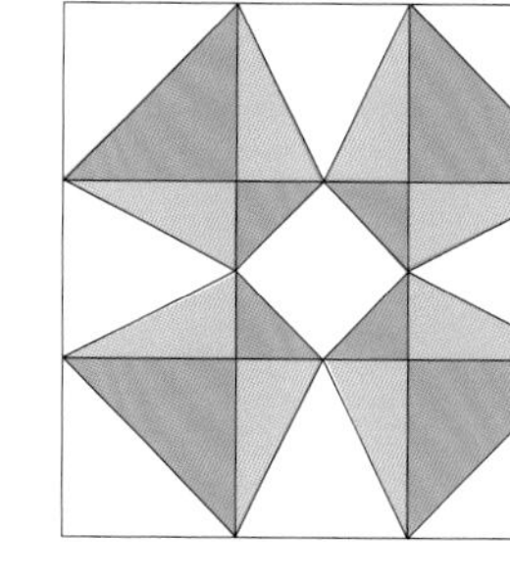
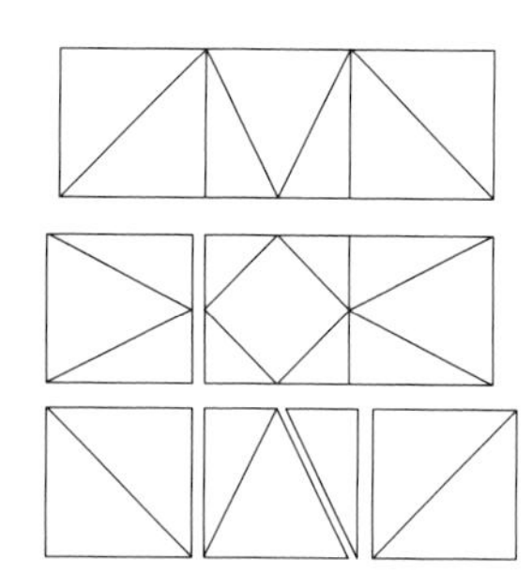

266 Combination Star, Ornate Star

星星結合 · 華麗之星

267 Chained Star

鎖鍊星星

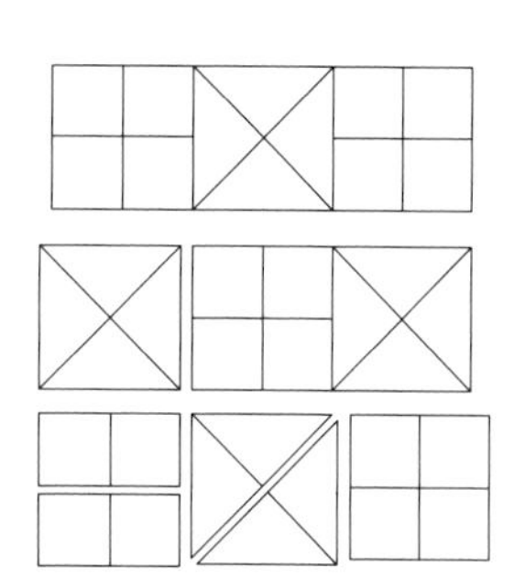

268 Crossroads Star

交叉路星星

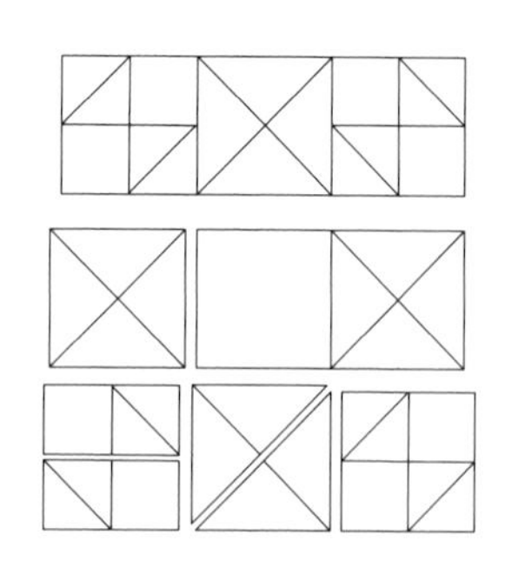

269 Star Chain, Yankee Star

星形鎖鍊 · 洋基之星

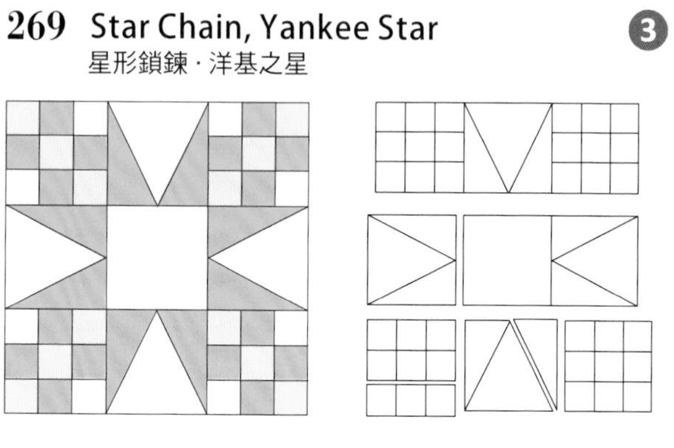
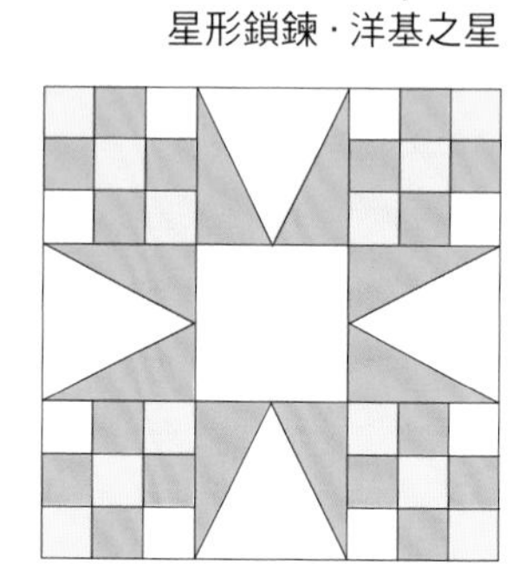

270 Morning Star
早晨之星

271 President Carter
卡特總統

272 Star Pattern
星形圖形

273 Amish Star
阿米什星星

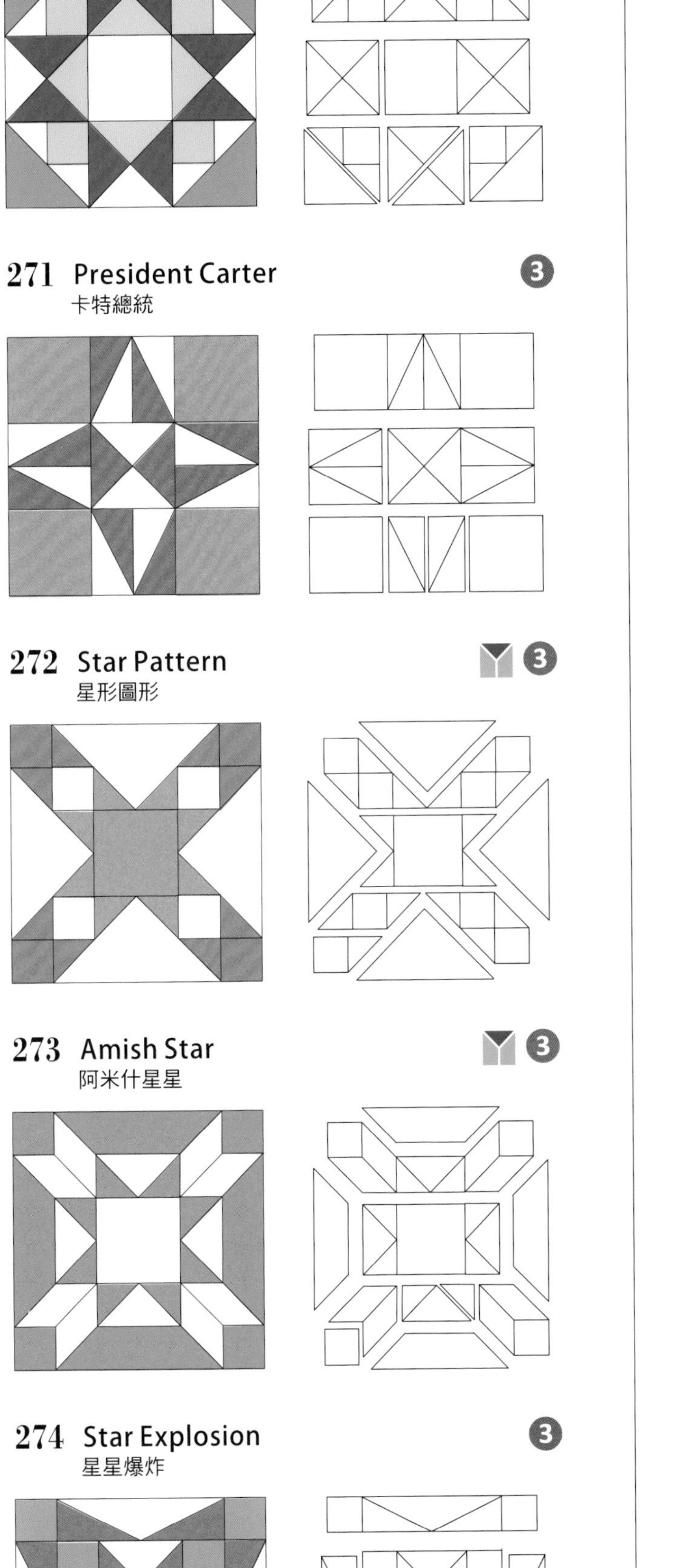

274 Star Explosion
星星爆炸

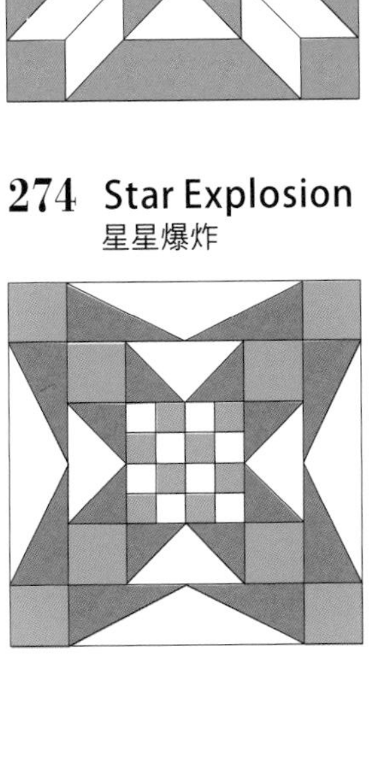

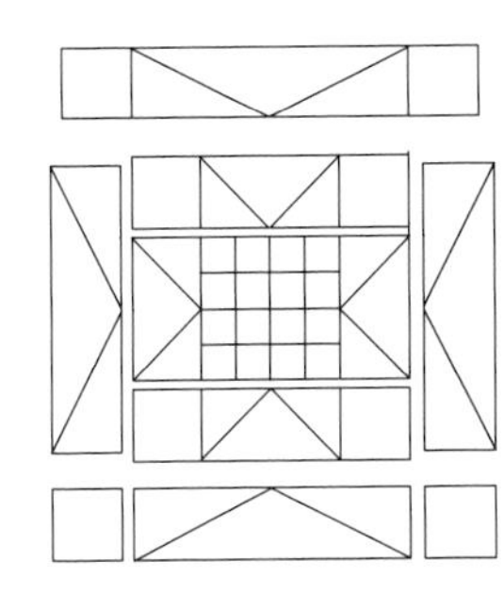

275 Star Gardner
星星加德納

276 Eight Point Star
八角星

277 Variable Star
多變之星

278 Judy's Star
朱蒂之星

279 Missouri Star
密蘇里之星

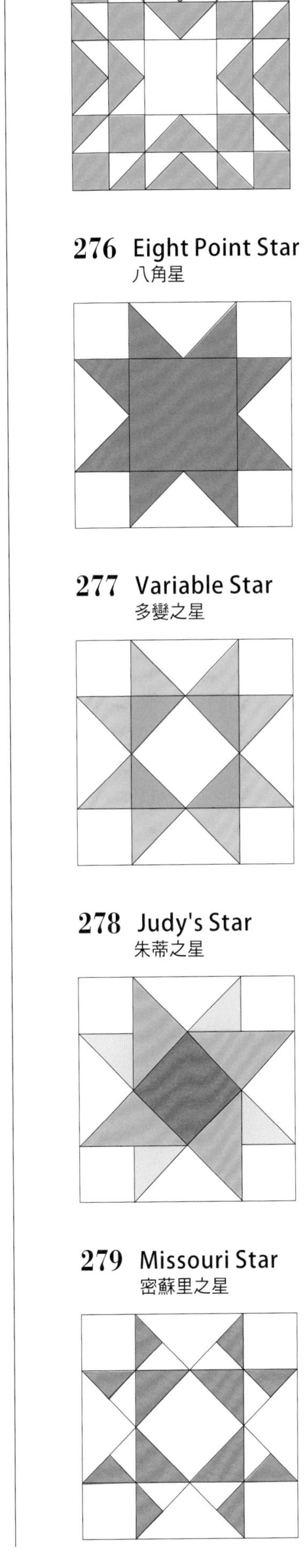

280 The New Mexican Star ⑤
新墨西哥之星

281 Weathervane ③
風向標

282 Royal Star ③
皇家之星

283 Mother's Choice, Laurel Wreath ③
母親的選擇＆桂冠花圈

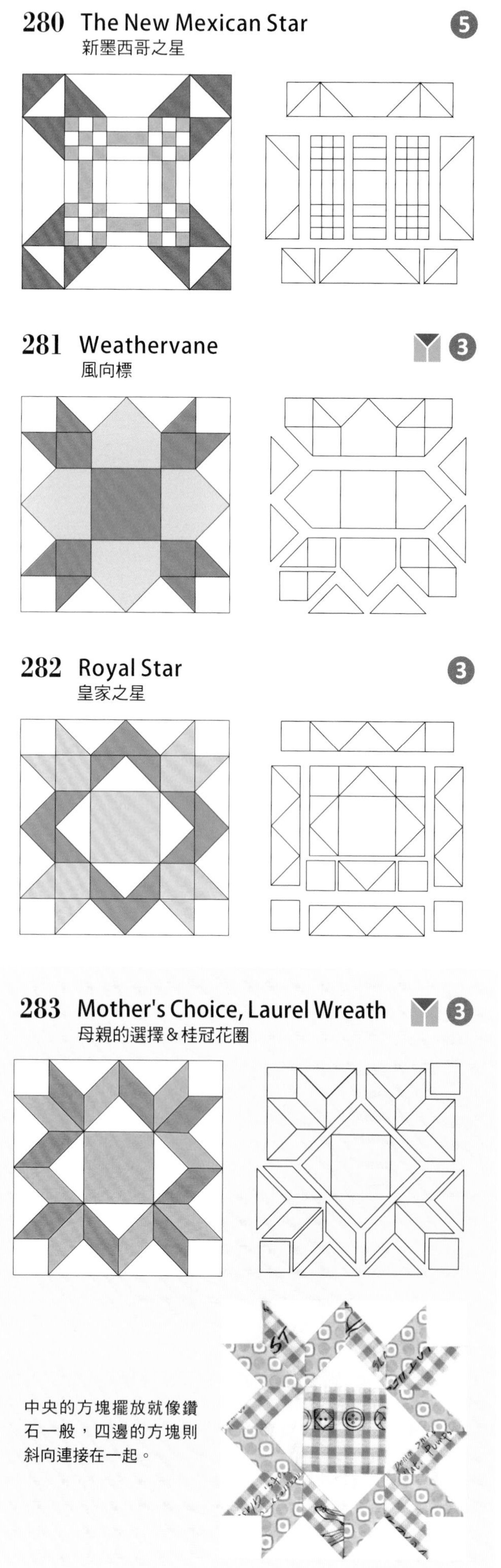

中央的方塊擺放就像鑽石一般，四邊的方塊則斜向連接在一起。

284 Pieced Star, Star Puzzle, Wind Mill ④
拼接之星，星星拼圖・風車

285 Stars and Pinwheels, Rising Star ④
星星＆紙風車・上升之星

286 Mrs. Lloyd's Favorite ④
羅意德先生的最愛

287 Pieced Star Variation ④
拼接星星變化形

288 Star Treck ④
星星之旅

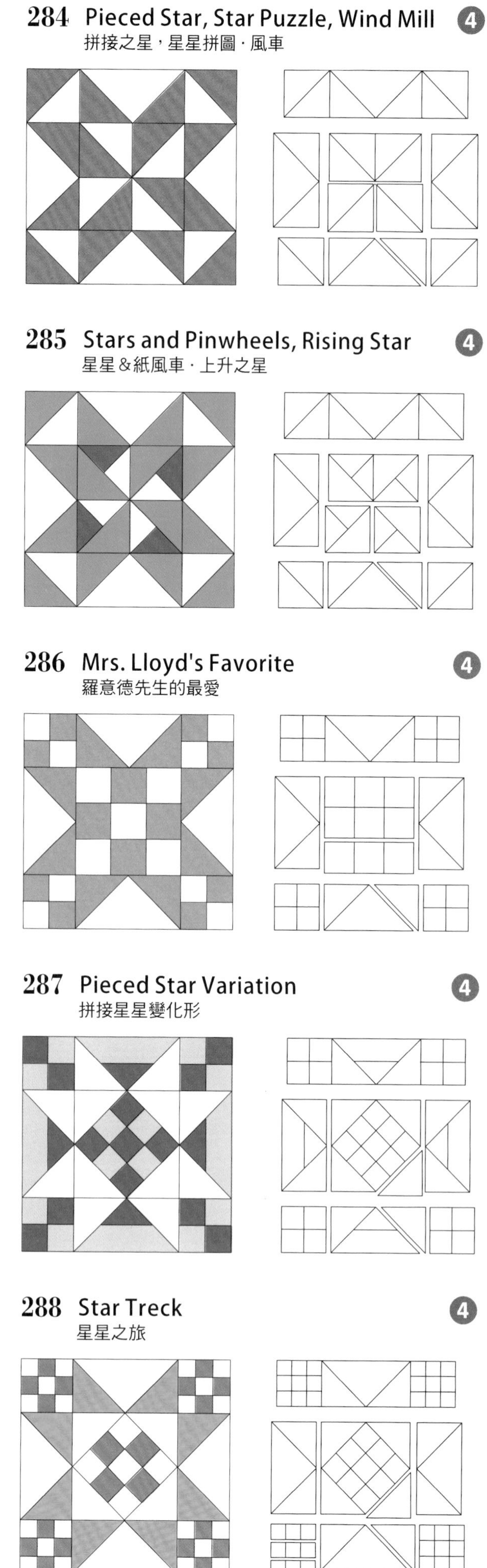

289 The Twinkling Star 4
閃爍之星

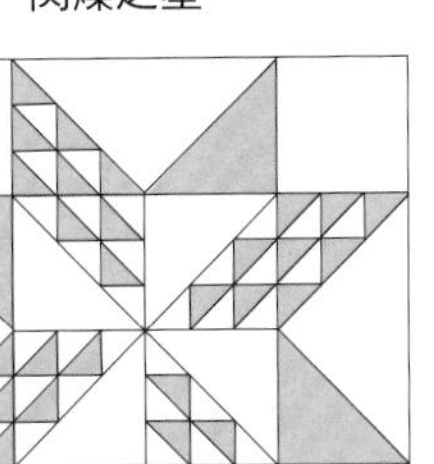
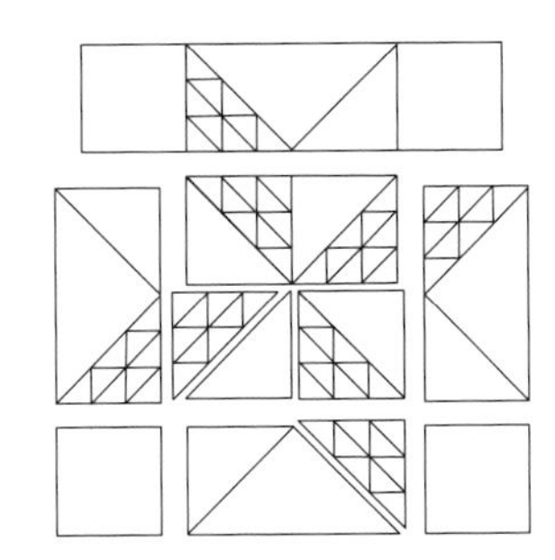

290 Stars and Squares, Rising Star 4
星星＆方塊・上升之星

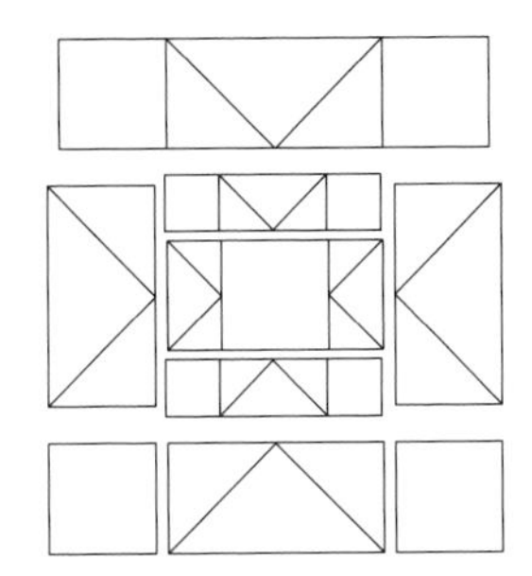

291 Lori's Star 4
勞瑞的星星

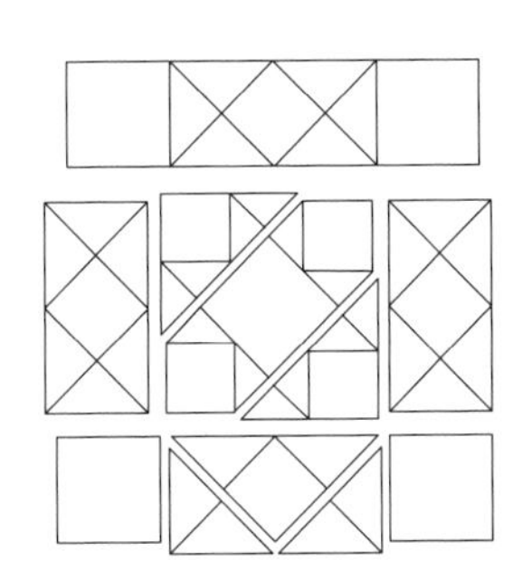

292 Christmas Star 4
聖誕之星

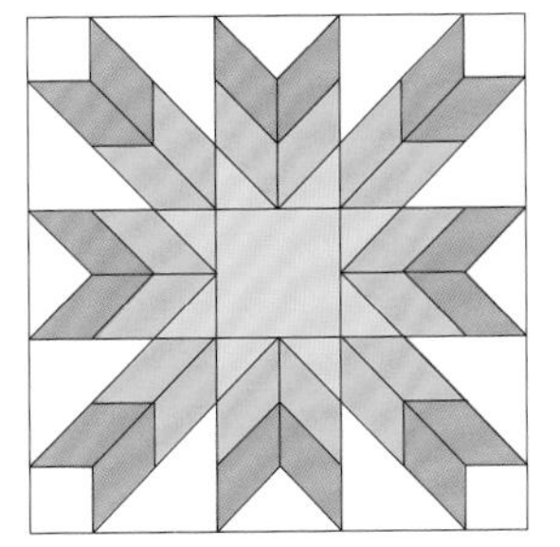
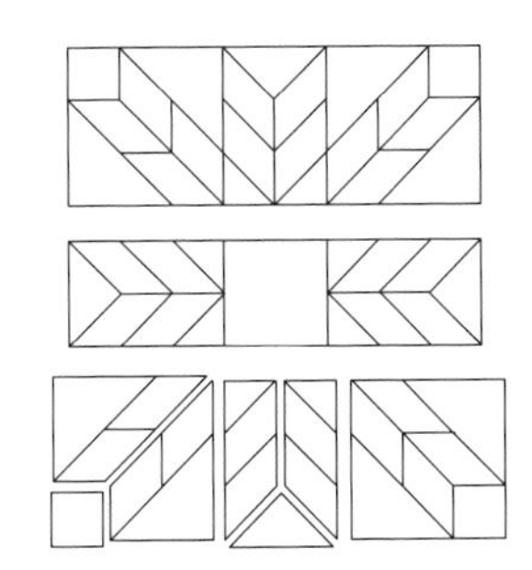

293 Black Beauty, Stepping Stones 4
黑色之美・跳板

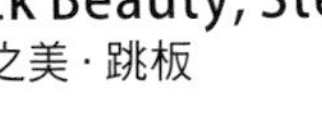

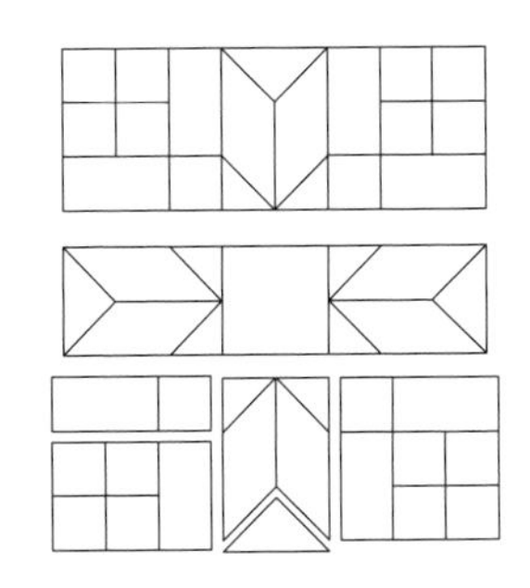

294 Daimond Star 4
鑽石之星

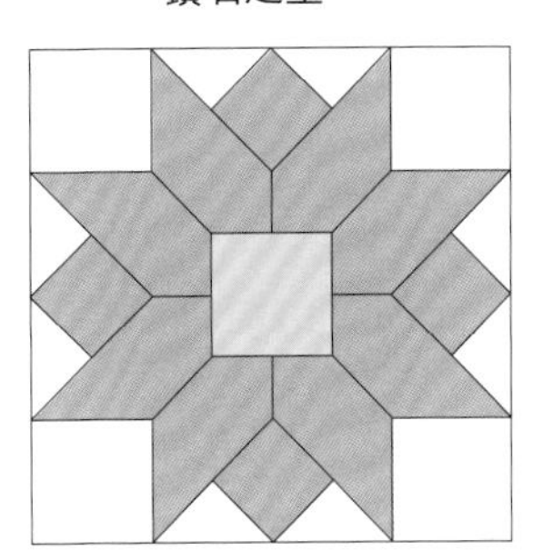
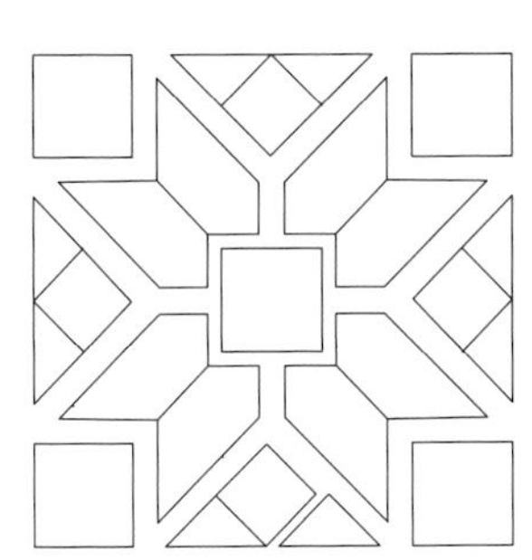

295 Bright Stars 4
明亮之星

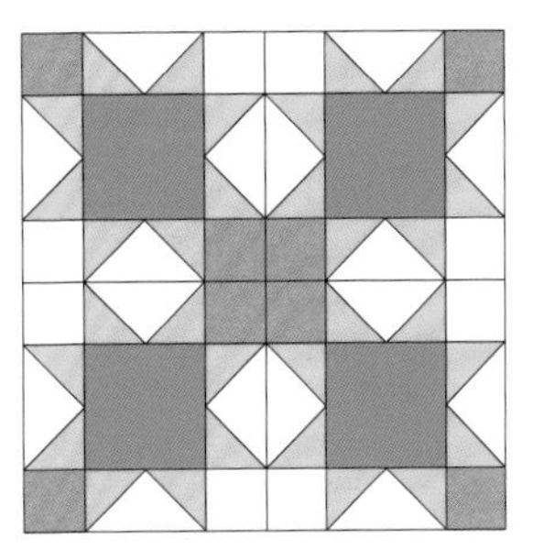
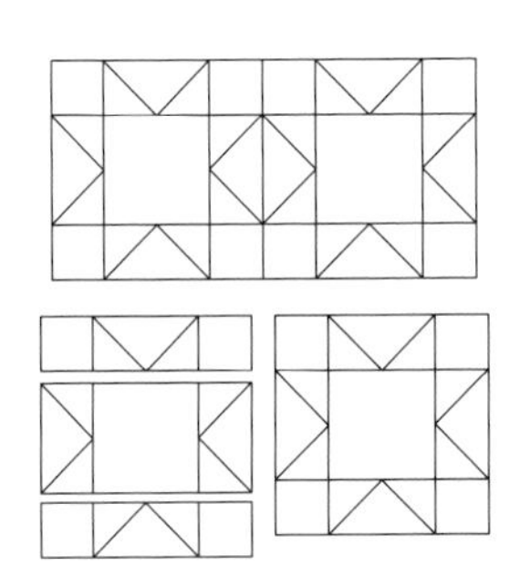

296 Kaleidoscope 4
萬花筒

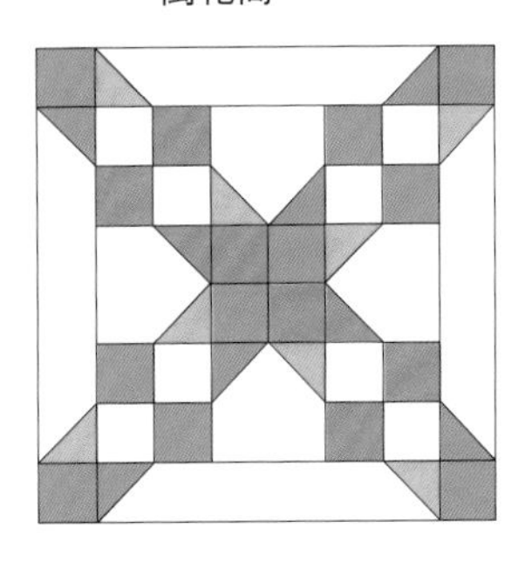
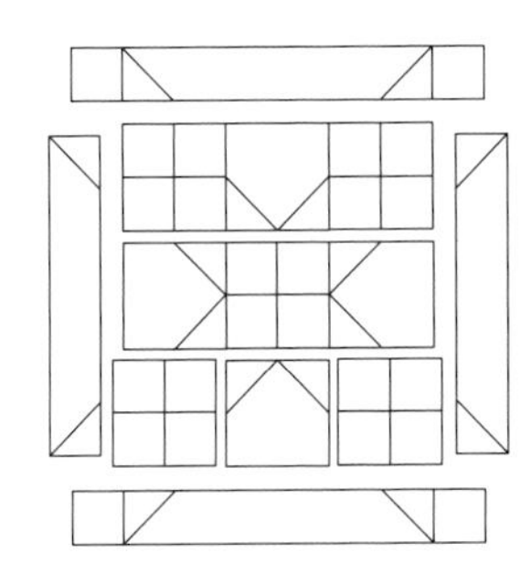

297 Green Mountain Star 4
綠色山脈之星

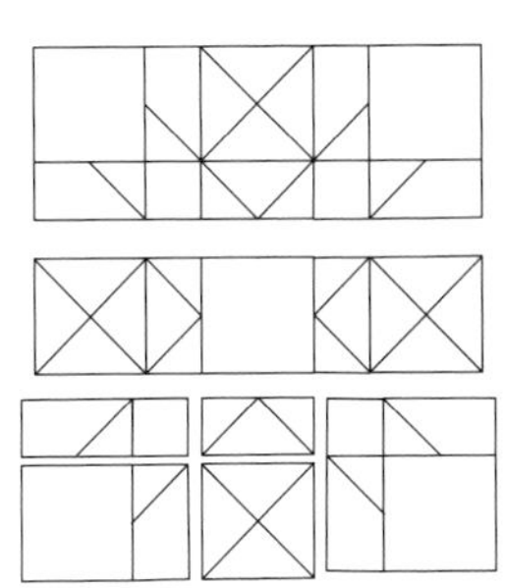

298 Star and Corona 5
星星＆日冕

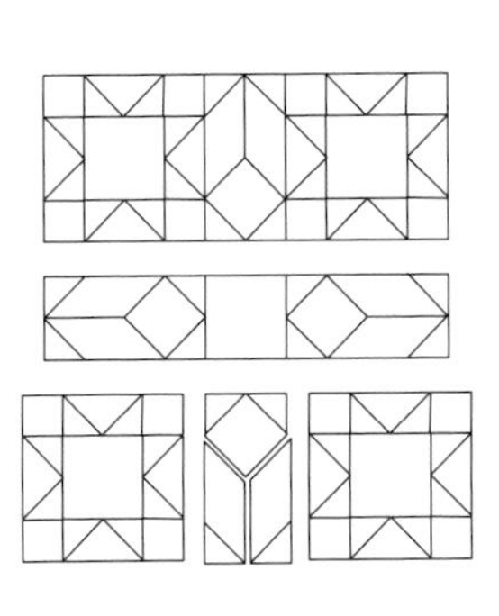

299 Wishing Star
希望之星

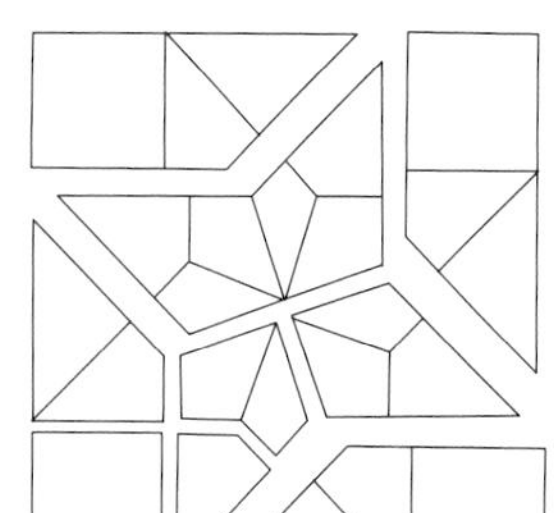

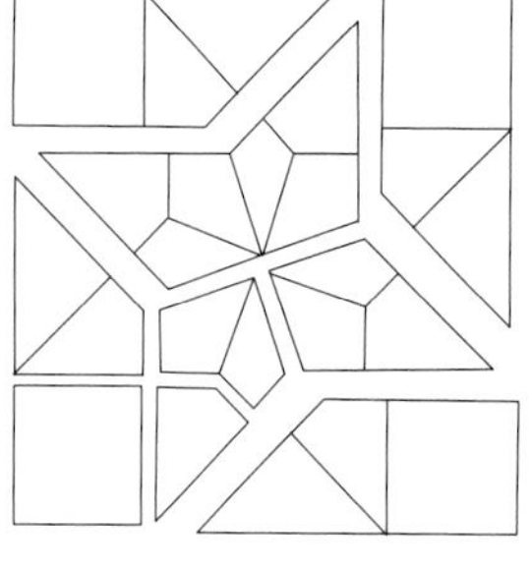

300 Whirling Star
旋轉之星

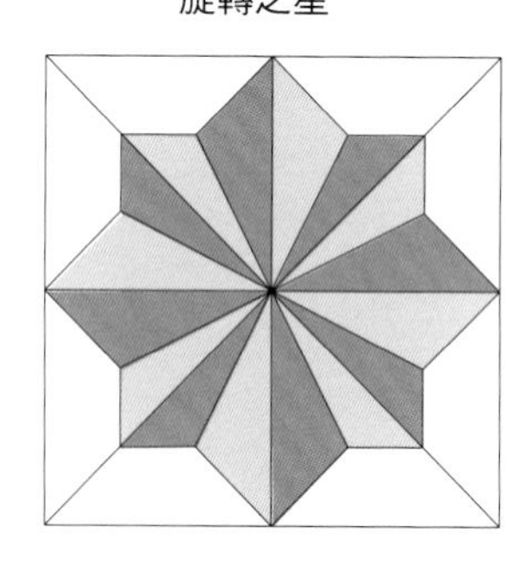

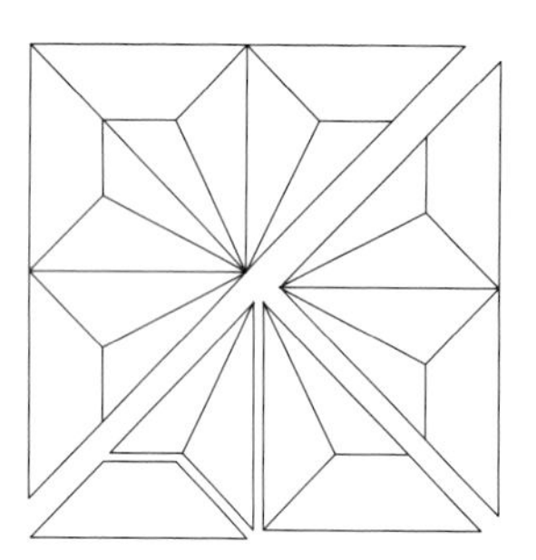

301 Double Square
雙層方塊

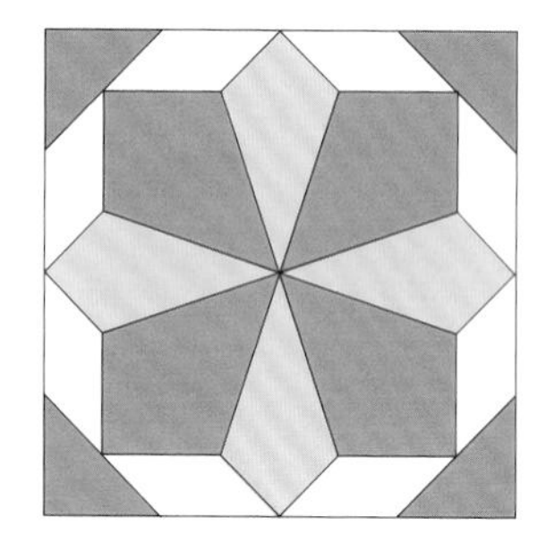

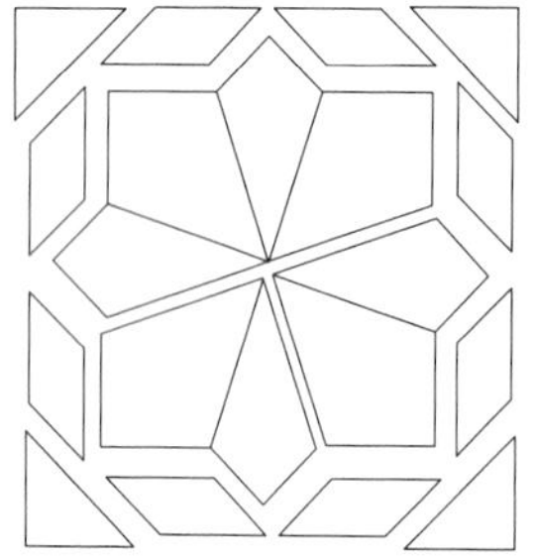

302 Prairie Queen
牧場皇后

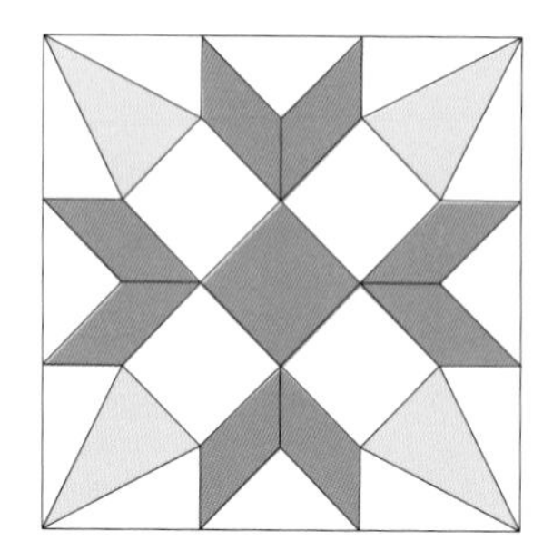

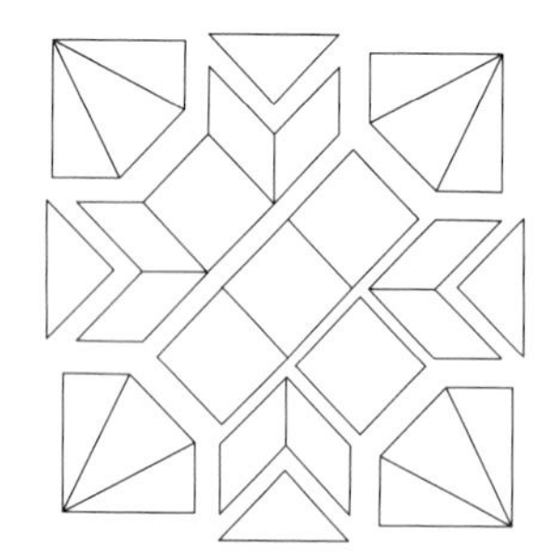

303 Santa's Guiding Star
耶誕老人指引之星

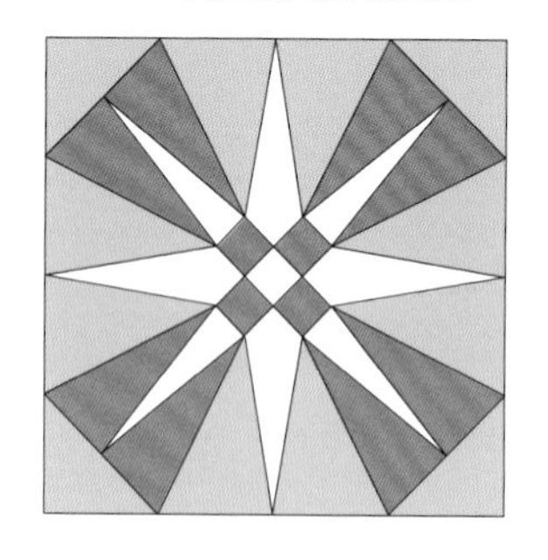

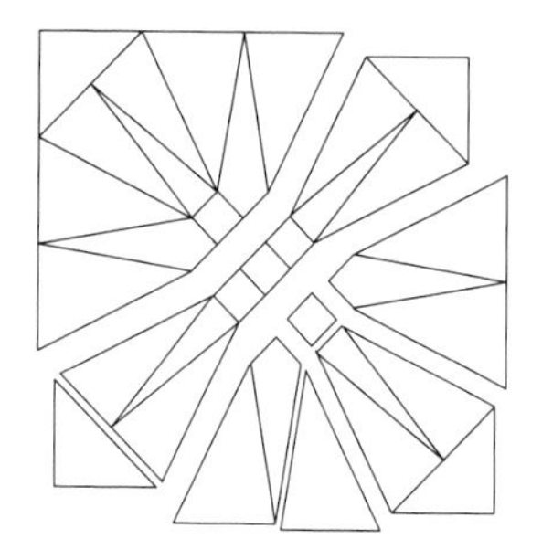

304 North Star
北極星

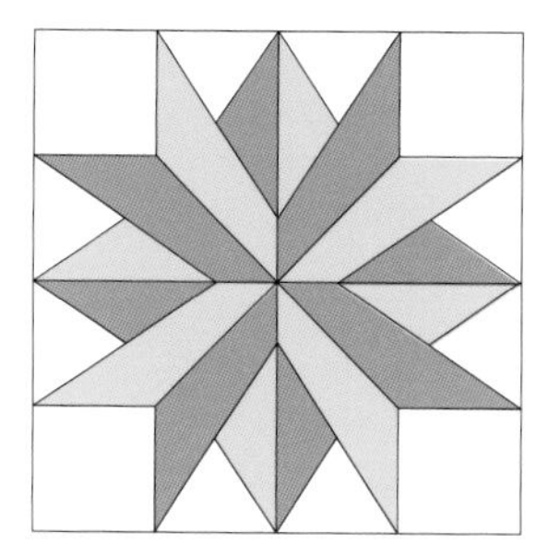

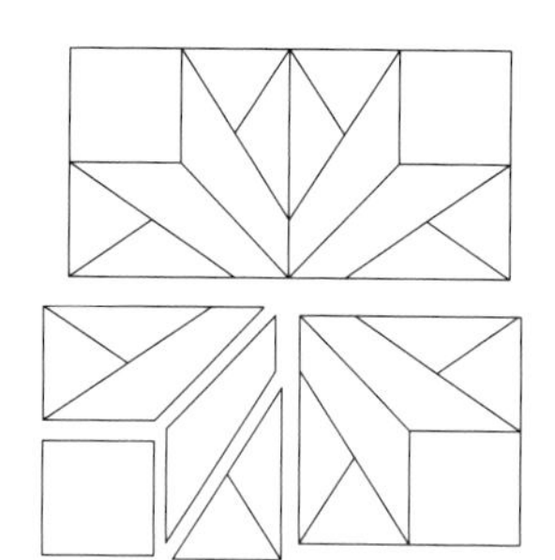

305 Lemon Star、Star of LeMoyne
檸檬星

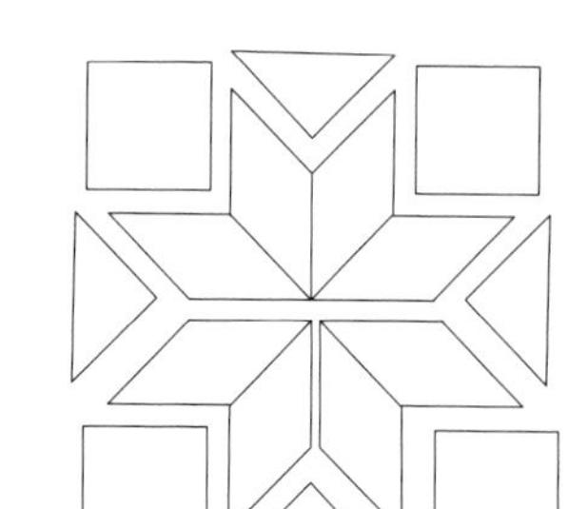

306 North Star, Star of the East
北極星 · 東方之星

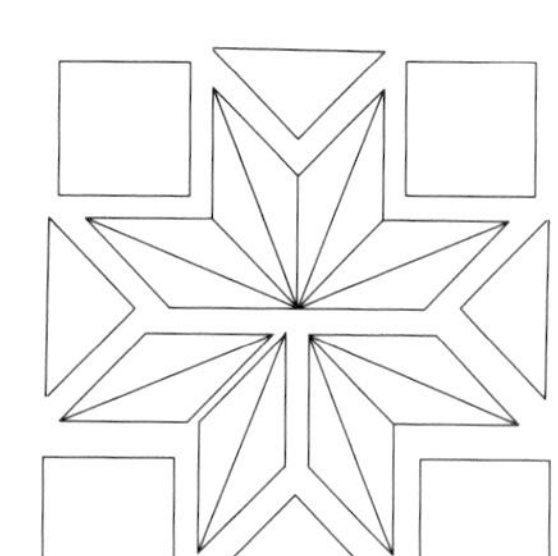

307 Liberty Star, Stars of Stripes
自由之星 · 條紋之星

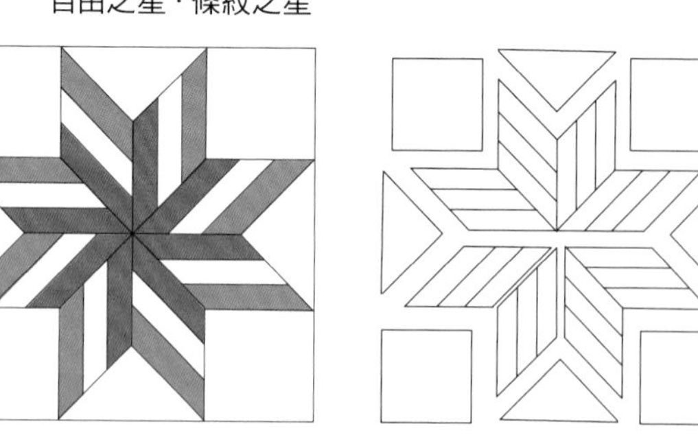

308 A Three-in-One Quilt
三合一拼布

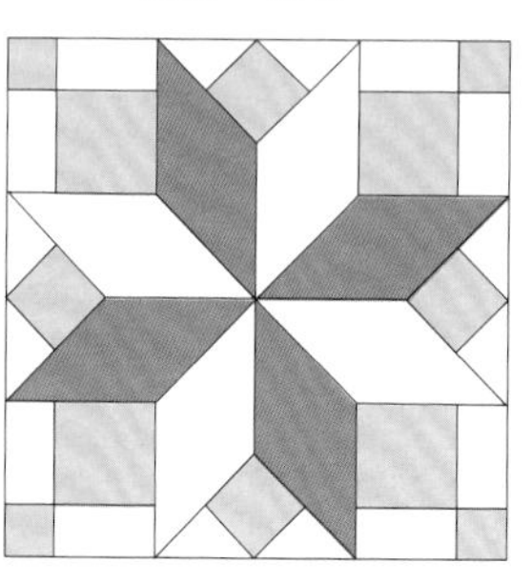

309 Whirling Star, Flying Swallows
旋轉之星・飛舞之燕

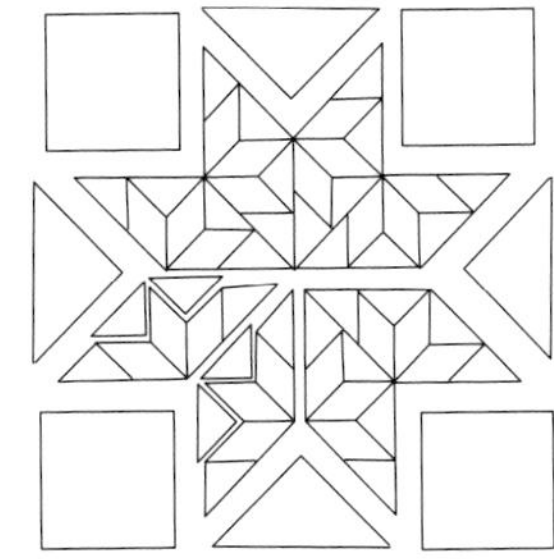

310 Dove in the Window, Airplanes
窗台之鴿・飛機

311 Connecticut Star
康乃迪克之星

312 Patriotic Star, Blazing Star
愛國之星・火焰之星

313 Star of the Bluegrass
牧草州之星

314 Double Star
雙重星星

315 Northumberland Star
諾森伯蘭郡之星

316 National Star
國際之星

317 Star Bouquet
星星捧花

318 Blazing Star
火焰之星

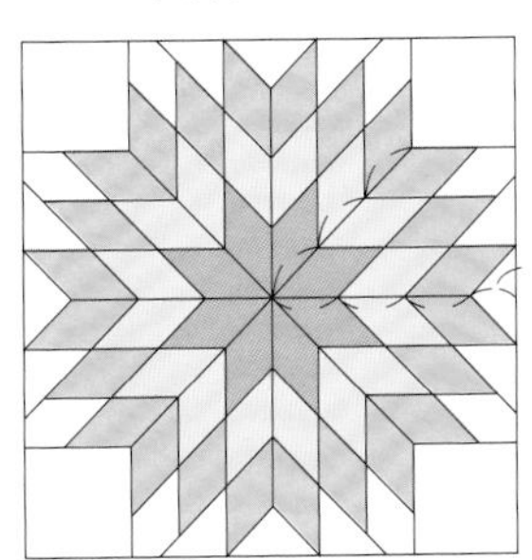

319 September Star

九月之星

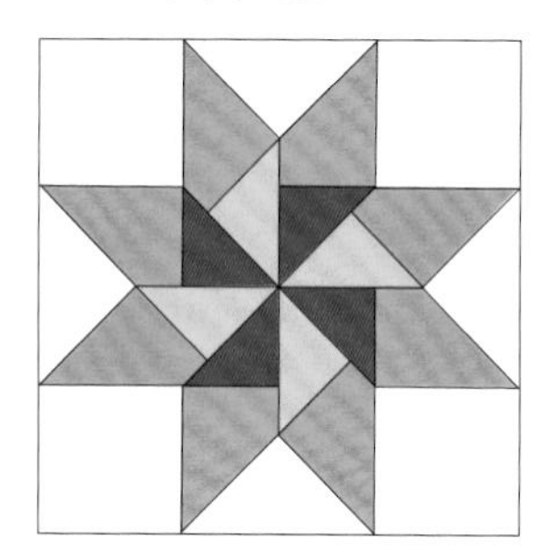

320 Missouri Star, Star and Arrow

密蘇里之星・星星&箭頭

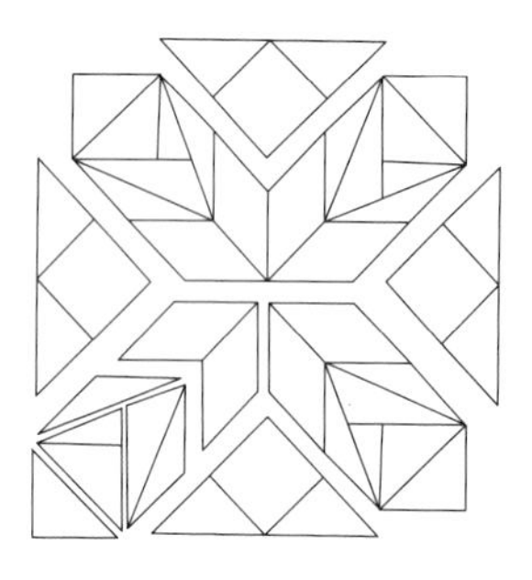

321 Rolling Star

滾動之星

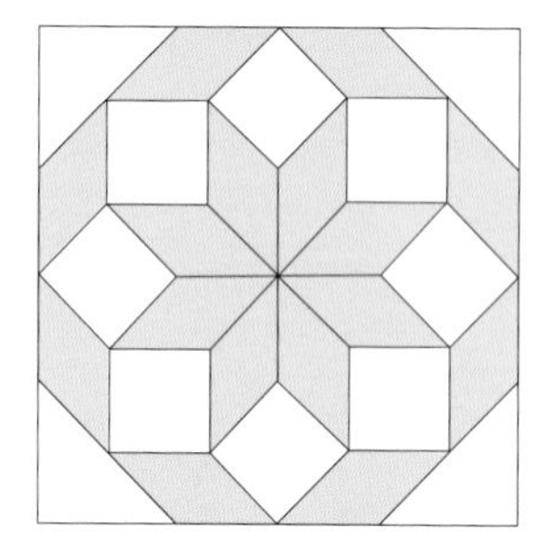
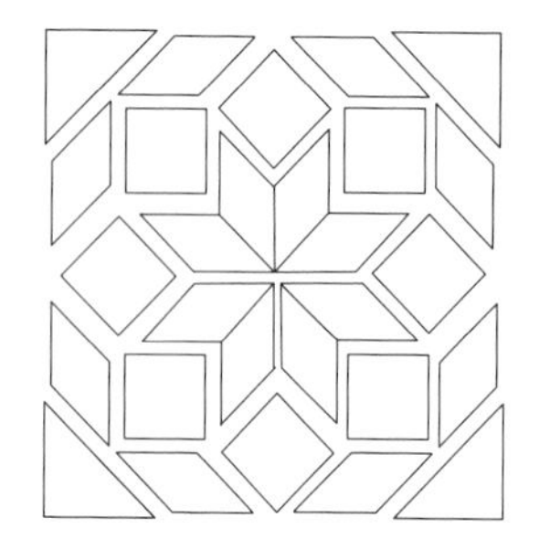

322 Twinkling Star

閃耀之星

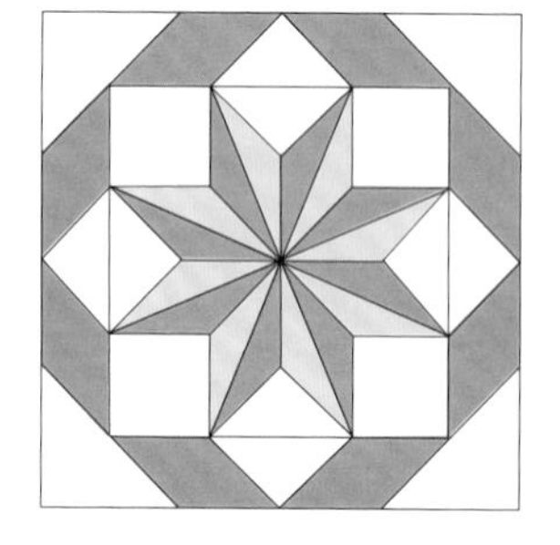

323 Brunswick Star

布倫瑞克之星

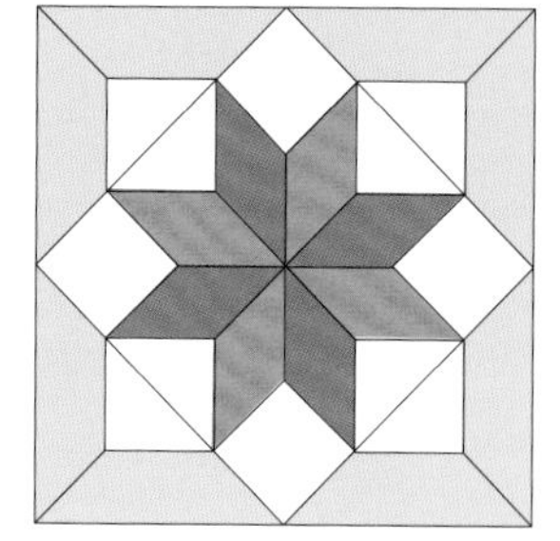
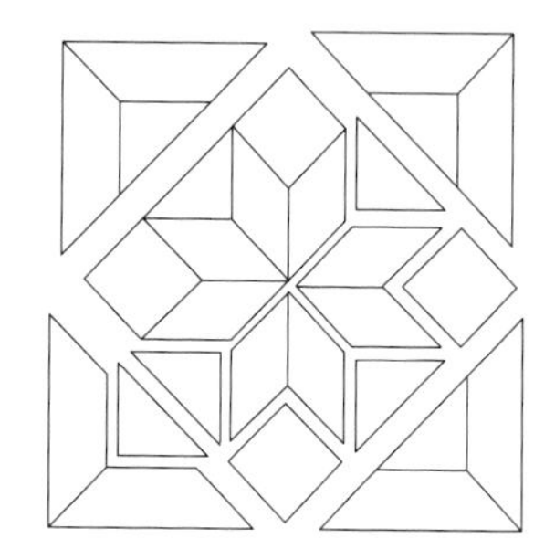

324 Ring Around the Star

星星之環

325 Enigma

謎

326 The Triple Star Quilt
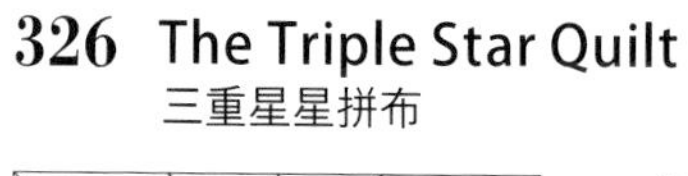

三重星星拼布

327 Victory Star

勝利之星

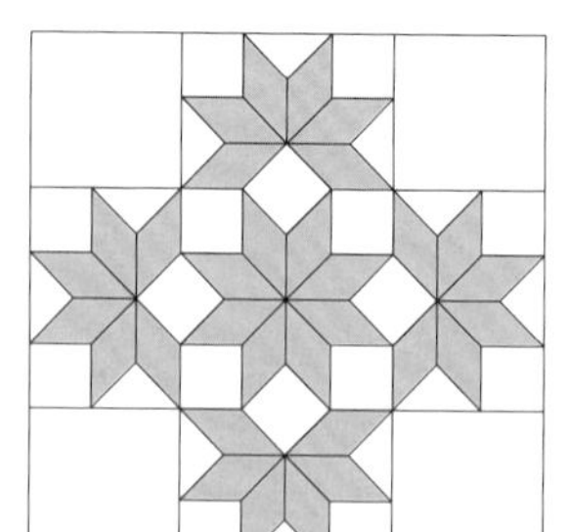
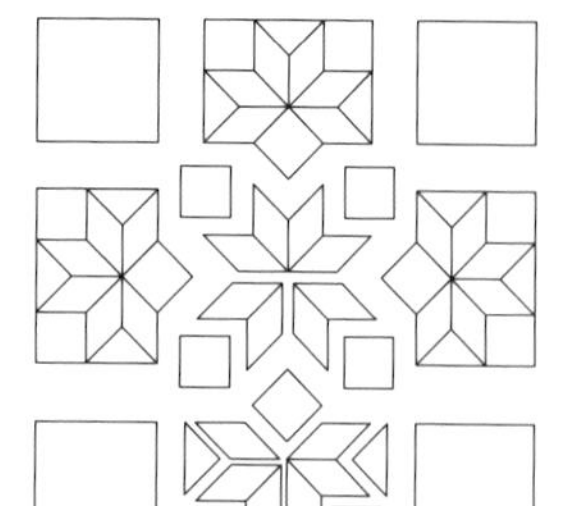

328 Jackson Star

傑克遜之星

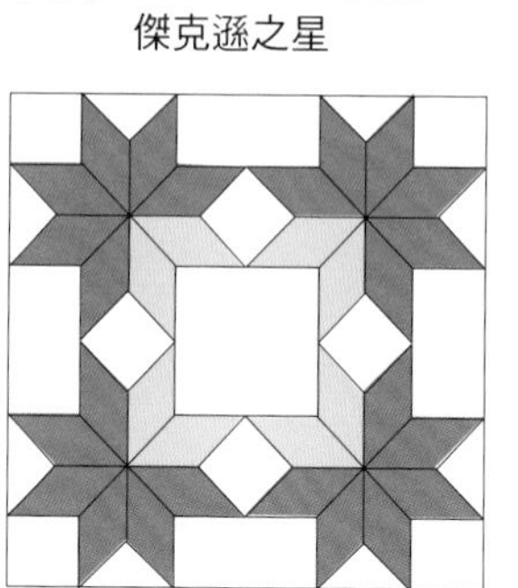

329 Snow Crystals, Yankee Pride
雪之結晶

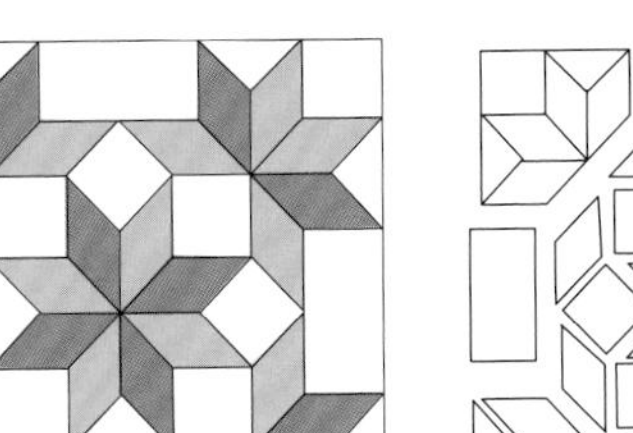

330 Pinwheel Star
紙風車之星

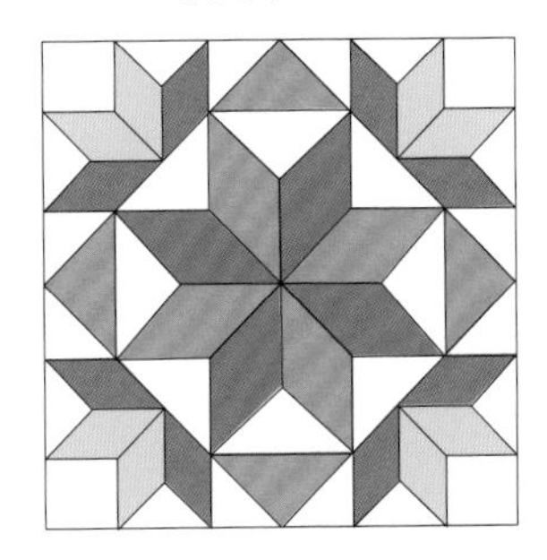

331 Mosaic, Bursting Star
馬賽克 · 陽光四射之星

332 Carpenter's Wheel, Black Diamond
木匠之輪 · 黑鑽

333 Old Blue, Tulip Variation
Old Blue · 鬱金香變化款

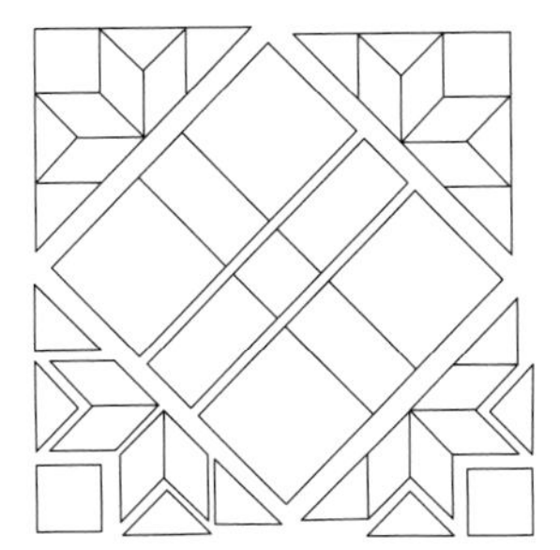

334 Summer Star Flower
夏星之花

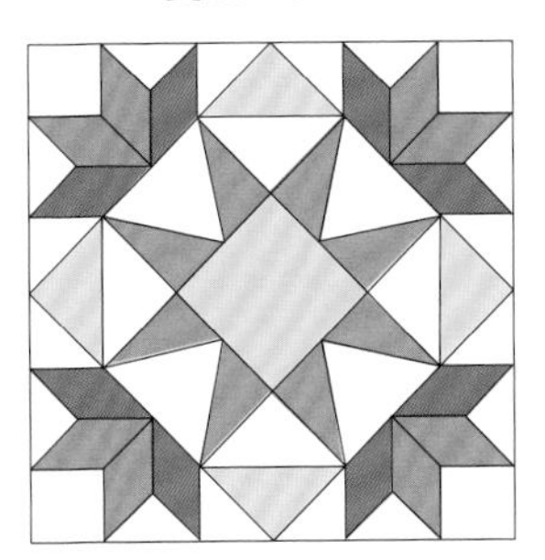
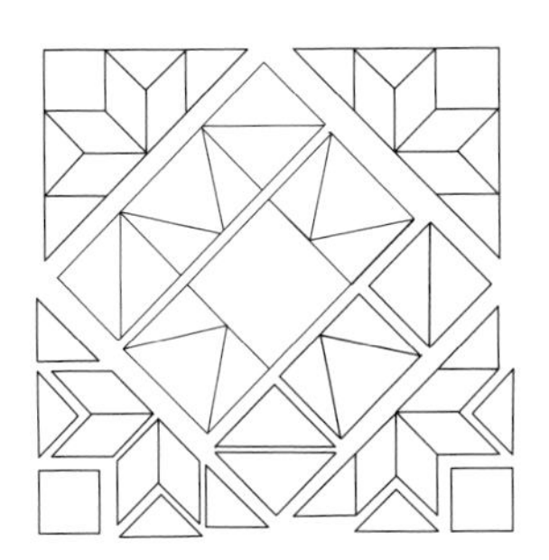

335 Hands All Around
手手相連

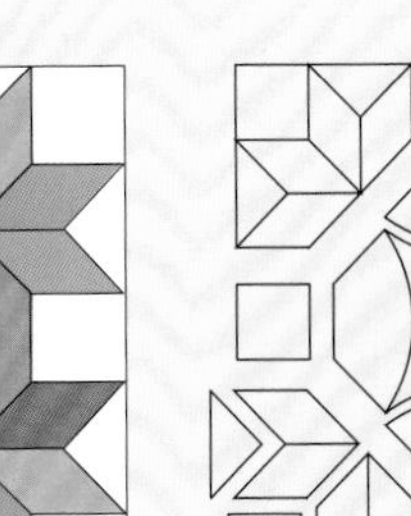
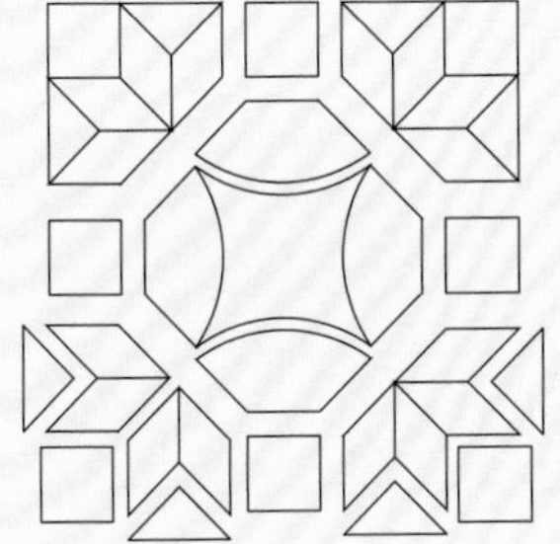

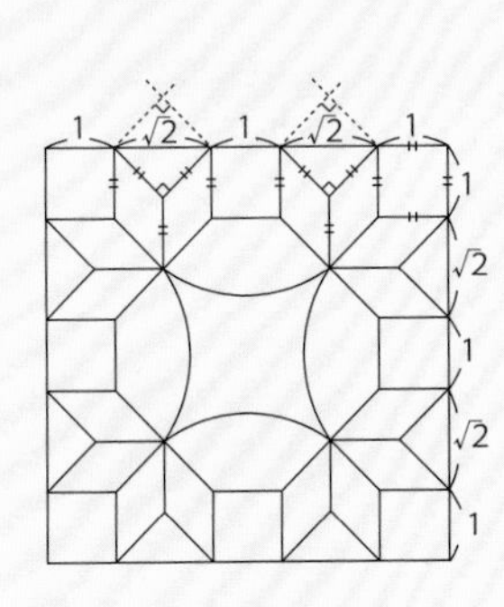

正方形的一邊以1：√2：1：√2：1的比例來分割。

336 Diamond Star
鑽石之星

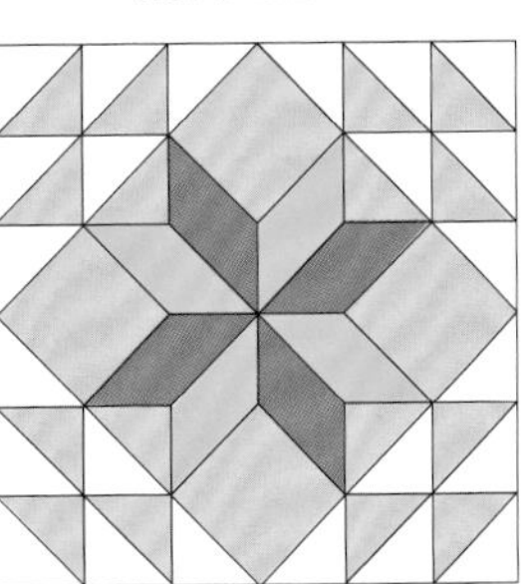
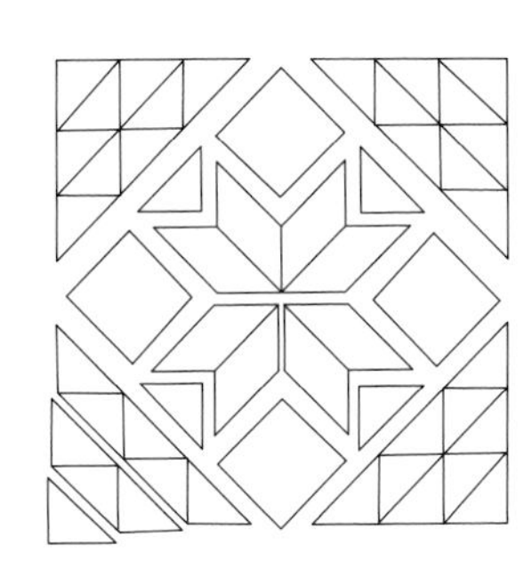

337 Union Star
聯合之星

338 West Virginia Star
西維吉尼亞之星

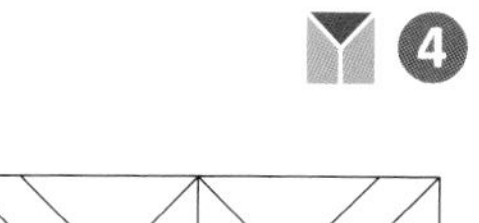

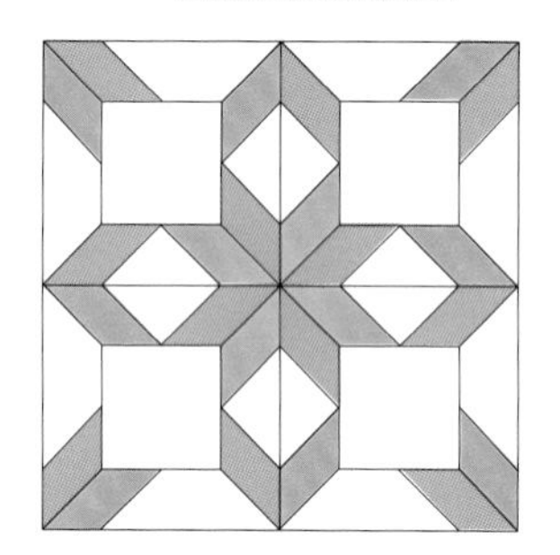

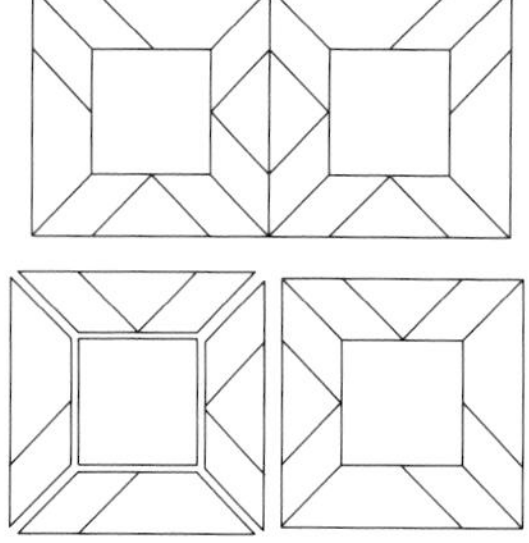

339 Stars and Squares
星星＆方塊

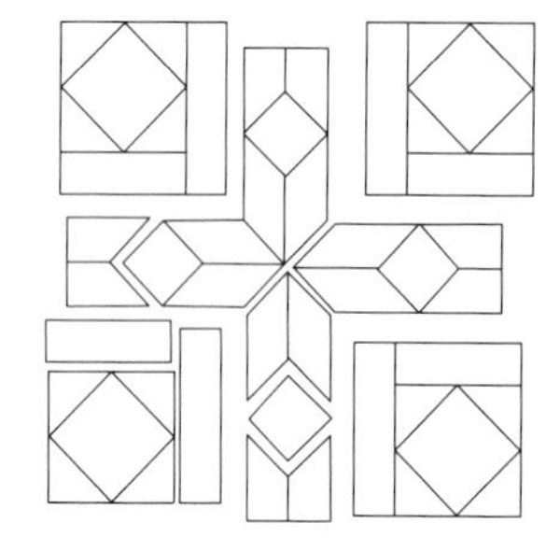

340 Double Star, Fish Tails
雙重星星・魚尾

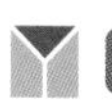

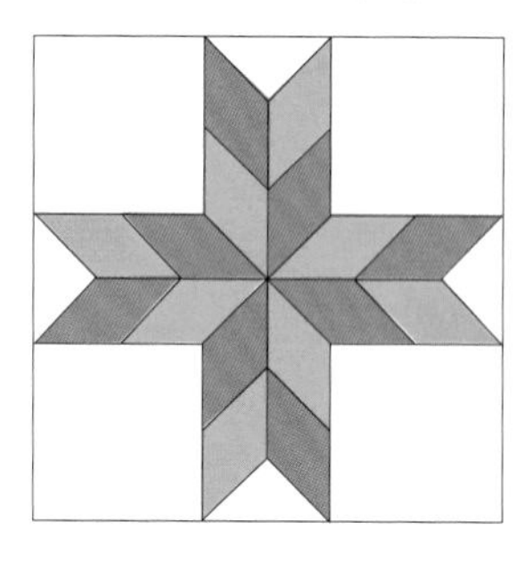

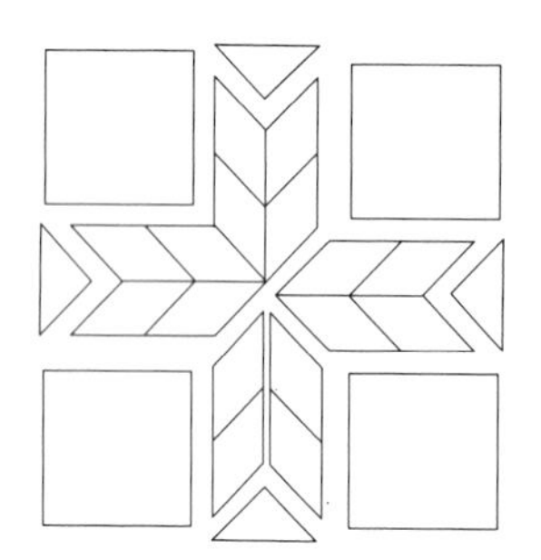

341 Blazing Star of Kentucky
閃耀之星

342 Arkansas Star, Star Kite
阿肯色之星・星星風箏

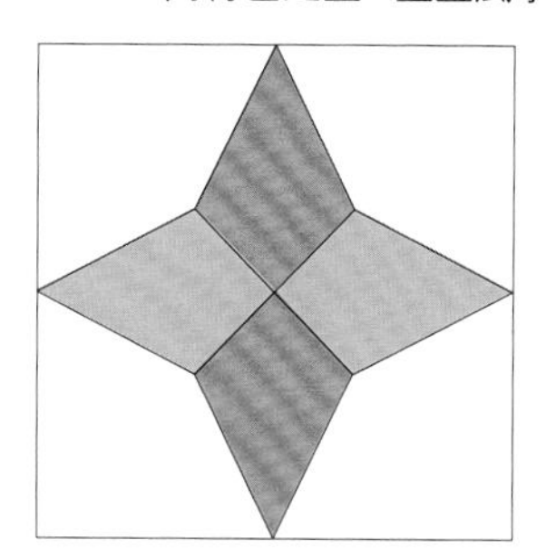

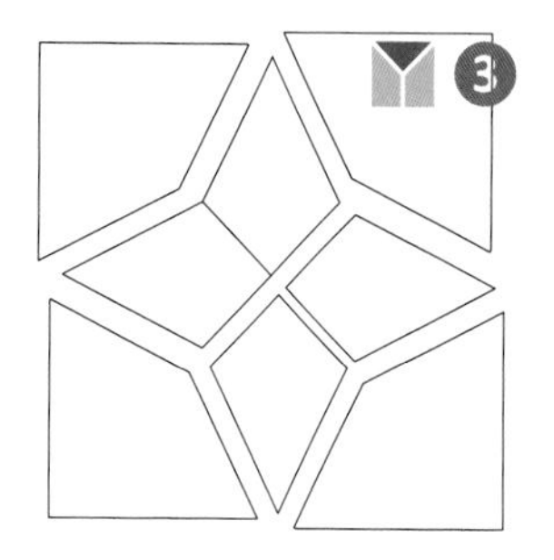

343 Mill and Stars
磨坊＆星星

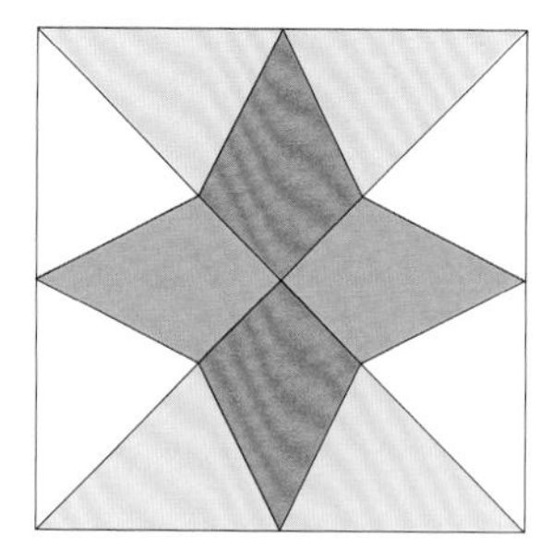

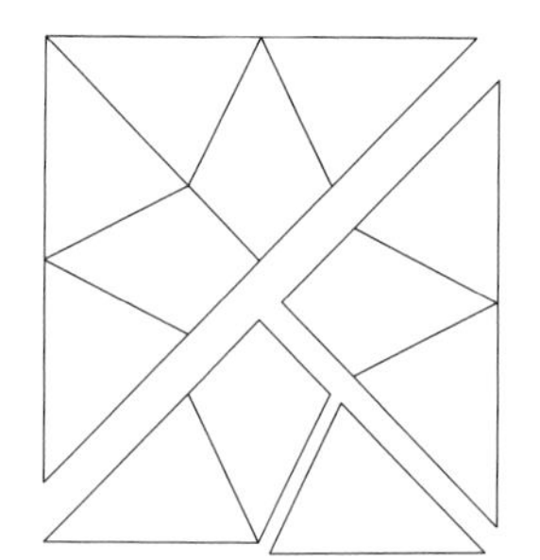

344 Natchez Star
納奇茲之星

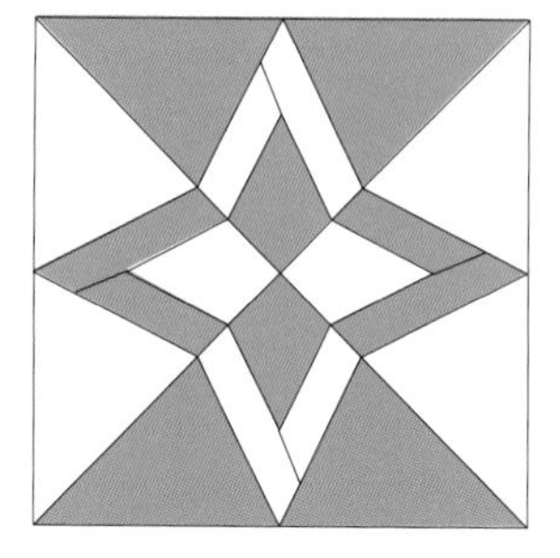

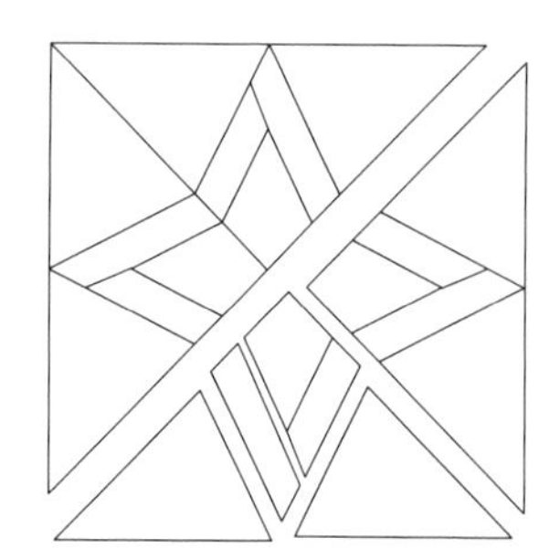

345 Morning Star
早晨之星

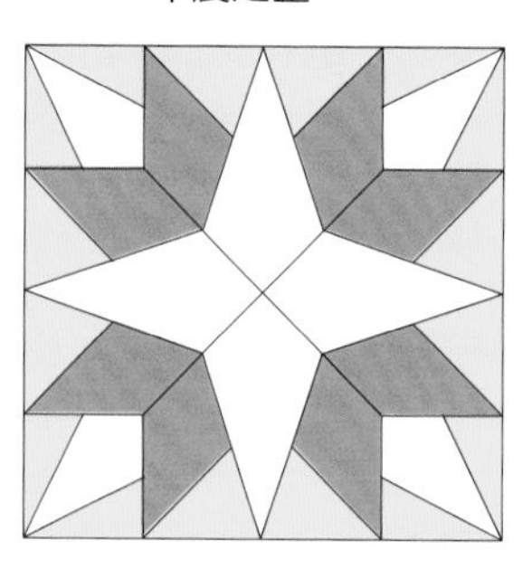

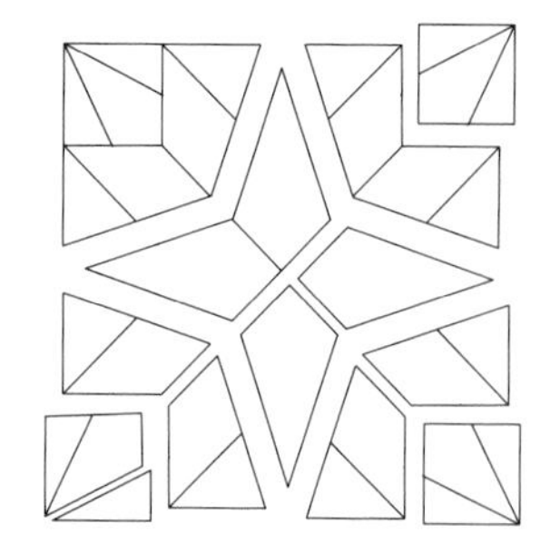

346 Sun and Stars Quilt
太陽＆星星

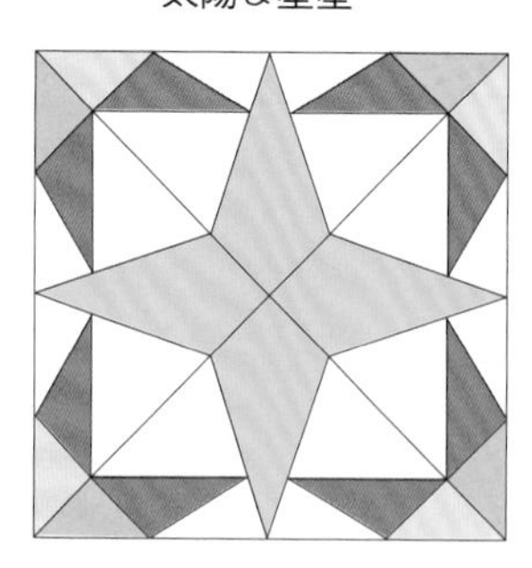

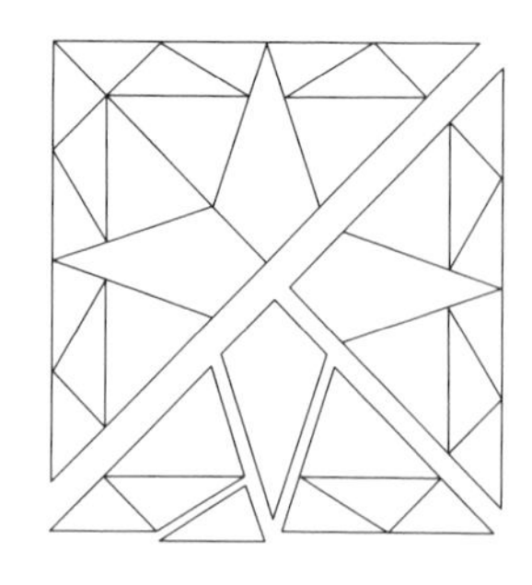

347 Diamond Star
鑽石之星

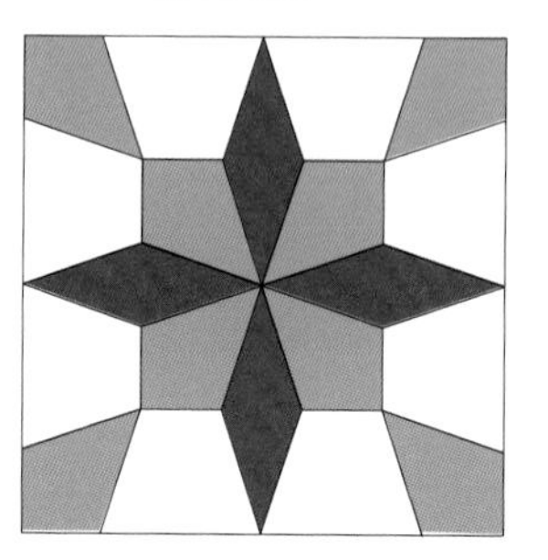

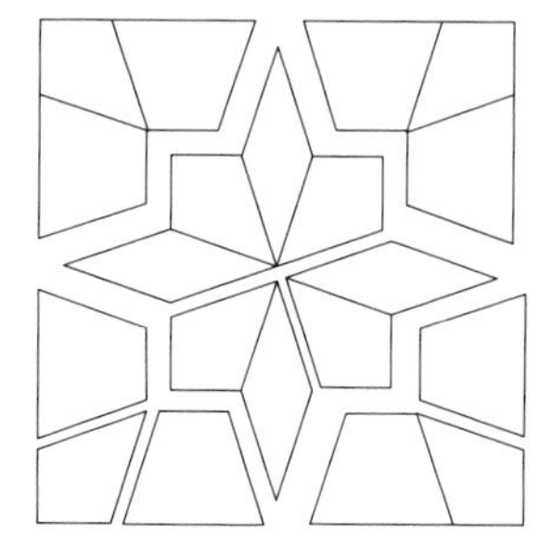

348 Spinning Stars
旋轉之星

349 Your Lucky Star
你的幸運之星

350 The Kite
風箏

351 Coverlet in Jewel Tones
珠寶光澤之罩

352 Morning Star
早晨之星

353 Octagon Star
八角星

圖案相連，作為背景的四個角連起來就是一個星星。

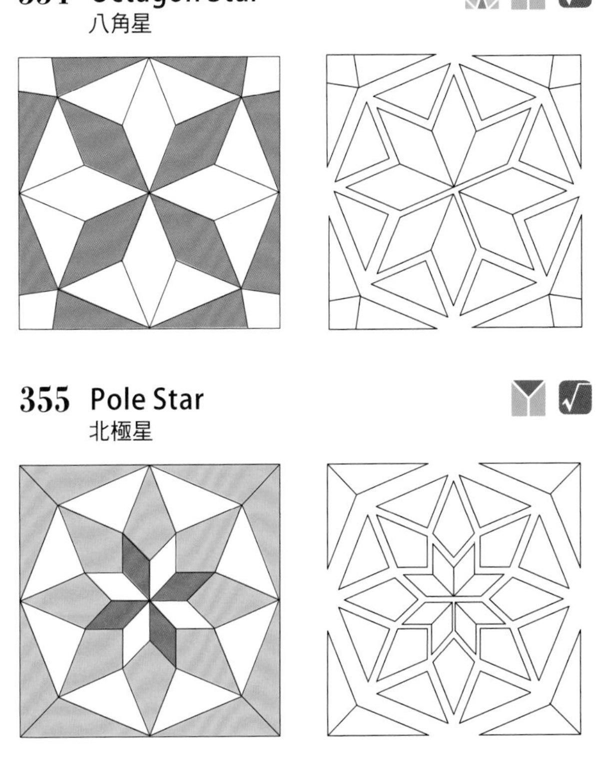

354 Octagon Star
八角星

355 Pole Star
北極星

356 Four Block Star
四方塊之星

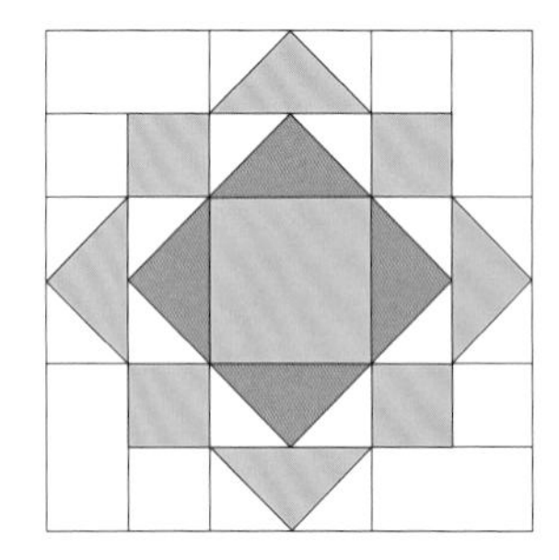

357 Mrs. Bryan's Choice
布萊恩太太的選擇

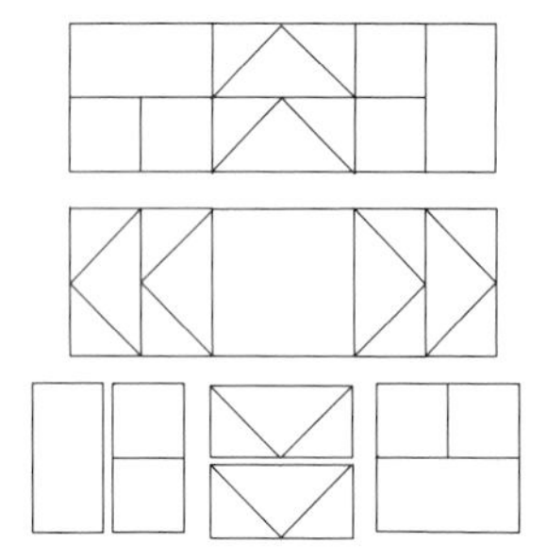

358 Friendship Star
友誼之星

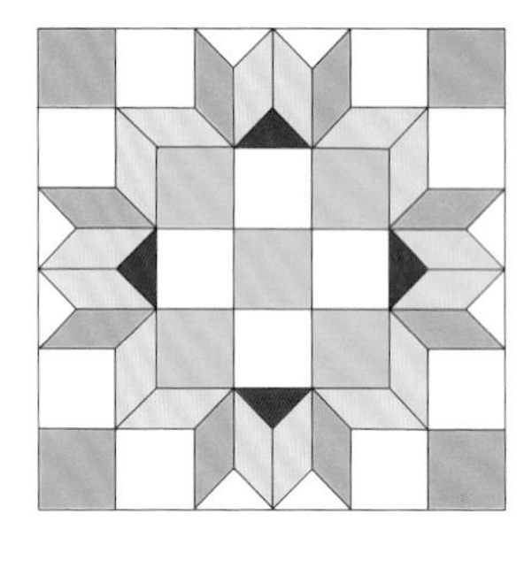

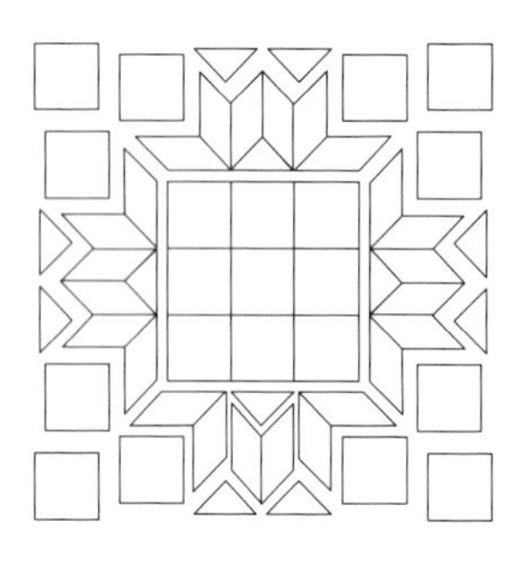

359 Arrowhead, Laurel Wreath
箭頭・桂冠花圈

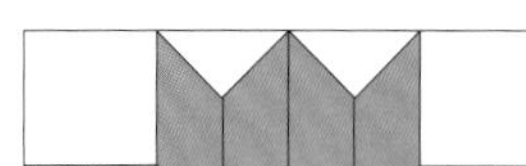

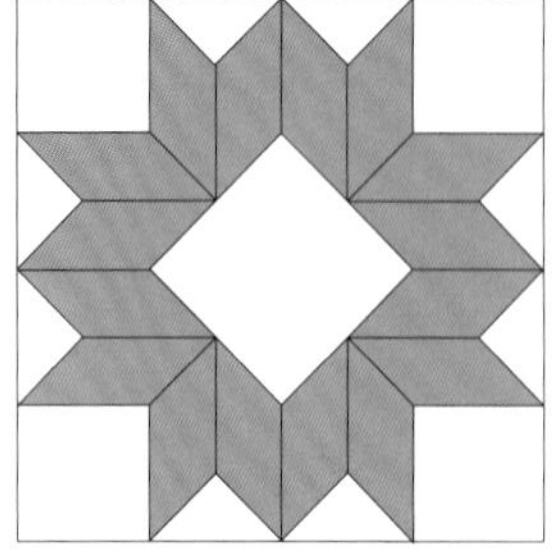

360 Dervish Star
僧侶之星

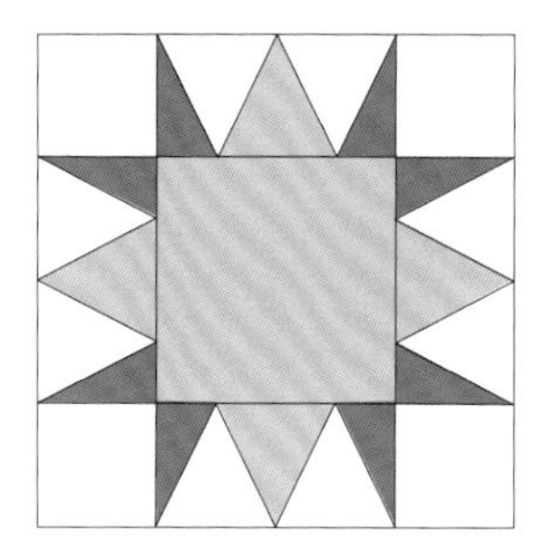

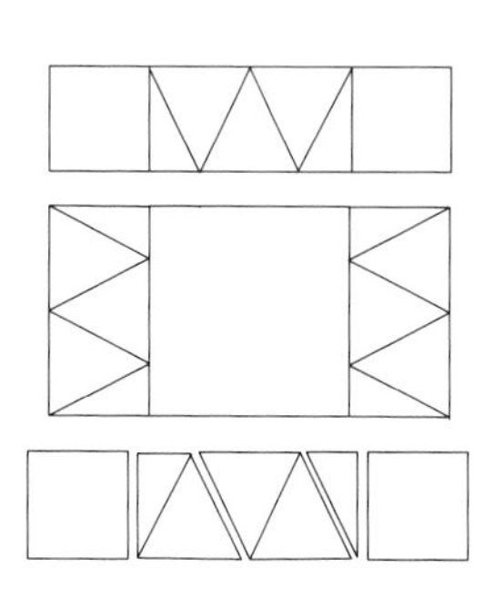

361 Annapolis
安那波理斯

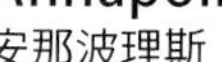

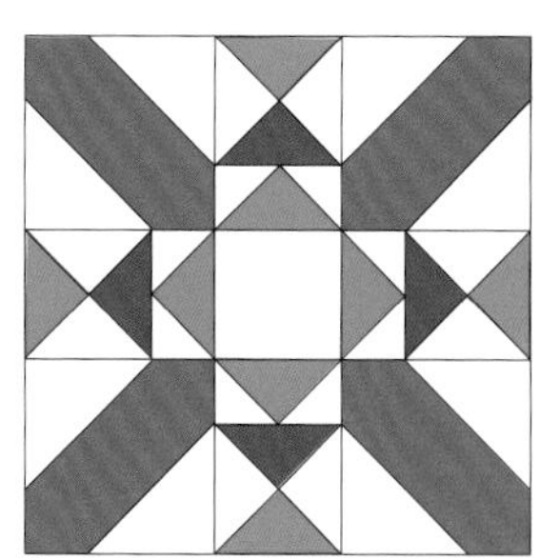

362 New Star
新星

363 Starry Lane, Star Lane
星光小路

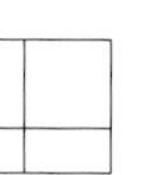

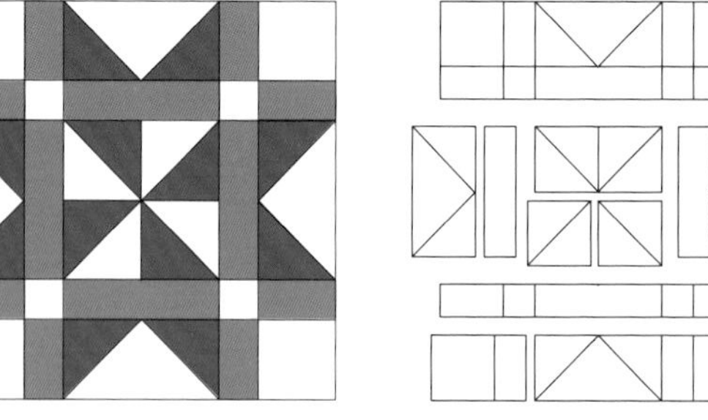

364 Morning Star
早晨之星

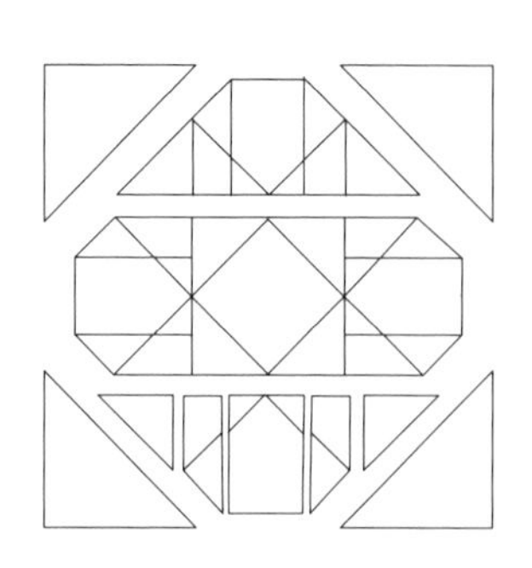

365 Flying Stars
飛舞之星

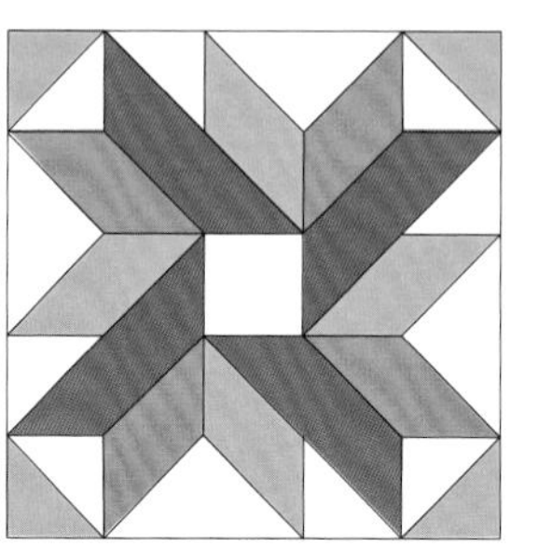

羽毛之星
Feathered Star

星星的周圍以小三角形作出鋸齒狀邊緣，呈現羽毛般的效果。
中央的設計可以製作得稍微複雜一些。

IQSC Object Number:1997.007.0554

Feathered Star 羽毛之星 1890-1910年 211×210cm

羽毛之星圖案拼布於十九世紀後半漸漸廣為人知，在近兩百年的時間裡，拼布者製作出許多變化豐富的種類。
此作品於中央的正方形內設計了以圓為基底的星星，是很少見的變化款，九顆星星呈現出明暗閃爍，各自的羽毛醞釀出細膩繁複的感覺。圍住星星的邊框重覆使用三角形，星星間的空白與羽毛花圈呈現出斜向的線條使作品更加美麗。

366 Morning Star
早晨之星

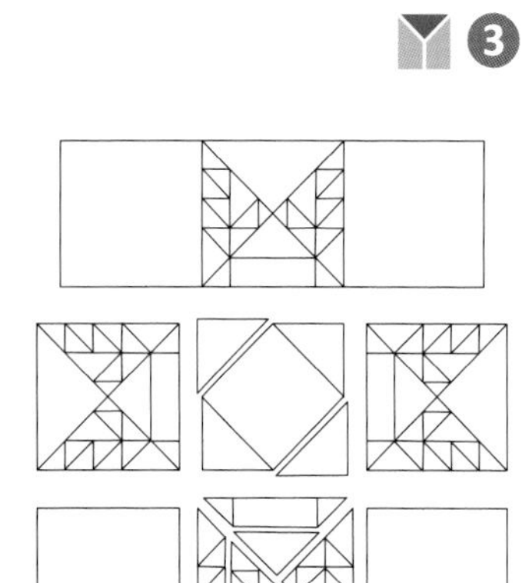

367 Feather Star, Blazing Star, Star of Bethlehem
羽毛之星・閃耀之星

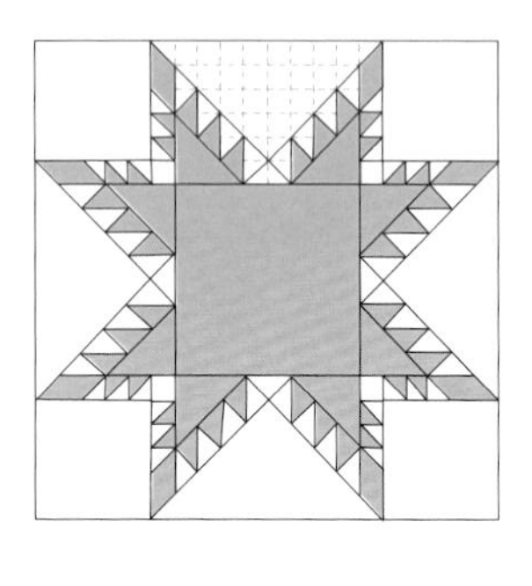

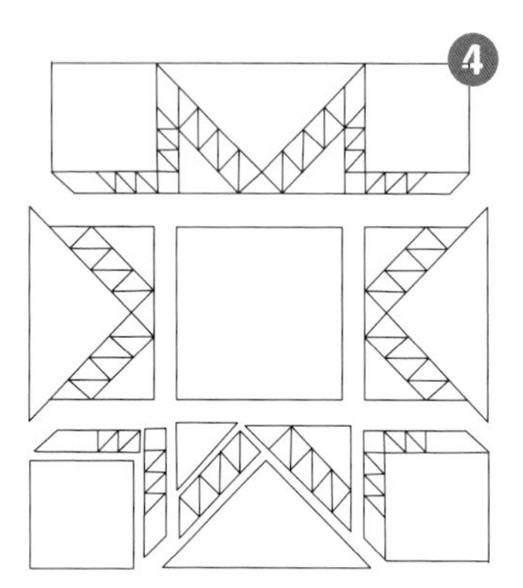

368 Feather Edged Star
羽毛邊之星

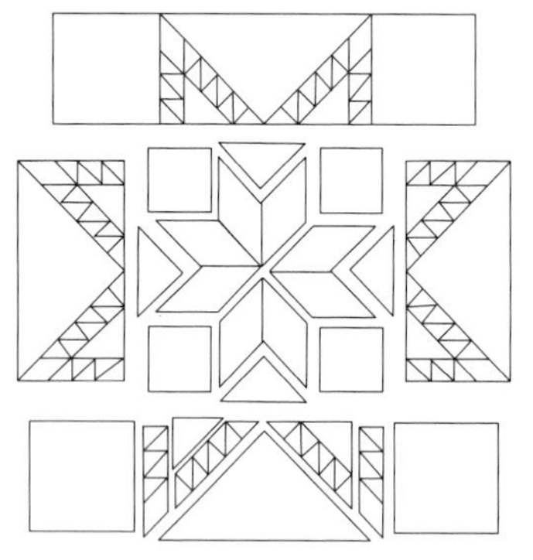

369 The Double Pineapple
雙重鳳梨

370 Feather Star
羽毛之星

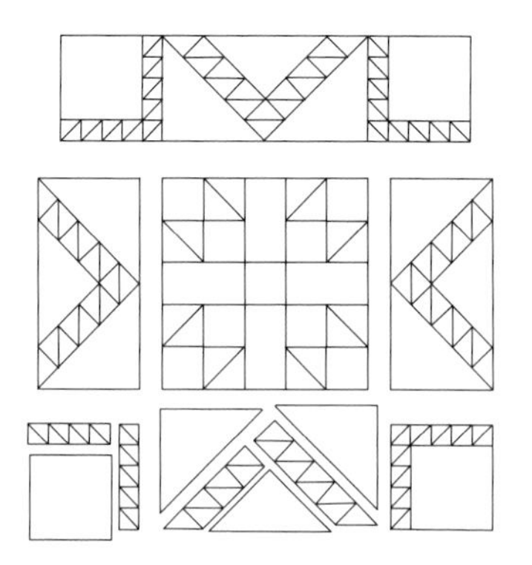

371 Octagonal Star
八角星

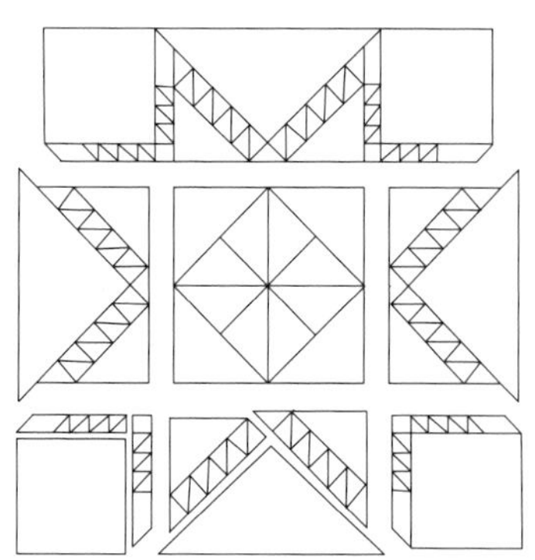

372 Pine Cone
松果

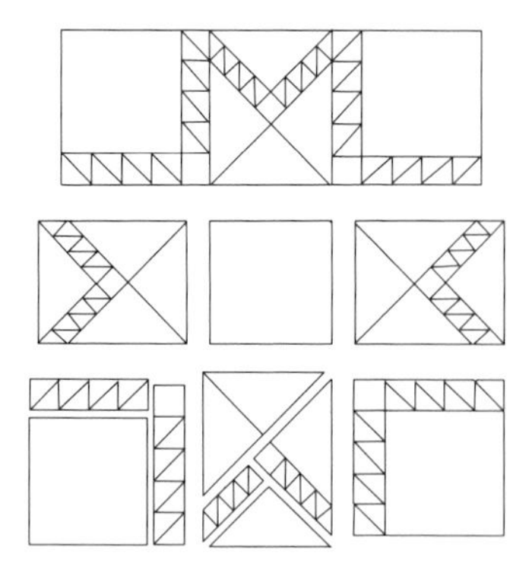

373 California Star
加州之星

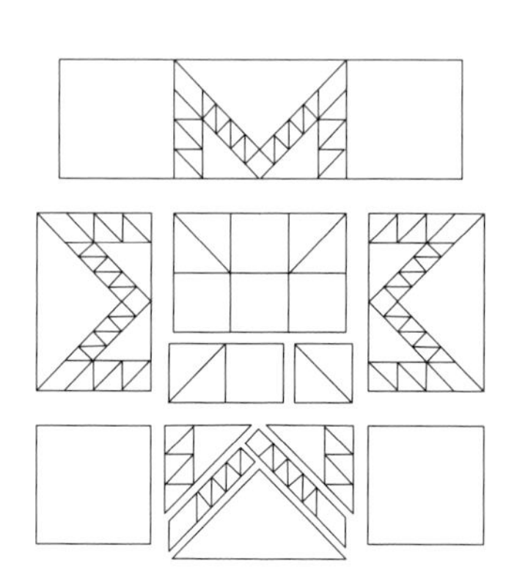

374 Feather Star
羽毛之星

1 √2 1

375 Rising Star
上昇之星

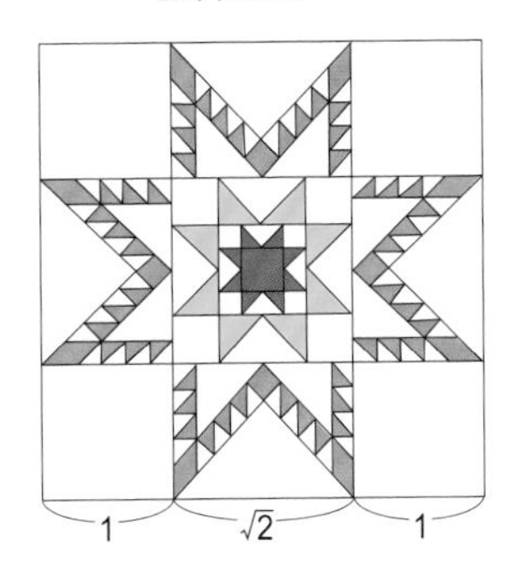
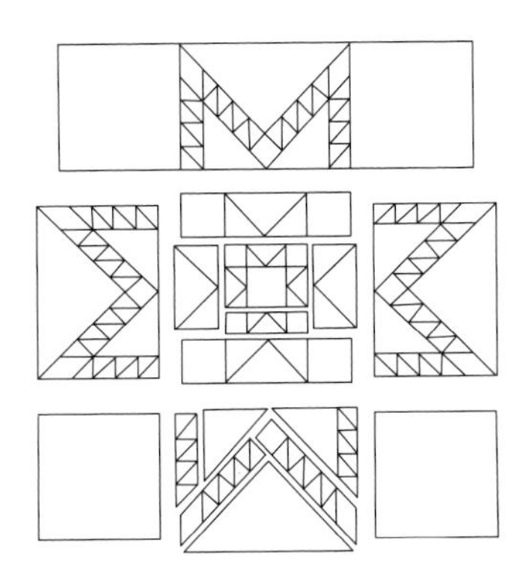

1 √2 1

376 Halley's Comet
哈雷彗星

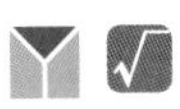

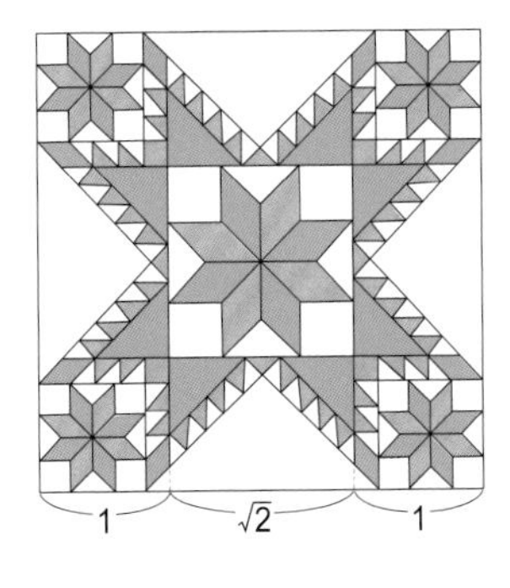

1 √2 1

377 Feathered Star
羽毛之星

1 √2 1

378 Radiant Star, Star of Bethlehem
光芒之星

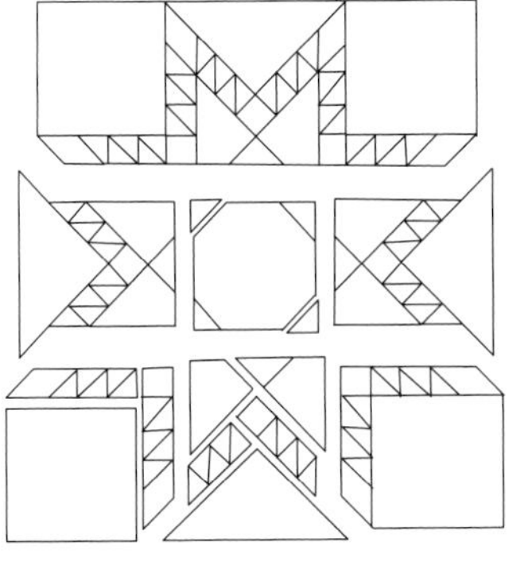

1 √2 1

379 Summer Sun
星花百合

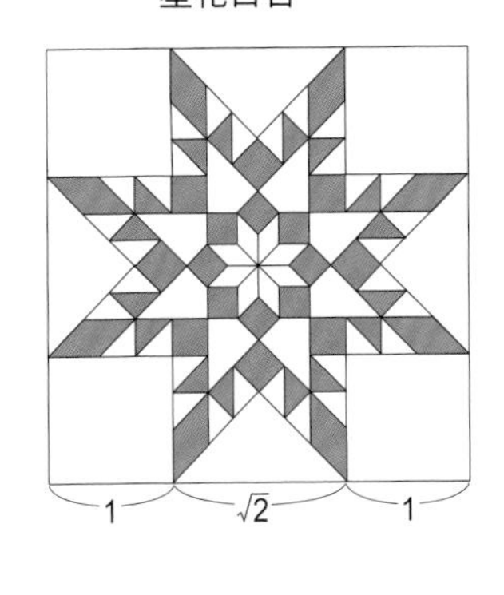

1 √2 1

380 California Star
加州之星

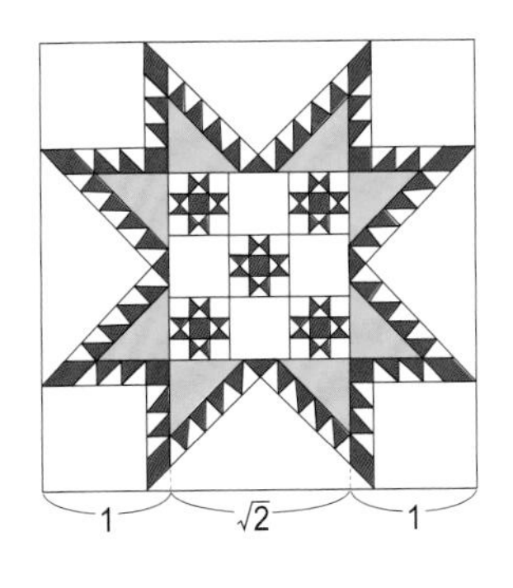
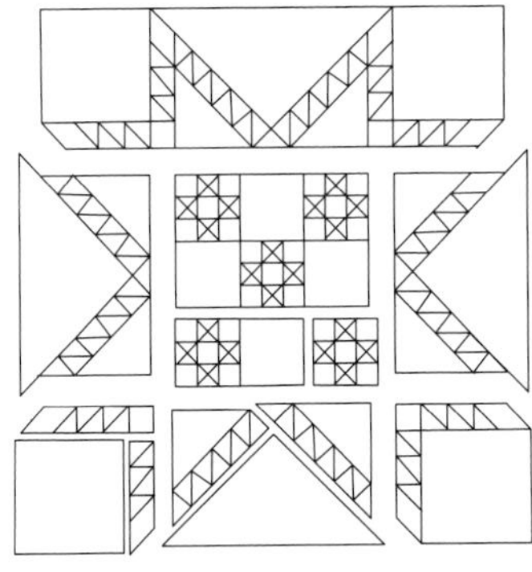

1 √2 1

note

羽毛之星製圖

被小三角形羽毛圍住的星星製圖，是屬於難度稍高且複雜的圖形。先找出作為基礎的格子。③④⑦表示以三格、四格、七格格子的星星作為基礎。√表示一邊分割為1：$\sqrt{2}$：1，羽毛位置在星星內側時，則會變成檸檬星。依羽毛位置及數量不同，來分割不同大小的星星。

中心十字交叉
Center Cross Bar

條塊在中央交叉，方塊水平及垂直地組合。
自中心的正方形向外延伸。

381 Star & Cross
星星&十字

5

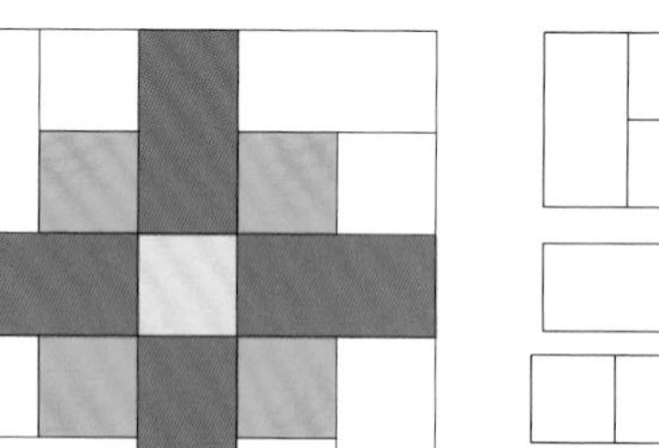

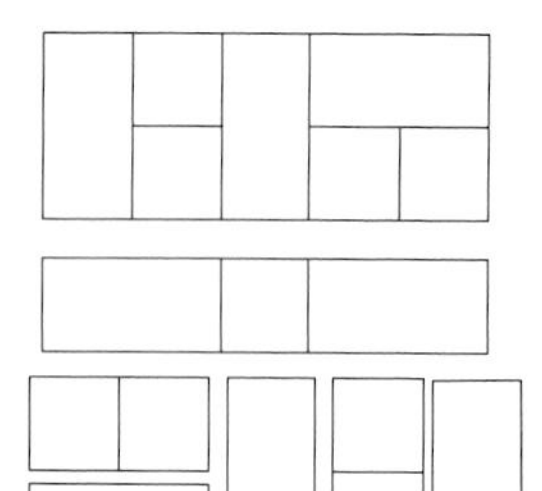

382 Job's Tears
約伯的眼淚

5

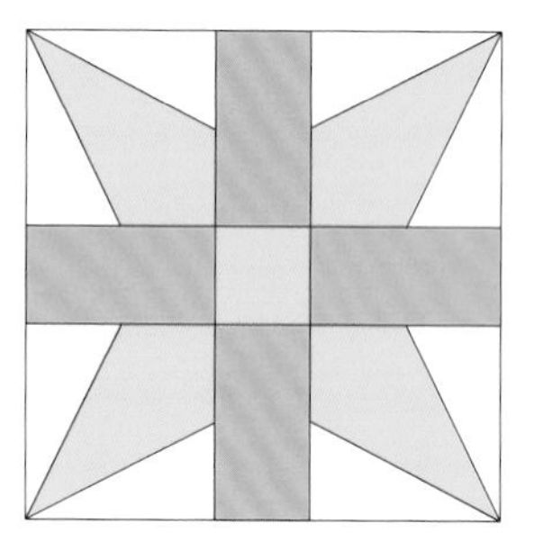

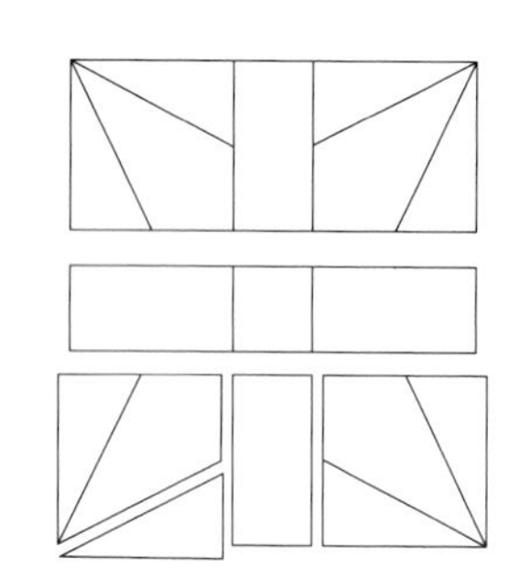

383 Jack in the Box, Wheel of Fortune
魔術箱

5

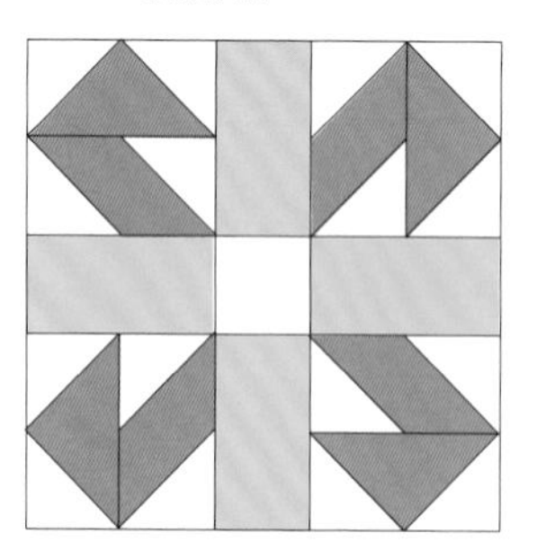

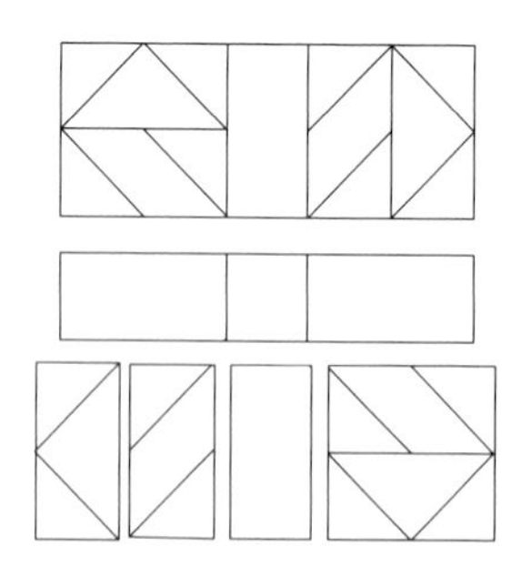

384 E-Z Quilt
E-Z

5

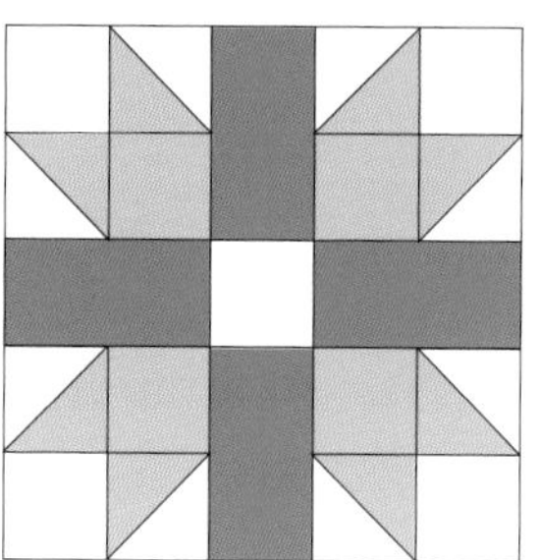

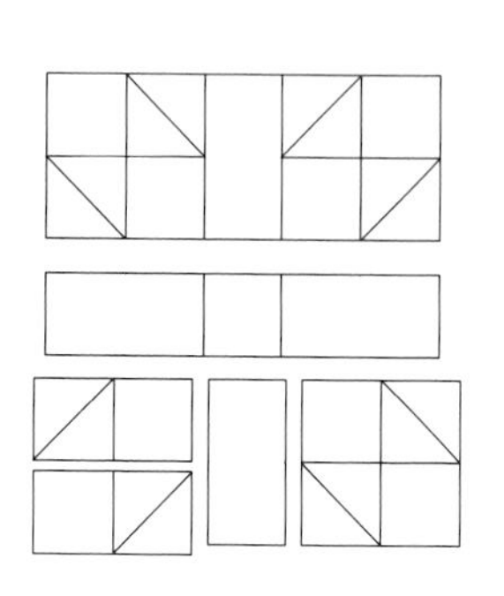

385 Cross and Crown
十字&皇冠

7

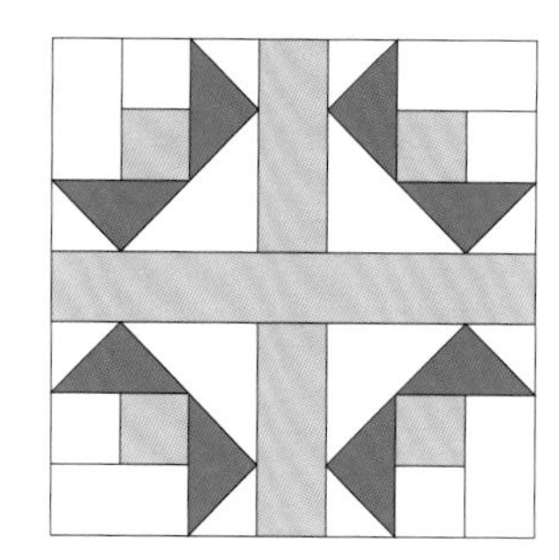

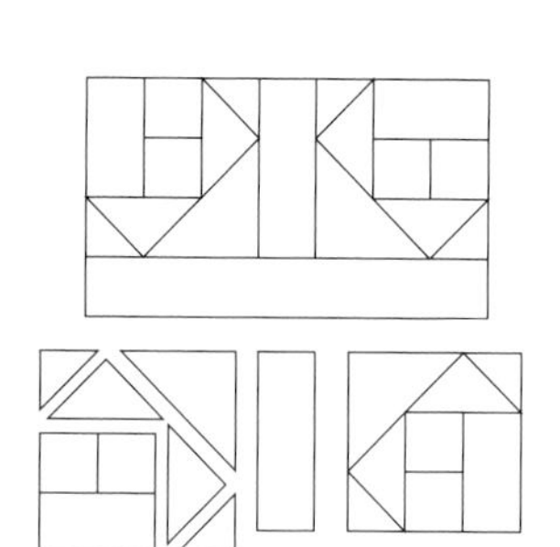

386 Pieced Tulips
拼接鬱金香

4

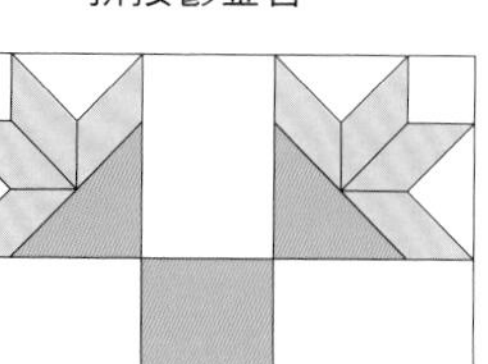

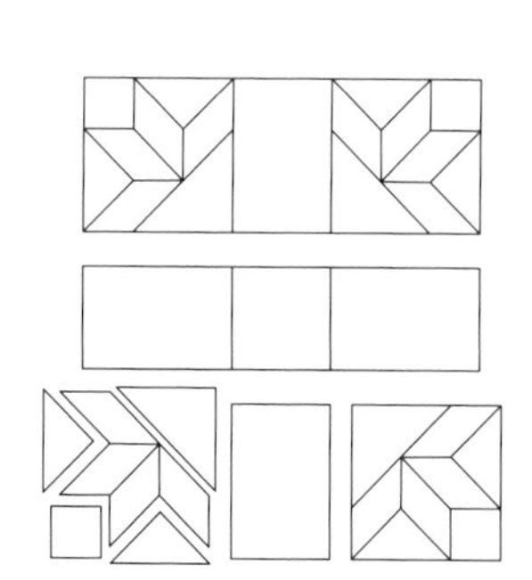

387 Corn and Beans, Duck and Ducklings
玉米&豆子·大鴨&小鴨

5

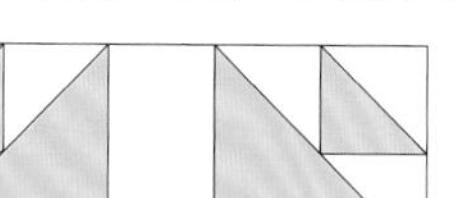

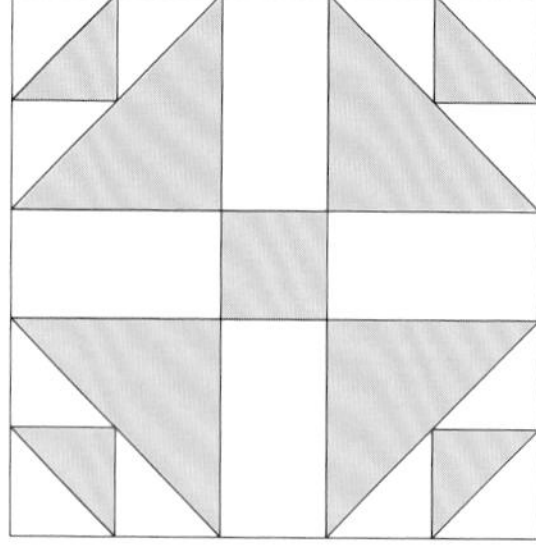

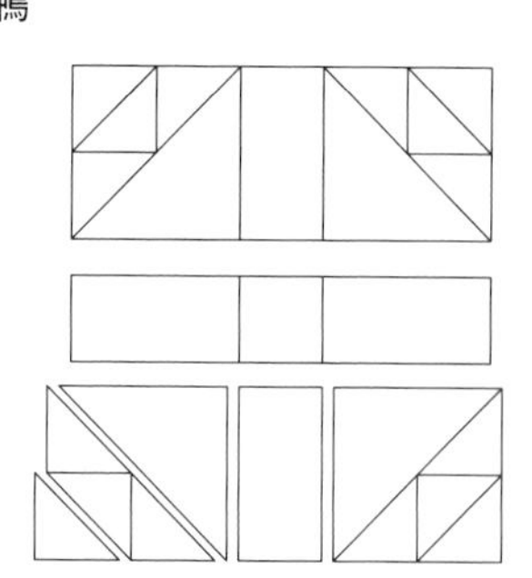

388 Grandmother's Choice
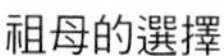

祖母的選擇

5

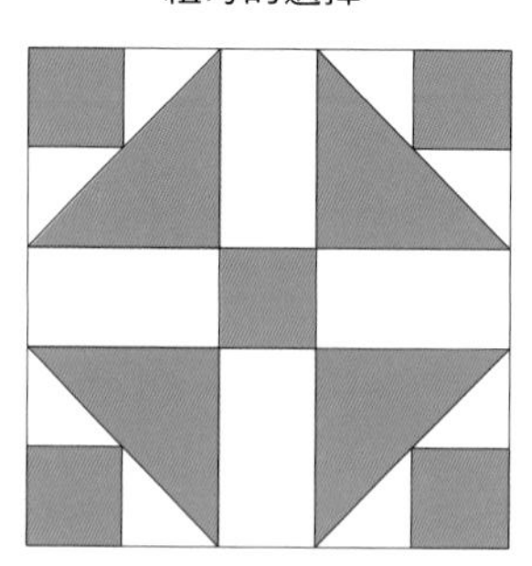

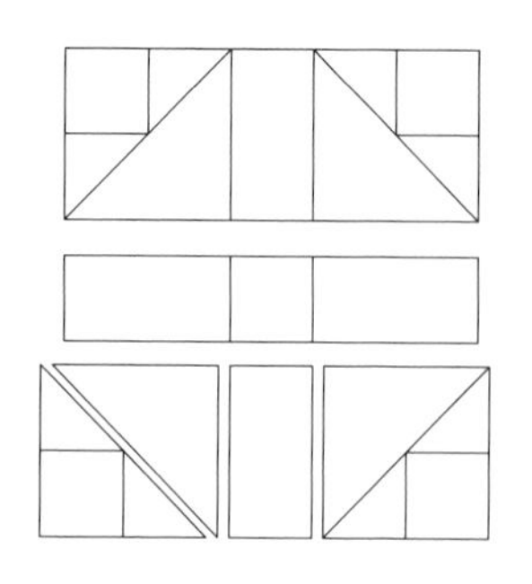

389 Cross and Crown, Goose Track
十字&皇冠

5

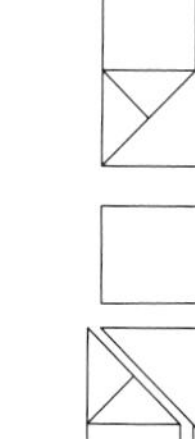

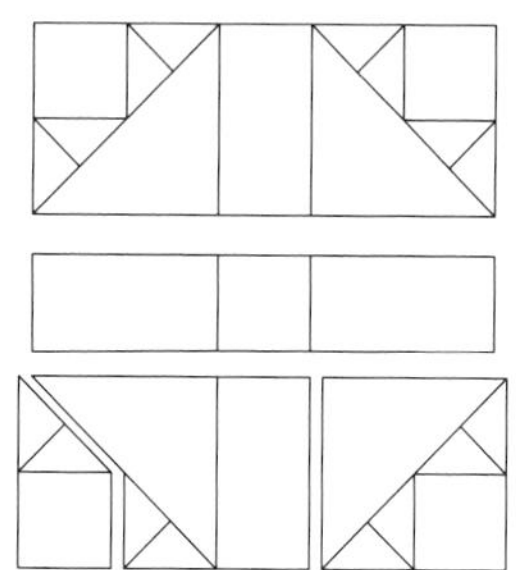

390 Lily Pond
睡蓮池

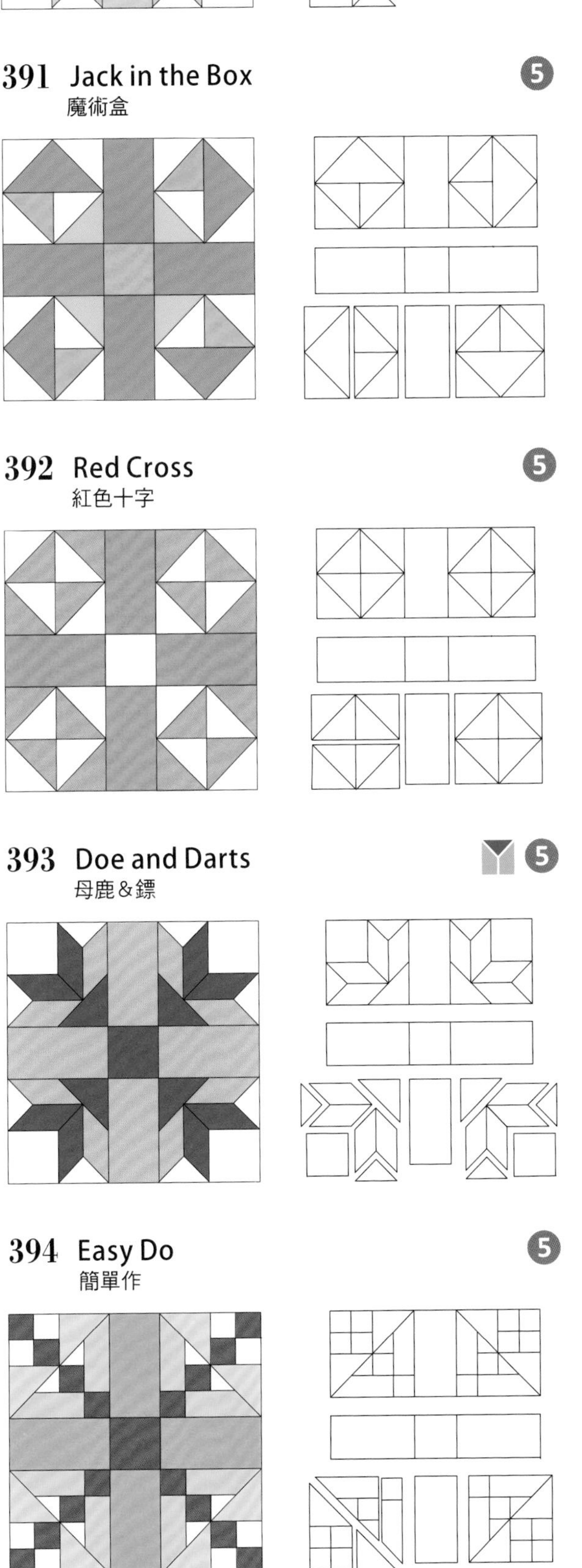

391 Jack in the Box
魔術盒

392 Red Cross
紅色十字

393 Doe and Darts
母鹿＆鏢

394 Easy Do
簡單作

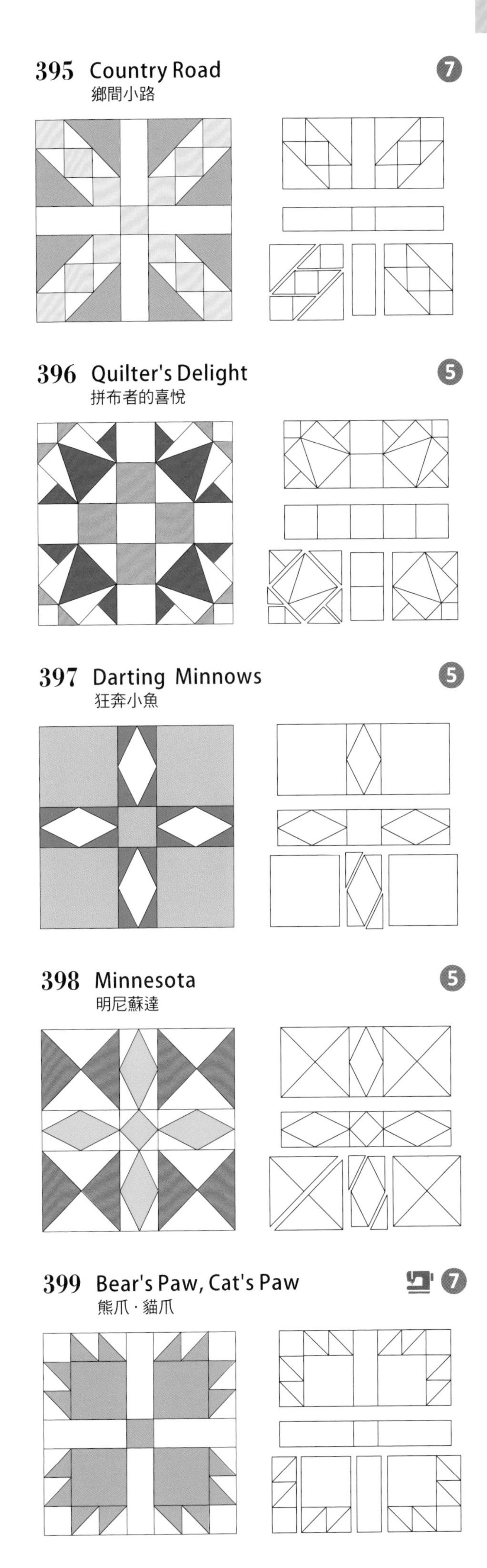

395 Country Road
鄉間小路

396 Quilter's Delight
拼布者的喜悅

397 Darting Minnows
狂奔小魚

398 Minnesota
明尼蘇達

399 Bear's Paw, Cat's Paw
熊爪・貓爪

400 Autumn Tints
秋日色調

⑦

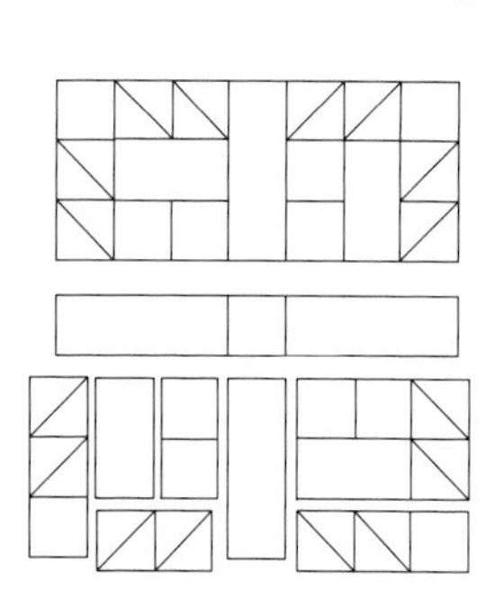

401 Four Queens
四皇后

⑦

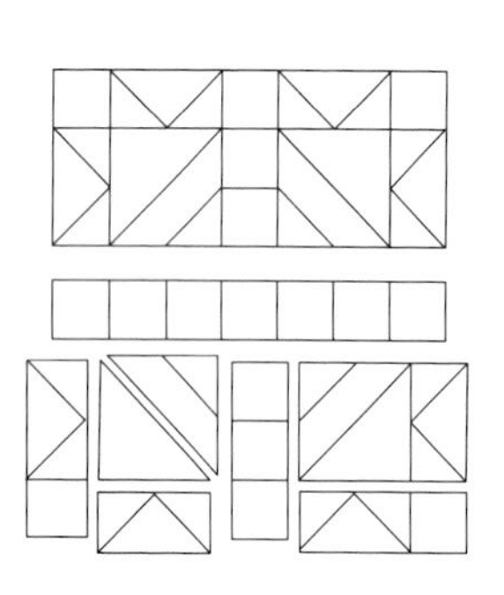

402 Old Fashioned Quilt
復古時尚

⑦

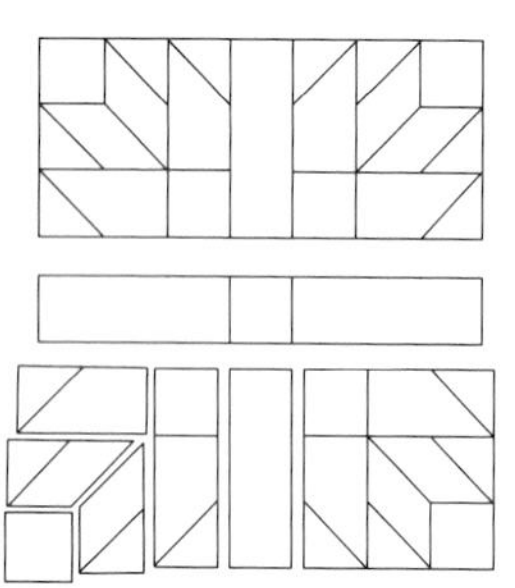

403 Fancy Flowers
幻想花朵

⑦

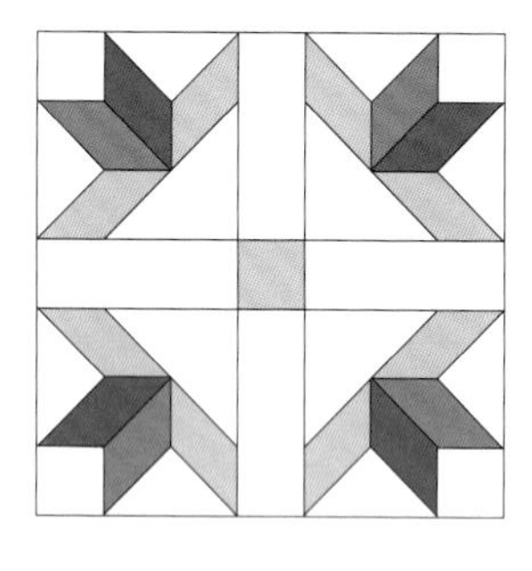

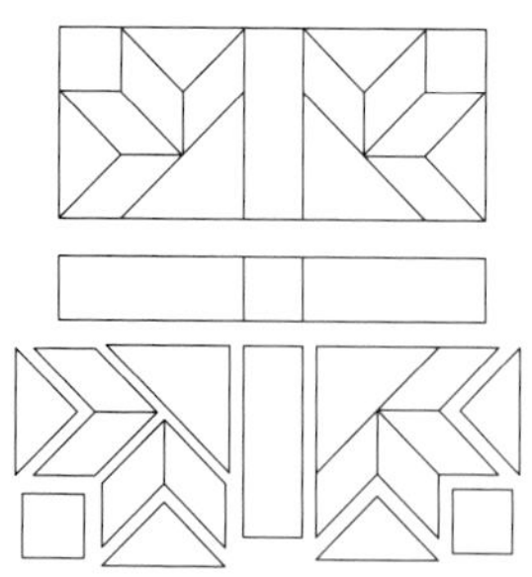

404 Bouquet
花束

⑦

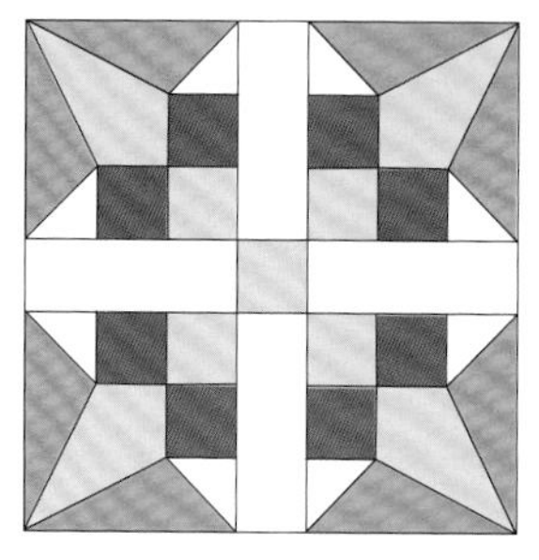

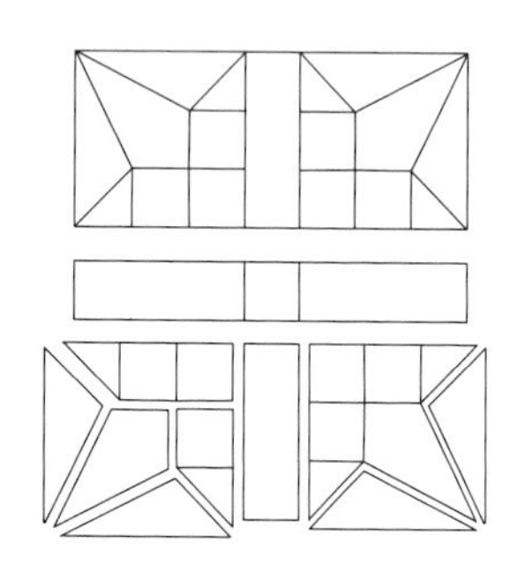

405 Boxed Squares
盒子方塊

⑦

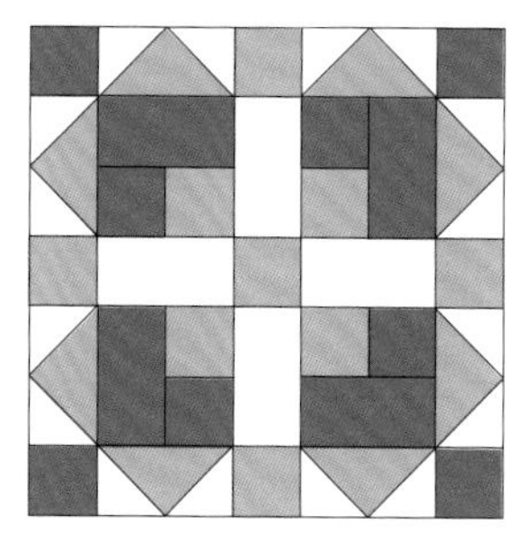

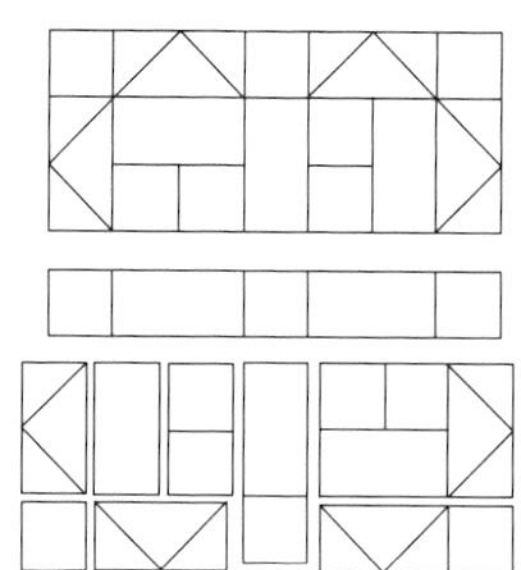

406 Ribbon Star
蝴蝶結之星

③

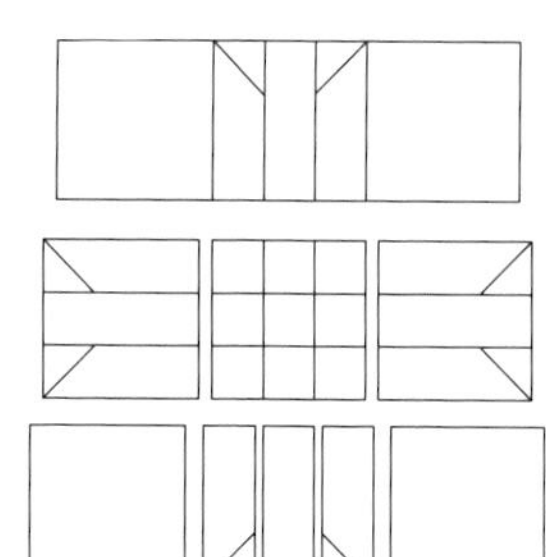

407 Endless Ribbon
環狀蝴蝶結

③

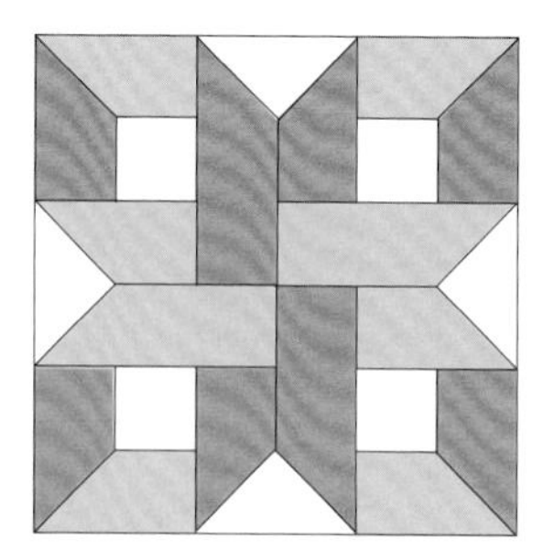

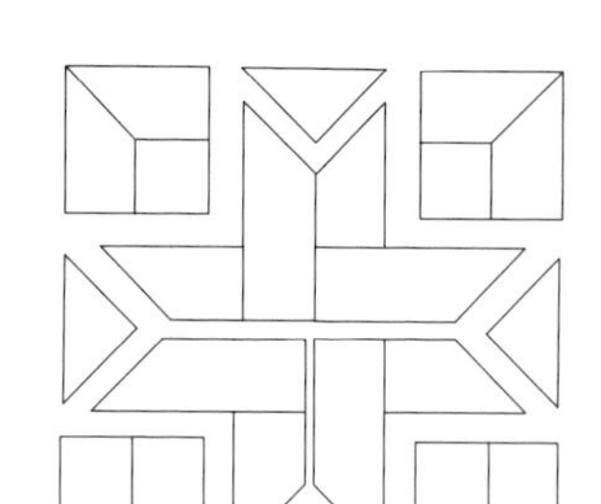

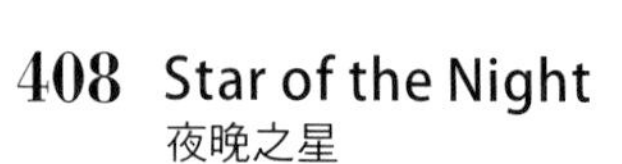

408 Star of the Night
夜晚之星

⑦

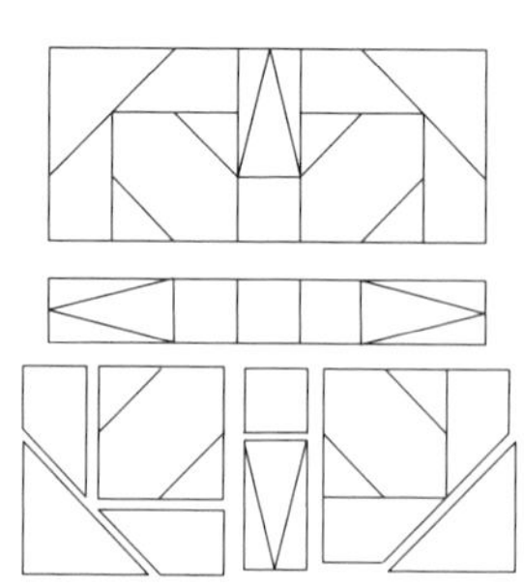

409 Easter Tide
復活節

⑪

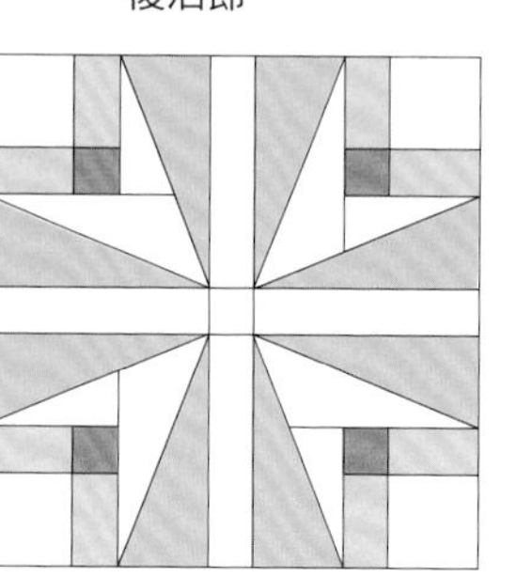

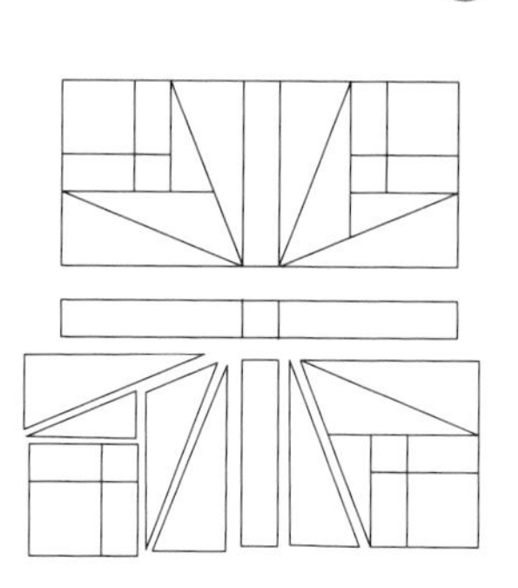

馬蒂的十字架
Marti's Cross

四個方塊交叉，以斜向的縫線構成，像是分割成八塊的派一樣。

410 The V Block
V方塊

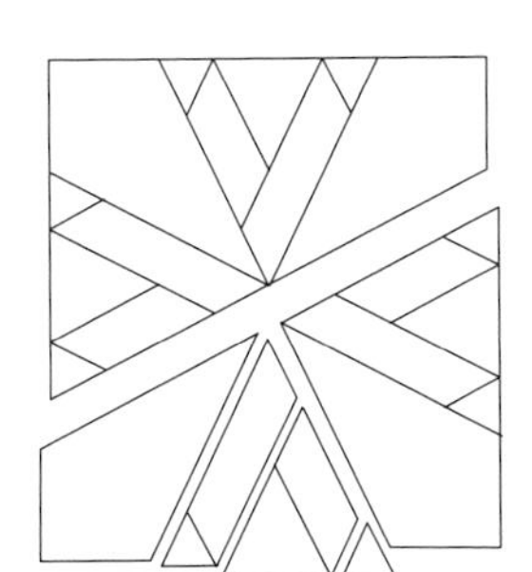

411 Victory Quilt, Churchill Block
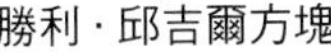
勝利‧邱吉爾方塊

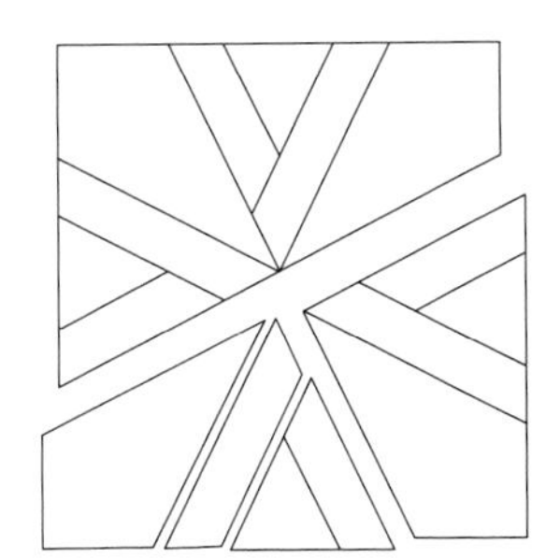

412 Ships A-Sailing
船帆

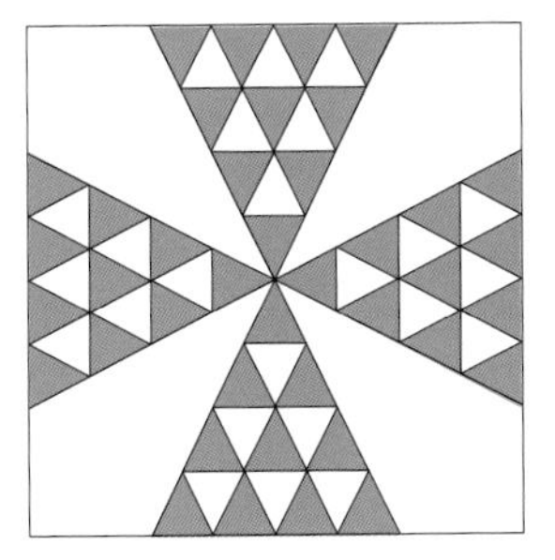
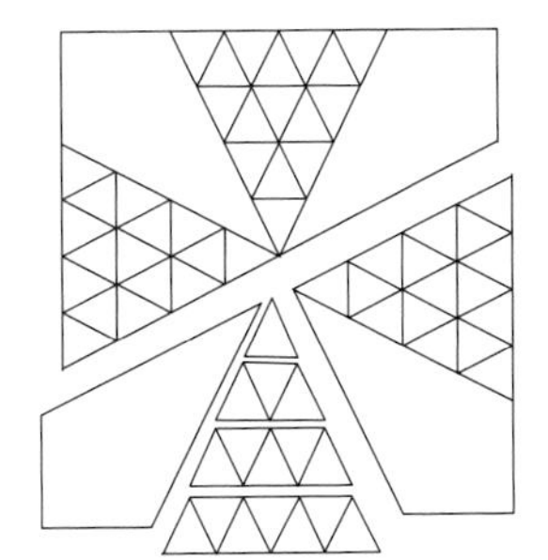

413 Hidden Star
隱藏之星

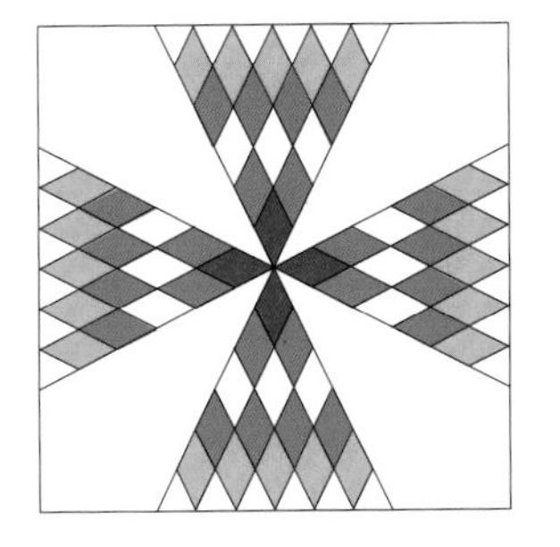
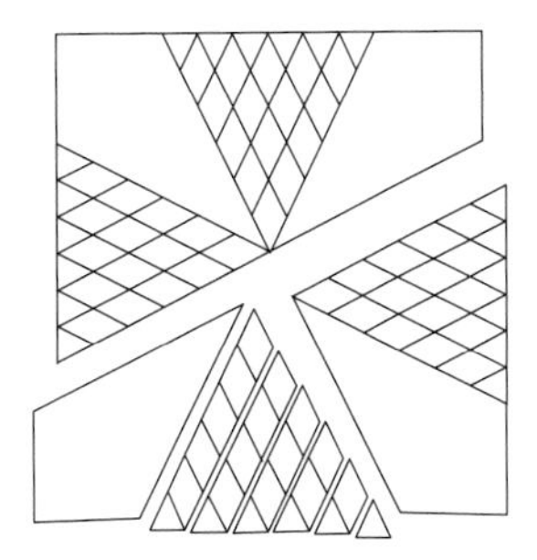

414 Square Dance, All Around the Star

方形舞，All Around The Star

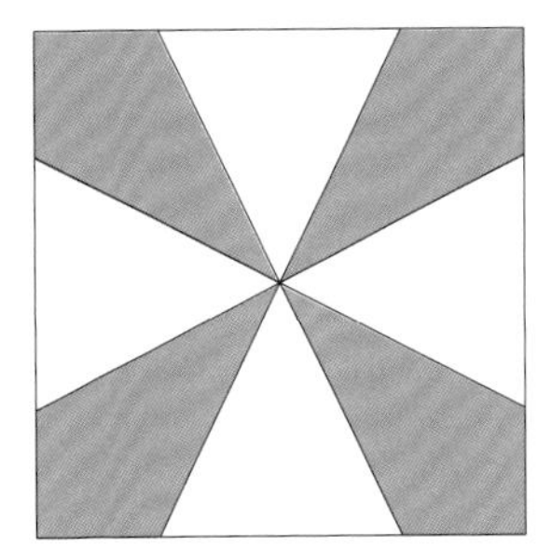
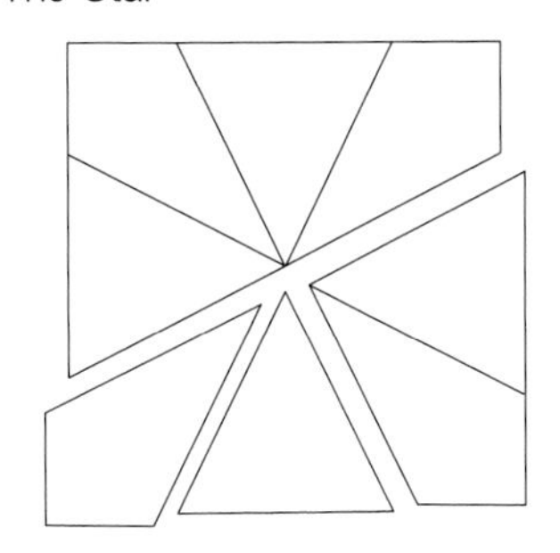

415 Block Island Puzzle

方塊拼圖

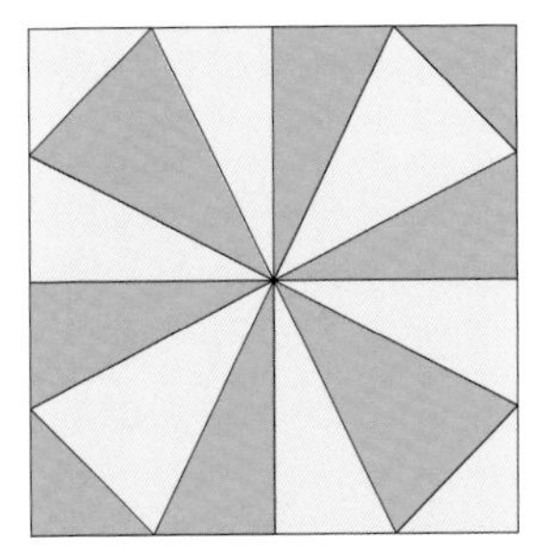
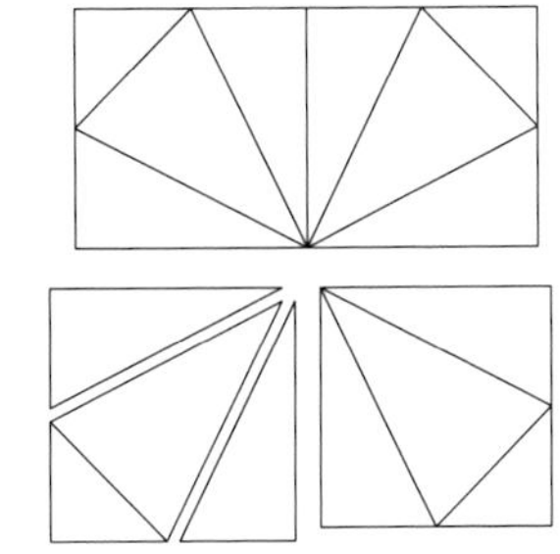

416 Key West Beauty
基維斯特之美

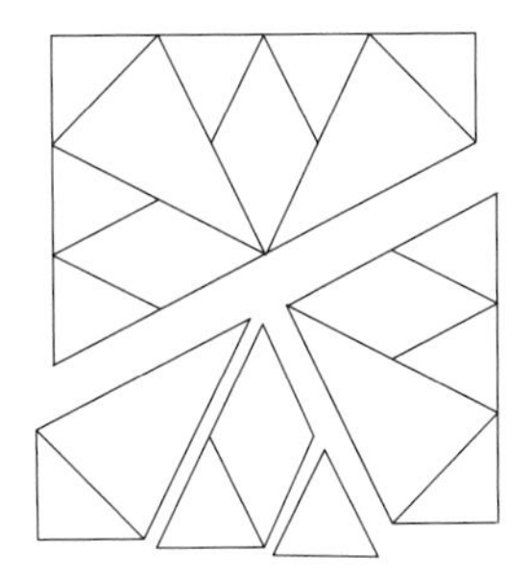

417 Tilted Triangles

傾斜三角形

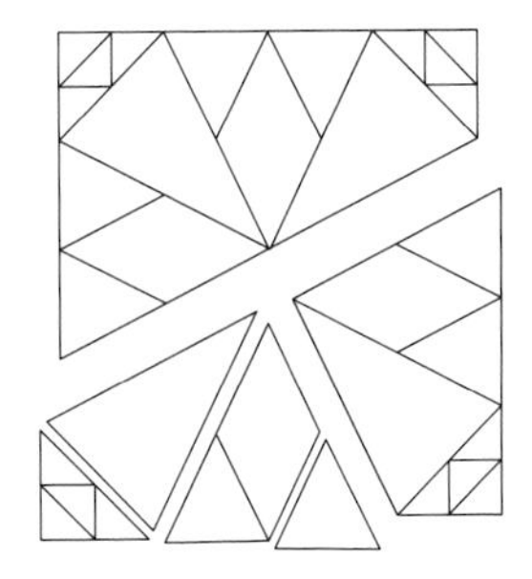

418 Olympia
奧林匹亞

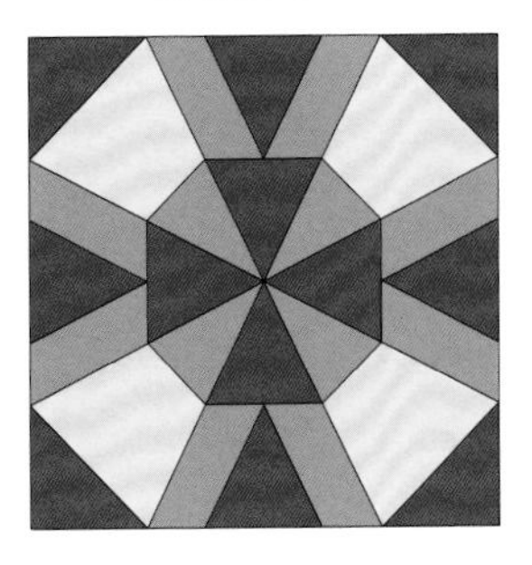
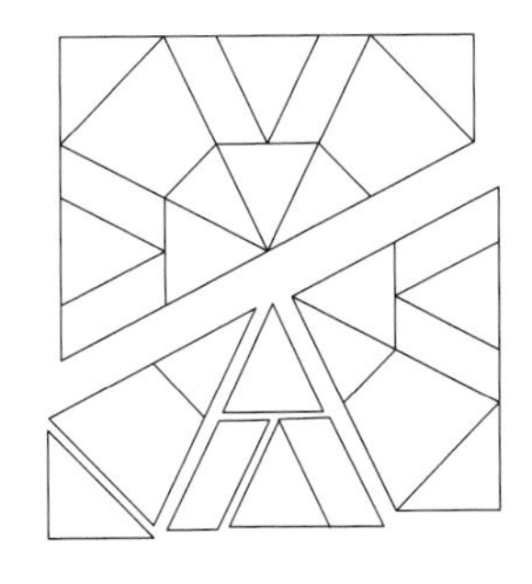

419 Arrow of Peace
和平箭號

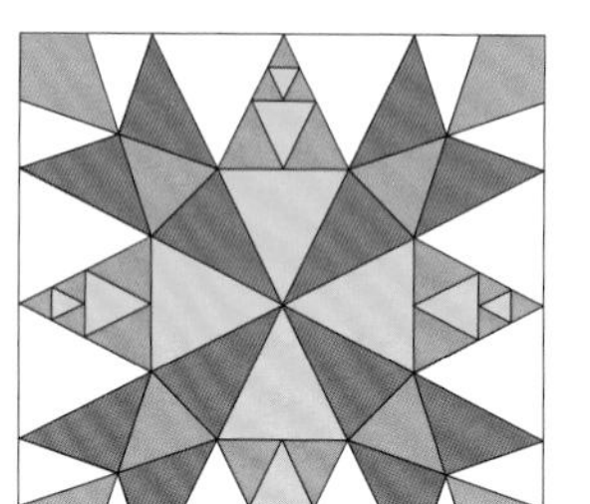
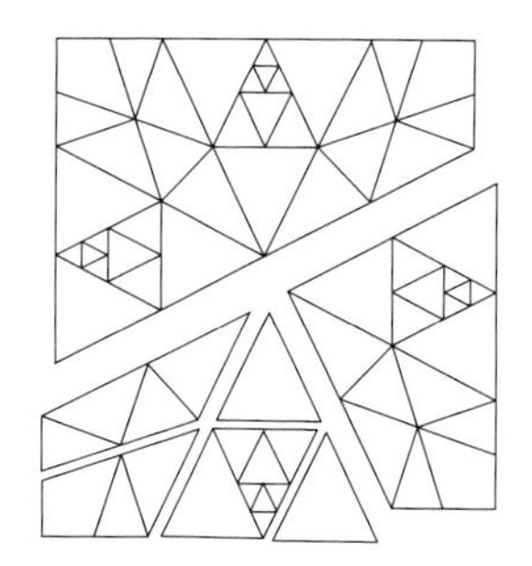

420 Morning Star, Kaleidoscope Quilt
早晨之星·萬花筒

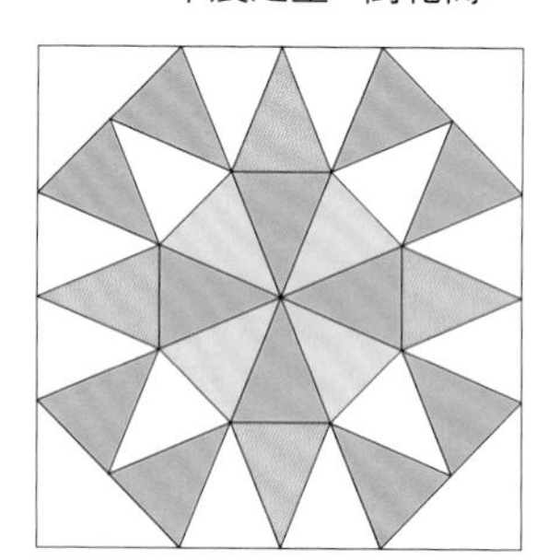
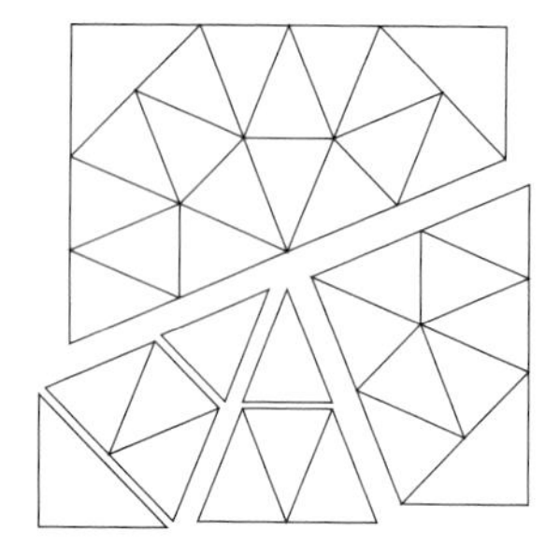

421 Kaleidoscope Quilt
萬花筒

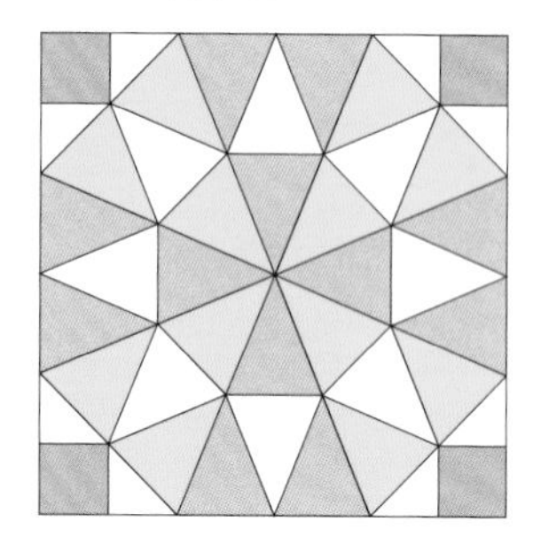
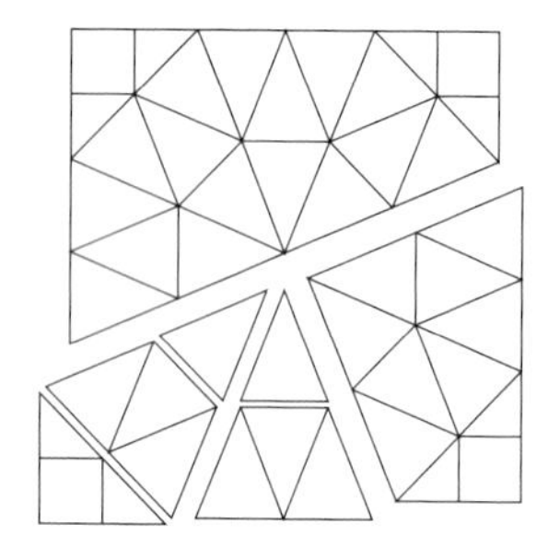

422 Star of the East, Midnight Stars
東方之星·午夜之星

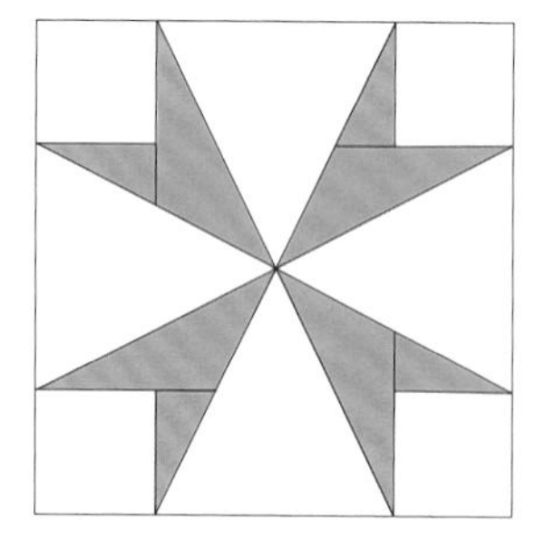
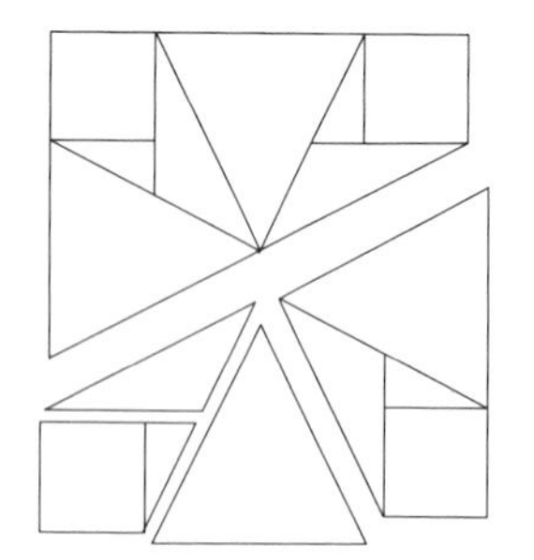

423 Broken Crystals
破碎水晶

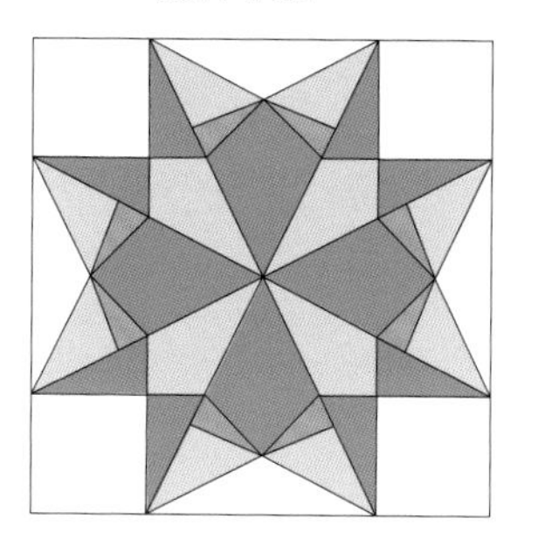
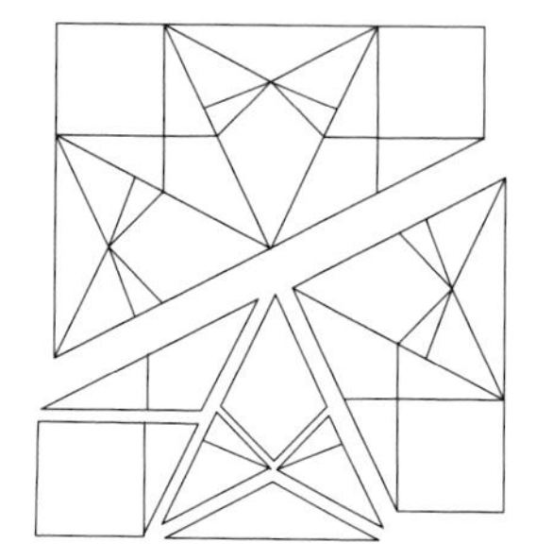

424 St. Louis Star Variation
聖路易星星變化款

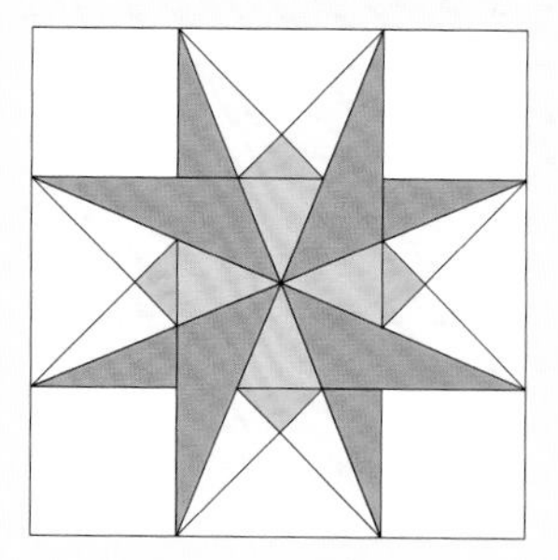
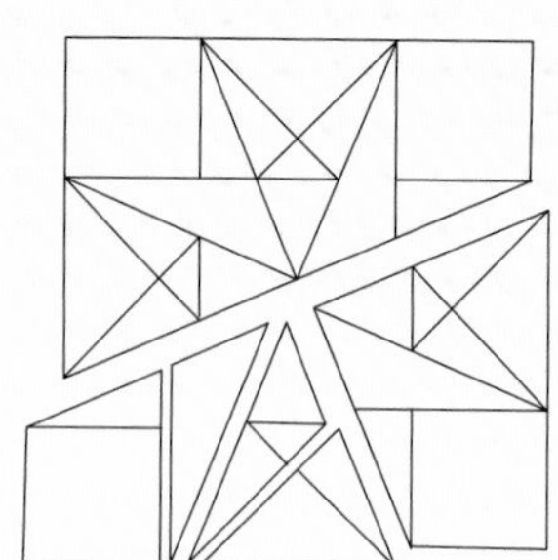

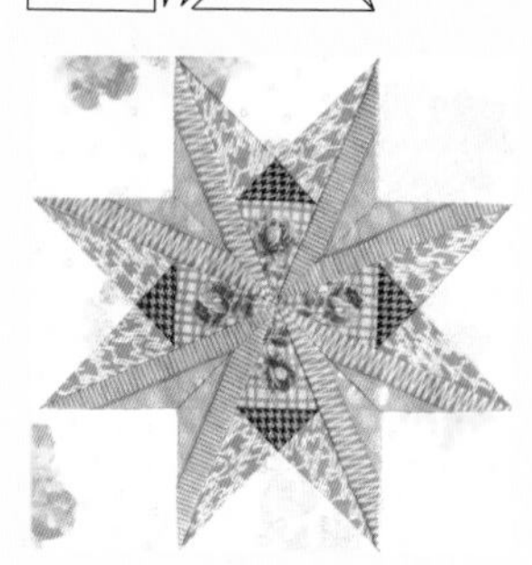

為了更容易縫製、作出喜歡的設計，需在縫線上多花些心思，
試著改變縫線，讓圖案的感覺也跟著改變吧！

425 St. Louis Star
聖路易之星

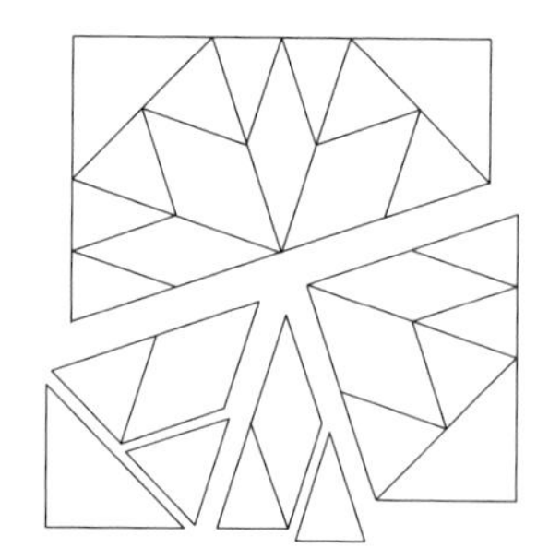

426 Vermont
佛蒙特

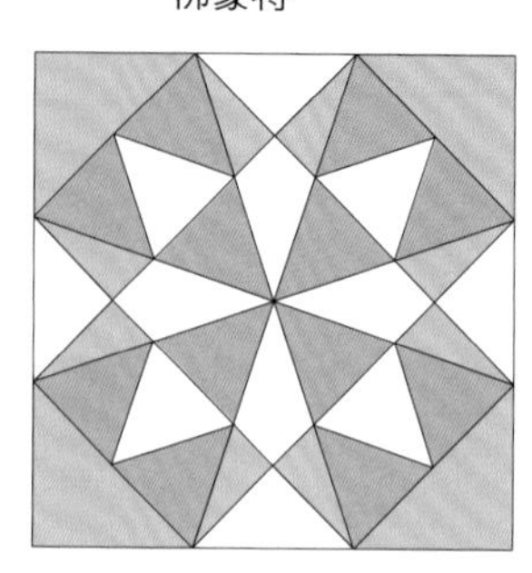
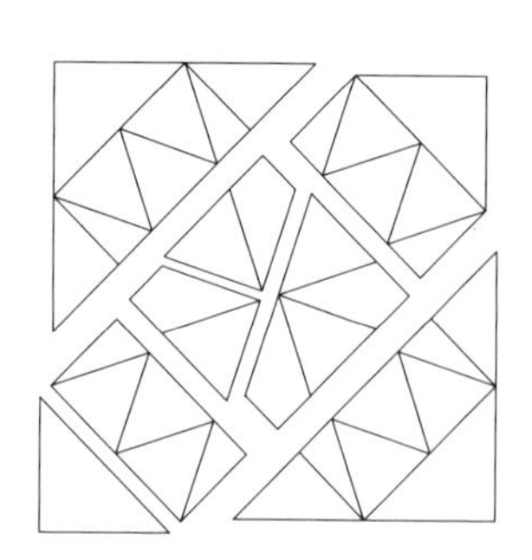

427 Diamond Kaleidoscope
菱形萬花筒

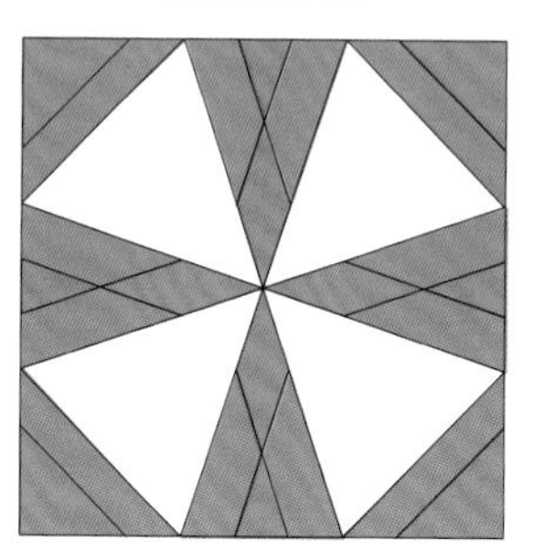
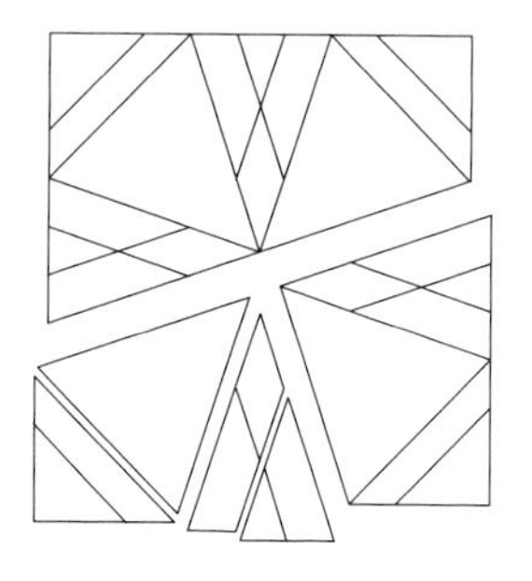

9X
Nine X

於正方形內斜向分割方塊所組成。畫出斜向的補助線後製圖，組合方塊縫合。雖然是斜向圖案的方塊，但縫線在中央不交叉。

428 The Seasons, Pointed Tile
季節・尖角瓦片

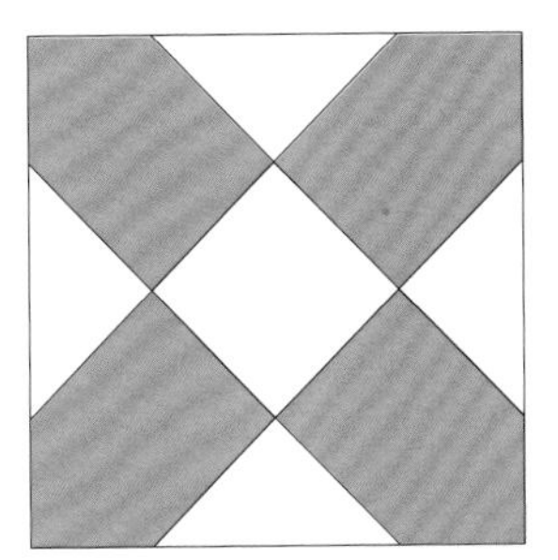

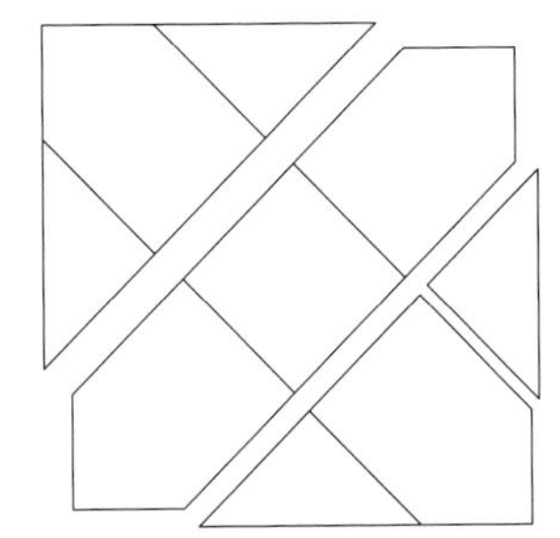

429 House that Jack Built, Triple Stripe
傑克造屋・三重條紋

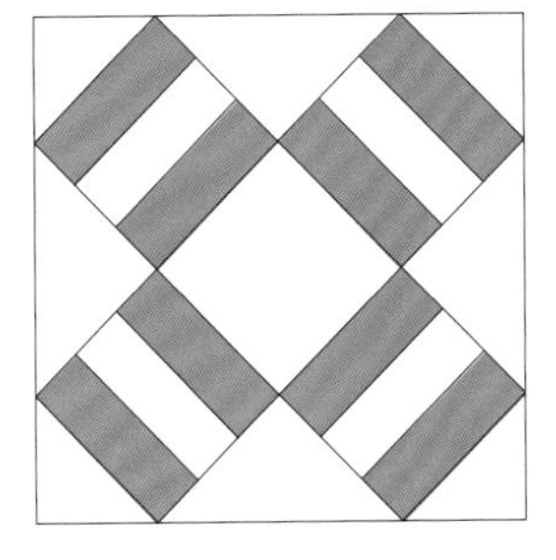

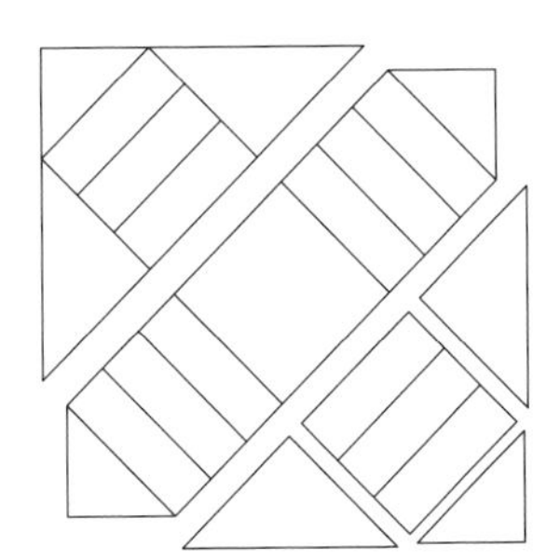

430 Children of Israel
以色列孩童

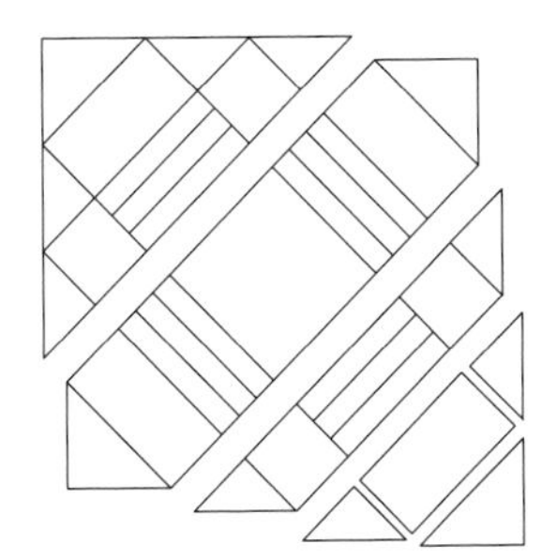

431 Court House Square
法院廣場

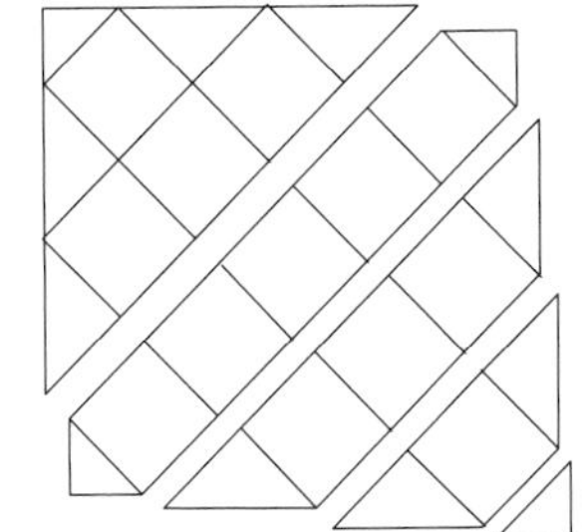

432 Court House Lawn
法院草坪

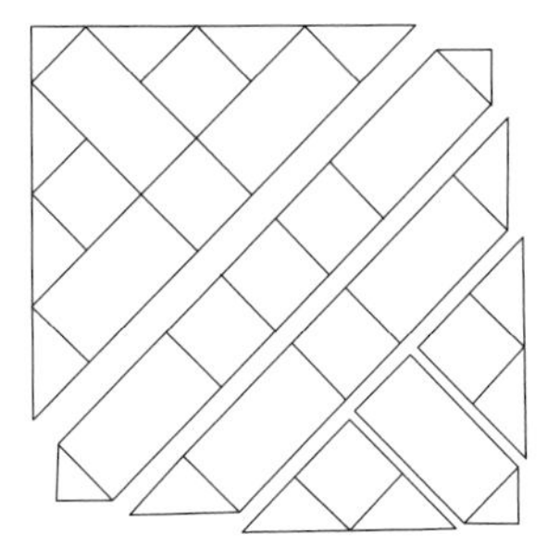

433 Lincoln, Album
林肯・相簿

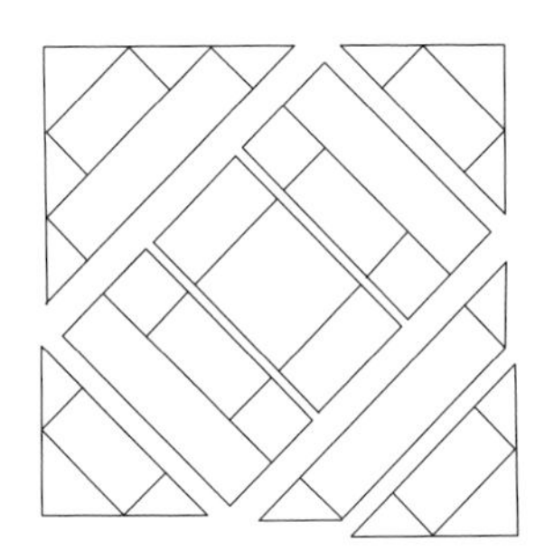

434 Domino and Square
骨牌&方塊

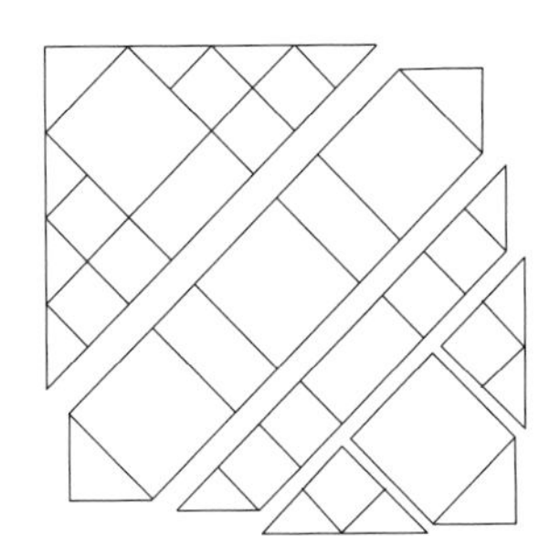

435 Domino and Star
骨牌&星星

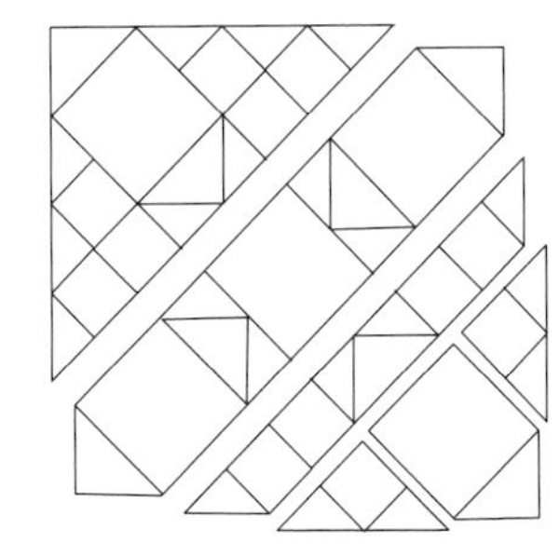

436 Flying Geese
飛舞之鵝

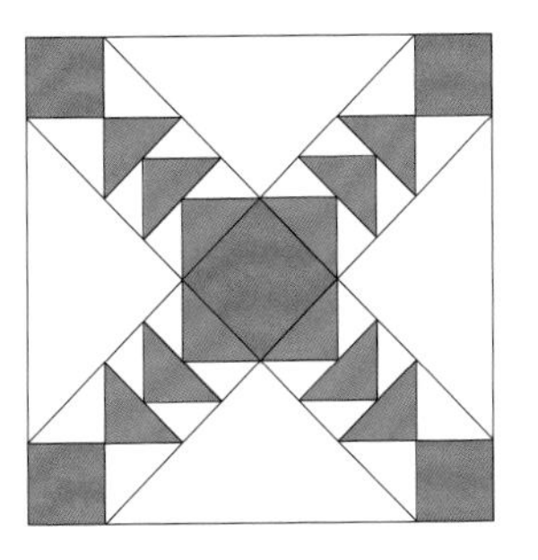

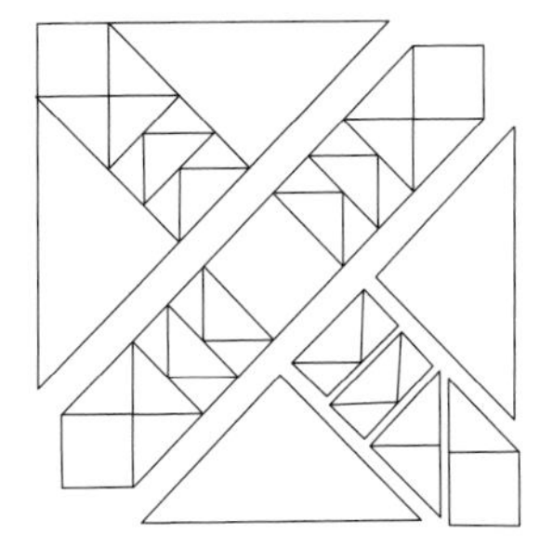

437 Wild Geese
野生鵝

4

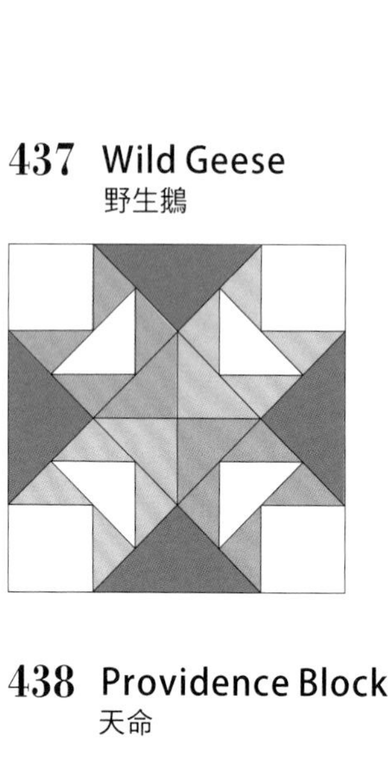
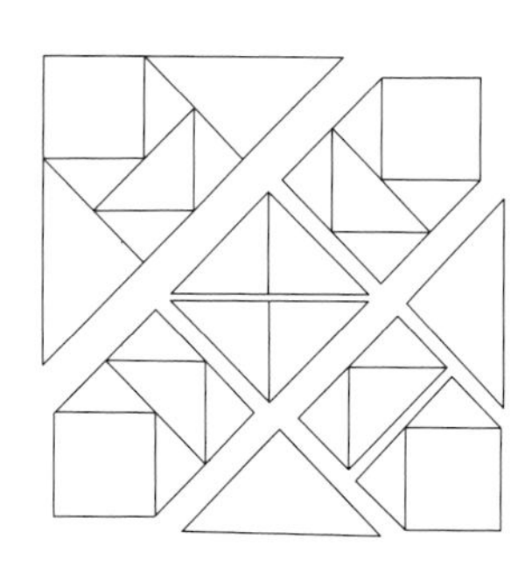

438 Providence Block
天命

5

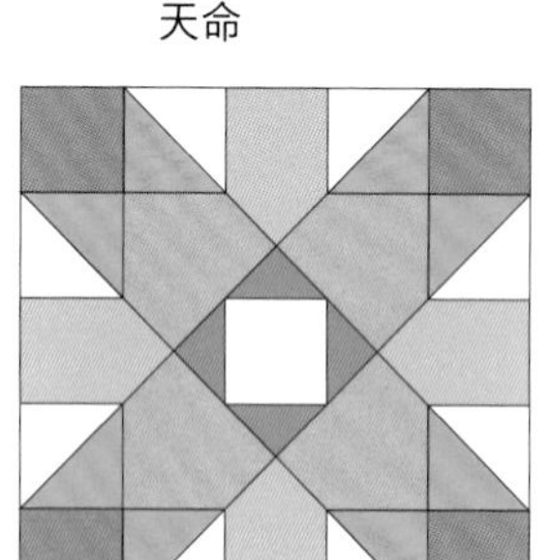

439 Baker's Dozen
十三

5

440 Geese in the Pond
池中之鵝

5

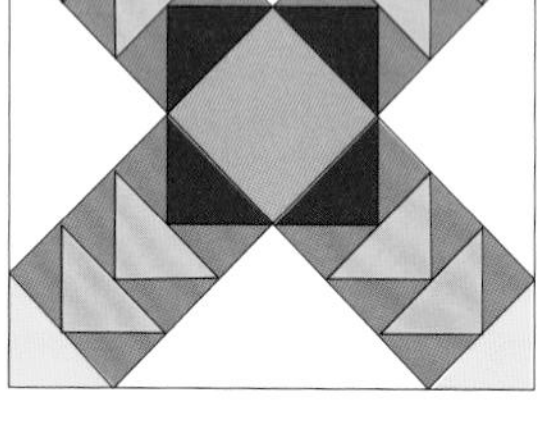

441 Flying Geese
飛舞之鵝

5

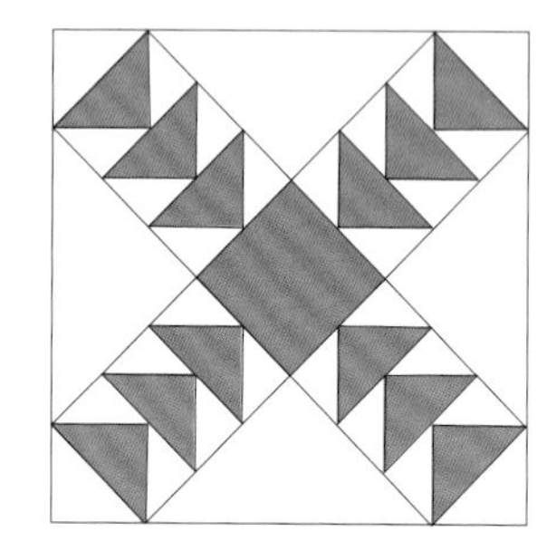
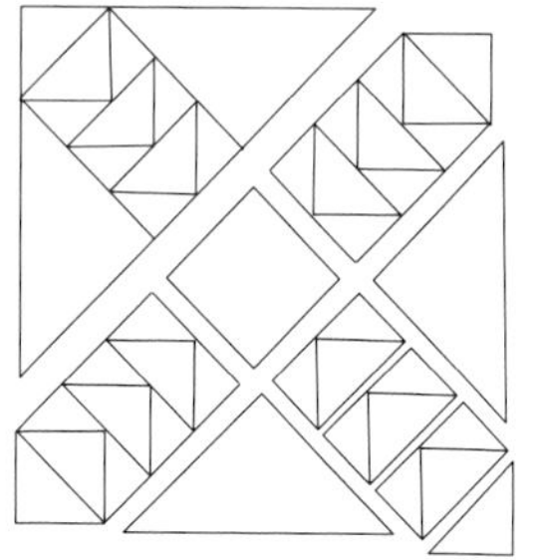

442 Hopes and Wishes
希望&願望

3

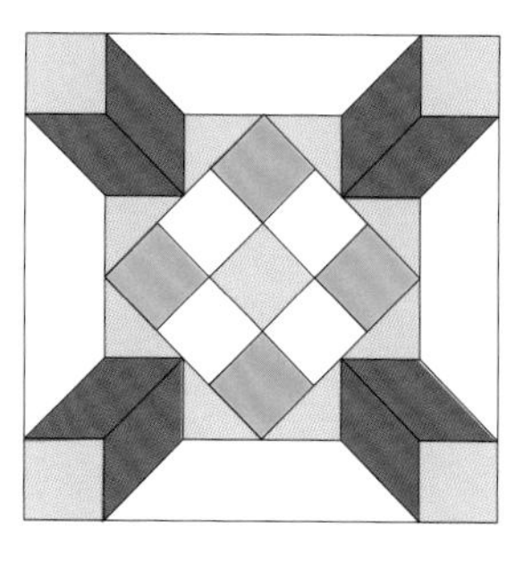

443 Joy Bells, Eight Hands Around
喜悅之鈴 · 八手環繞

3

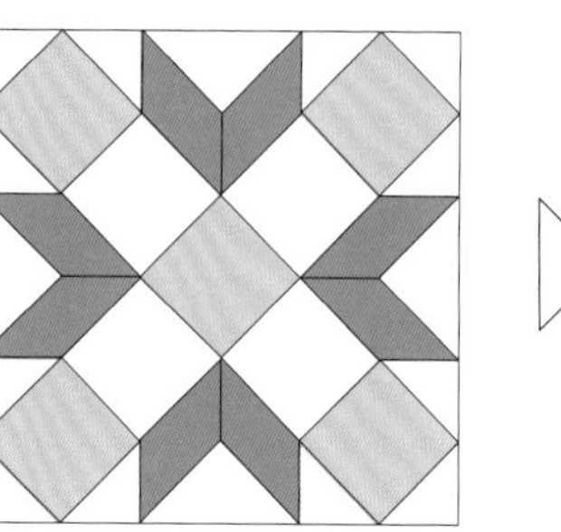
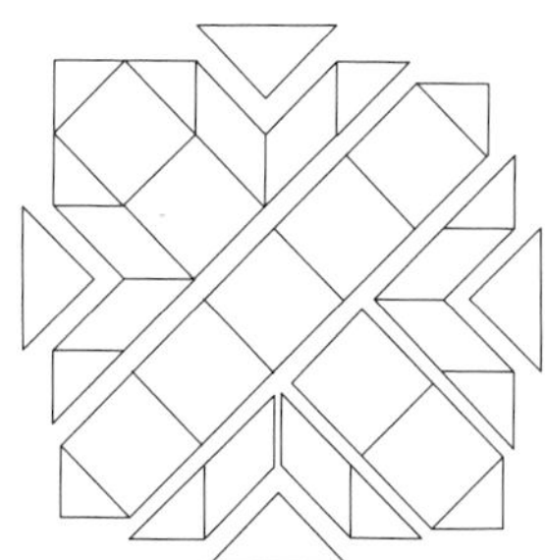

444 Wedding Bouquet
婚禮花束

6

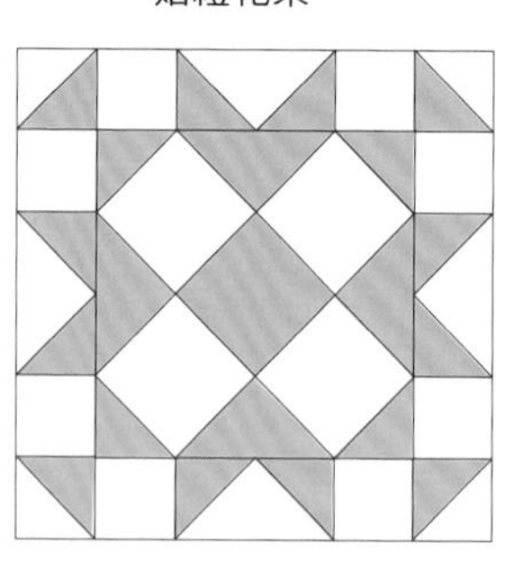
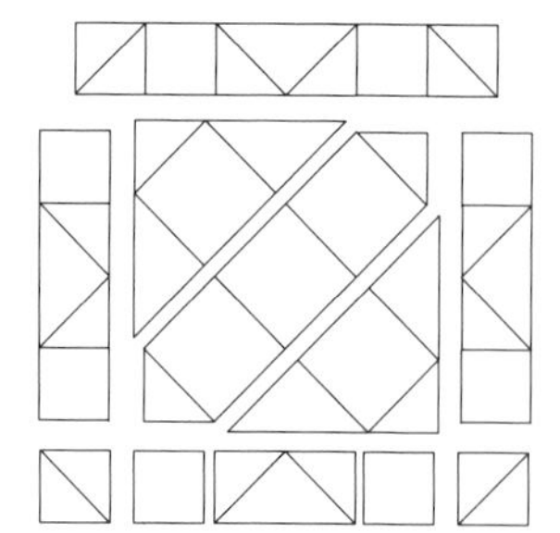

445 Dallas Star
達拉斯之星

3

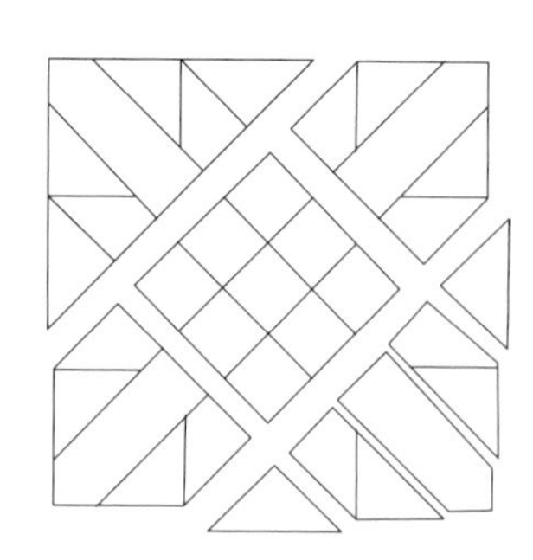

446 Candy Canes
枴杖糖

6

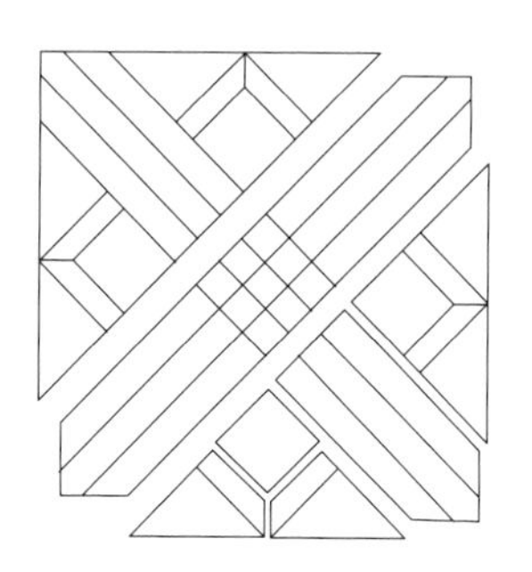

447 Gothic Pattern 4
哥德式圖案

448 Beacon Lights 4
希望之光

449 Alice's Favorite 4
愛麗絲的最愛

450 Mexican Cross, Mexican Star 4
墨西哥十字 · 墨西哥之星

451 Going Home 5
回家

452 Christmas Star 3
聖誕之星

453 Stars in Flight 6
飛翔之星

454 Augusta 6
奧古斯塔

455 Prairie Belle Quilt Block 6
牧場美女

456 America's Pride 6
美國自尊

457 Tee
丁字形

6

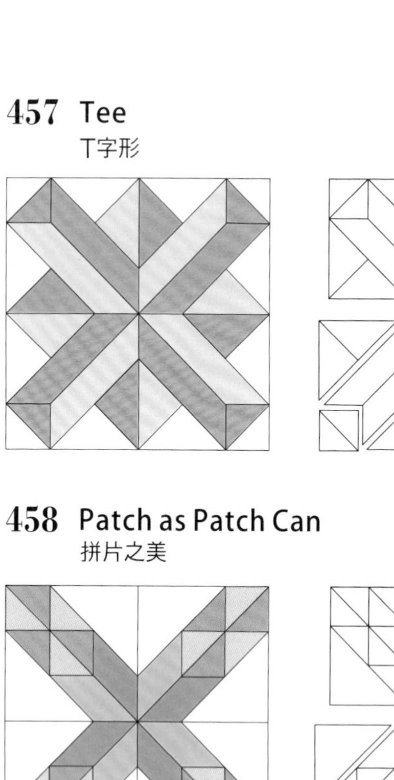

458 Patch as Patch Can
拼片之美

6

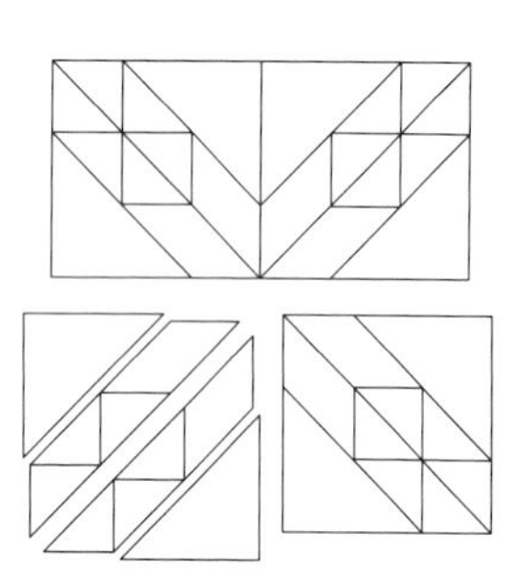

459 Double Twist Star Block
雙重扭轉之星

4

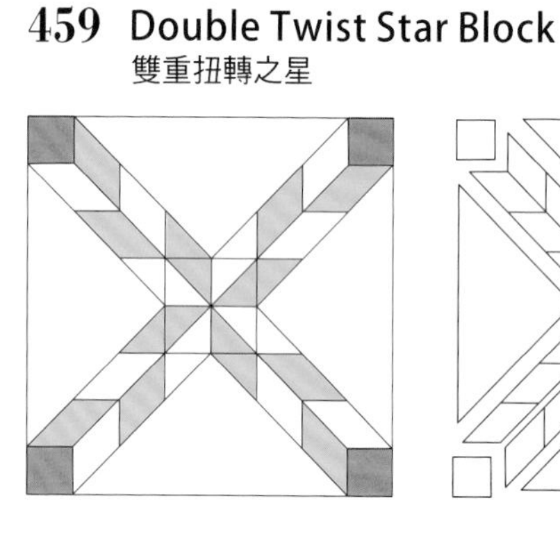

460 Inspiration
靈感

4

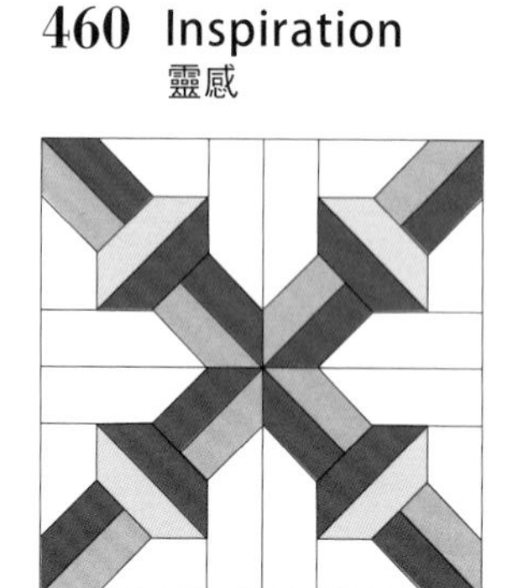

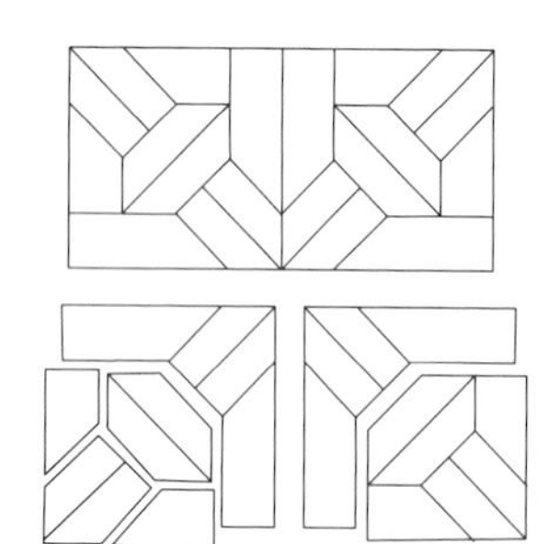

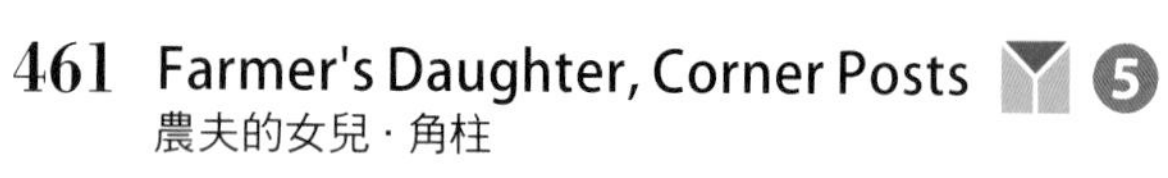

461 Farmer's Daughter, Corner Posts
農夫的女兒・角柱

5

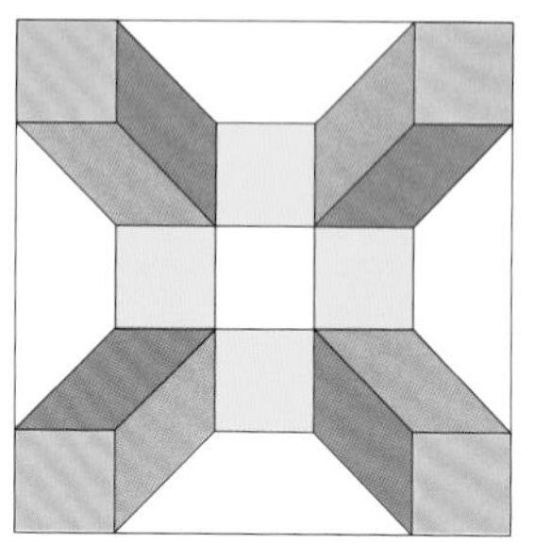

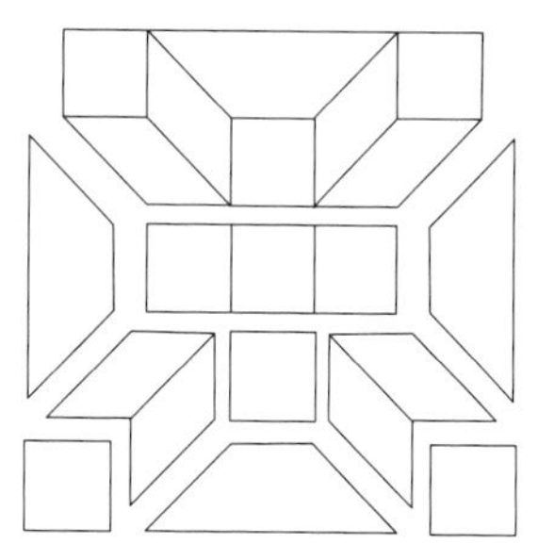

462 Shaded Trail
林蔭小徑

6

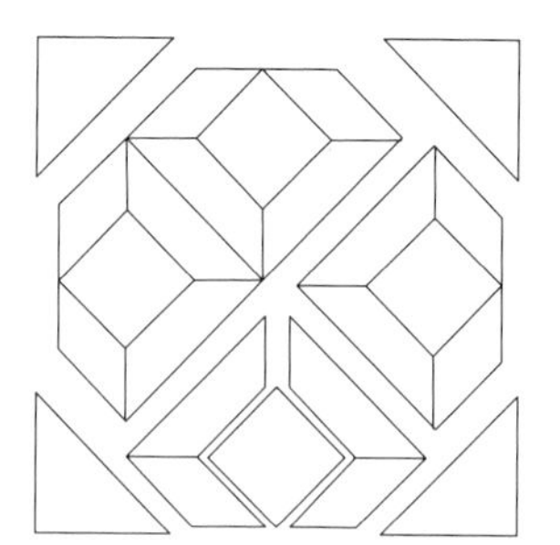

463 Kentucky Chain
肯塔基鎖鍊

4

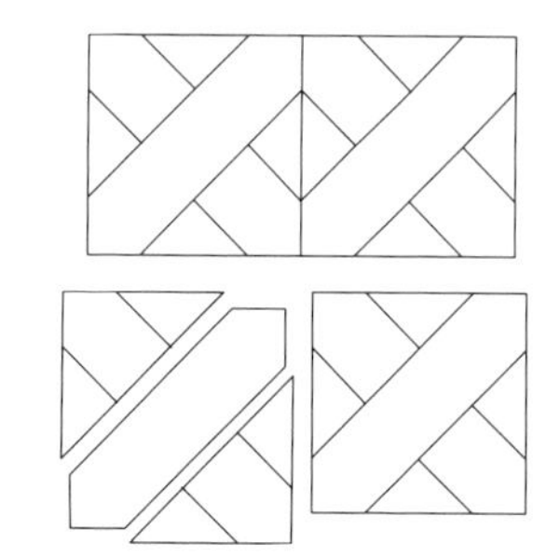

464 Latticework, Kentucky Chain
格子窗・肯塔基鎖鍊

4

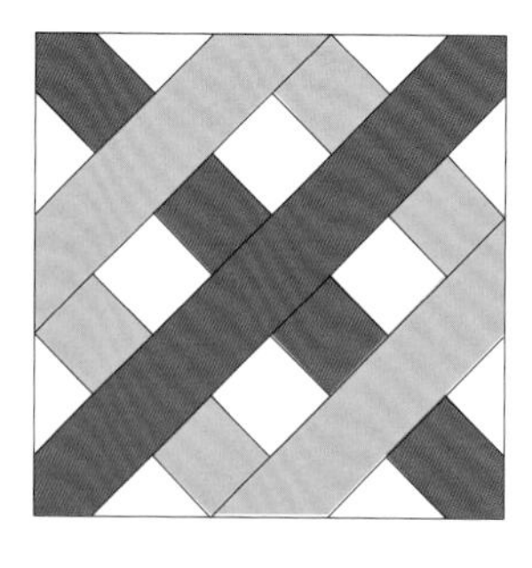

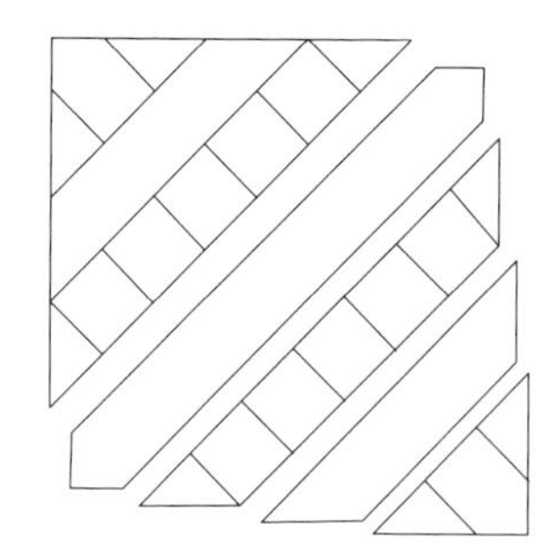

465 Double Link, Friendship Links
雙重環・友誼環

5

note

此類的圖案，斜向方向性很明顯，與別的圖案搭配，視覺上有點像兩色相間的西洋棋棋盤，也像鑽石圖案。若是設計明暗閃爍圖案，X的線看起來則會像格子窗一樣。

04

466～581

Direction

方向性圖形

斜向、水平、垂直等往各自方向延展而形成的圖形。
除了單獨排列，多重排列延伸也更加強調方向性，
以大膽的組合作為主體，融合現代感的設計也很常見。

斜向
Diagonal

斜向圖案。改變方向增加圖案的複雜度，享受變化的樂趣。

466 Cracker
胡桃鉗

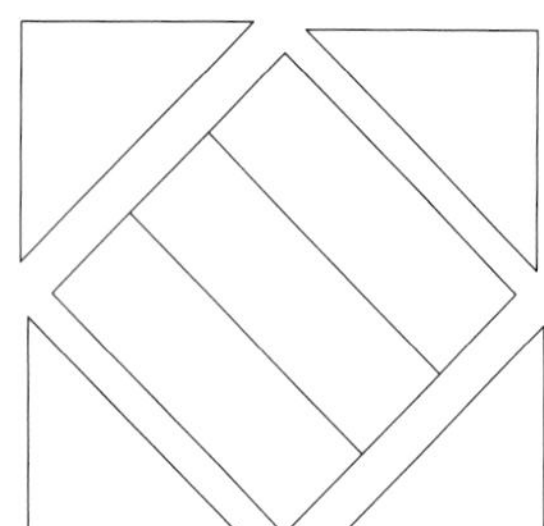

467 H Quilt
H

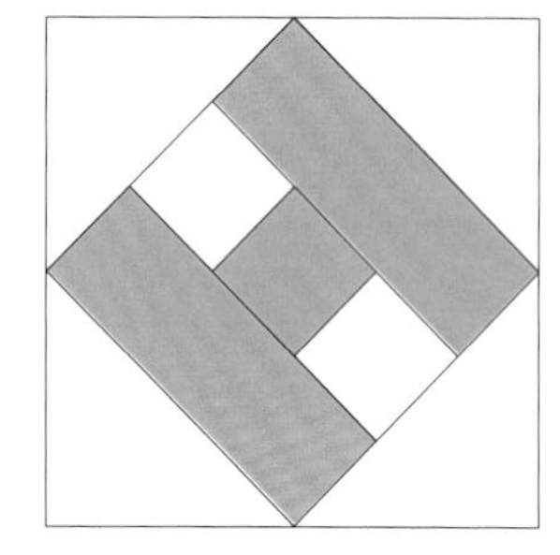
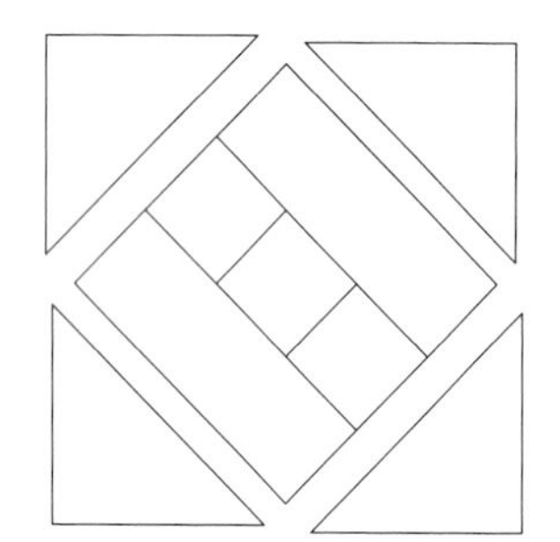

468 Fair Play
公平比賽

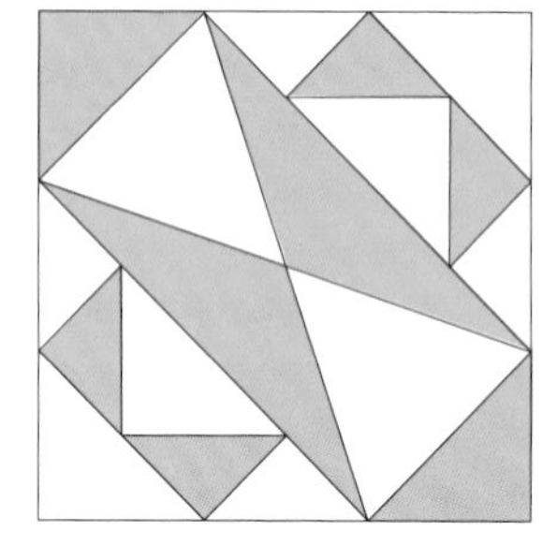
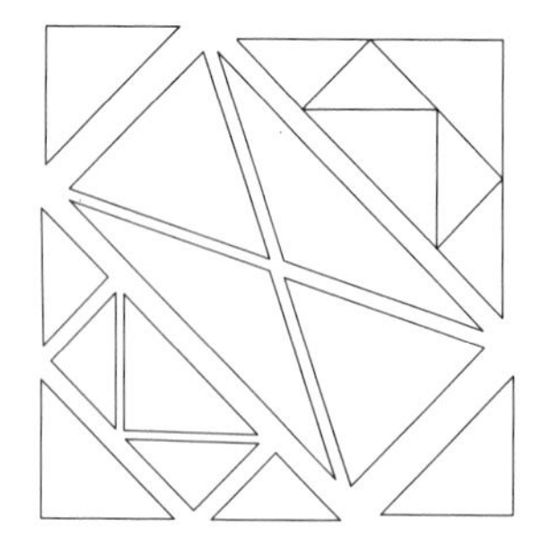

469 Autograph
親筆簽名

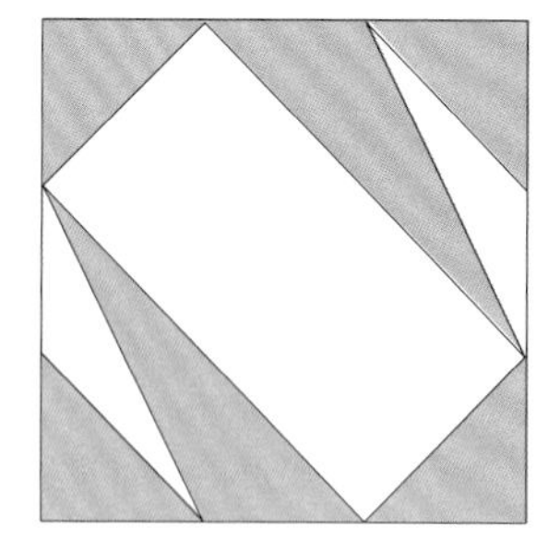
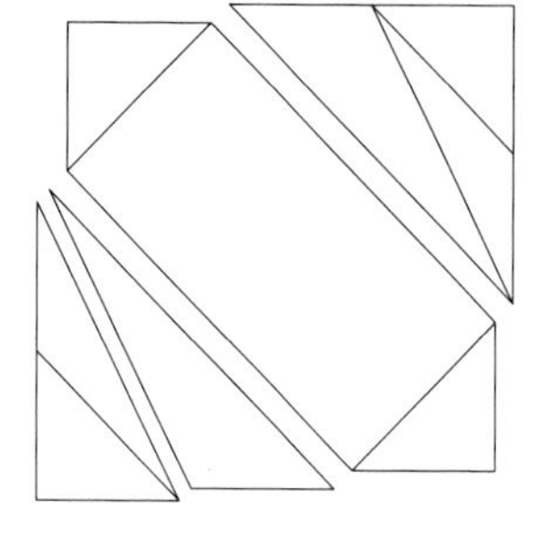

470 ndian Hatchets
印地安斧頭

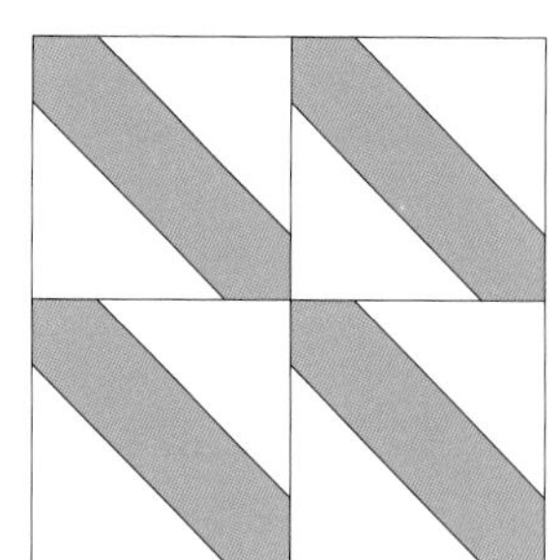
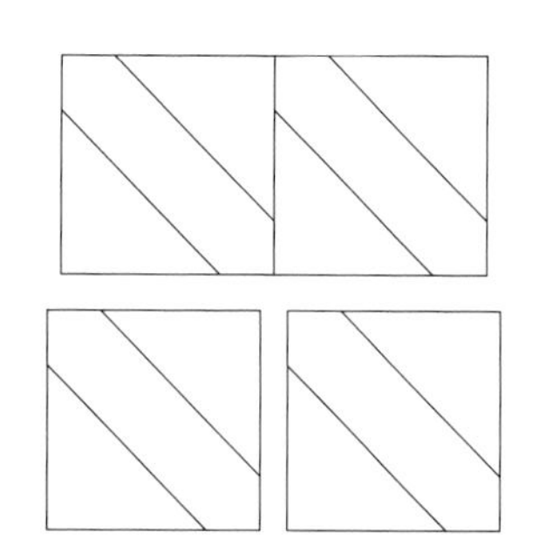

471 Bear Paw
熊爪

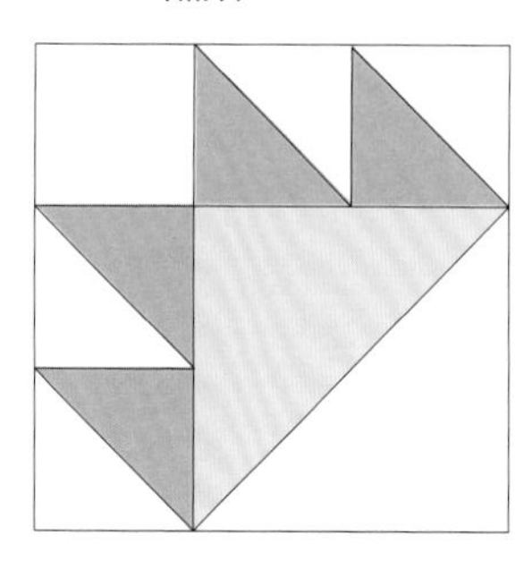
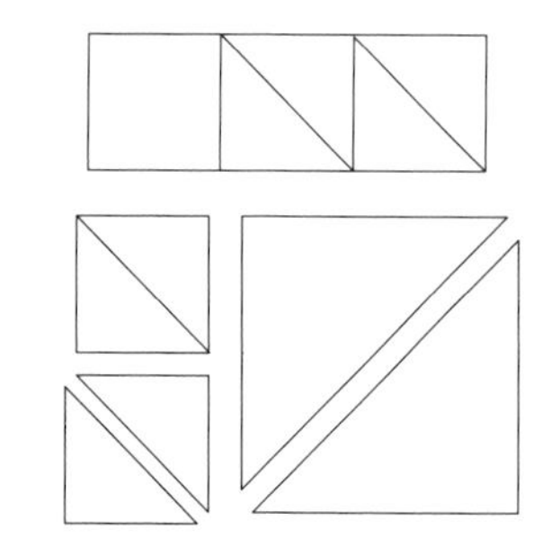

472 Large Star, Crow's Foot
大星星 · 魚尾紋

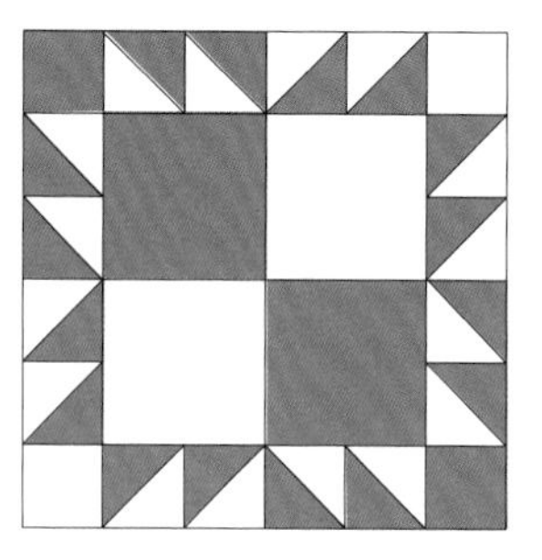
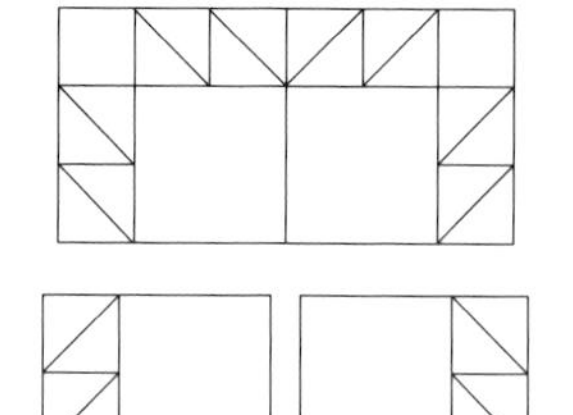

473 Love Knot
愛的領結

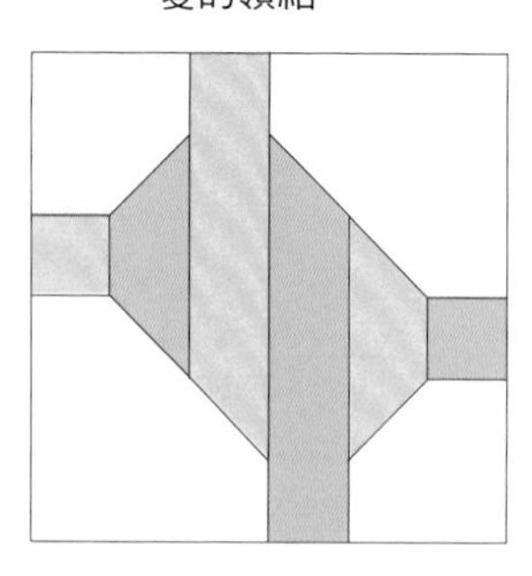
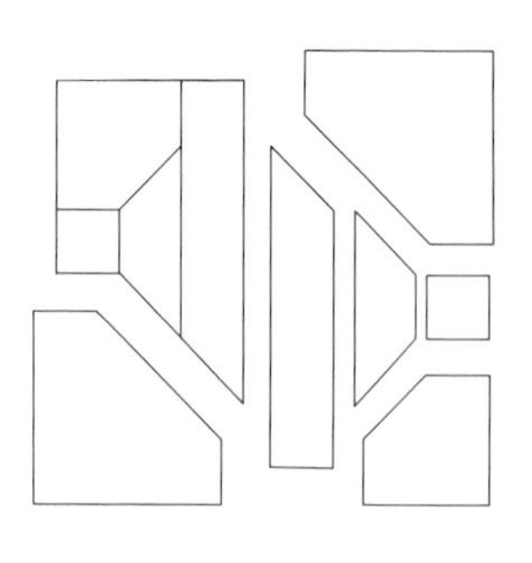

474 Chained Nine Patch
鍊式九拼片

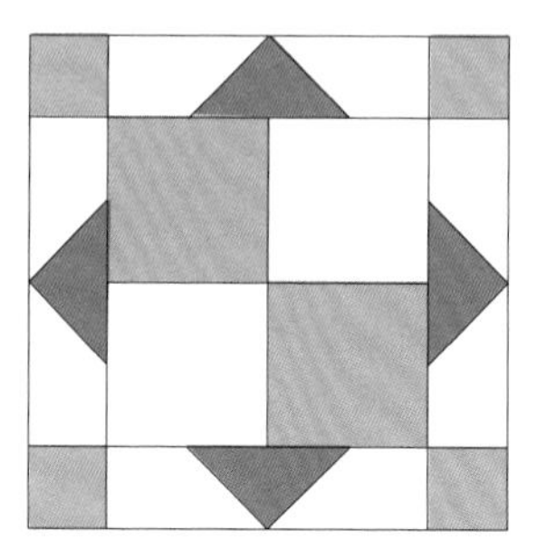
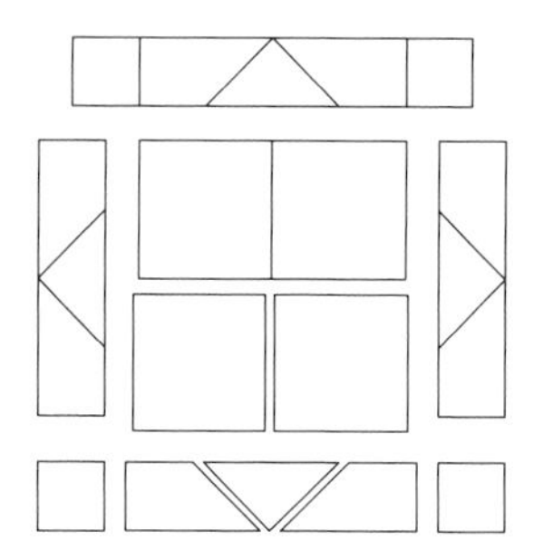

475 Tin Soldier, Boxed T
玩具士兵・T形箱

476 Patience Corners
耐心角落

477 Sailboat block, Victory Boat
帆船・勝利之船

478 Mrs. Taft's Choice
塔夫特太太的選擇

479 Indian Design
印地安設計

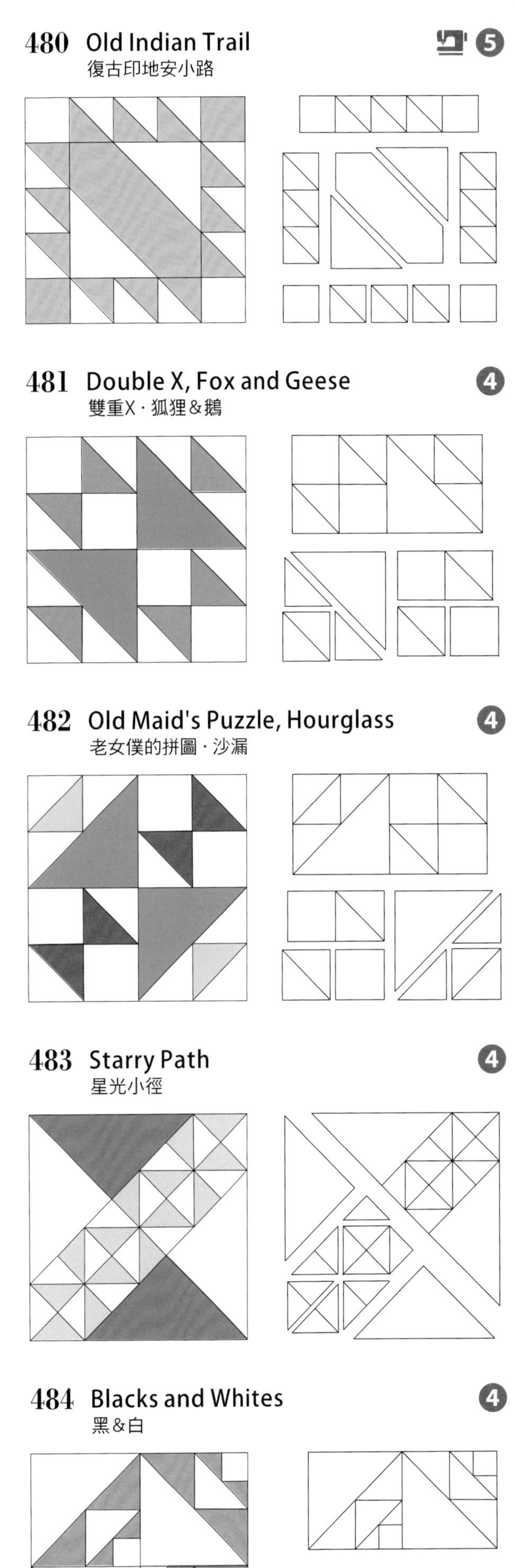

480 Old Indian Trail
復古印地安小路

481 Double X, Fox and Geese
雙重X・狐狸&鵝

482 Old Maid's Puzzle, Hourglass
老女僕的拼圖・沙漏

483 Starry Path
星光小徑

484 Blacks and Whites
黑&白

485 Birds in the Air, Flock of Geese ③
空中之鳥・鵝群

486 Birds in the Air, Flight of Swallows ②
空中之鳥・飛行的燕子

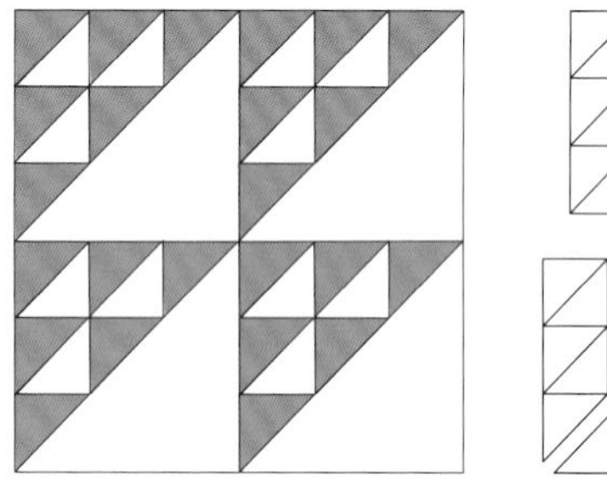
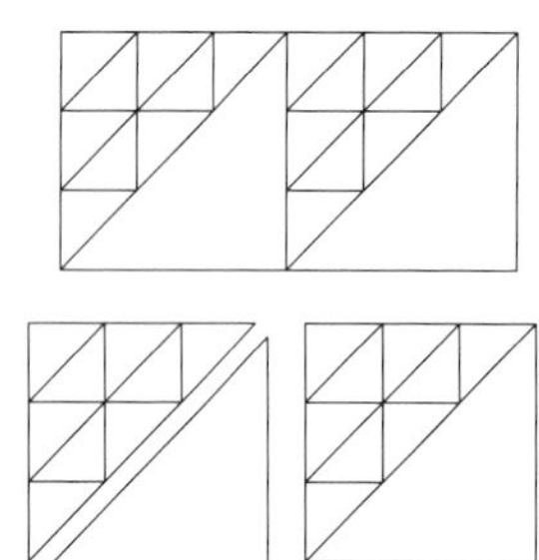

487 Flock, Flock of Geese
群聚・鵝群

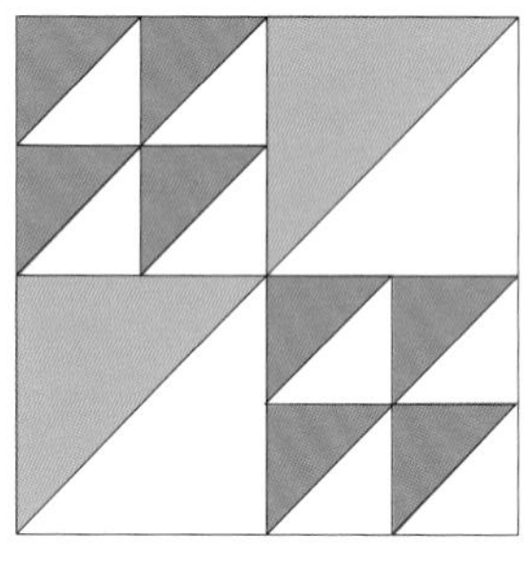
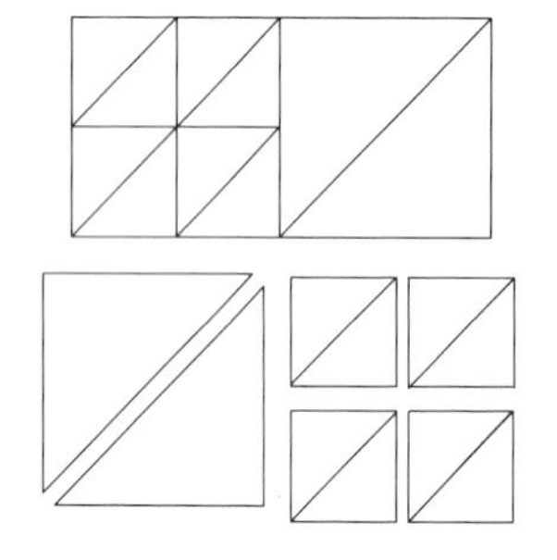

488 Linton, Sun and Shade
林頓・光&陰影

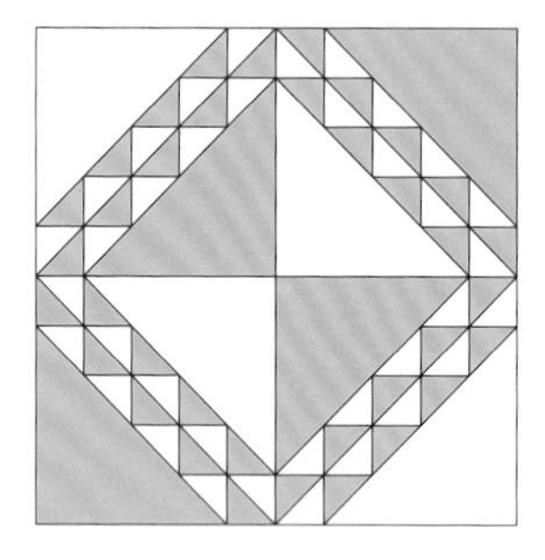
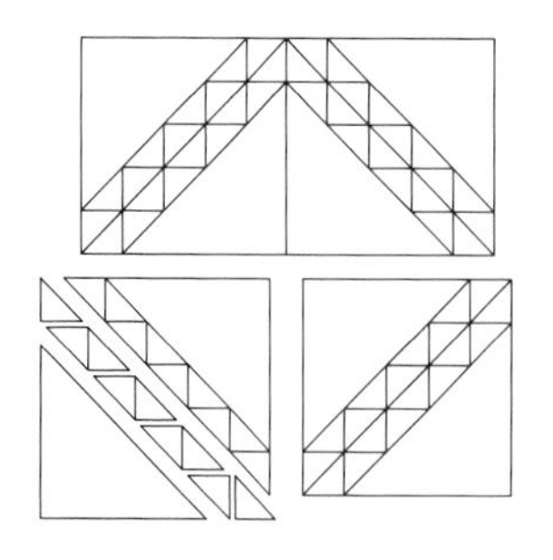

489 Unknown
無名

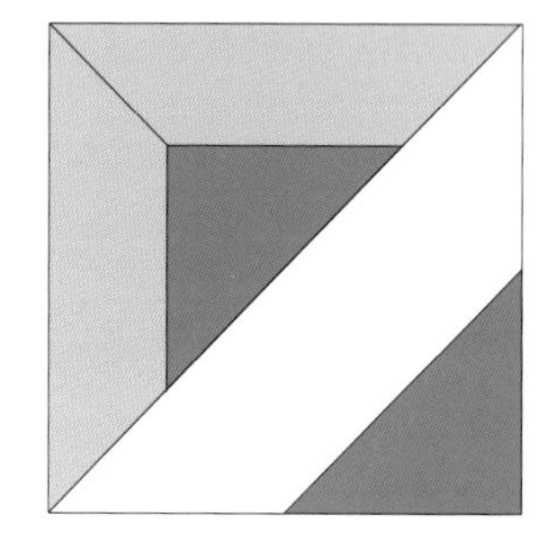
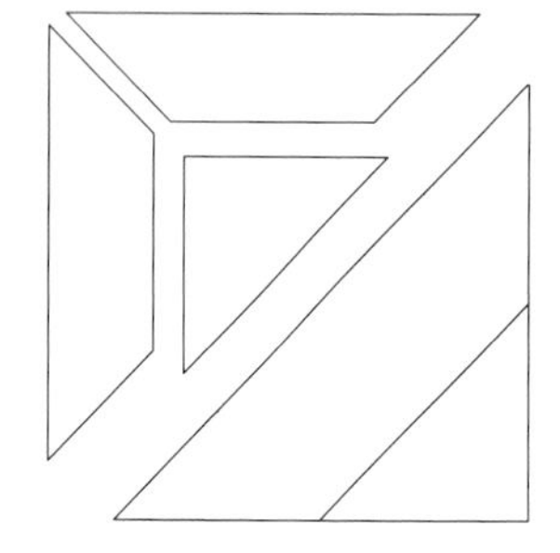

490 Lost Ships ⑥
迷航之船

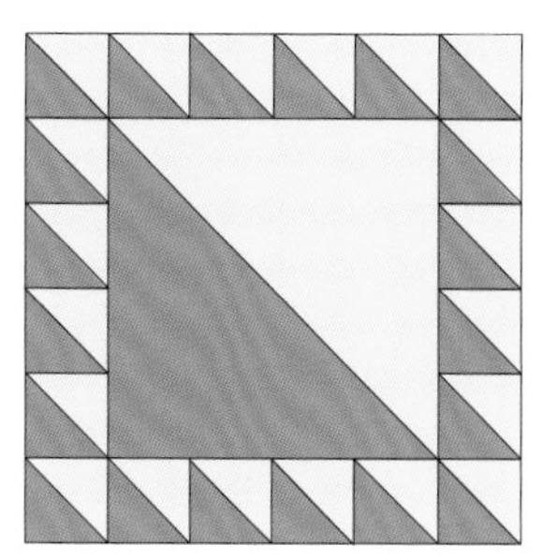
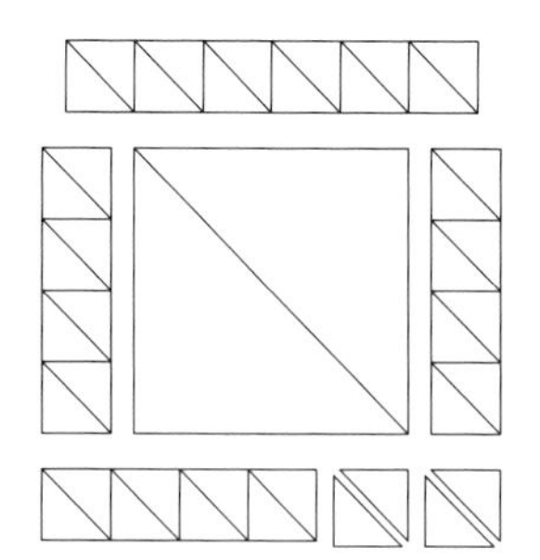

491 Road to California
往加州之路

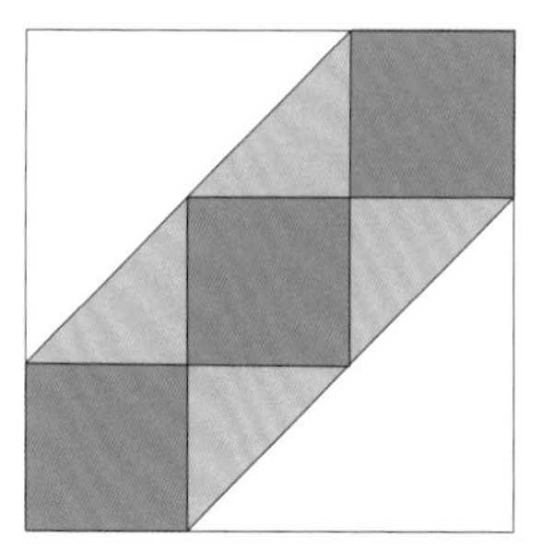
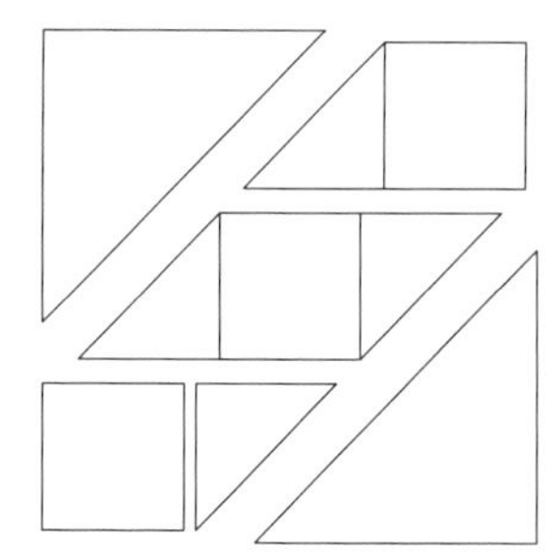

492 Attic Window, Garret Window
頂樓窗戶

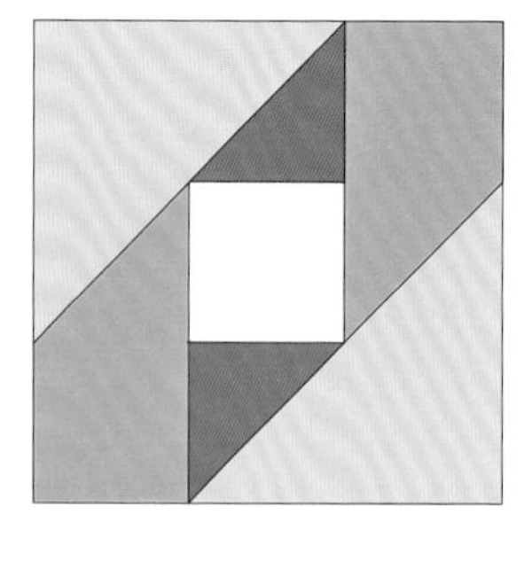
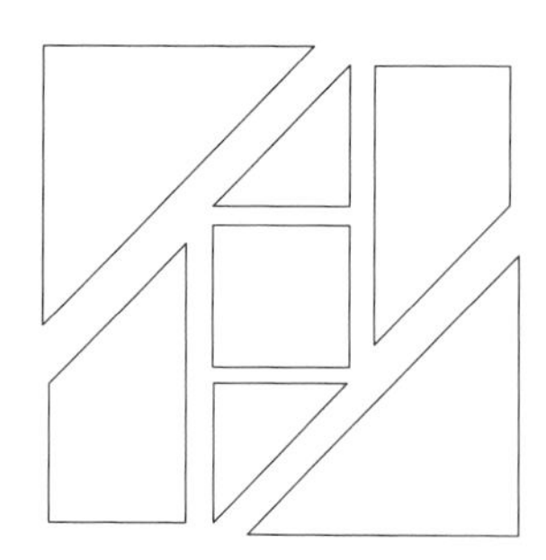

493 Double X, Old Maid's Puzzle
雙重X・老女僕的拼圖

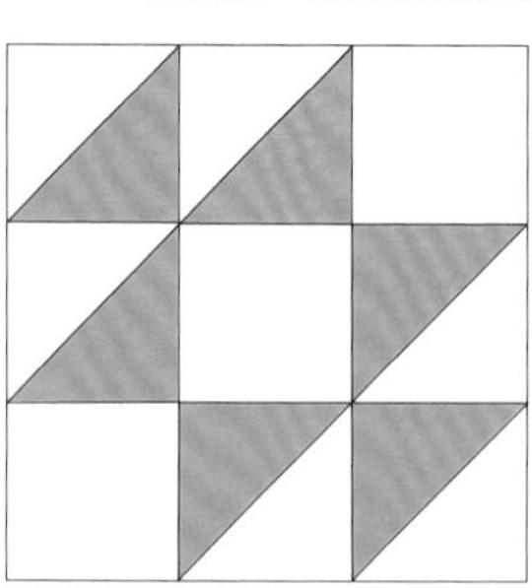
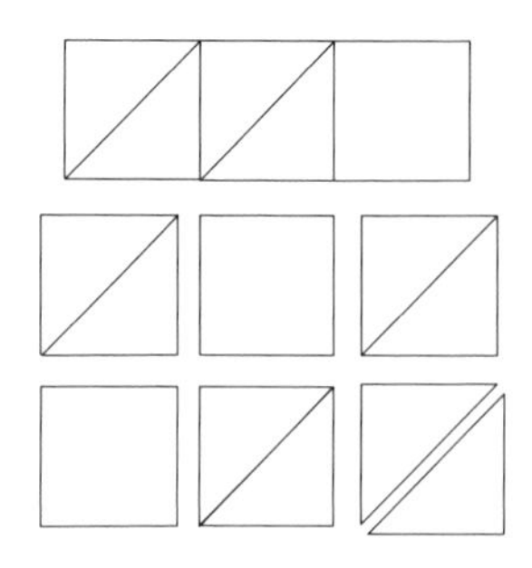

494 Countrary Wife
鄉村主婦

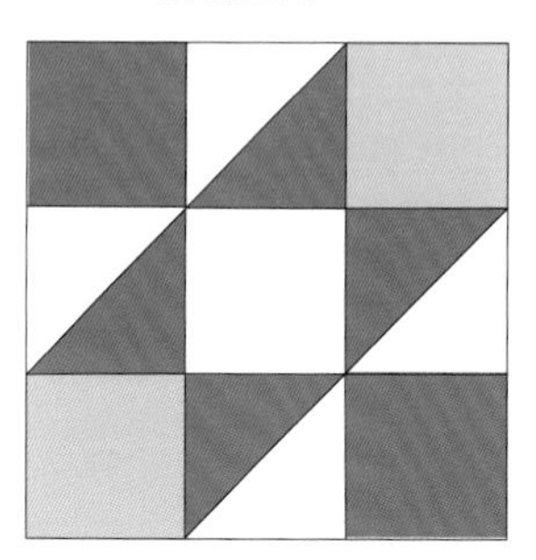
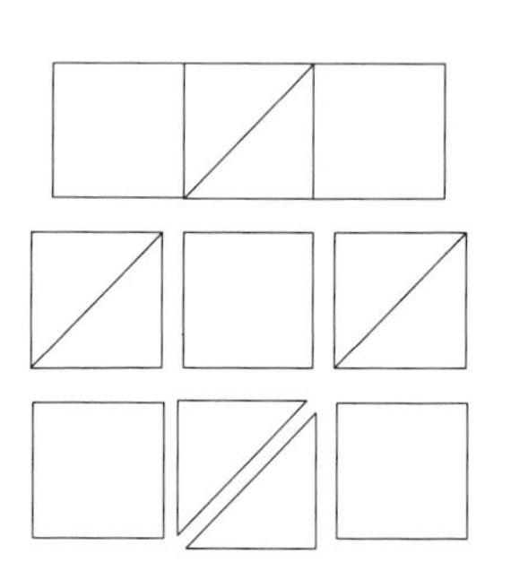

495 Split Nine Patch
分裂九拼片

496 Wagon Tracks, Jacob's Ladder
貨車之路 · 亞各之梯

497 Hour Glass
沙漏

498 Jacob's Ladder
亞各之梯

499 Unknown
無名

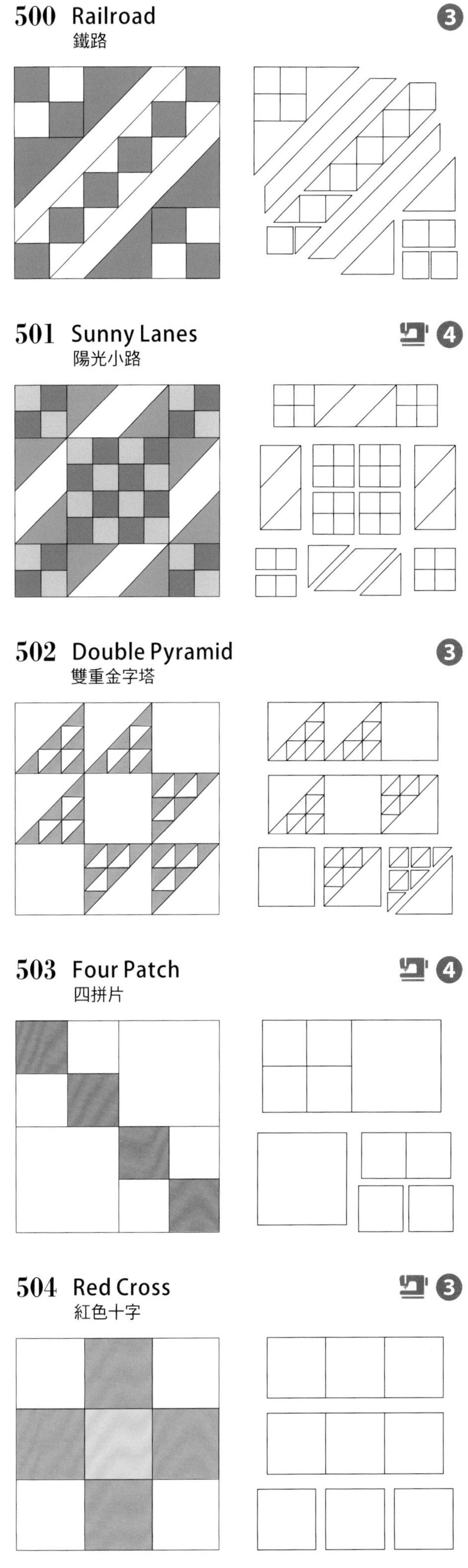

500 Railroad
鐵路

501 Sunny Lanes
陽光小路

502 Double Pyramid
雙重金字塔

503 Four Patch
四拼片

504 Red Cross
紅色十字

505 Patience Nine Patch
耐心九拼片

③

垂直&水平
Vertical & Horizontal

指具有上下（垂直）或左右（水平）方向性的圖案。使用橫條製作複雜的設計，效果十足。

506 Squares within Squares
塊中塊

④

507 Arrowhead Puzzle
箭頭拼圖

④

508 Confetti
五彩碎紙

⑥

509 No Room at the Inn
旅館無房

⑥

510 H-Square, Blocks in a Box
H方塊．盒中之塊

③

511 Thrifty
富足

③

512 Unknown
無名

③

513 Letter X
字母X

③

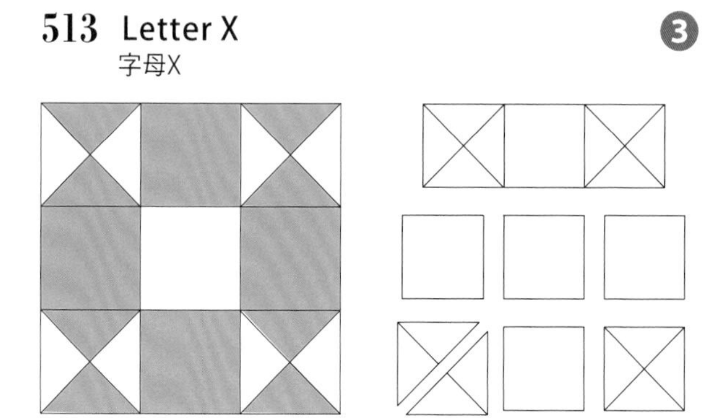

514 Plaid
格子圖形

5

515 Flower Bed
花床

4

516 Granny's Choice
祖母的選擇

4

517 Cross Bars and Squares
十字條&方塊

3

518 New Hour Glass
新沙漏

6

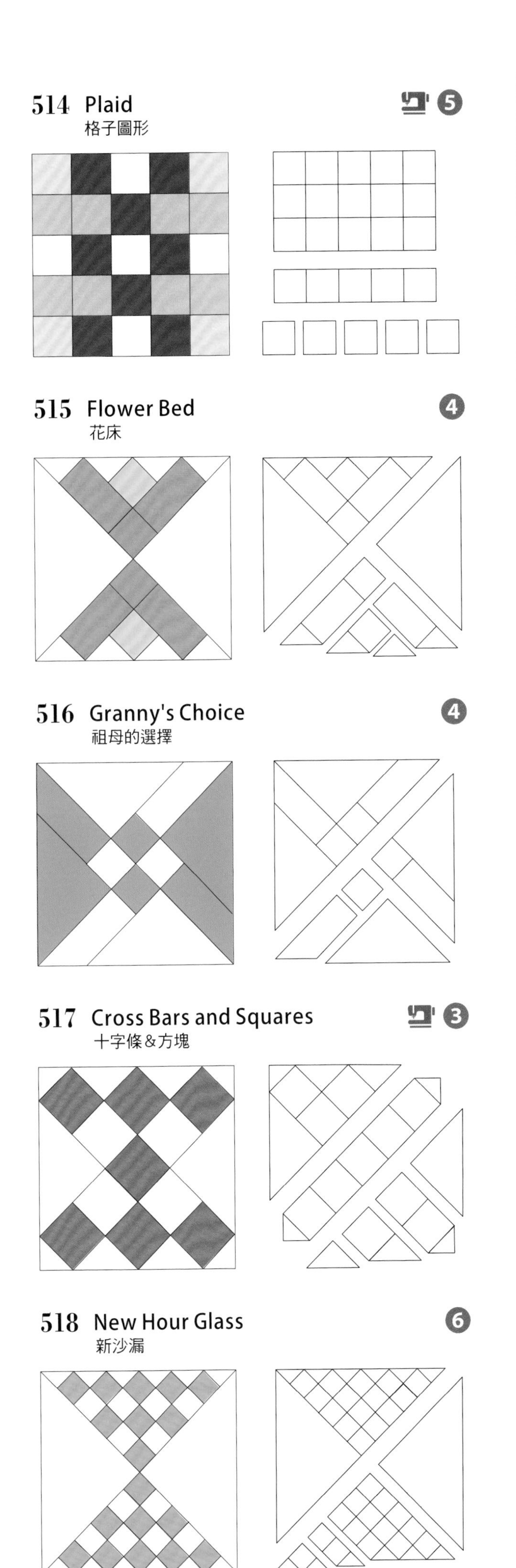

519 Hour Glass
沙漏

3

520 Twin Darts
雙鏢

3

521 Chain and Bar
鎖鍊&條塊

4

522 Peace and Plenty
和平&富足

4

523 Coxey's Camp, Coxey's Army
考克西陣營 · 考克西軍隊

4

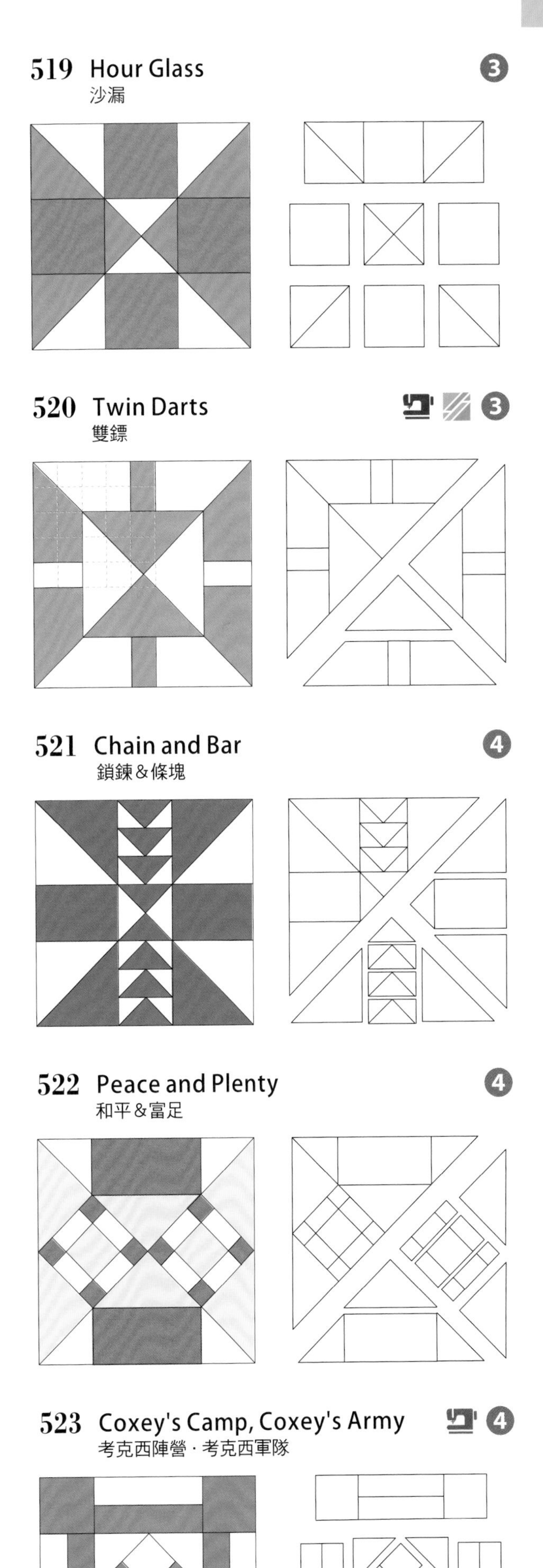

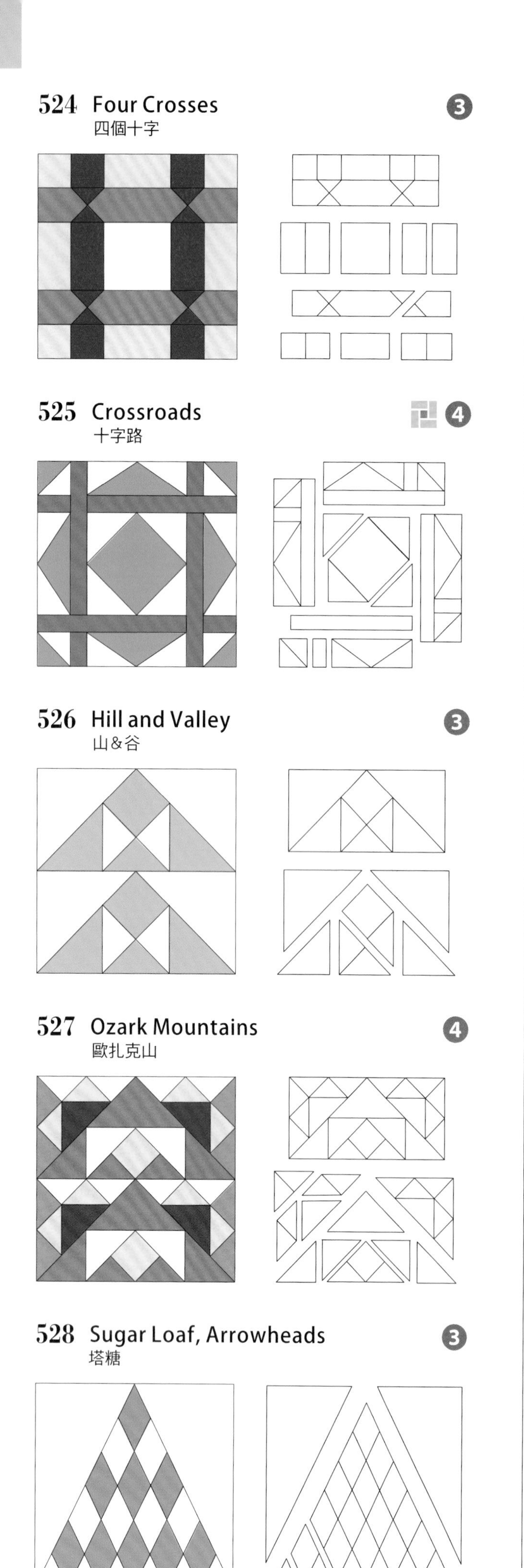

524 Four Crosses
四個十字
3
525 Crossroads
十字路
4
526 Hill and Valley
山&谷
3
527 Ozark Mountains
歐扎克山
4
528 Sugar Loaf, Arrowheads
塔糖
3

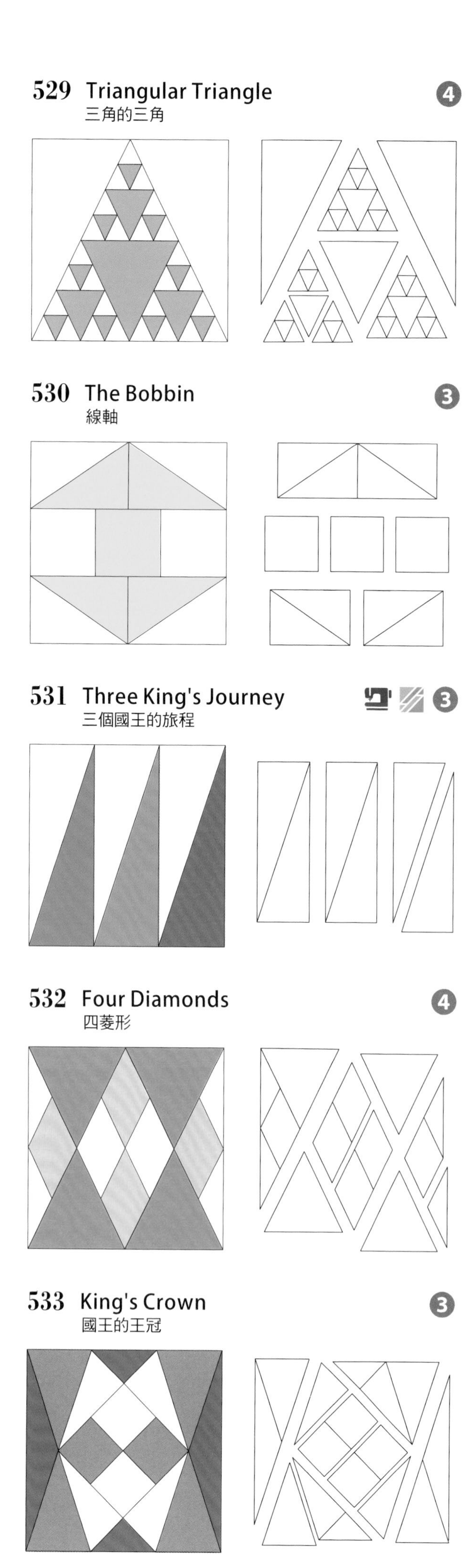

529 Triangular Triangle
三角的三角
4
530 The Bobbin
線軸
3
531 Three King's Journey
三個國王的旅程
3
532 Four Diamonds
四菱形
4
533 King's Crown
國王的王冠
3

534 Granny's Flower Garden ⑦
祖母花園

535 Autograph Quilt ⑦
親筆簽名

536 Butterfly in Angles ④
角中蝴蝶

537 Chinese Lanterns ④
中國燈籠

538 End of the Road ④
路的盡頭

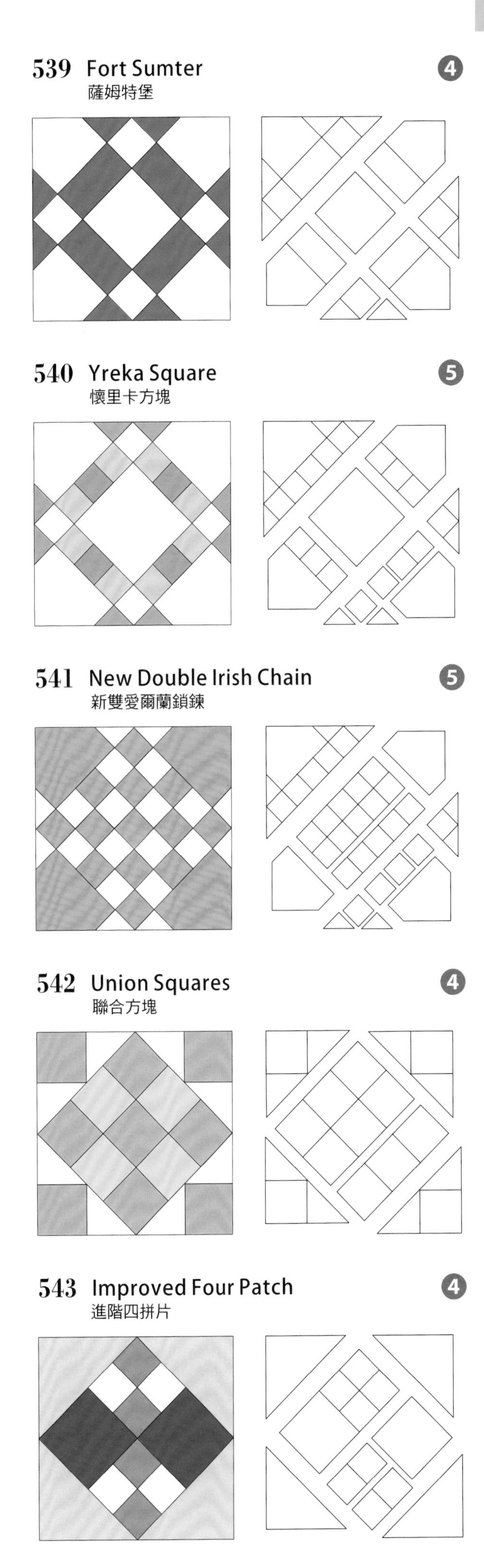

539 Fort Sumter ④
薩姆特堡

540 Yreka Square ⑤
懷里卡方塊

541 New Double Irish Chain ⑤
新雙愛爾蘭鎖鍊

542 Union Squares ④
聯合方塊

543 Improved Four Patch ④
進階四拼片

544 Cross Within Cross
十字中的十字

4

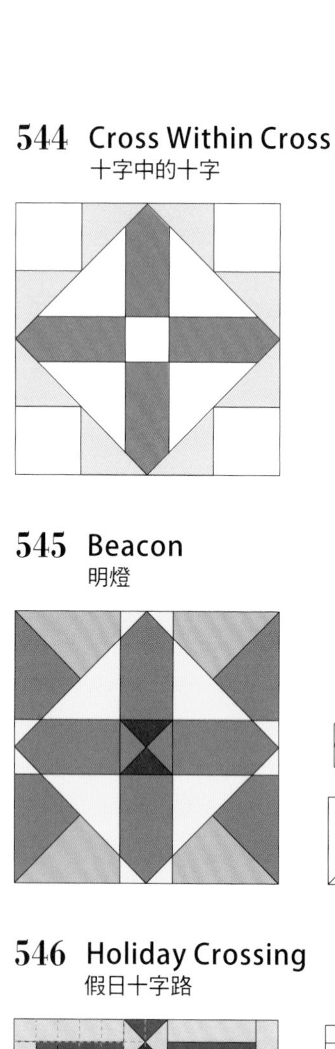

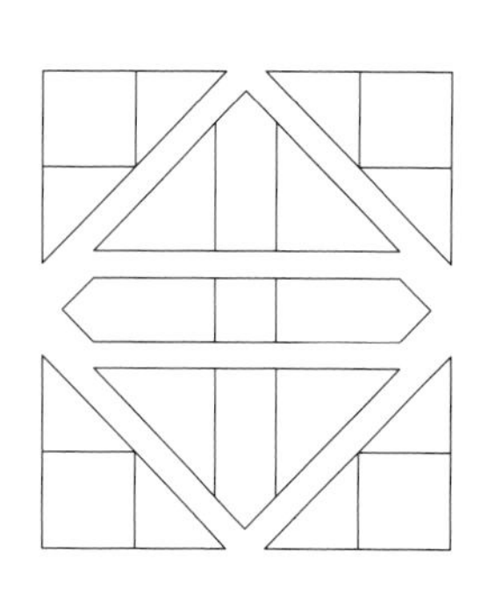

545 Beacon
明燈

5

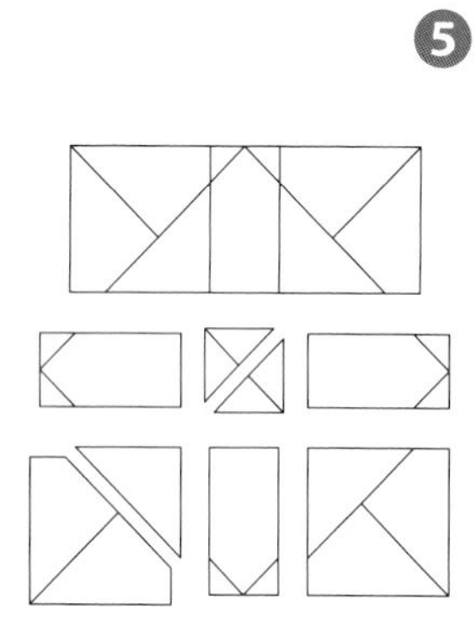

546 Holiday Crossing
假日十字路

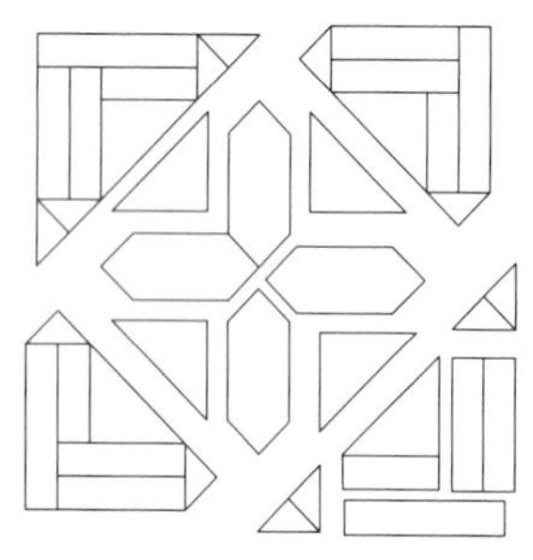

547 Footbridge
人行橋

4

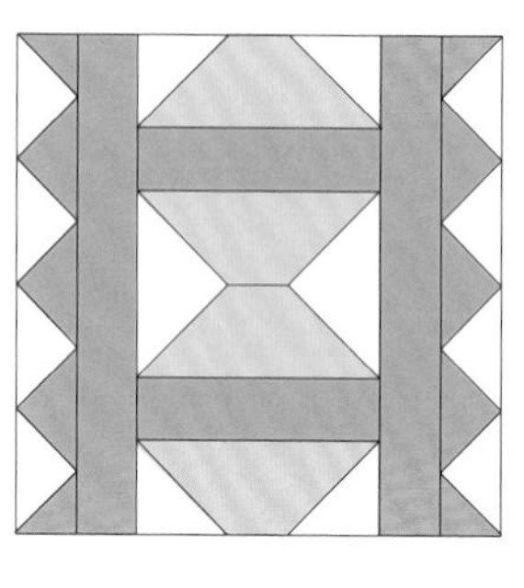

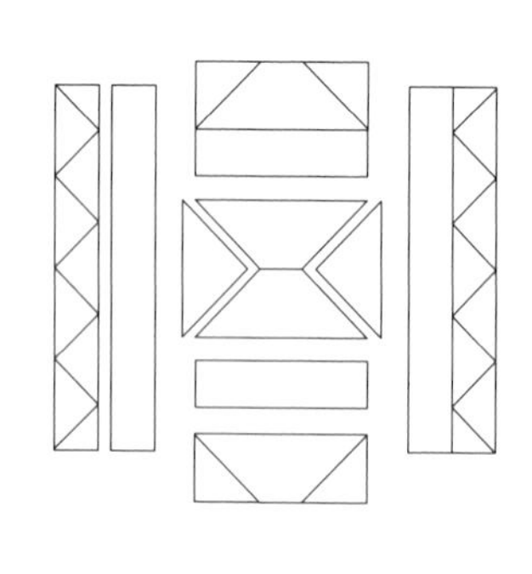

548 Hourglass, Double Z
雙重Z

4

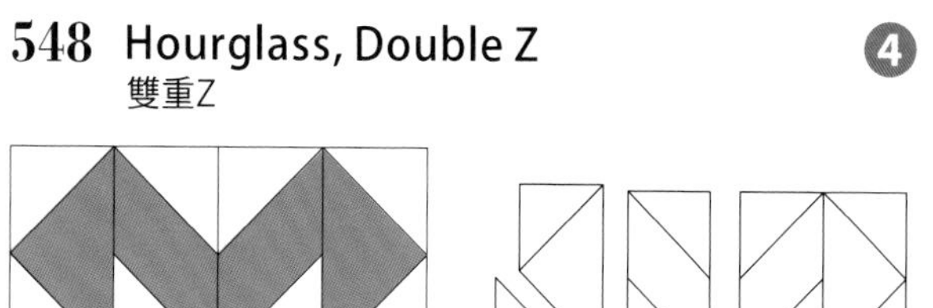

549 Wampum
貝殼串珠

3

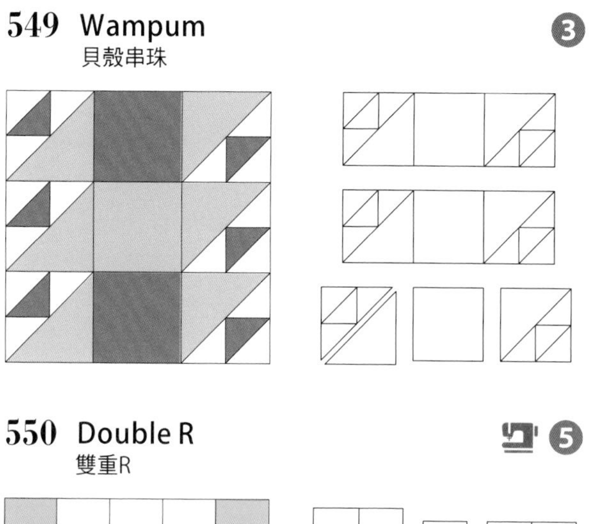

550 Double R
雙重R

5

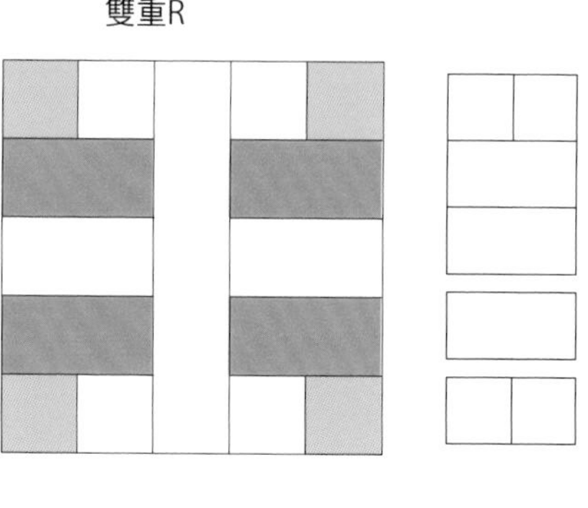

551 Mother's Own
母親的自我

7

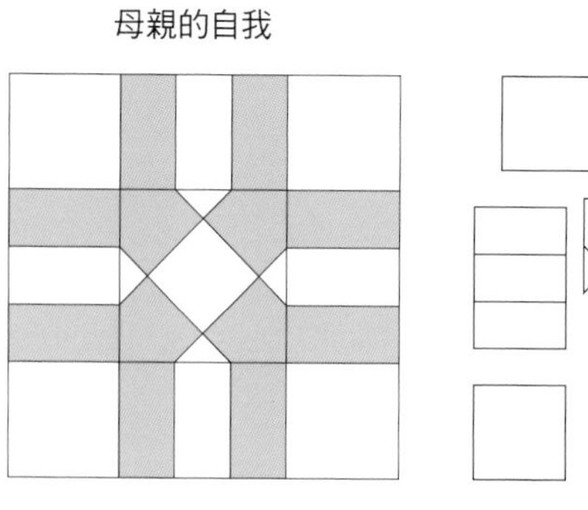

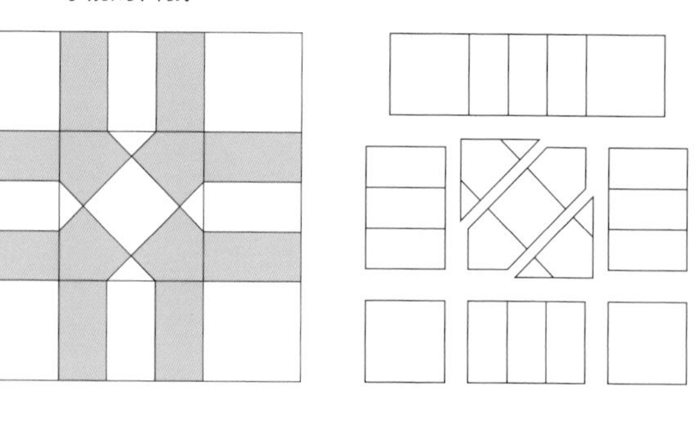

552 Mother's Own
母親的自我

5

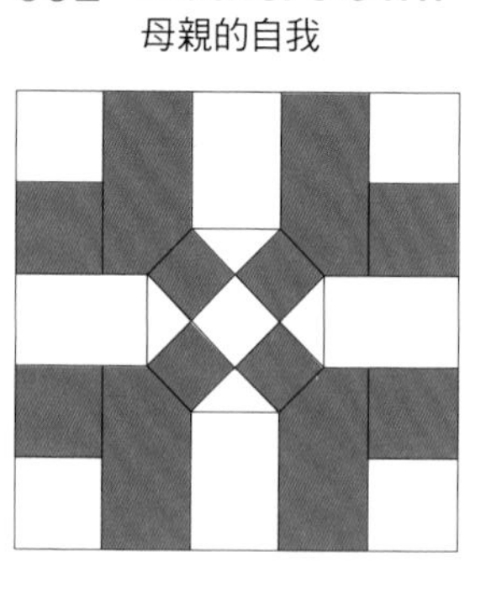

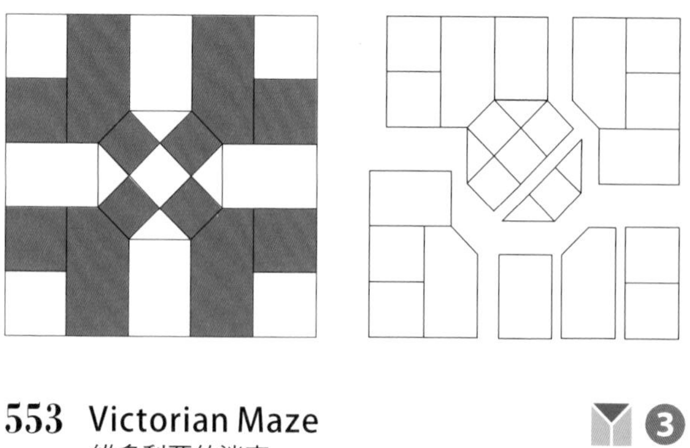

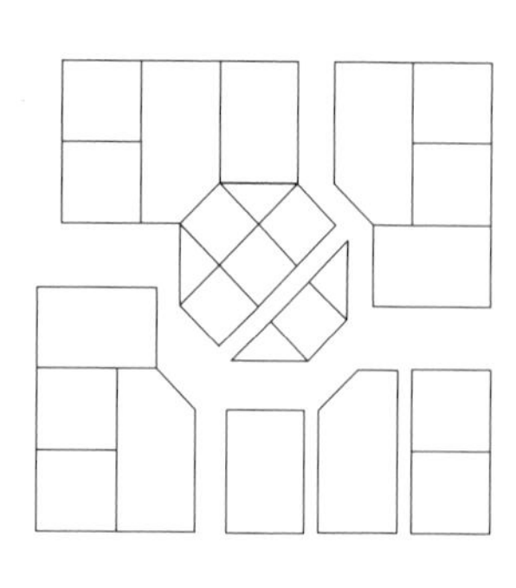

553 Victorian Maze
維多利亞的迷宮

3

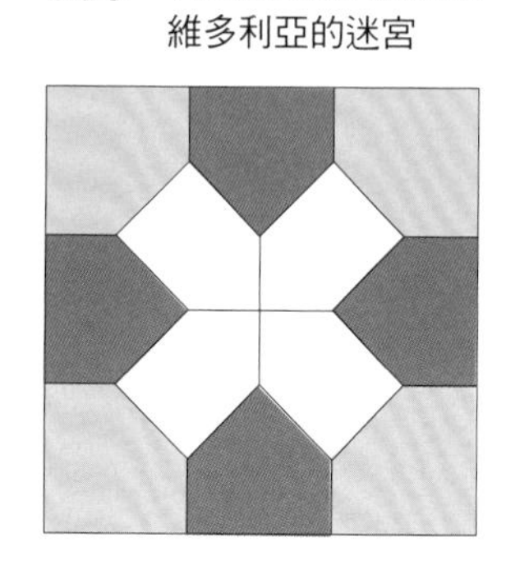

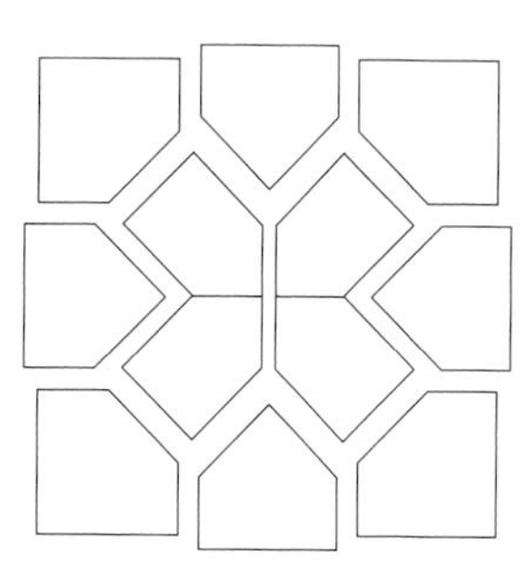

554 California, Chimney
加州・煙囪

555 Rail Fence
鐵路籬笆

556 Ribbons, Patience Corners
緞帶・耐心角落

557 Zig-Zag
Z字形

558 Star of the West
西方之星

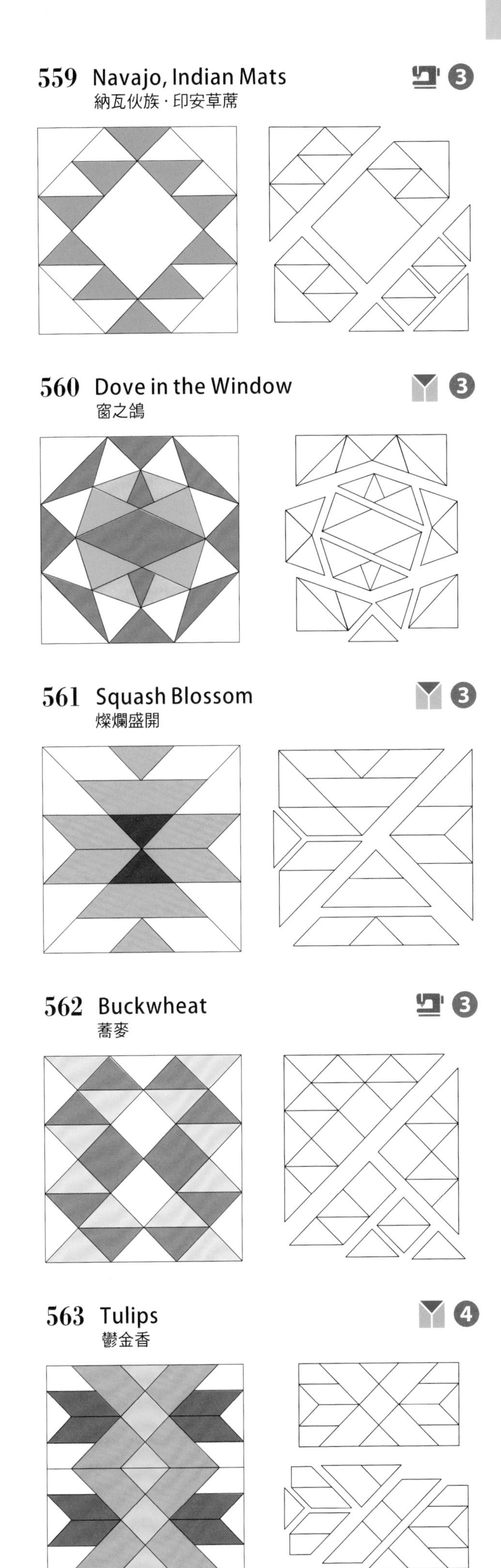

559 Navajo, Indian Mats
納瓦伙族・印安草蓆

560 Dove in the Window
窗之鴿

561 Squash Blossom
燦爛盛開

562 Buckwheat
蕎麥

563 Tulips
鬱金香

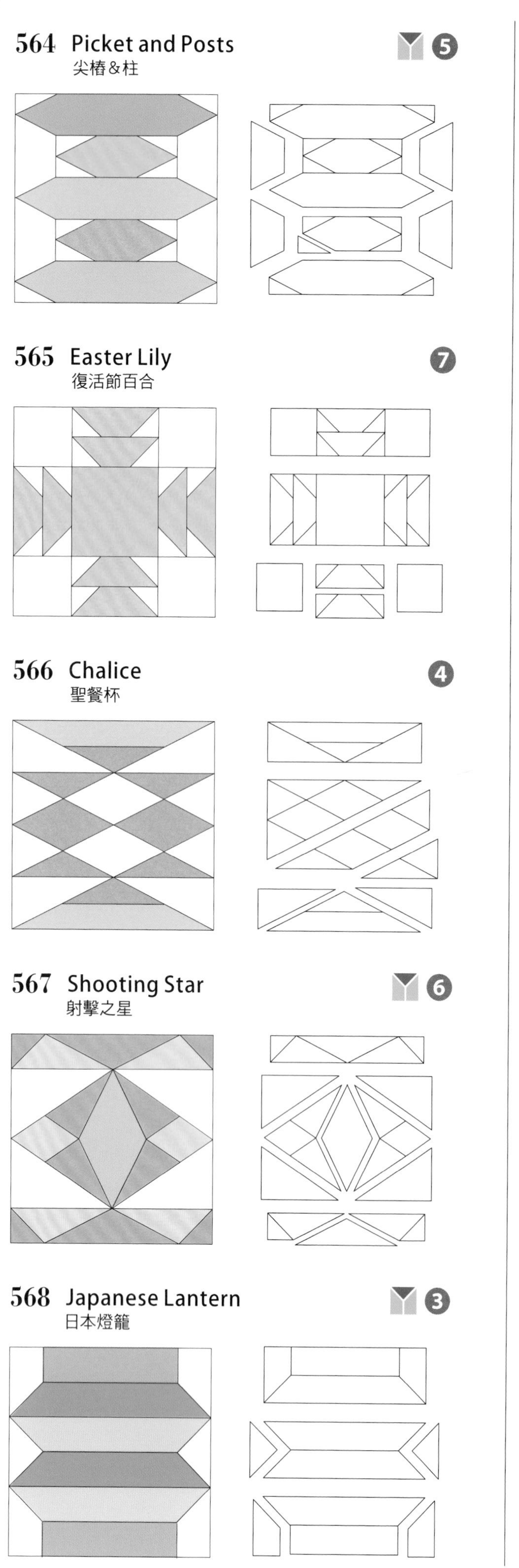
564 Picket and Posts
尖椿&柱
5
565 Easter Lily
復活節百合
7
566 Chalice
聖餐杯
4
567 Shooting Star
射擊之星
6
568 Japanese Lantern
日本燈籠
3

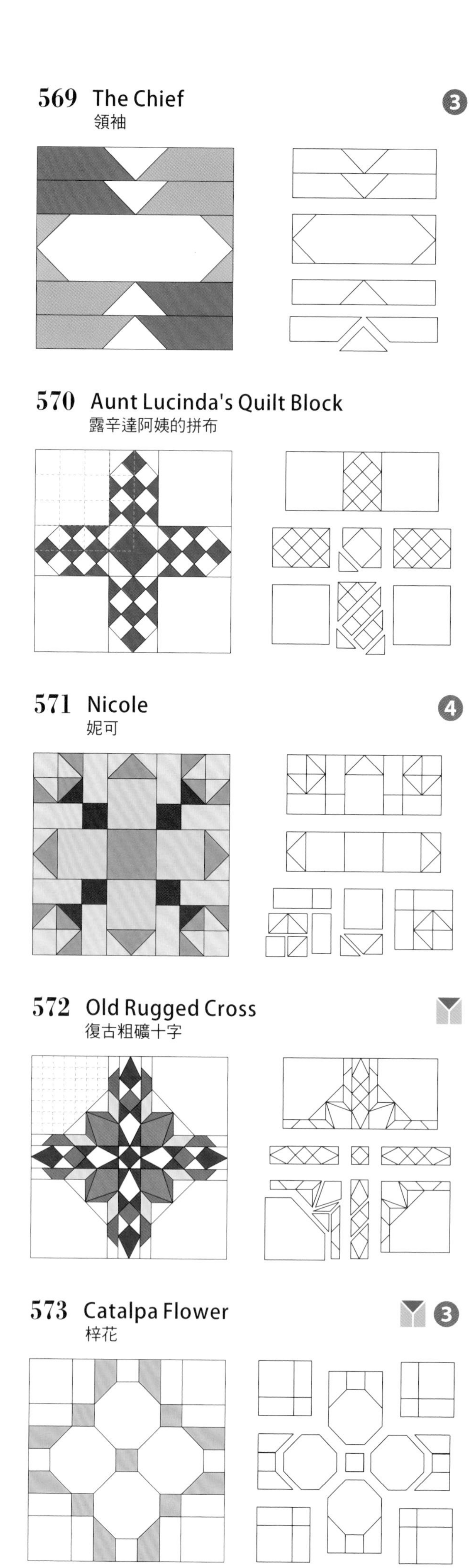
569 The Chief
領袖
3
570 Aunt Lucinda's Quilt Block
露辛達阿姨的拼布
571 Nicole
妮可
4
572 Old Rugged Cross
復古粗礦十字
573 Catalpa Flower
梓花
3

574 Prairie Sunrise
牧場旭日

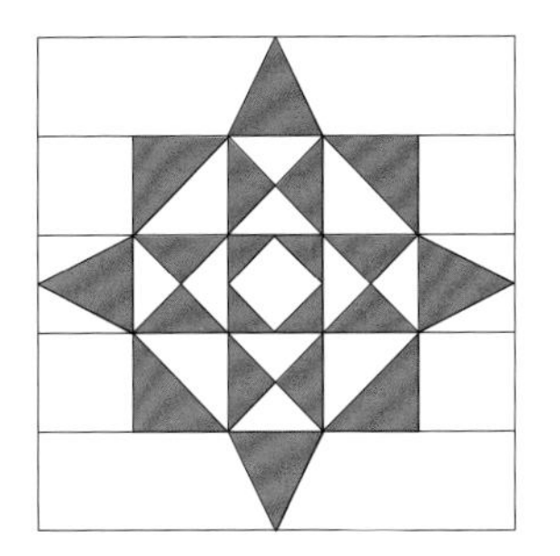
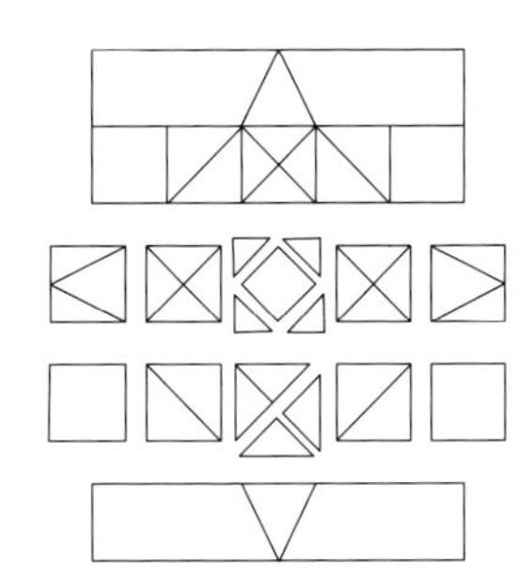

575 Full Blown Tulip
盛開鬱金香

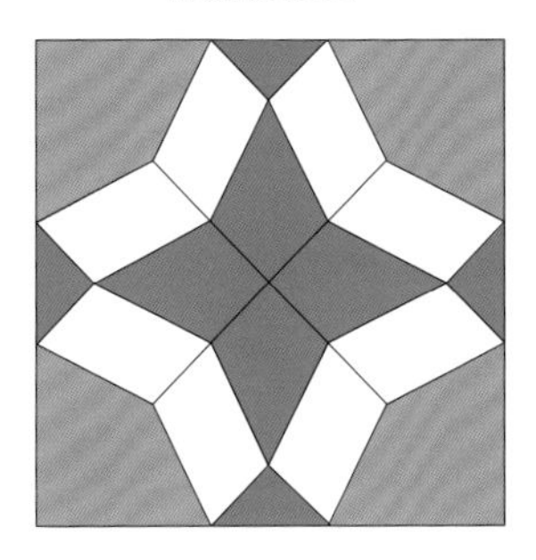
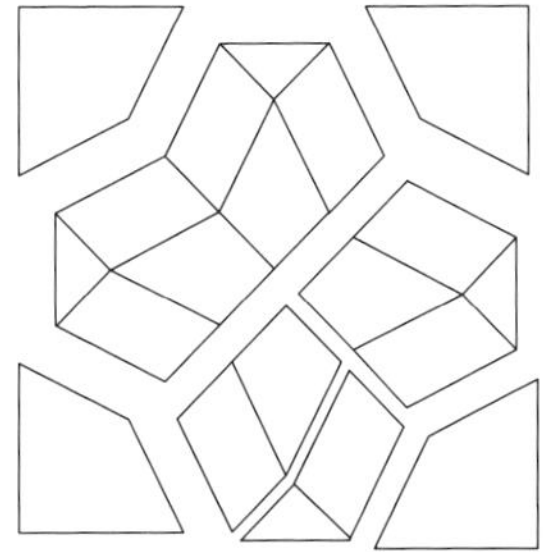

576 Bell's Star
鈴鐺之星

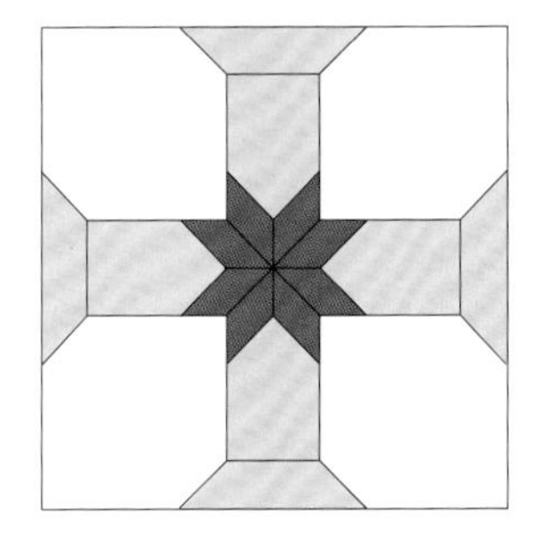

577 Fluffy Patches
毛茸茸拼片

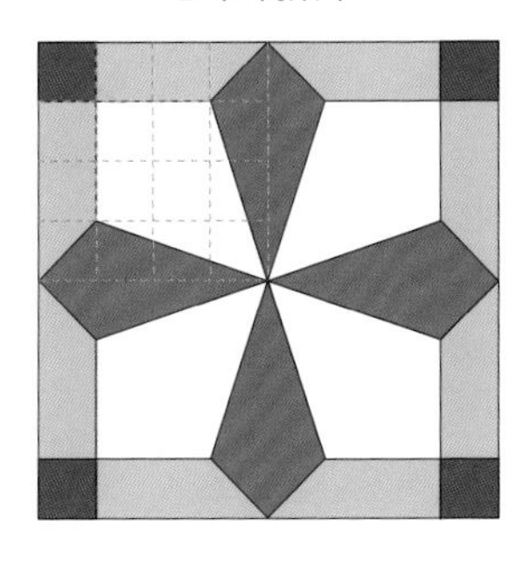
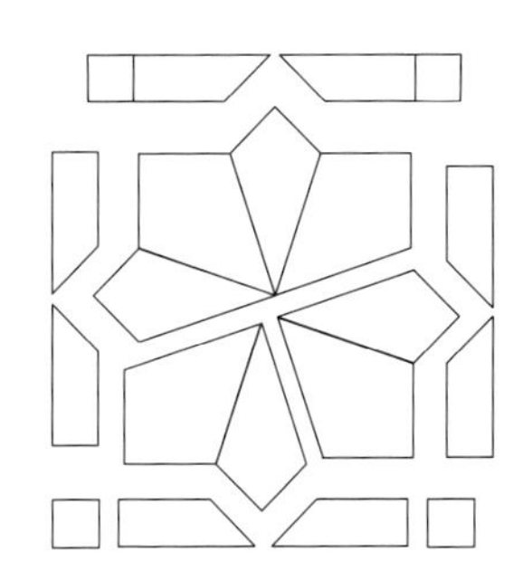

578 Wedge and Circle
楔形＆圓圈

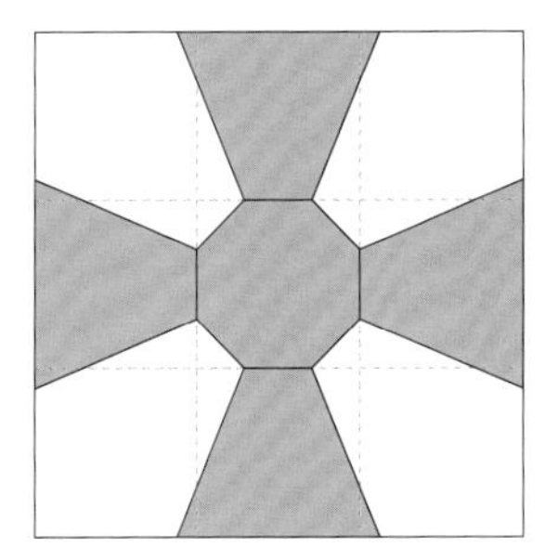
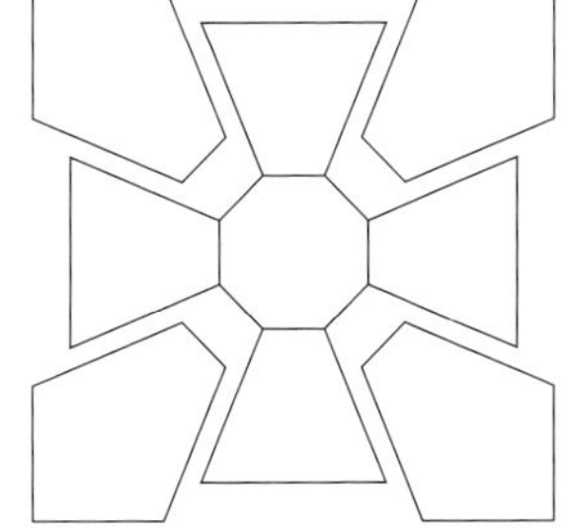

579 Mr. Roosevelt's Necktie
羅斯福先生的領結

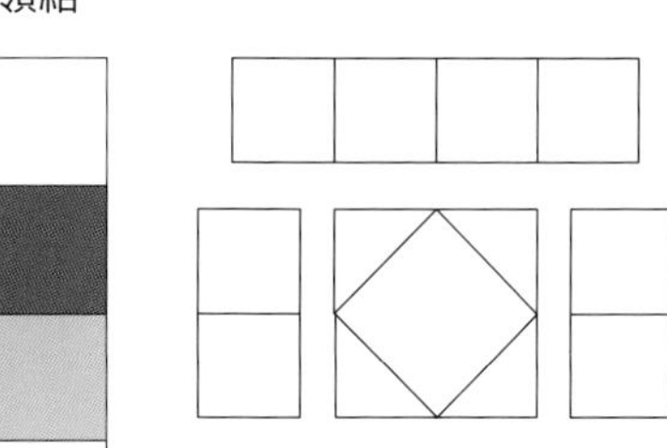

580 Mother's Dream, Turkey in the Straw
母親的夢・稻草裡的火雞

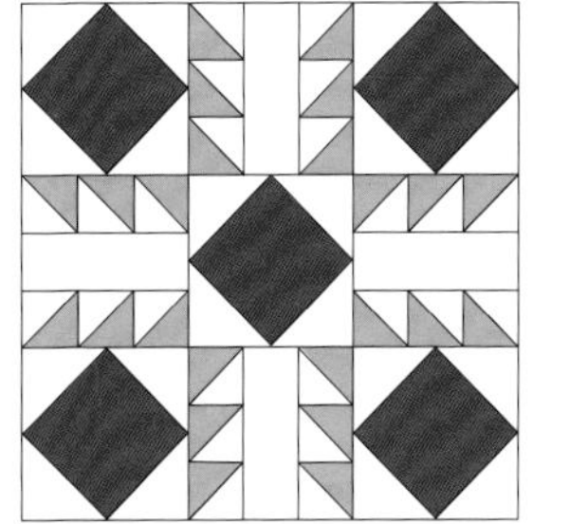
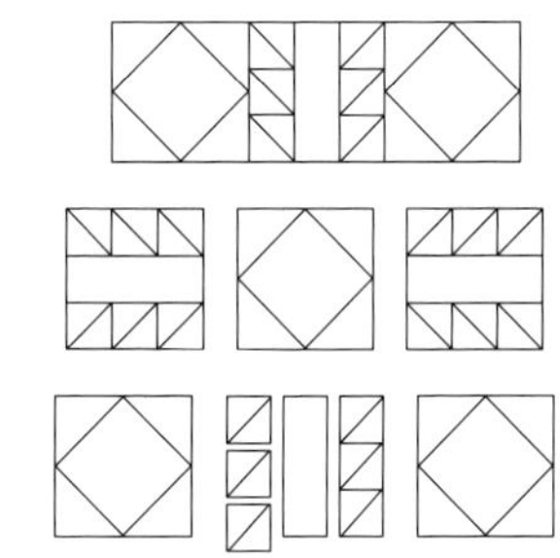

581 Rejoice
歡樂

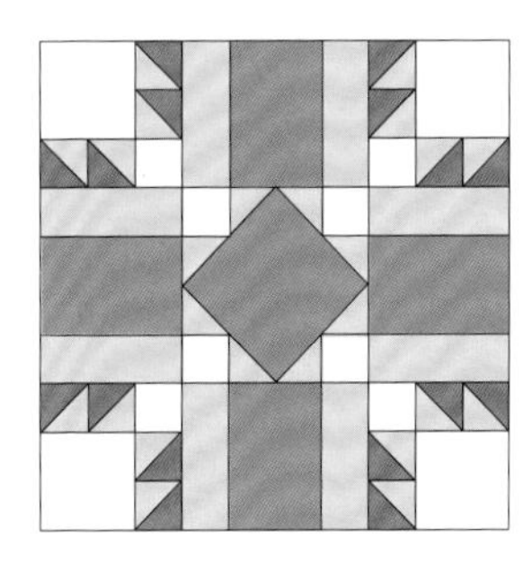
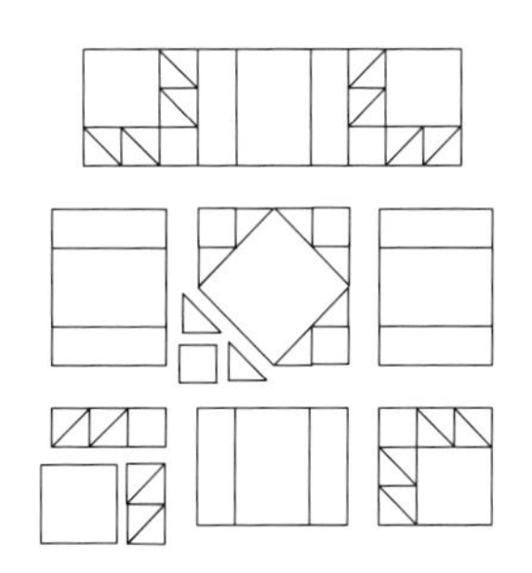

note

縱向＆斜向的動向

縱向與斜向、各種不同動向的圖案。強調圖案的動向時，須注意顏色的強弱與連續性的構成。

No.484

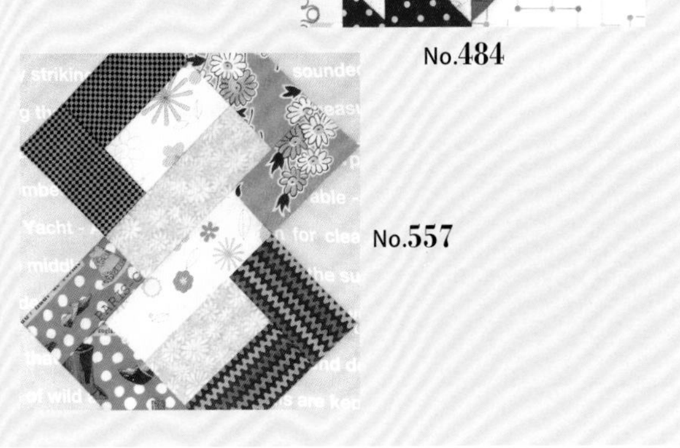

No.557

IQSC Object Number : 1979.007.0945

Bow Tie 領結　1891年　215×215cm

領結或領帶的圖案最早出現於1895年聖路易Ladies Art Company所出版的型錄中。後來發表了四個方塊組合的新設計，被視為受歡迎的圖案，以堪薩斯城為據點的Aunt Marsha Studio所發表的「領結」在1930年代左右，逐漸廣為人知。
作者使用亮色與暗色的布料創造變化，強調作品中的斜向動線，以生動的線條引起注目。

05

582～839

Figure

具體圖形

保留原來物品的形狀或設計化的圖案，
大多是與生活息息相關的物品。
除了自古以來廣受歡迎的圖形之外，
還有許多表現季節與活動的創作性圖案。

葉子 Leaves

以葉子為設計的圖形，自古以來深受喜愛。
試著活用直線線條，突顯特徵的設計。

582 Maple Leaf
楓葉

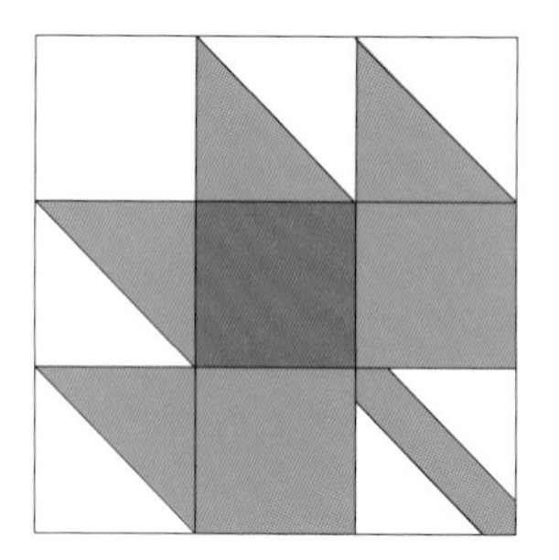

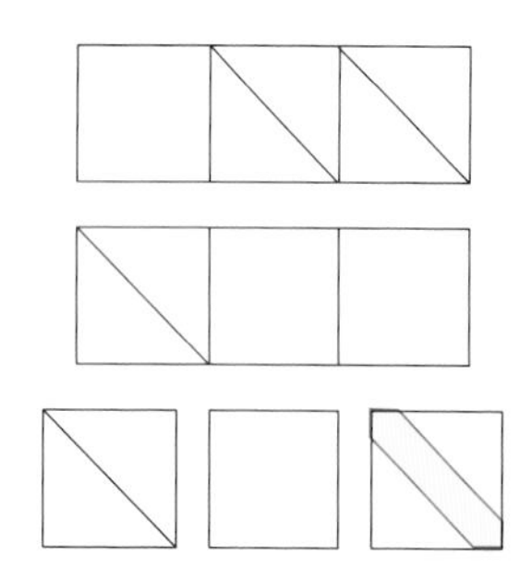

583 Maple Leaf,Autumn Leaf
楓葉 · 秋之葉

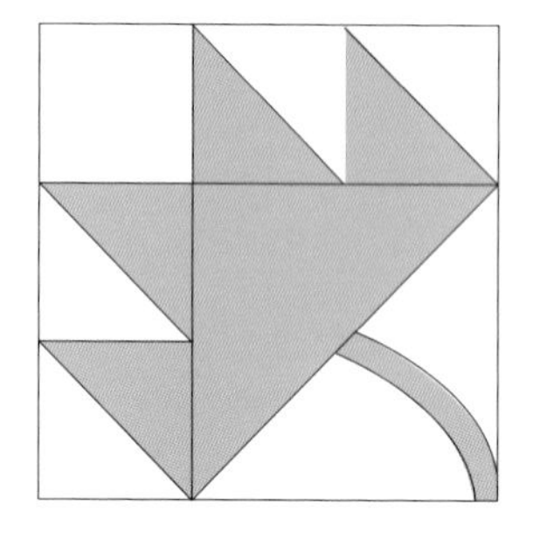

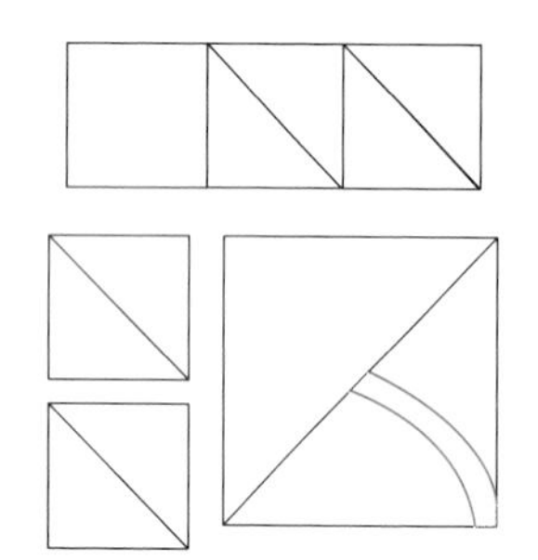

584 Texas Flower
德州之花

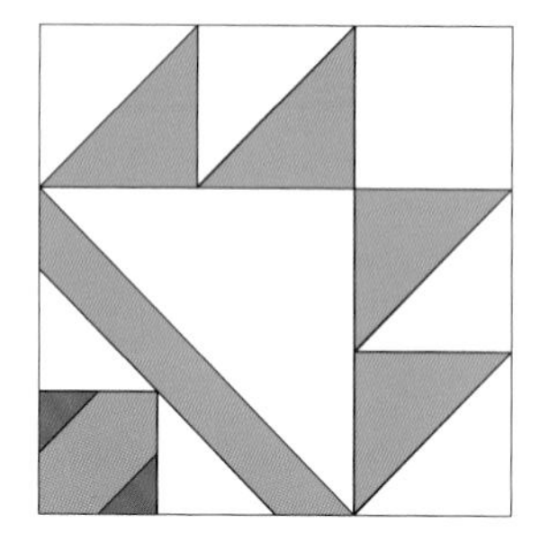

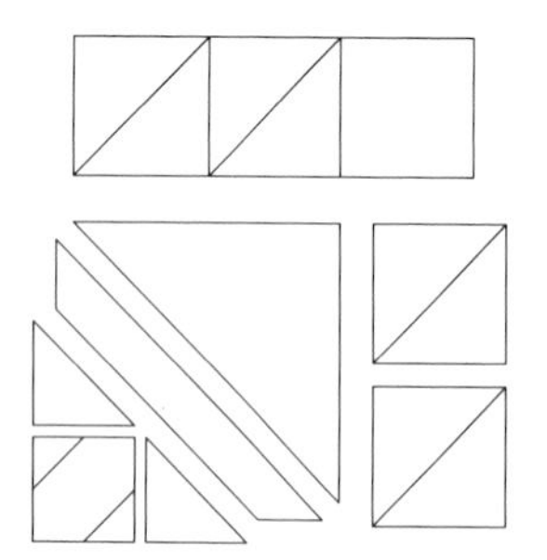

585 Autumn Leaf
秋之葉

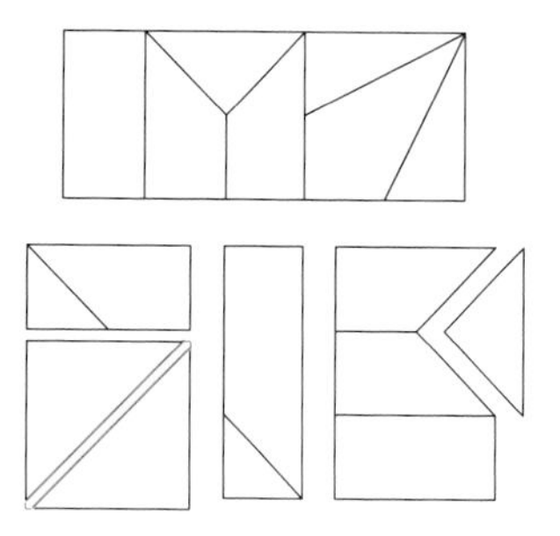

586 English Ivy
英國長春藤

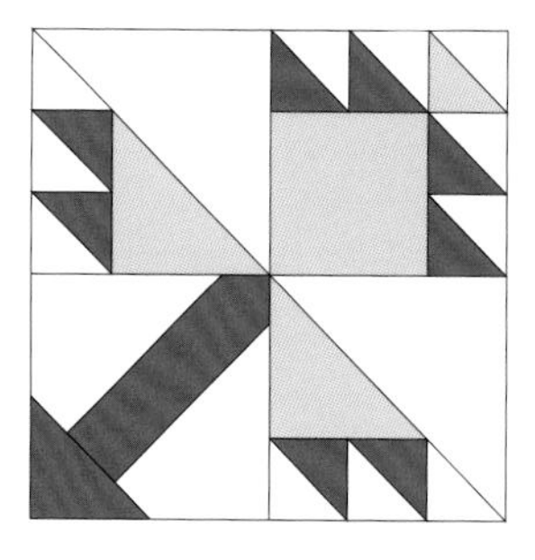

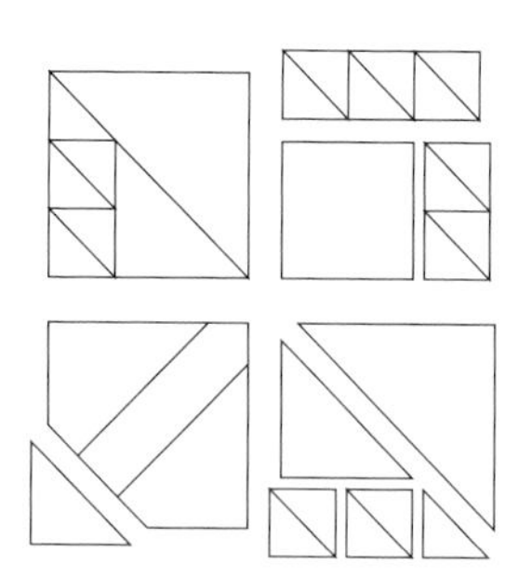

587 Lone Tree, English Thistle
孤樹 · 英國薊

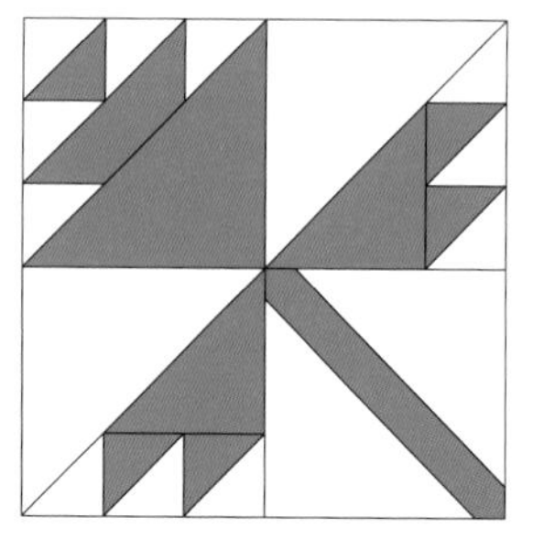

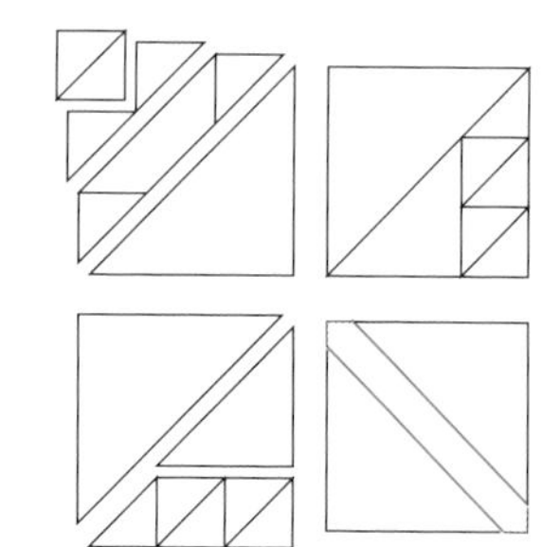

588 Histric Oak Leaf
橡樹葉

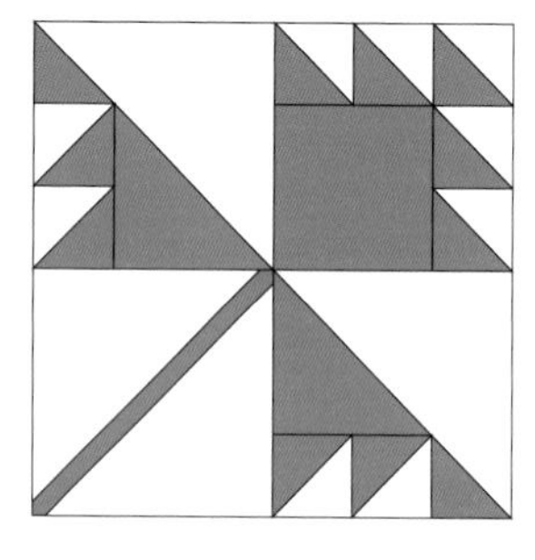

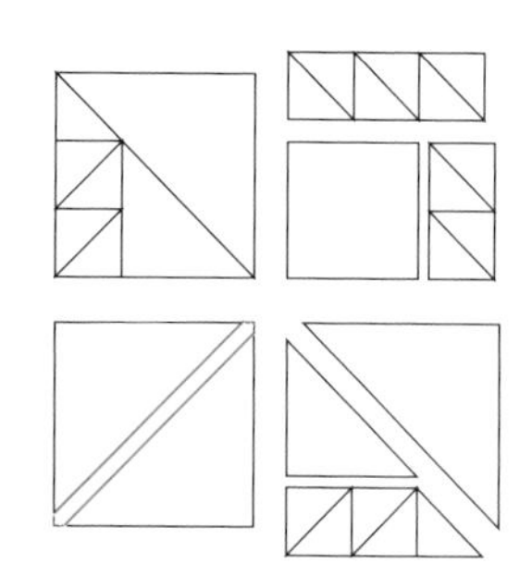

589 Broken Branch
折斷的樹枝

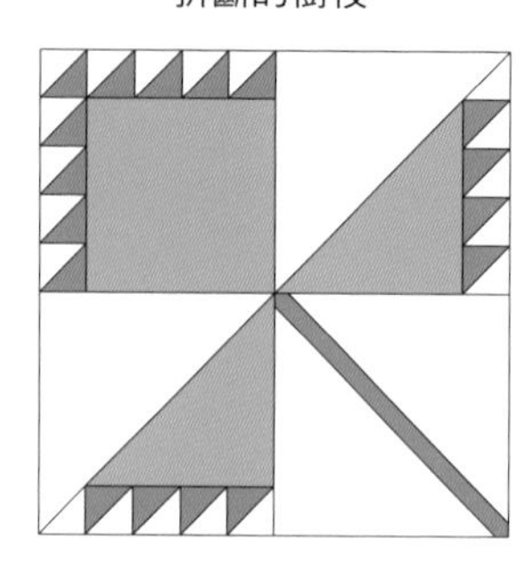

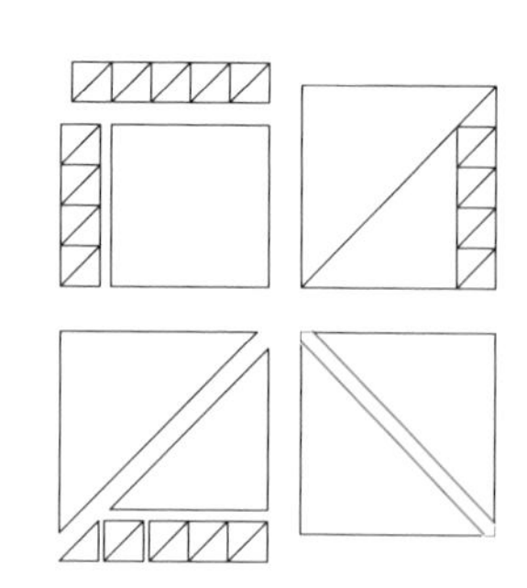

590 Peoney
牡丹

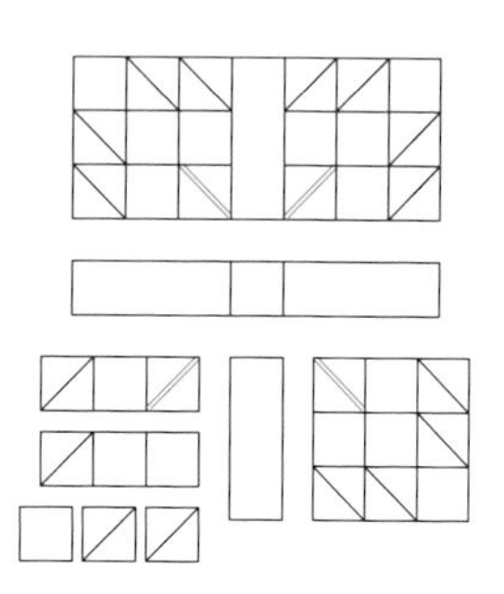

591 Maple Leaf 3
楓葉

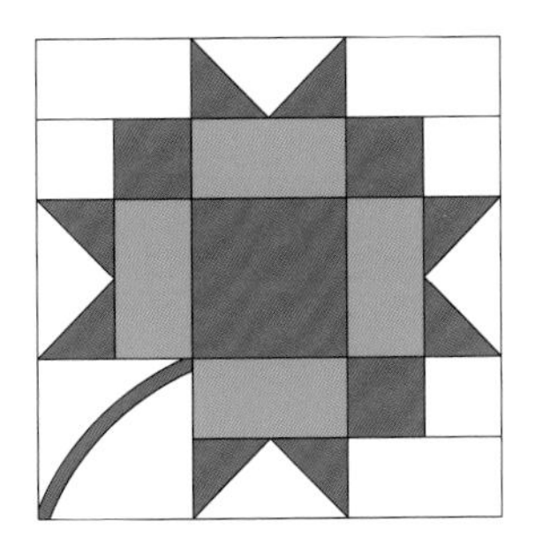
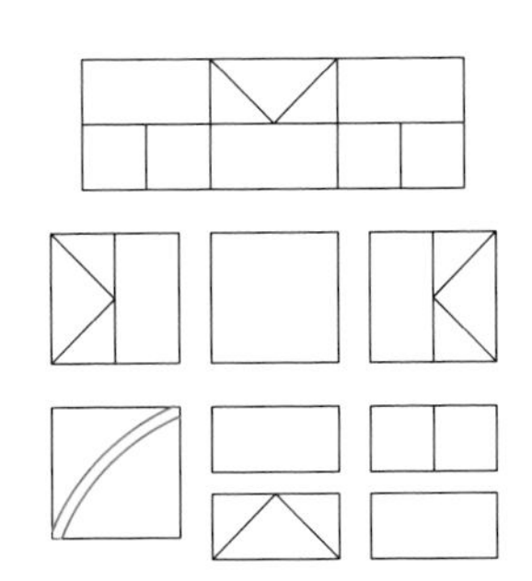

592 Four Leaf Clover 4
四葉幸運草

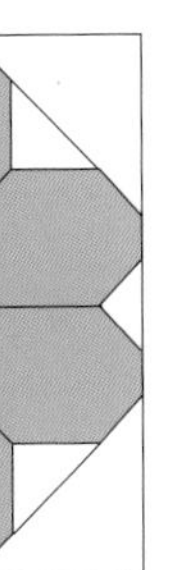
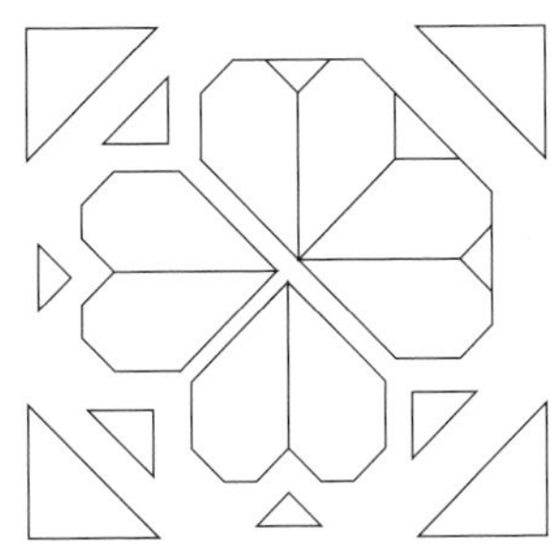

593 Irish Spring 2
愛爾蘭春天

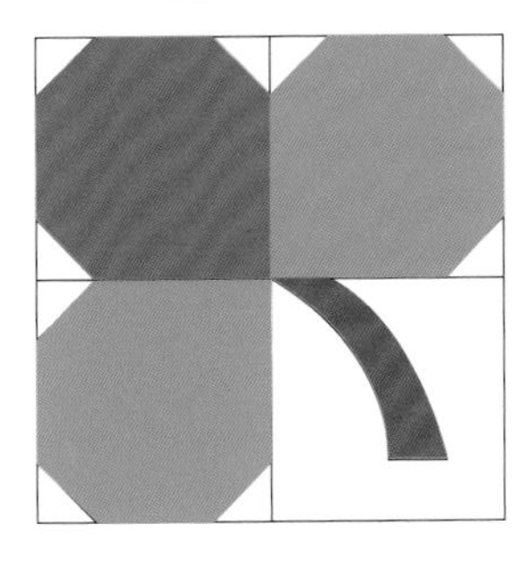
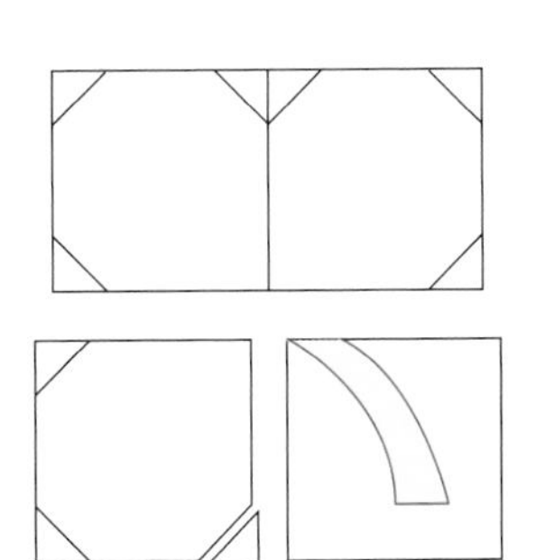

594 Sweet Gum Leaf 3
香楓葉

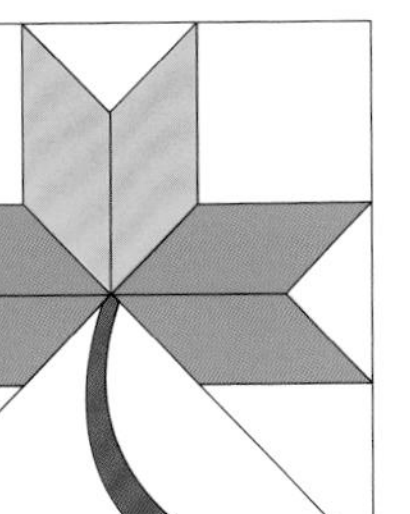
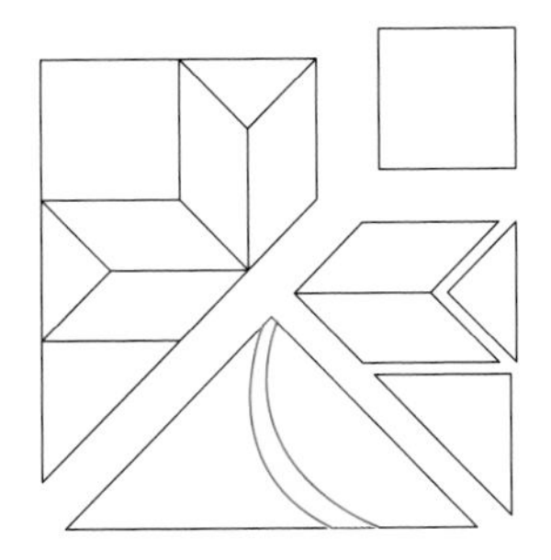

595 Palm Leaf, Hosannah 4
棕櫚葉．和撒那

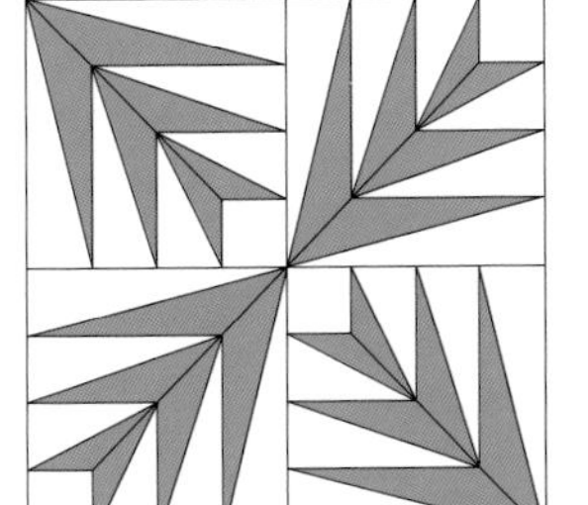
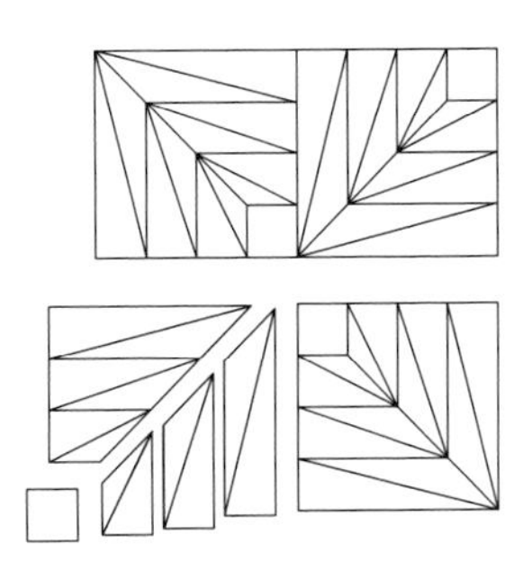

樹木 Trees

以樹木為設計的圖形，從松樹與蘋果樹發想，創作出許多作品。由於需要拼縫較多的小布片，技術上屬稍微困難的圖形。

596 Christmas Tree 5
聖誕樹

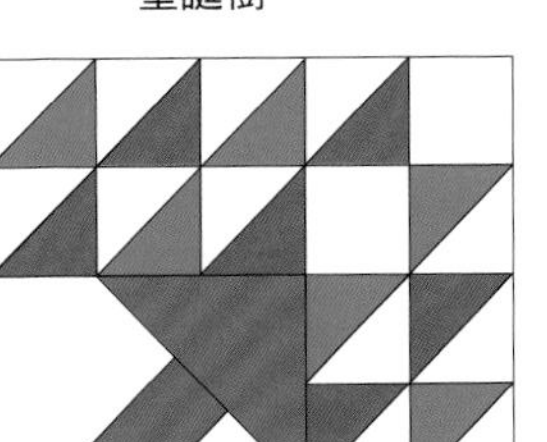
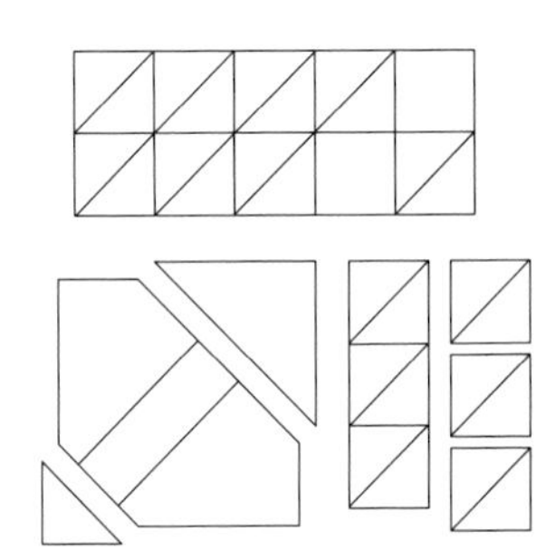

597 Evergreen Tree, Pine Tree 6
常青樹．松樹

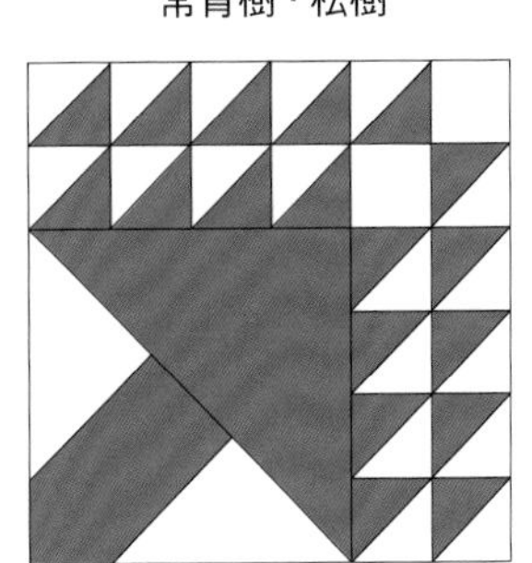
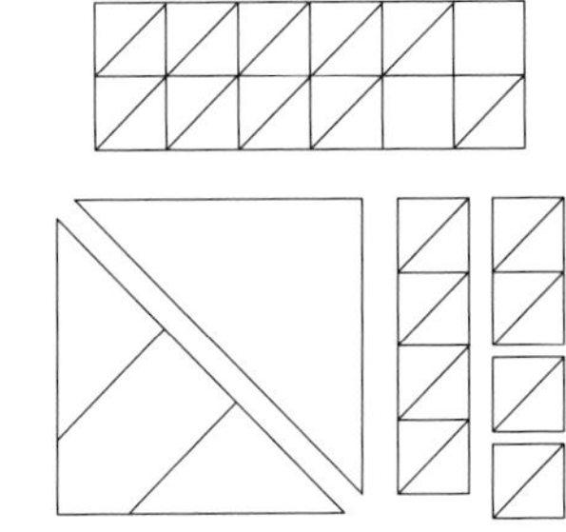

598 Tree of Paradise 7
天堂樹

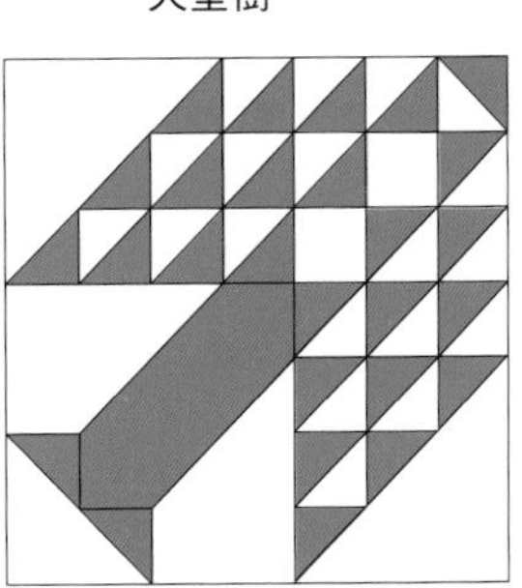
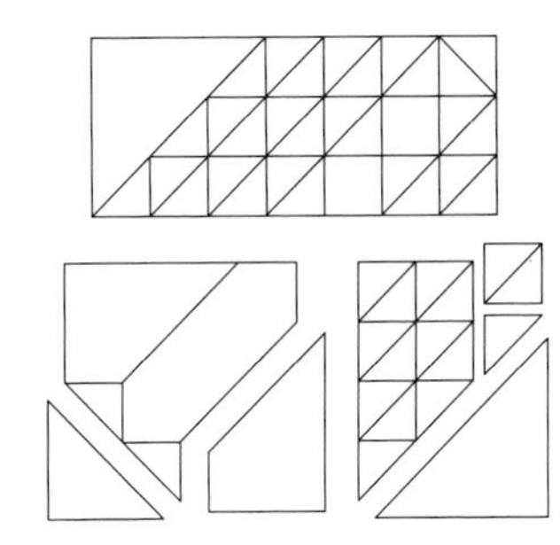

599 Tree of Paradise 7
天堂樹

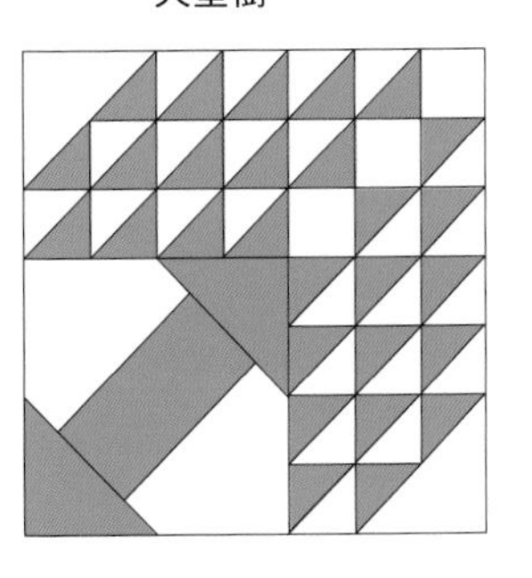
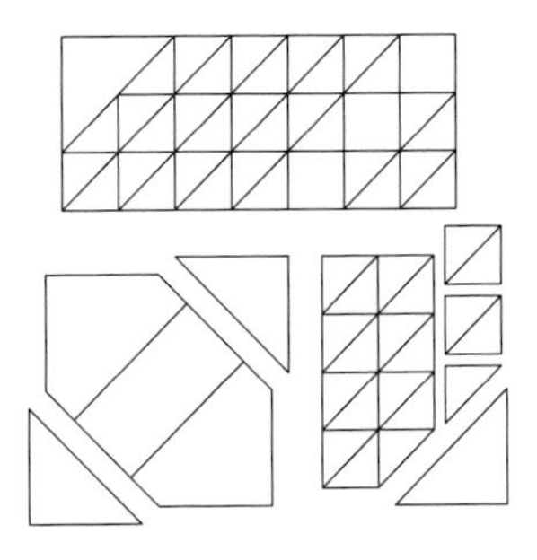

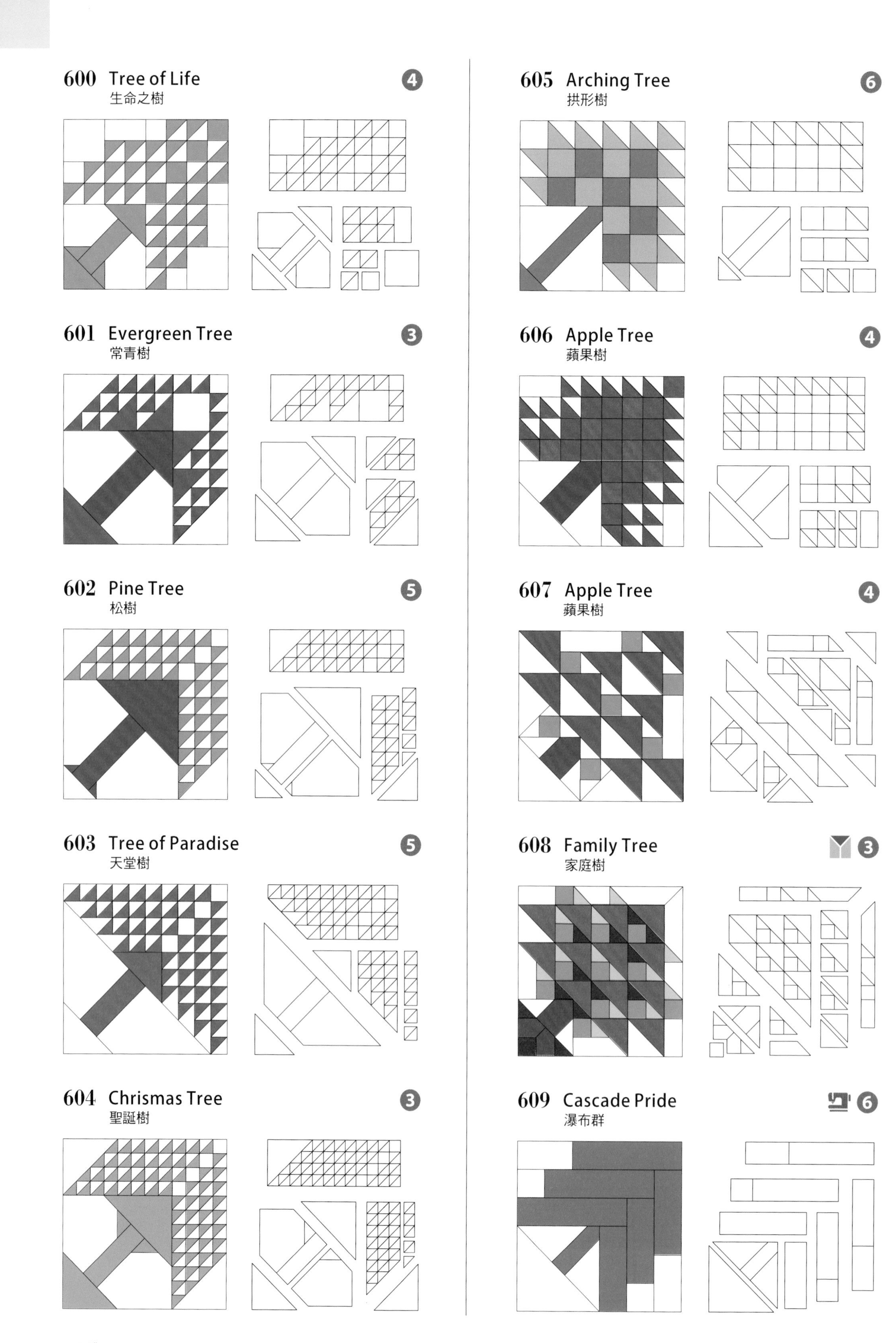
600 Tree of Life
生命之樹
4
605 Arching Tree
拱形樹
6
601 Evergreen Tree
常青樹
3
606 Apple Tree
蘋果樹
4
602 Pine Tree
松樹
5
607 Apple Tree
蘋果樹
4
603 Tree of Paradise
天堂樹
5
608 Family Tree
家庭樹
3
604 Chrismas Tree
聖誕樹
3
609 Cascade Pride
瀑布群
6

610 Pieced Palm Tree
棕櫚樹

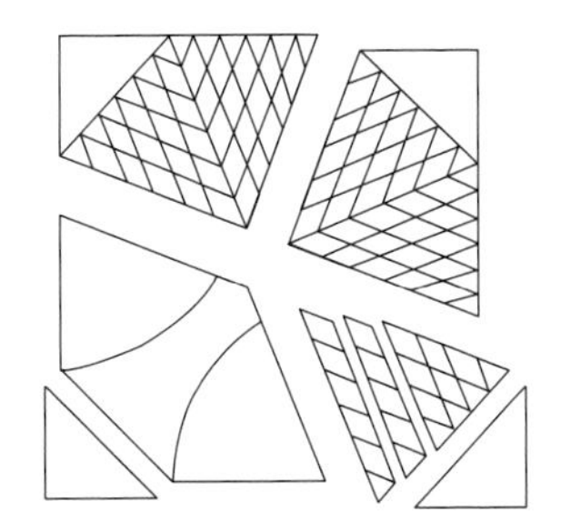

611 Peony Block, Piney
牡丹方塊・松樹

612 Tree of Paradise, Tree of Life
天堂樹・生命之樹

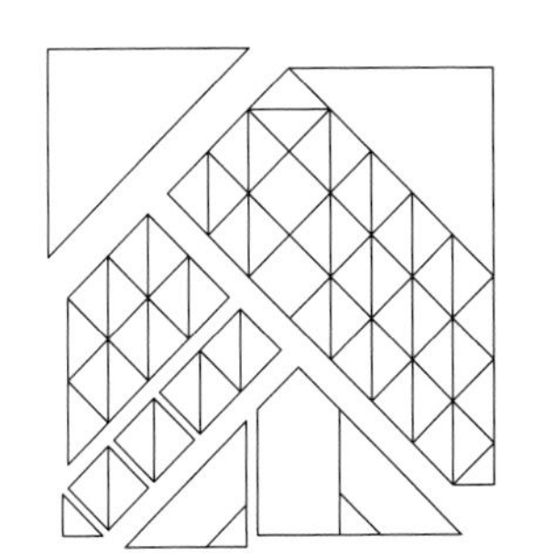

613 Chrismas Tree, The Pine Forest
聖誕樹・松樹森林

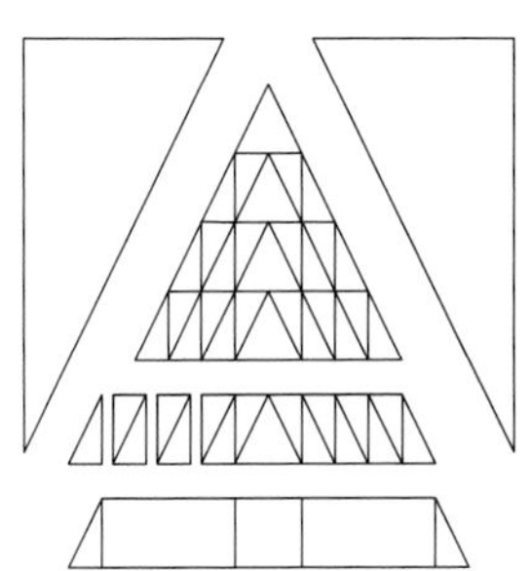

614 Pine Tree Block
松樹方塊

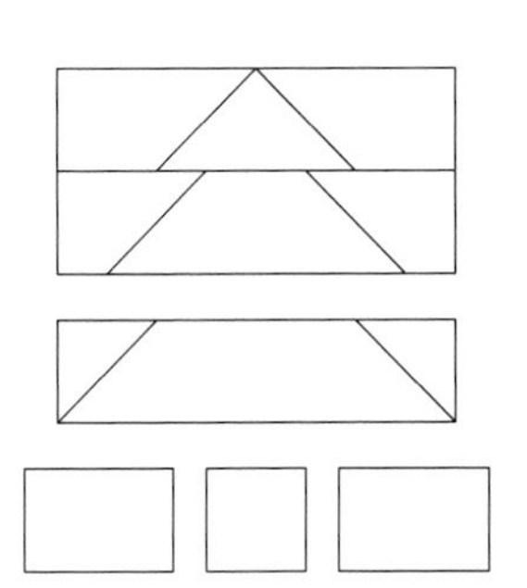

615 North Woods
北方之木

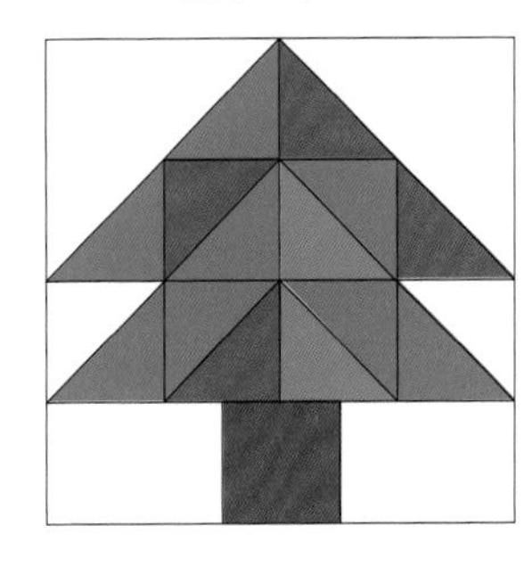
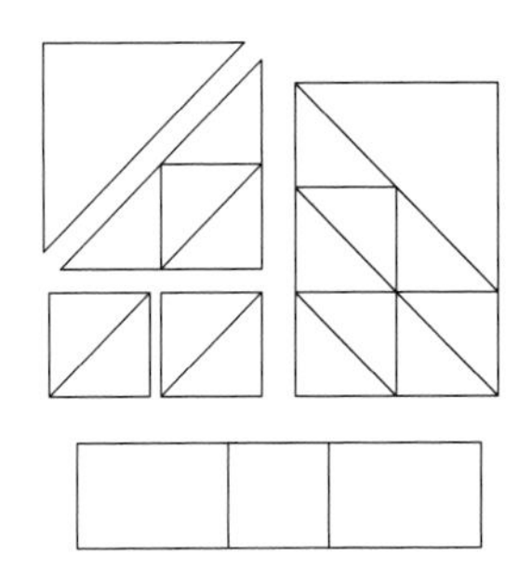

616 Apple Tree
蘋果樹

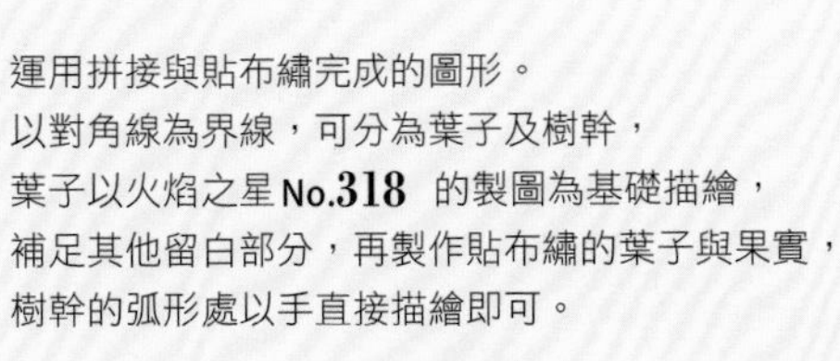

運用拼接與貼布繡完成的圖形。
以對角線為界線，可分為葉子及樹幹，
葉子以火焰之星 No.318 的製圖為基礎描繪，
補足其他留白部分，再製作貼布繡的葉子與果實，
樹幹的弧形處以手直接描繪即可。

617 Temperance Tree
溫暖的樹

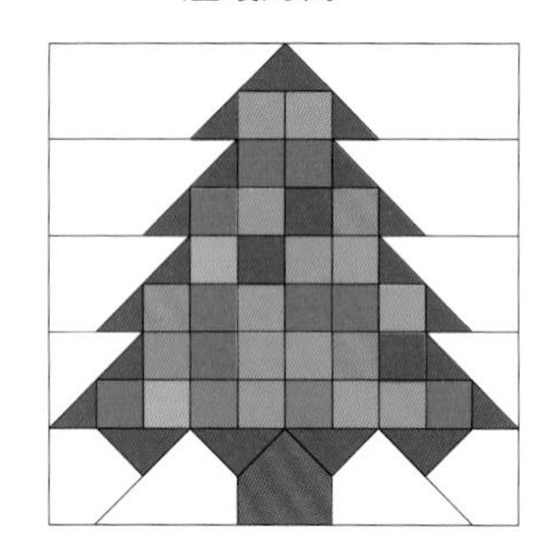

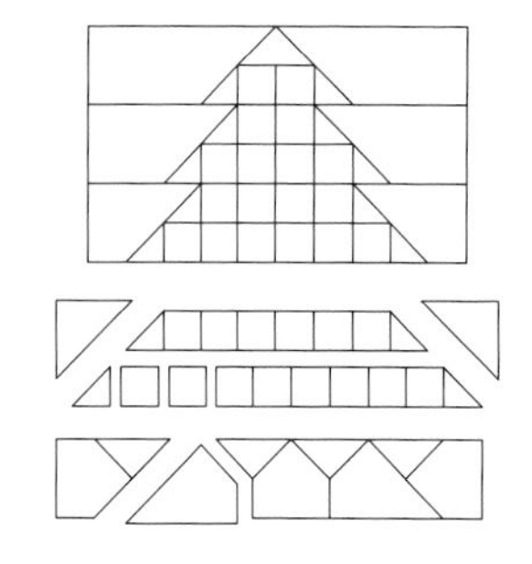

618 Christmas Tree
聖誕樹

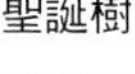

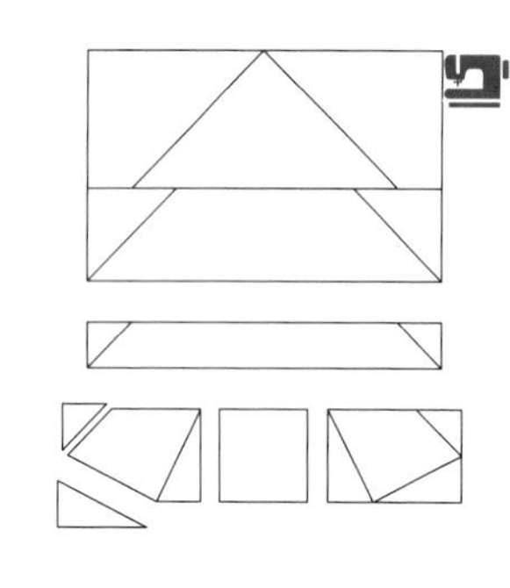

619 Tis the Season
當季

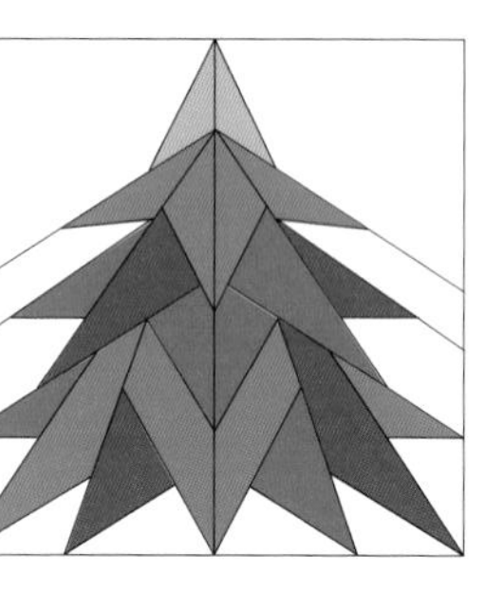

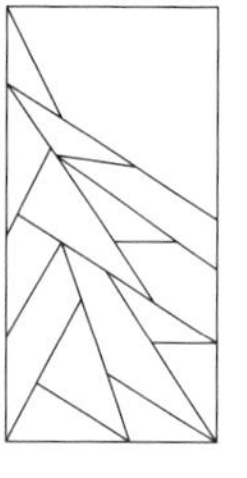

樹木種類變化
Tree Variation

note

依三角形、菱形、梯形與幾何圖形的組合不同，就能變化出各式各樣的樹木圖形。從簡單到複雜的圖形都可搭配，除了增加作品的豐富度，更能享受不同的樂趣。

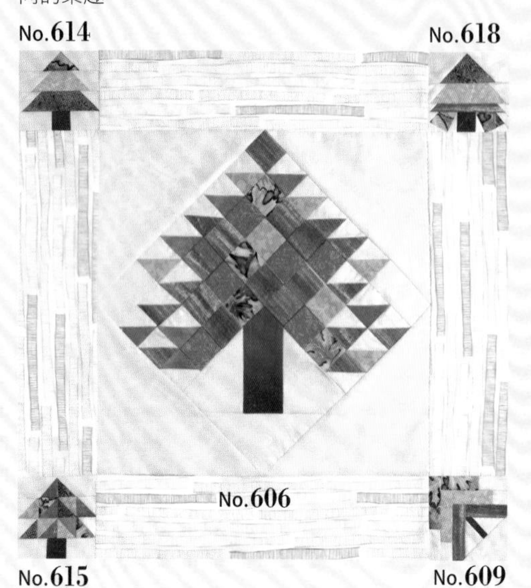

花朵 Flowers

於拼布作品上所呈現的花朵，與貼布繡有著截然不同的風味。拋開細膩線條，設計出抽象的花朵形狀，更增添了有趣的感覺。

620 Zygocactus
蟹爪蘭

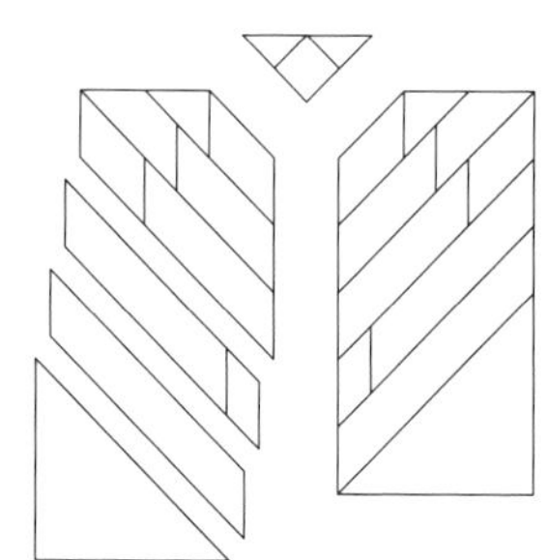

621 The Flower Pot Quilt
花盆

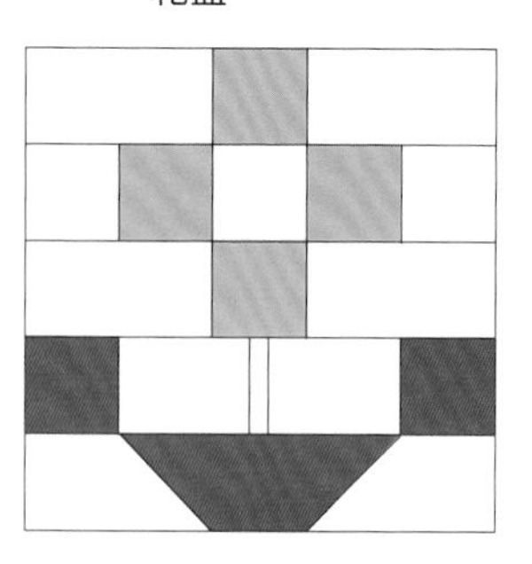

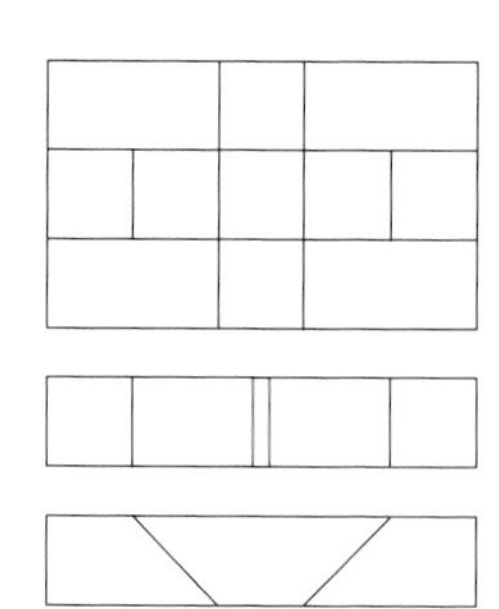

622 Tennessee Tulip
田納西鬱金香

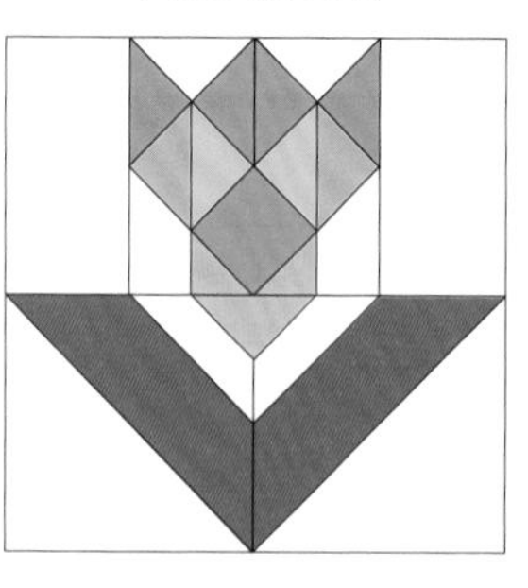

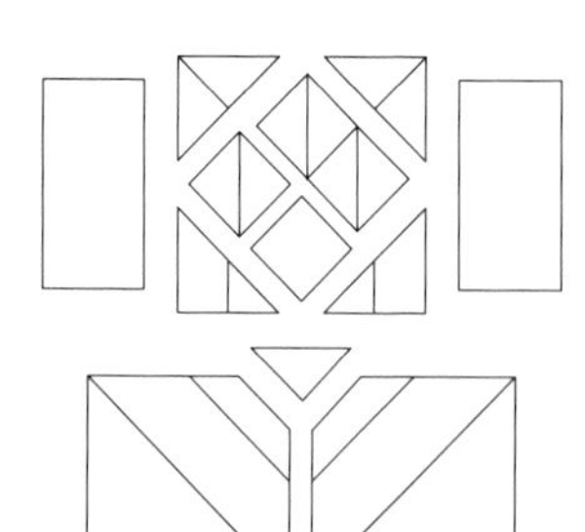

623 Stylized Flower
格式化花朵

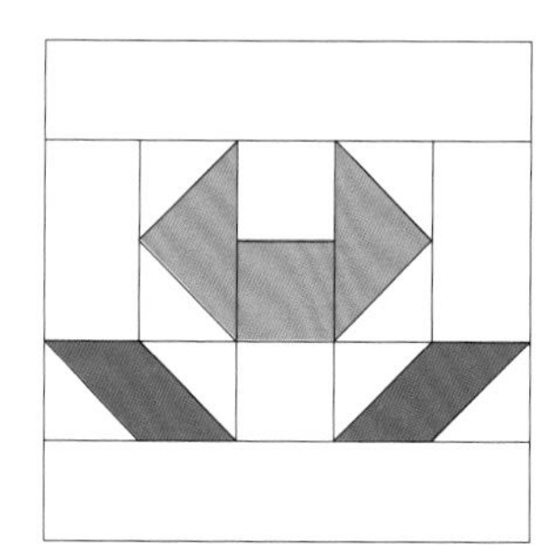

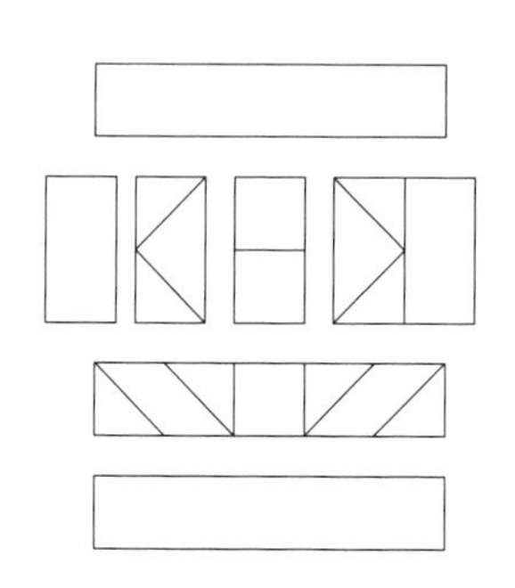

624 Oriental Poppy
東方罌粟

625 Iris
鳶尾花

626 Bloom
盛開的花

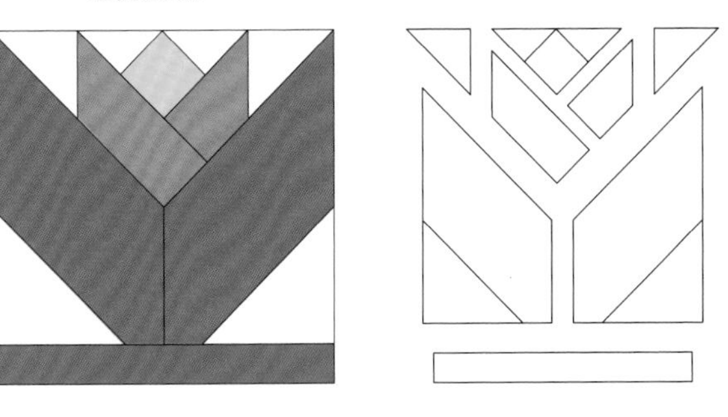

627 Tulip
鬱金香

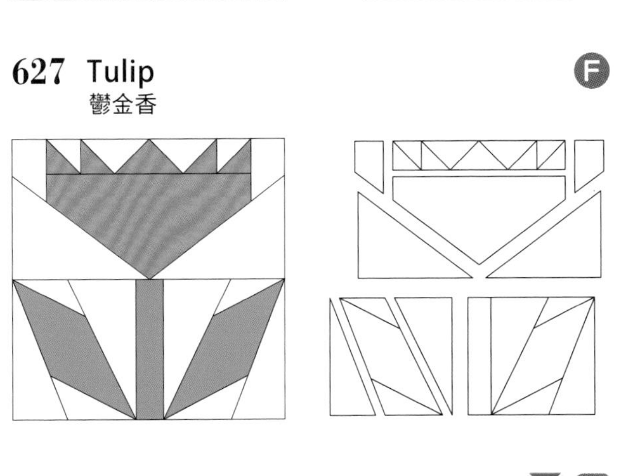

628 Peony
牡丹

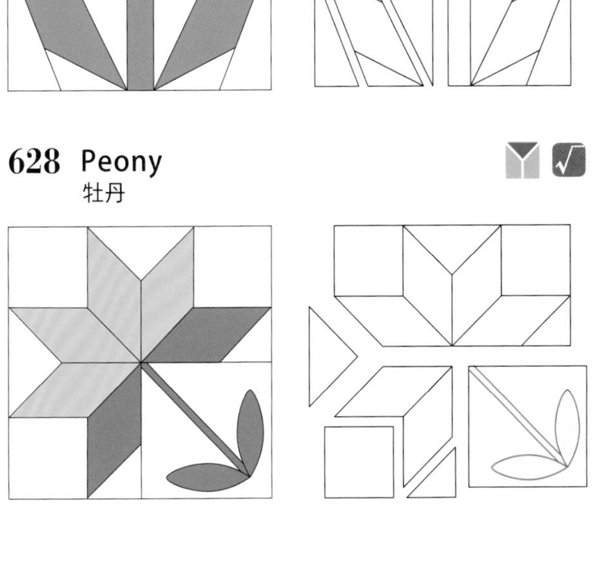

629 Windblown Lily
飄曳百合

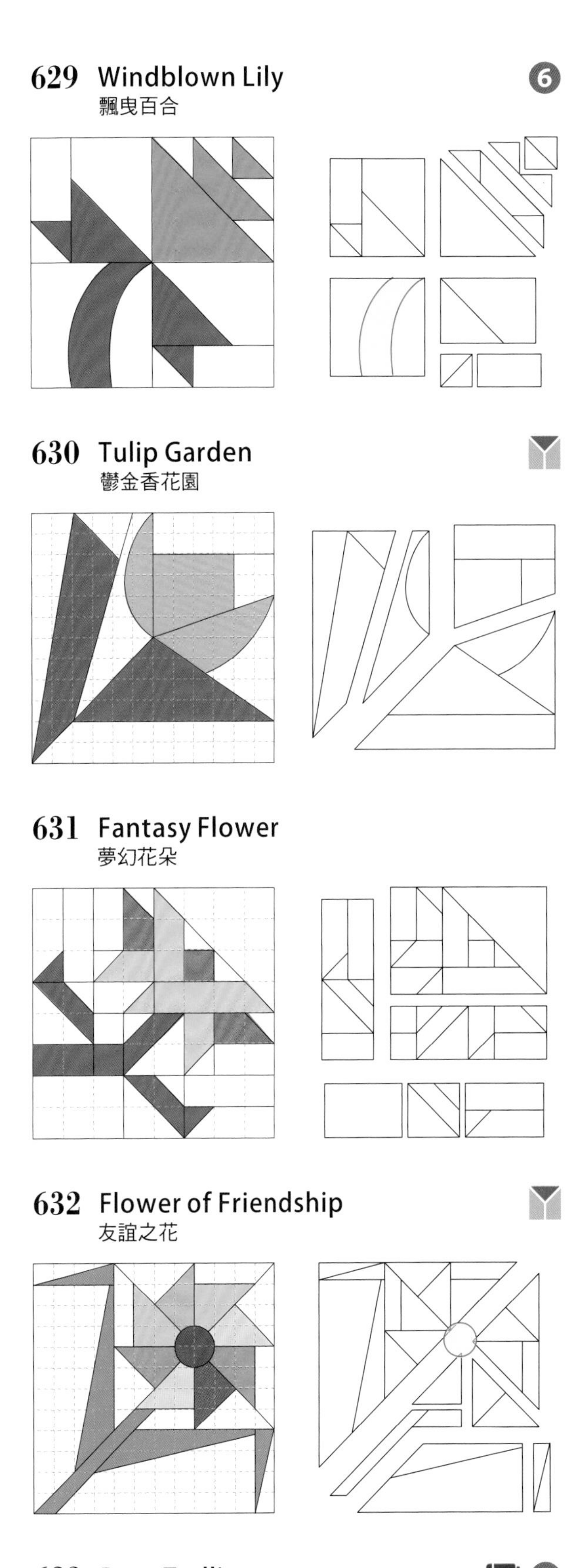

630 Tulip Garden
鬱金香花園

631 Fantasy Flower
夢幻花朵

632 Flower of Friendship
友誼之花

633 Rose Trellis
玫瑰格子

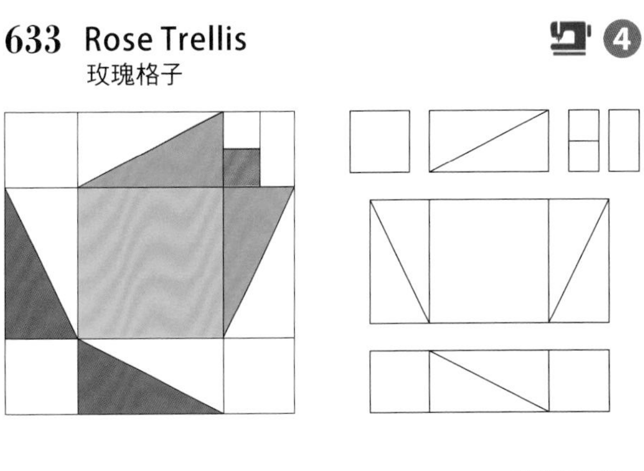

634 Egyptian Lotus Flower
埃及蓮花

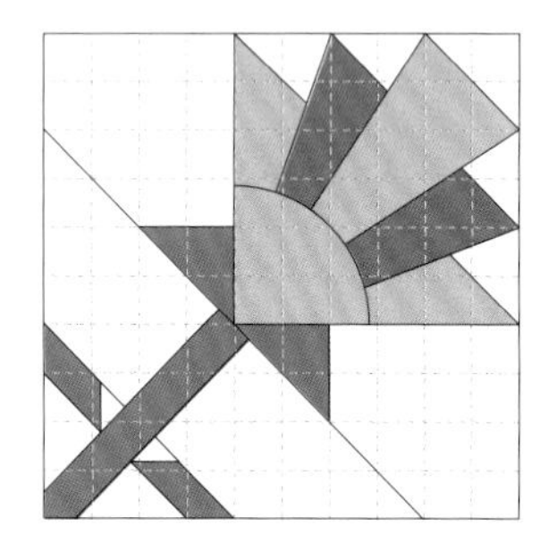
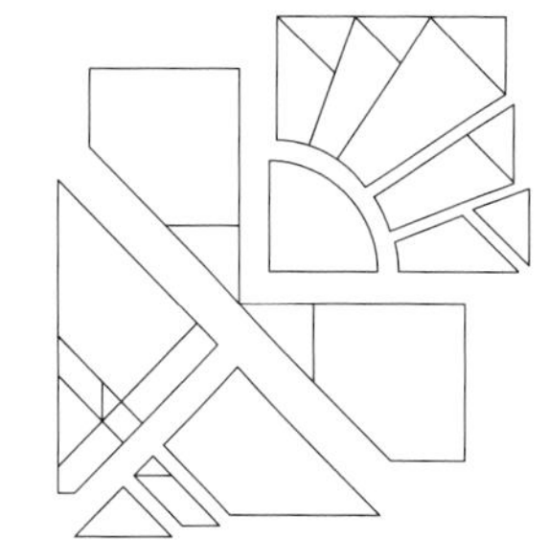

635 Calla Lily
海芋

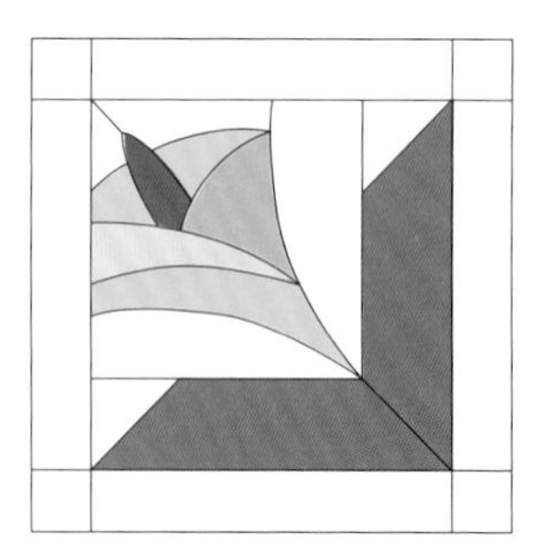
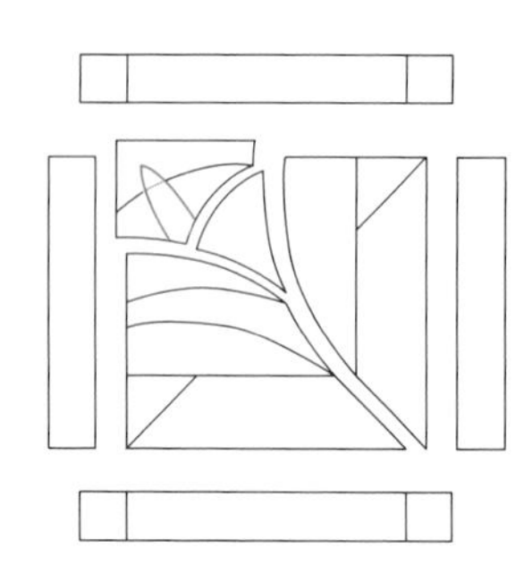

636 Old Fashioned Garden
復古時尚花園

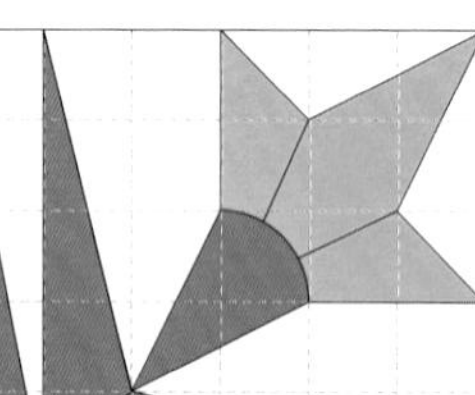
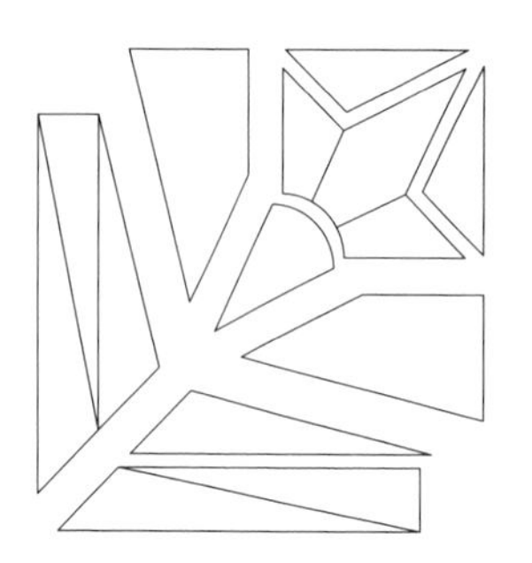

637 Daffodils
黃水仙

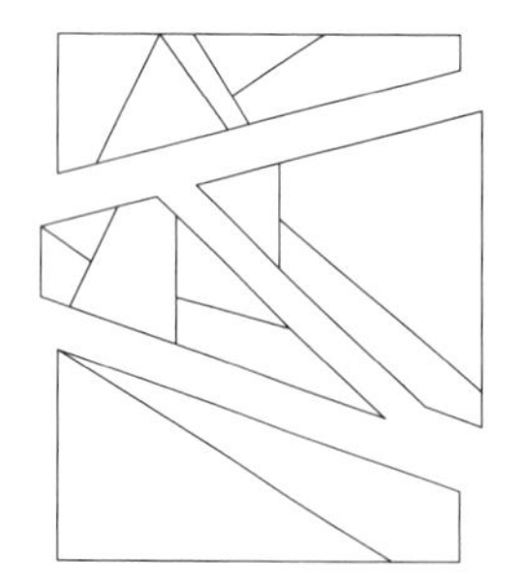

638 Crocus
番紅花

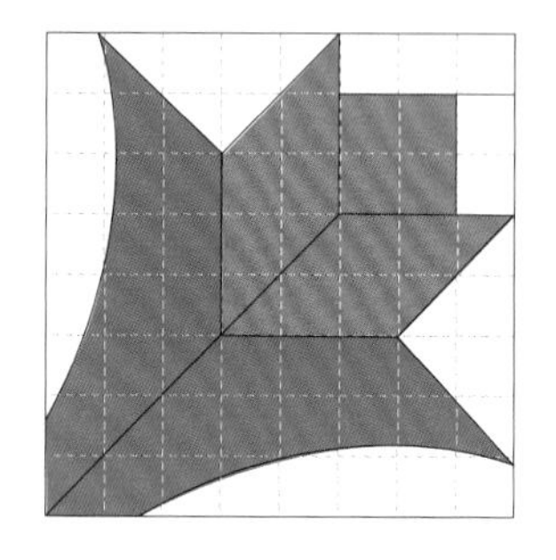
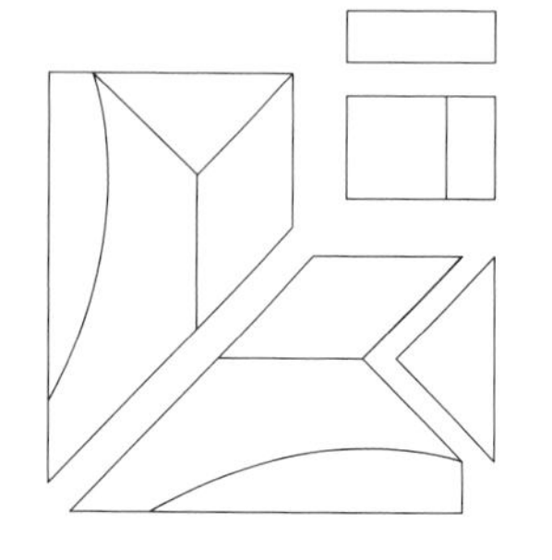

639 Pansy
三色堇

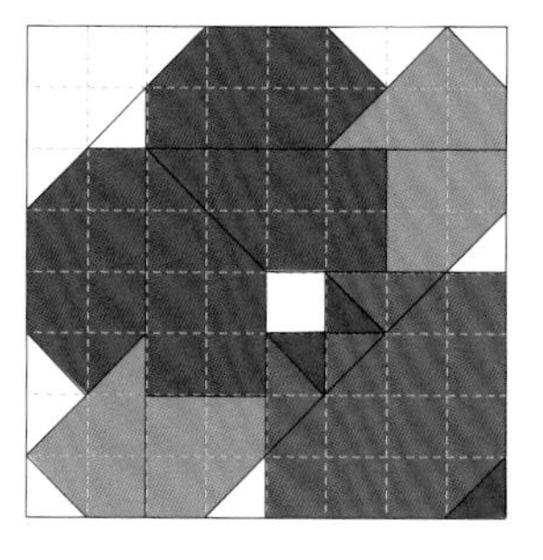
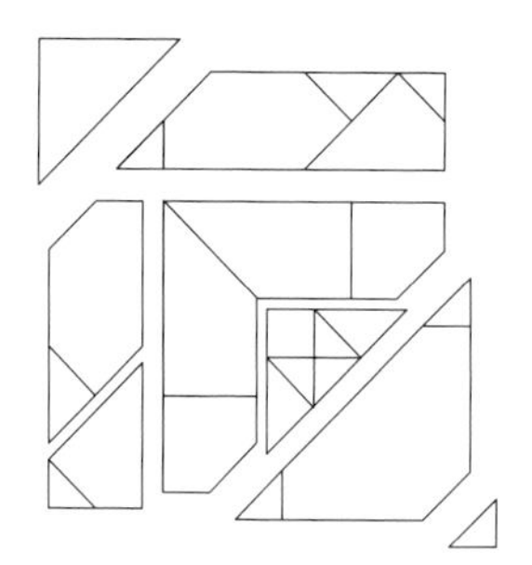

640 Iris Rainbow
鳶尾花彩虹

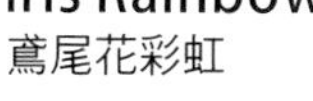
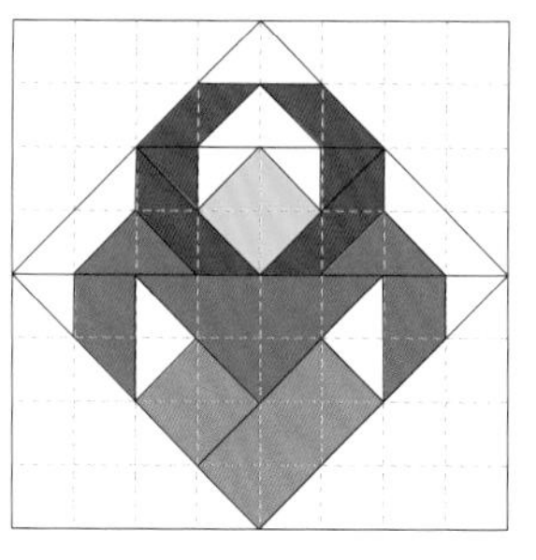
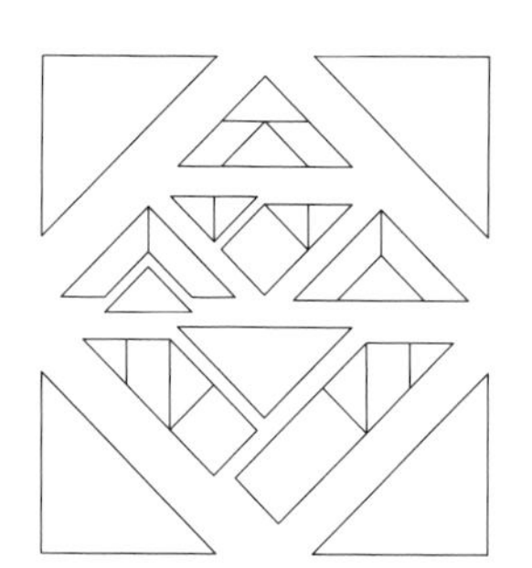

641 Triple Sunflower
三個太陽花

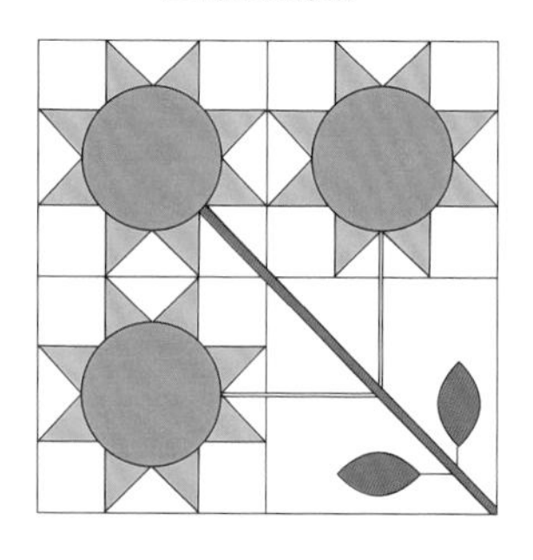
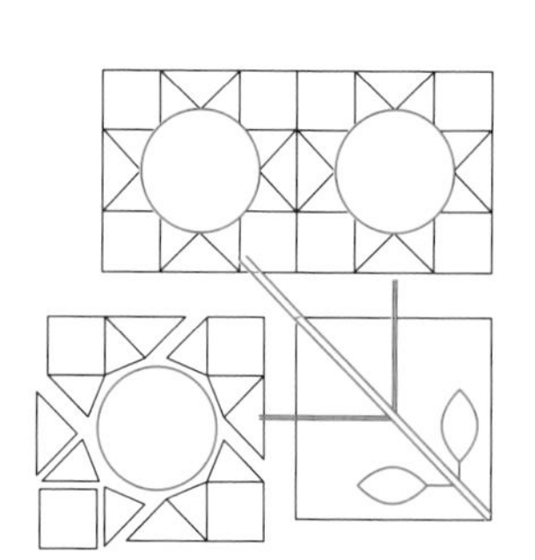

642 Aster
紫菀

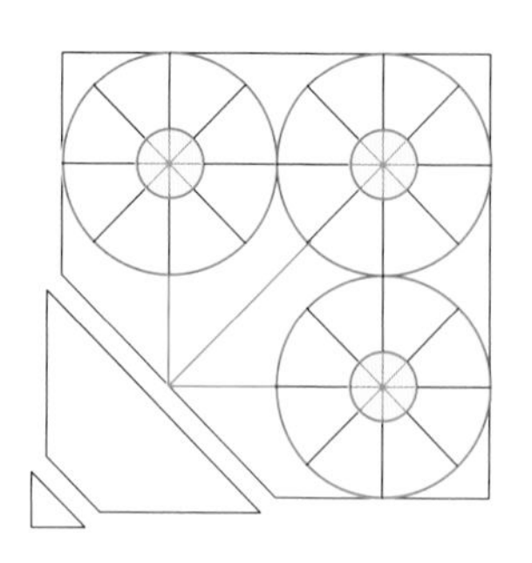

643 Triple Rose
三朵玫瑰

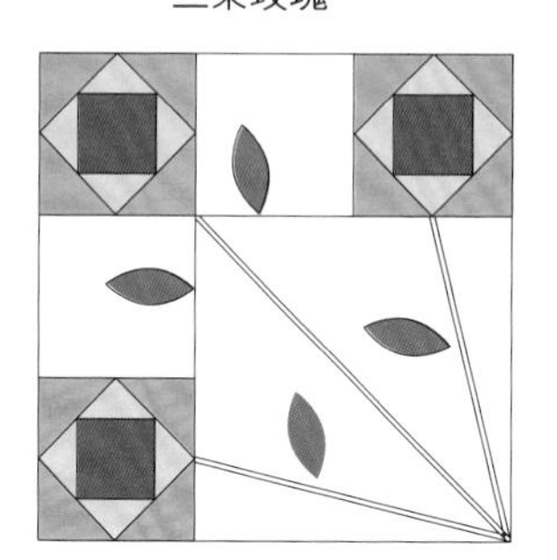
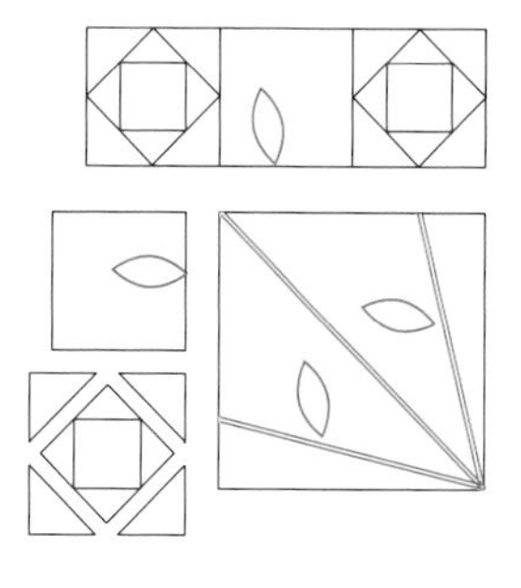

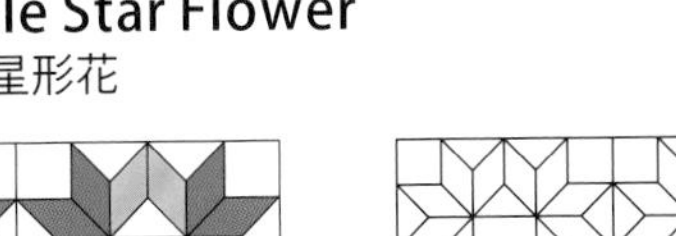

644 Triple Star Flower
三朵星形花

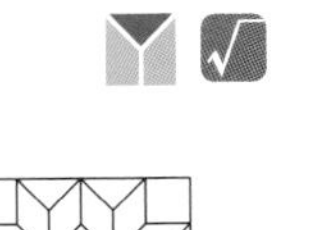

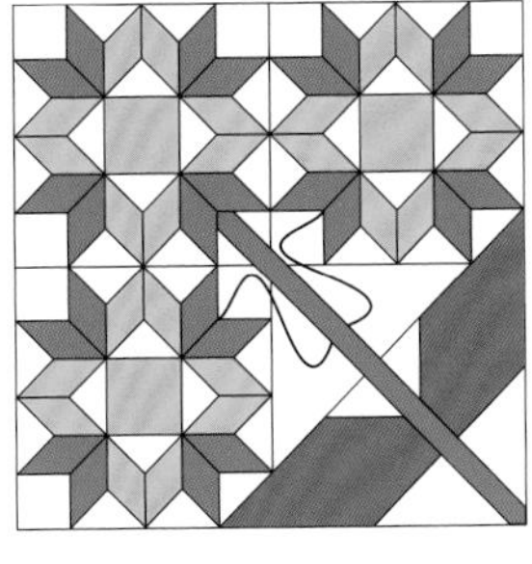

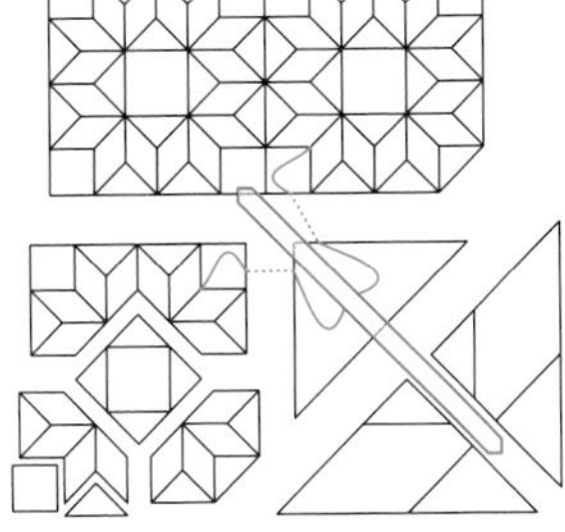

645 Lily
百合

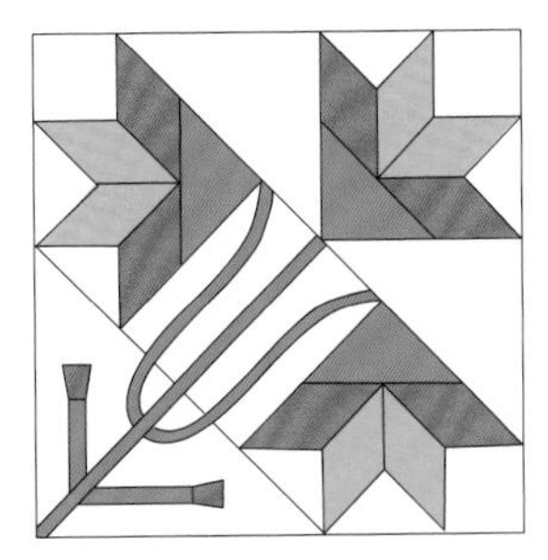

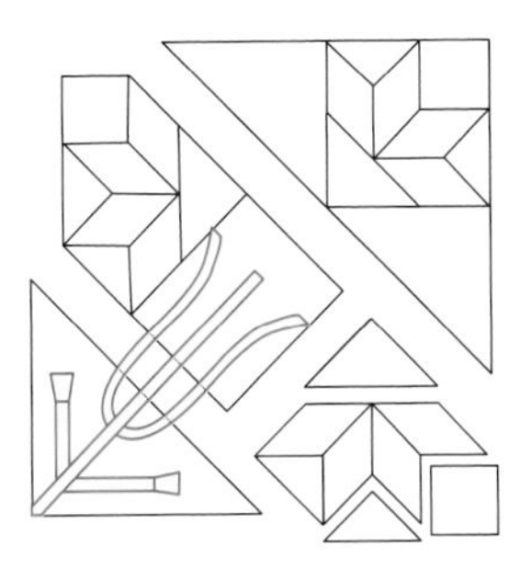

646 Cleveland Tulip, Carolina Lily,
克里夫蘭鬱金香・加州百合

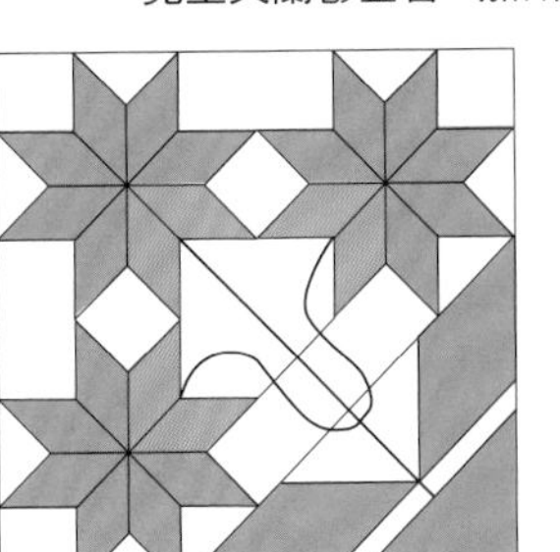

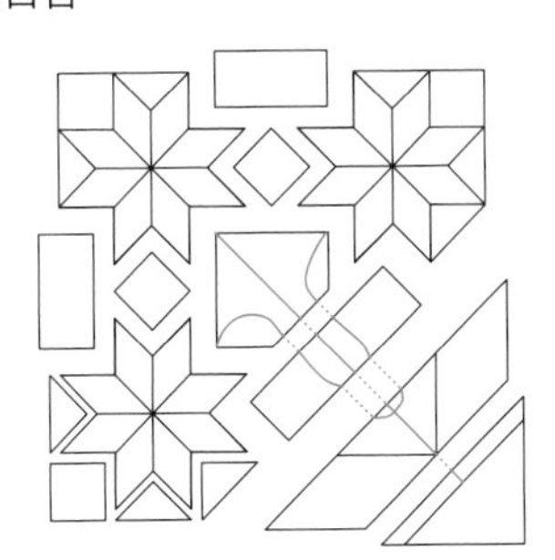

647 Basket of Bright Flowers
亮色花花籃

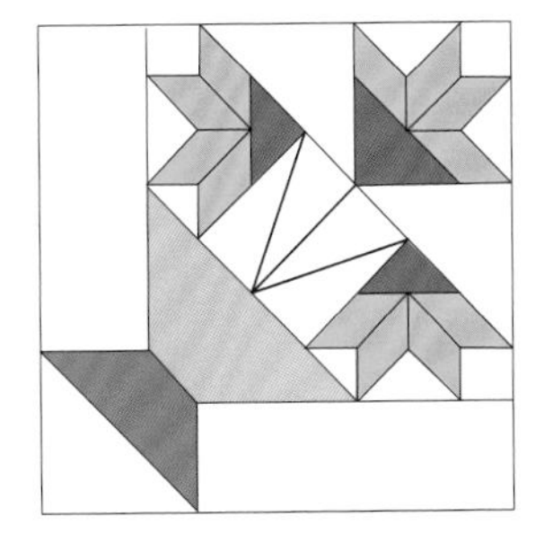

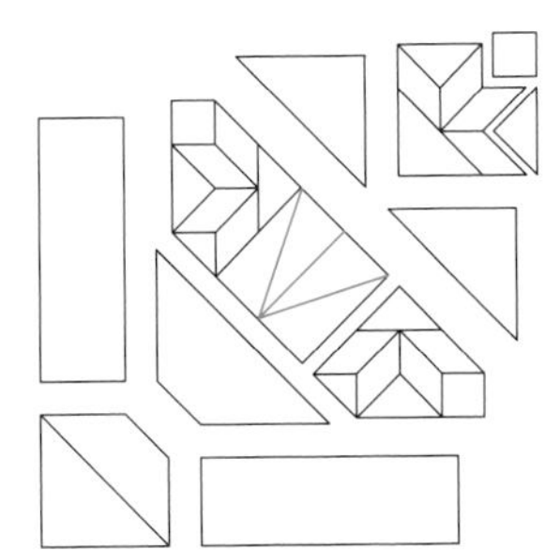

648 Basket of Lilies
百合花花籃

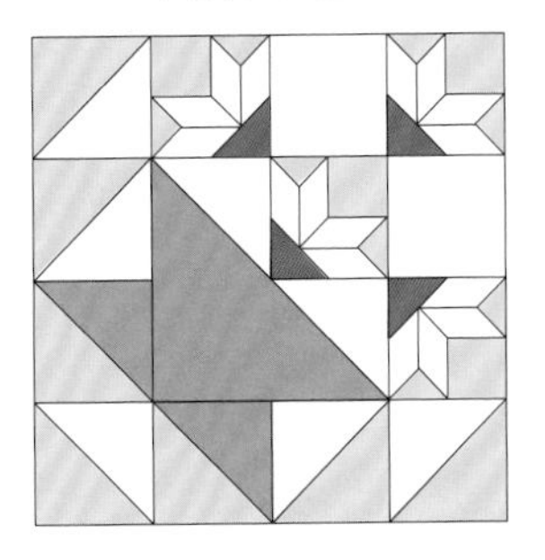

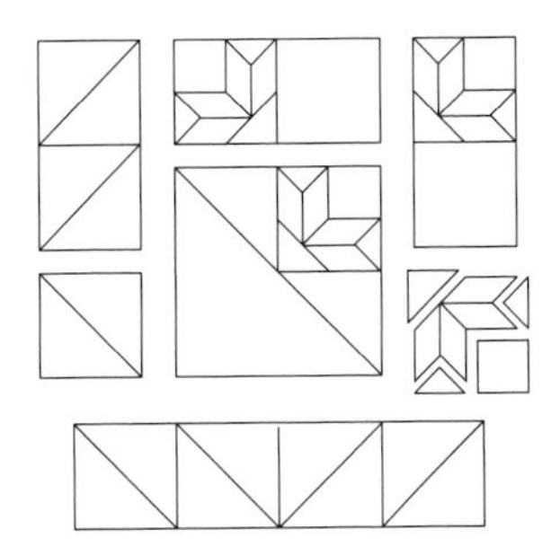

649 Pineapple
鳳梨

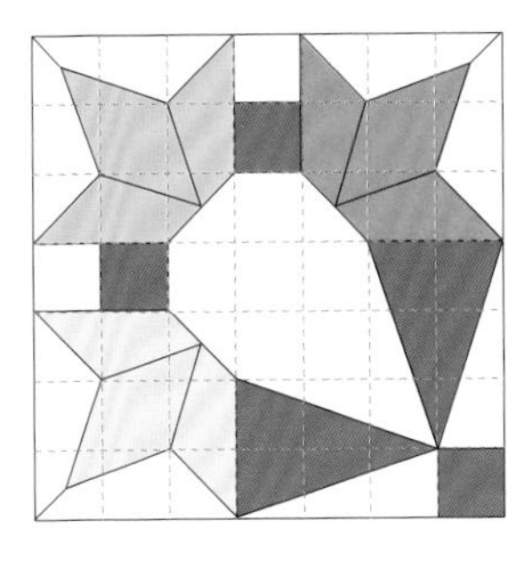

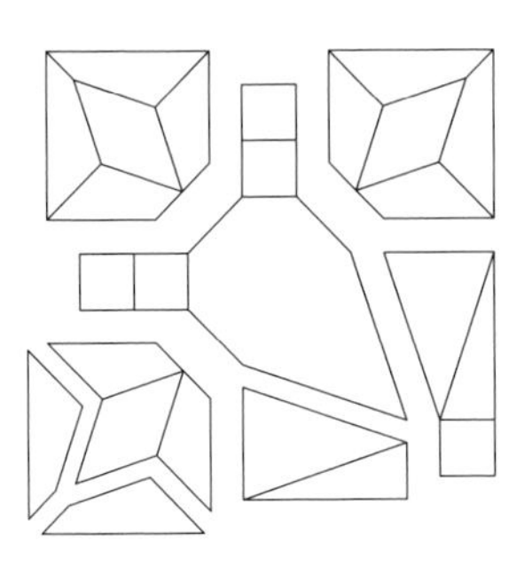

650 Lily
百合

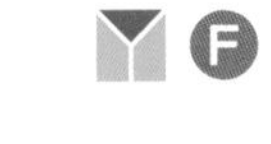

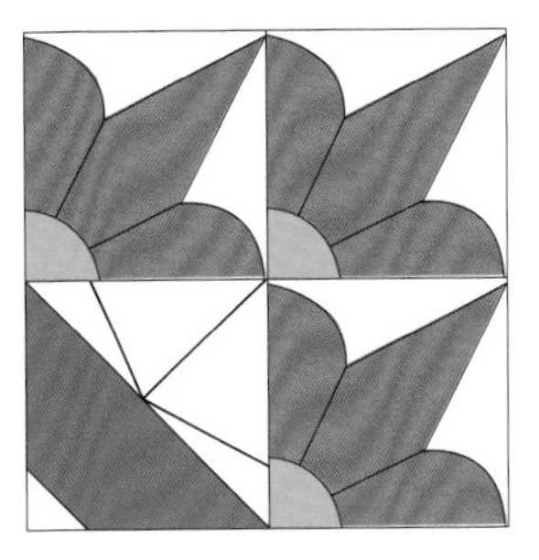

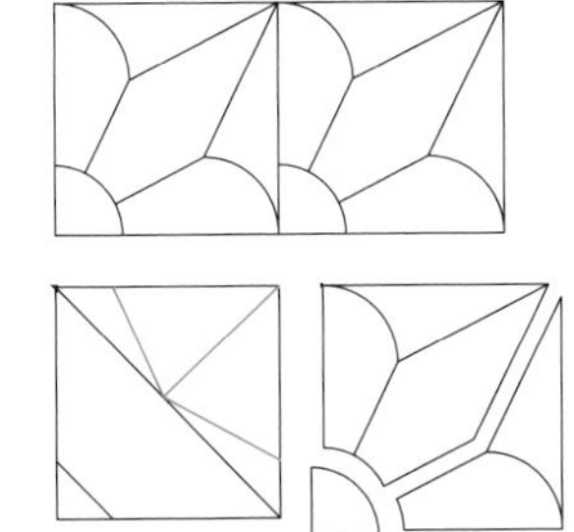

651 Magnolia, Sawtooth
木蘭花・鋸齒

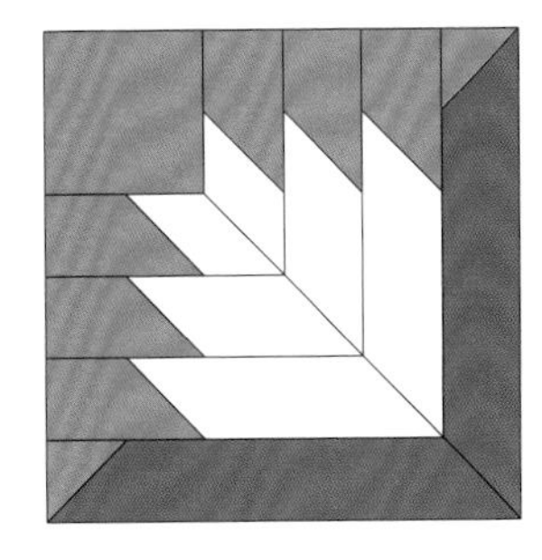

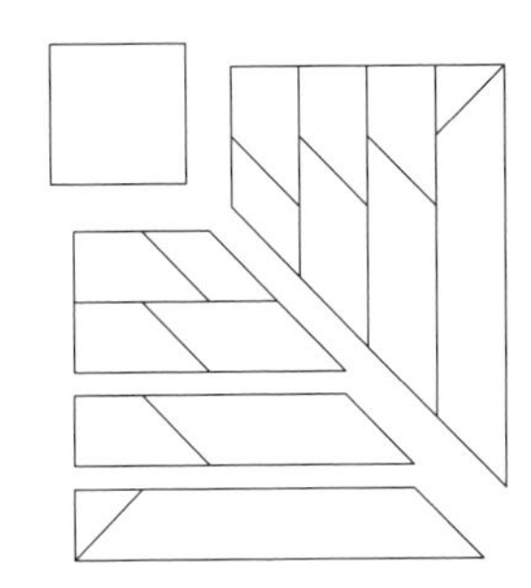

652 Secret Carnation
祕密康乃馨

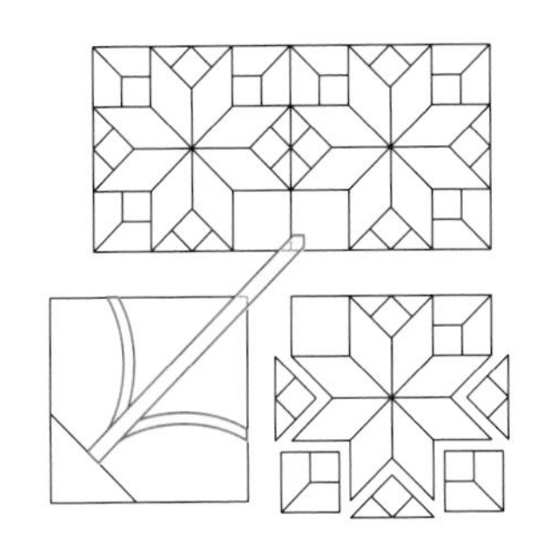

653 Nosegay
花束

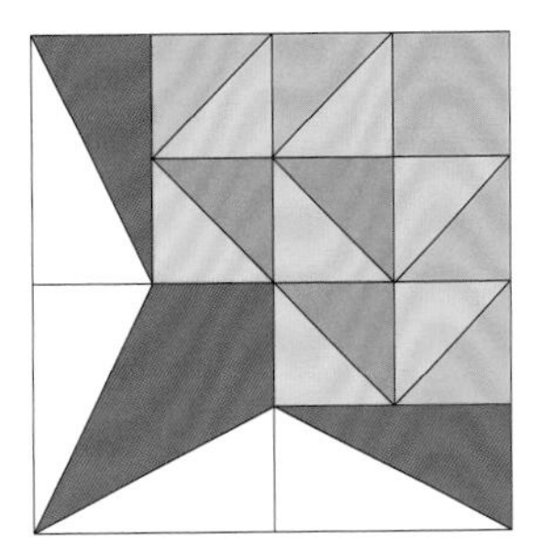

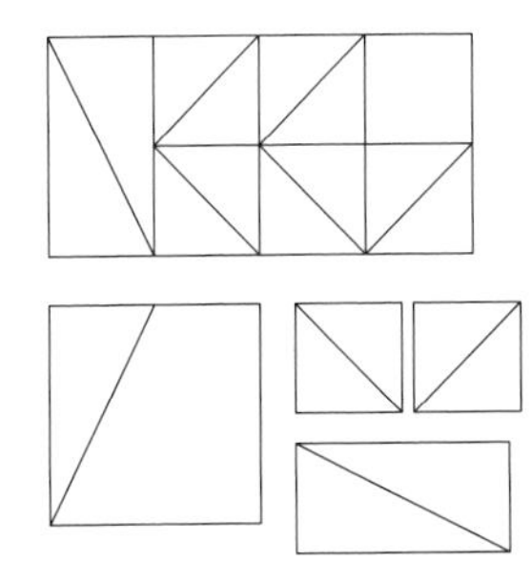

654 The Bride's Bouquet
新娘捧花

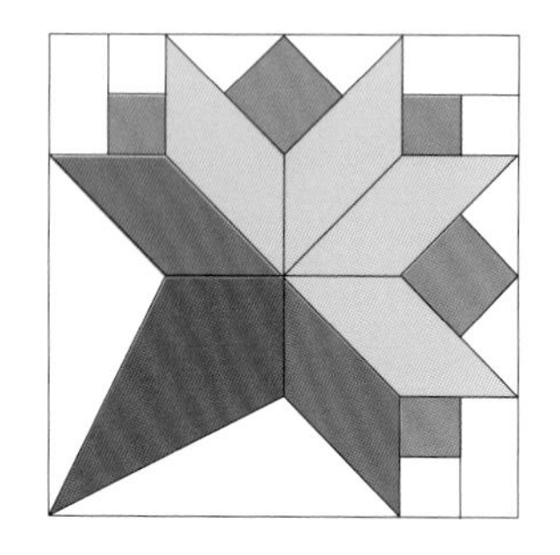

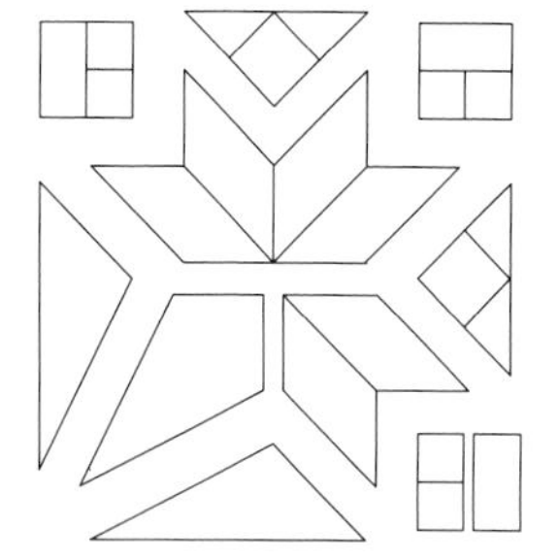

655 Vase of Flowers
花瓶

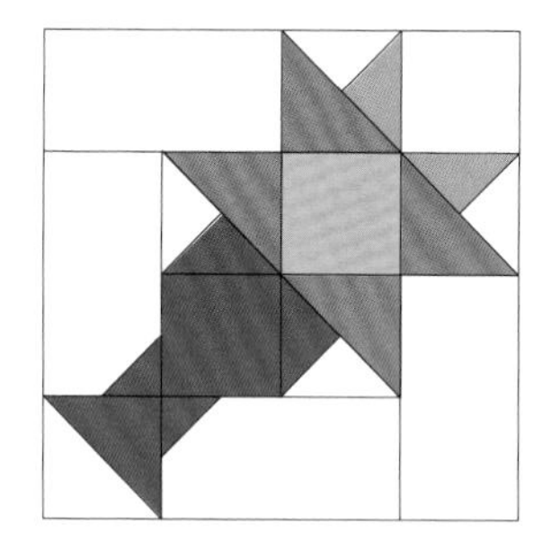

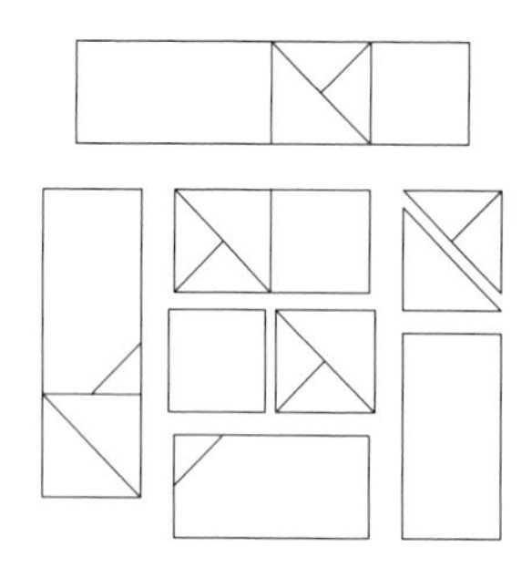

656 Magnolia Bud, Pink Magnolias
木蘭花苞・粉紅木蘭

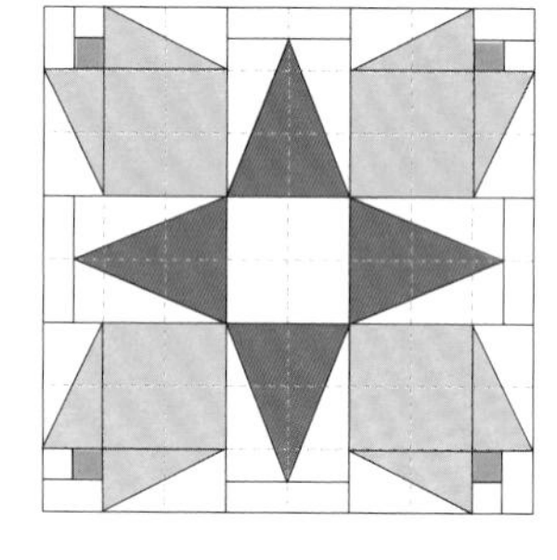

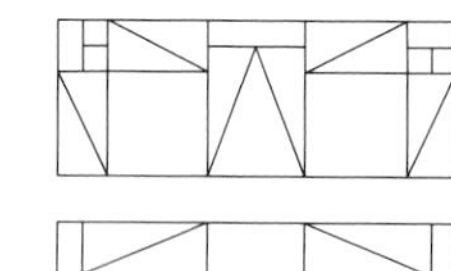

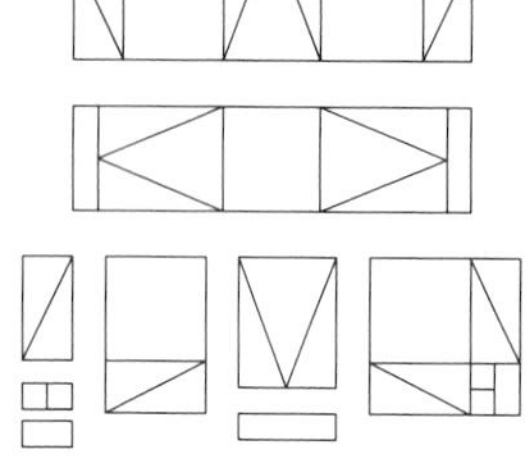

657 Double Tulip
雙重鬱金香

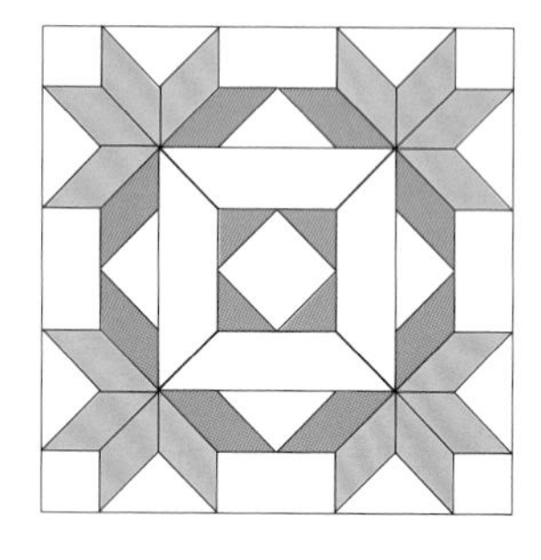

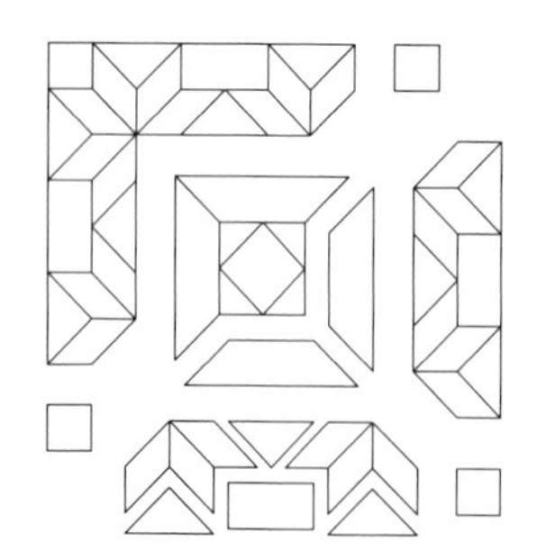

658 Modern Daisy
摩登雛菊

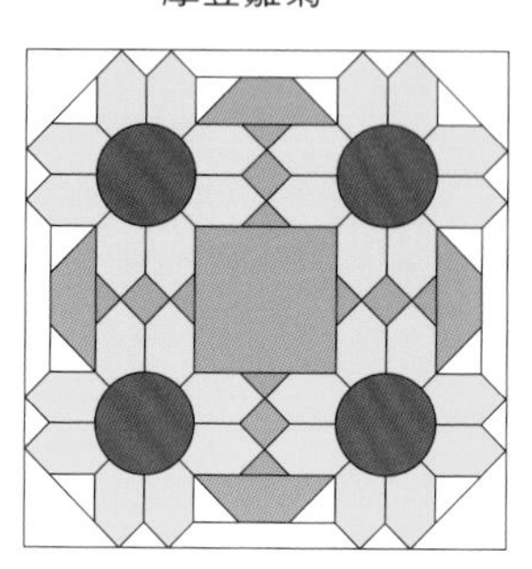

659 Whirling Tulip
旋轉鬱金香

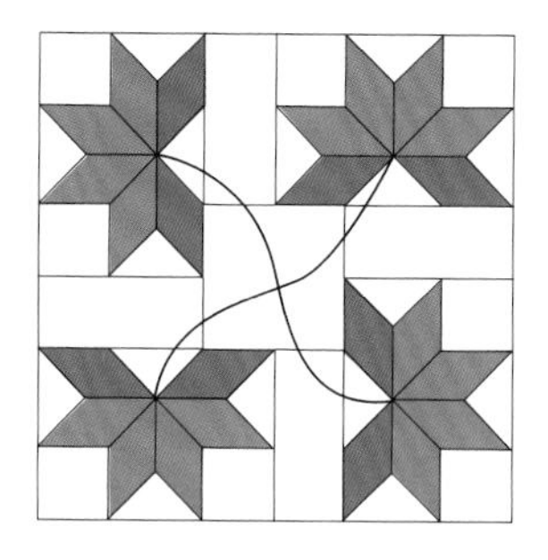

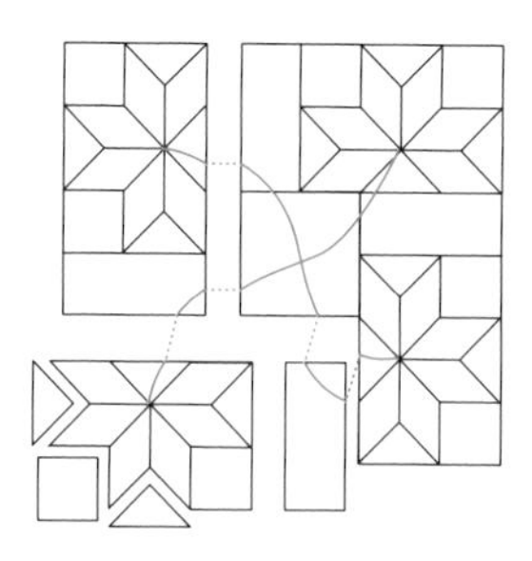

660 Grandmother's Tulip
祖母的鬱金香

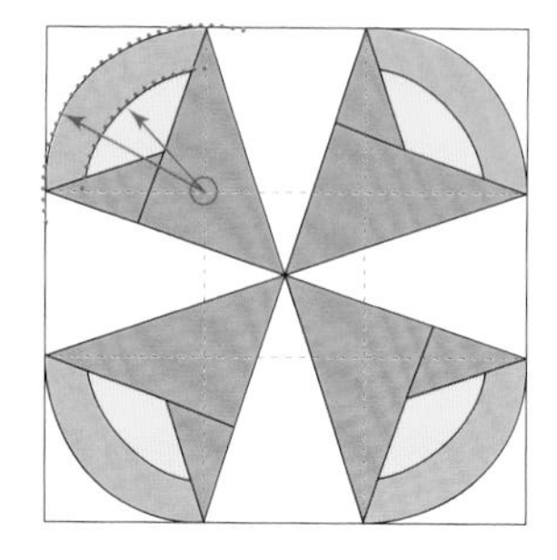

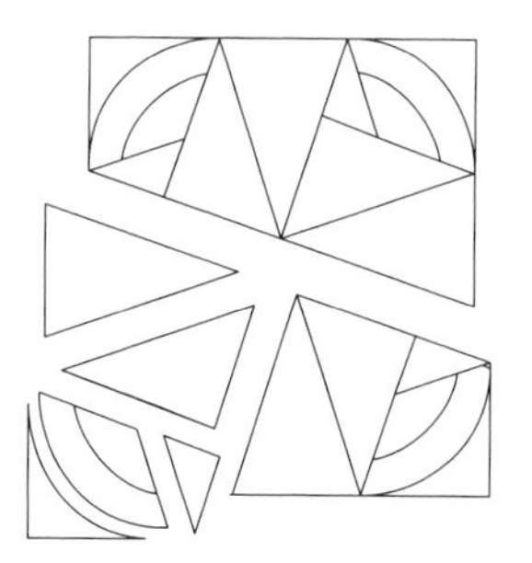

花朵種類變化
Flower Variation

拼接而成的花朵圖案構成一幅小壁飾。以邊框圍出四格空間，即使是顏色與設計不同的圖案組合在一起，仍相當有整體感。

No.632　No.634
No.629　No.630

生物　Lives

生物指的不只是動物，還有鳥、魚、昆蟲……運用這些可愛的設計，製作嬰兒拼布作品也很不錯。

661 Butterfly
蝴蝶

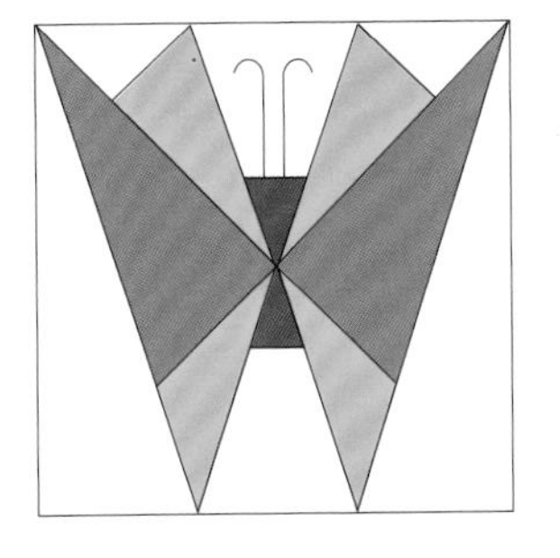

662 Butterfly
蝴蝶

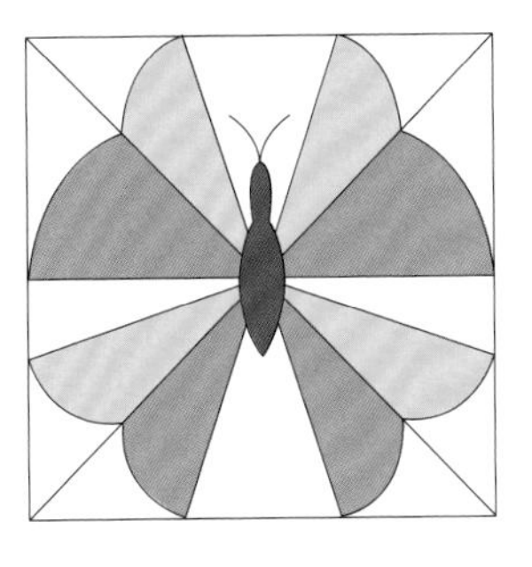
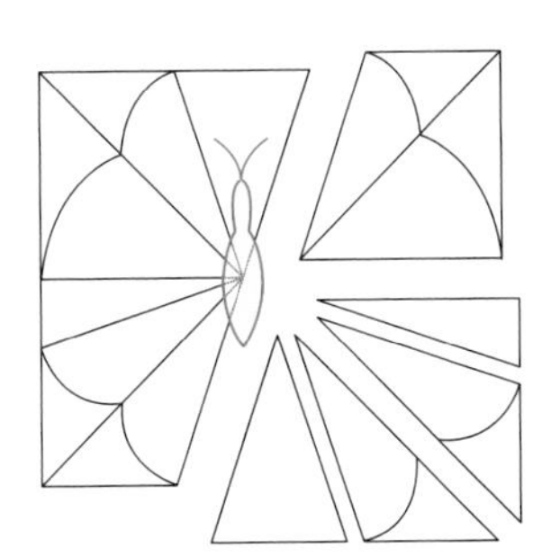

663 Butterfly
蝴蝶

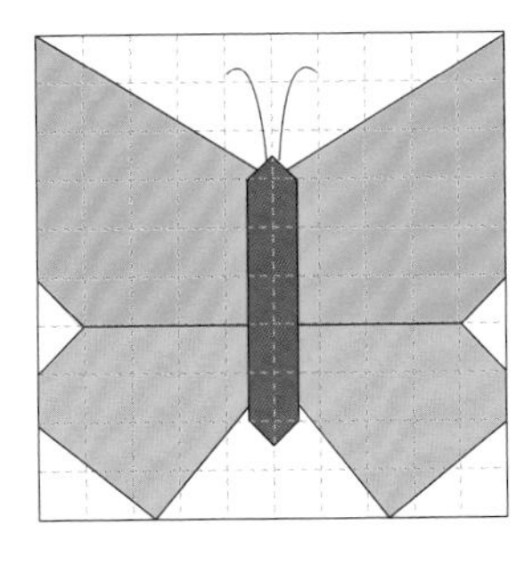
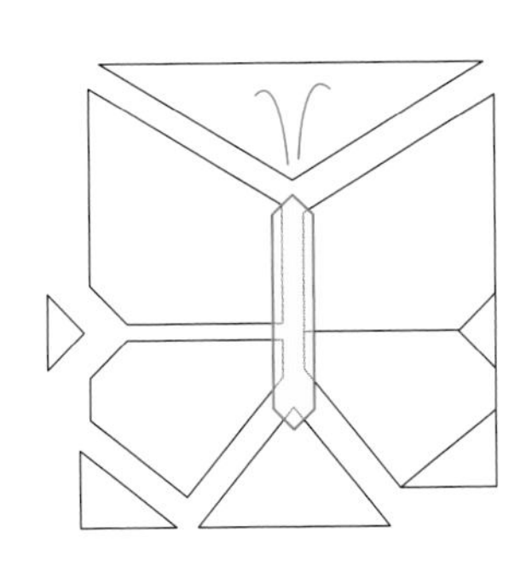

664 Butterfly
蝴蝶

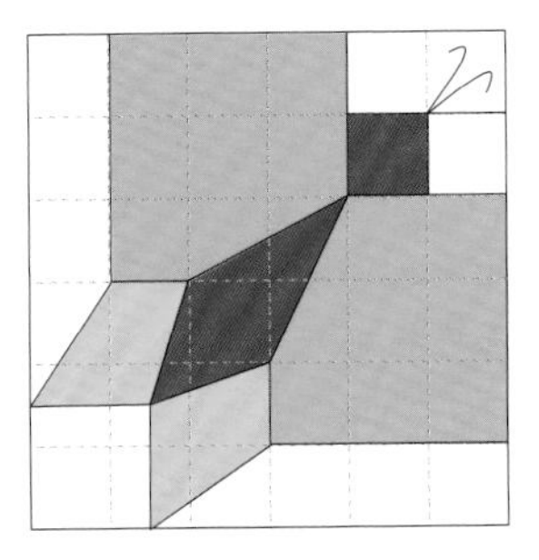
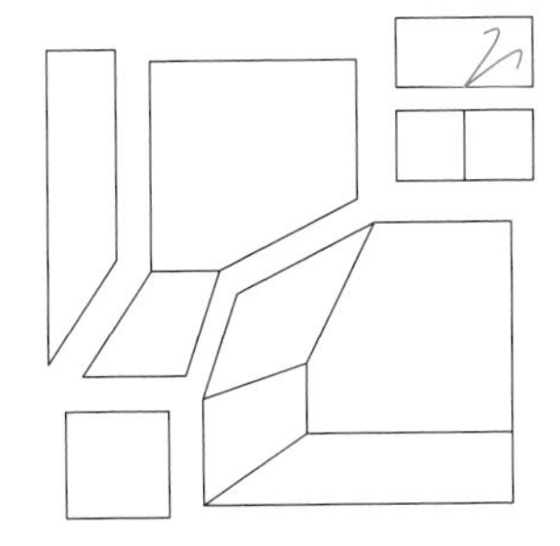

665 Nighttime Butterflies
夜間蝴蝶

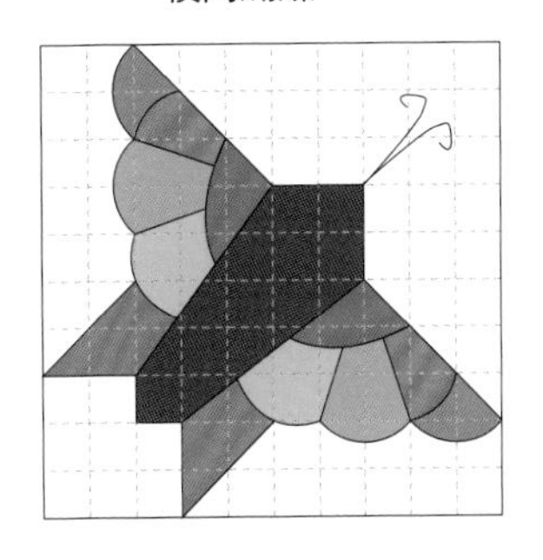
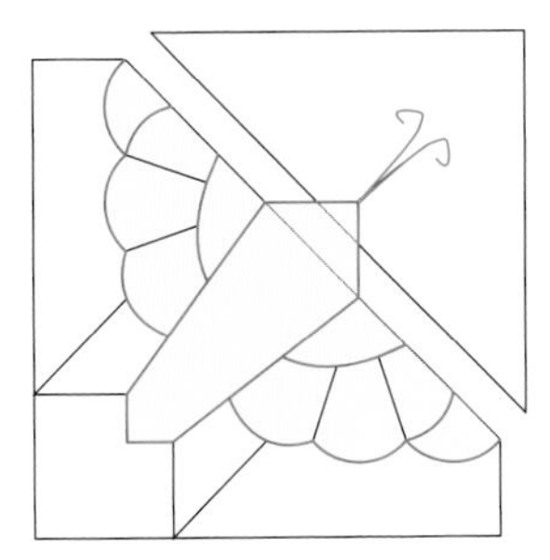

666 Pieced Butterfly
拼接蝴蝶

667 Butterfly
蝴蝶

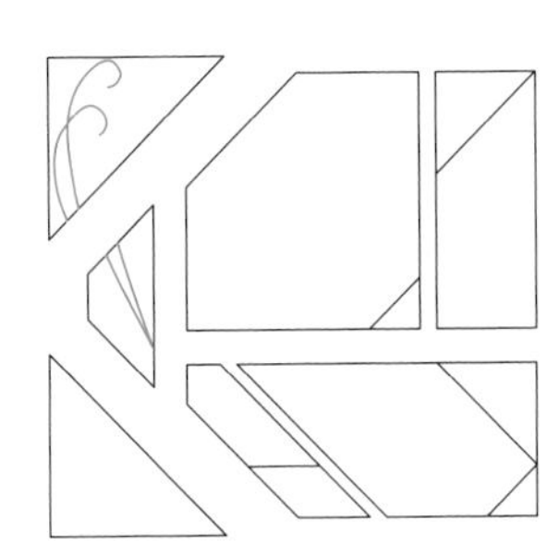

668 Honey Bee
蜜蜂

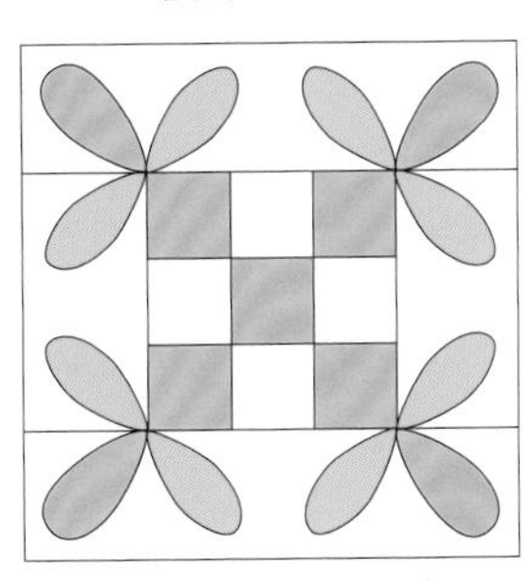
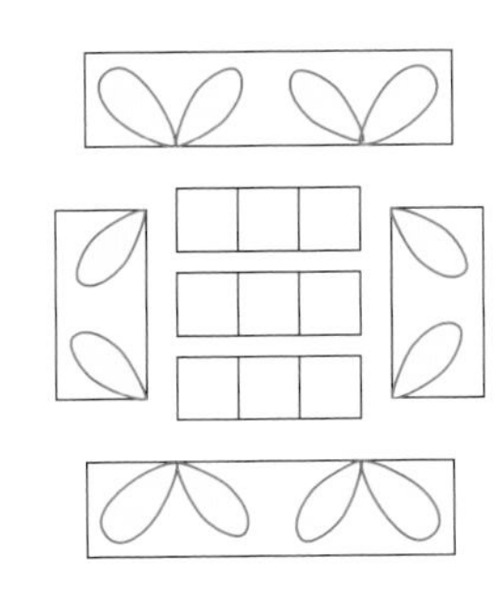

669 Fly
蒼蠅

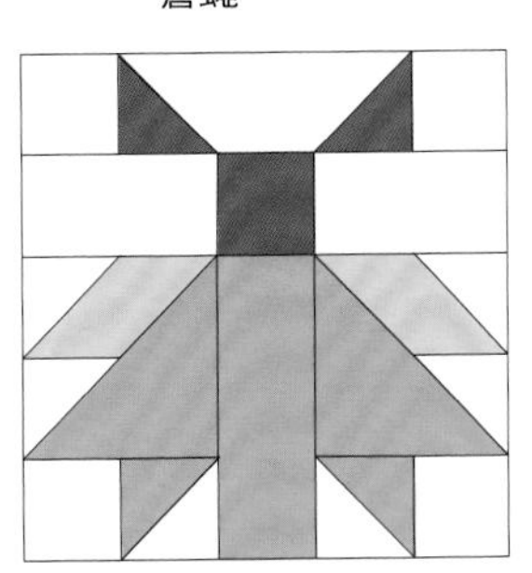
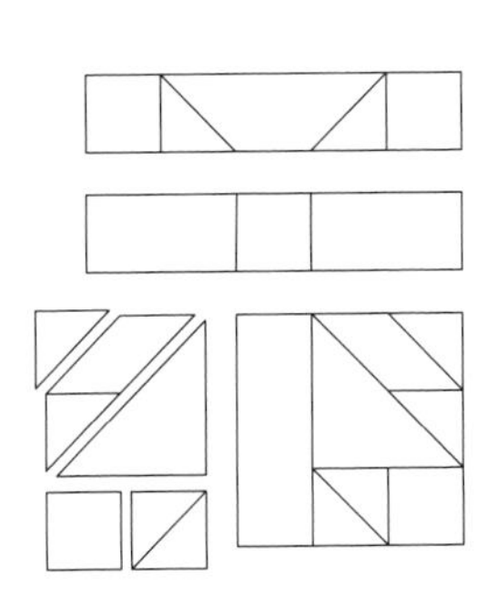

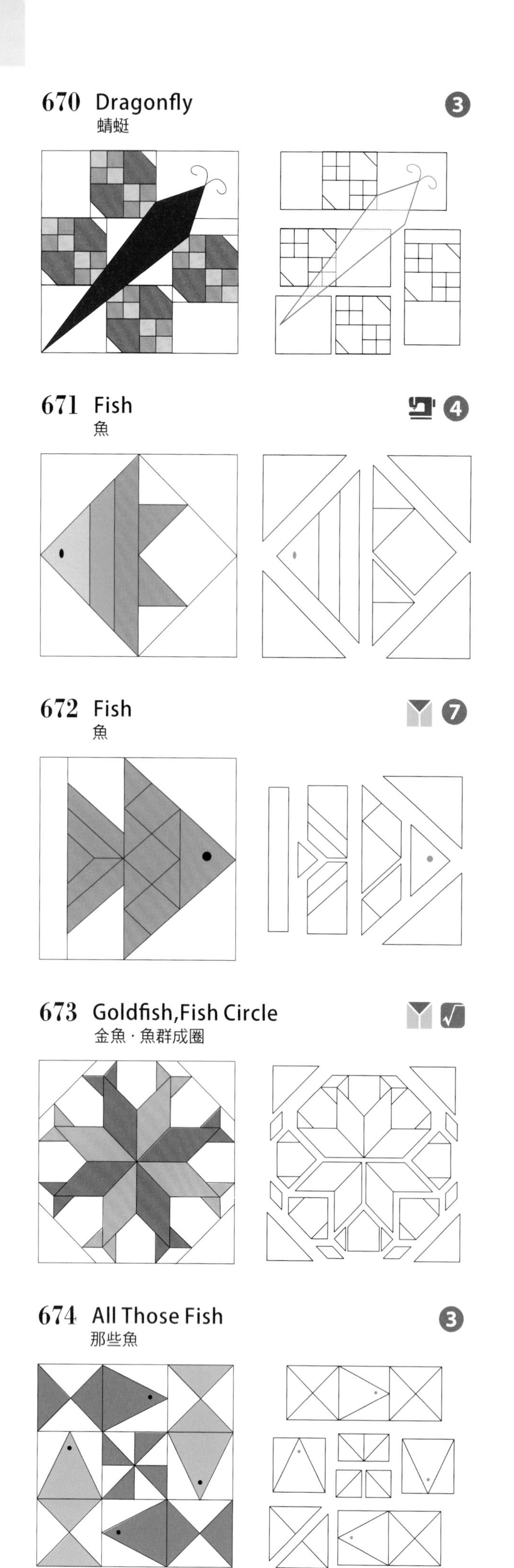
670 Dragonfly
蜻蜓
671 Fish
魚
672 Fish
魚
673 Goldfish,Fish Circle
金魚 · 魚群成圈
674 All Those Fish
那些魚

675 Fish
魚
676 Flying Fish
飛舞的魚
677 Little Turtle in a Box
盒中小龜
678 Frog
青蛙
679 Eagle
老鷹

680 Jonathan Livingston Seagull
天地一沙鷗

681 Seagull
海鷗

682 Chicken
小雞

683 The Big Chicken
大雞

684 Peacock
孔雀

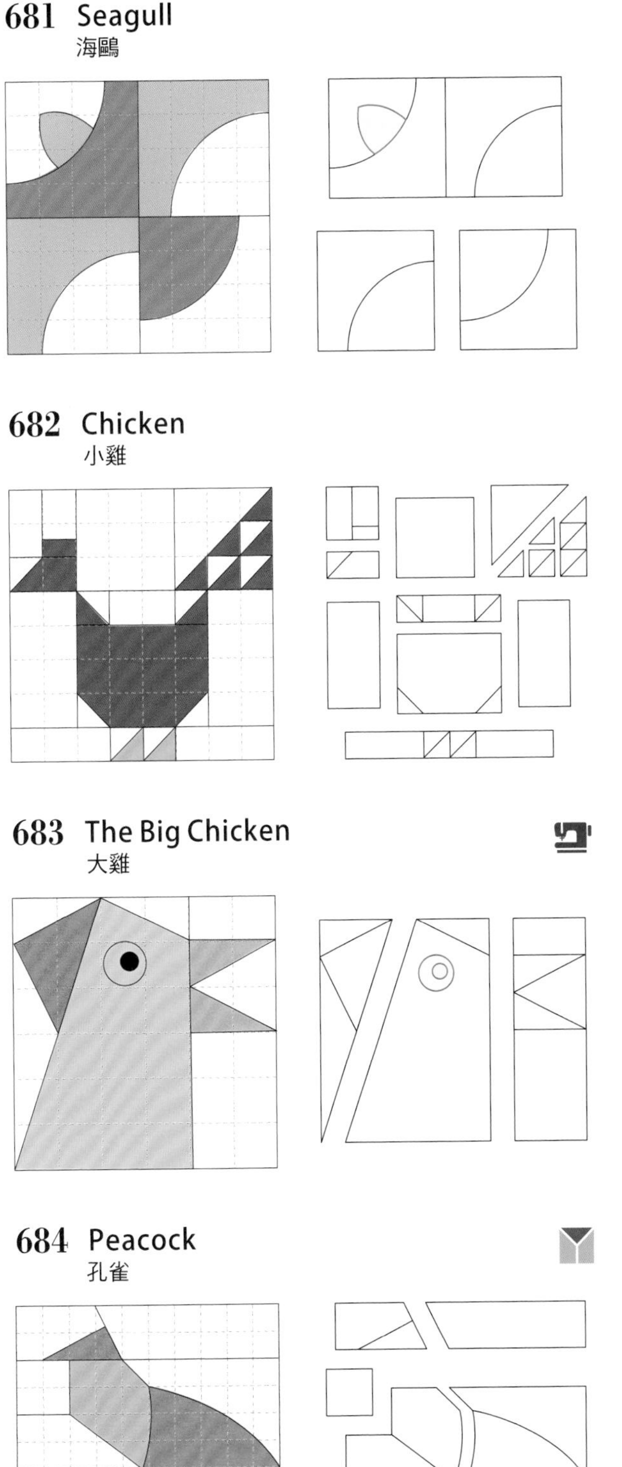

685 Duck
鴨子

686 Turkey
火雞

687 Cat
貓咪

688 Cat
貓咪

689 Scrap Cats
貓臉

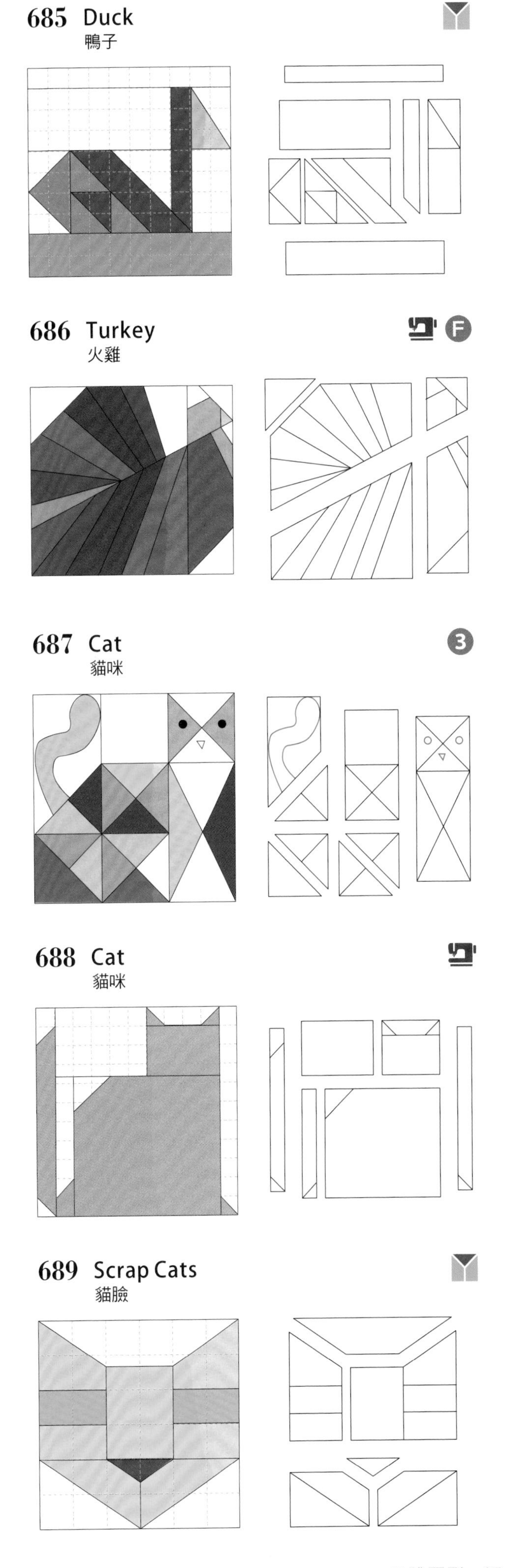

690 Scottie Dog
蘇格蘭獵犬

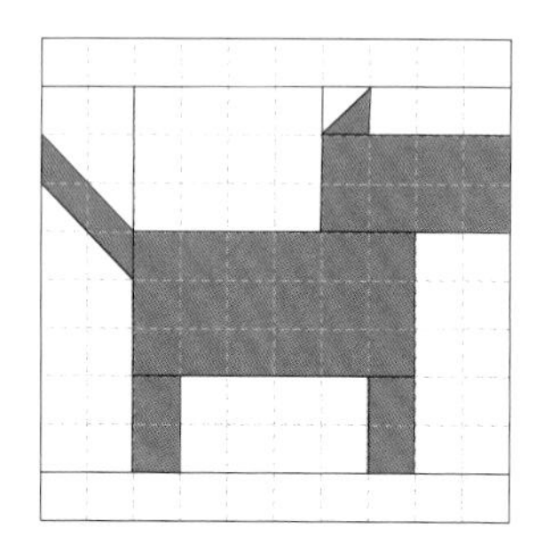
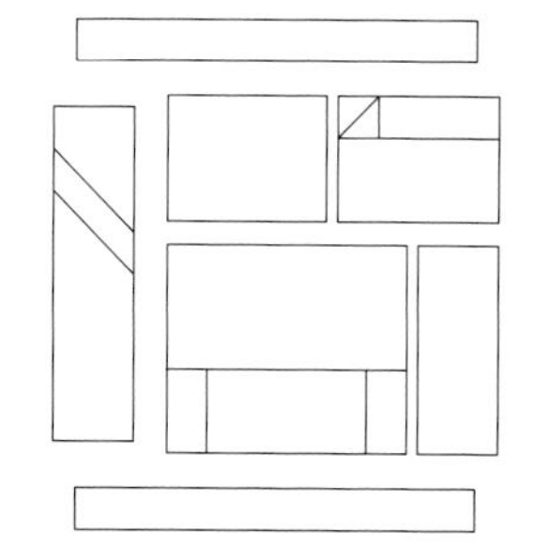

691 Hobby Horse, Rocking Horse
馬頭杆・搖擺木馬

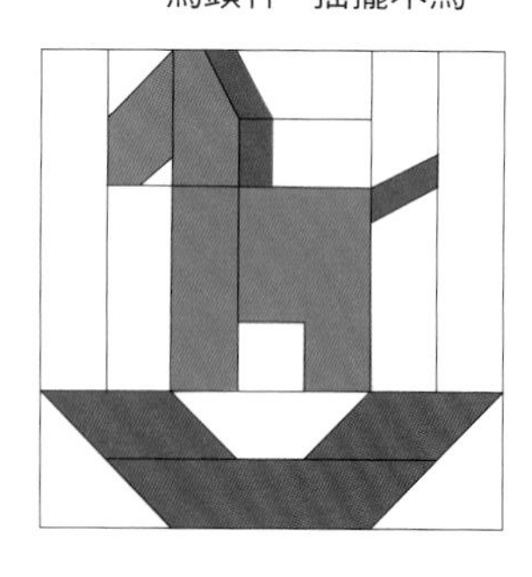
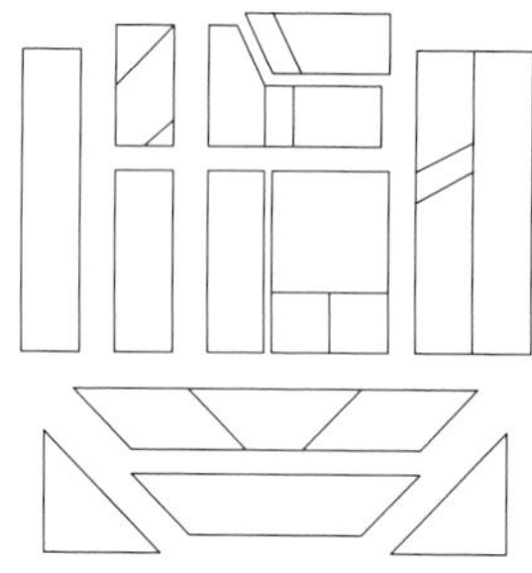

692 Elephant
大象

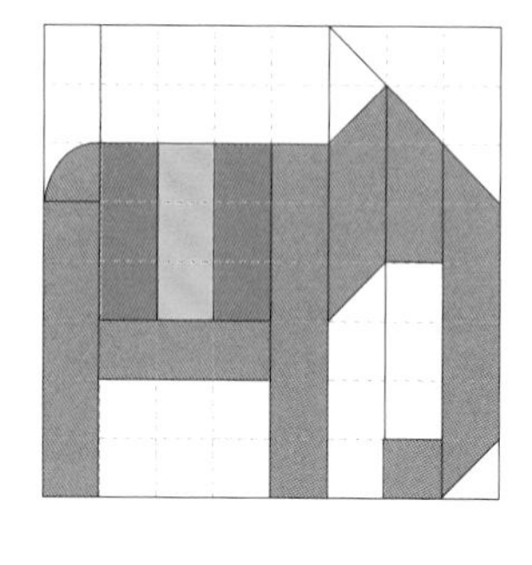
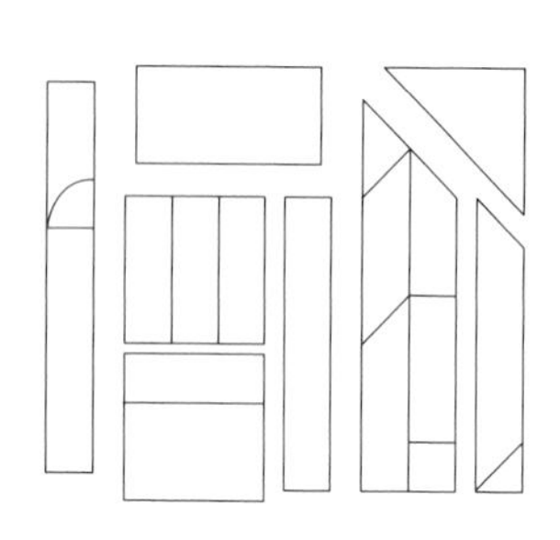

693 Giddyap
Giddyap

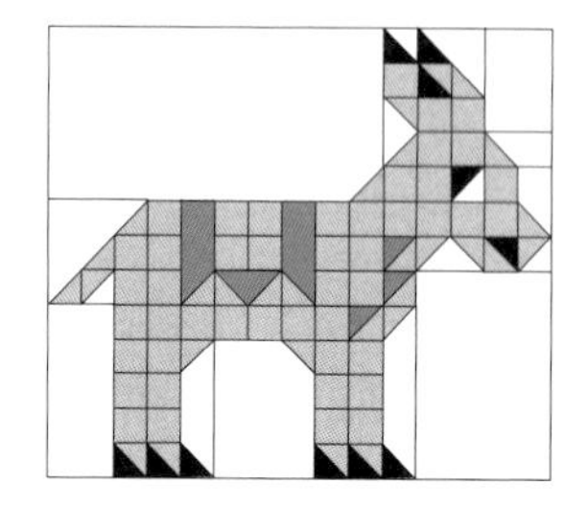
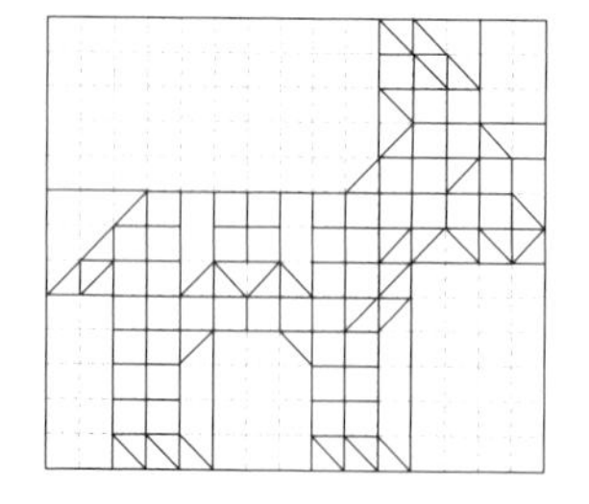

694 The Dog Quilt
小狗

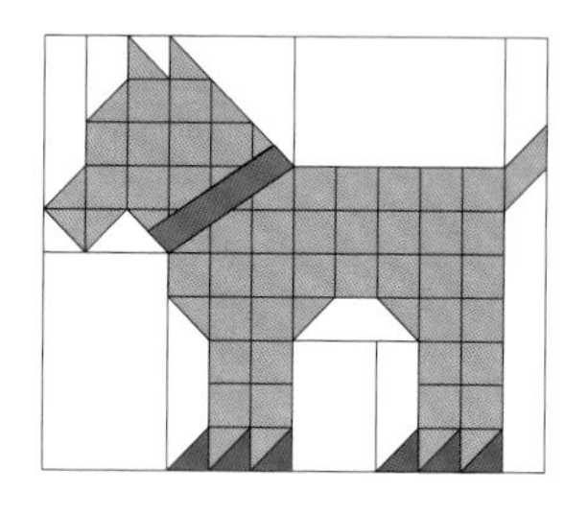
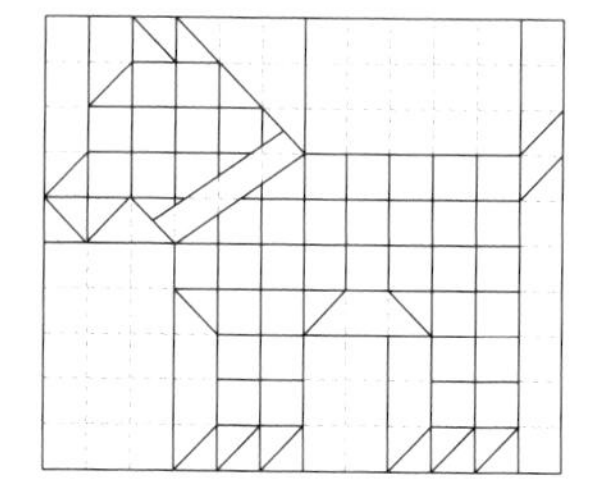

695 Ararat
Ararat

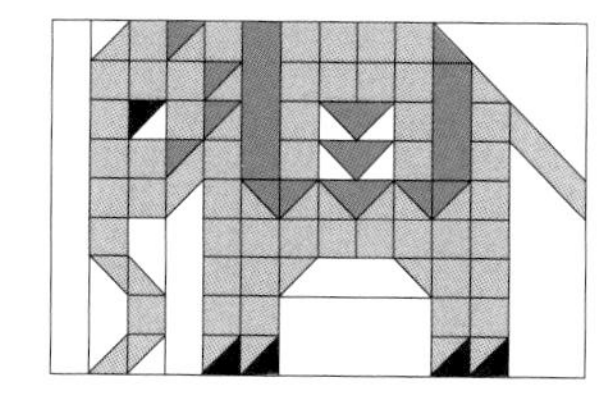
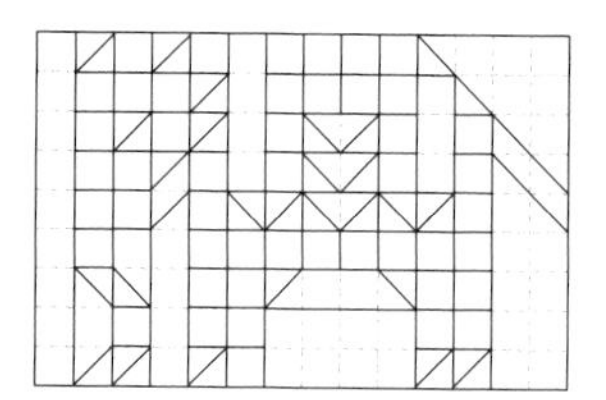

696 Koala
無尾熊

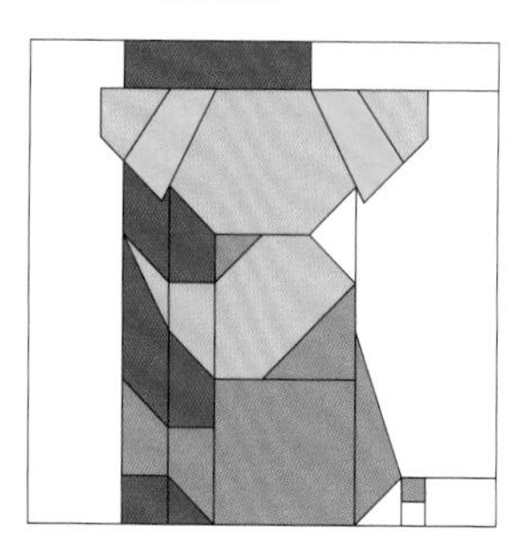
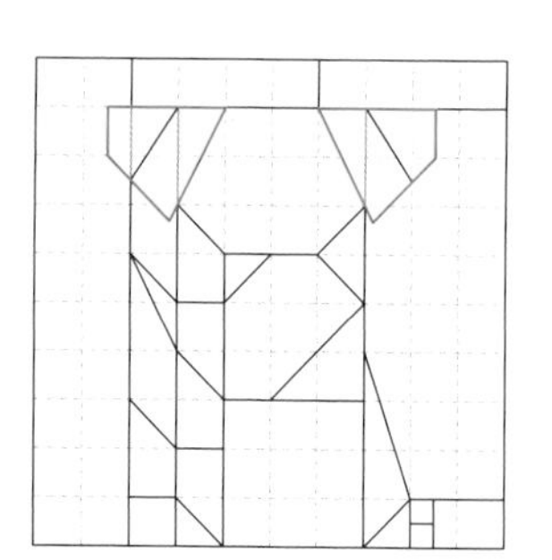

697 Mouse
老鼠

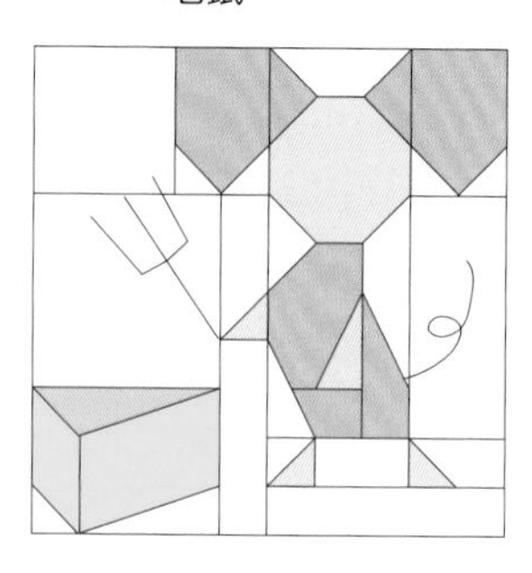
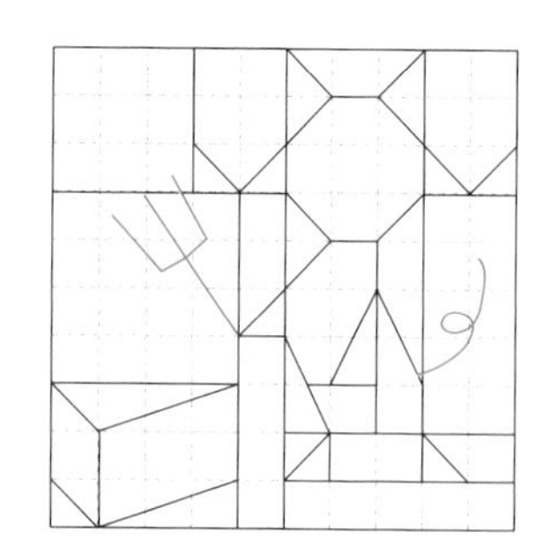

698 Squirrel
松鼠

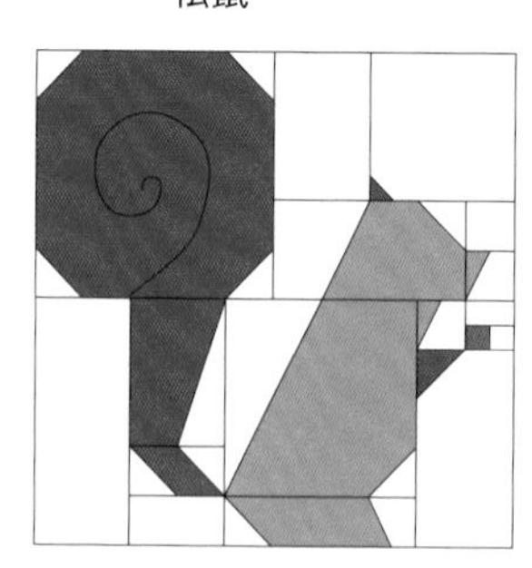
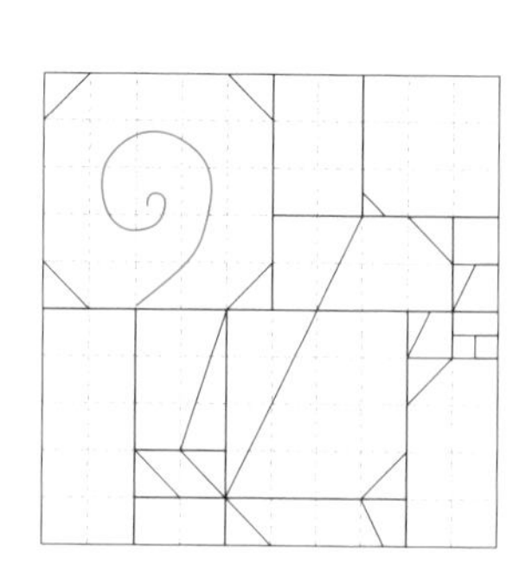

699 Rabbit
兔子

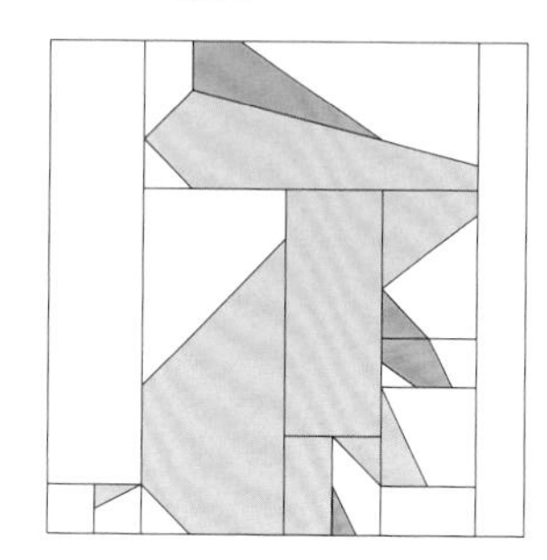
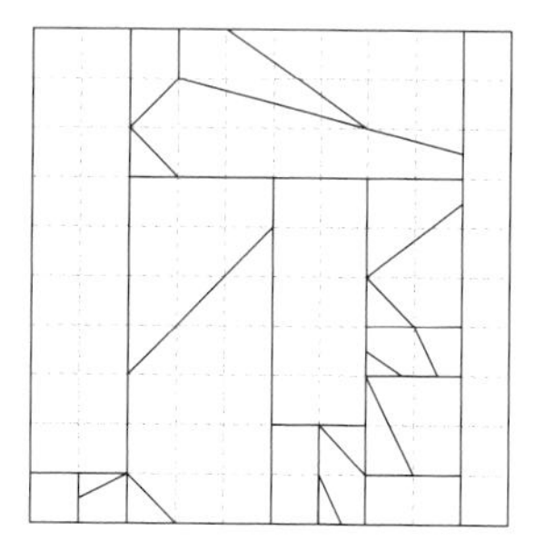

提籃 Baskets

提籃的設計種類很多，是美國拓荒時期的生活必需品之一，亦是豐收與富足的象徵，因此這個圖形受到相當多民眾的喜愛。

700 Little Basket, Fruit Basket ❺
小提籃 · 水果籃

701 Basket ❺
提籃

702 Bread Basket ❹
麵包籃

703 Cherry Basket, Flower Basket ❺
櫻桃提籃 · 花籃

704 Basket, Hanging Basket ❻
提籃 · 吊籃

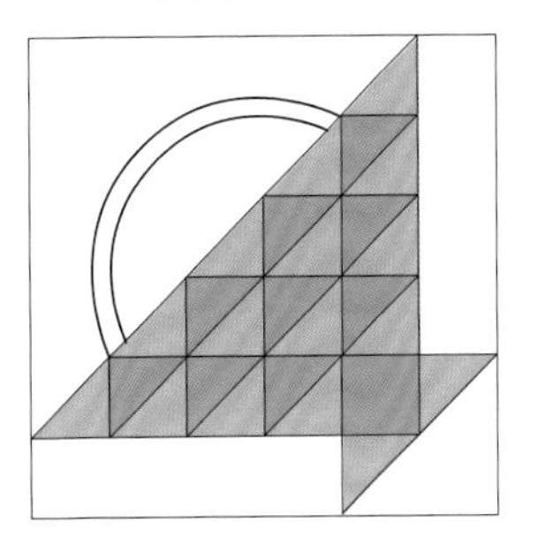

705 Cactus Pot Block ❹
仙人掌花盆

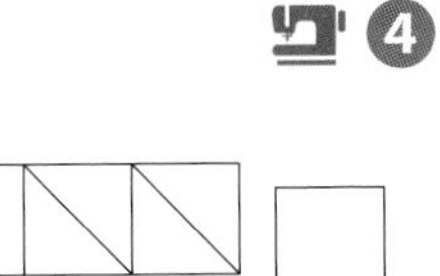

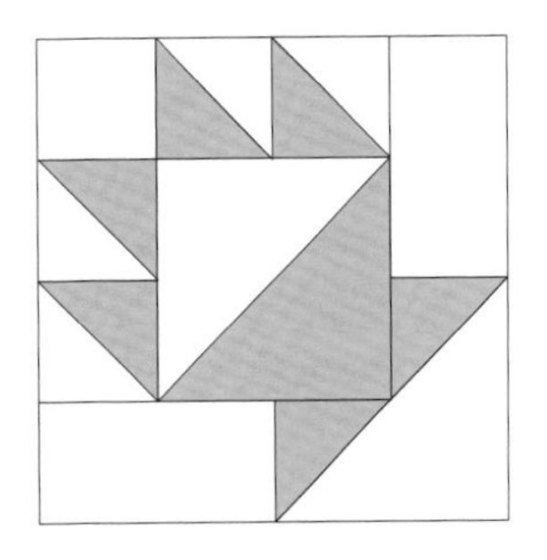

706 Suger Bowl ❹
糖罐子

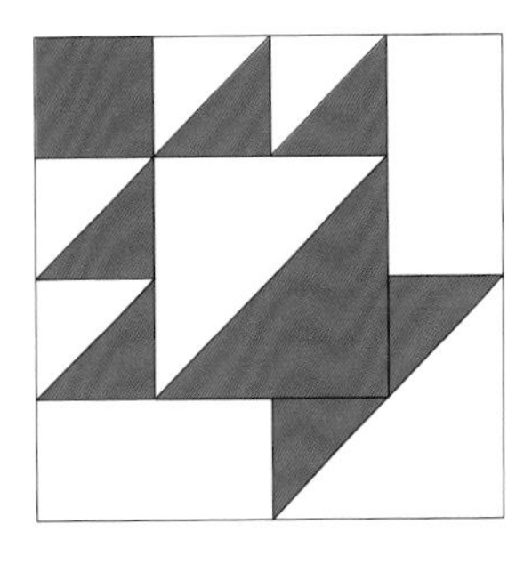

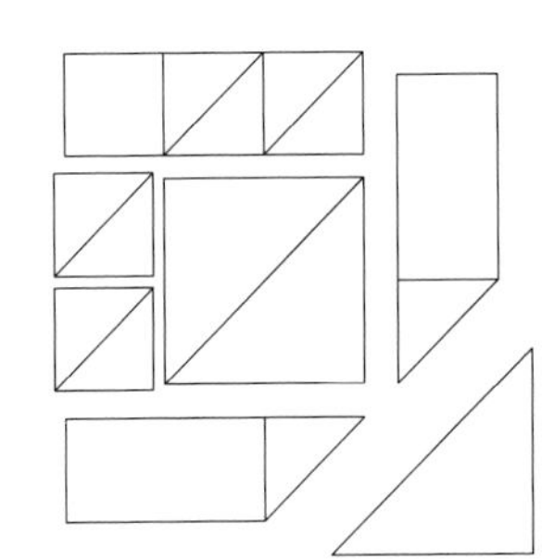

note

提籃＆花朵的貼布繡
Basket & Flower Appliqué

以直線拼接的提籃，使用貼布繡加上花朵或水果後，呈現出另一種溫和且華麗的感覺。

No.703

707 Flower Basket, Basket Quilt
花籃・提籃

4

708 Fruit Basket
水果籃

5

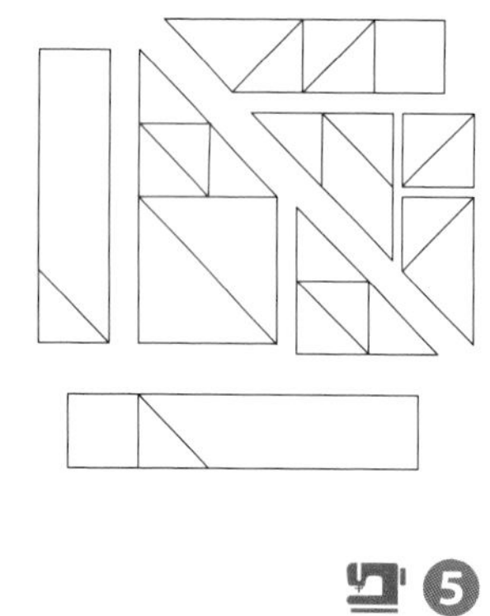

709 Flower Pot
花盆

5

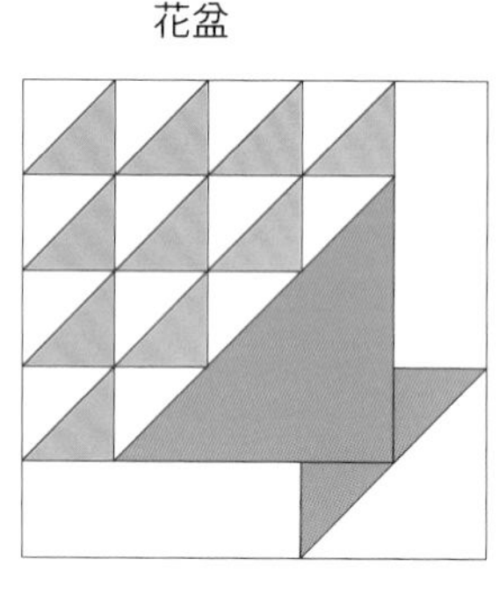

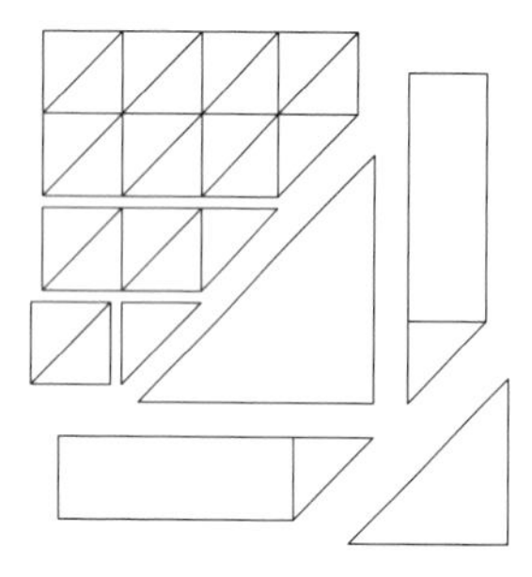

710 Bea's Basket
比斯的提籃

5

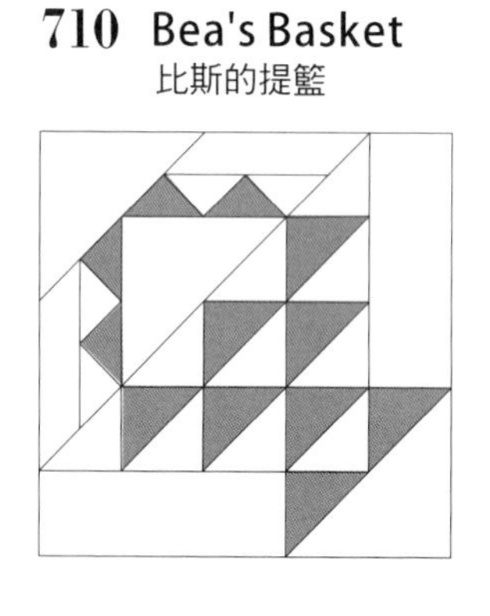

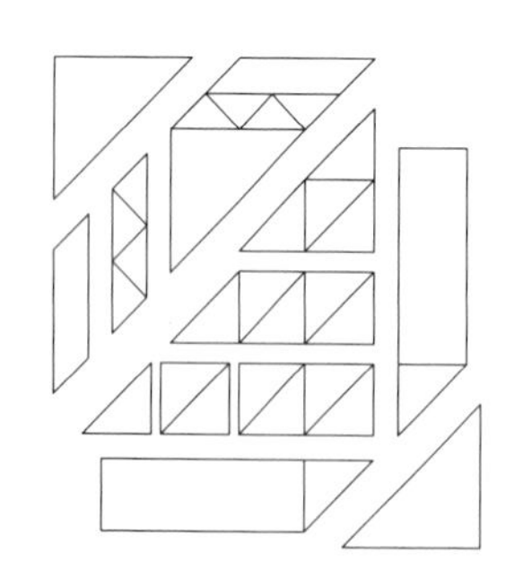

711 Basket
提籃

6

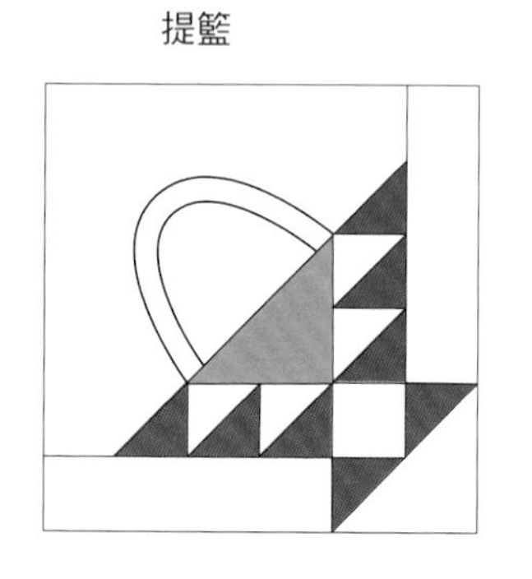

712 Cherry Basket
櫻桃提籃

6

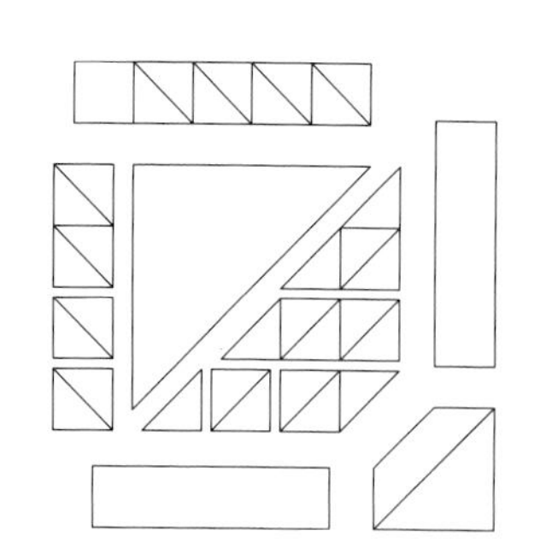

713 Basket of Oranges
橘子提籃

6

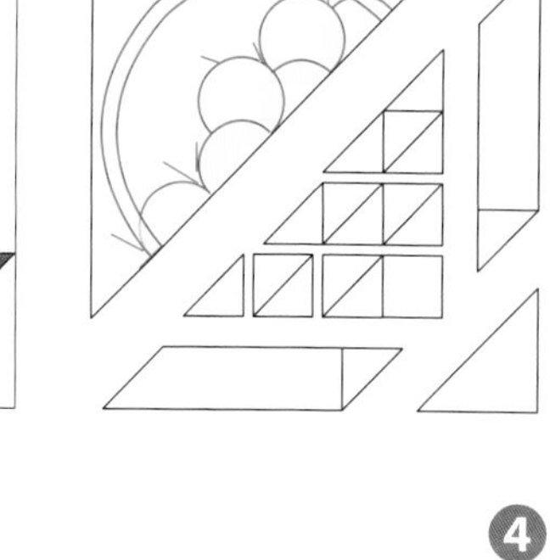

714 Basket
提籃

4

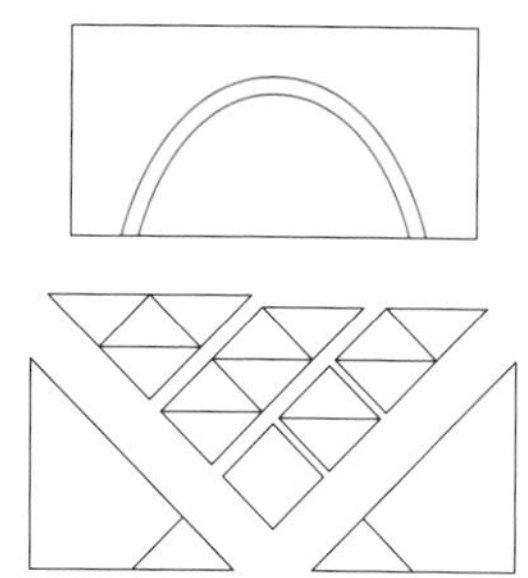

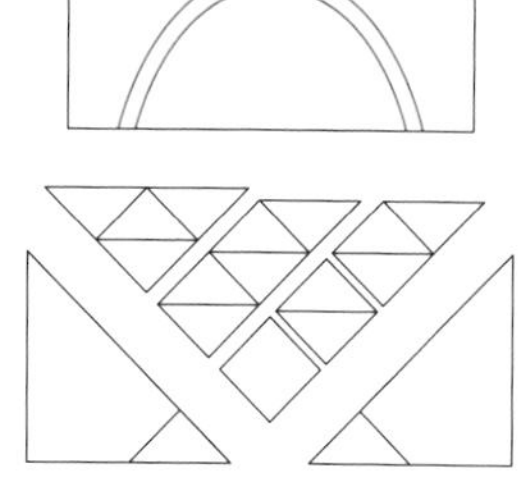

715 Colonial Basket
殖民者提籃

4

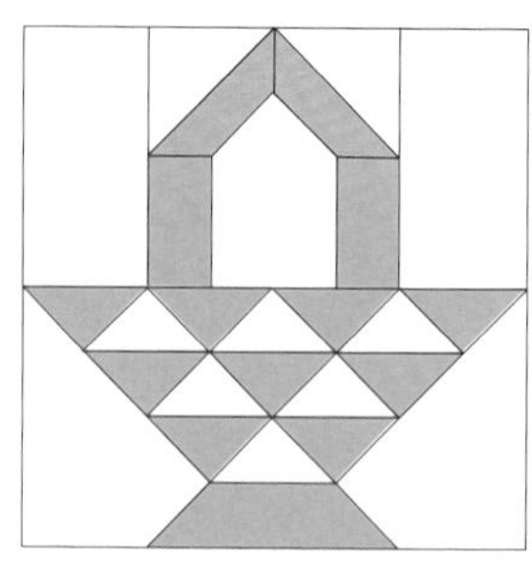

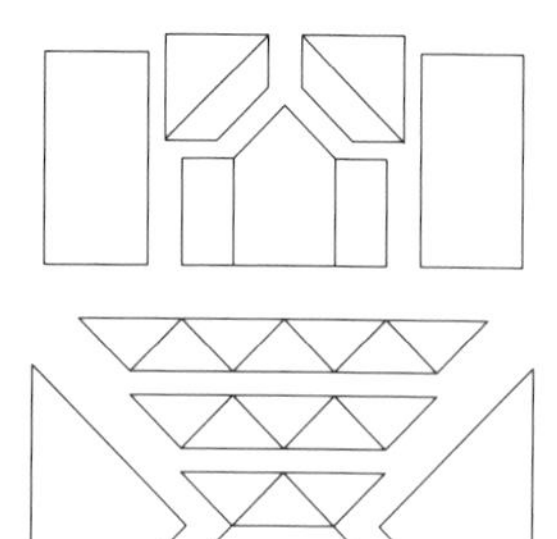

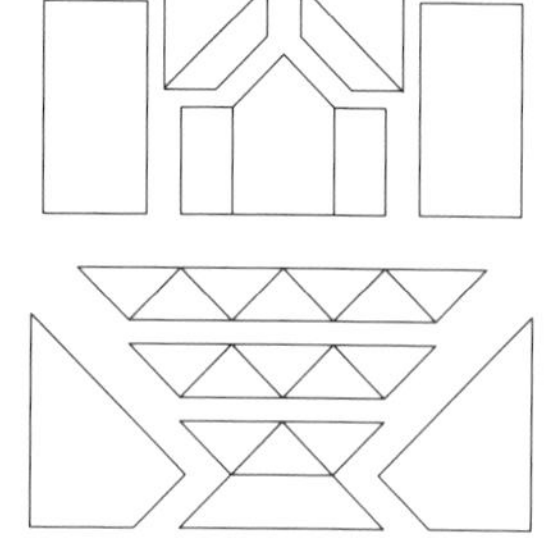

716 Mary's Basket
瑪莉的提籃

11

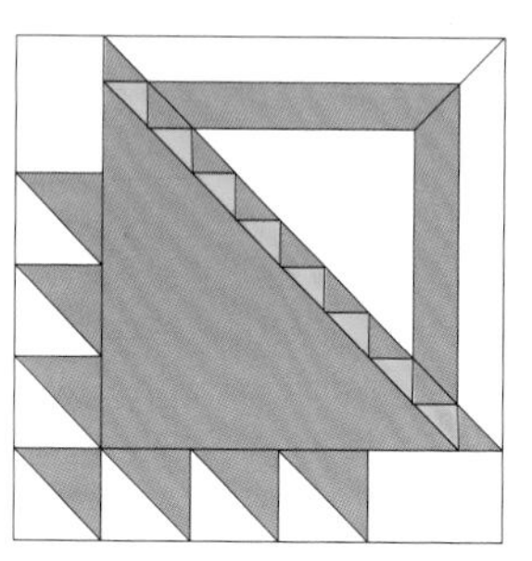

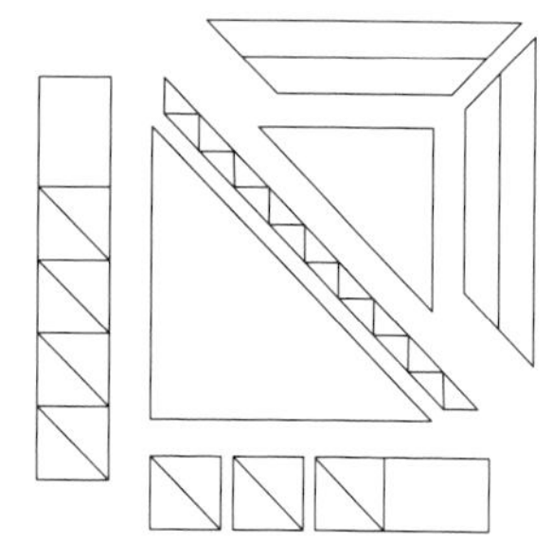

717 Hanging Basket
吊籃

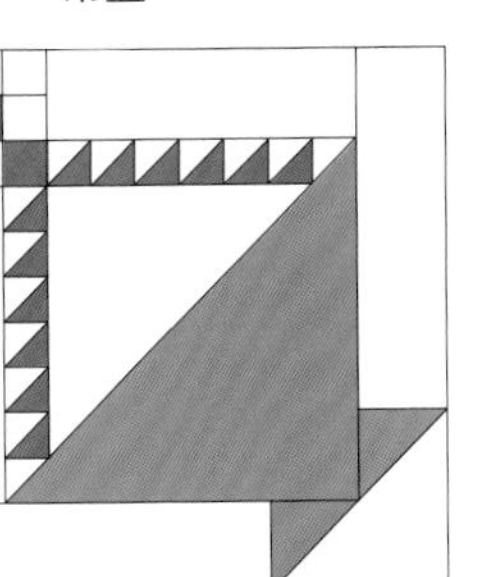
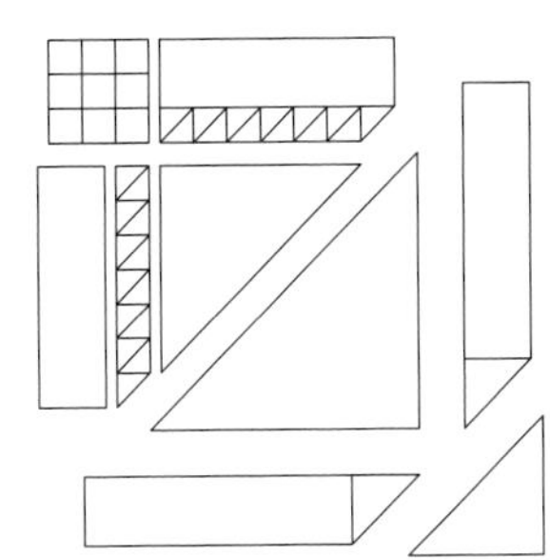

718 Japanese Basket
日本提籃

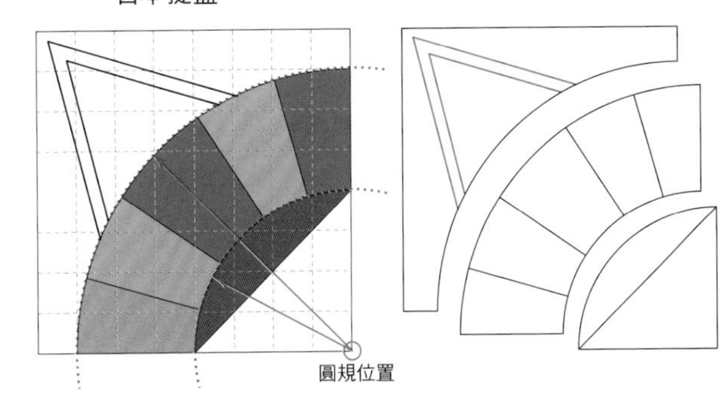

719 A Basket Patch
提籃

720 Tulip Basket, Calico Bush
鬱金香提籃

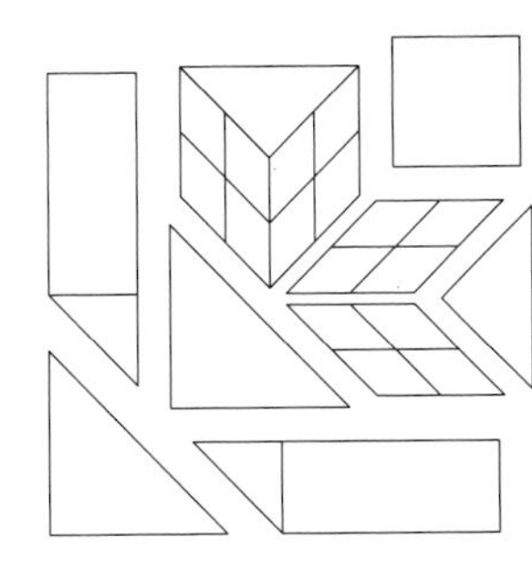

721 Texas Cactus
德州仙人掌

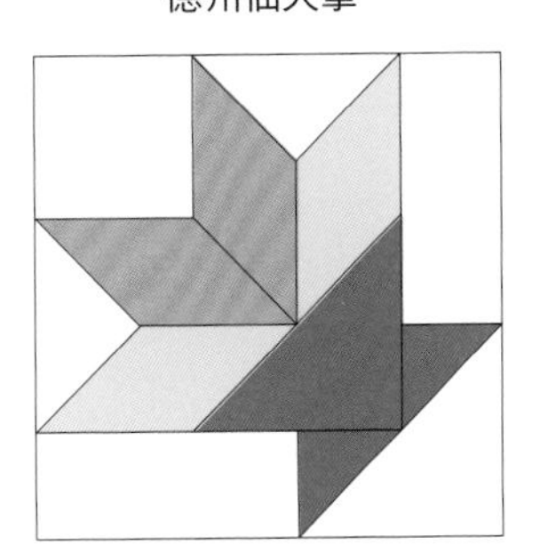
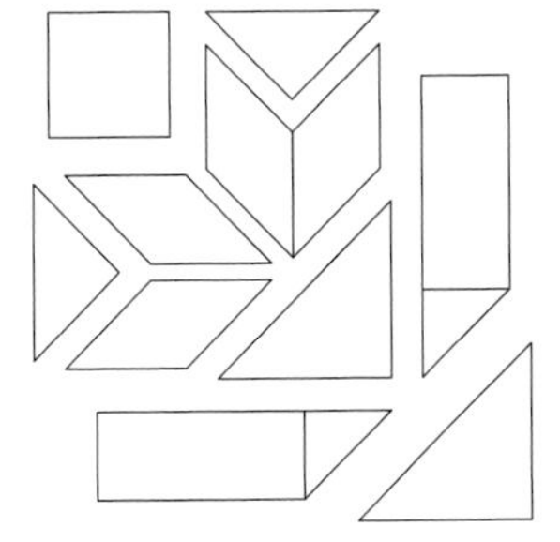

722 Bouquet
花束

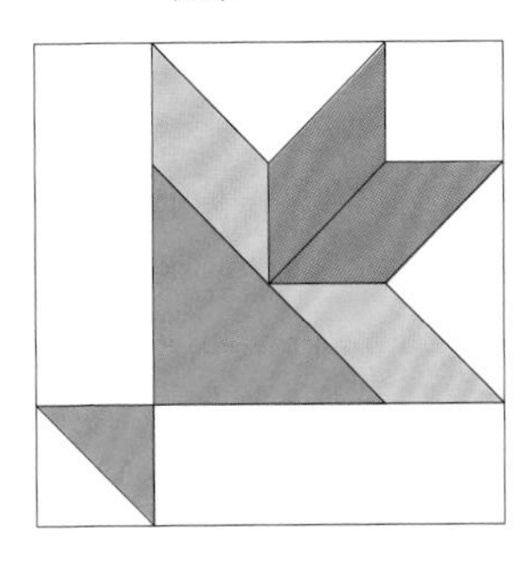
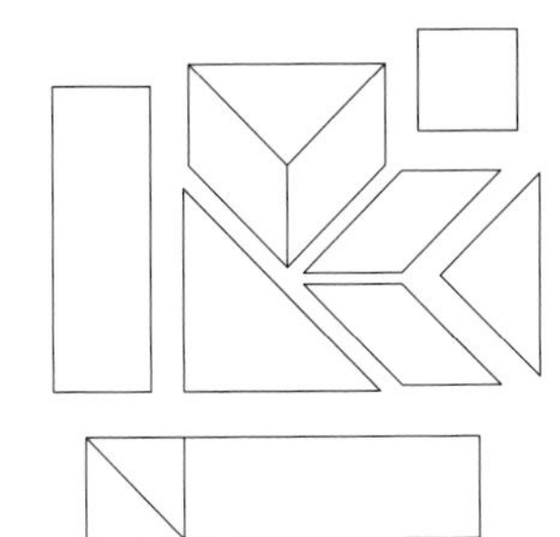

723 Bird at the Window
窗台上的鳥兒

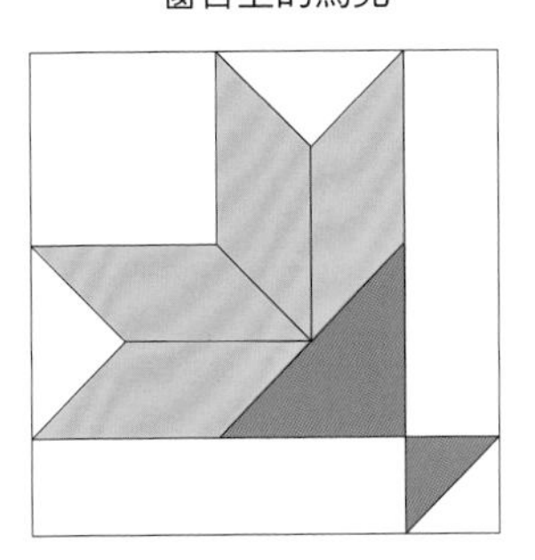
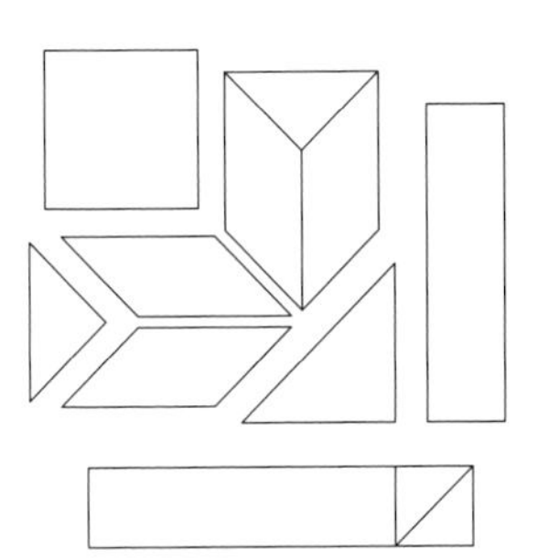

724 Cactus Basket
仙人掌提籃

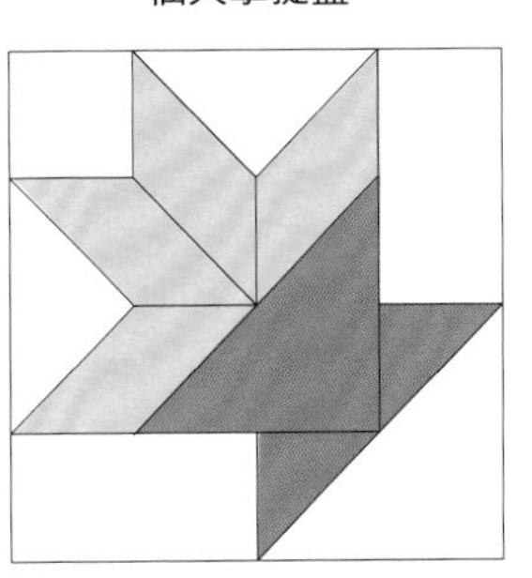
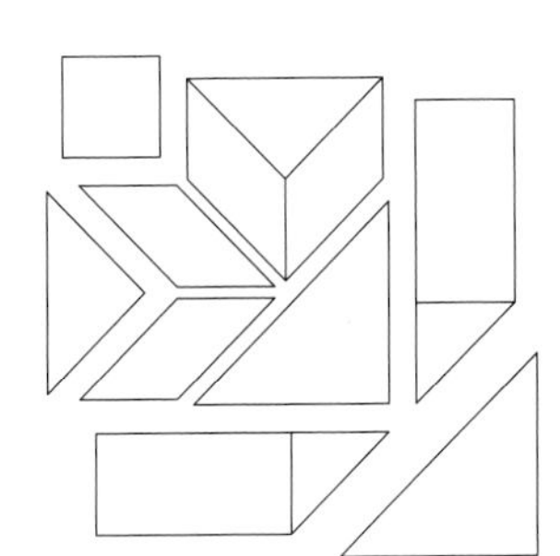

725 Cactus Basket Block
仙人掌提籃方塊

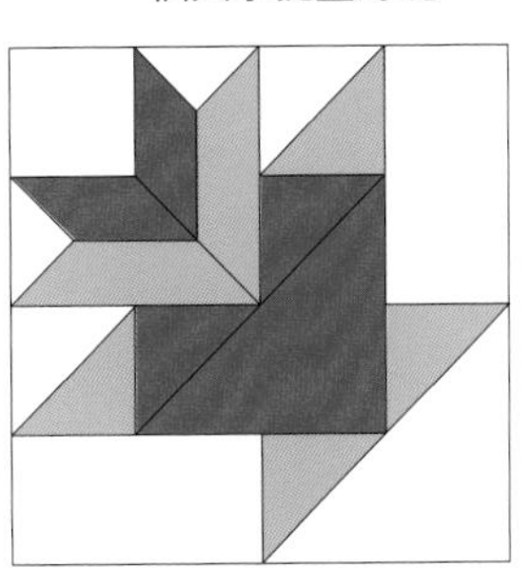
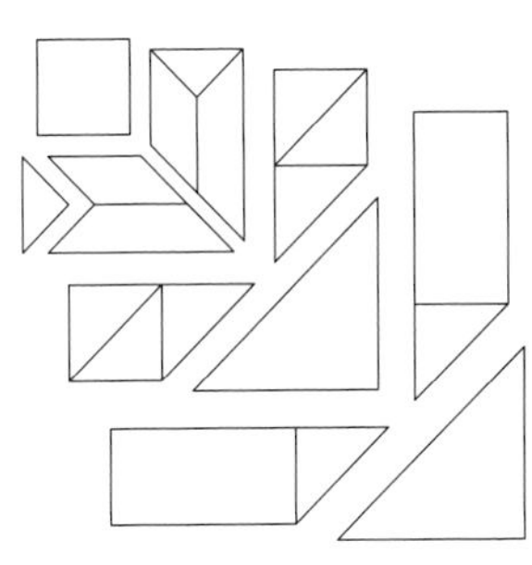

726 Christmas Basket
聖誕提籃

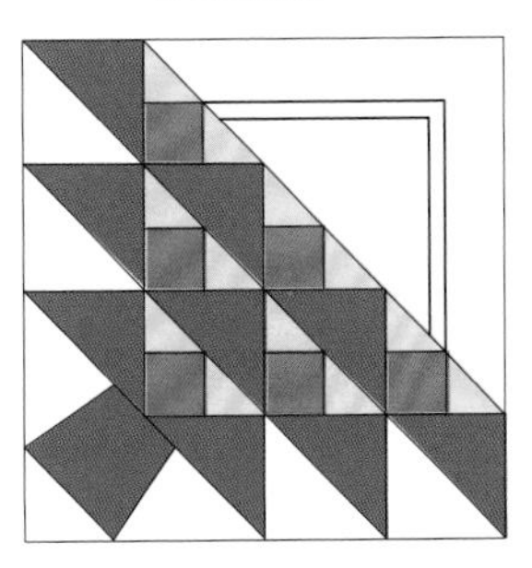
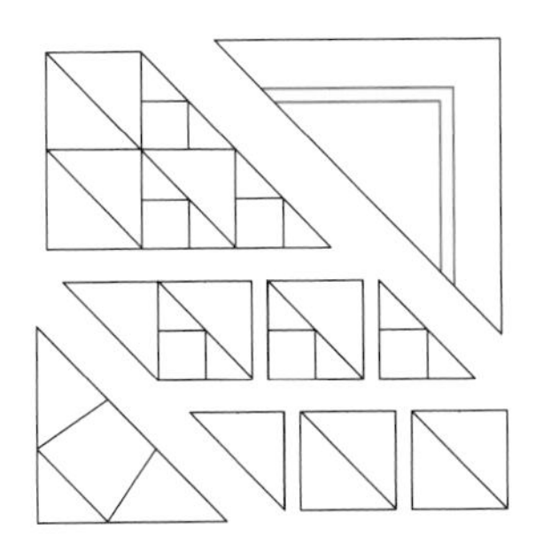

727 Leafy Basket
多葉提籃

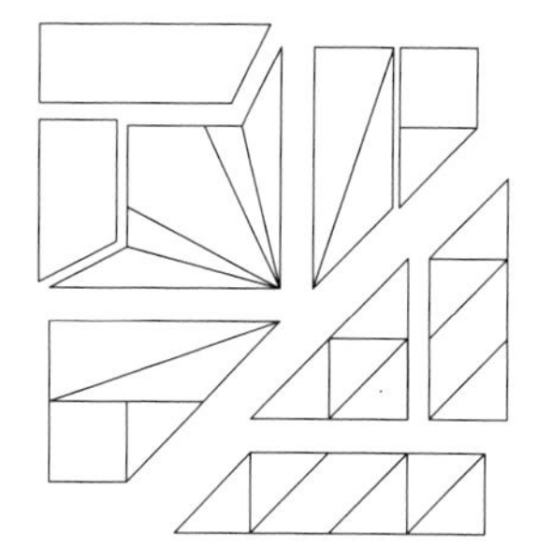

728 Flower Basket
花籃

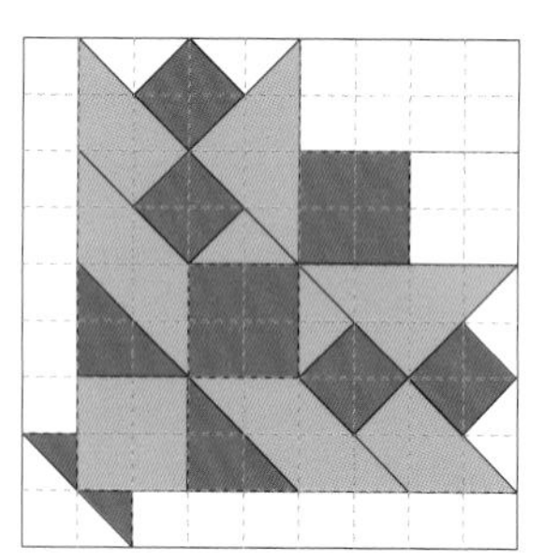

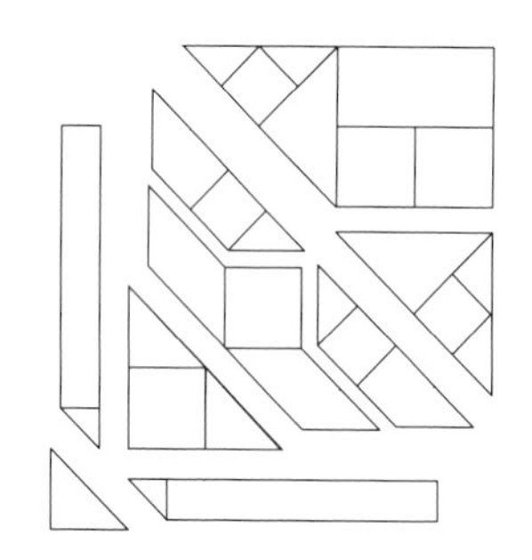

729 Dish of Fruit, Strawberry Basket
水果盛宴·草莓提籃

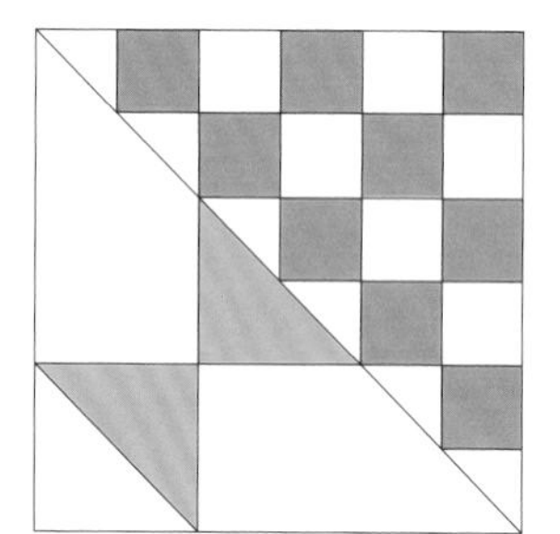

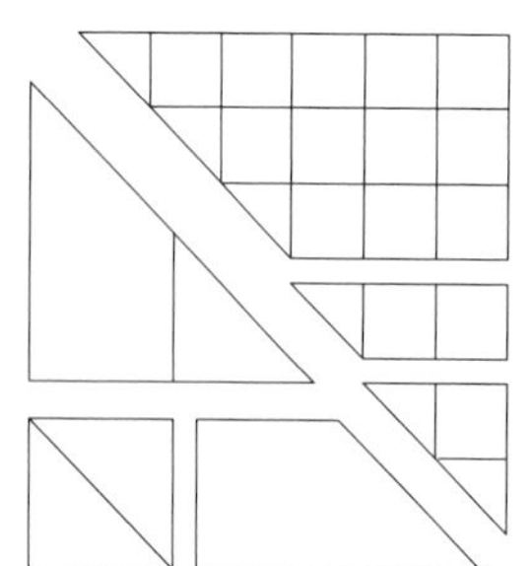

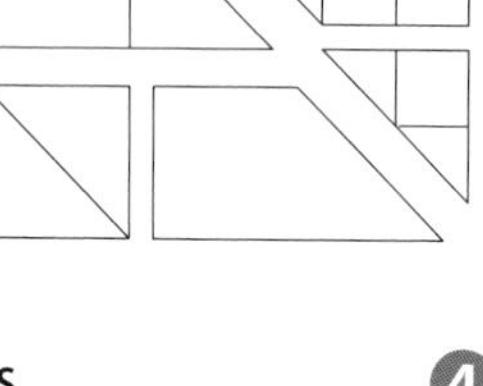

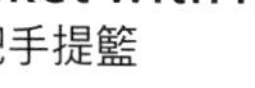

730 Basket with Handles
附把手提籃

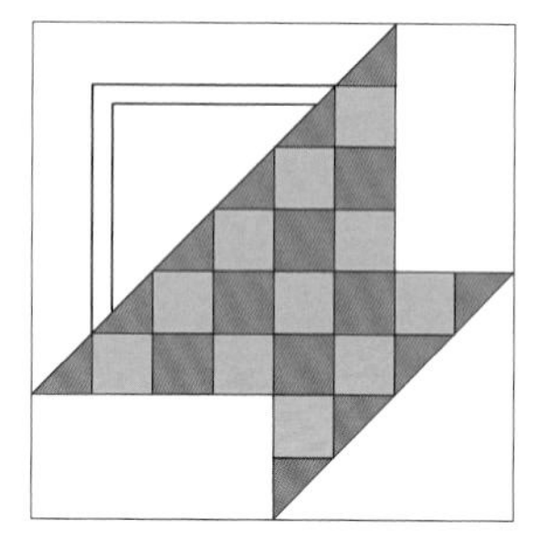

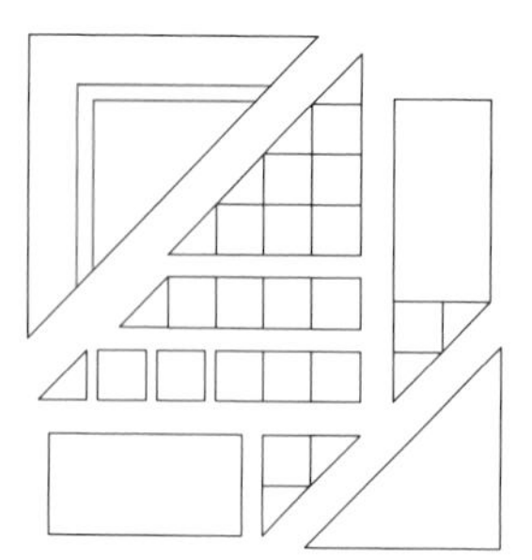

731 No Name Basket
無名提籃

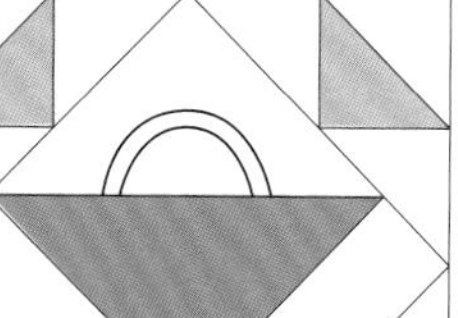

732 Old Fashioned Fruit Basket
復古時尚水果籃

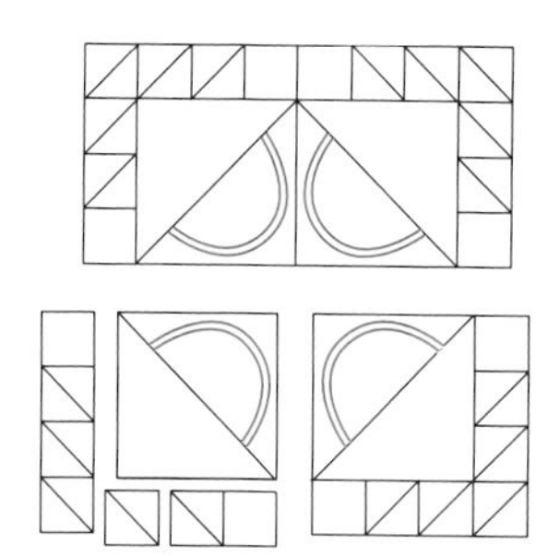

733 Postage Stamp Basket
郵票提籃

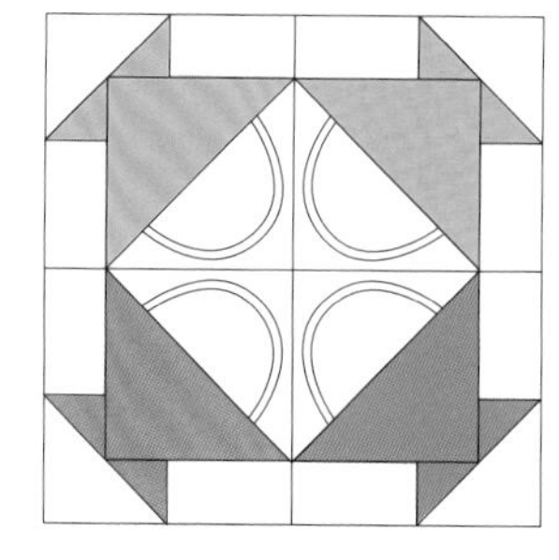

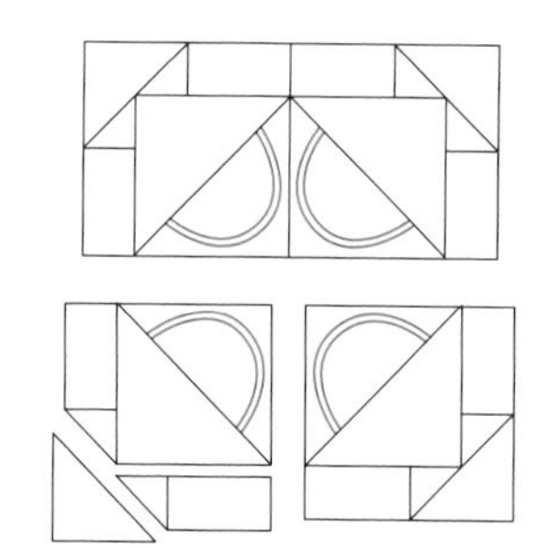

IQSC Object Number:2009.039.0038

Baskets of Flower 花籃

1880-1900年 264×213cm

拼布與貼布繡搭配組合，明亮的配色是出自紐約的作品。花籃以縱向、橫向排列，沿著邊框分成上部與下部，是一幅處處皆巧思的拼布作品。

雜貨 Zakka

雜貨，特別是生活日用品，是具體圖案中經常被設計成拼布圖形，也是很貼近生活的圖案。

734 Spool, Japanese Friendship Block
線軸・日本友誼方塊

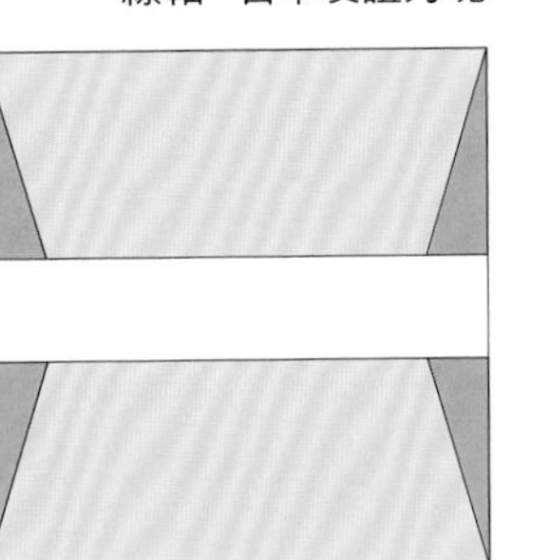
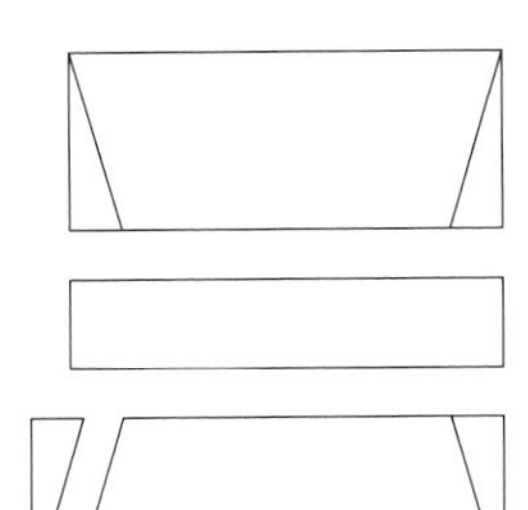

735 Calico Spools
印花棉布線軸

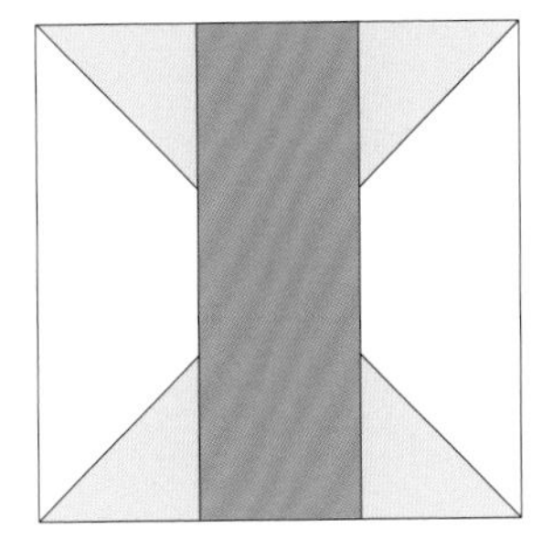
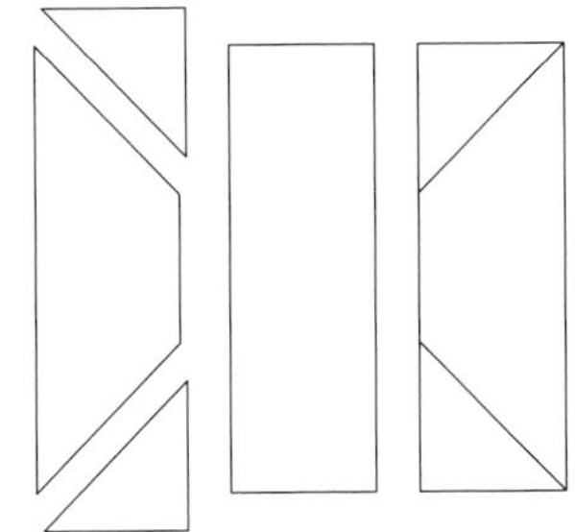

736 Spool
線軸

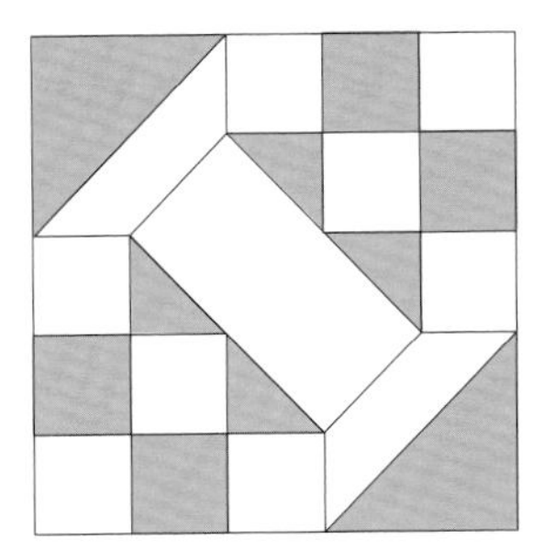
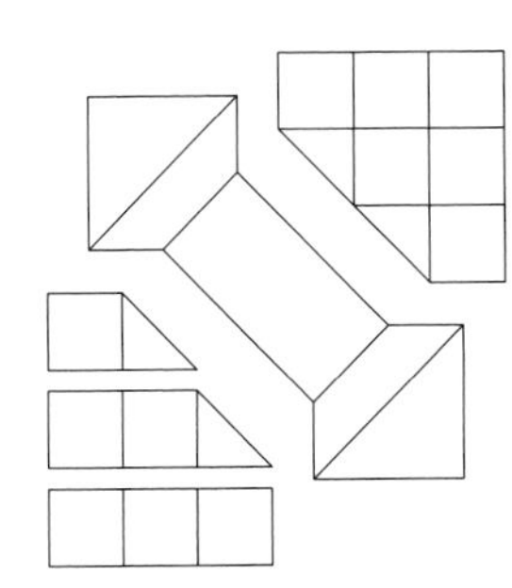

737 Fred's Spool
弗雷德的線軸

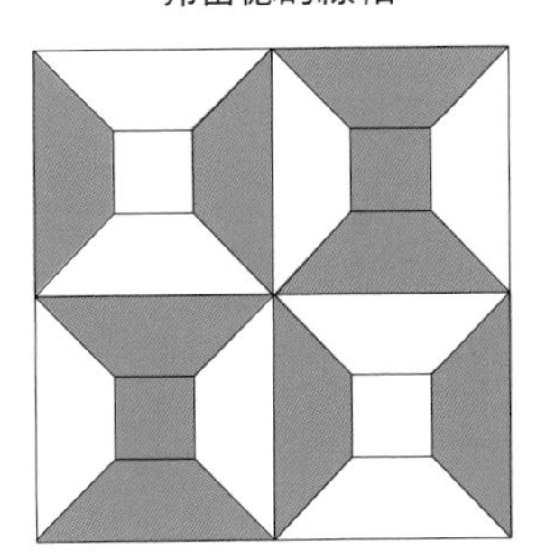
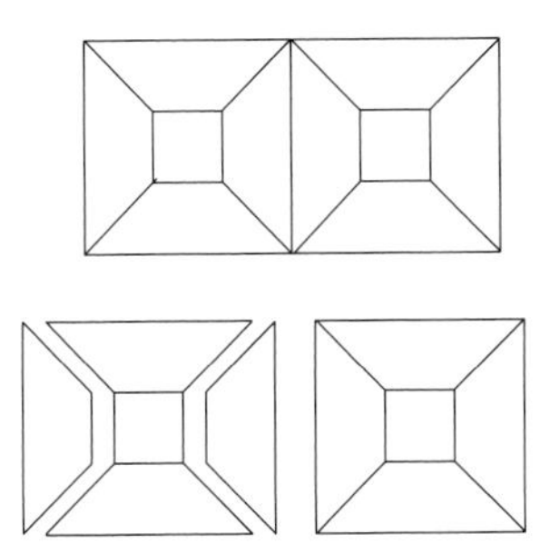

738 Bow-tie, Necktie
領結・領帶

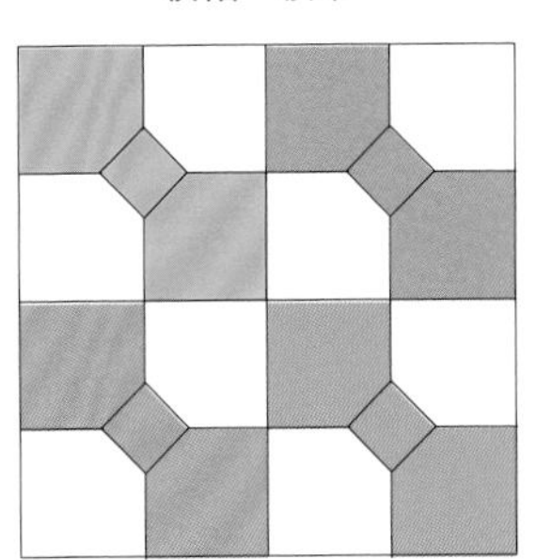
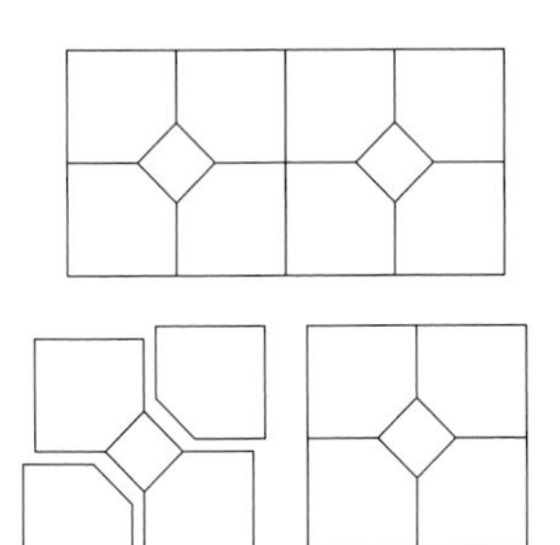

739 Spool, Dog Bone
線軸・狗骨頭

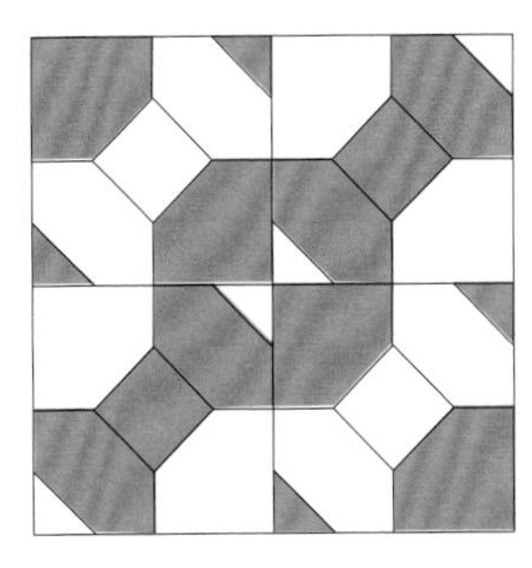
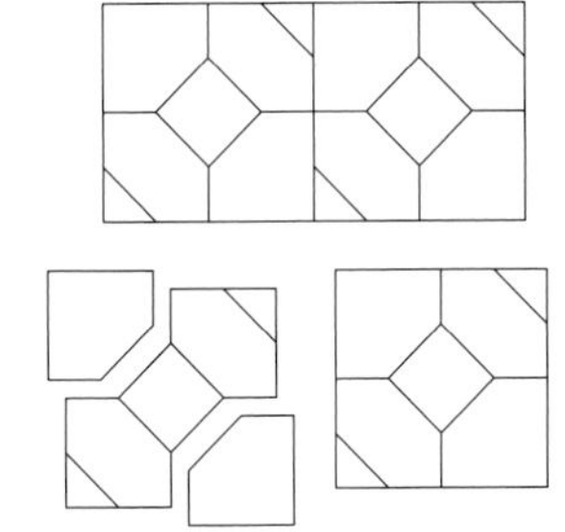

740 Spool
線軸

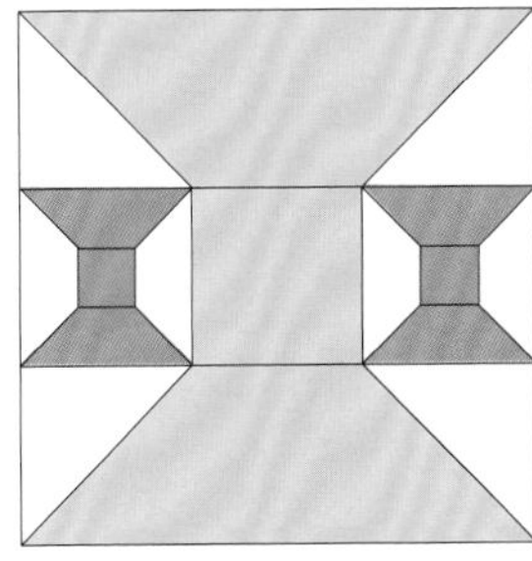
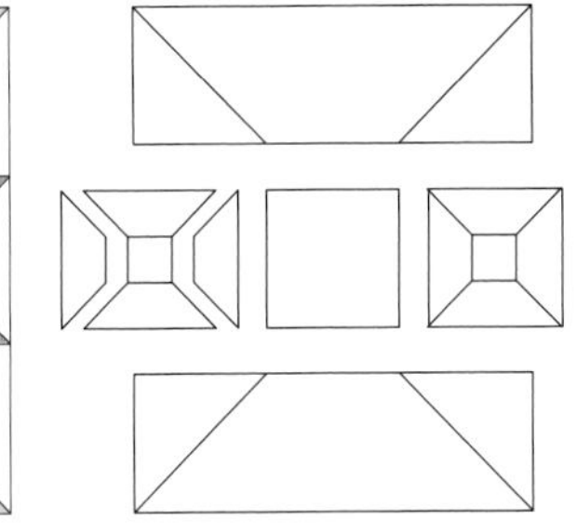

741 Tin Man, Oklahoma Boomer
錫製Tin Man・俄克拉荷馬

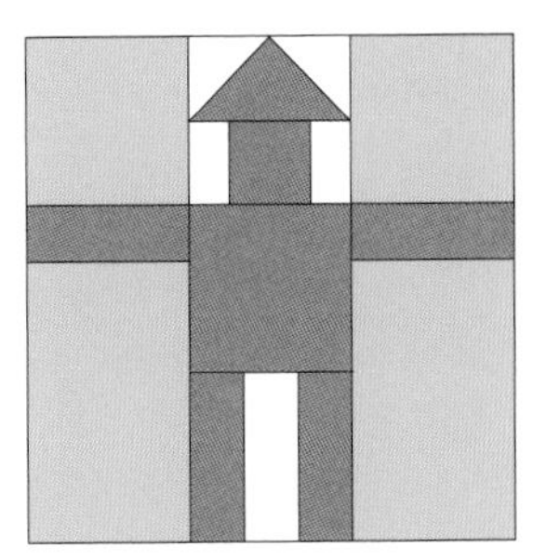
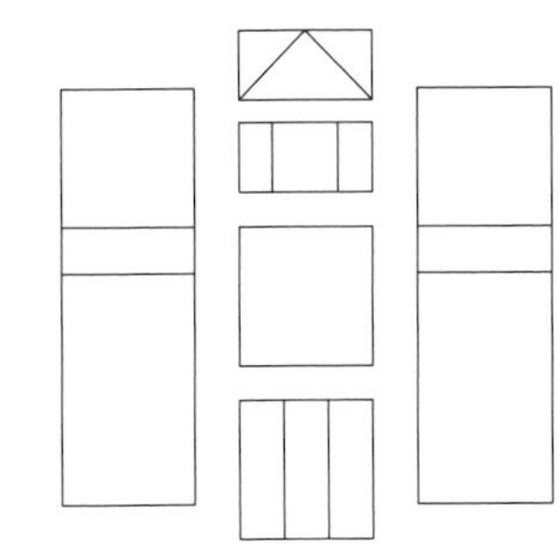

742 Sunbonnet Sue
帶著遮陽帽的蘇

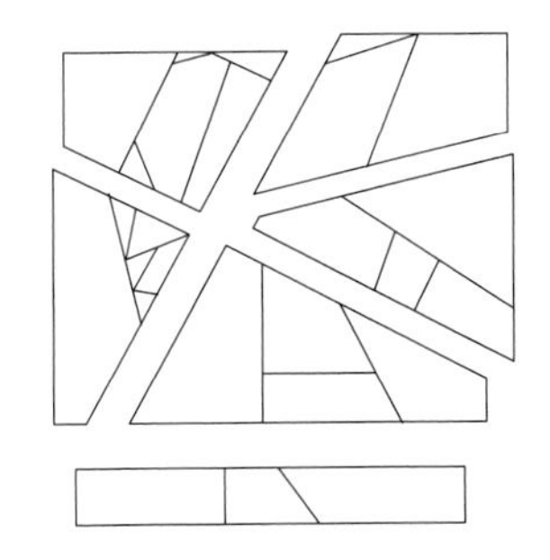

743 Japanese Lantern
日本燈籠

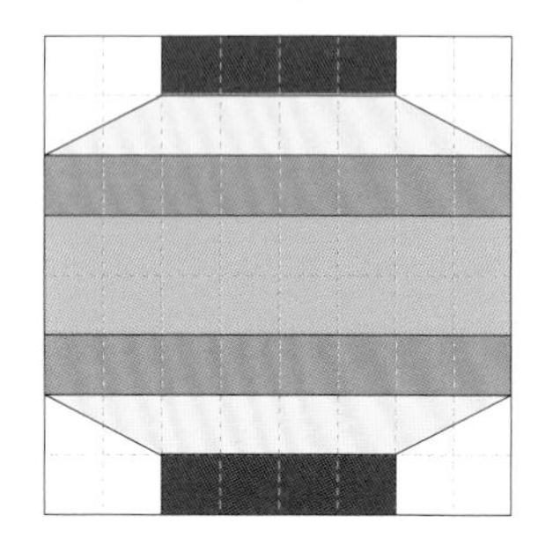
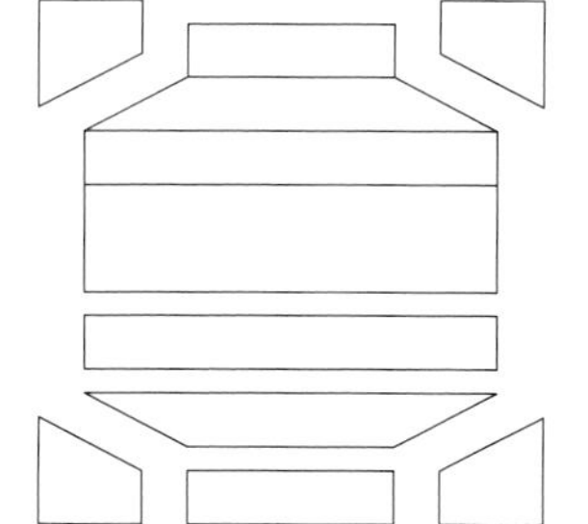

744 Bells
鈴噹

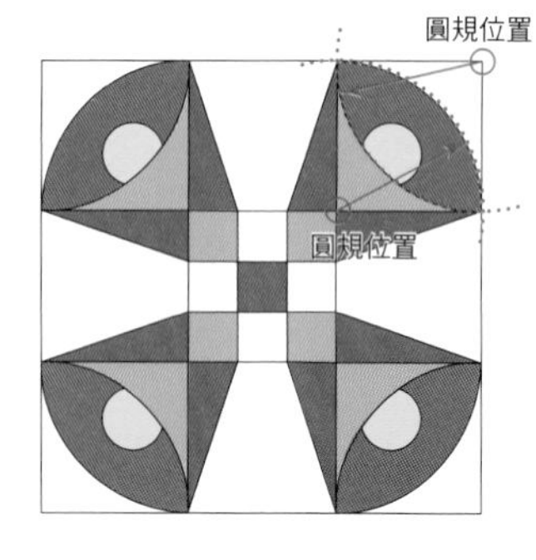

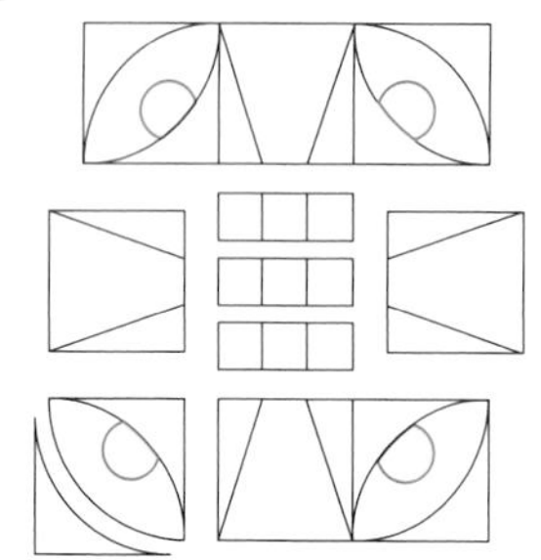

745 Birdhouse
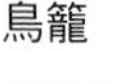
鳥籠

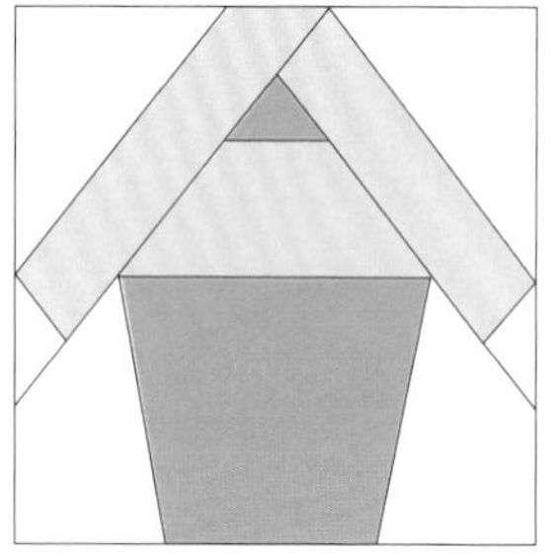

746 Workbox, Kitchen Woodbox
工具箱・木盒

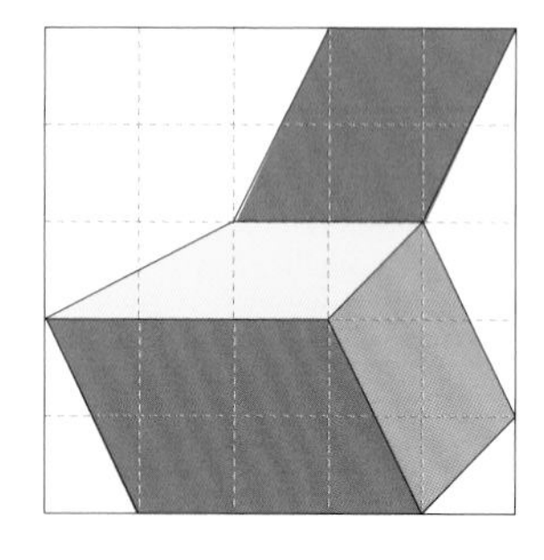
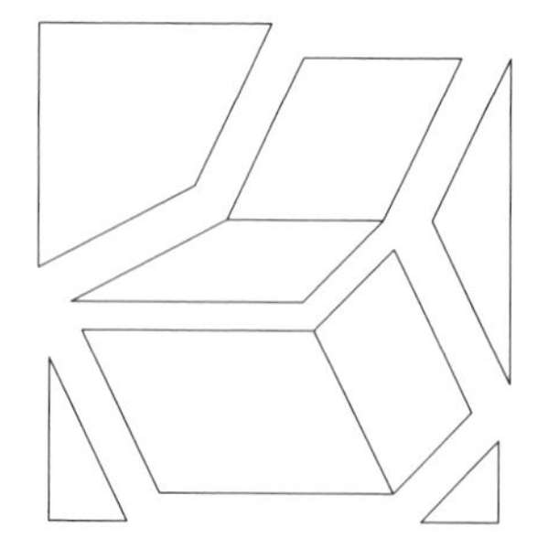

747 Candle in the Window
窗台上的蠟燭

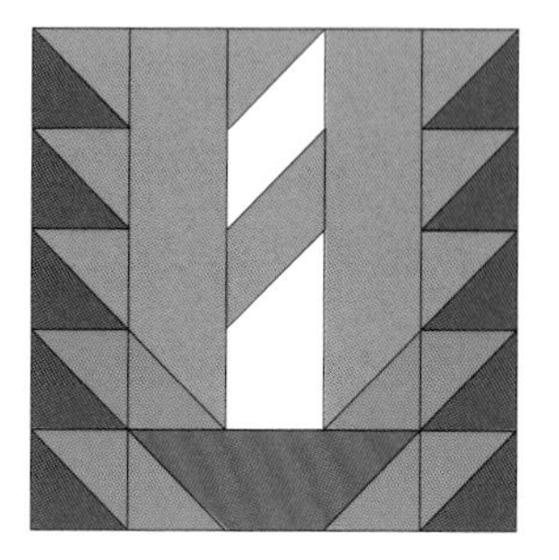
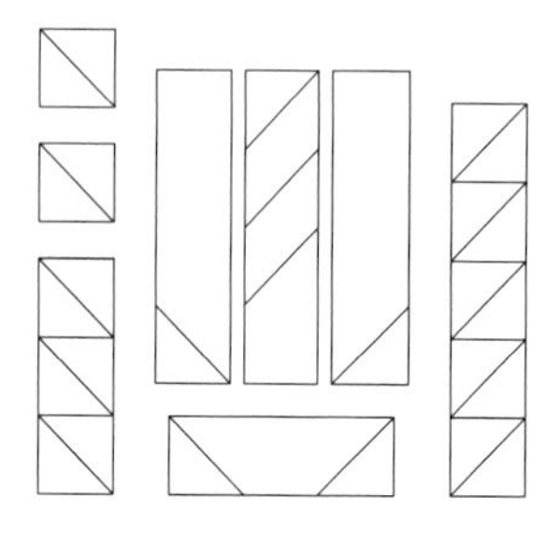

748 Bow, Ribbon
蝴蝶結・緞帶

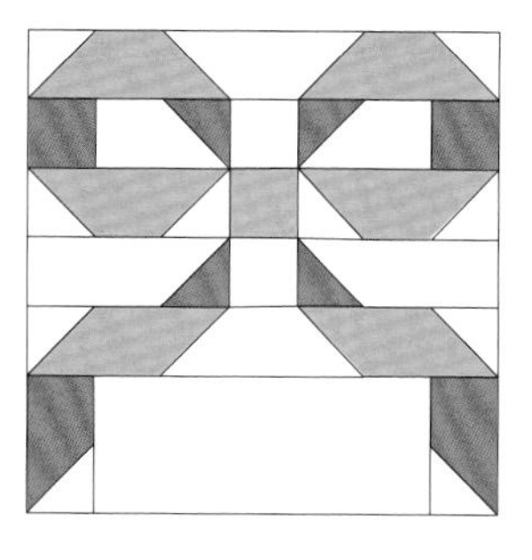
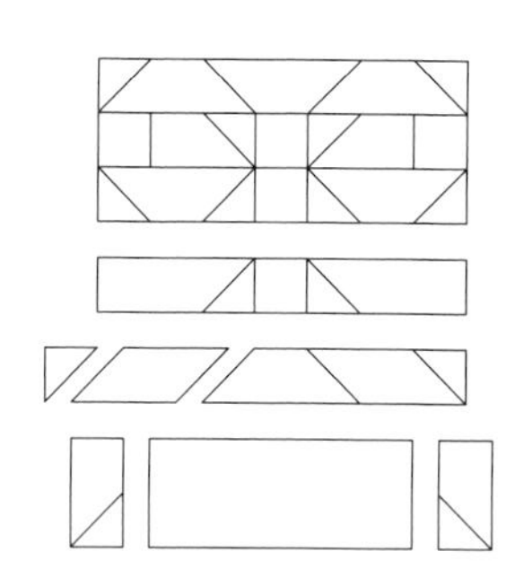

749 Ice Cream Cone
冰淇淋甜筒

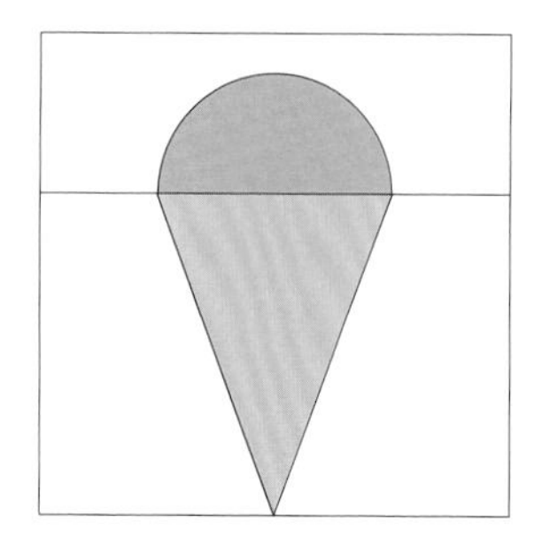
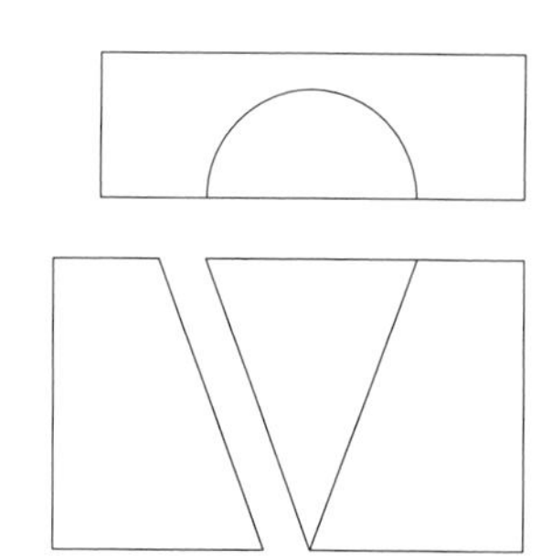

750 Ice Cream Cone
冰淇淋甜筒

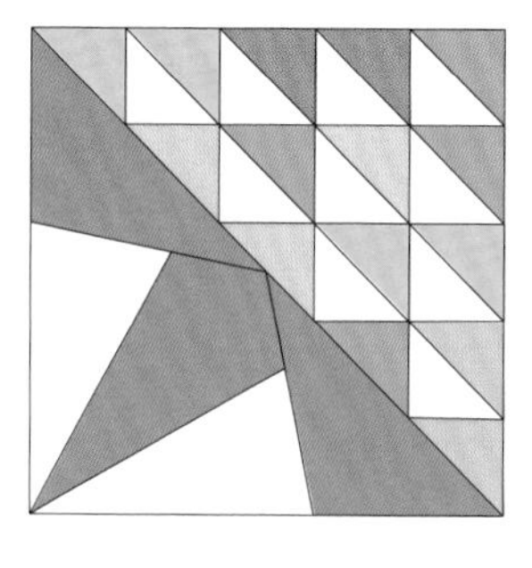
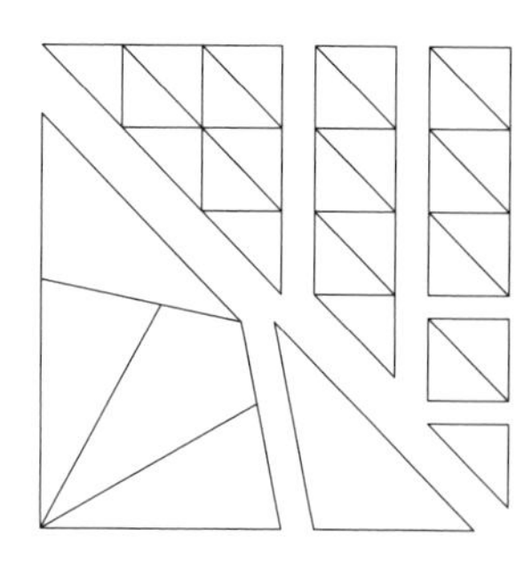

751 Compote Quilt
高腳盤

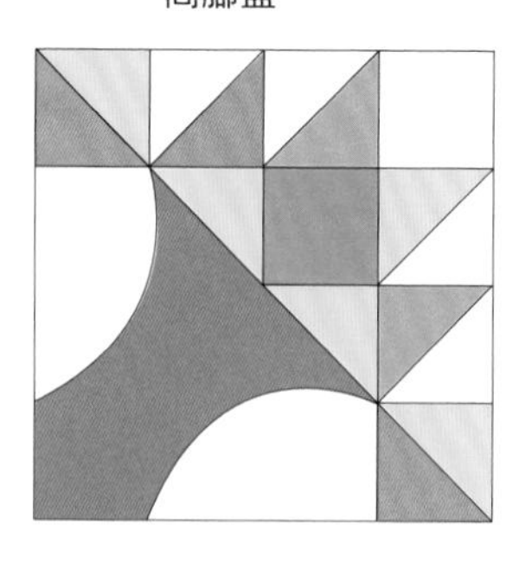
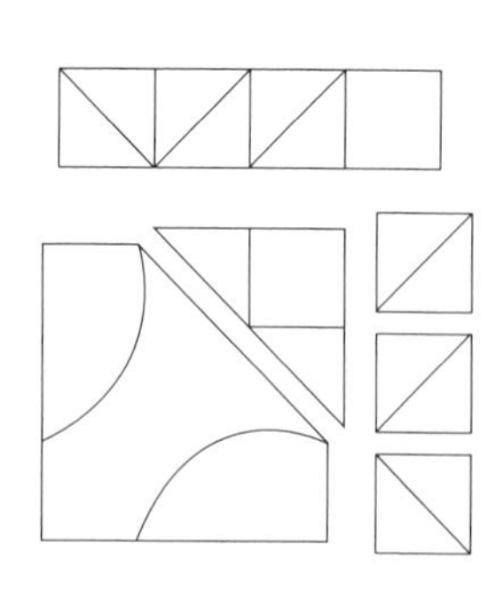

752 Pot
茶壺

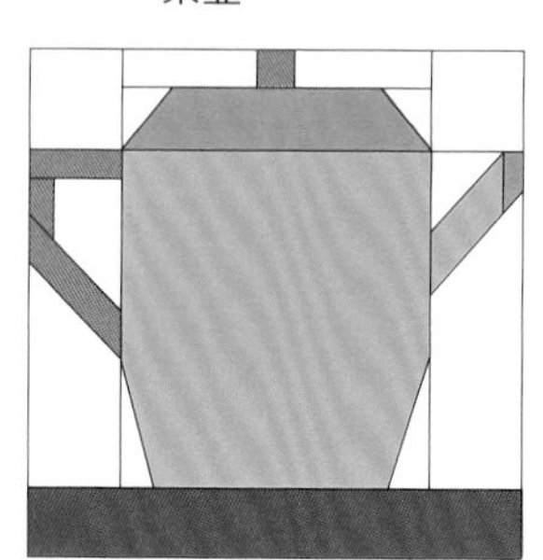
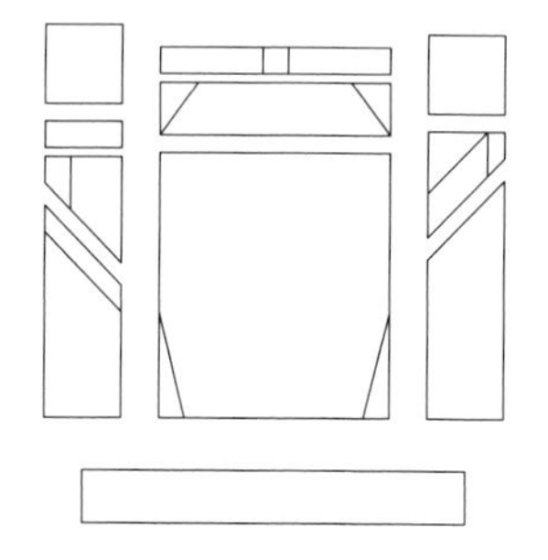

753 Missouri Memories
密蘇里記憶

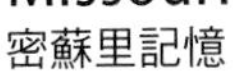

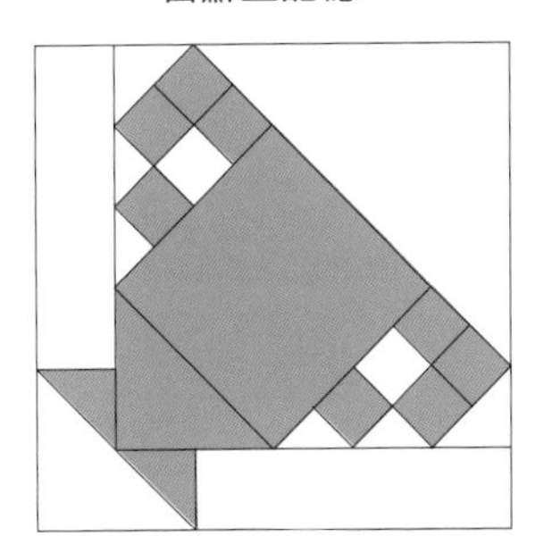

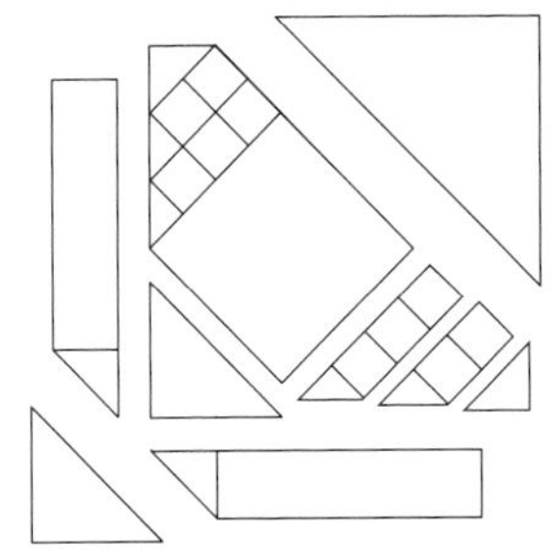

754 Coffee Cup
咖啡杯

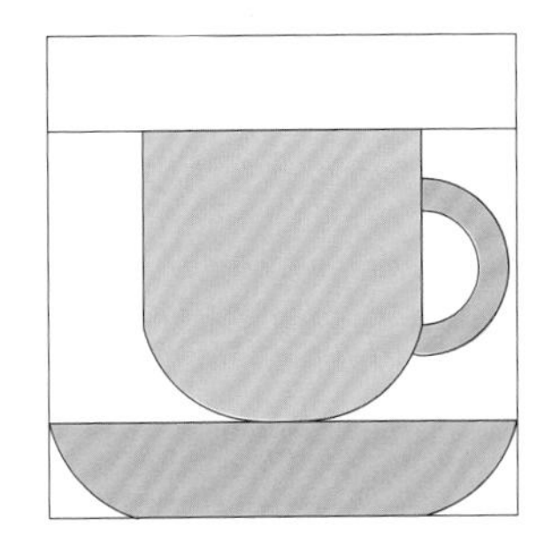

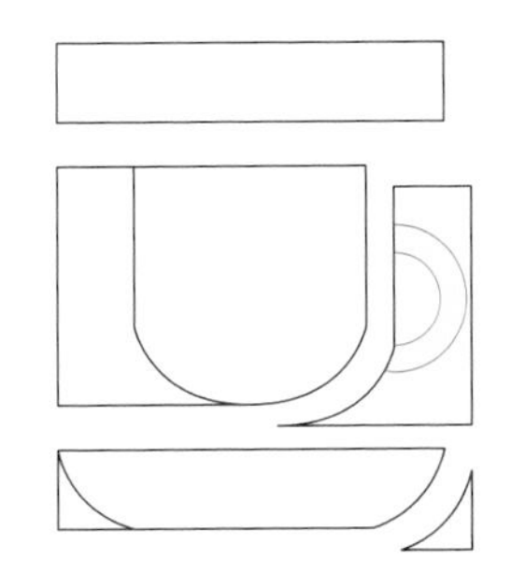

755 Tea Cup
茶杯

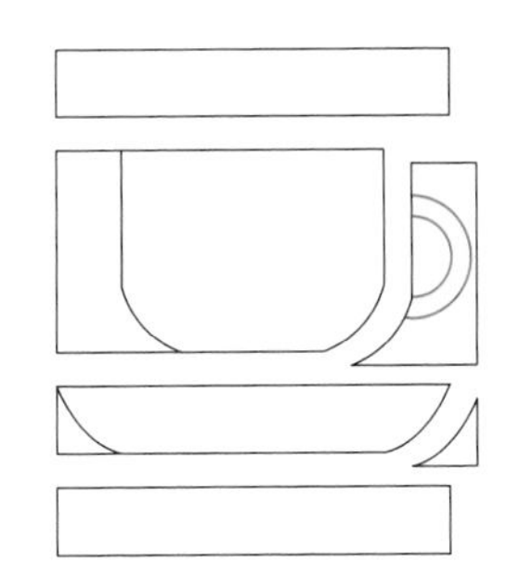

756 Mug Cup
馬克杯

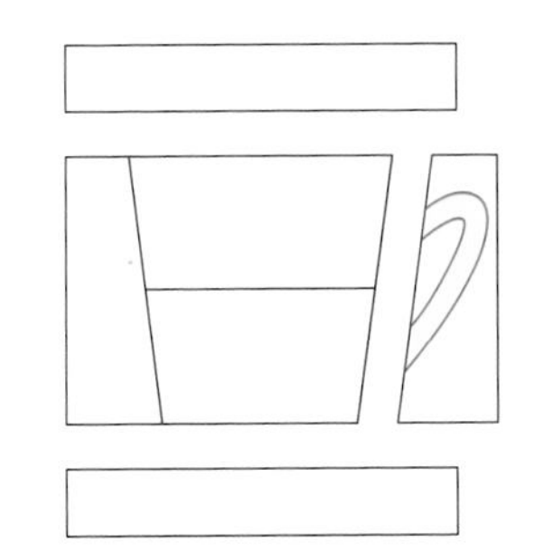

757 Coffee Cups, The Cup and the Saucer
咖啡杯・茶杯&茶托

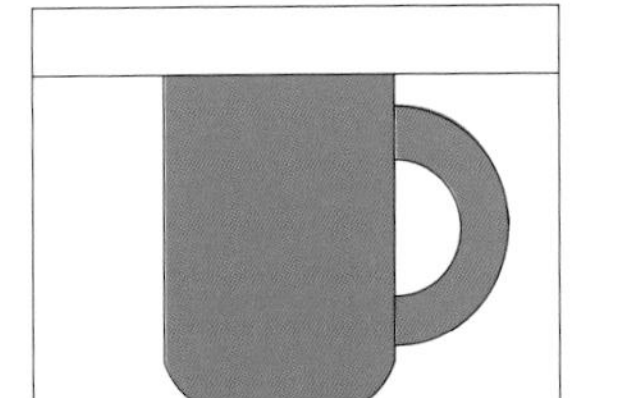

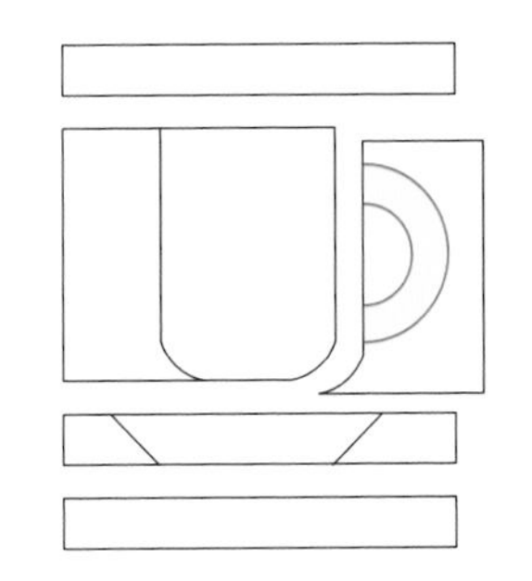

房屋 Houses

房屋是最讓人感到親切的傳統圖案之一，種類變化豐富。無論是原創圖案與集合許多房屋形成街道也很有趣。

758 House
房屋

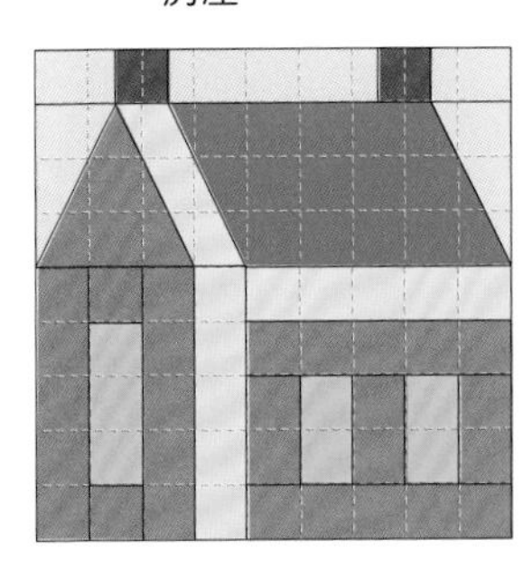

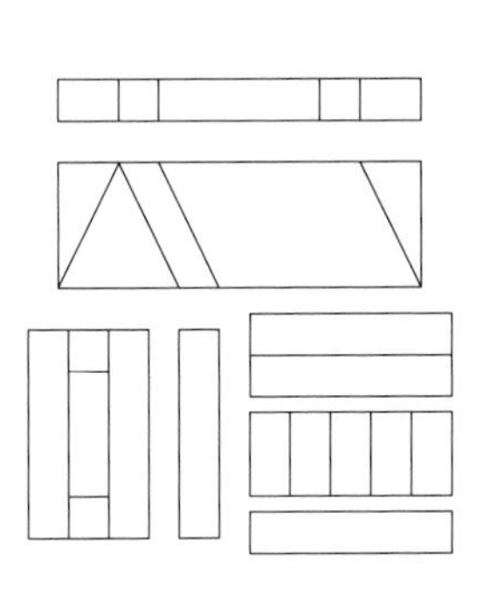

759 Amazing Grace
奇異恩典

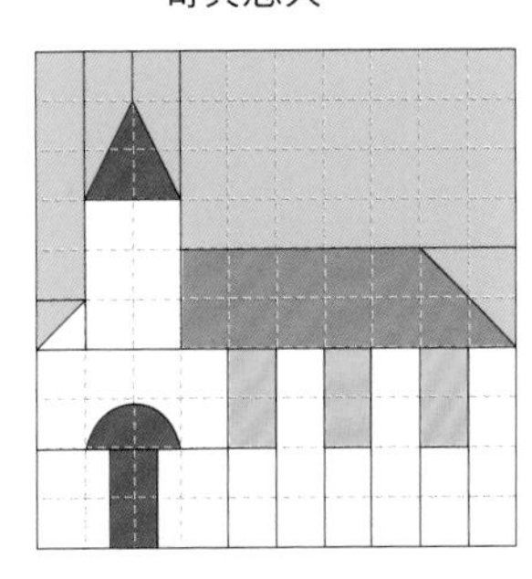

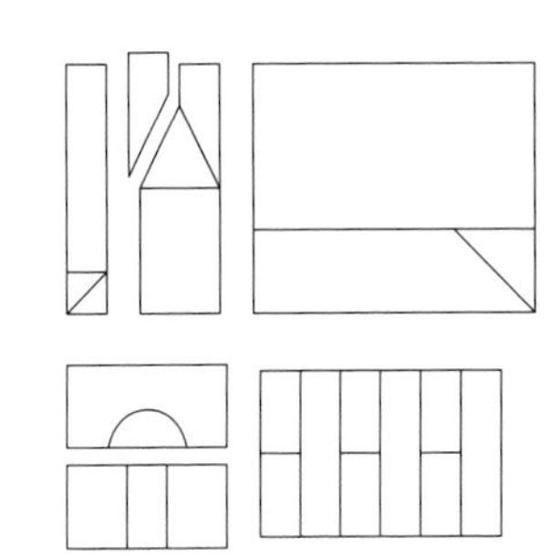

760 Country Metting House
鄉間教堂

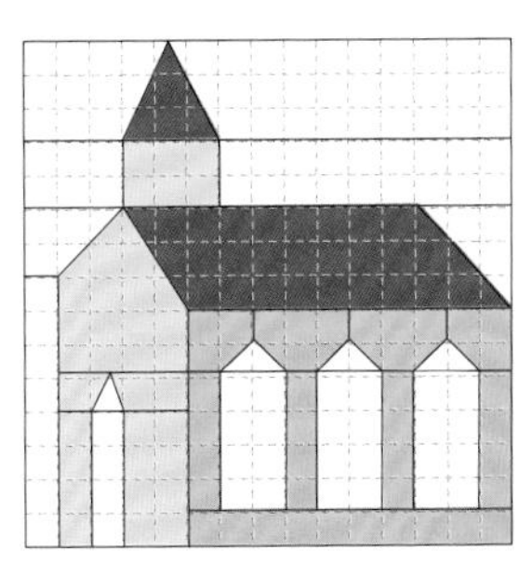

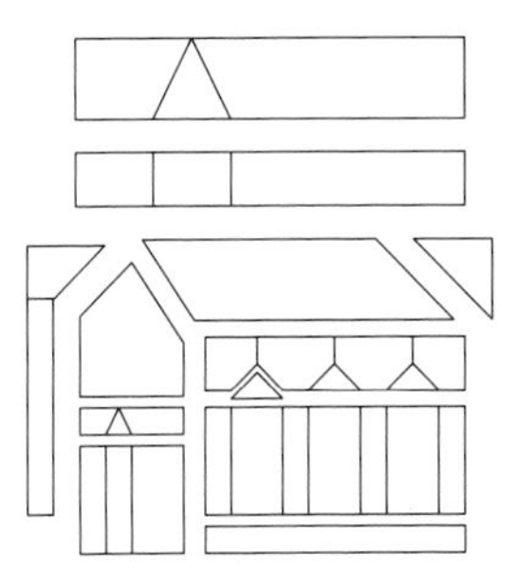

761 Ohio Schoolhouse
俄亥俄校舍

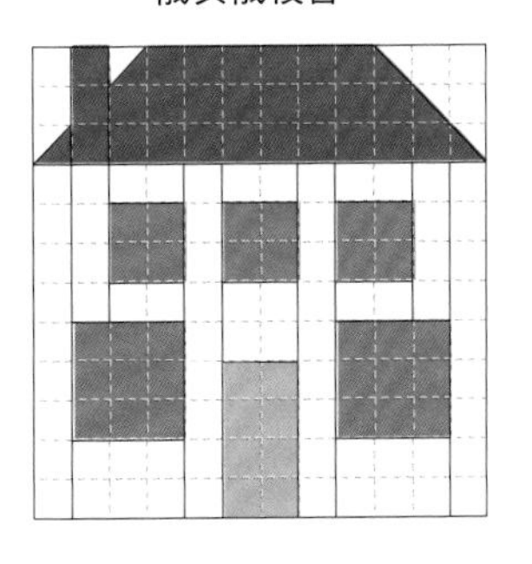

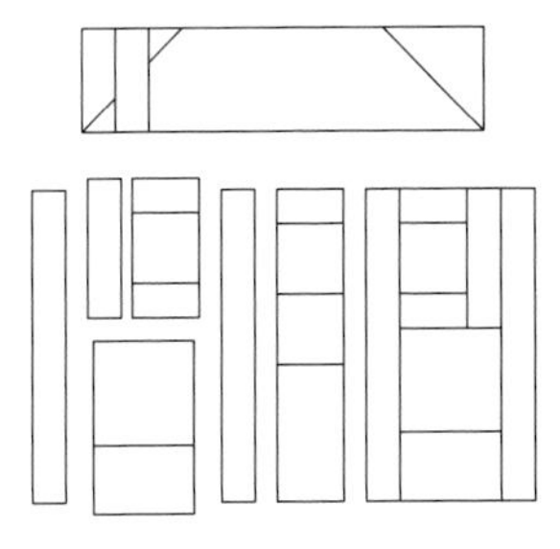

762 Schoolhouse
校舍

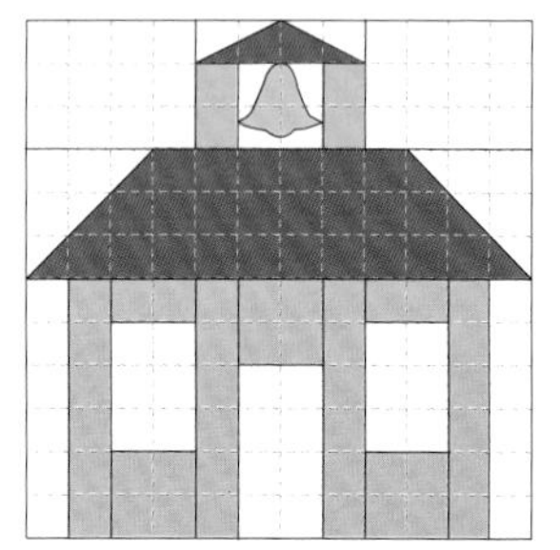

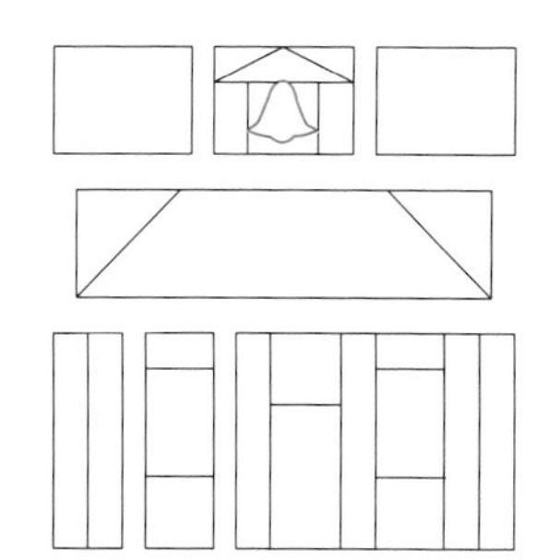

763 Country Church
鄉間教堂

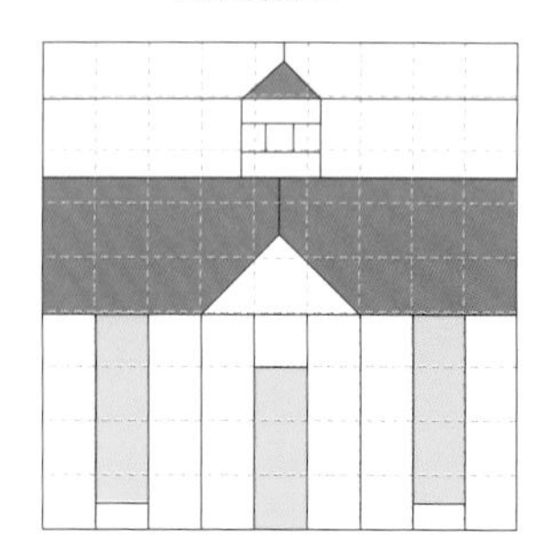

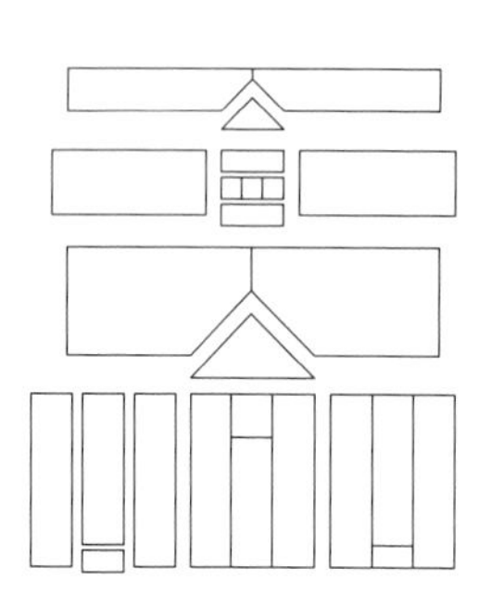

764 Jack's House
傑克的房屋

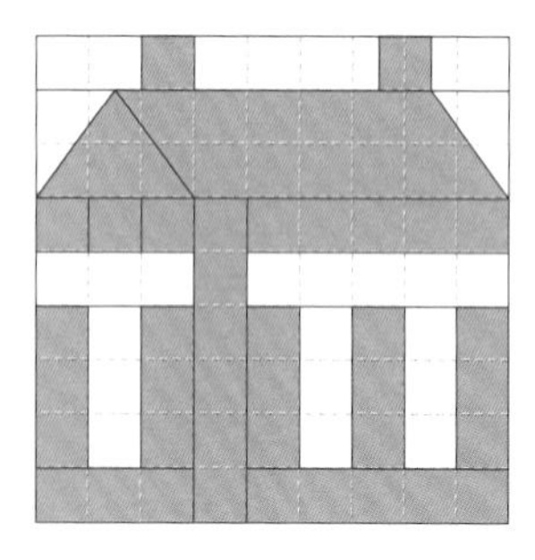

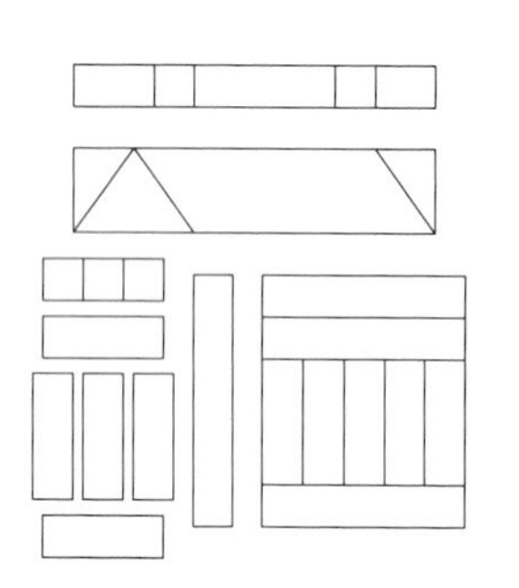

765 Old Home
老房屋

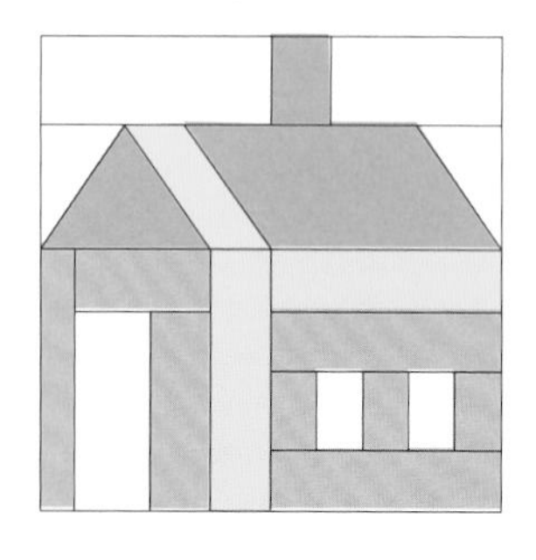

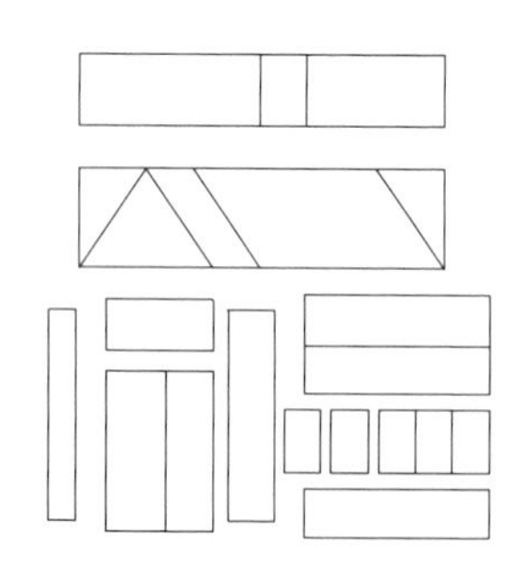

766 Red Barn
紅色房屋

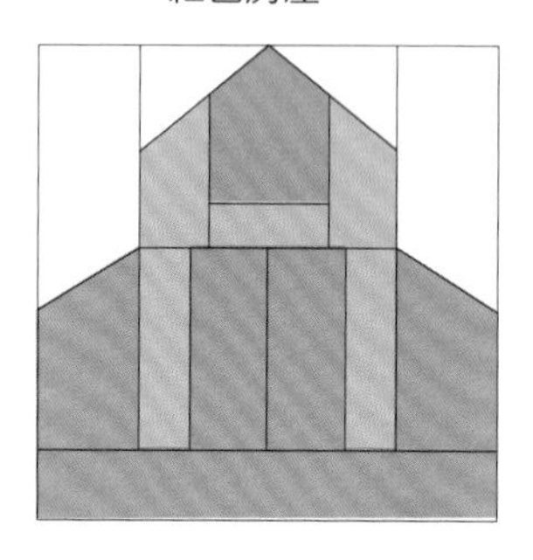

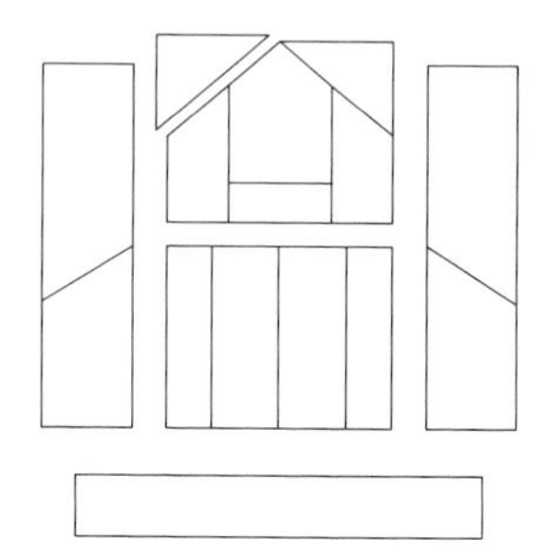

767 Country Church
鄉間教堂

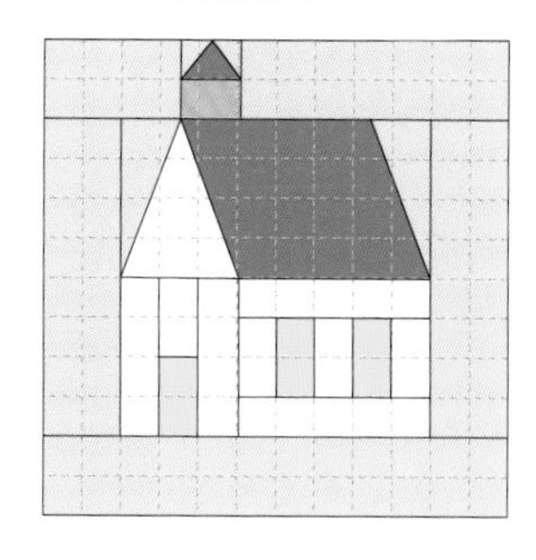

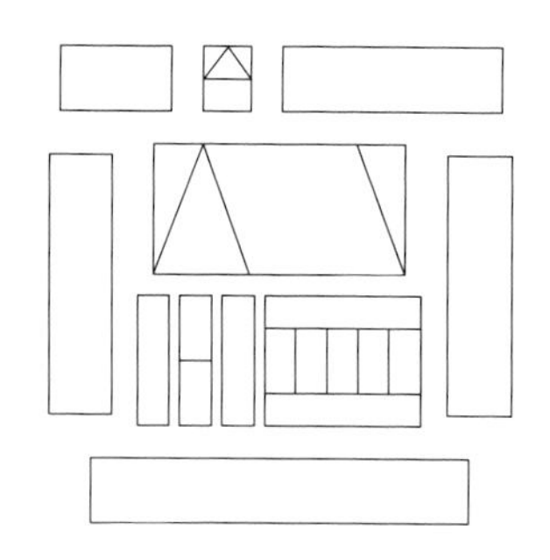

768 Iowa Barns
愛荷華穀倉

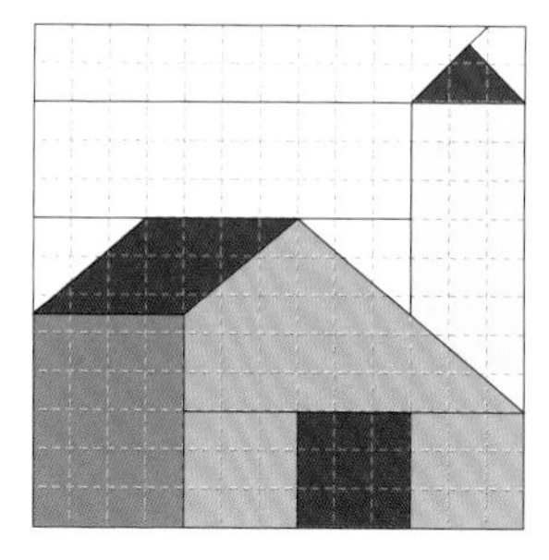

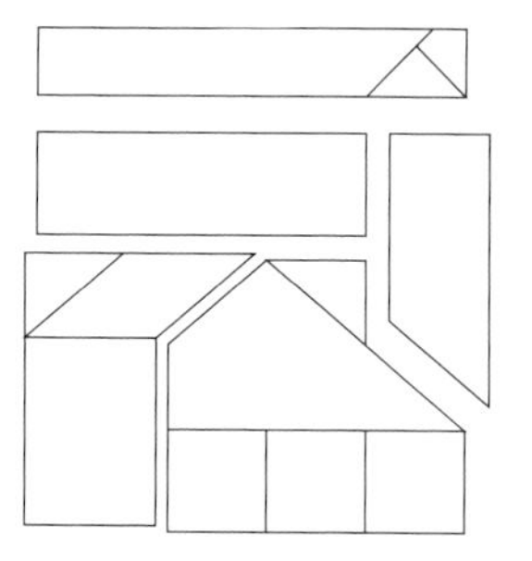

769 Court House
法院

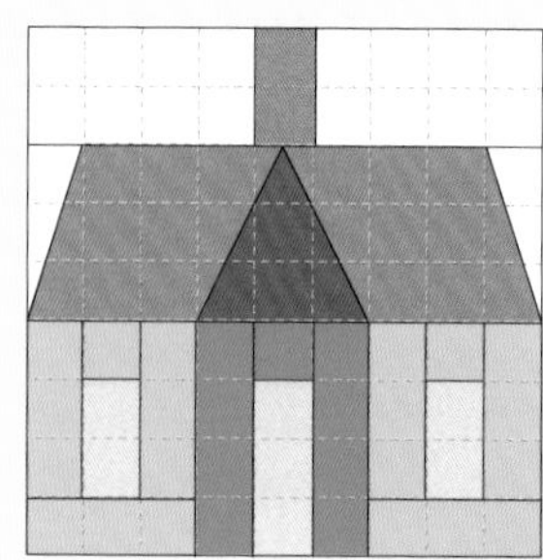

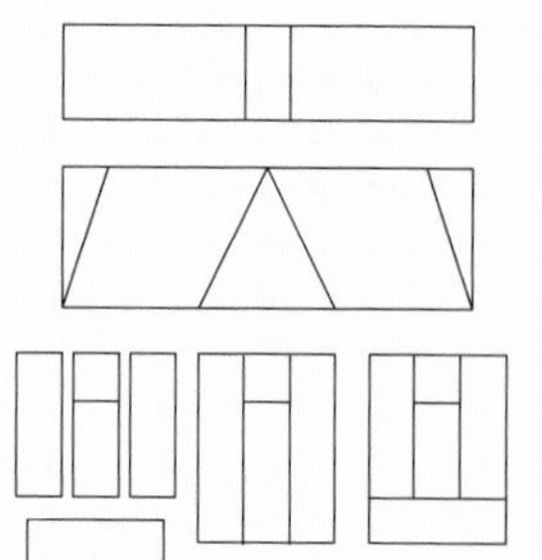

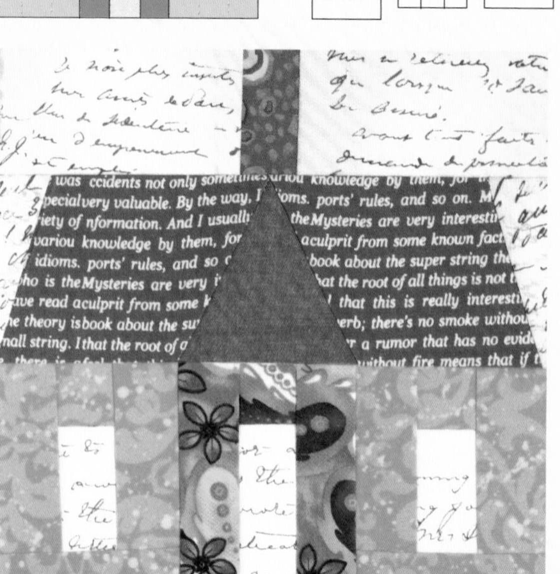

以三角形、四角形等簡單的形狀組成屋頂、窗戶、門……簡單的組裝拼湊成各種房屋造型。中央的大門與上方三角屋頂更突顯了法院的特色。

交通工具
Transportrations

本篇以飛機與帆船為主，各式不同的種類與變化，真是讓人充滿幻想的圖形呢！

770 Aeroplanes
飛機

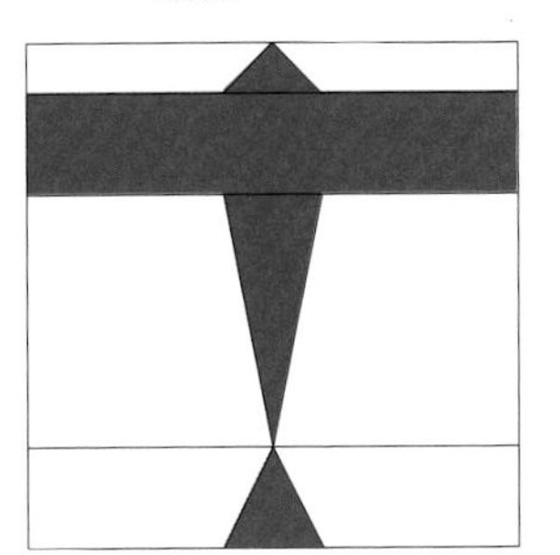
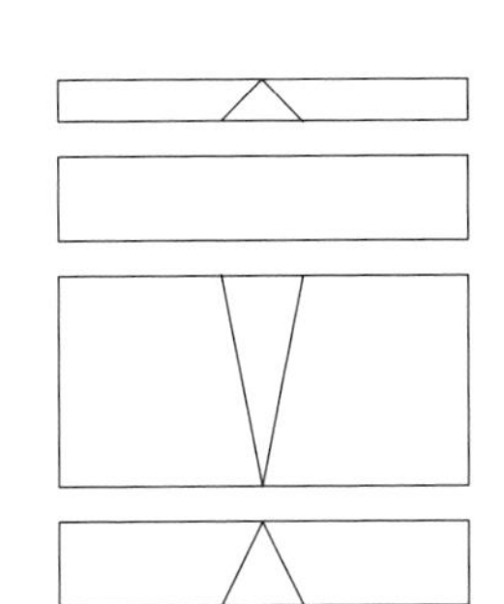

771 Air Plane
飛機

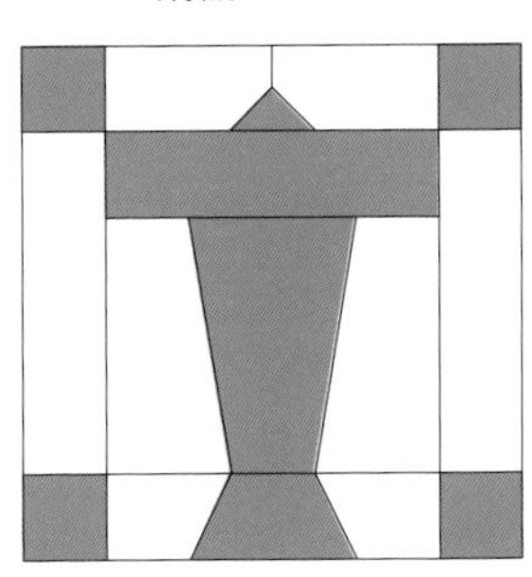
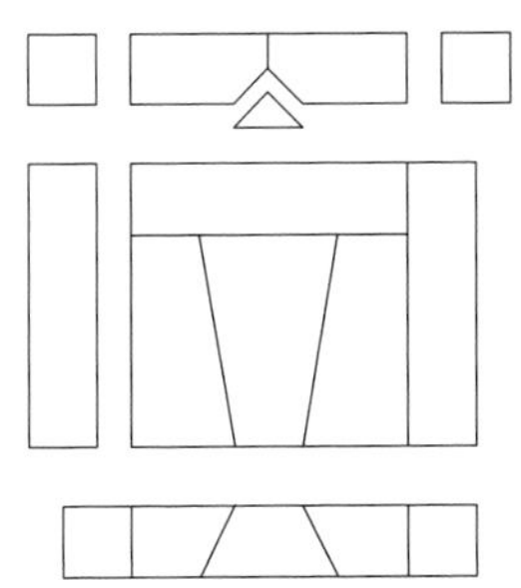

772 Airplane Quilt
飛機

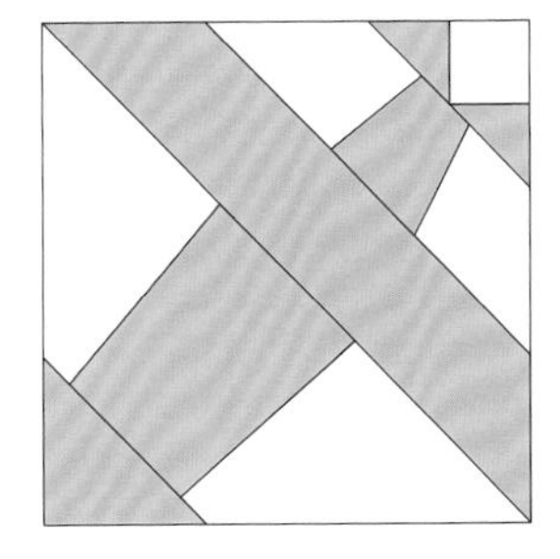
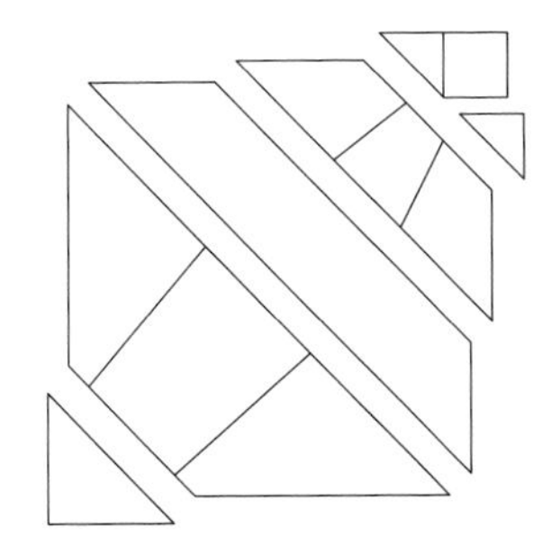

773 The Alta Plane
飛機

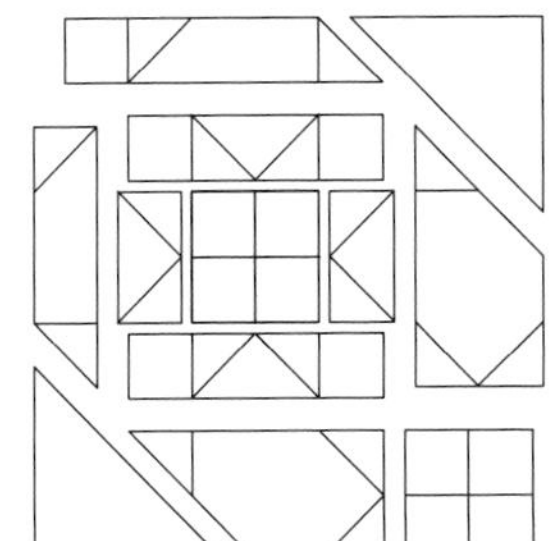

774 Sailboat
帆船

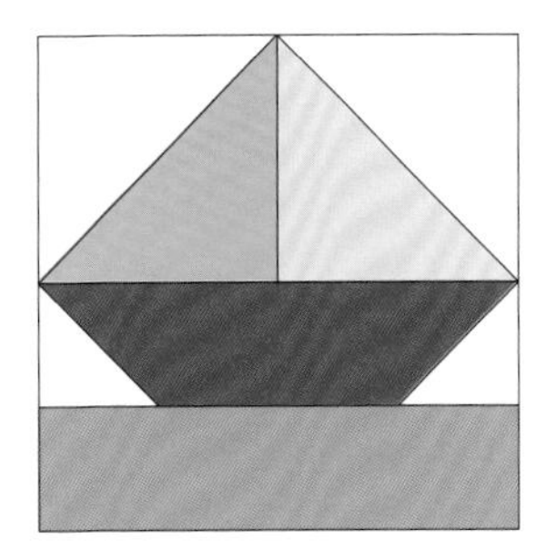
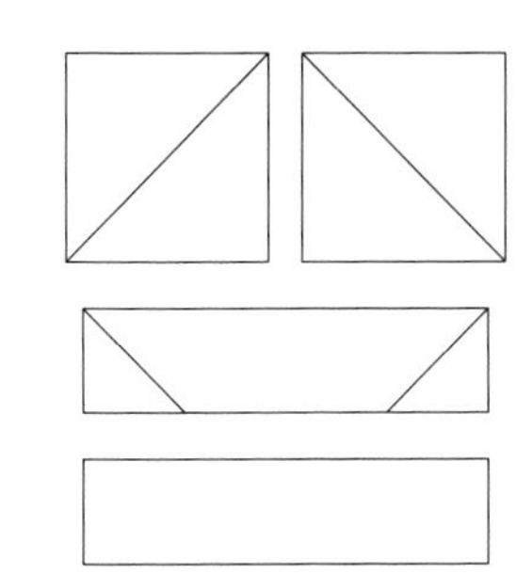

775 Ship, The Mayflower
船・五月花號

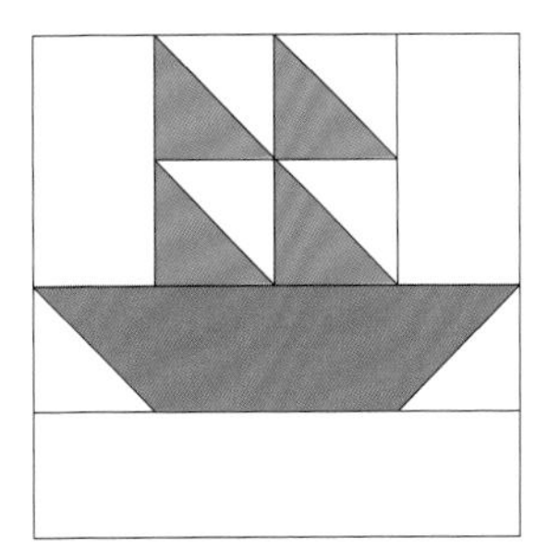
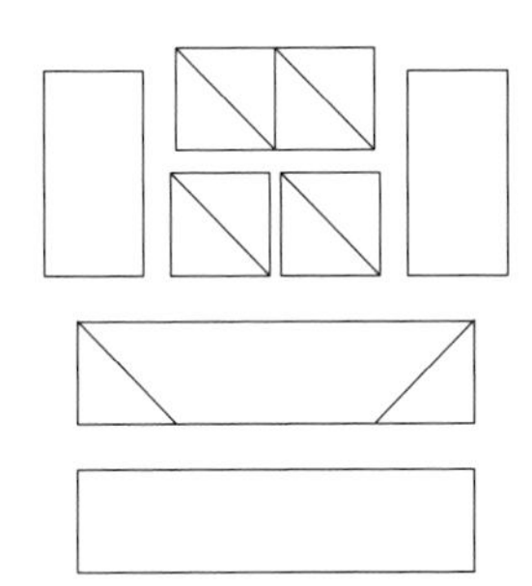

776 Tall Ships
高桅橫帆船

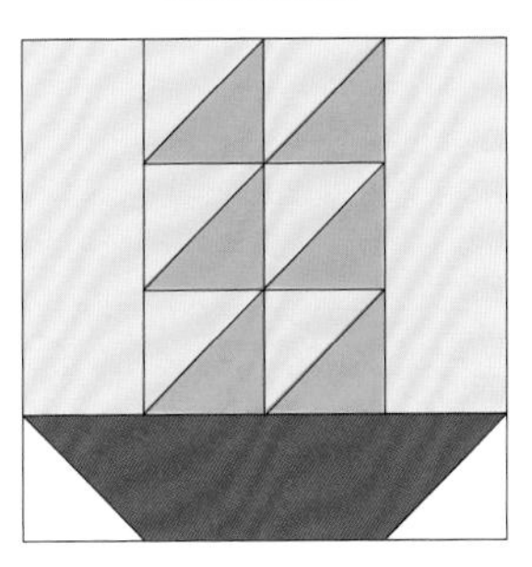
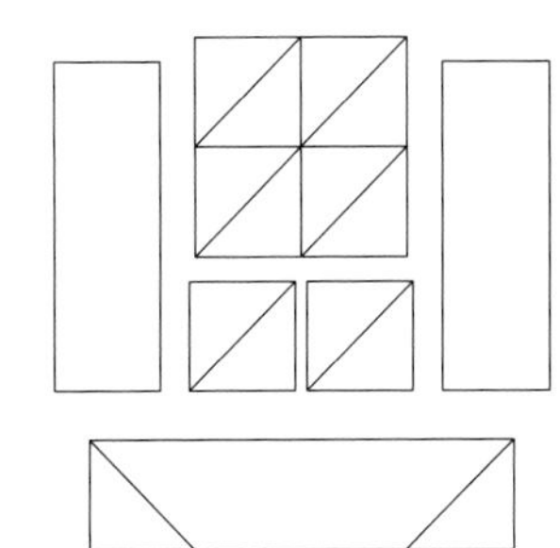

777 Voiliers
瓦里耶

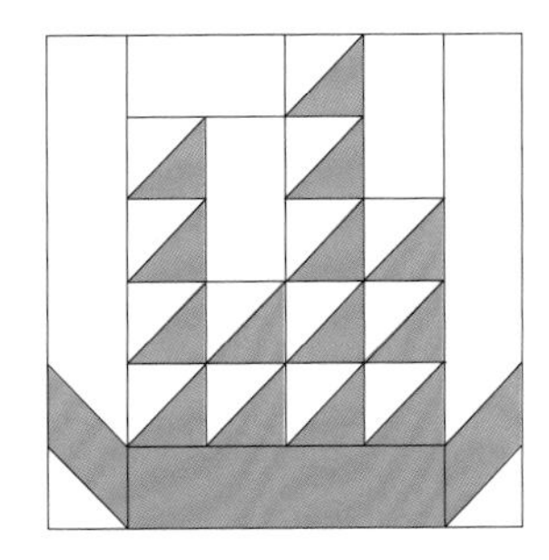
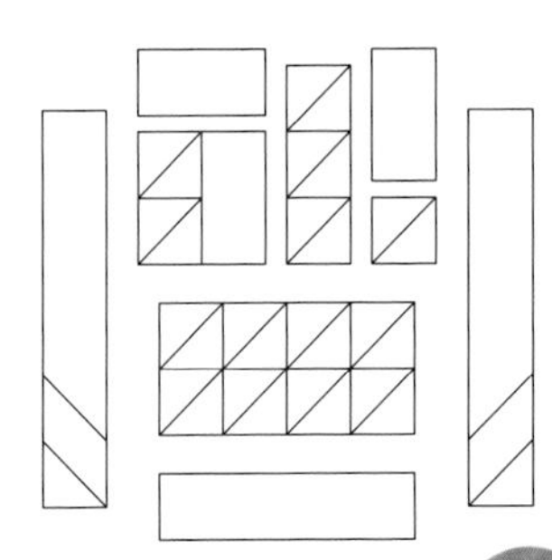

note

交通工具圖形　Transportrations

以簡單的圖形組成的圖案，經常運用於男孩拼布作品中，機翼長度與風帆的數量都能讓作品產生不同的變化。

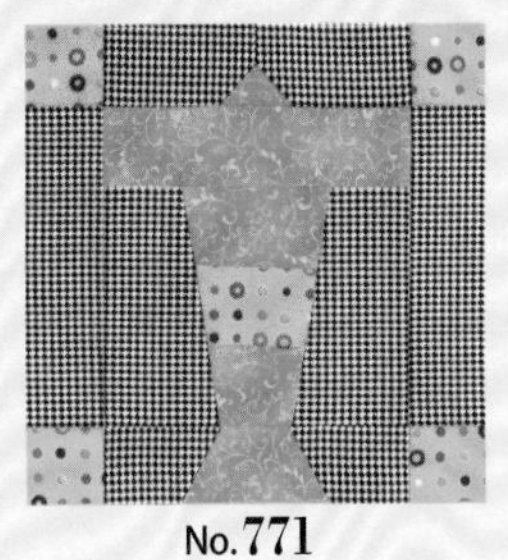
No.771

No.776

愛心 Hearts

可愛的心形，無論是拼布作品或貼布繡的種類都相當豐富，是讓人忍不住想試一試的圖案。

778 Heart
愛心

779 Romance
浪漫

780 Heart
愛心

781 Woven Heart
女人之心

782 Pride of the Bride
新娘的自尊

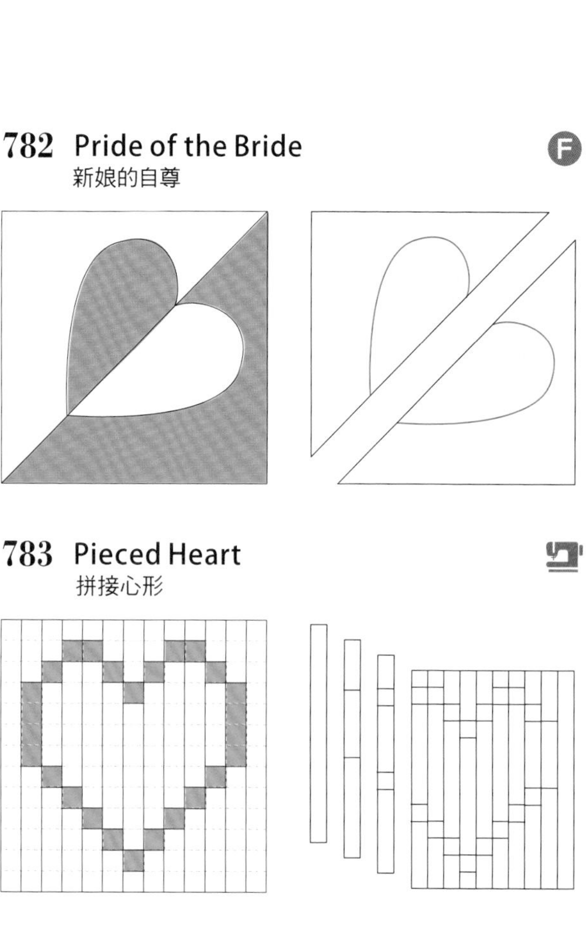

783 Pieced Heart
拼接心形

784 Log Cabin Heart
小木屋心形圖形

以斜紋布（裁剪成像繩子一般的布條）組合成小木屋心形圖案。圖示是適合翻車拼接的圖形，需要分割的複雜圖案，請先確認分割處，再製作數片紙型，以輔助製作。

英文字母&數字
Alphabets & Numbers

英文字母與數字的組合圖案也很有趣。可以搭配各種圖案使用在孩童用的拼布，或是加入想傳達的話語。

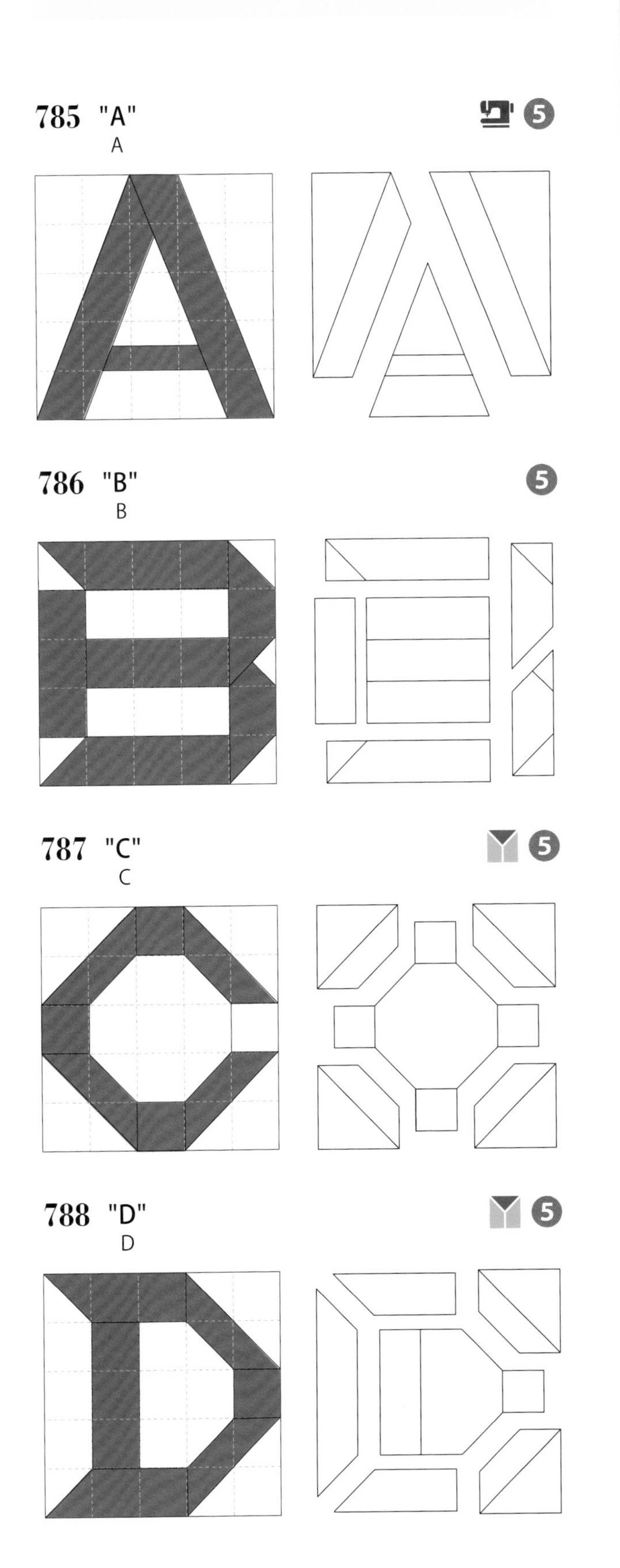

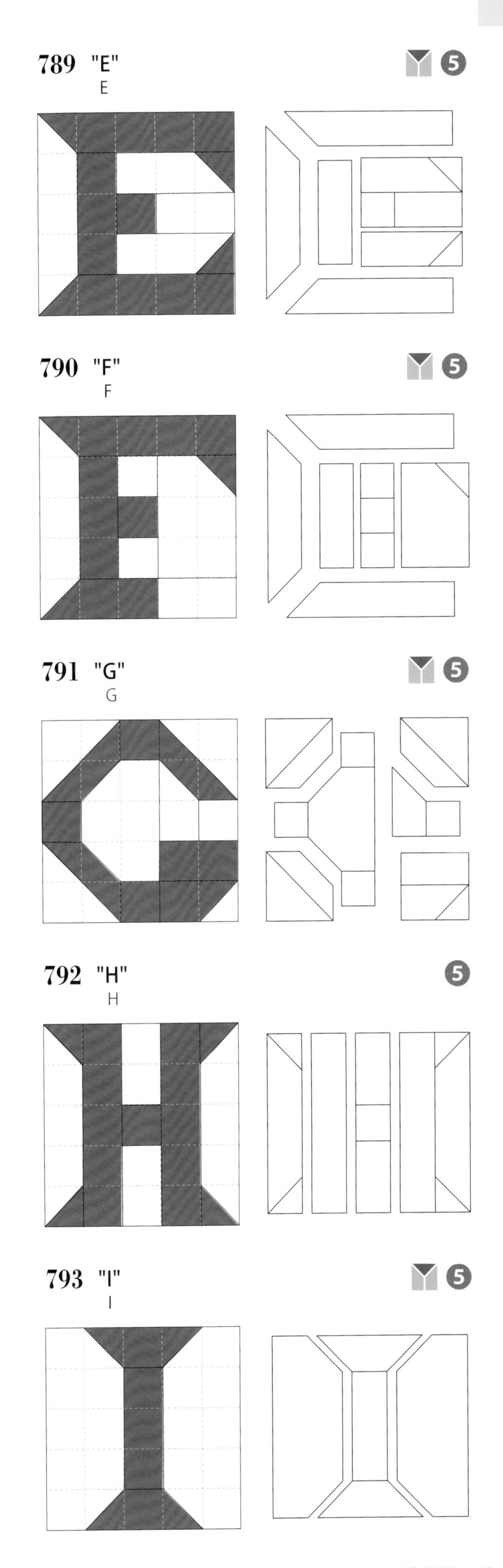

794 "J"
J
5
795 "K"
K
5
796 "L"
L
5
797 "M"
M
5
798 "N"
N
5
799 "O"
O
5
800 "P"
P
5
801 "Q"
Q
5
802 "R"
R
5
803 "S"
S
5

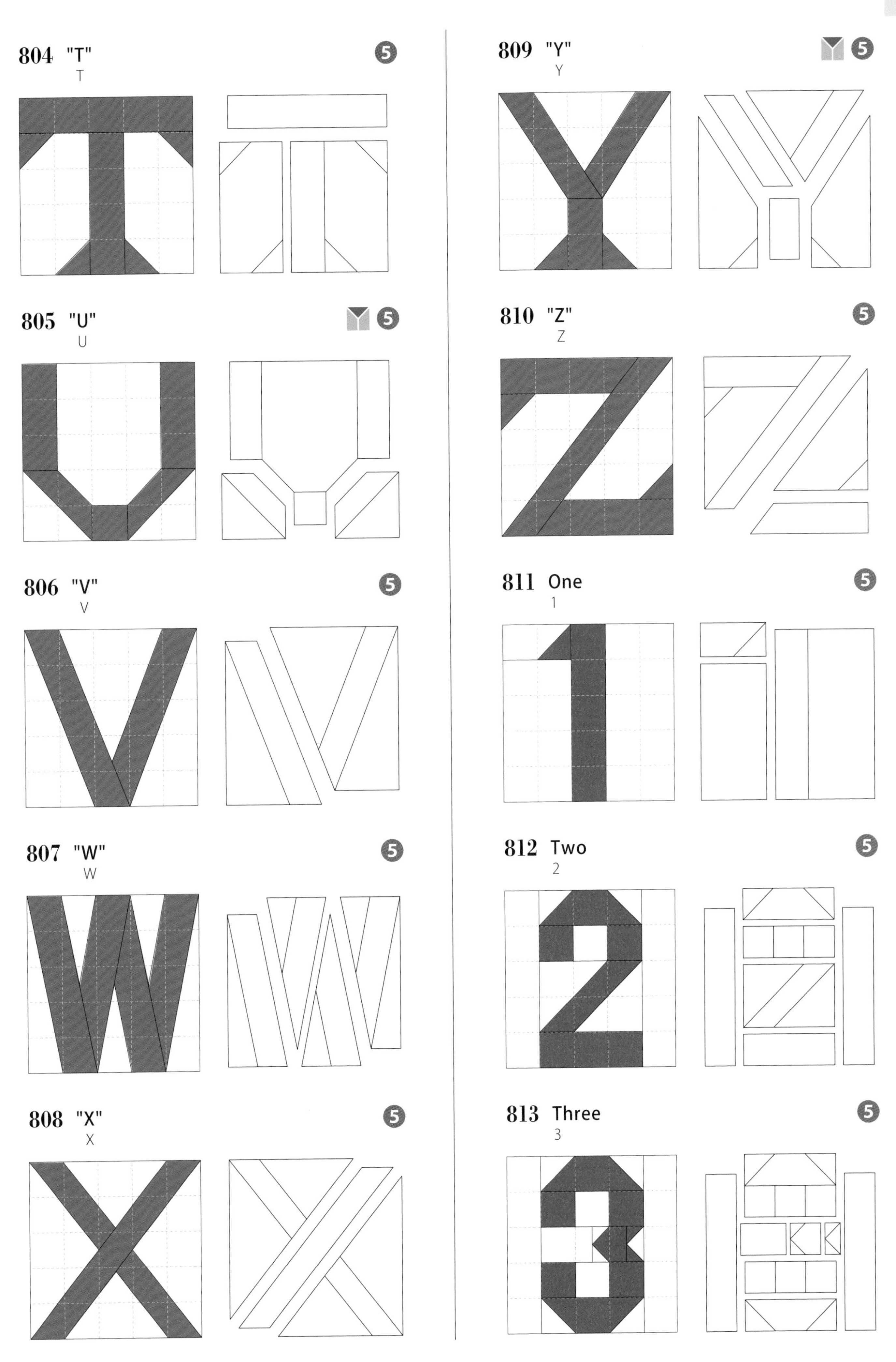
804 "T"
T
805 "U"
U
806 "V"
V
807 "W"
W
808 "X"
X
809 "Y"
Y
810 "Z"
Z
811 One
1
812 Two
2
813 Three
3

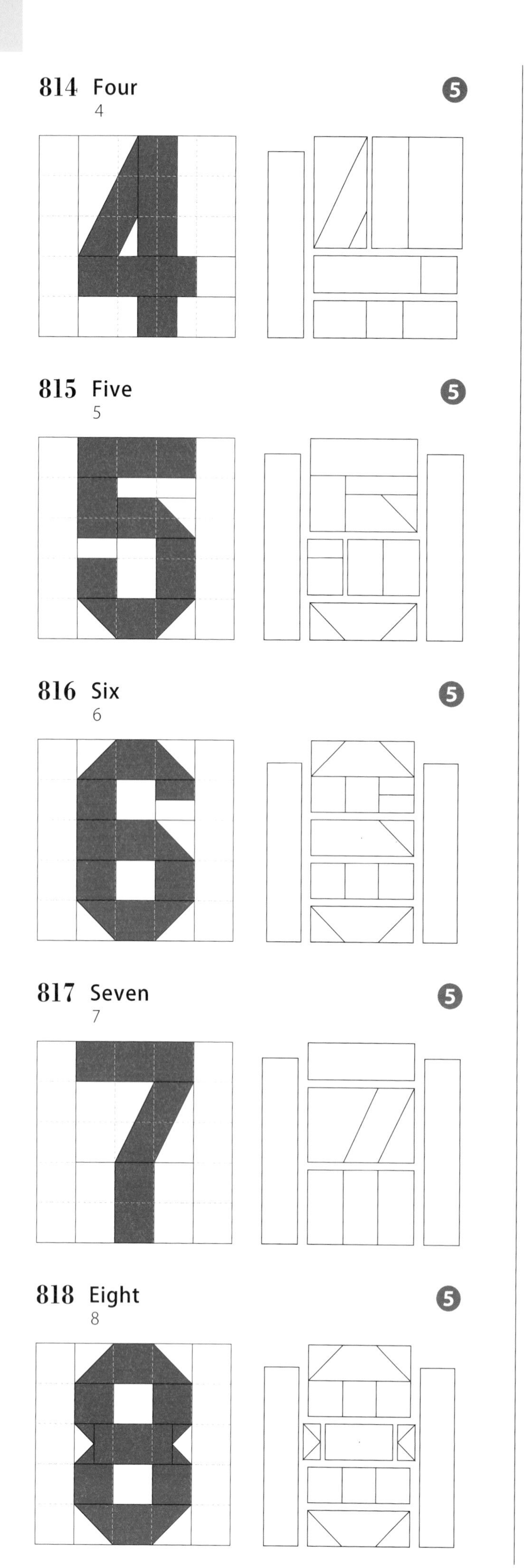

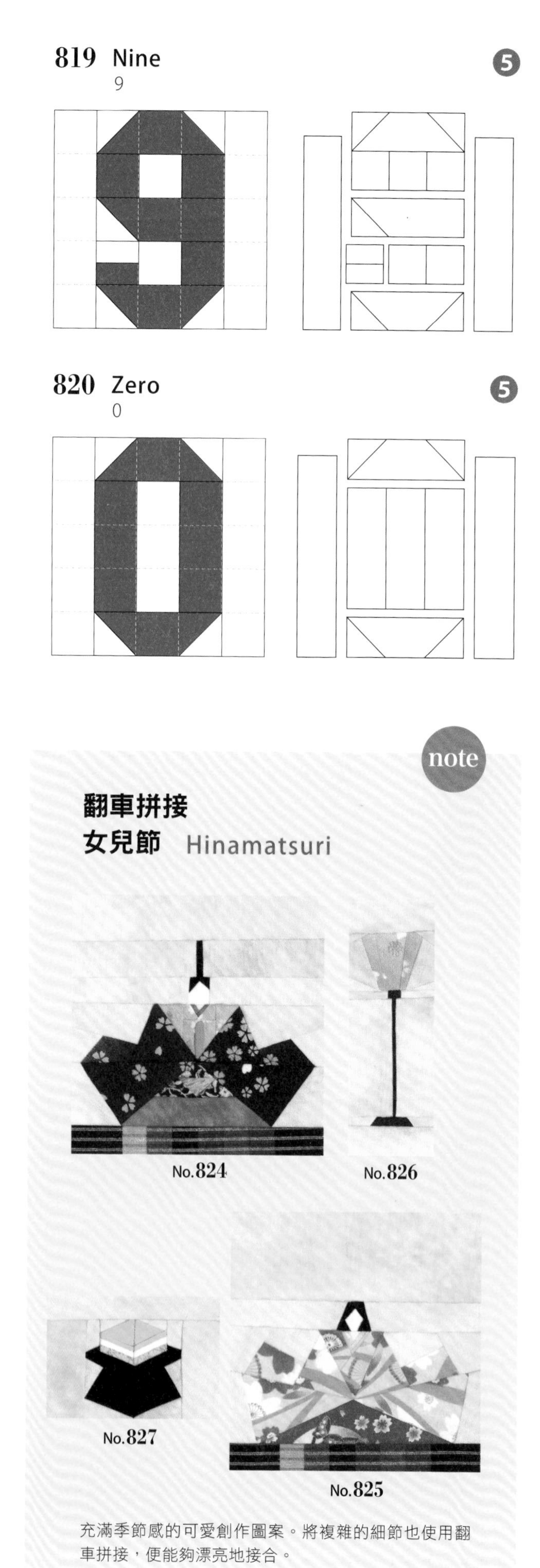

翻車拼接

女兒節 Hinamatsuri

No.824

No.826

No.827

No.825

充滿季節感的可愛創作圖案。將複雜的細節也使用翻車拼接，便能夠漂亮地接合。

季節&其他
Seasons & Others

傳達季節與活動的圖案大多是原創設計。參考這些作品，試著享受拼布的樂趣吧！

821 Kagamimochi
鏡餅

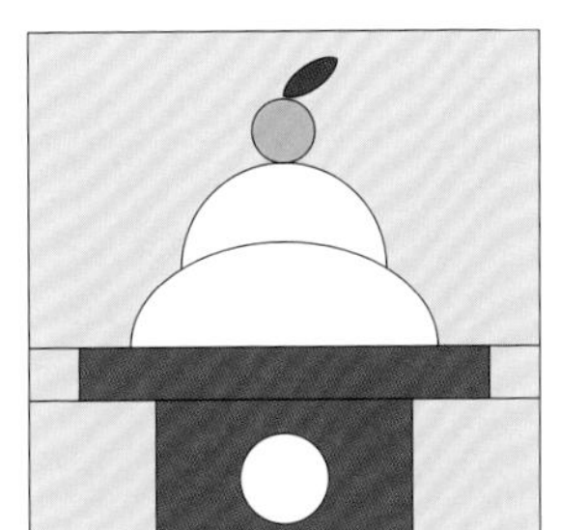
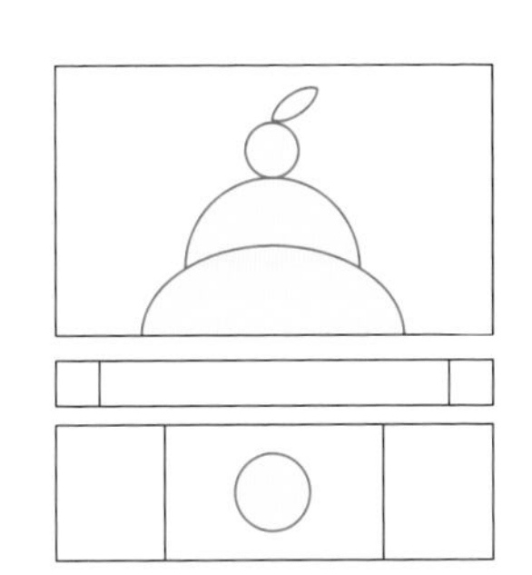

822 Koma
陀螺

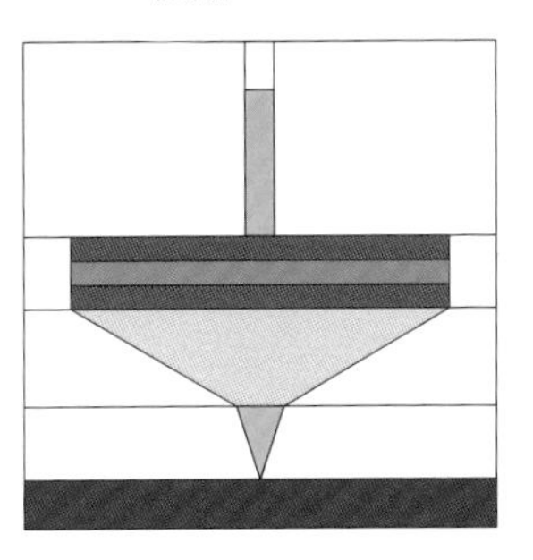
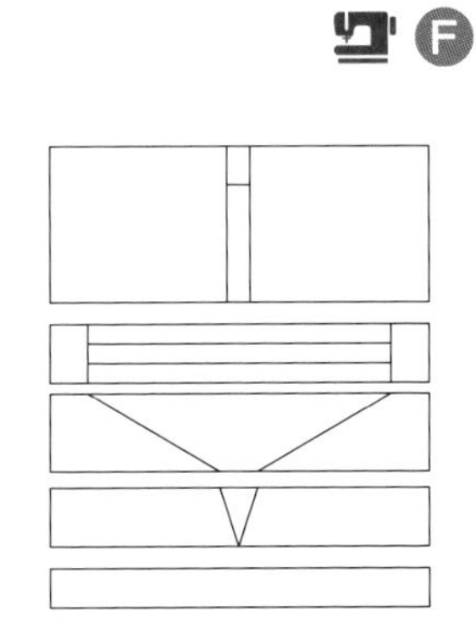

823 Hagoita
羽子板

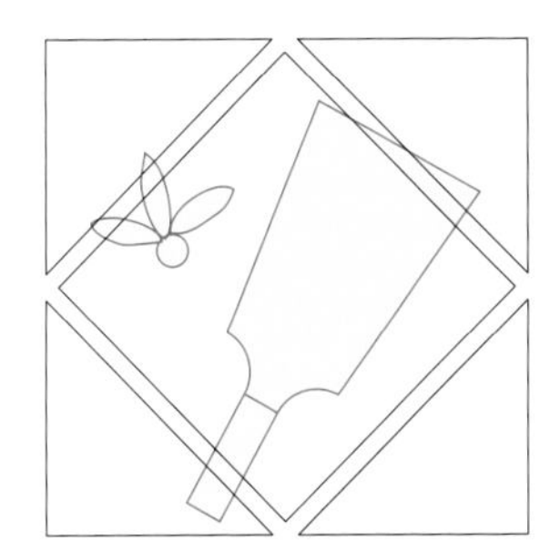

824 Obina
男性人偶

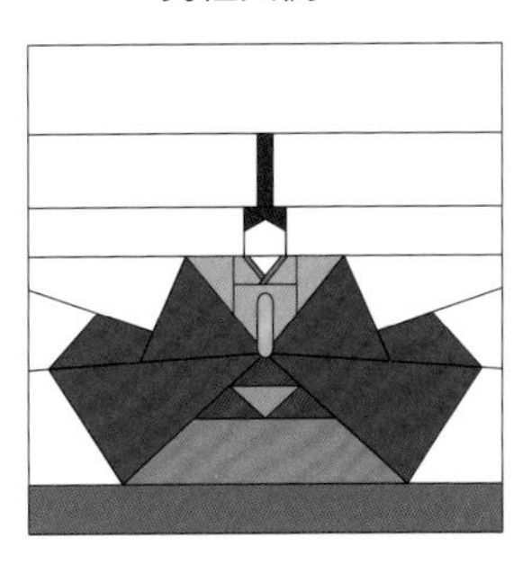
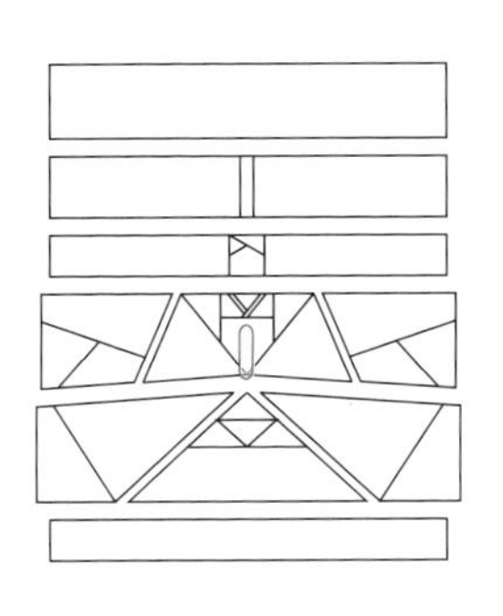

825 Mebina
女性人偶

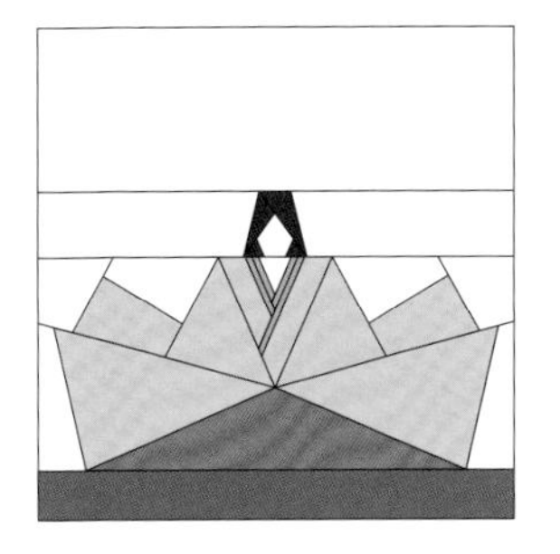
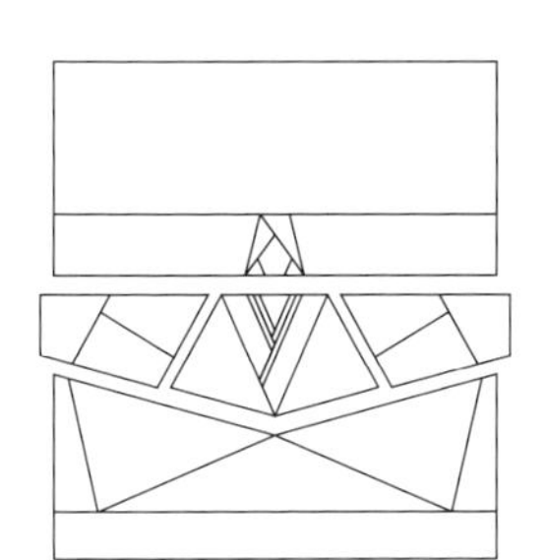

826 Bonbori
六角形紙罩座燈

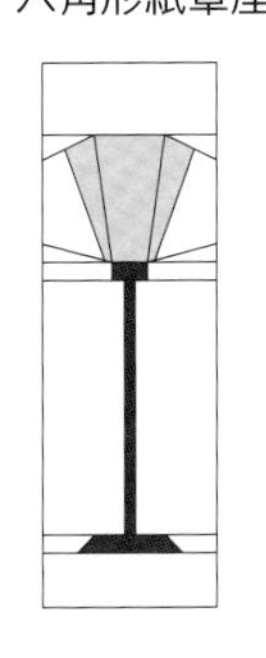
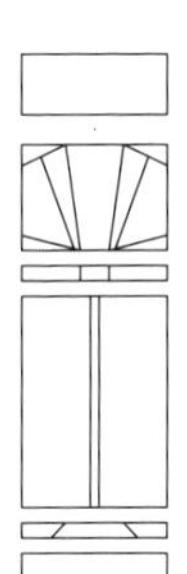

827 Hishimochi
菱餅

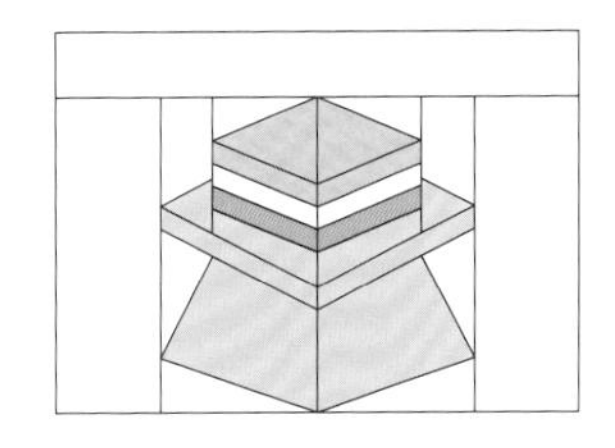
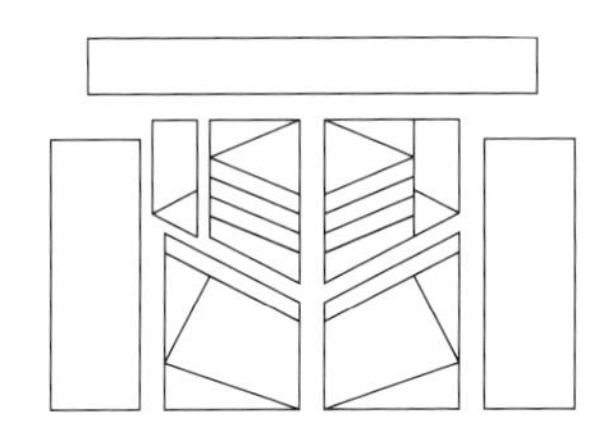

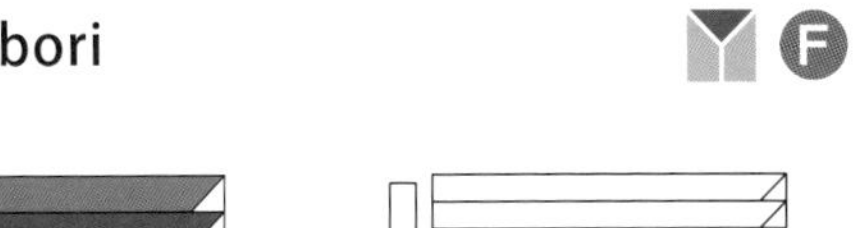

828 Koinobori
鯉魚旗

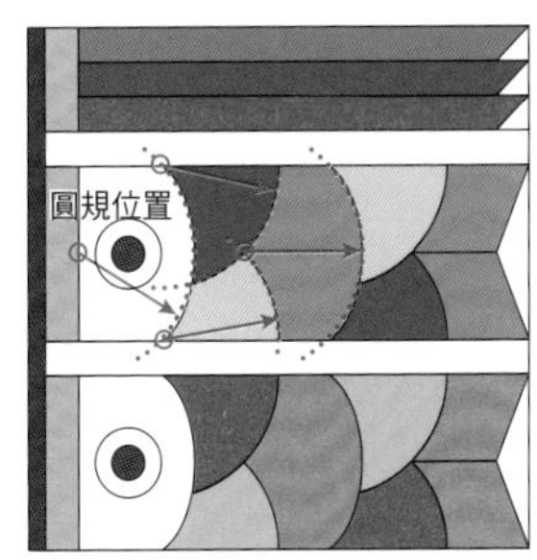

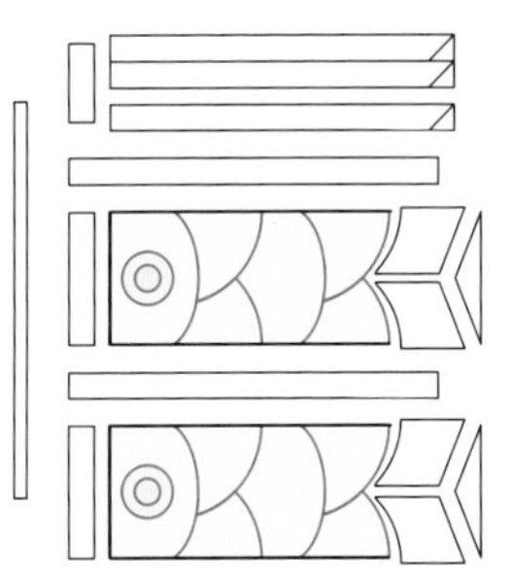

829 Yakkosan
奴字摺紙

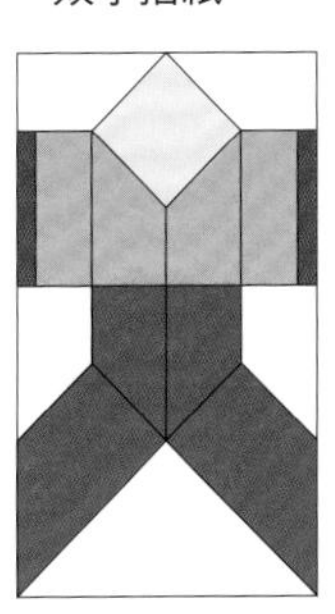
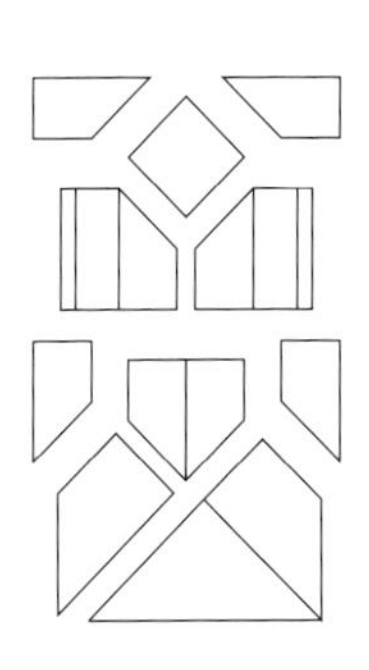

830 Kabuto
頭盔

831 Pumpkin
南瓜

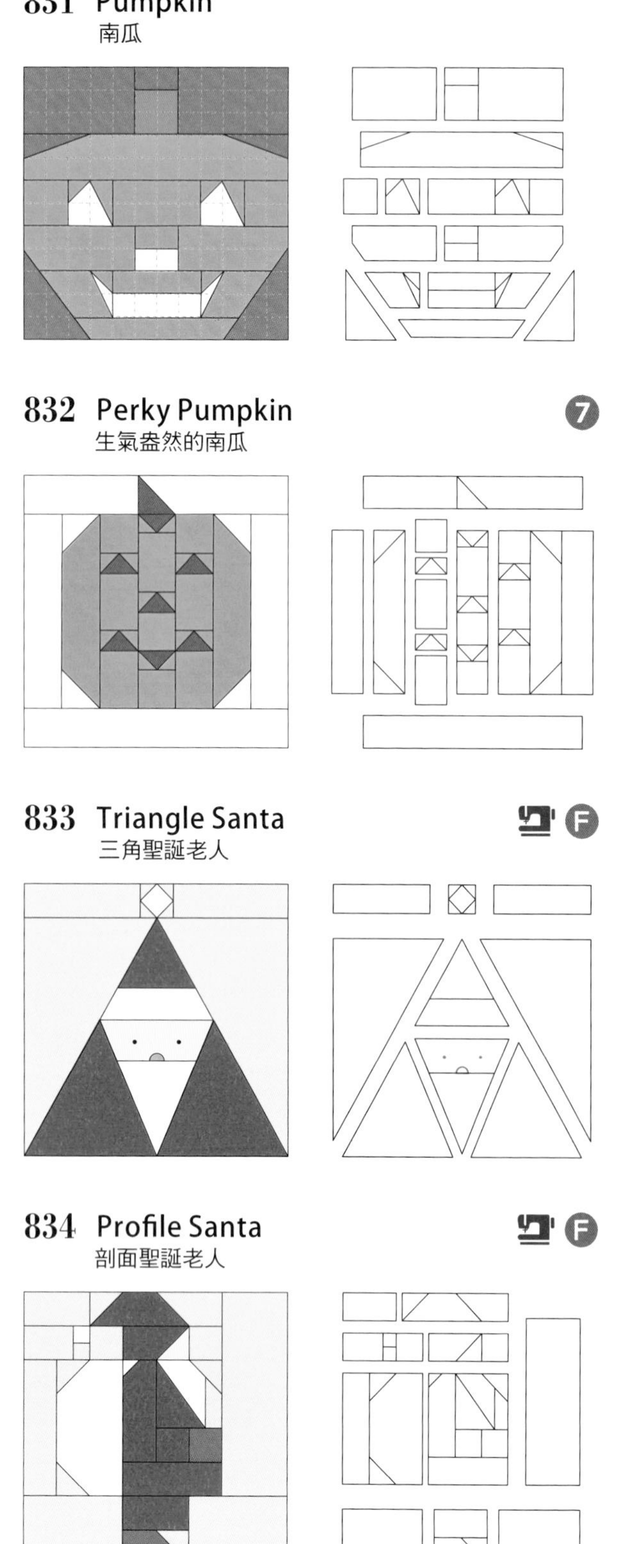

832 Perky Pumpkin
生氣盎然的南瓜

833 Triangle Santa
三角聖誕老人

834 Profile Santa
剖面聖誕老人

835 Bell
鐘

836 Gift Box
禮物盒

837 Star
星星

838 Kimono
和服

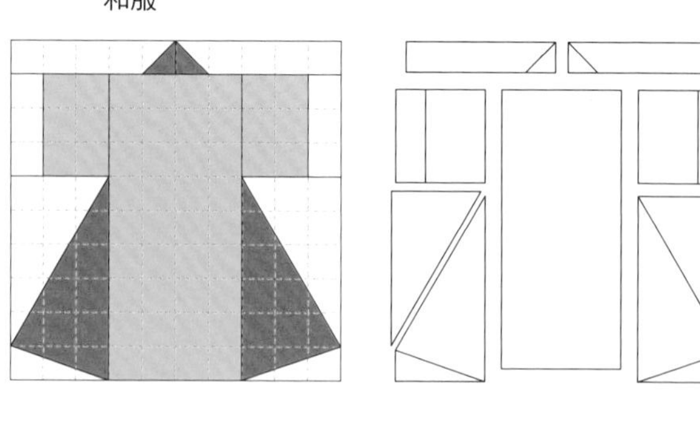

839 Kimono
和服

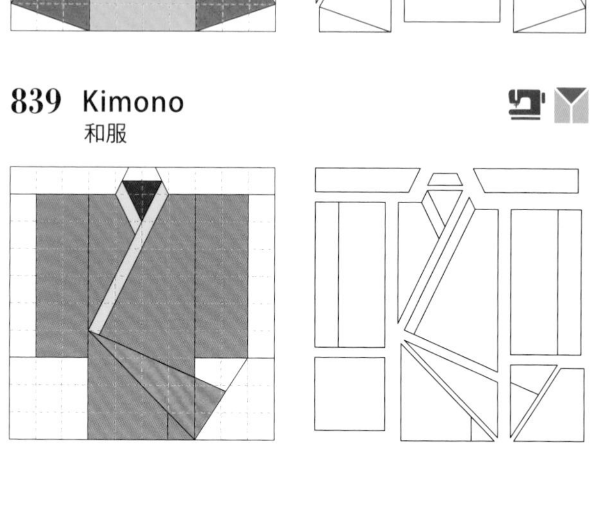

06

840～892

Polygon

多角形圖形

多角形圖形可分為三角形、四角形、五角形、六角形與八角形，

相較於正方形更增添了不同的風貌。

以多角形構成的複雜設計，隨著接合方式不同，

繁複程度也不同，試著製作出令人玩味的作品吧！

840 Triangle
三角形

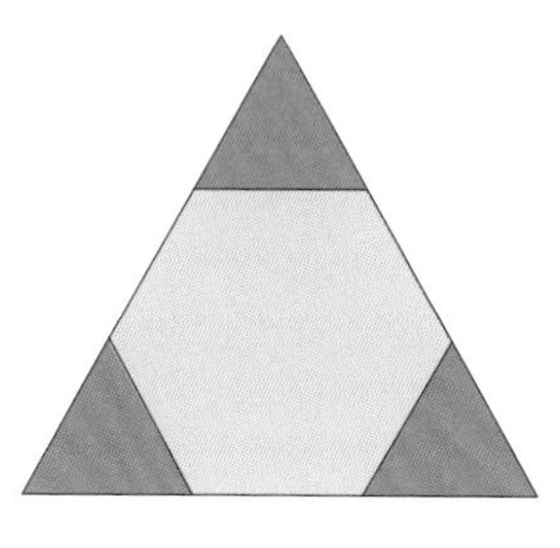
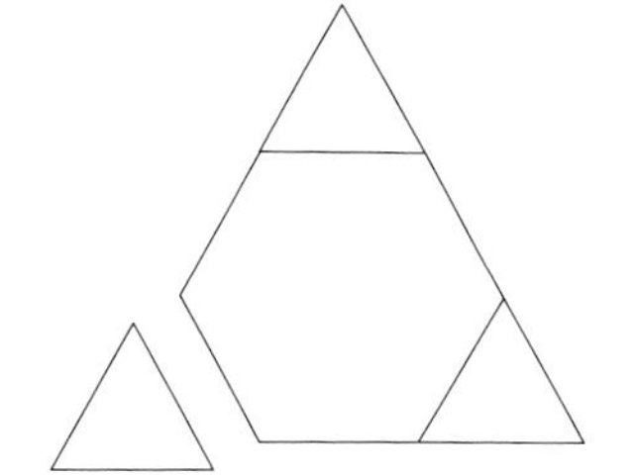

841 Triangle
三角形

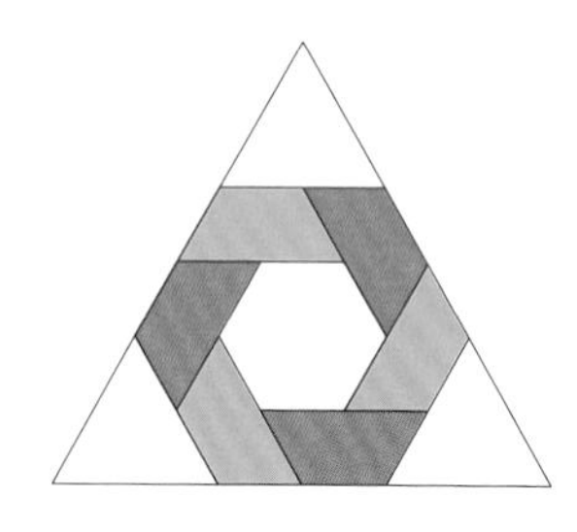
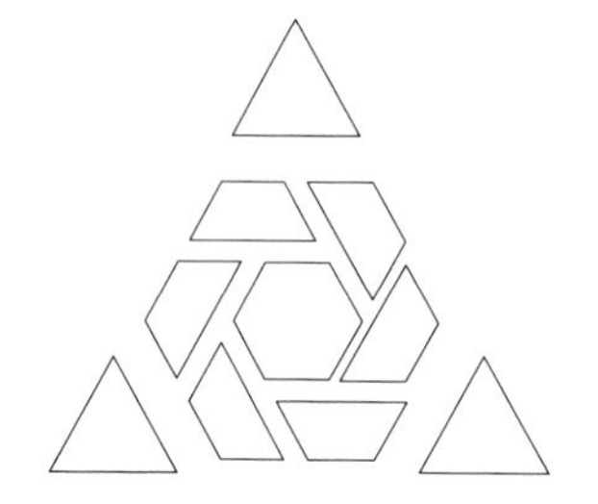

842 Triangle
三角形

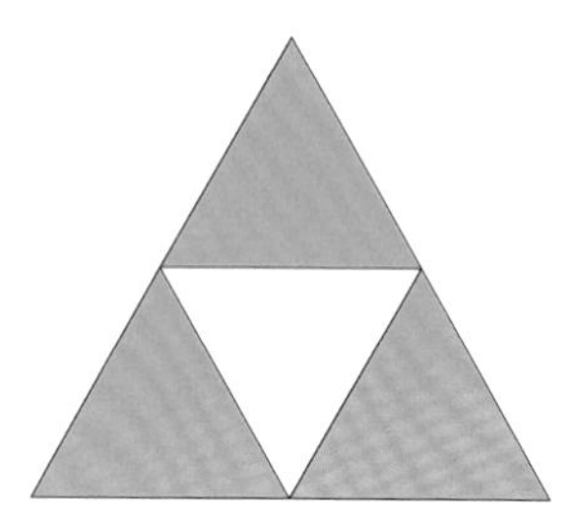
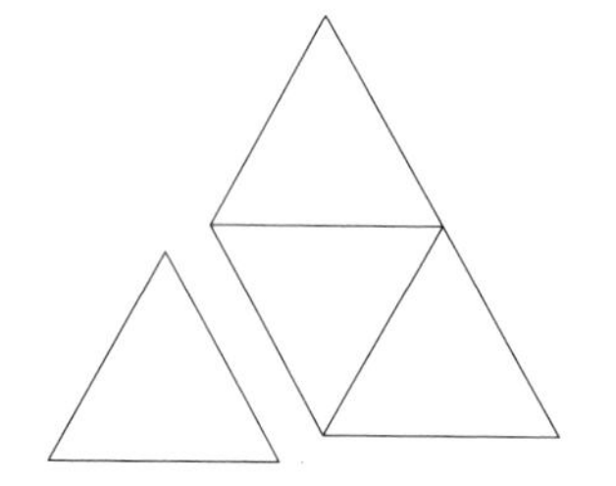

843 Triangle
三角形

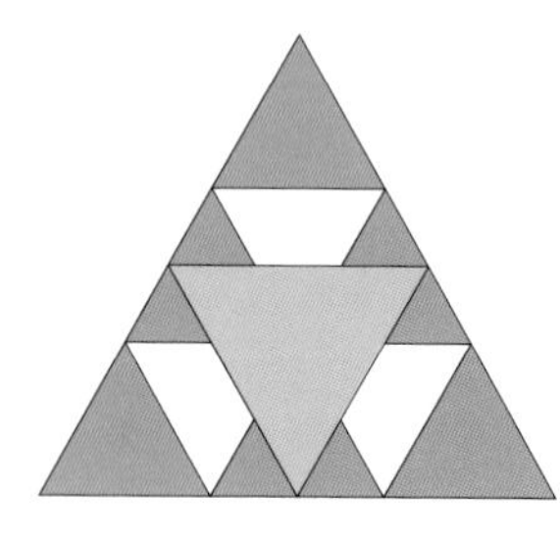
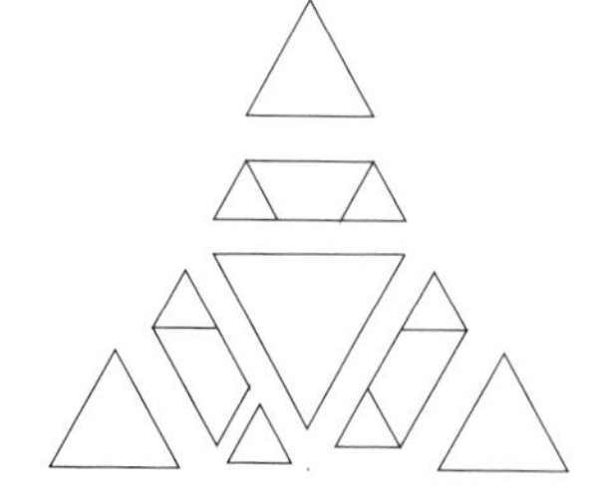

844 Triangle
三角形

845 Triangle
三角形

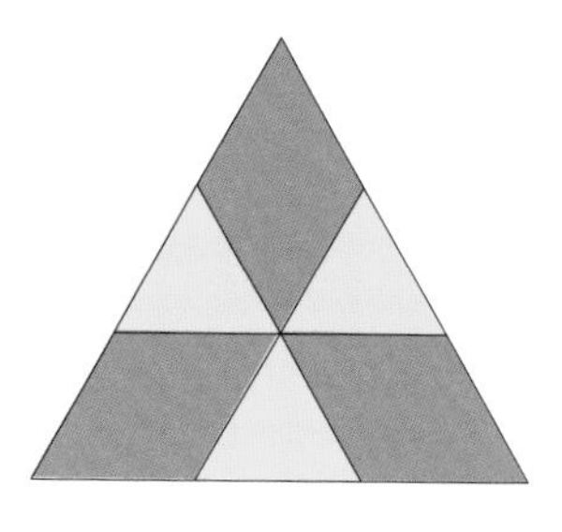
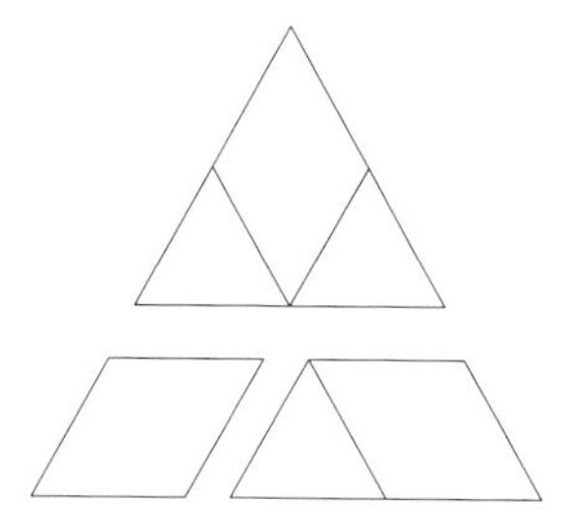

846 Triangle
三角形

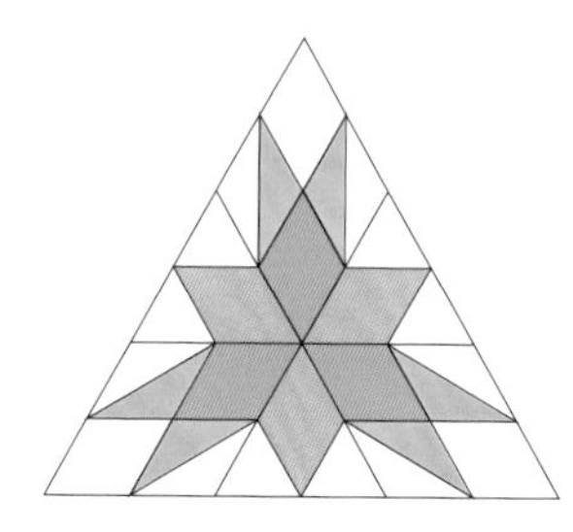
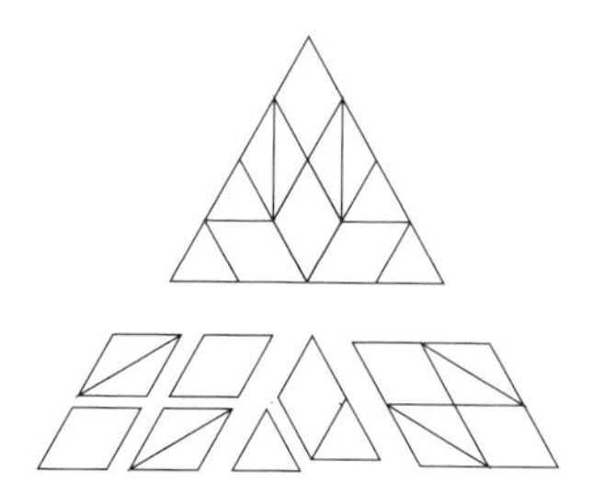

847 Triangle
三角形

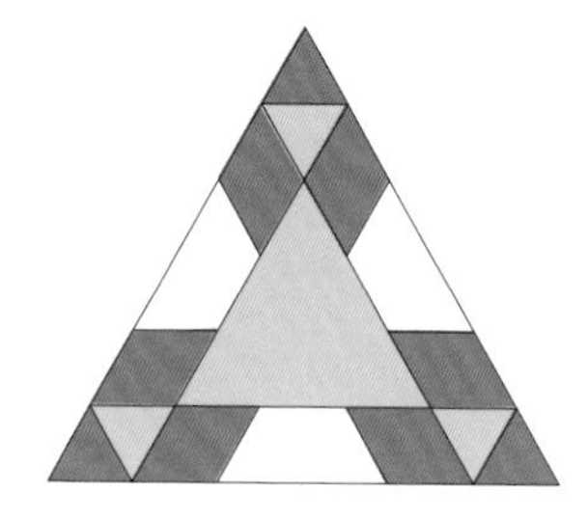
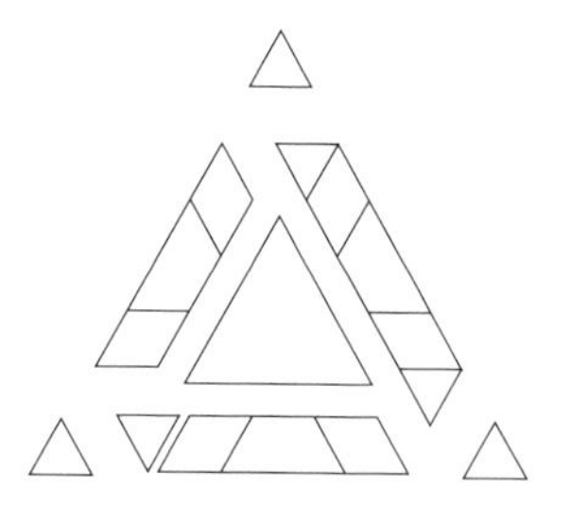

848 Star Flower
星星花朵

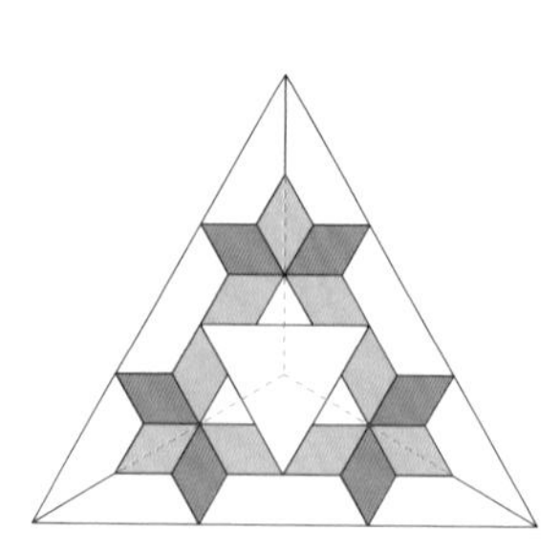
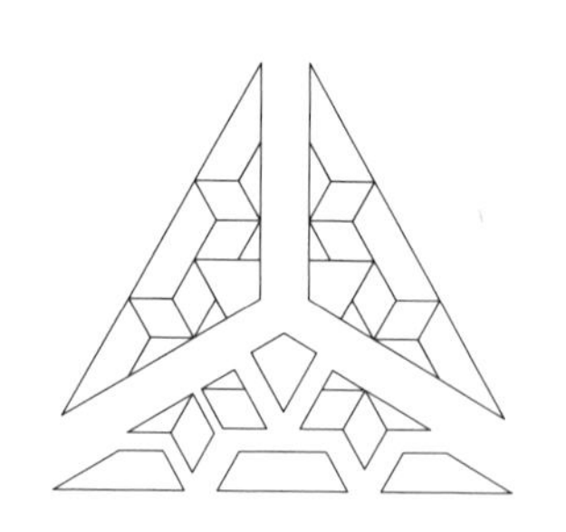

849 Pentagon
五角形

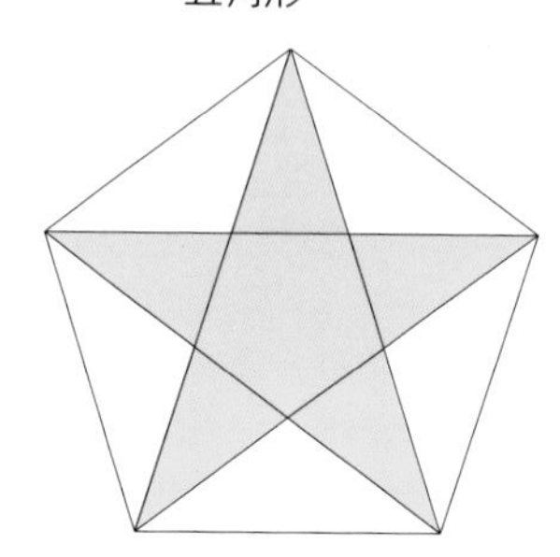
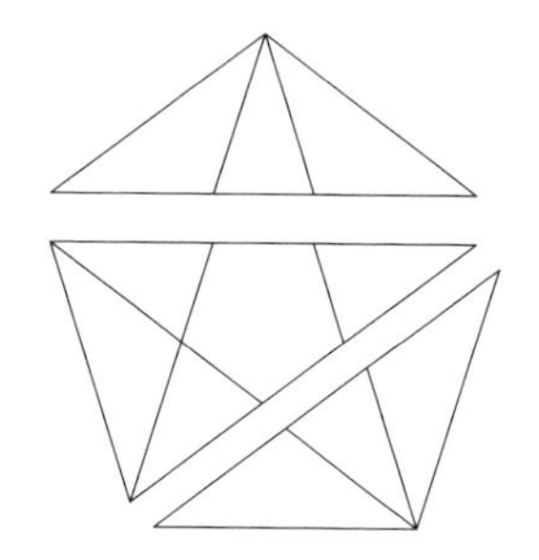

850 Eisenhower Star
艾森豪之星

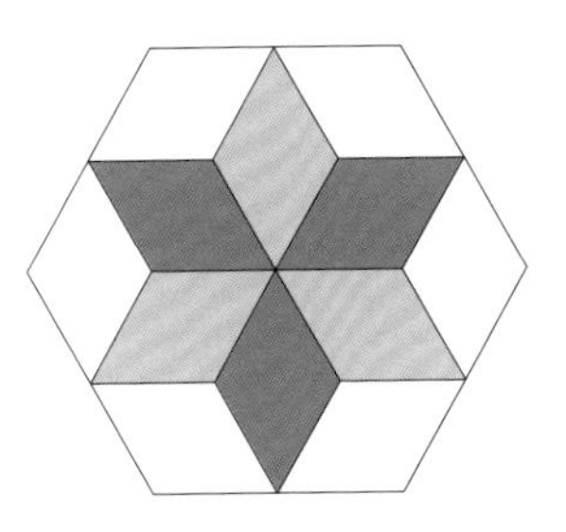
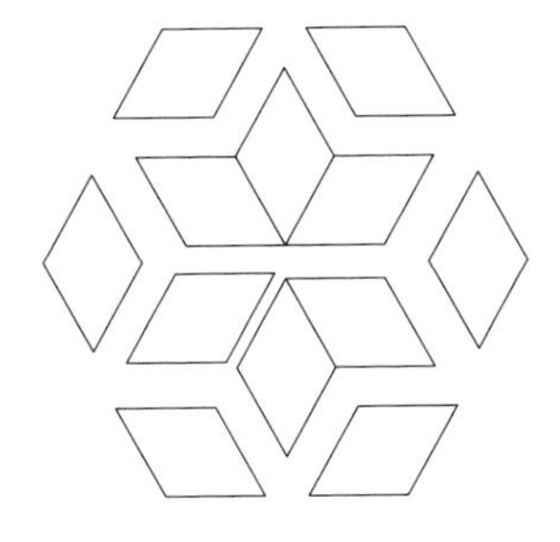

851 Desert Flower, Hexagon Stars
沙漠之花・六角形

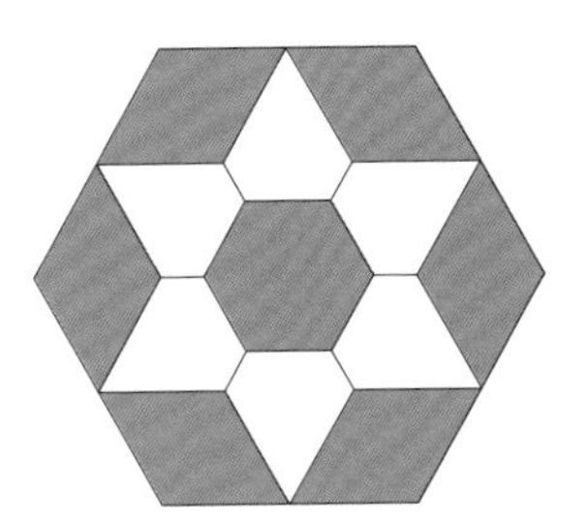
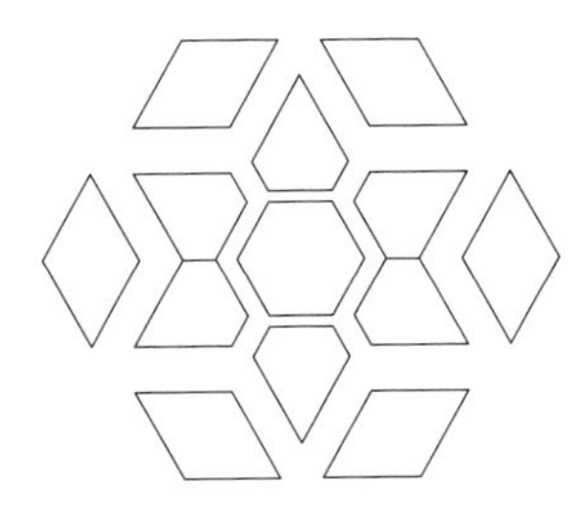

852 Diamonds and Aroow Points
鑽石＆箭頭尖角

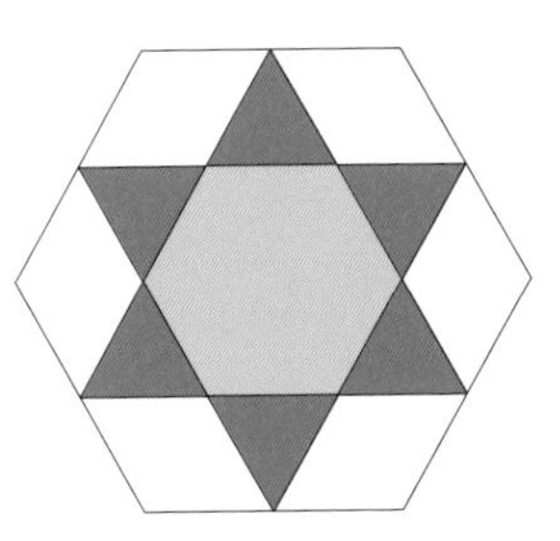
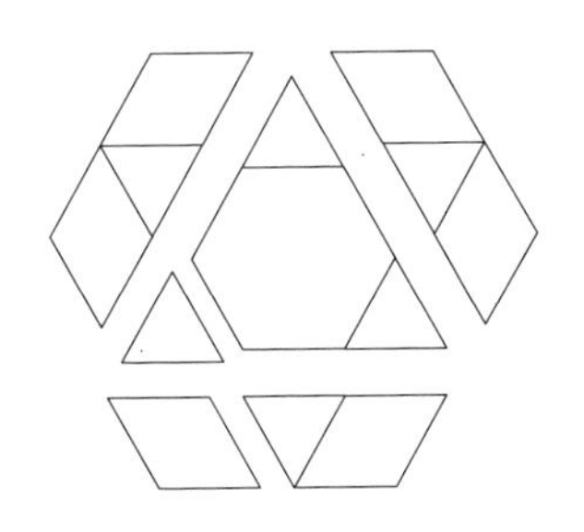

853 Hexagon Beauty, Spider Web
六角形之美・蜘蛛網

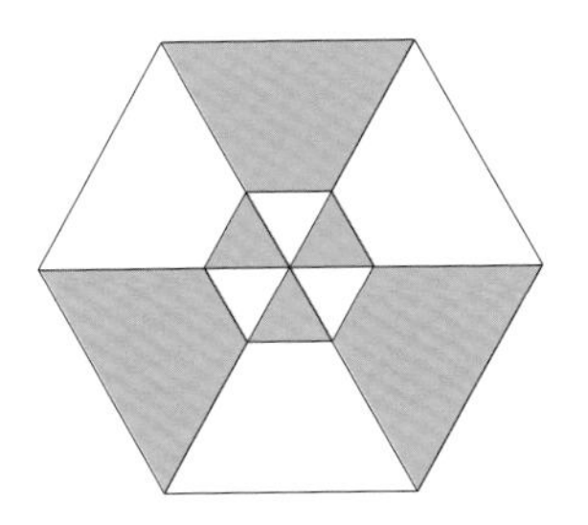
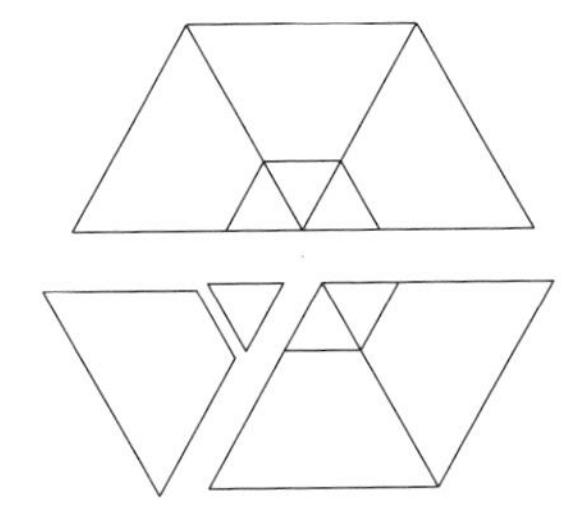

854 Wagon Wheel
馬車車輪

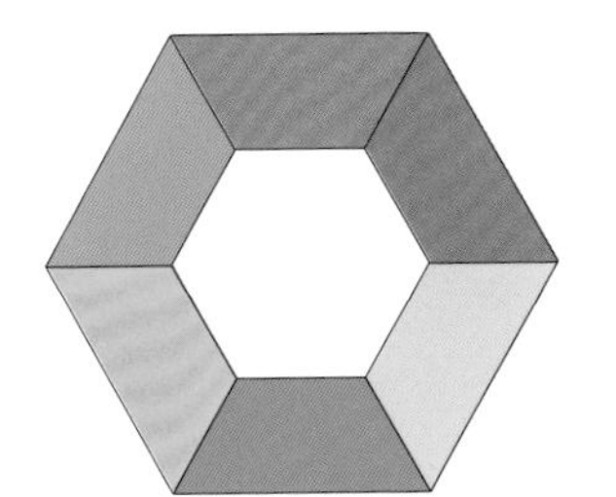
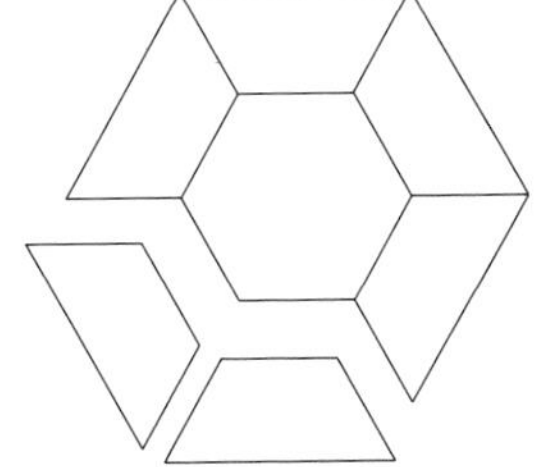

855 Spider Web
蜘蛛網

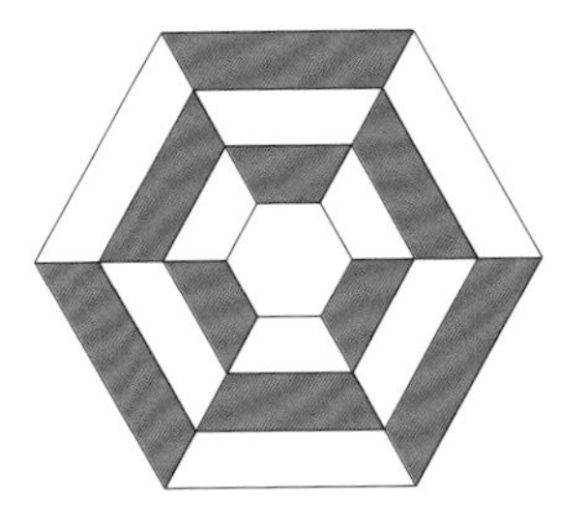
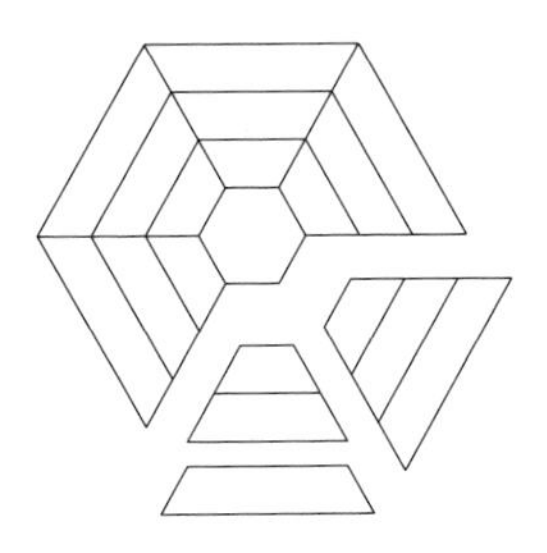

856 Texas Trellis, Maple Leaf
德州格子・楓葉

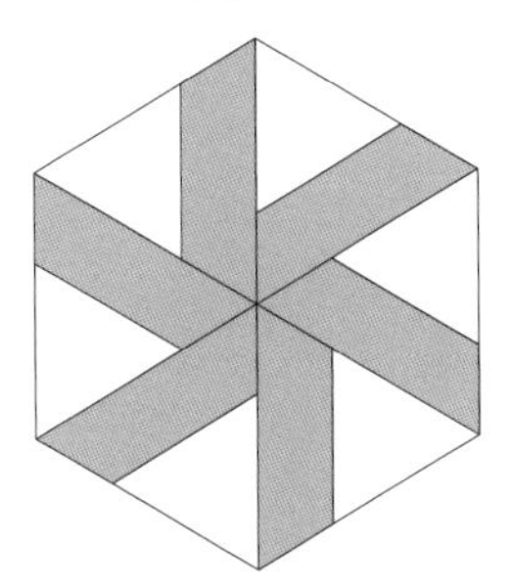
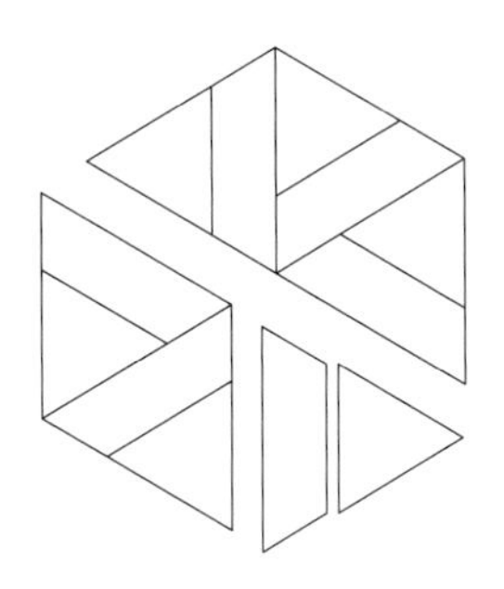

857 North Star
北極星

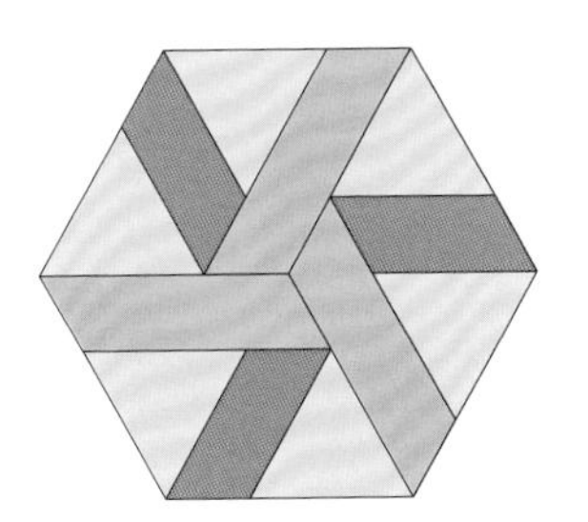
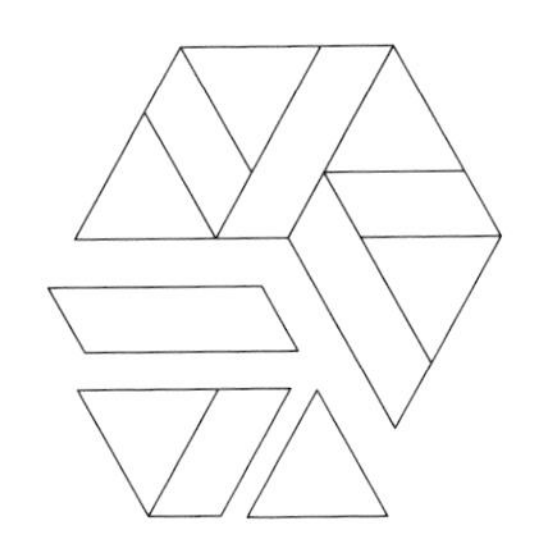

858 Kentucky
肯塔基

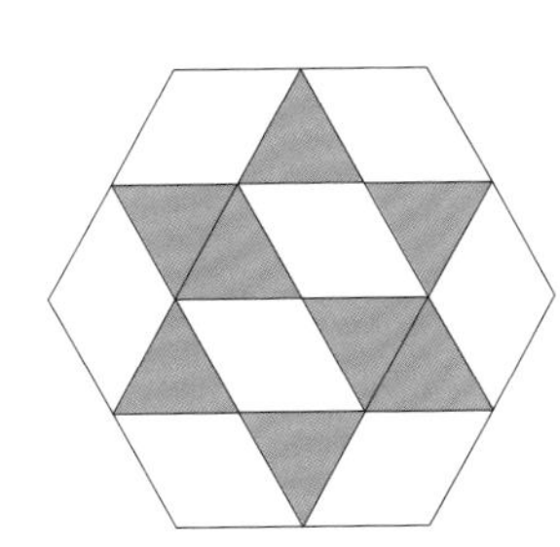
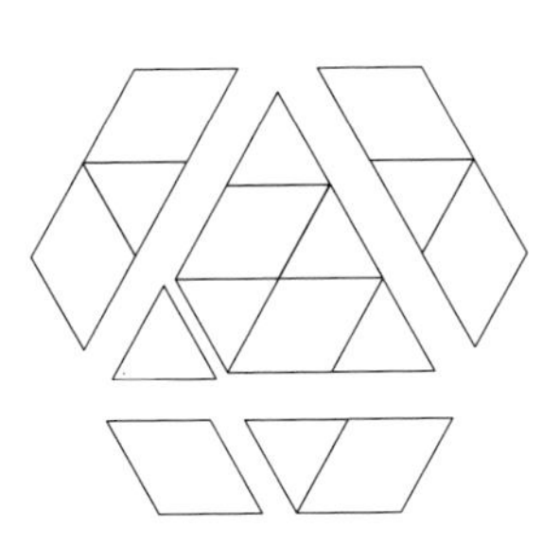

859 Arrowheads
箭頭

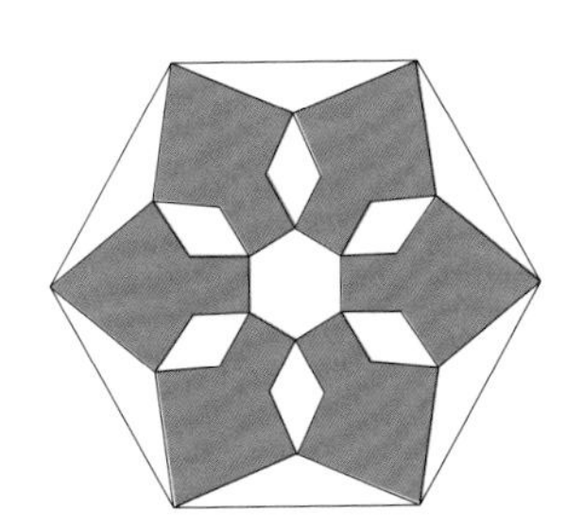
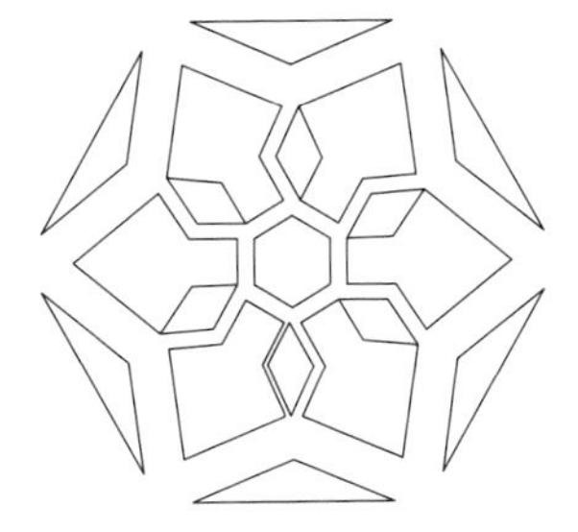

860 The Hexagon Star, Brilliant Star
六角星・閃耀之星

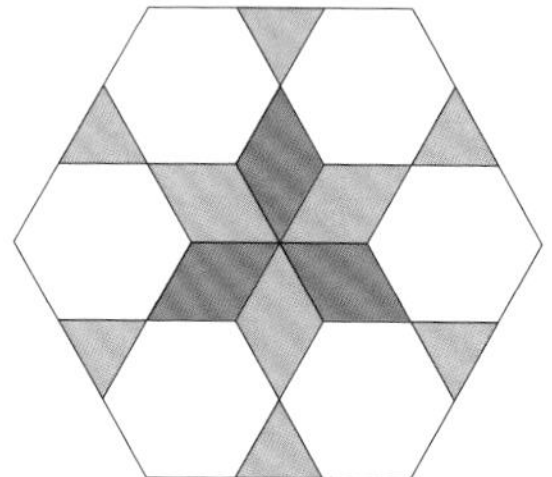
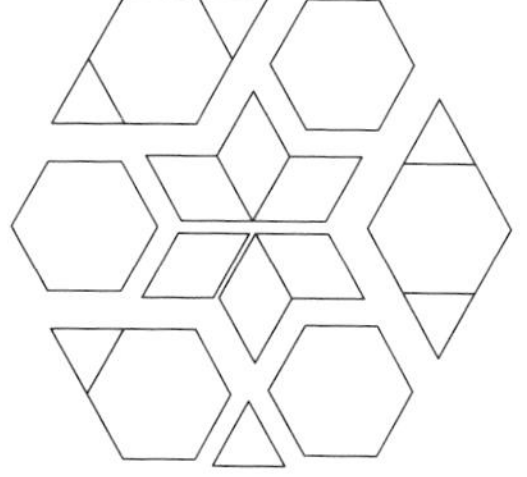

861 Star of the Mountains
山之星

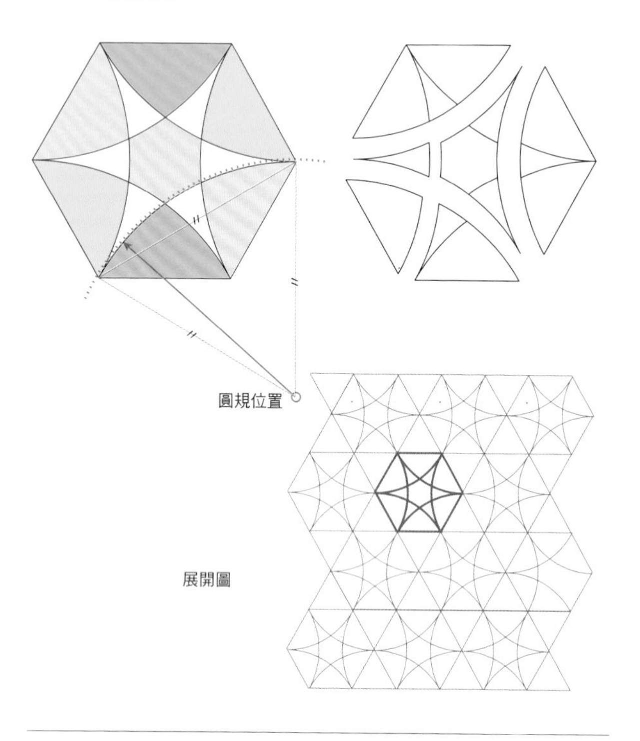

862 Ozark Diamond, Ozark Star
歐扎克鑽石・歐扎克之星

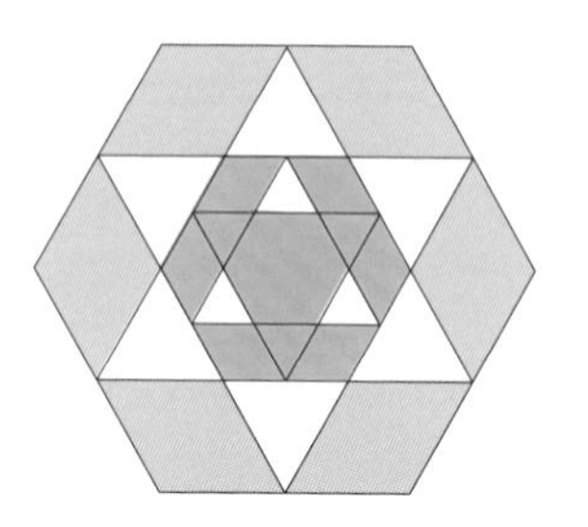
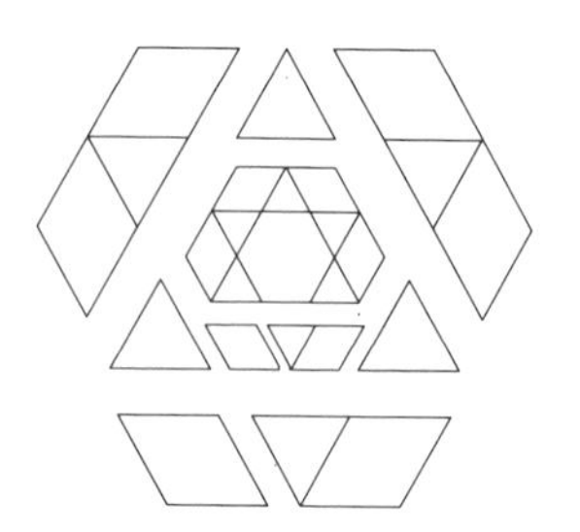

863 Double Star
雙重星星

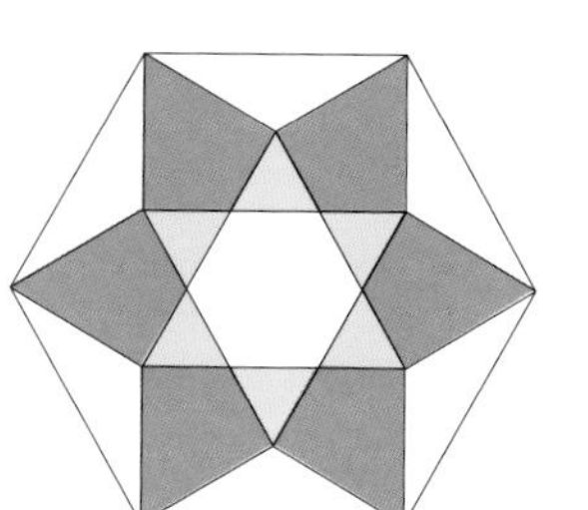
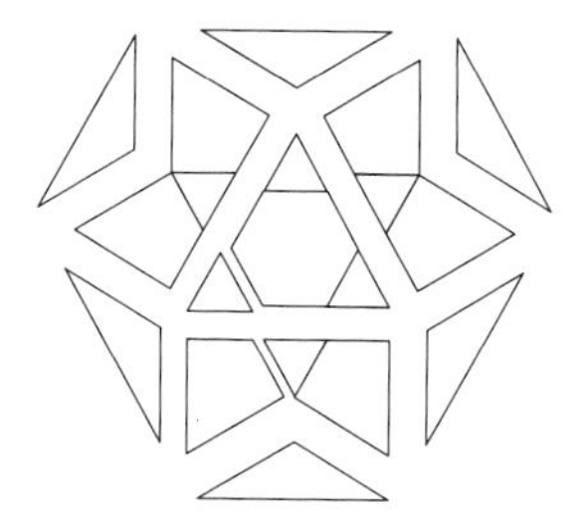

864 Morning Star
早晨之星

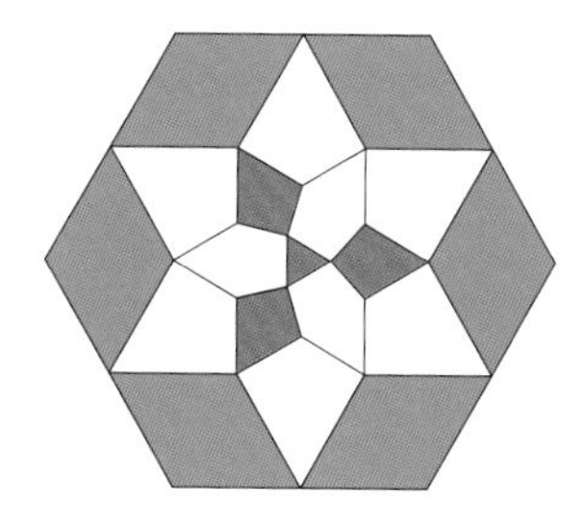
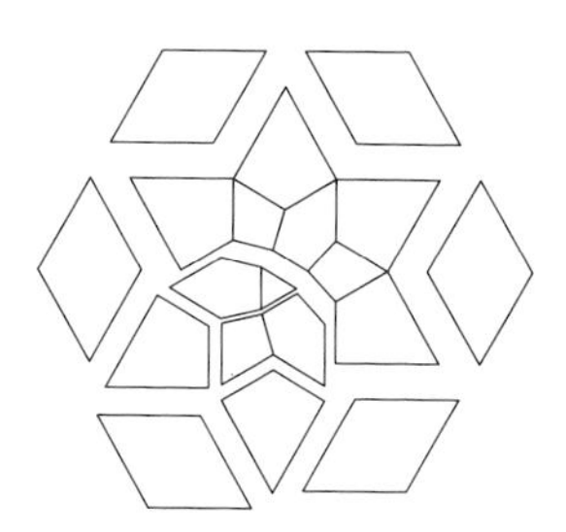

865 Hexagon and Triangles
六角形&三角形

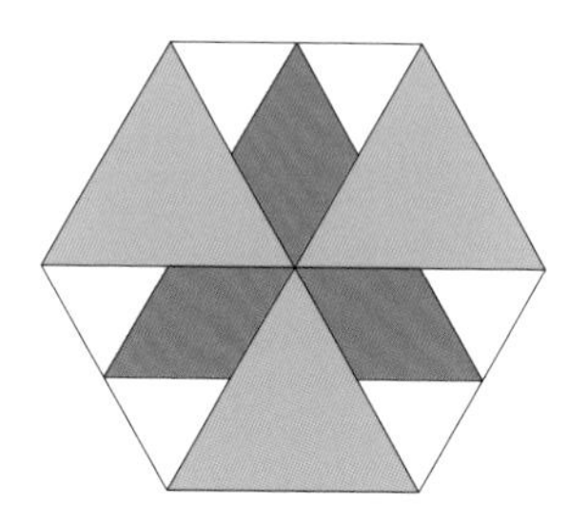
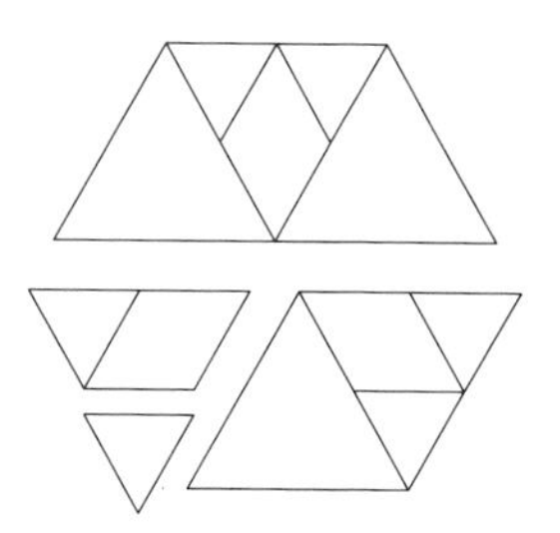

866 Dutch Tile, Arabian Star
荷蘭瓦片・阿拉伯之星

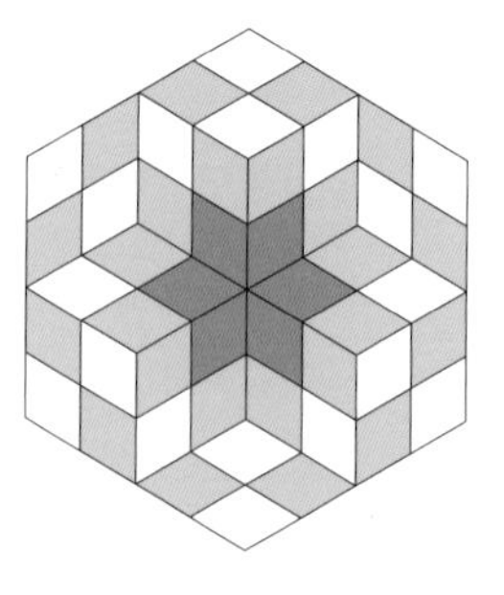
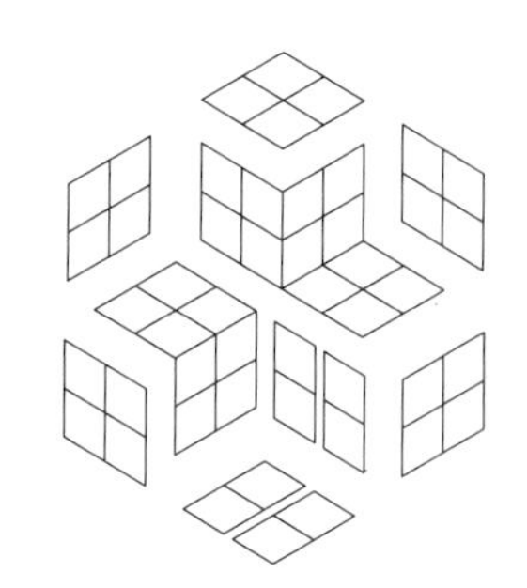

867 Kansas Sunflower
堪薩斯太陽花

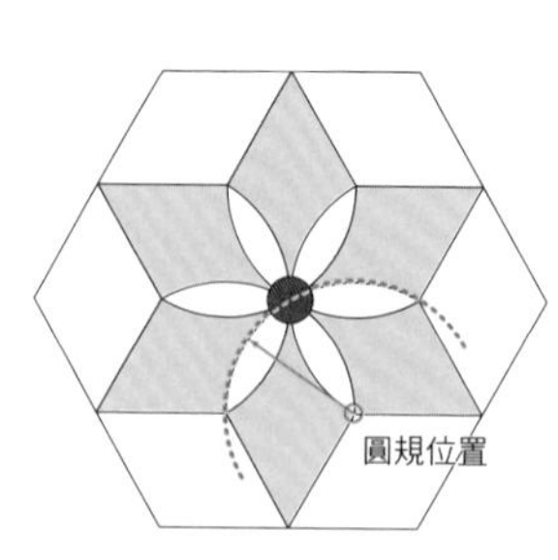

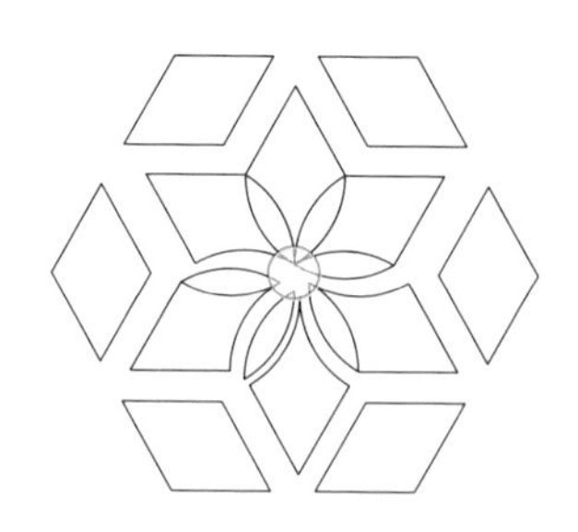

868 Hexagons and Flowers
六角形&花朵

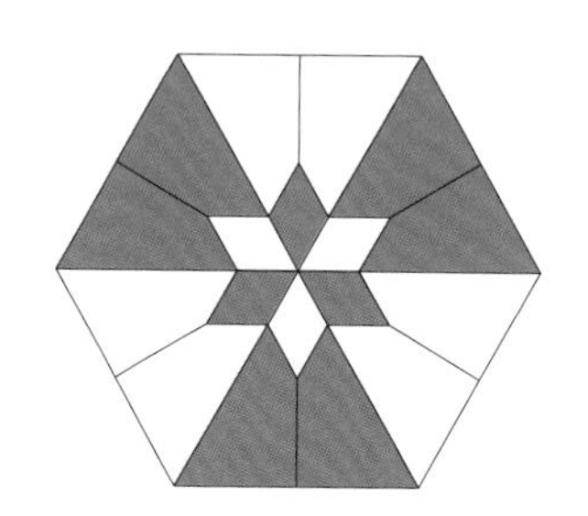
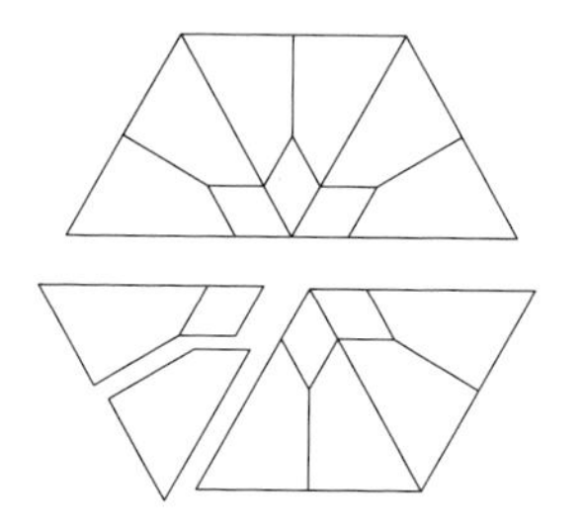

869 Pinwheel
紙風車

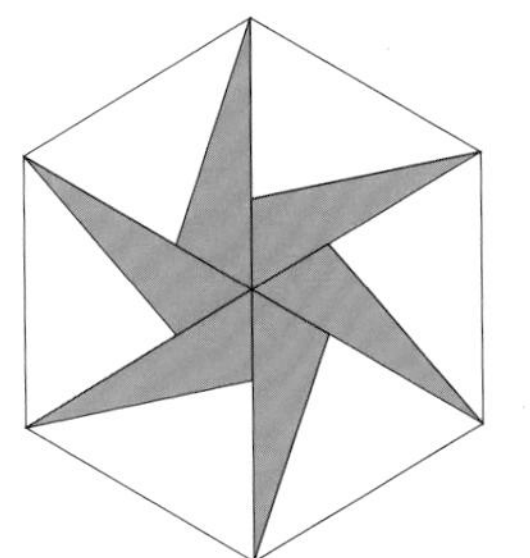
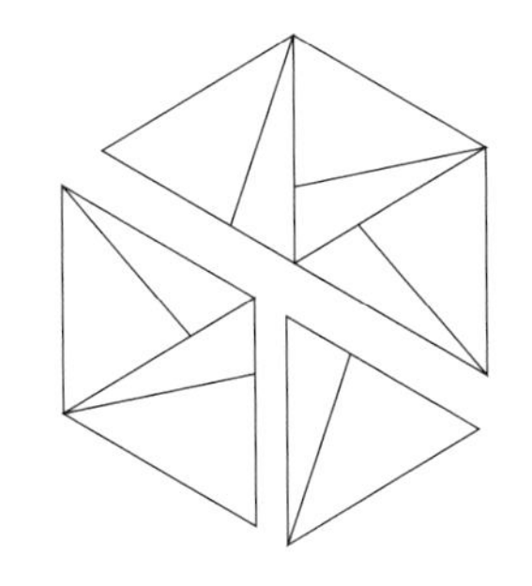

870 Snowflake
雪花

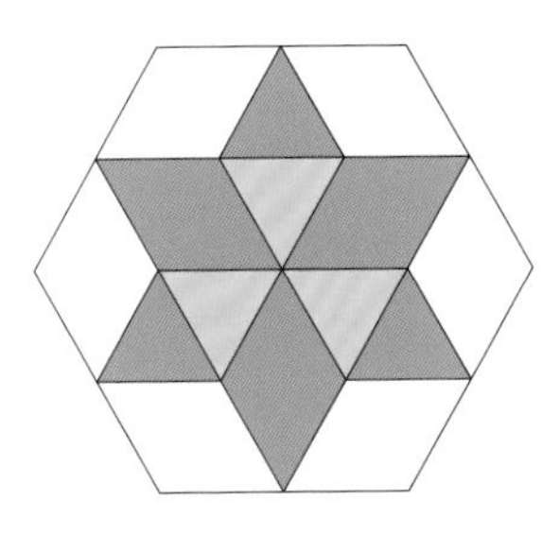
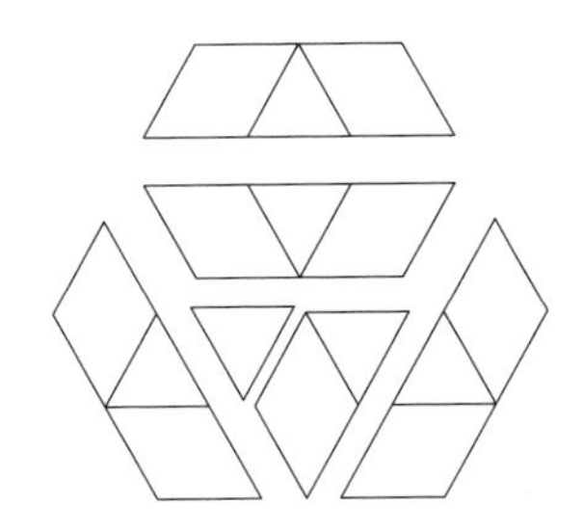

871 Aunt Martha's Rose
瑪莎阿姨的玫瑰

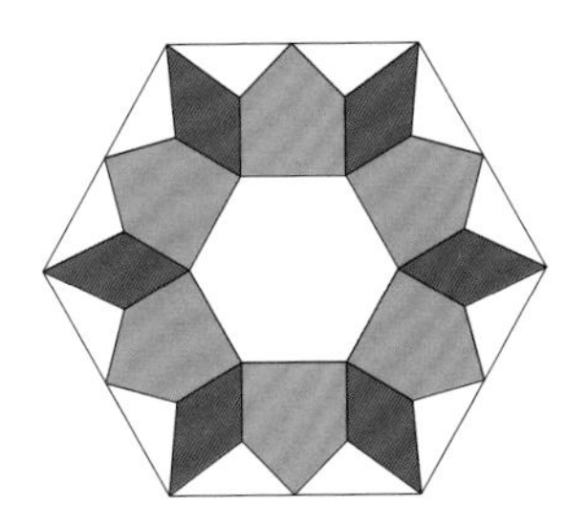
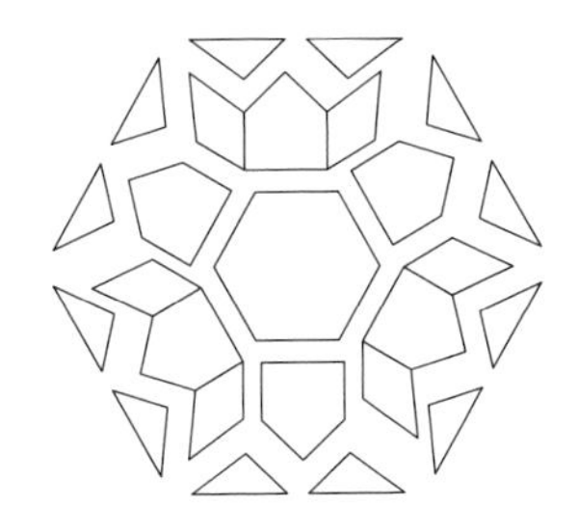

872 Hexagon Flower Block
六角形花朵方塊

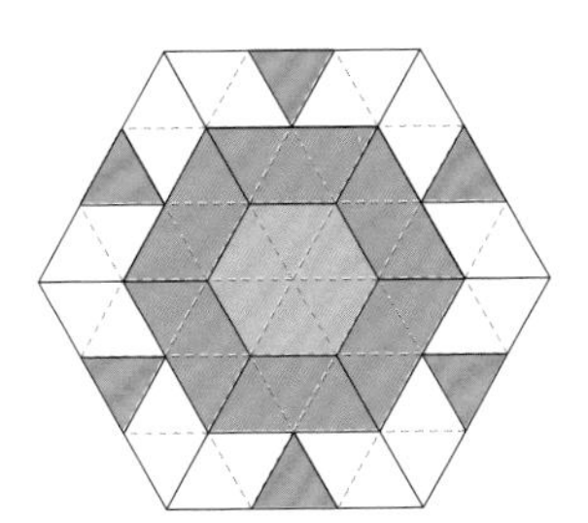
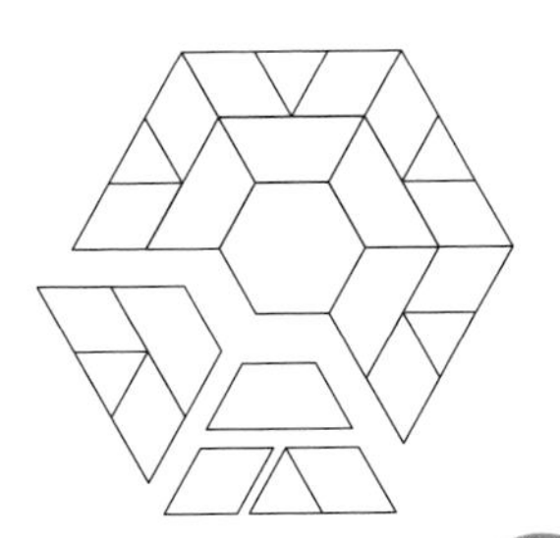

note

隨著分割比例不同而變化的圖形

如下圖的圖案，改變分割的比例（寬度），呈現出不同的感覺。另外，像 No.872 六角形花朵方塊、No.876 漂浮之雲，除了分割方式，名字也不同，因此被歸類為不同的圖形。

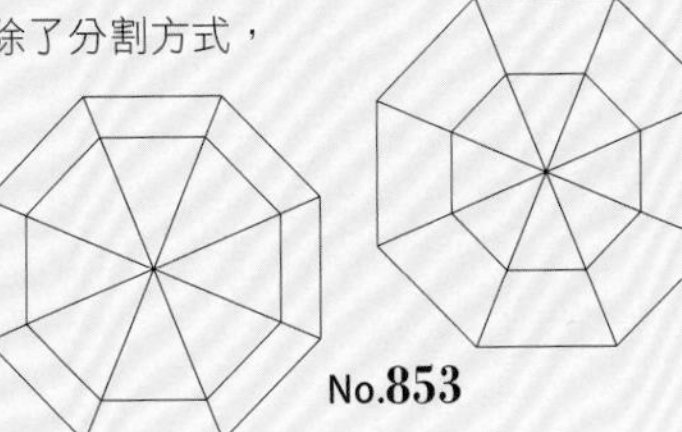

No.853

873 Trials and Troubles
考驗＆問題

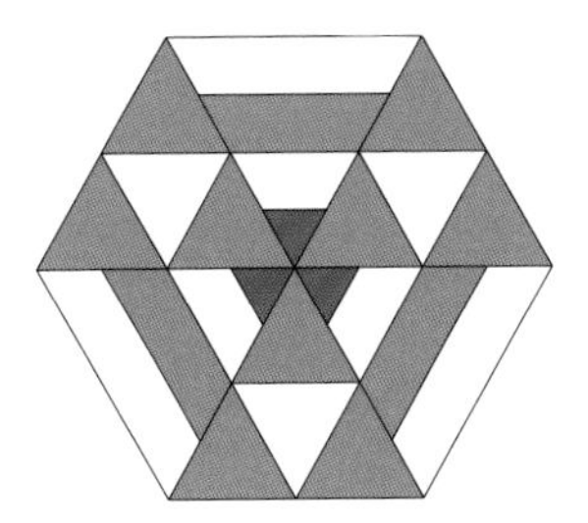
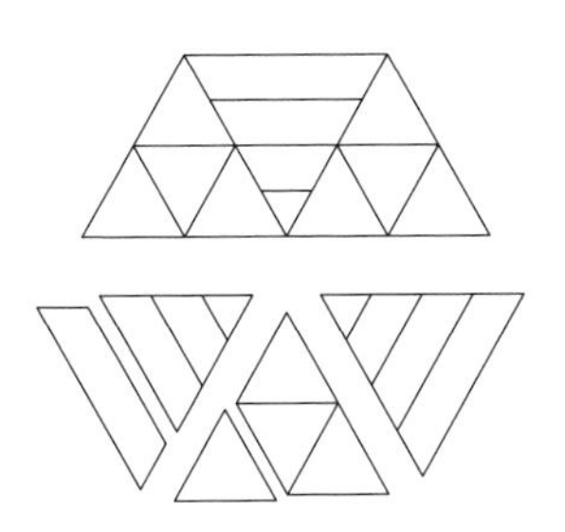

874 Ozark Star
歐扎克之星

875 Interlocked Star
連結的星星

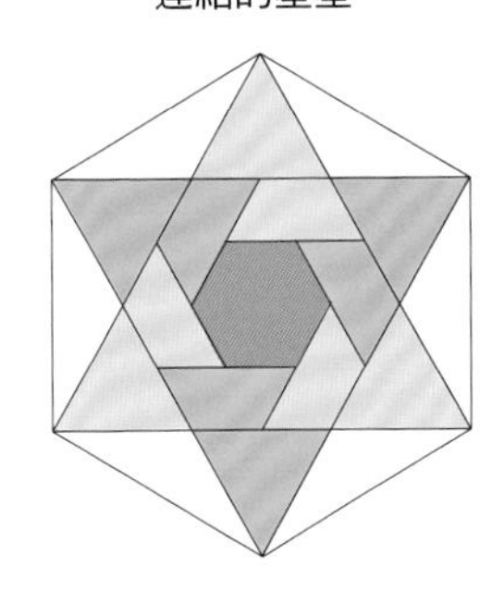

876 Floating Clouds
漂浮之雲

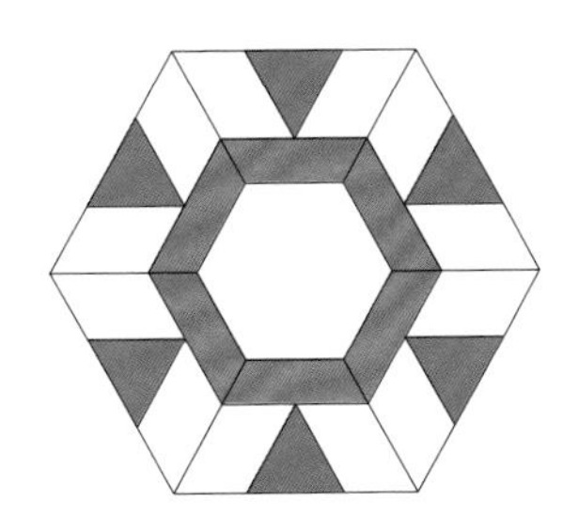
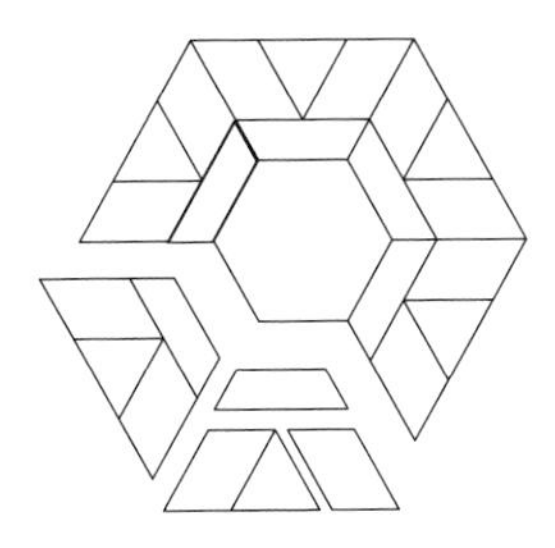

877 Pinwheel
紙風車

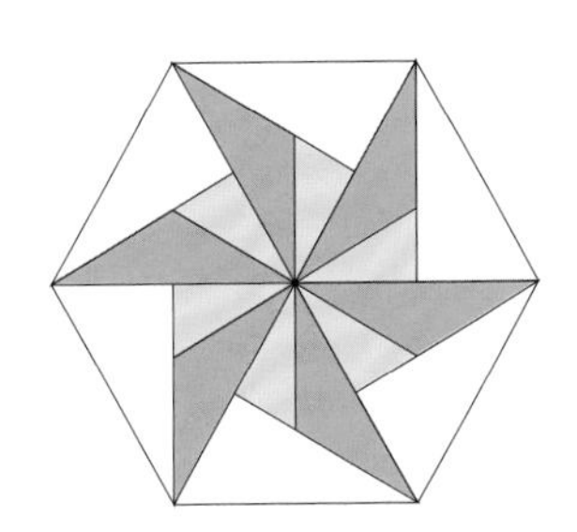
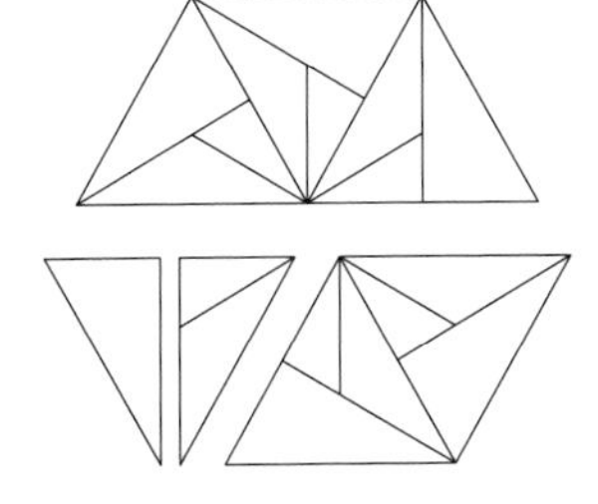

878 Dutch Tile
荷蘭瓦片

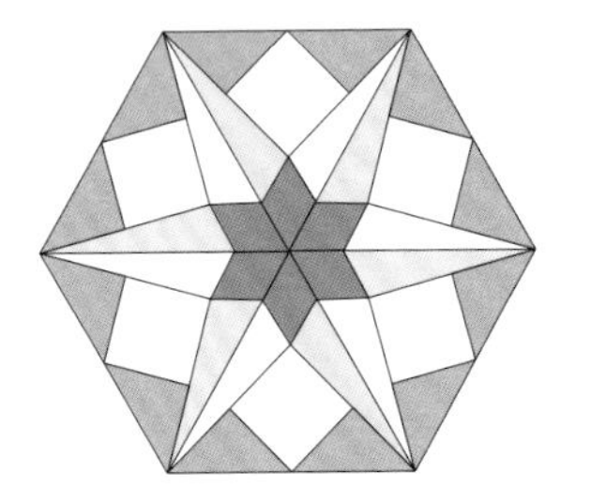
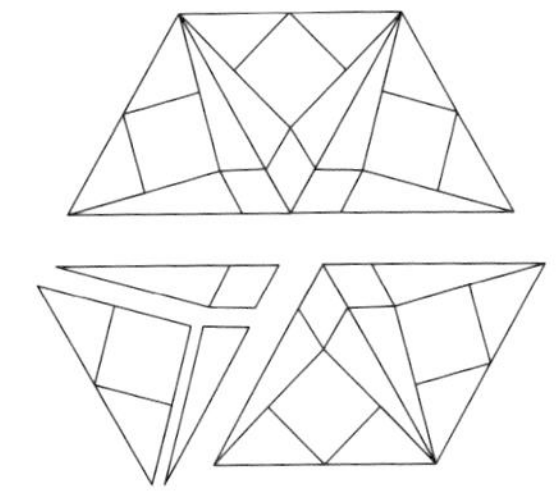

879 Compass in Hexagon
六角形指南針

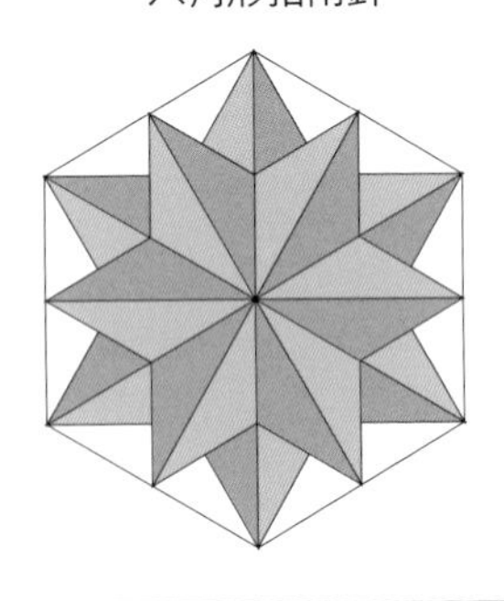
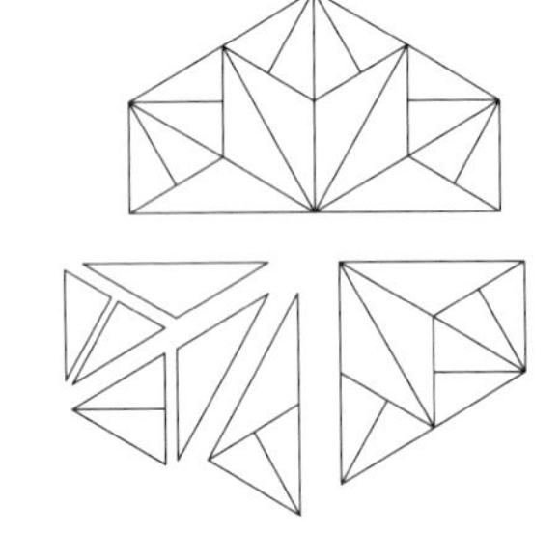

880 Ozark Diamond
六角形指南針

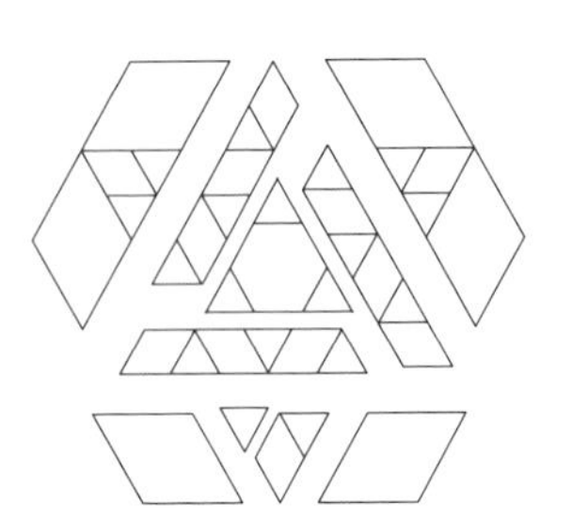

881 Snowflake
雪花

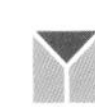
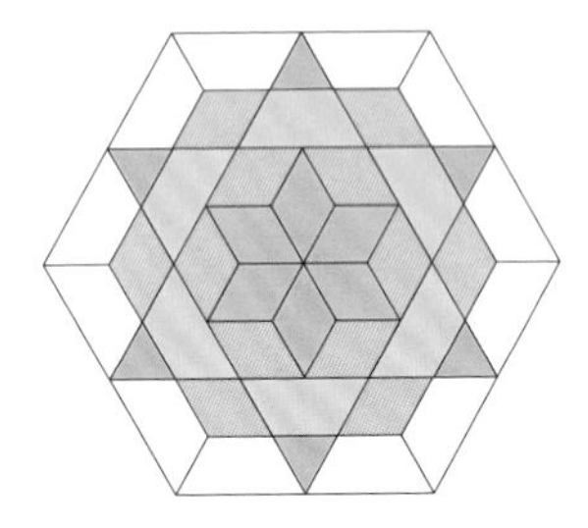
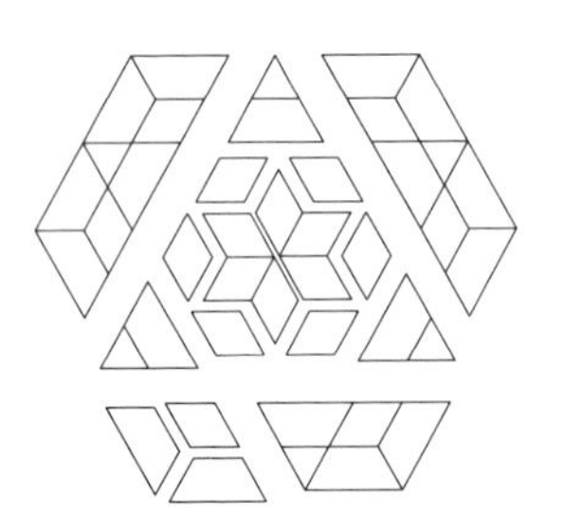

882 Oriental Splendor, The Smoothing Iron
東方之光·熨斗

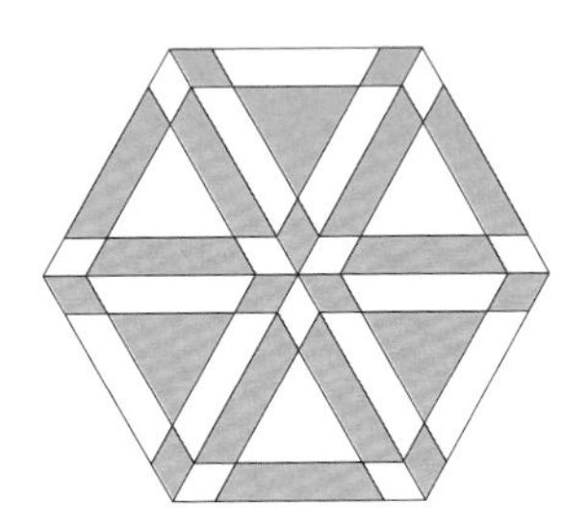
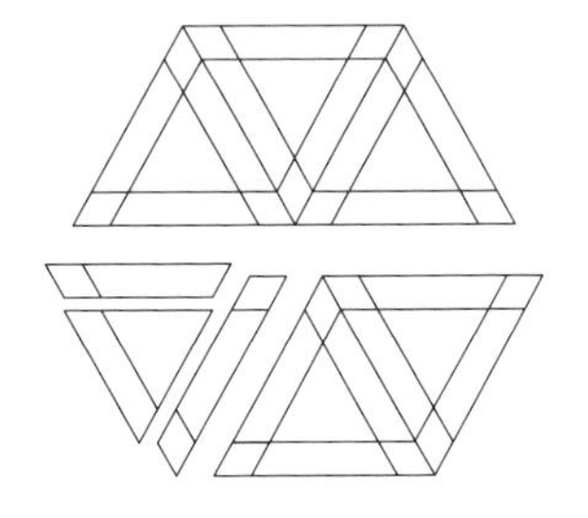

883 Star of the West
西方之星

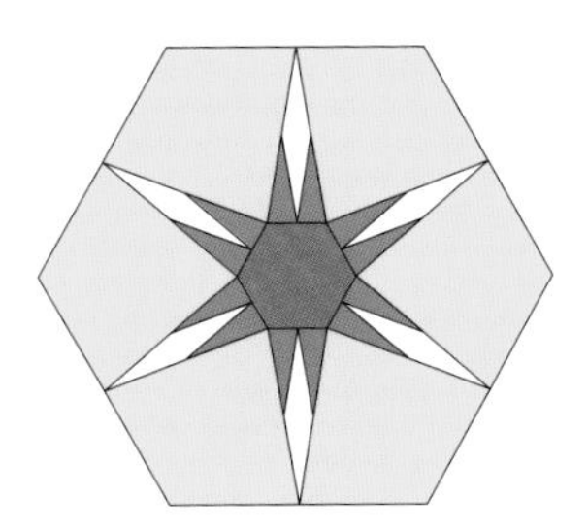
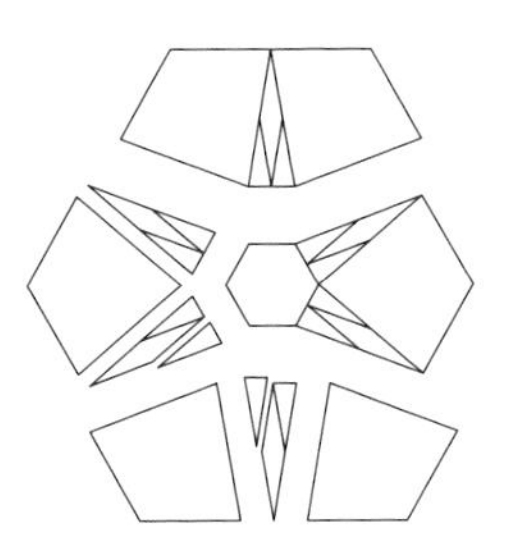

884 Trapezoid
梯形

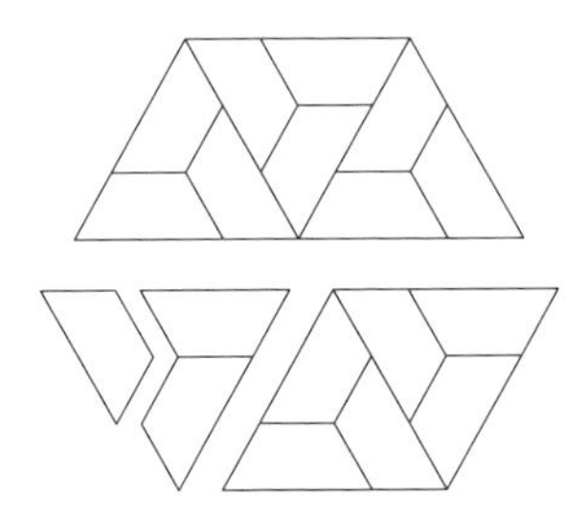

885 Mosaic
馬賽克

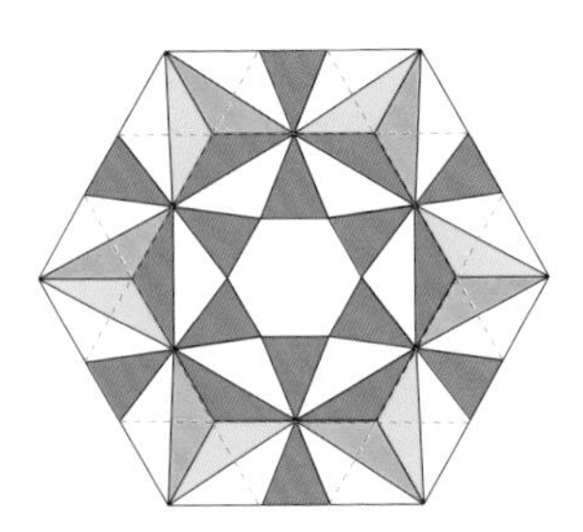
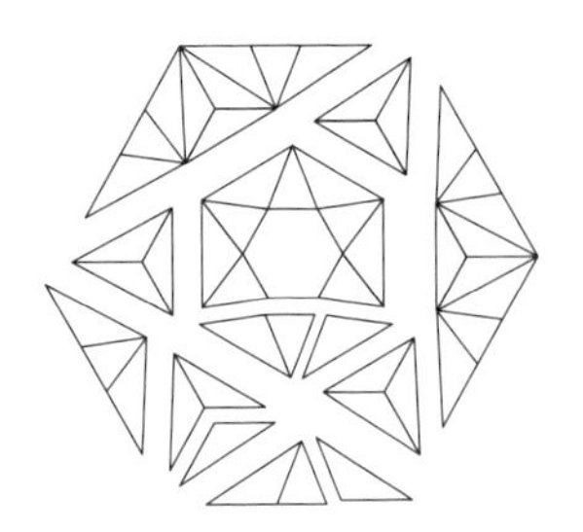

886 Columbia Star
哥倫比亞之星

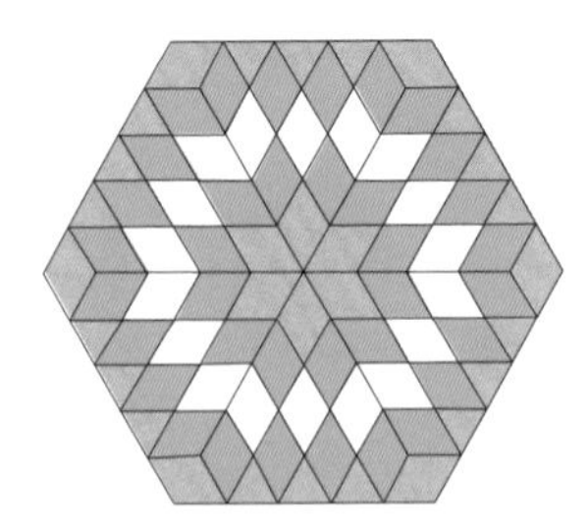
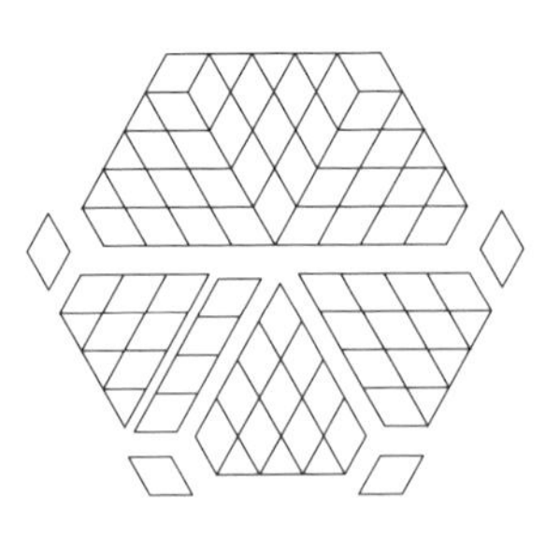

887 The Pin wheel
紙風車

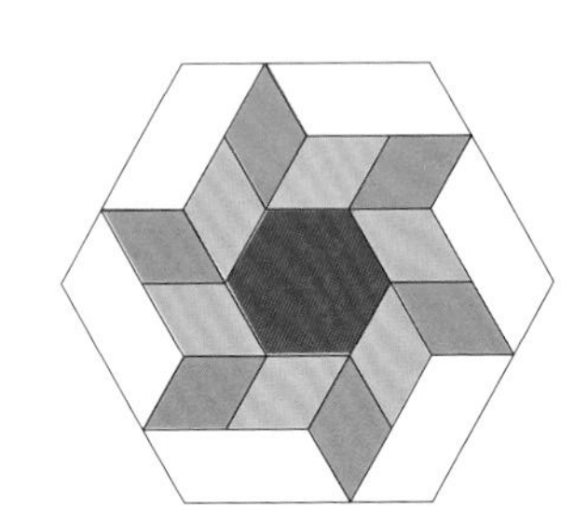
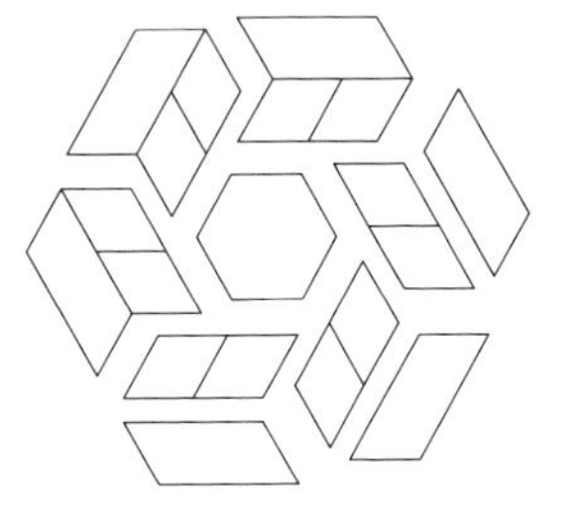

888 Hexagon Beauty
八角形之美

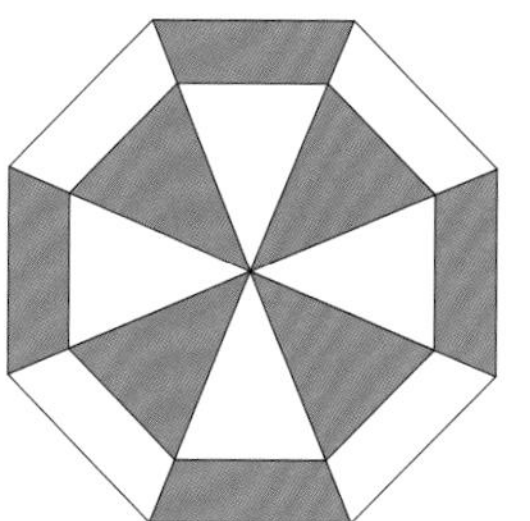
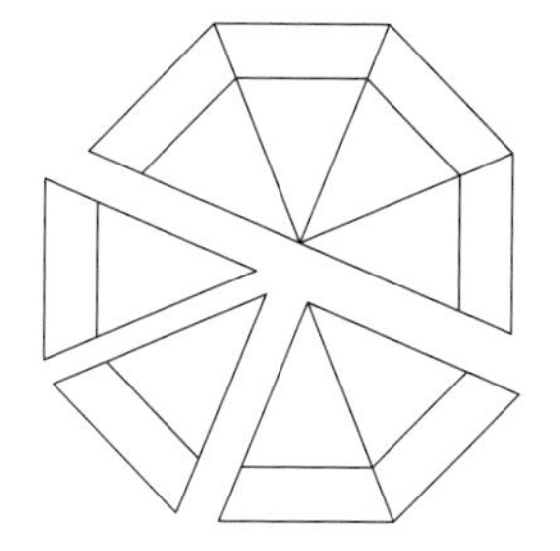

889 Crystal Star
水晶之星

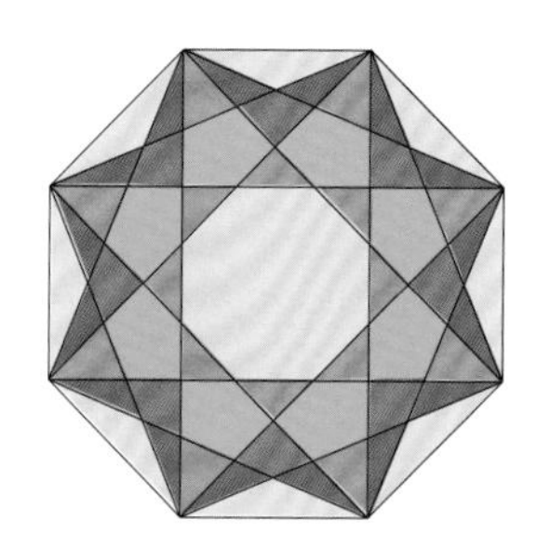
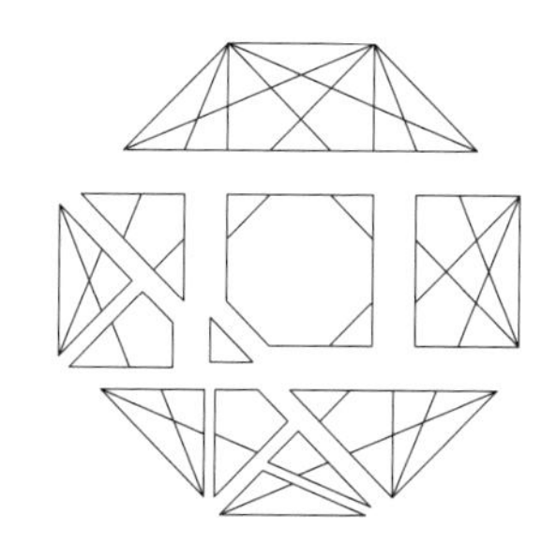

890 Rolling Star
滾動之石

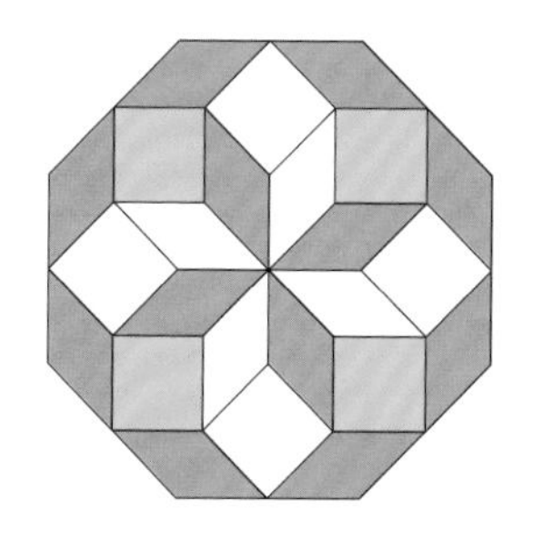

891 The Peaceful Valley Quilt
平靜山谷

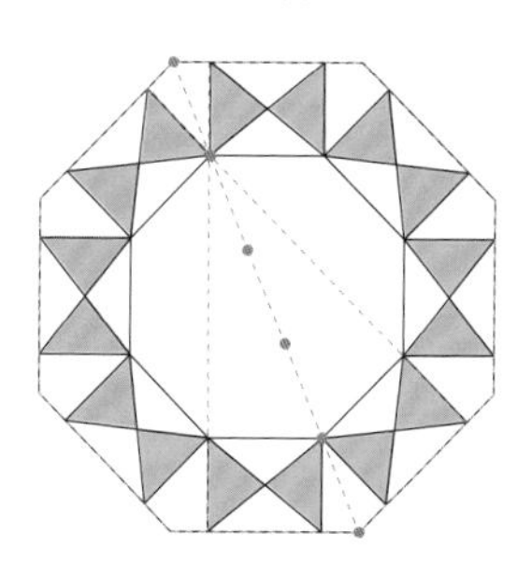
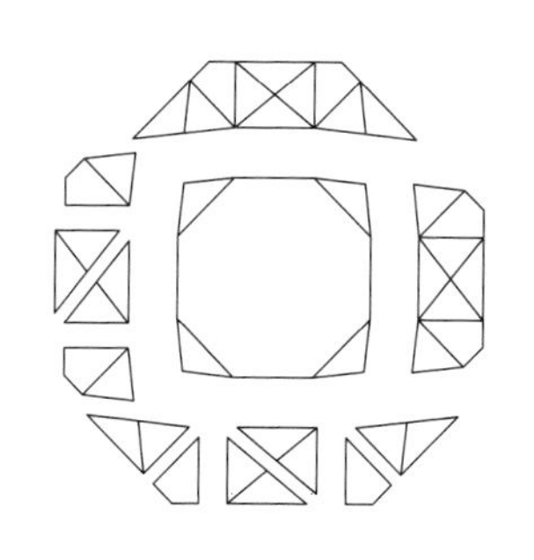

892 Flying Saucer
飛舞的茶托

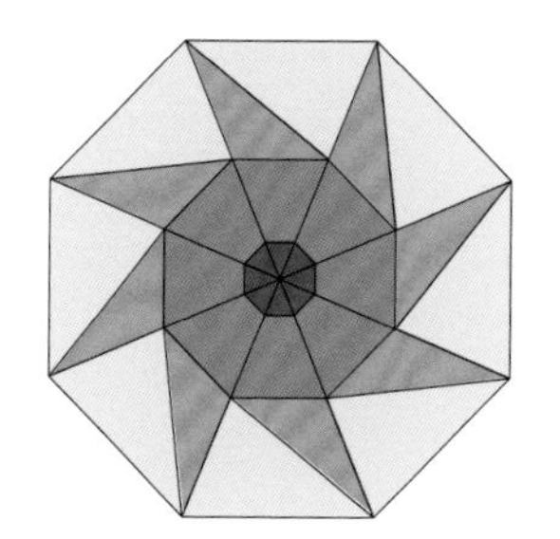
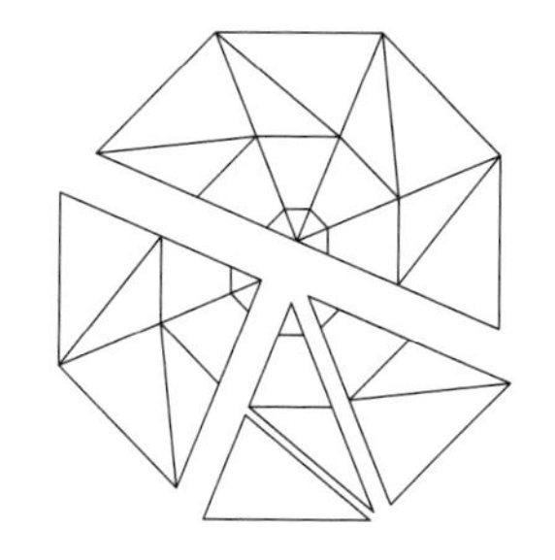

note

多角形的圖形變化

三角形
Triangle

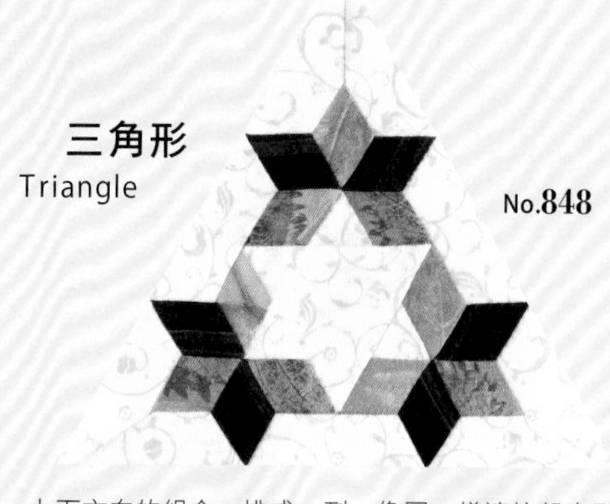
No.848

上下方向的組合，排成一列、像圓一樣連接起來形成六角形。

五角形＆六角形 Pentgon & Hexagon

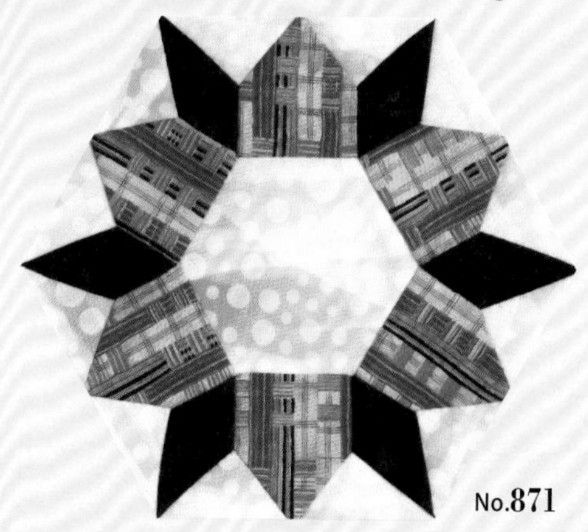
No.871

五角形圖案不多，但可與六角形相接形成立體感（球形）。
只連接六角形也可以組成平面，透過配色便能設計出不同的熱門圖案。

八角形
Octagon

No.889

只連接八角形的話無法組成平面，但若在中間加入正方形，就能組成平面了喔！

IQSC Object Number:1997.007.014

Variation of Texas Star with Tulips

德州之星＆鬱金香組合　1975年　220×179cm

這片作品乍看之下很像貼布縫拼布，實際上卻是拼接作品，將花苞與向日葵中心的布片嵌入拼縫，由於需要較高的拼縫技術，因此以此方法製作的作品極為稀少。

07

893～980

Circle
圓形圖形

圓形因弧度而帶給人柔軟的感覺，
運用複雜拼接的圖形種類很多，
但也有單一款圓形就很豐富的作品
本書不只介紹單一的圓，還包含了多個圓的組合。

德雷斯登圓盤 & 扇子
Dresden Plate & Fan

呈現四分之一個圓，組合四片即能形成一個圓。

893 Grand Mothers Fan
祖母的扇子

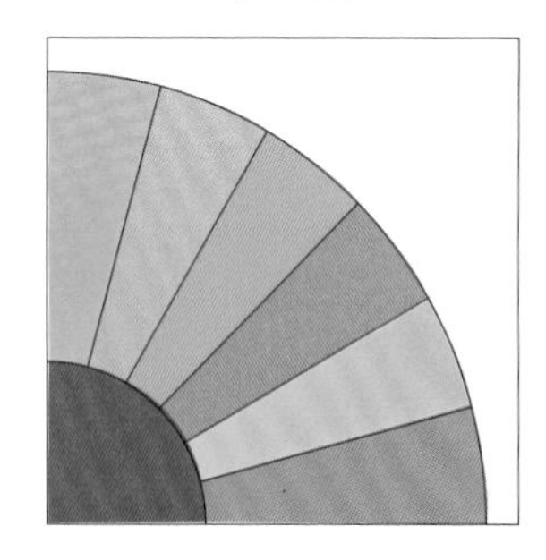
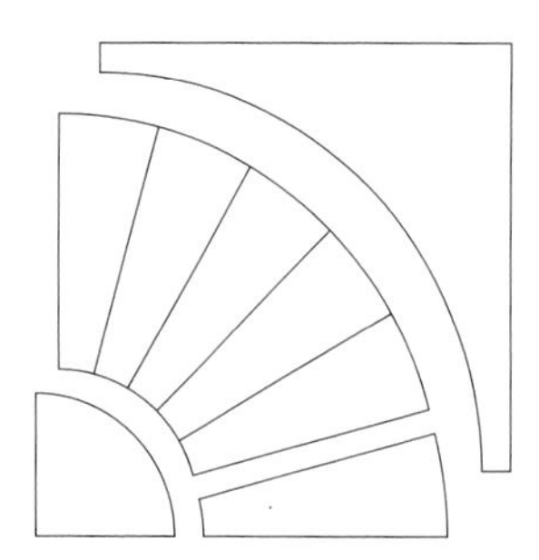

894 Fan
扇子

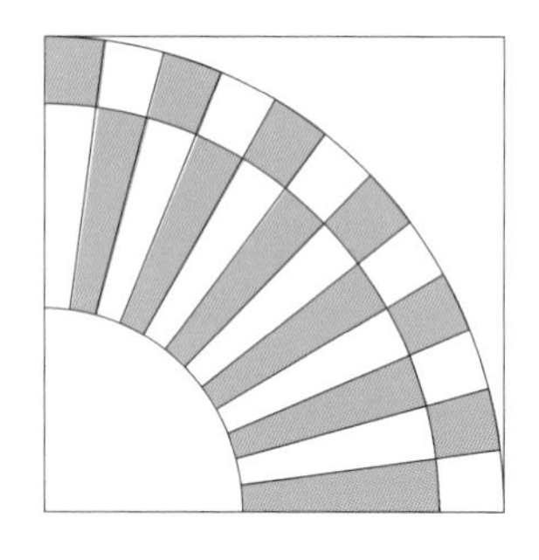
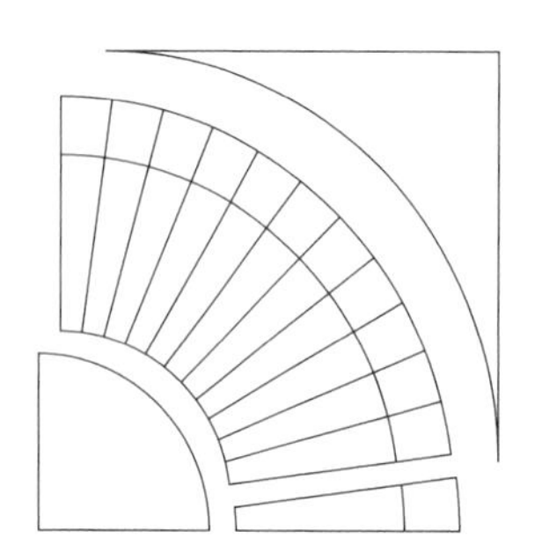

895 Lattice Fan
格子窗扇子

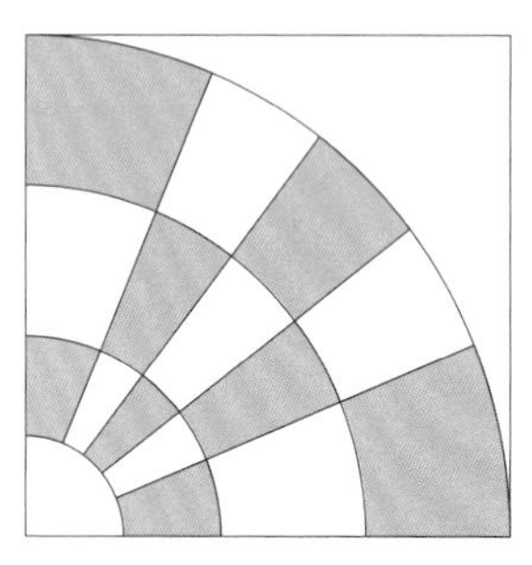
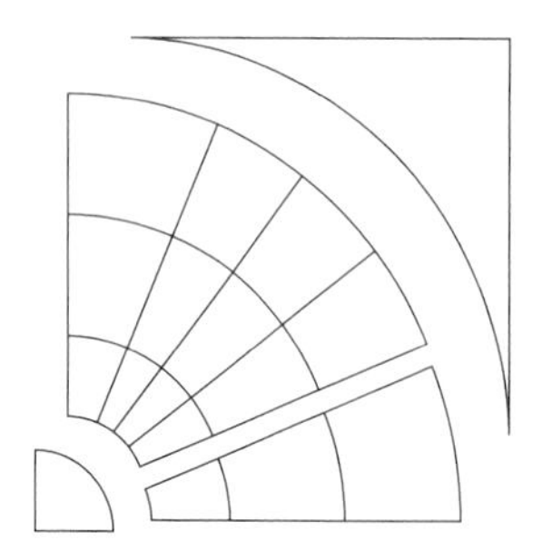

896 Flo's Fan, Rainbow Quilt Design
弗洛的扇子

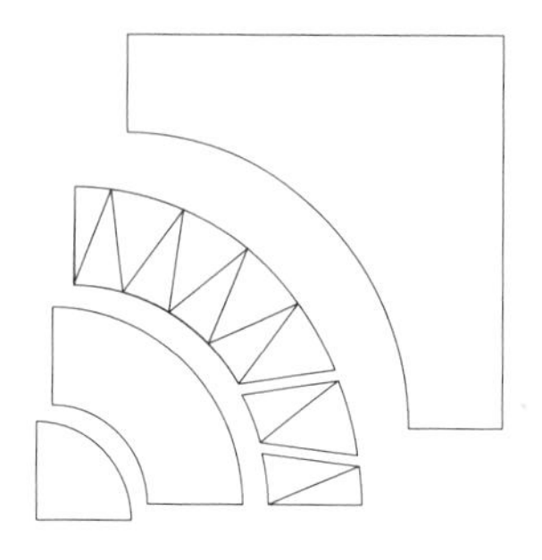

897 Fan
扇子

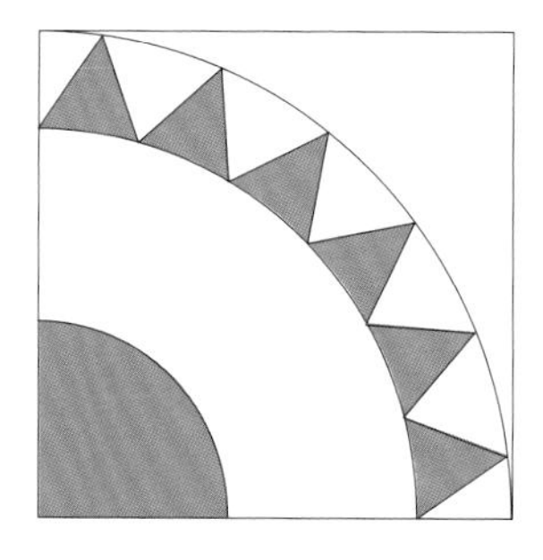
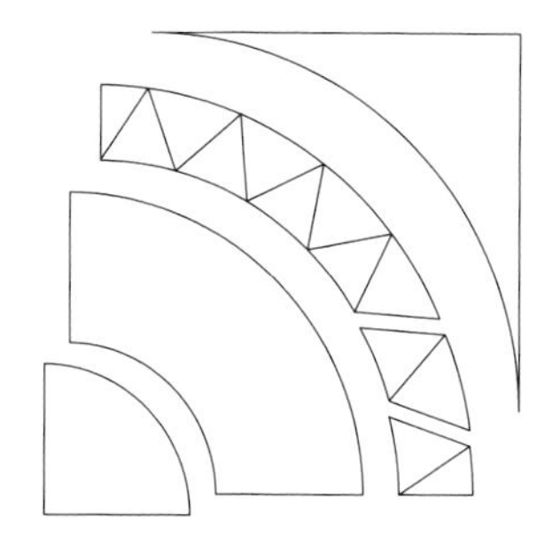

898 Fancy Fan, Diamond Fan
魔幻扇子·鑽石之扇

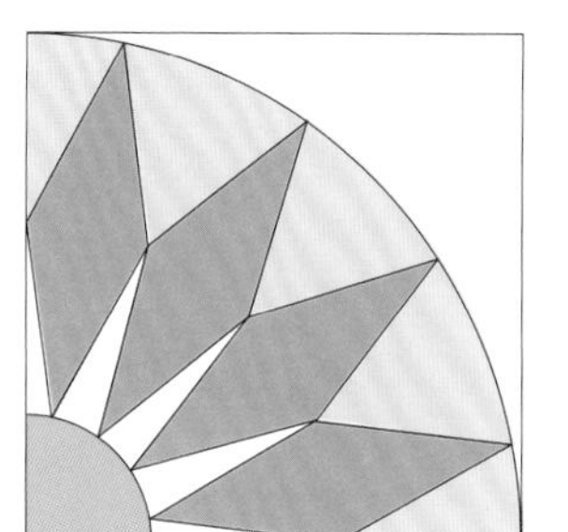
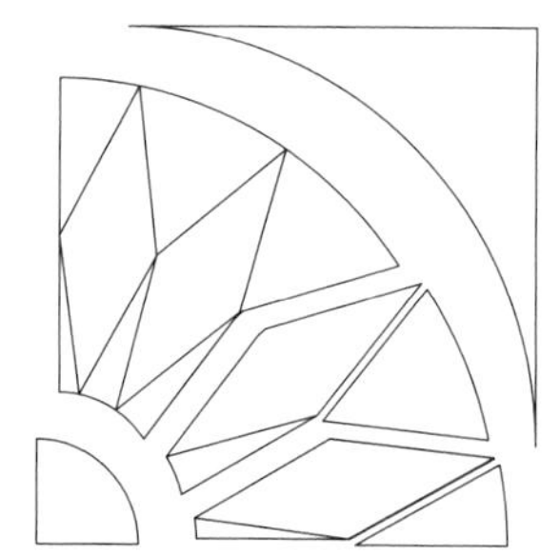

899 Einght Point Fan
八點之扇

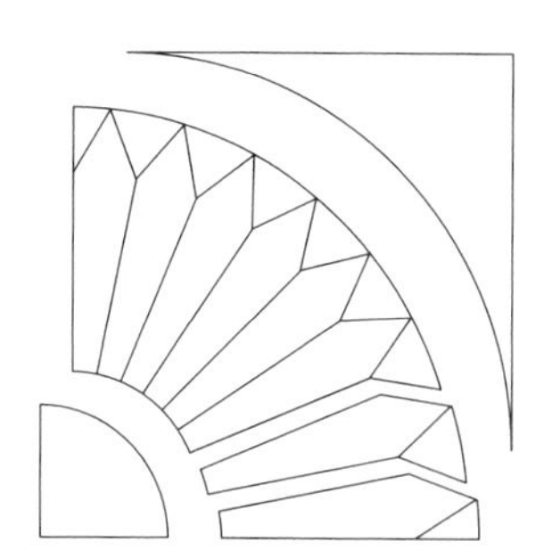

900 Fancy Fan
魔幻扇子

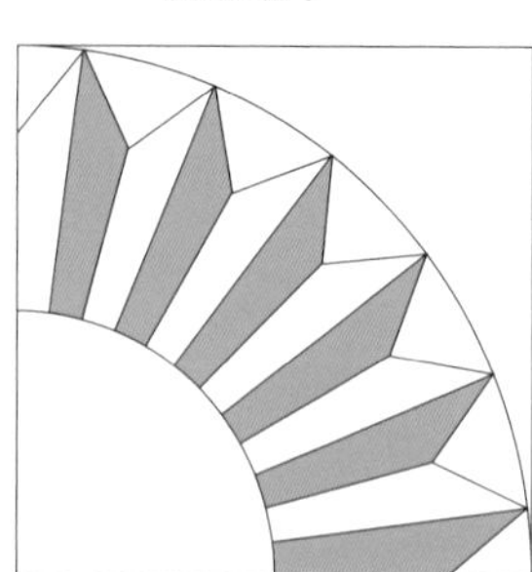

901 Sunset, Sunset Glow
日落

902 Fringed Aster
流蘇邊飾

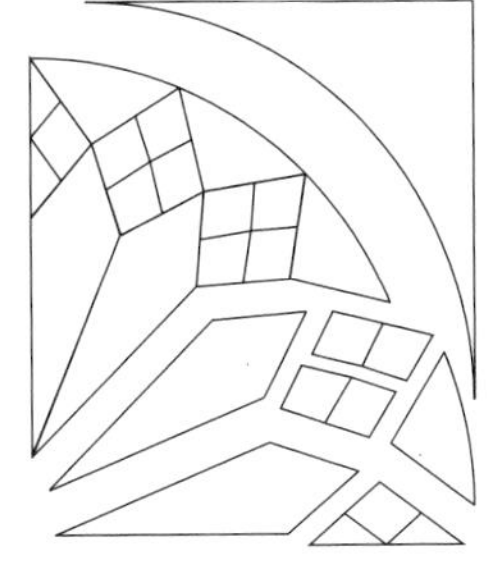

903 Milady's Fan
夫人的扇子

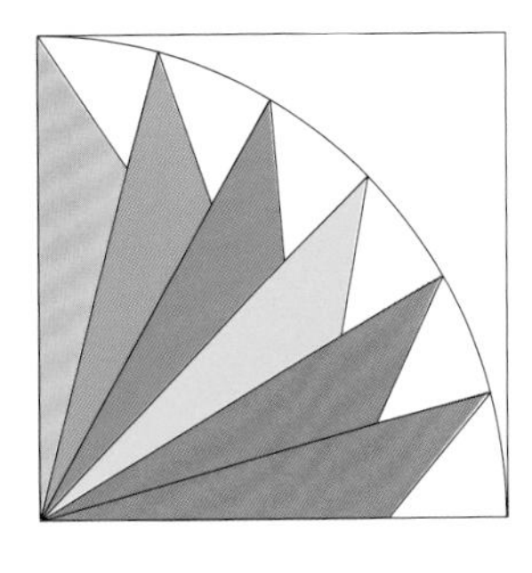
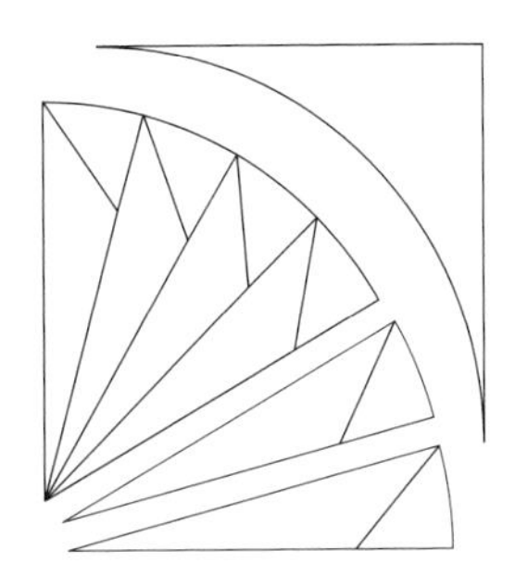

904 Fanny's Fan, Grandmother's Fan
魔幻扇子・祖母的扇子

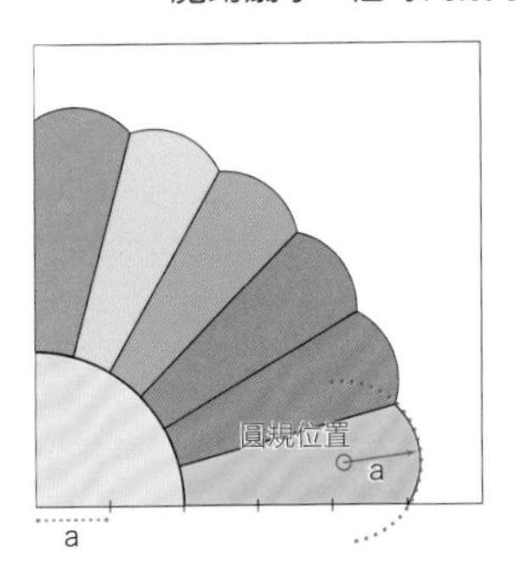

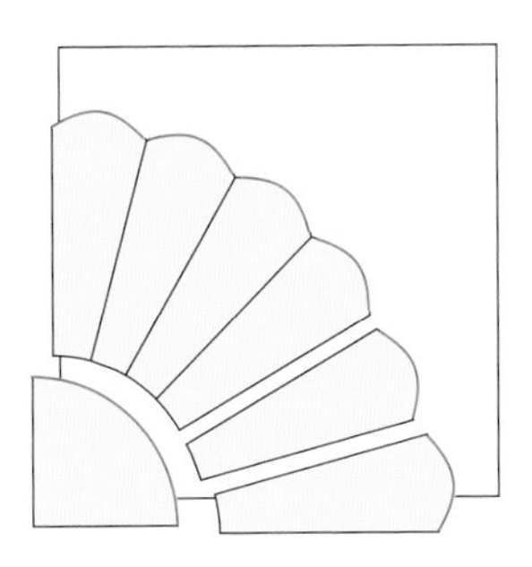

note

扇子＆德雷斯登圓盤的製圖

首先以四分之一個圓來製圖，再思考如何分割弧形，依比例製作

六等分分割的圖形。

①於正方形上畫出任意的四分之一圓。
②自中心a畫出對角線，將圓弧分成兩等分。
③分別以b、b'為起點，以圓的半徑畫出圓弧，將四分之一的圓再分成三等分（交點c、c'）。
④bc＆b'c各再分成兩等分。

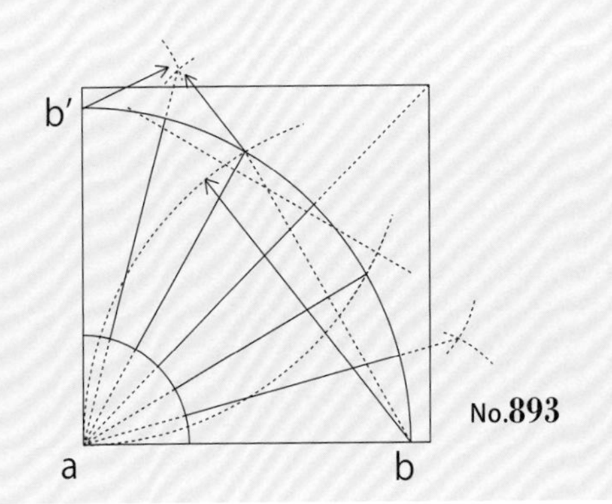

紐約之美 New York Beauty

這一連串的圖案是於1930年以紐約之美發表的圖案。以四分之一圓作基礎，由小三角形組成的設計，呈現出俐落鮮明的感覺。

905 New York Beauty, RockyMountain
紐約之美・洛基山脈

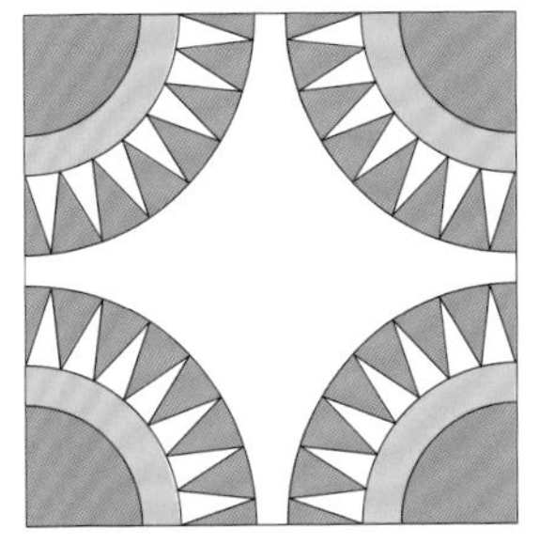
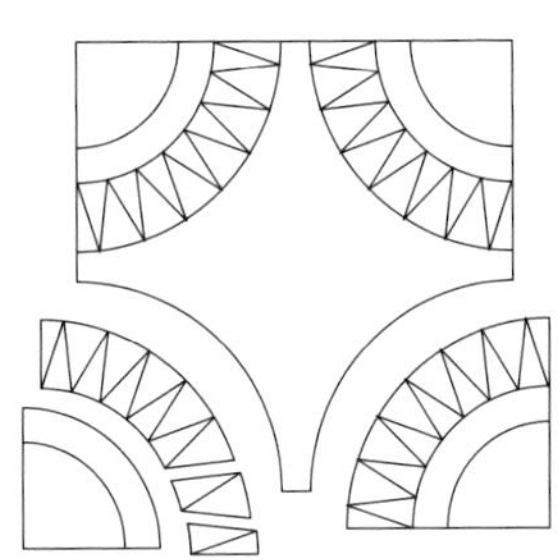
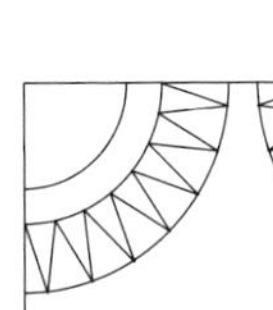

906 Suspension Bridge
吊橋

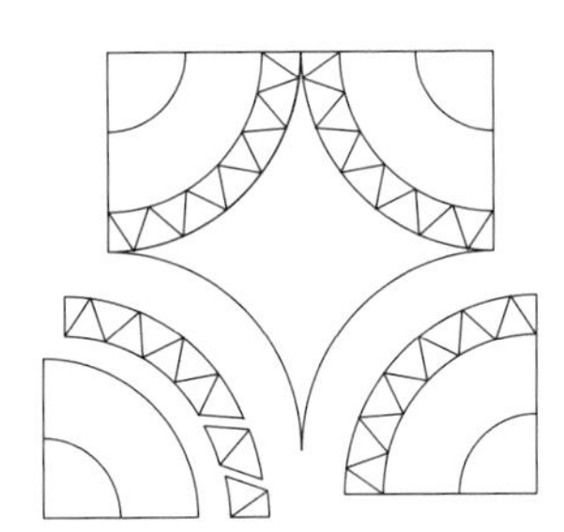

907 Wheel of Fortune, Baggy Wheel
未來之輪・袋狀之輪

908 Jupiter's Moons
木星之月

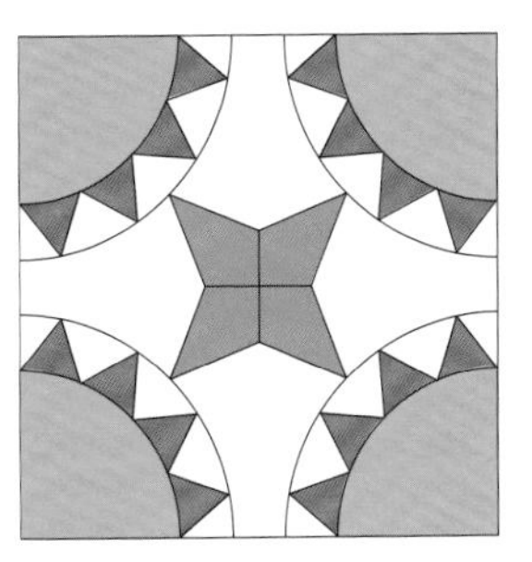
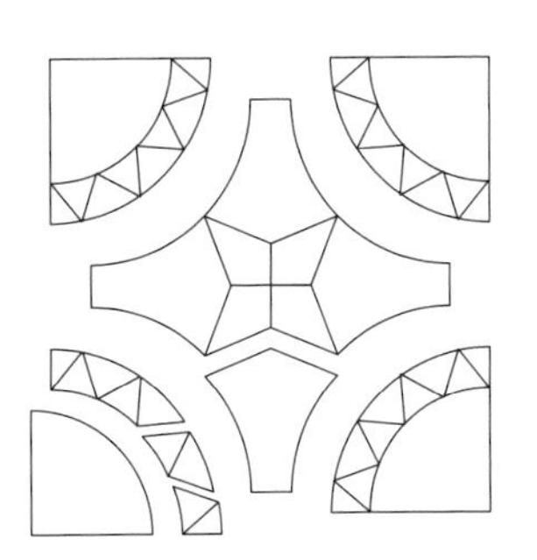

909 Spice Pink
香料之刺

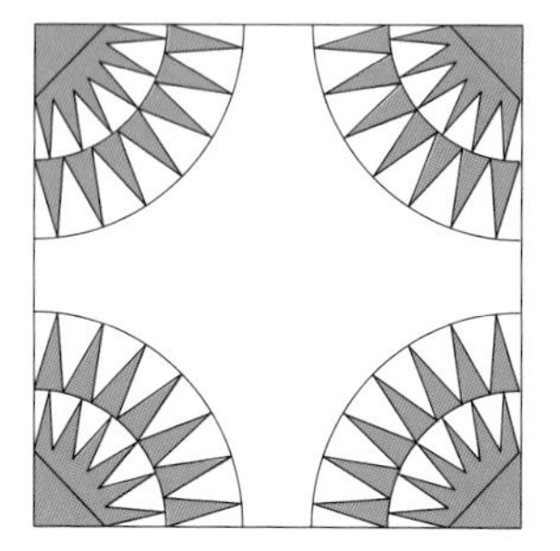

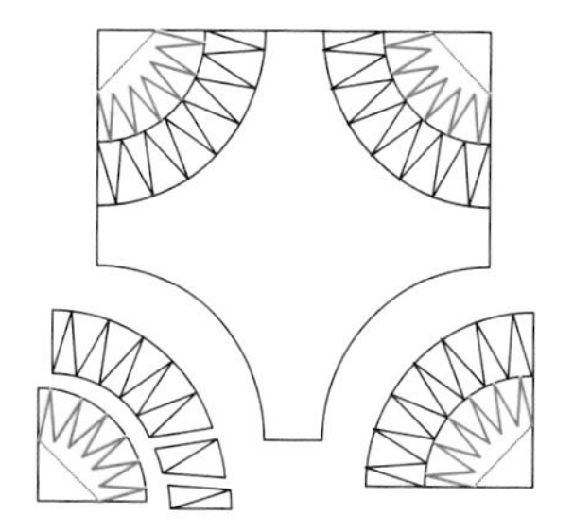

910 Missouri Beauty
密蘇里之美

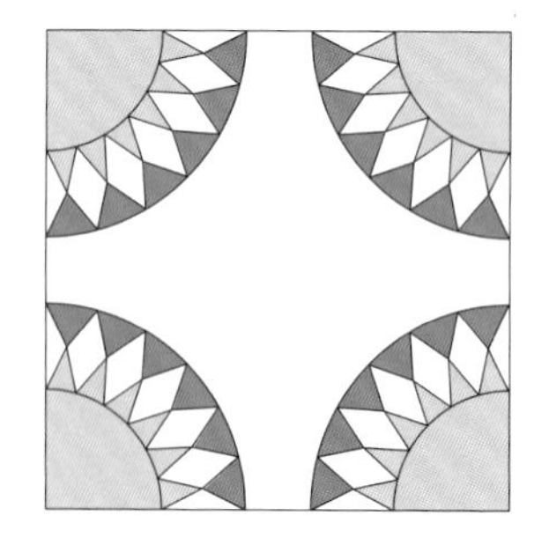

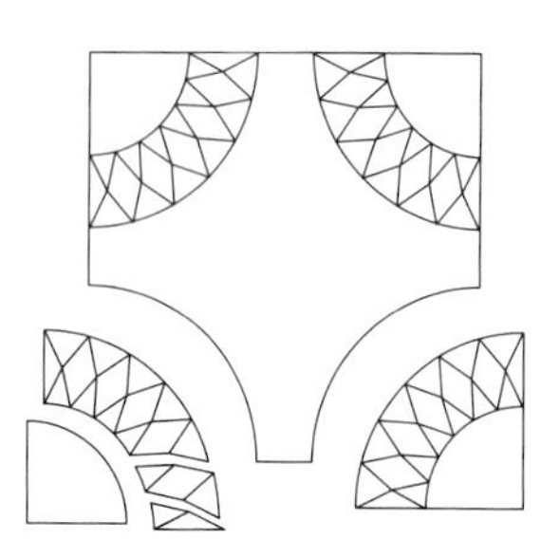

911 Lady Finger
淑女的手指

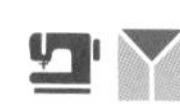

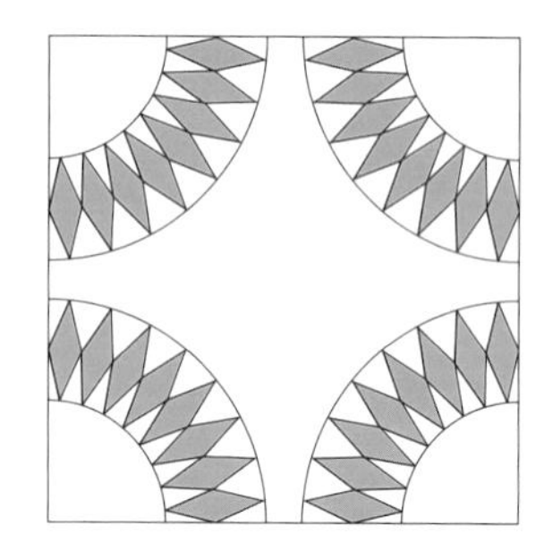

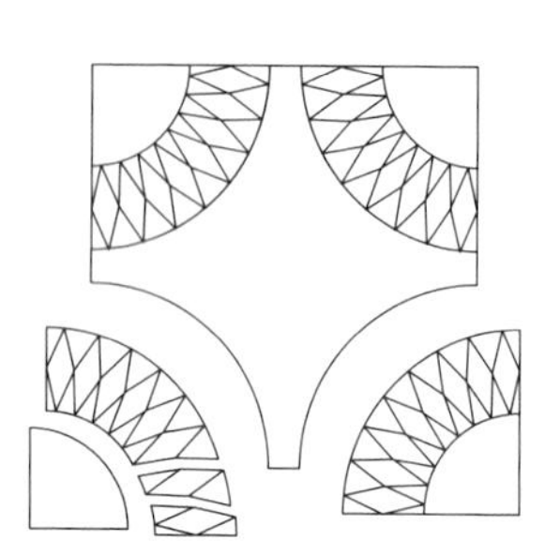

912 Broken Circle, Sunflower
破碎的圓圈・太陽花

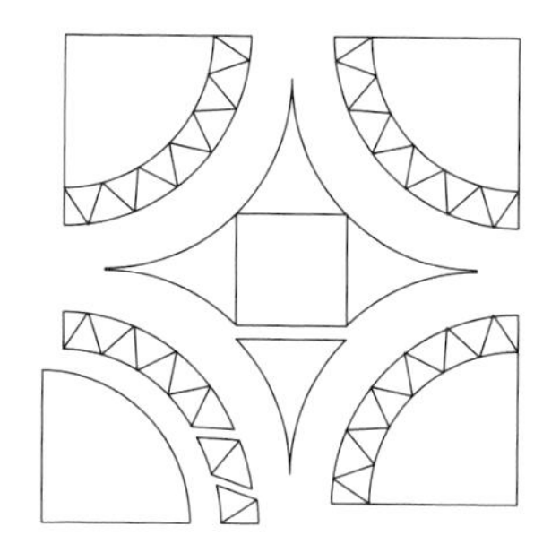

913 Fanny's Favorite
范妮的最愛

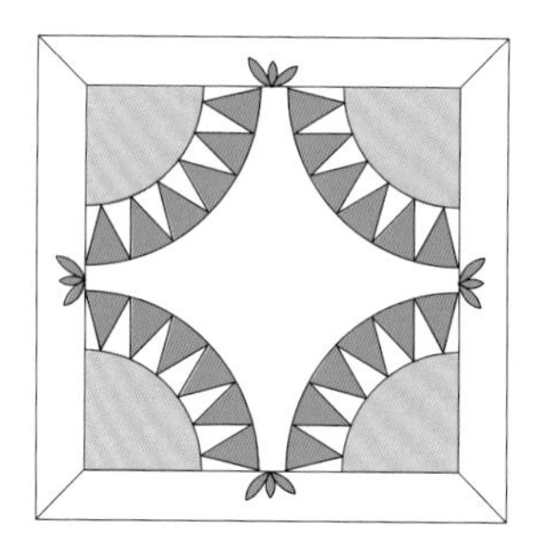

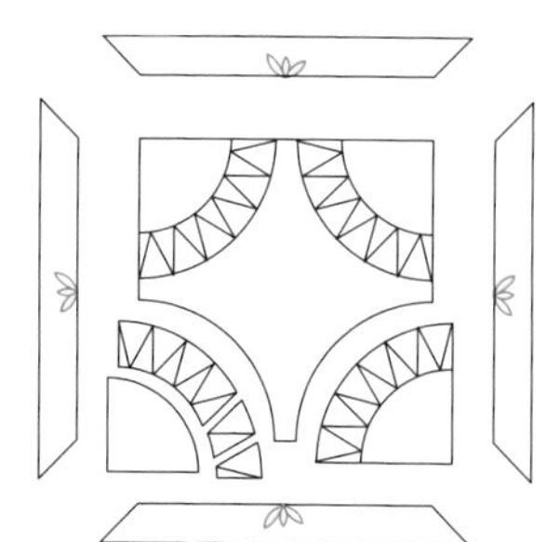

914 Circular Saw
圓形鋸齒

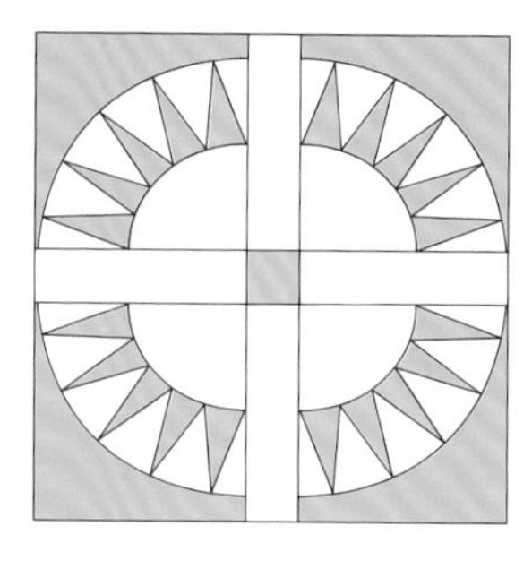

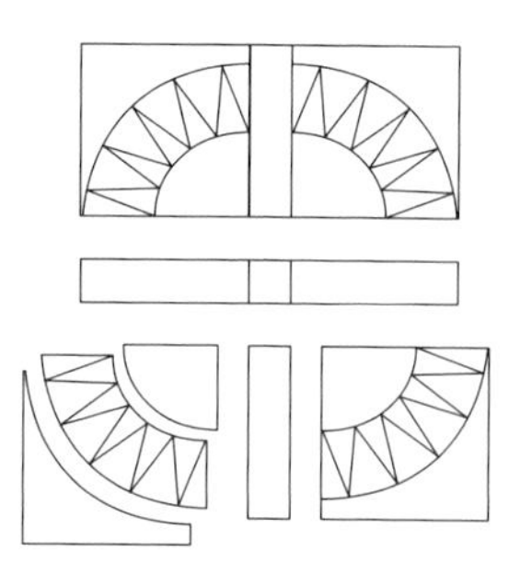

IQSC Object Number:2006-056-0008

New York Beauty
紐約之美

1900-1920年　198×193cm

此圖案於十九世紀被稱為索恩的皇冠、落磯山山路。1930年以紐約之美的名字發表後，開始廣為人知。格子窗部分由三角形與角落的八角星裝飾而成，讓人留下深刻的印象，是相當富有個性的作品。

圓圈&車輪
Circle & Wheel

以中心向外延展的圓為設計的圖形，也有像車輪一樣旋轉延伸的款式。

915 Dresden Plate
德雷斯登圓盤

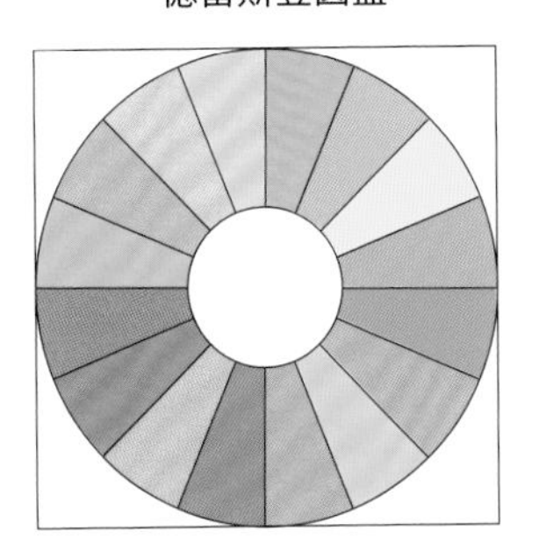
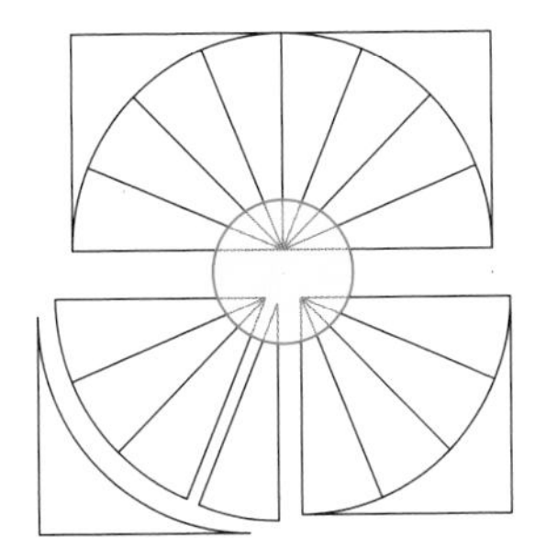

916 Wheel of Fortune
未來之輪

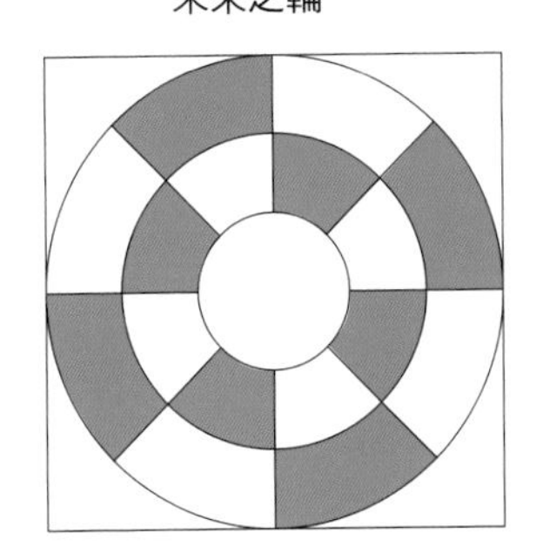
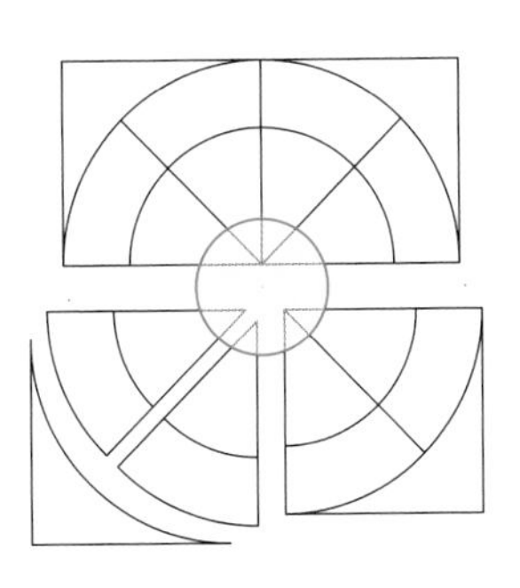

917 Double Rainbow, Pieced Sunflower
雙重彩虹．拼接太陽花

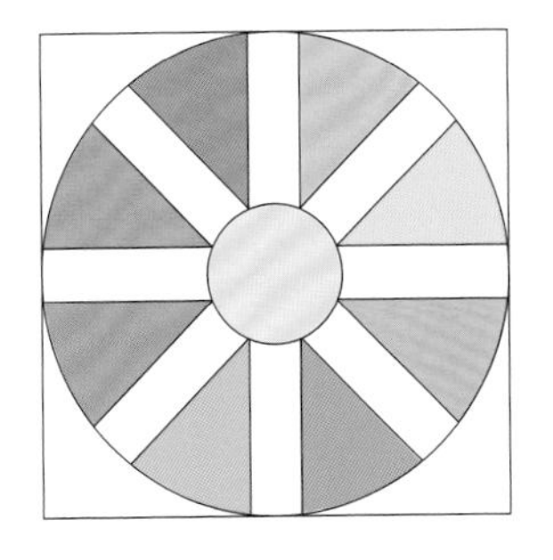
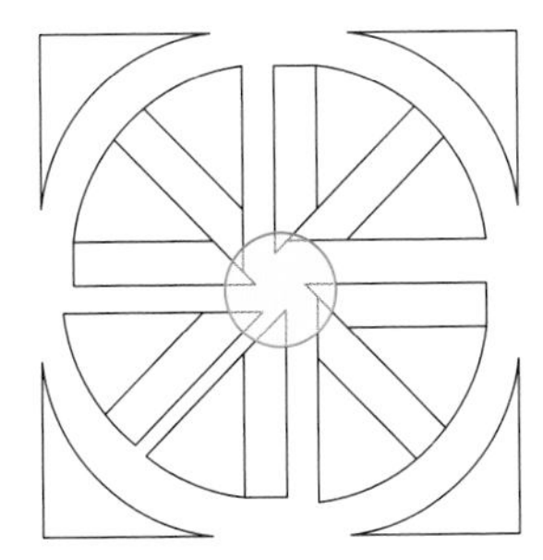

918 Wheel of Fortune
未來之輪

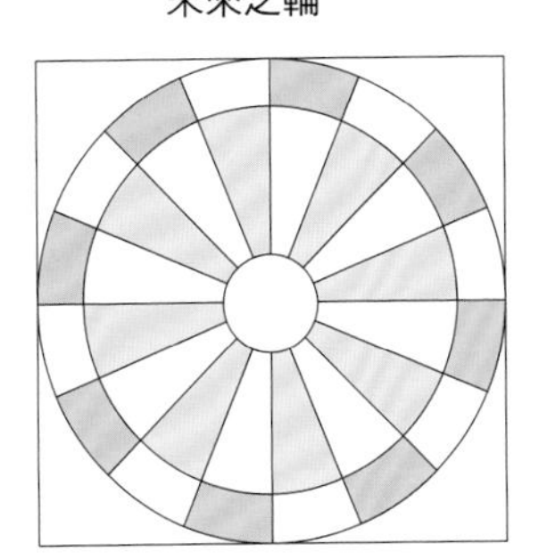
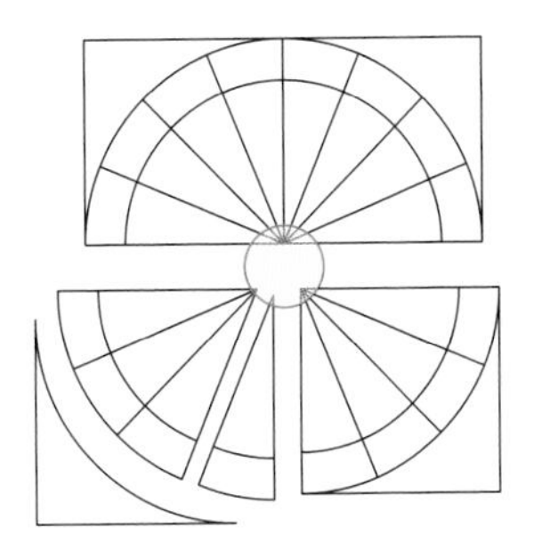

919 Chariot Wheel
雙輪馬車

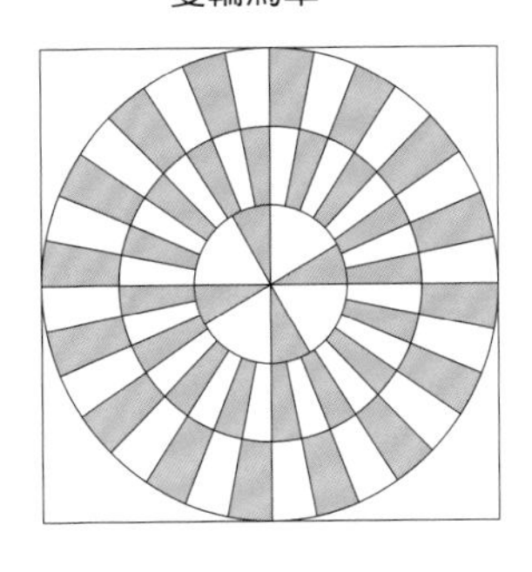
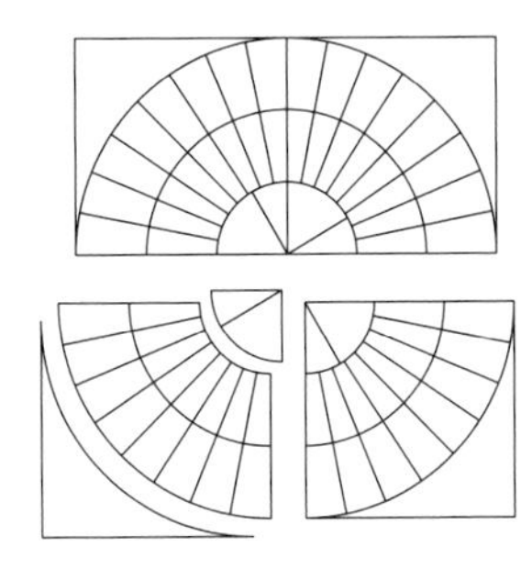

920 Wheel of Fortune
未來之輪

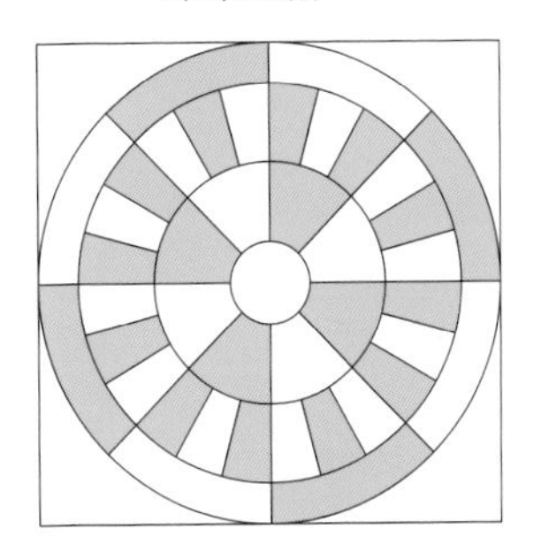
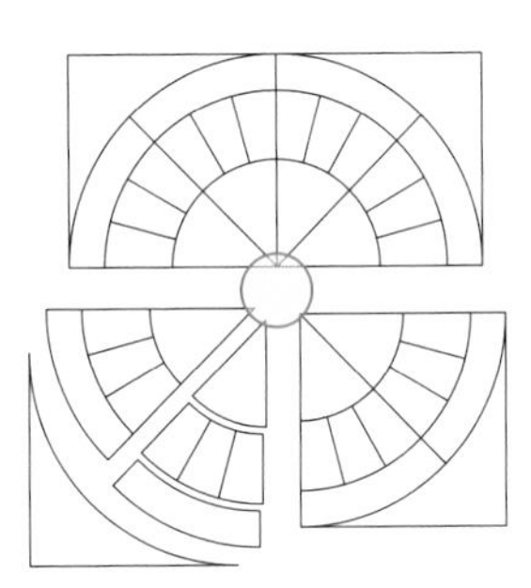

921 Mill Wheel, Wagon Wheel
水車．馬車車輪

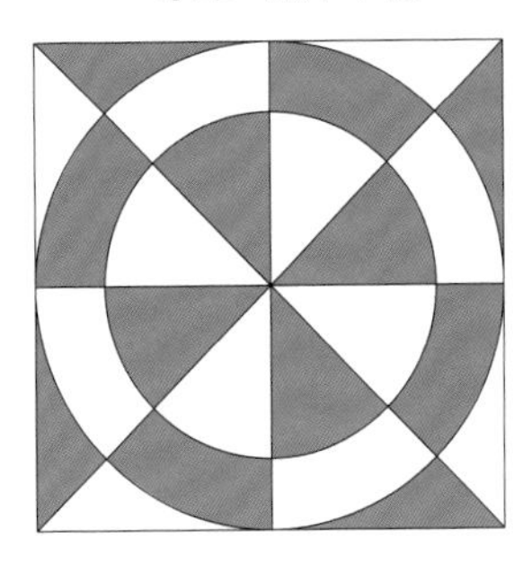
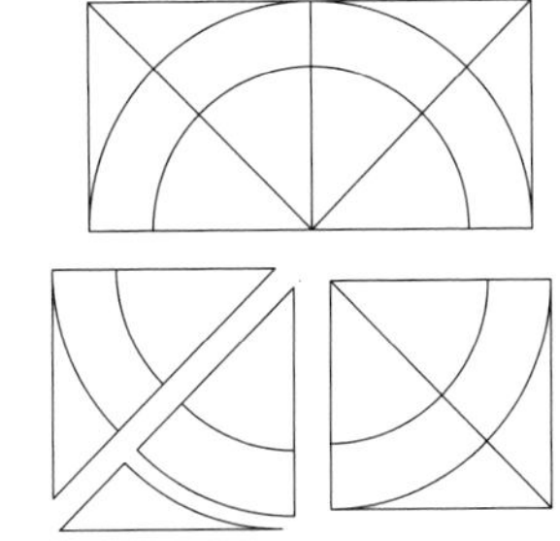

922 Georgetown Circle
喬治城之圓

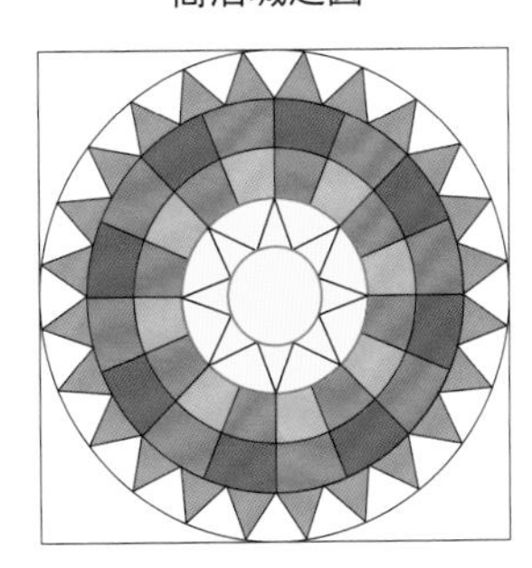
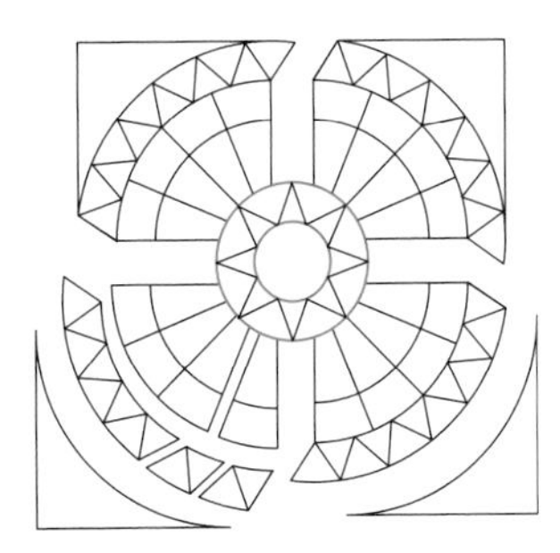

923 Oriental Star
東方之星

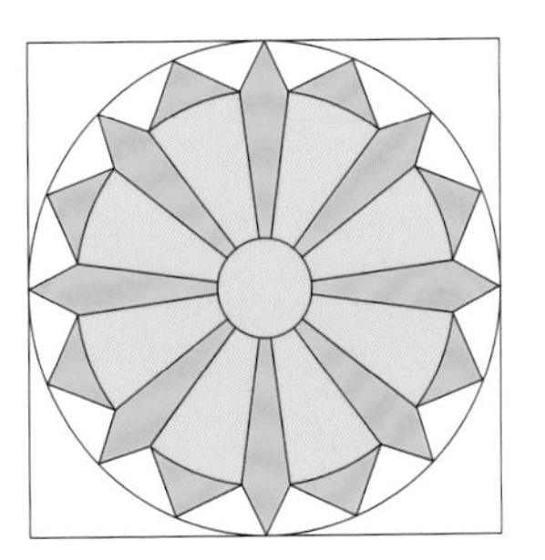
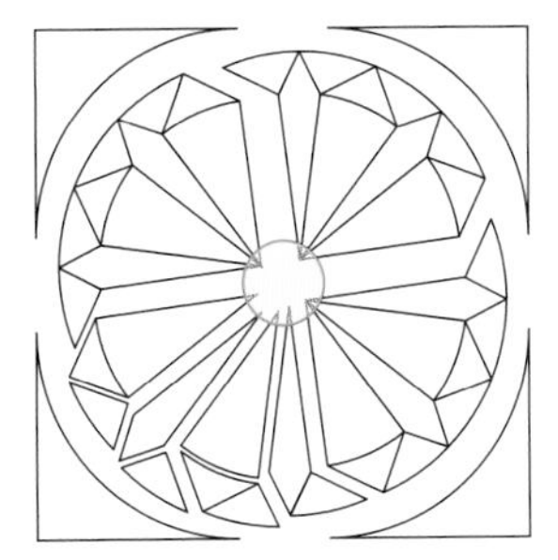

924 Dresden Plate
德雷斯登圓盤

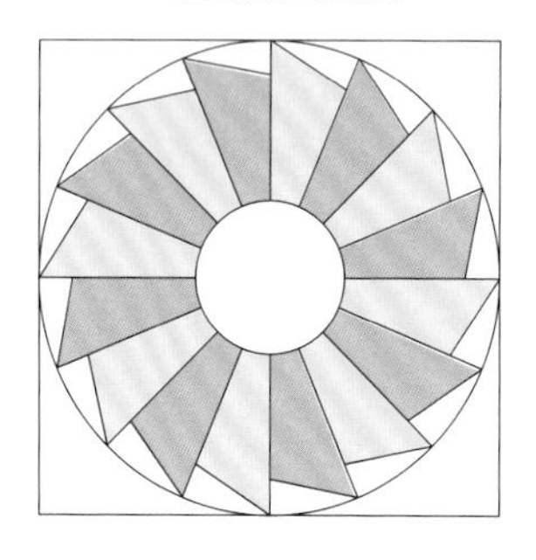
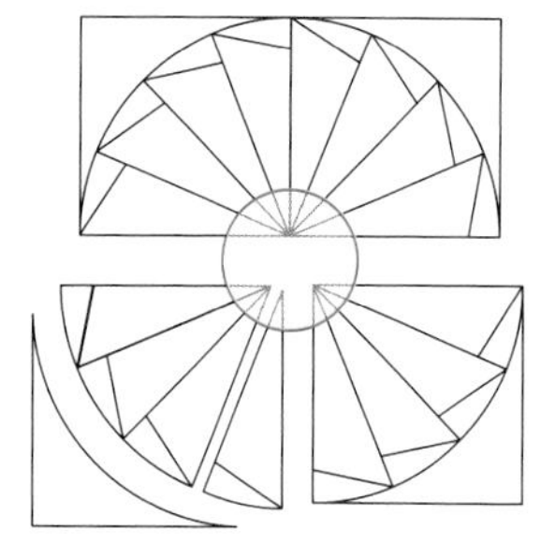

925 Carnival
嘉年華會

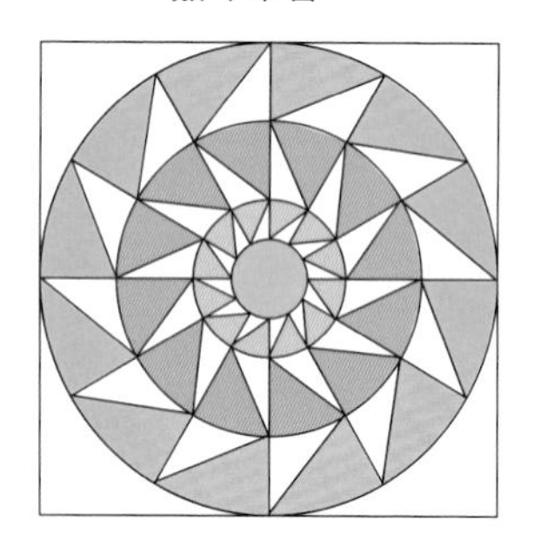
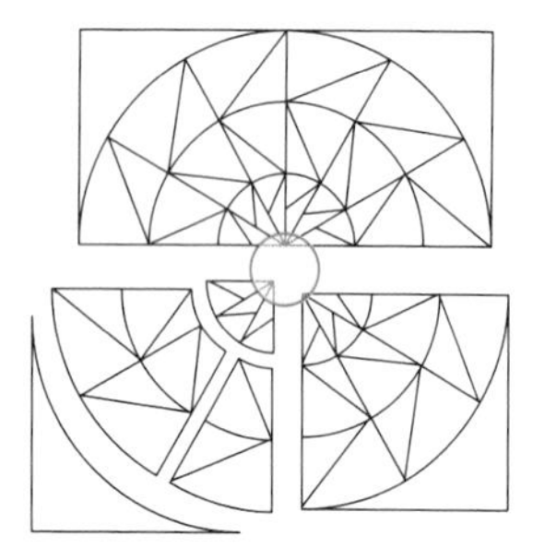

926 Circular Flying Geese Variation
圓形飛舞天鵝

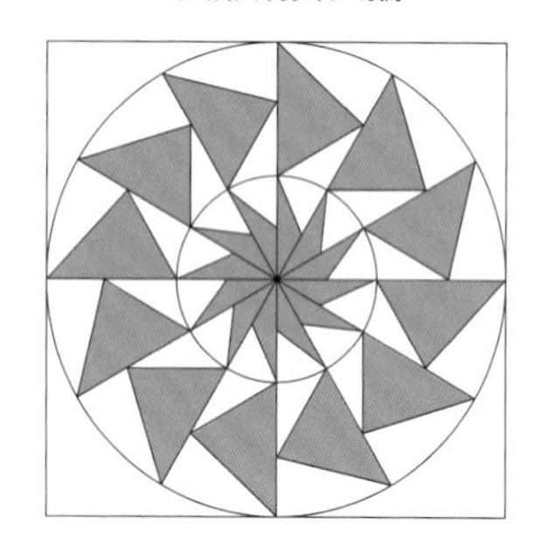
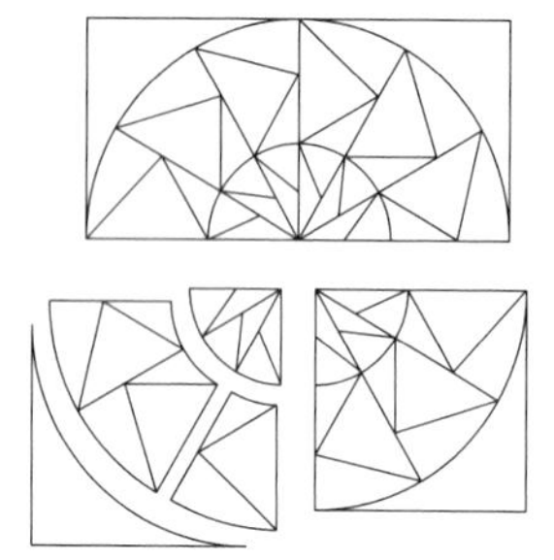

927 Mountain Pink, Broken Crown
山脈粉紅 · 破碎的皇冠

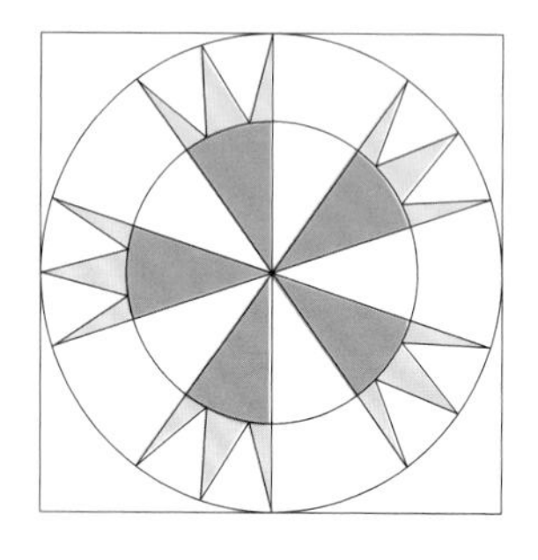
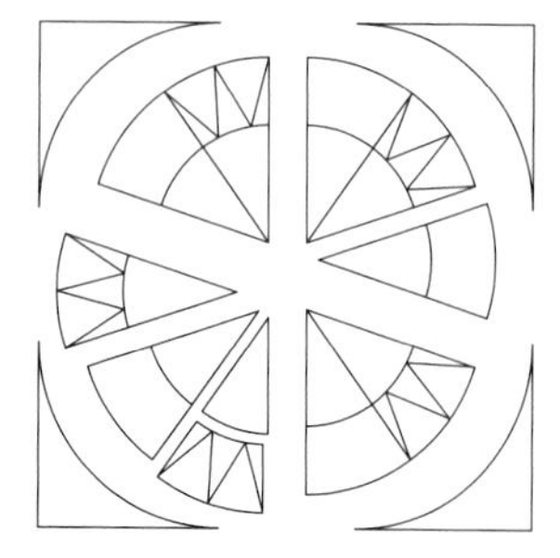

928 Wheel of Fortune
未來之輪

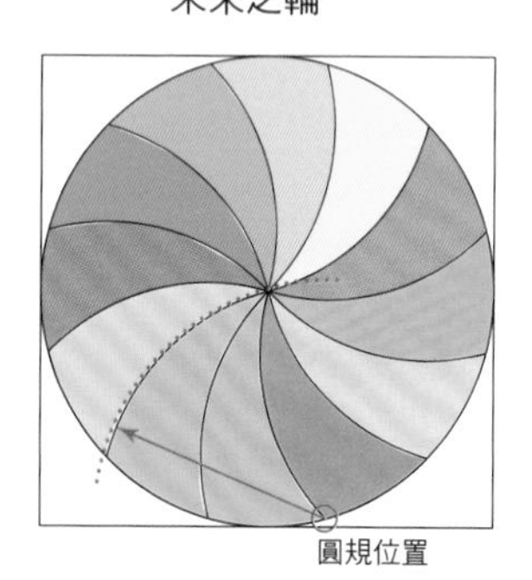

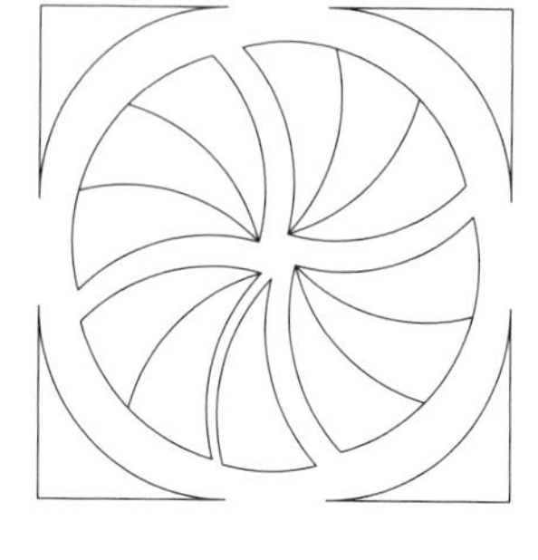

929 Wheel of Time
時間之輪

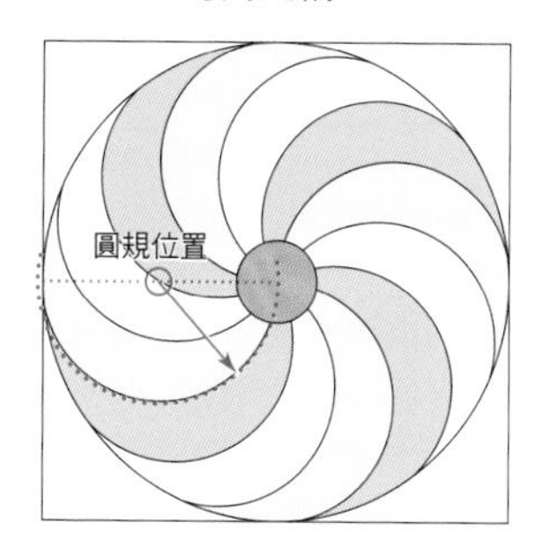

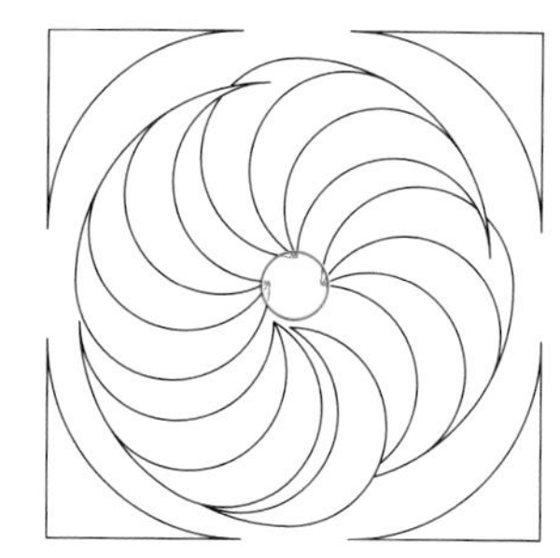

930 Rising Sun, Wheel of Life
升起的太陽 · 生命之輪

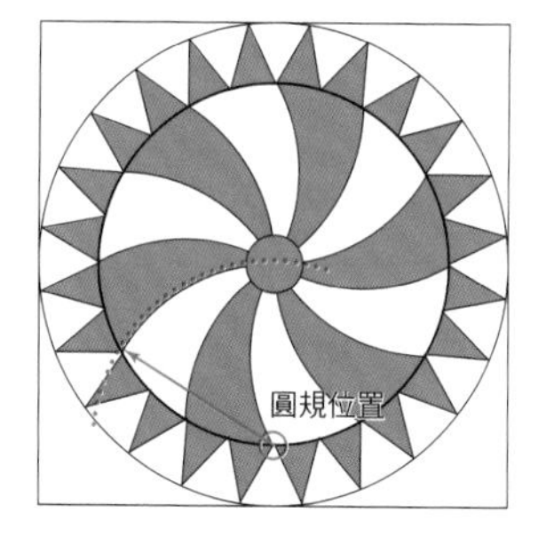

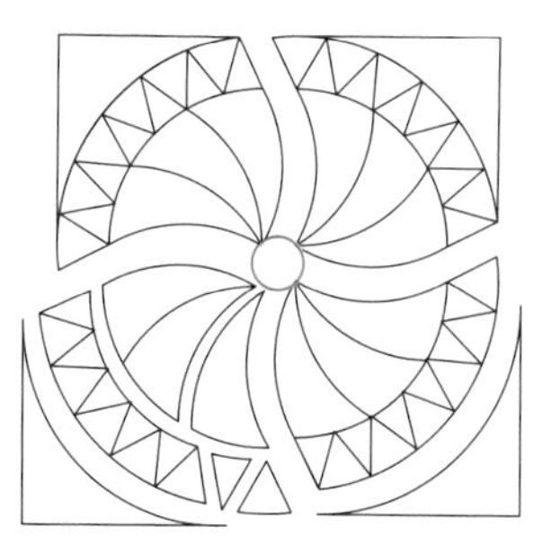

931 Circular Saw
圓圈鋸齒

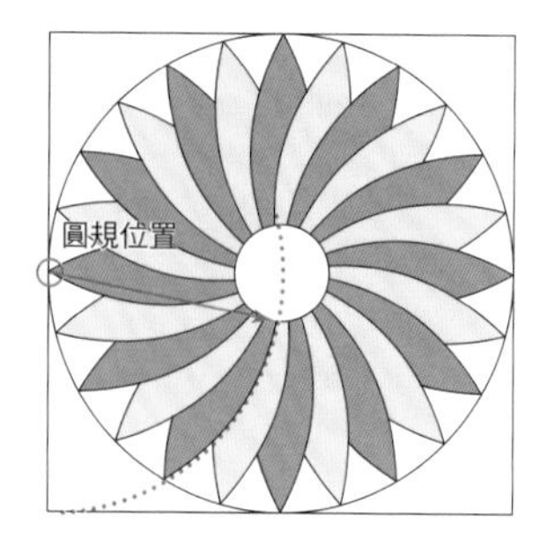

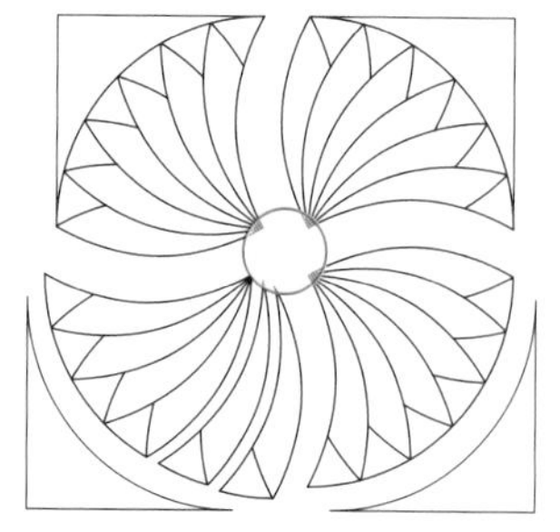

932 Dresden Plate, Aster, Friendship Ring
德雷斯登圓盤 · 紫菀 · 友誼之圈

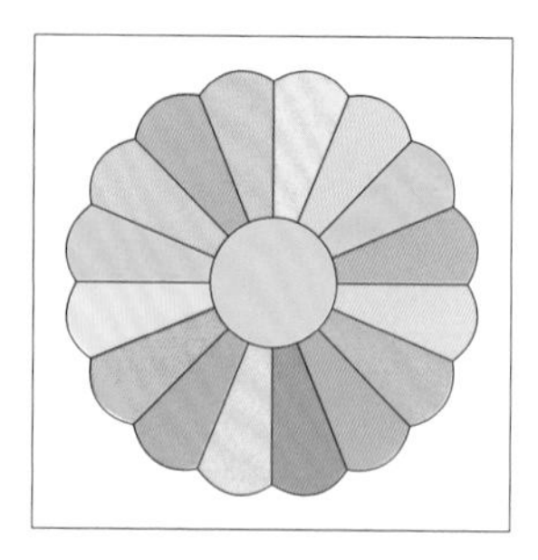
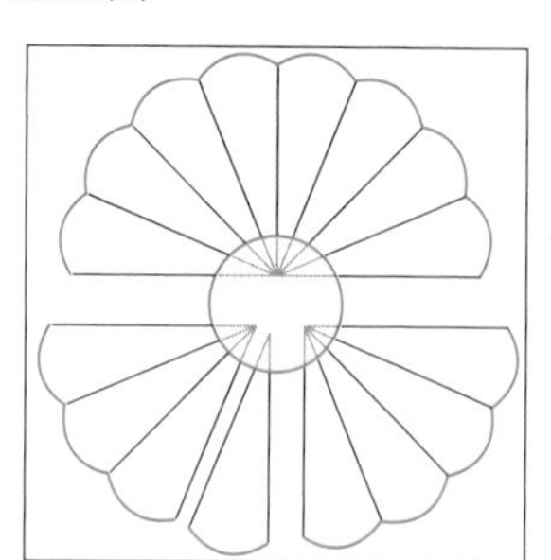

933 Dresden Plate
德雷斯登圓盤

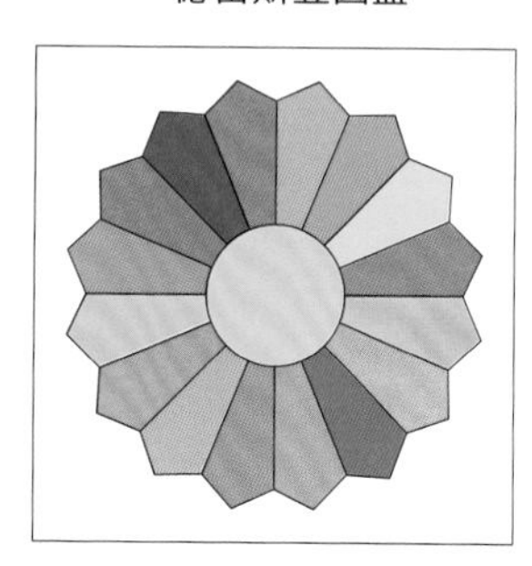
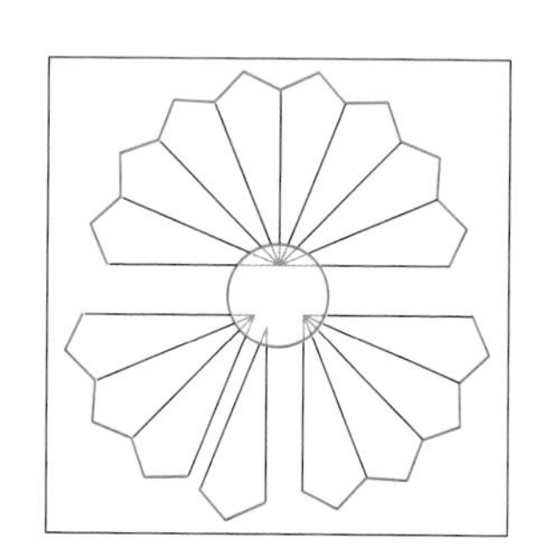

水手羅盤
Mariners' Compass

水手羅盤也可說是航海時使用的指南針。此設計的細節是由銳角所構成，由於塊狀拼接較多，製作技術偏難，但仍舊是很熱門的圖案。

934 Mariner's Compass
水手羅盤

水手羅盤的製圖

以羅盤為設計概念的圖形，纖細卻有力量，由古至今都擁有相當高的人氣。於正方形的框內畫出外圓與中心兩個圓，再製作垂直與水平交叉的線條與對角線，由大的指針開始描繪，務必完美地縫合銳角的針尖，這部分需要有一定的拼接技術，適合想挑戰進階圖形的拼布人。

935 Mariner's Compass, Sunburst
水手羅盤 · 陽光四射

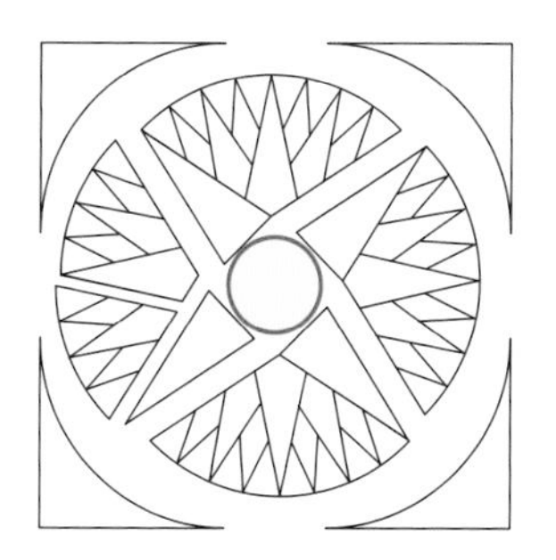

936 Mariner's Compass、Sunburst
水手羅盤 · 陽光四射

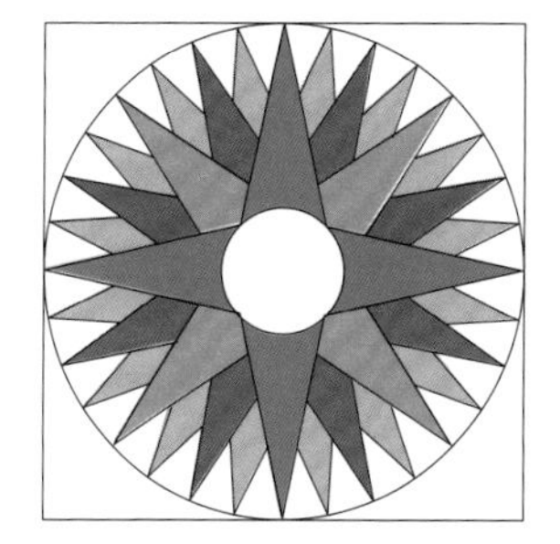

937 Slashed Star, Mariner's Compass
細長星星 · 水手羅盤

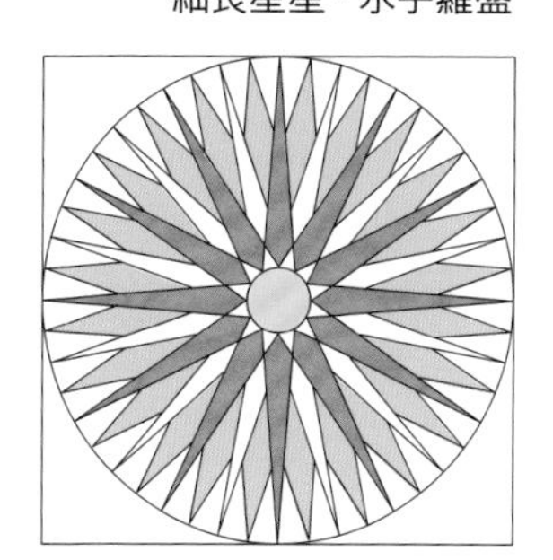
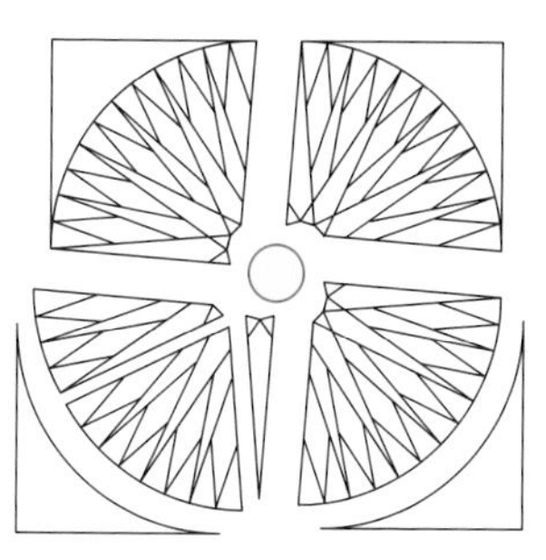

938 Sunburst
陽光四射

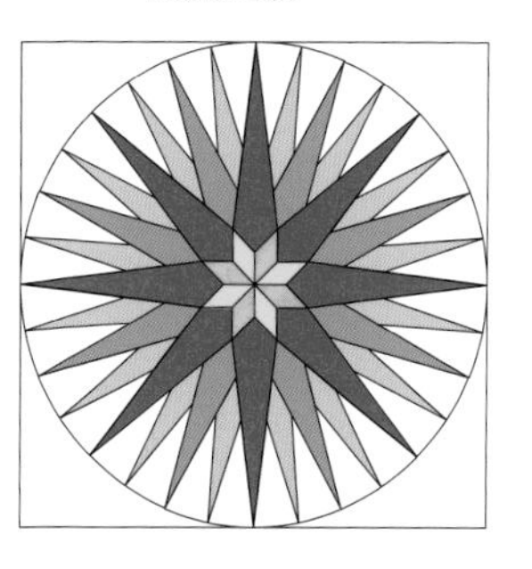

939 Sunburst
陽光四射

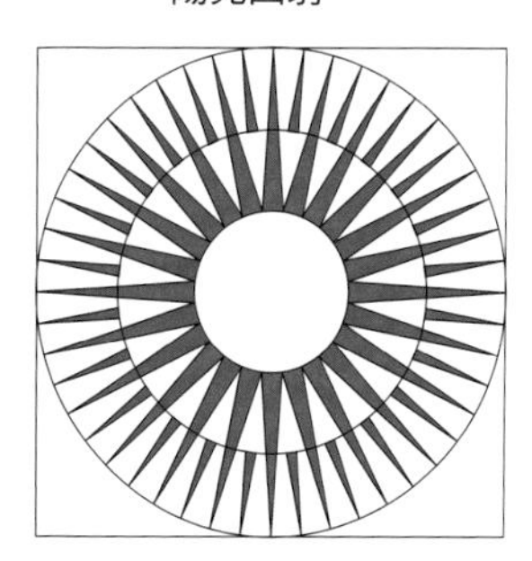
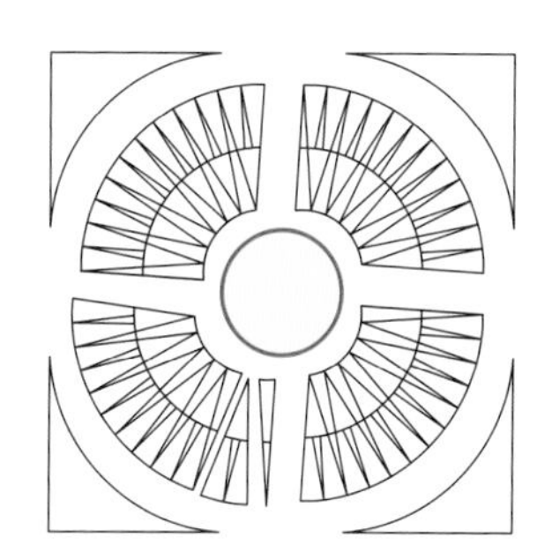

940 Sunflower, Blazing Star
太陽花 · 閃耀之星

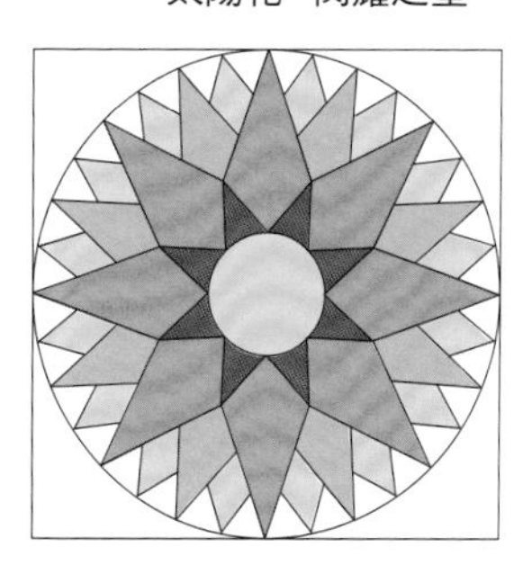
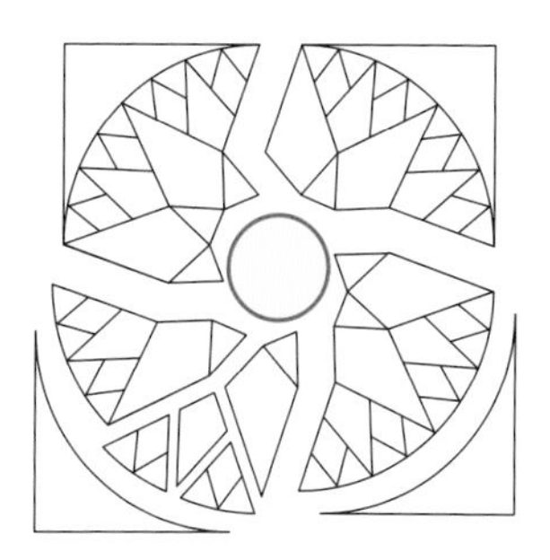

941 Compass
羅盤

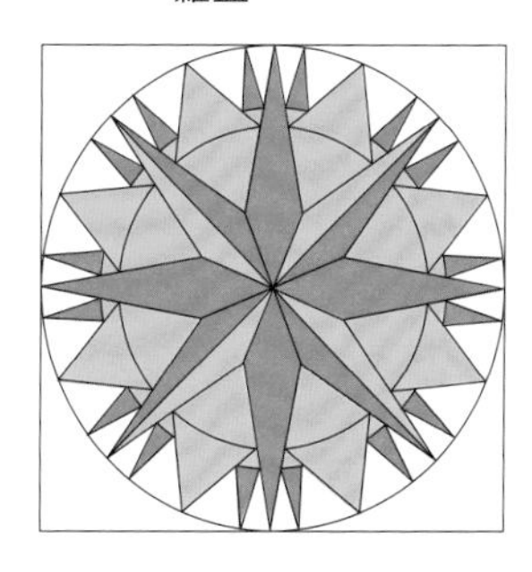

942 Sunrise
旭日東昇

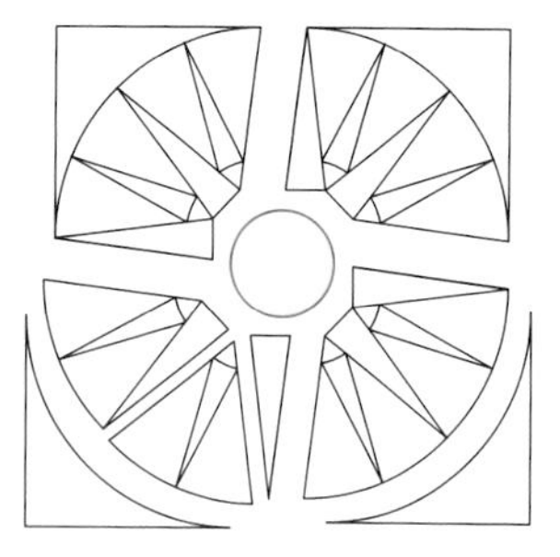

943 Mariner's Compass
水手羅盤

944 Sunburst
陽光四射

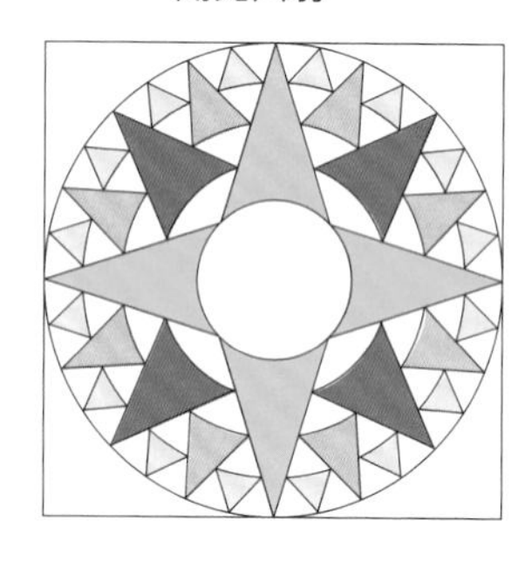

945 The Sunburst
陽光四射

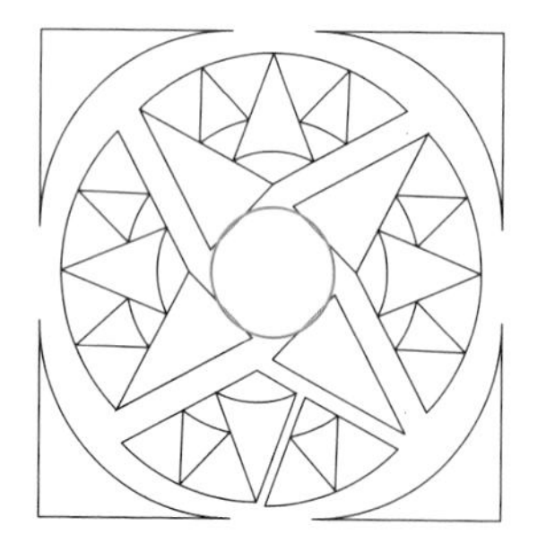

946 Compass
羅盤

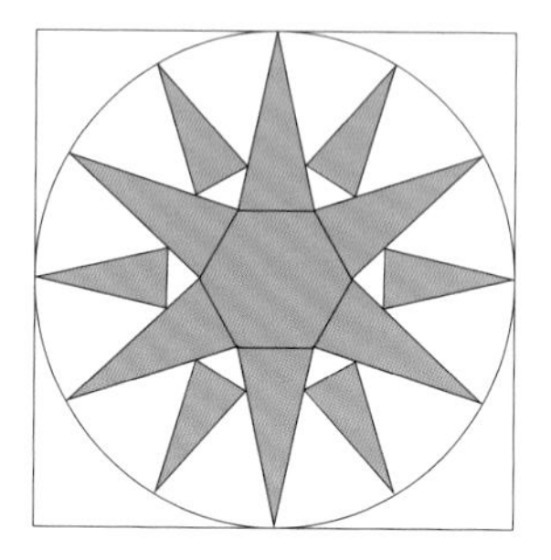

947 Southern Star
南方之星

948 Rolling Pinwheel
旋轉紙風車

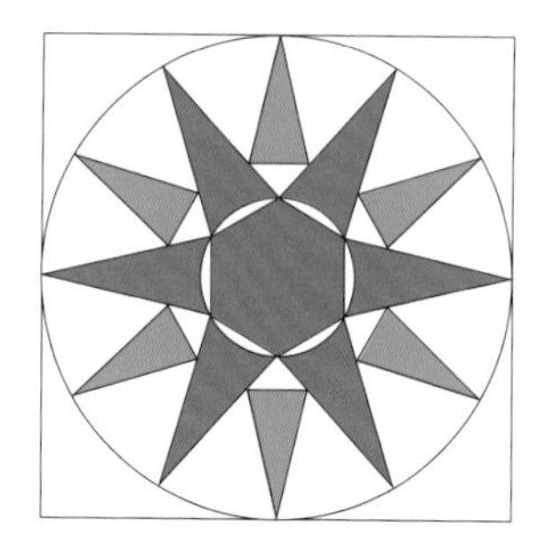

949 Chips and Whetstones
碎片＆磨刀石

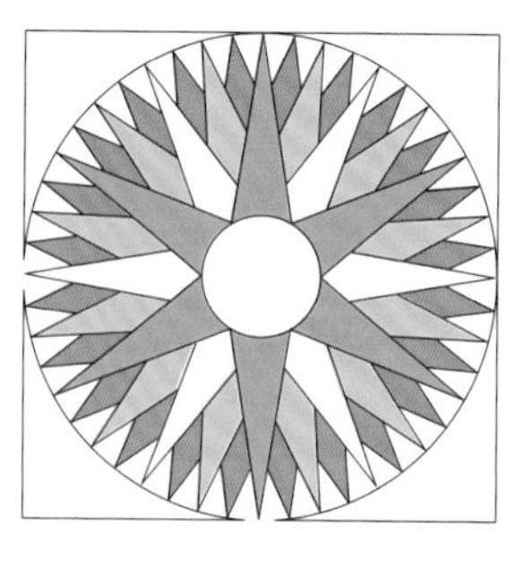
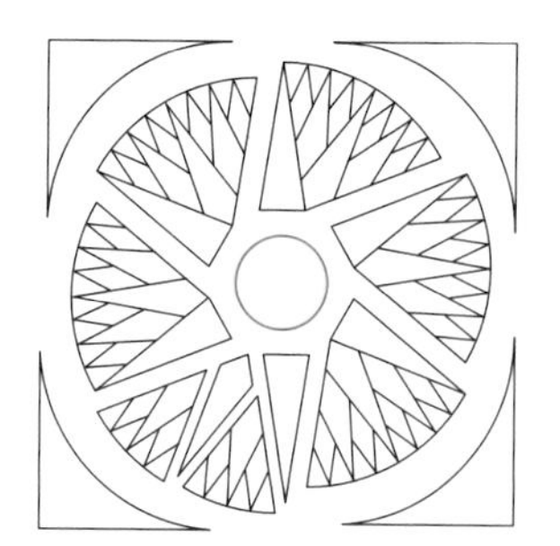

950 Mariner's Compass
水手羅盤

951 Starry Compass
星星羅盤

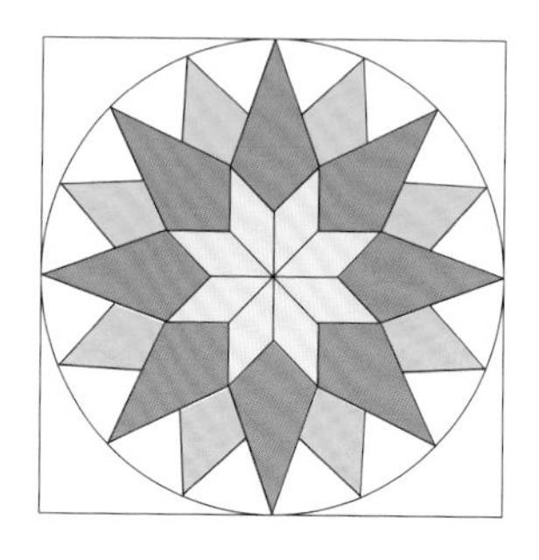

952 Cottage Tulips
小屋鬱金香

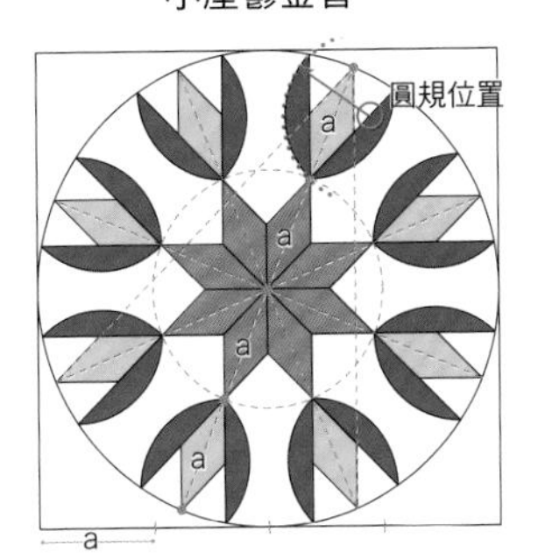

954 Texas Star
德州之星

953 Farmer's Delight, Triple Sunflower
農夫的喜悅・三重太陽花

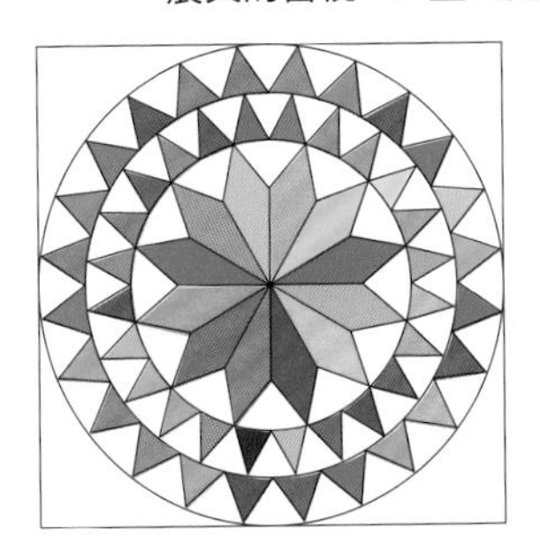

955 Mariner's Compass
水手羅盤

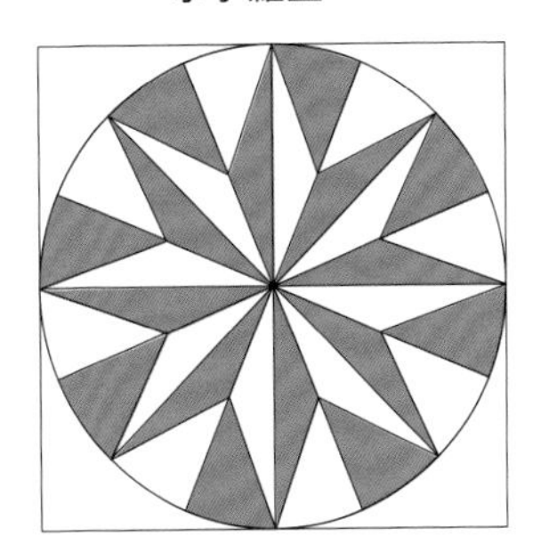

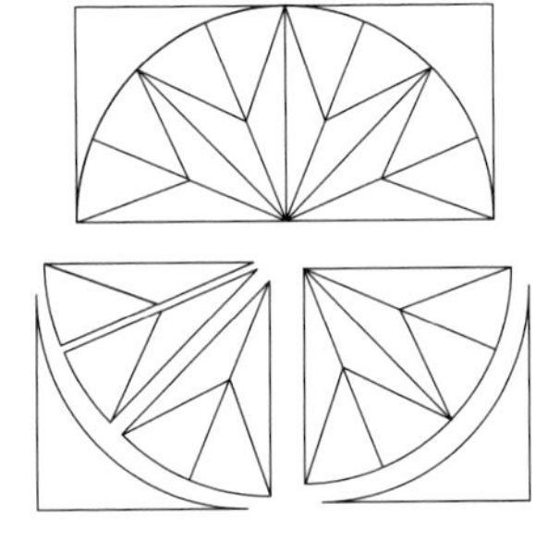

大理花&陽光四射 Dahlia & Sunburst

只需疊合幾層花瓣，就能完成可愛的圖形。製圖與拼接稍微有難度，適合想挑戰進階圖形的拼布人。

956 Dahlia, Sunburst
大理花

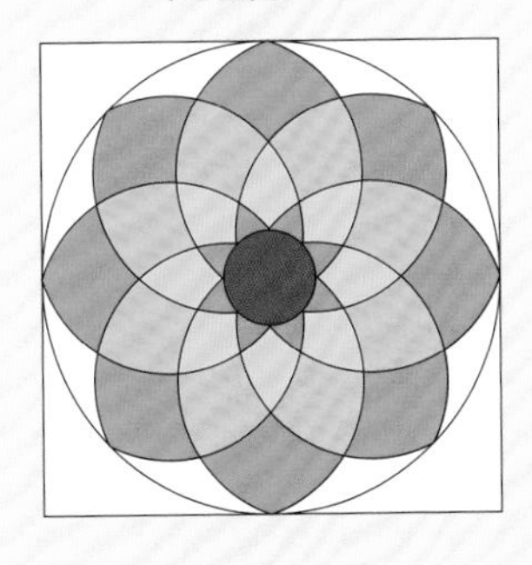

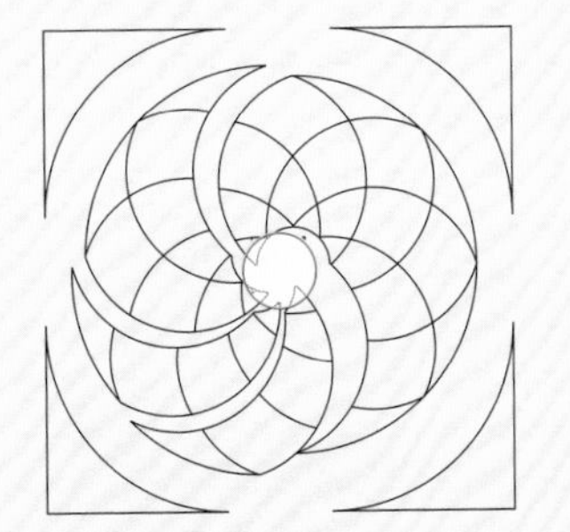

957 Dahlia, Sunburst
陽光四射

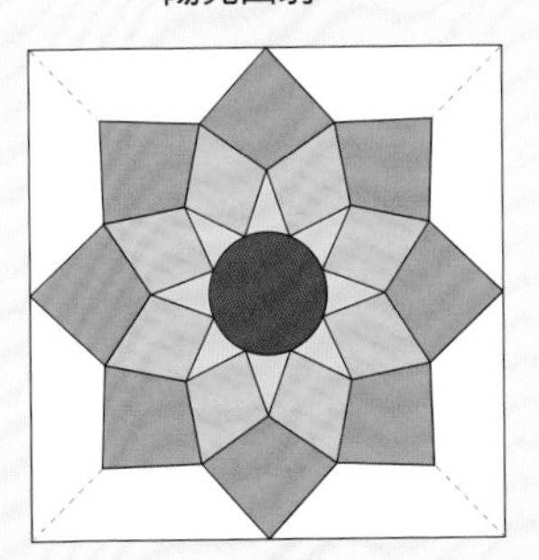

No.956 與 No.957 如圖所示，是以同樣的方式構成，差別在於曲線與直線的不同。

No.956

①畫出想製作尺寸的圓與中心的圓，分割成十六等分
②自半徑中心點a至分割線&圓的接點ⓑ作為半徑，以a為中心，繪製中心的圓ⓒ，並以圓C作起點、終點進行畫圓。
③以相同方式畫八個圓，並擦除不需要的線條。
中心的圓可以增加分割成八等分、十二等分、十六等分。分割數量越多，花瓣數量也會越多，屬於較複雜的製圖，適合想挑戰進階圖形的拼布人。

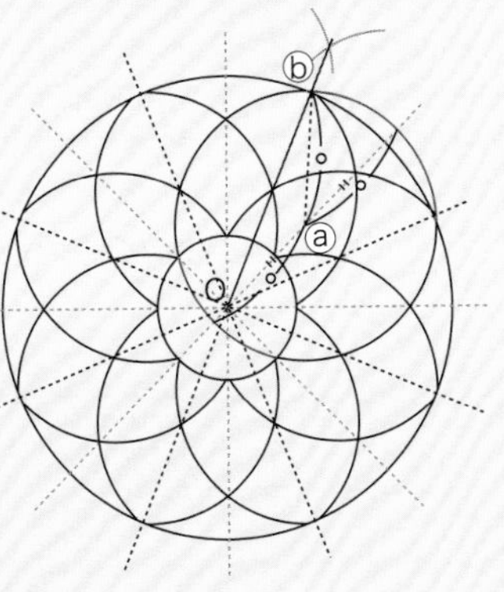

No.957

①任意地畫出想製作尺寸的圓、中心的圓與其他尺寸的圓再分割成16等分。
②以小圓與分割線的交點a為起點，連接下個圓與鄰近的分割線的交點b。再以同樣的方式連接c、d。
③重覆與②相同作法。
分割線與交會的圓數量增加，會變成更加複雜的圖形。
變換調整分割線的數量與圓與圓之間的寬度，便能製作出美麗的圖案。

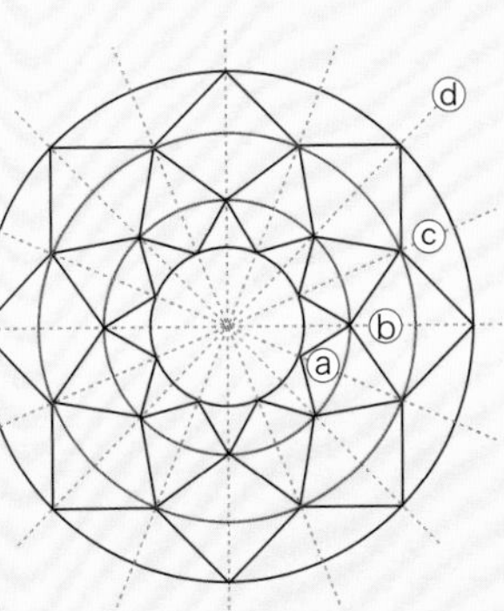

958 Pieced Sunflower, Sunflower
拼接太陽花・太陽花

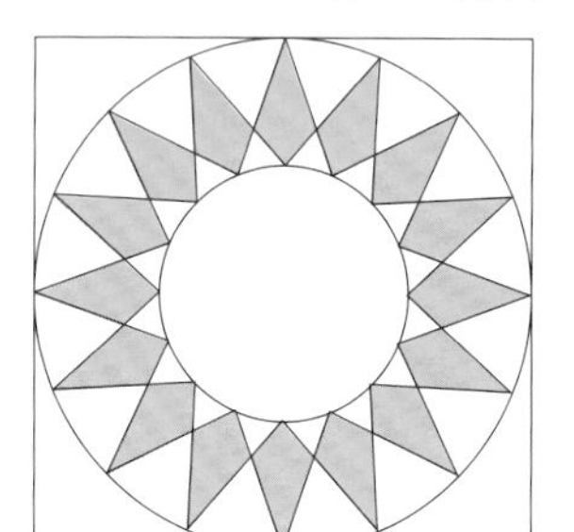

959 Sunburst, Rising Sun
陽光四射・升起的太陽

960 Kansas Sunflower
堪薩斯太陽花

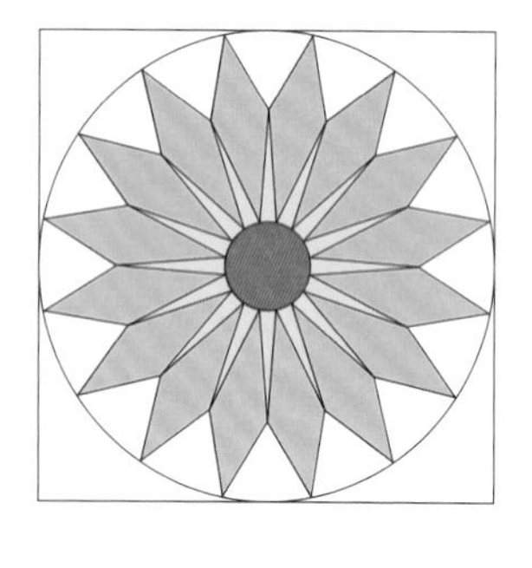

961 Sunburst
太陽花

962 Sunflower
太陽花

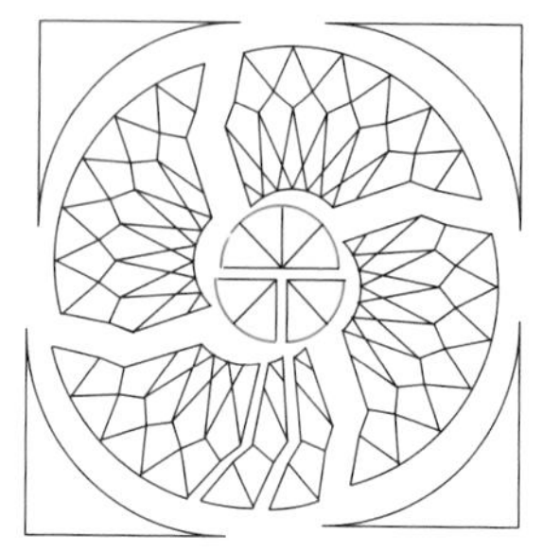

複數圓 Circles

由多個弧線（圓或圓弧）所組成，與圖案相接能創造出許多變化的種類。

963 Turkey Tracks, Bible Tulip
土耳其足跡・聖經鬱金香

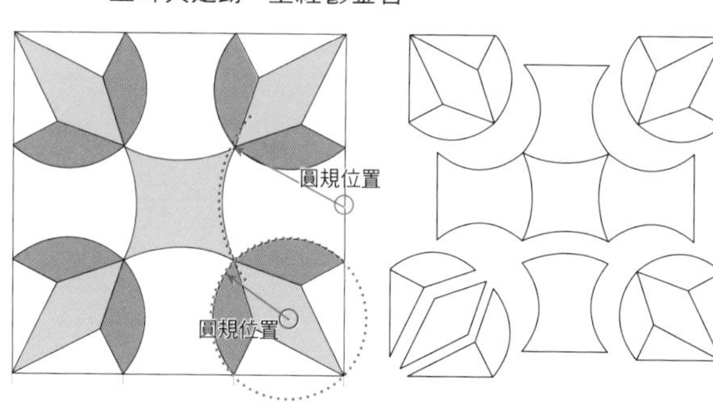

964 Tulip Pattern
鬱金香圖形

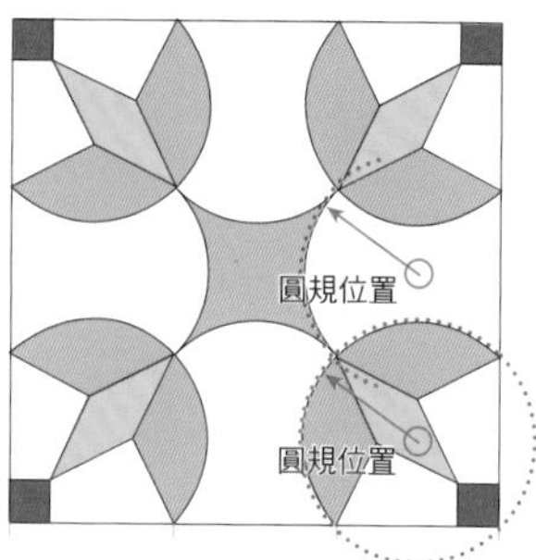

965 Cactus Blossom Patch
仙人掌滿開

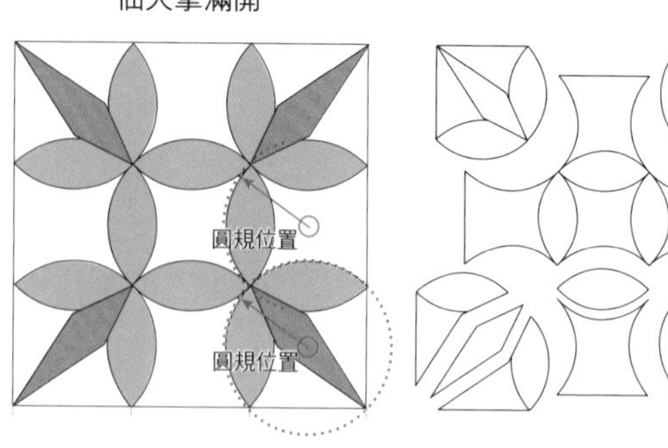

966 Melon Patch, Flower Petals
哈密瓜・花瓣

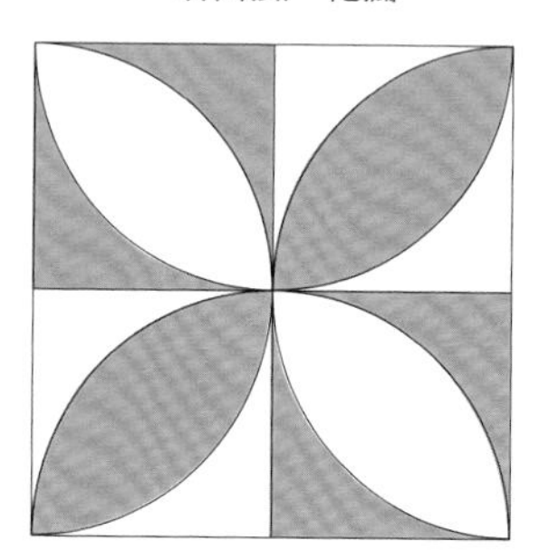
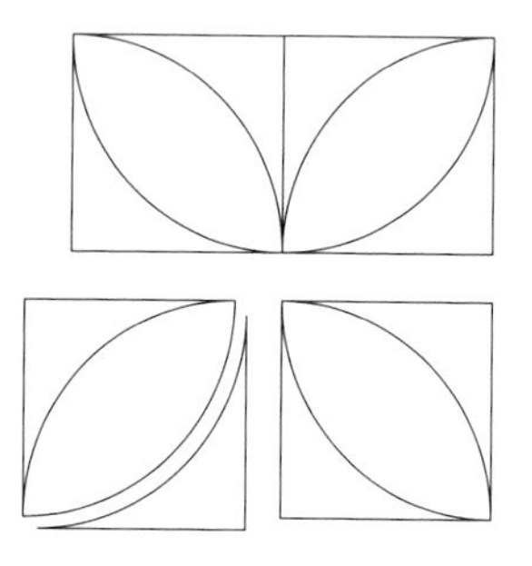

967 Melon Patch, Magic Circle
哈密瓜・魔術圓圈

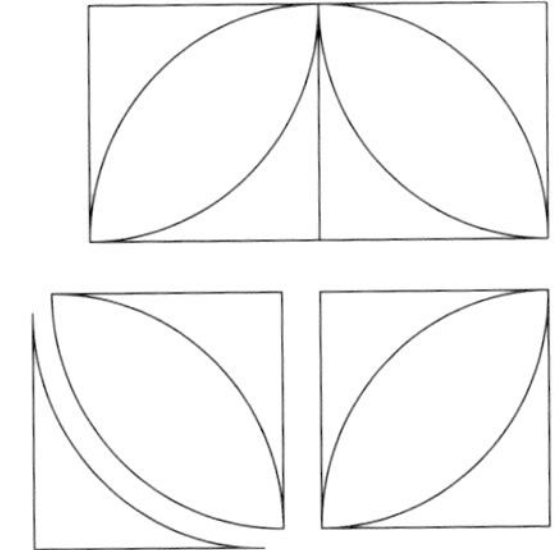

968 Orenge Peel, Melon Patch
橘瓣・哈密瓜

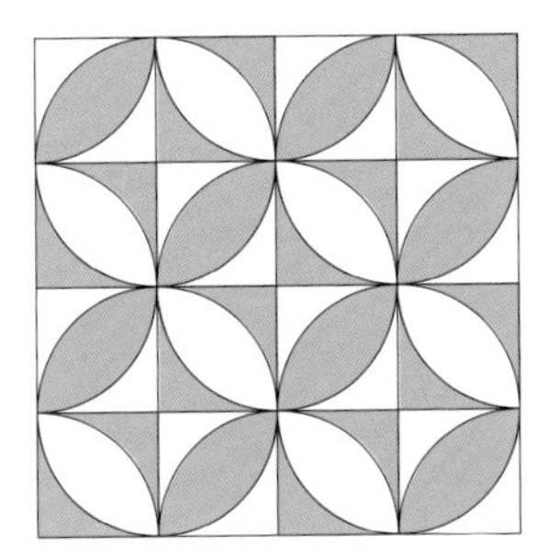

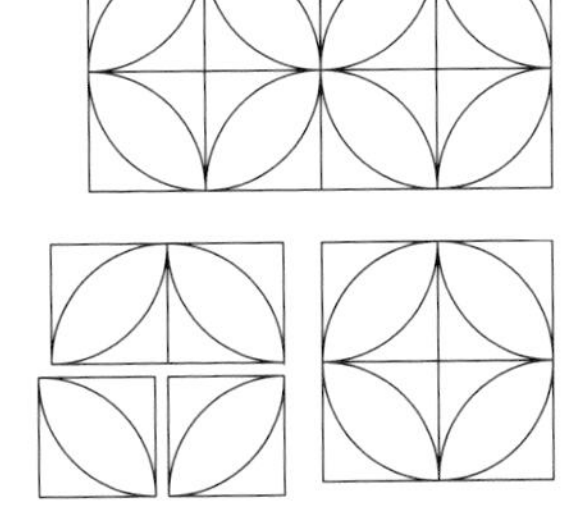

969 OrangePeel
橘瓣

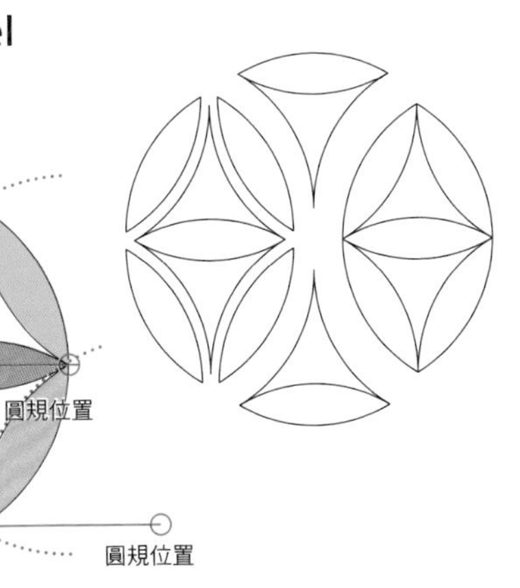

970 Joseph's Coat
約瑟芬的大衣

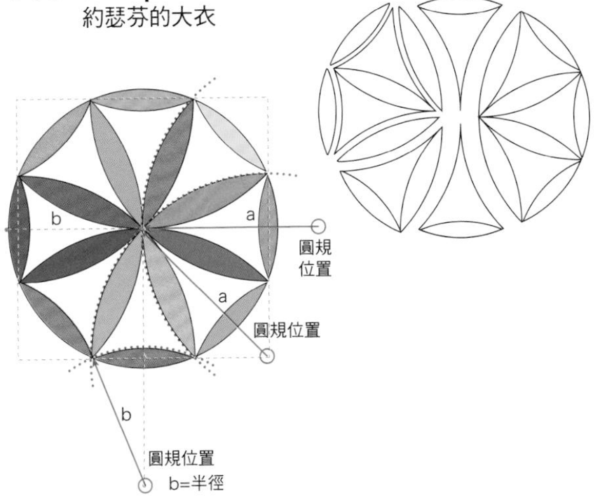

971 New State Quilt Block
新式圖形

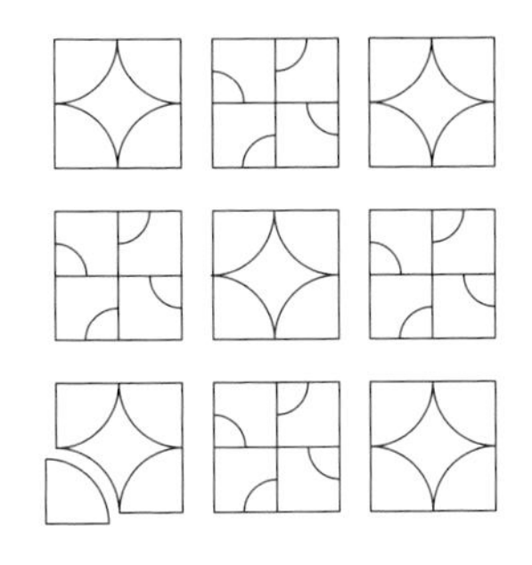

972 Butter and Eggs,Peter and Paul
奶油&蛋・彼得&保羅

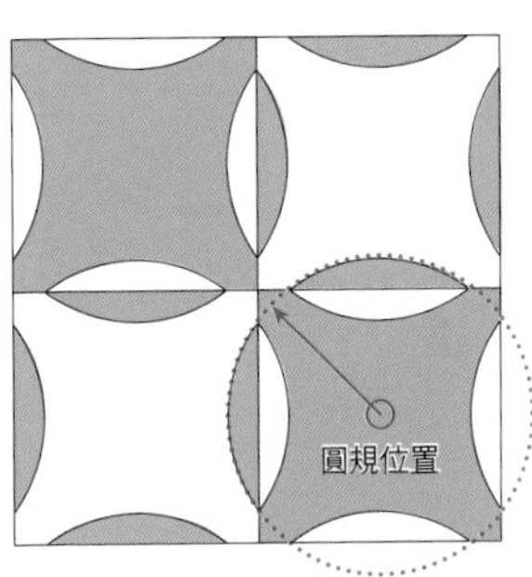

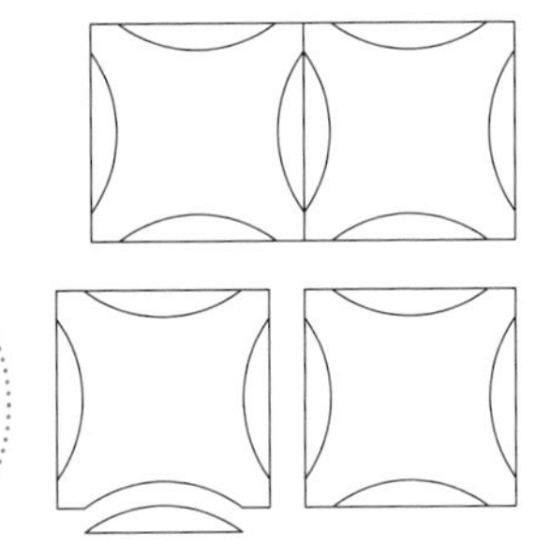

973 Robbing Peter to Pay Paul, Love Ring
原地打轉・愛之圓

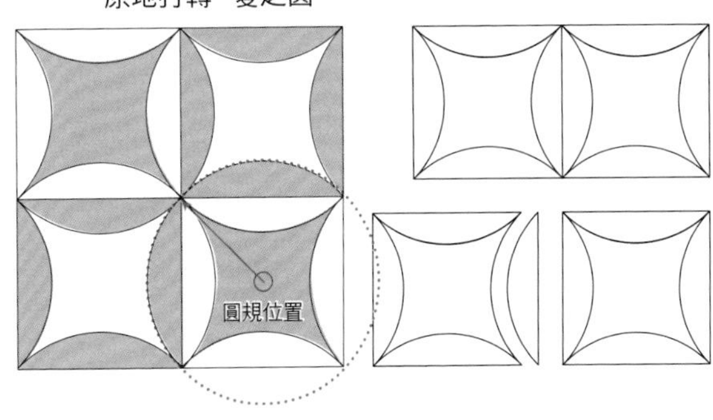

974 Winding Way, Four Leaf Clover
蜿蜒之路・四葉幸運草

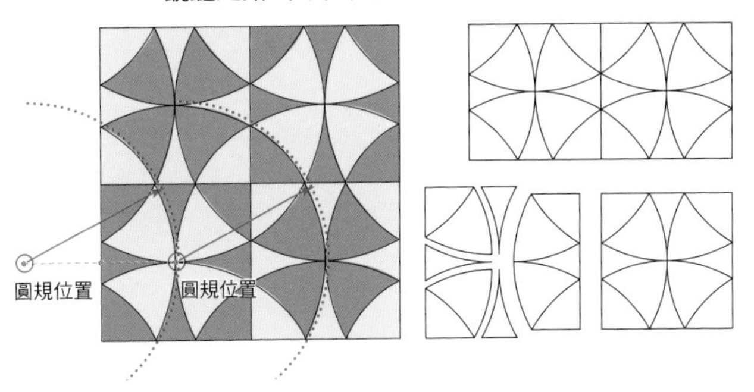

975 Pointed Ovals, Love's Chian
尖形橢圓・愛之鎖鍊

976 Drunkardr's Path
醉漢之路

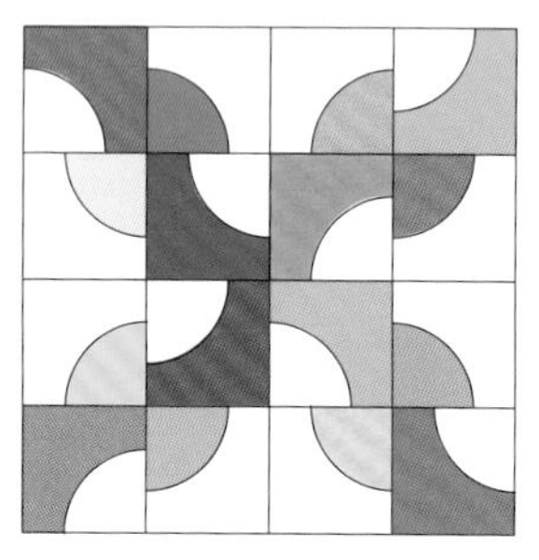

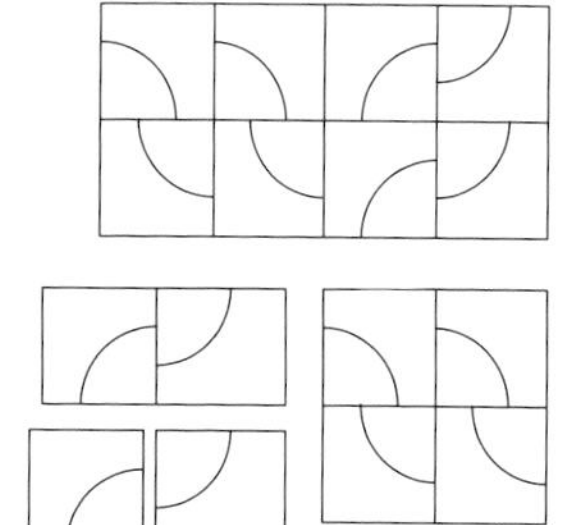

977 Mill Wheel, Jockey Cap
紙風車・騎師帽

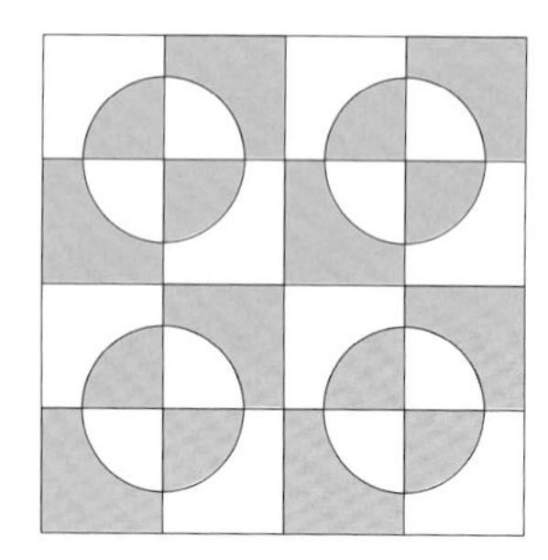

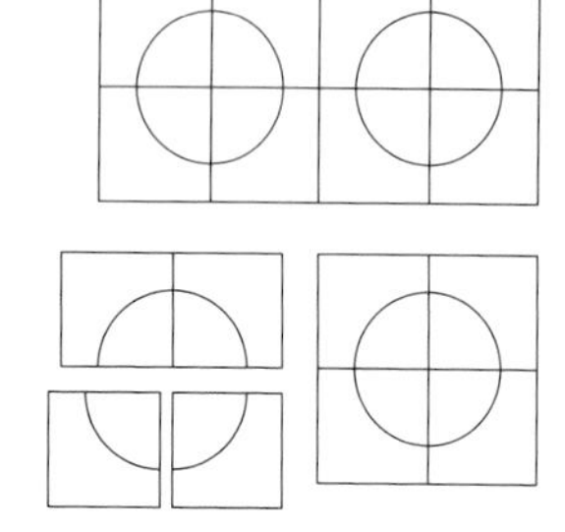

978 Snow Ball
雪球

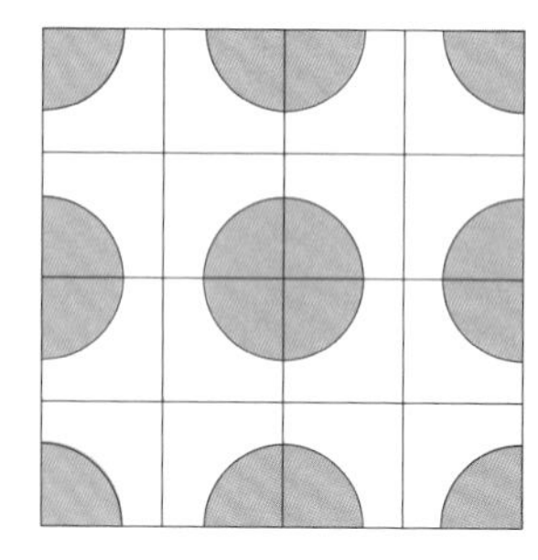

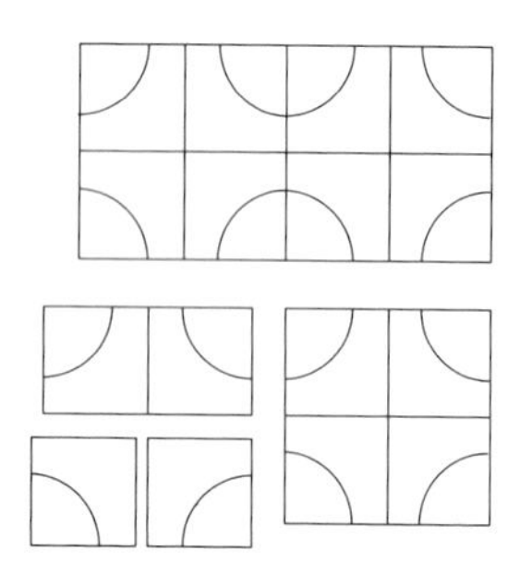

979 Mushrooms
蘑菇

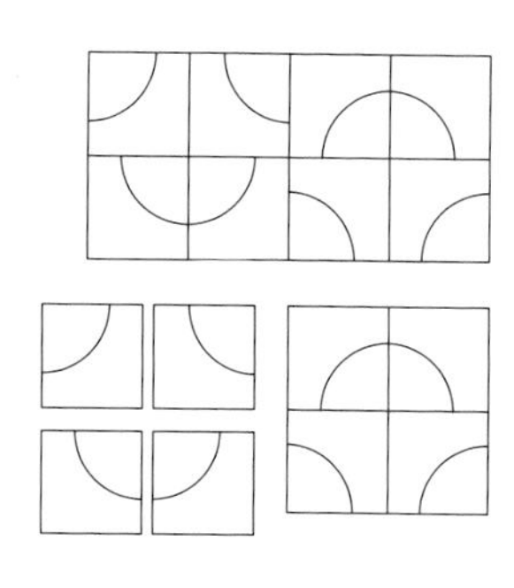

980 Around the World
環繞全世界

關於醉漢之路與其變化種類

此圖形誕生於十九世紀後半南北戰爭後，美國盛行禁酒運動的背景之下。拼接的線條呈現彎曲搖晃的感覺，因此被譯為「醉漢之路」、「千鳥足」等，基本的圖案是以四分之一圓的顏色深淺作出明暗對比的配色，此圖案是「Robbing peter to pay paul」(英語的諺語繞來繞去、原地打轉)的圖案群的代表之一。

其他的變化

組合多個四分之一圓，
變化出各種設計。

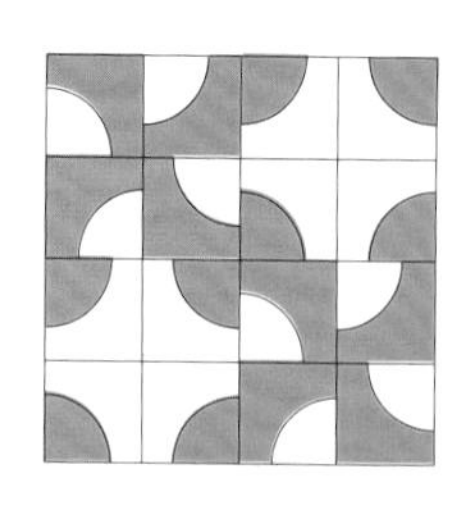

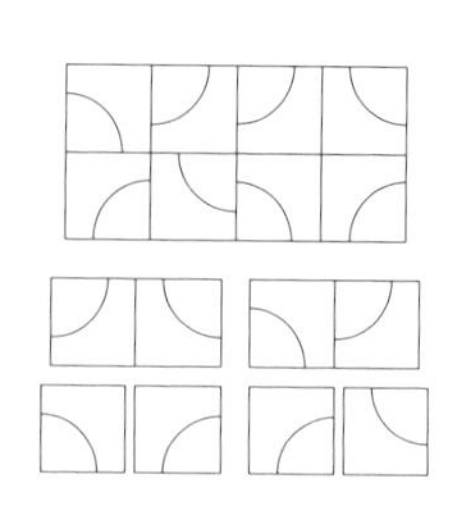

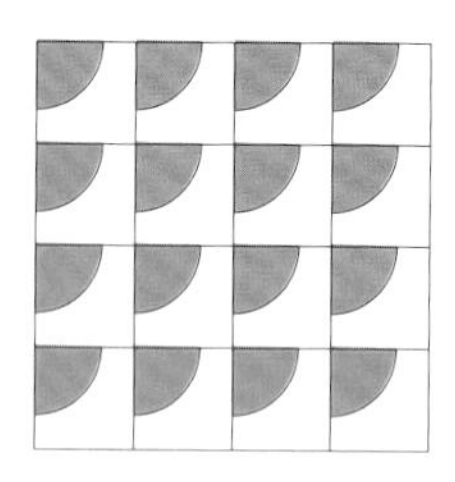

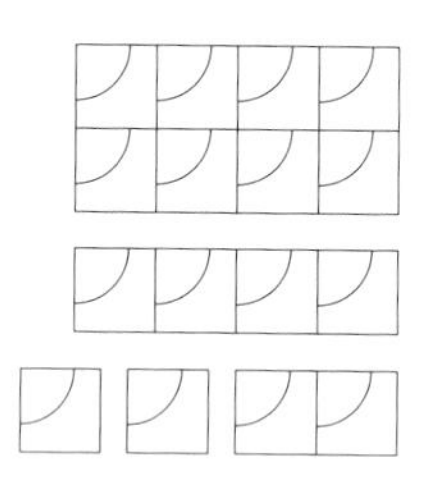

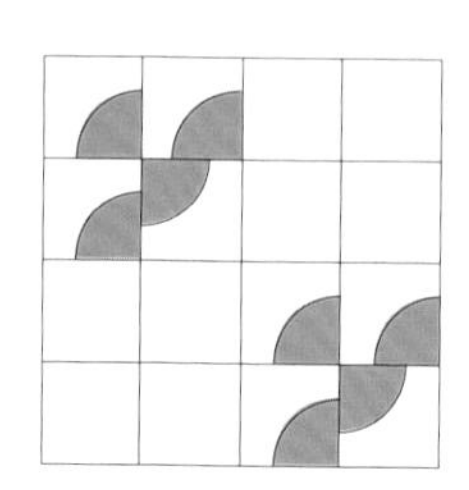

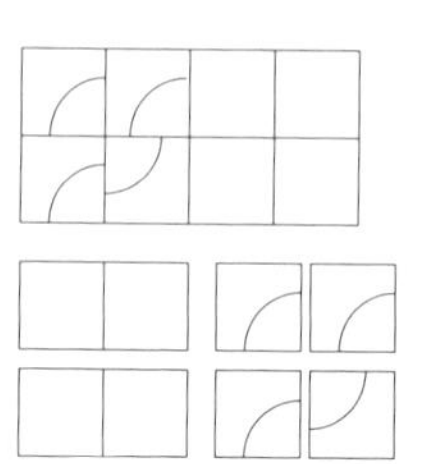

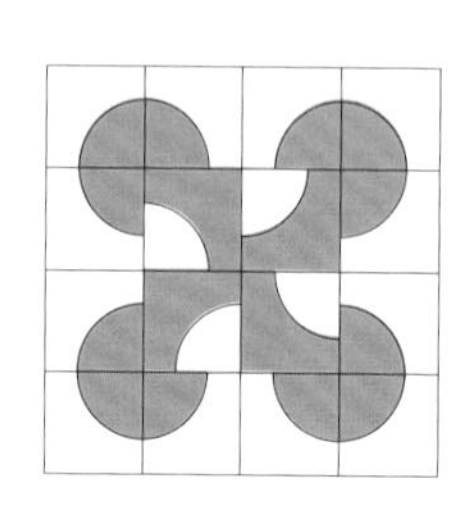

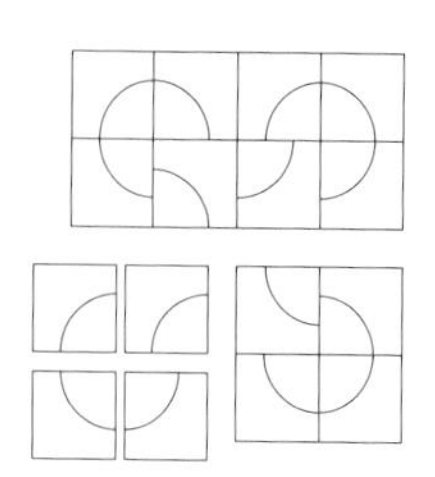

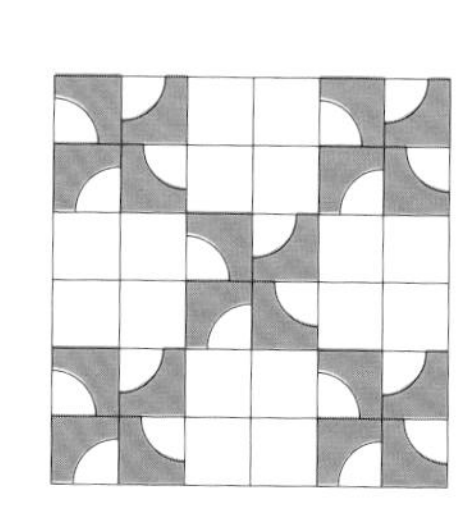

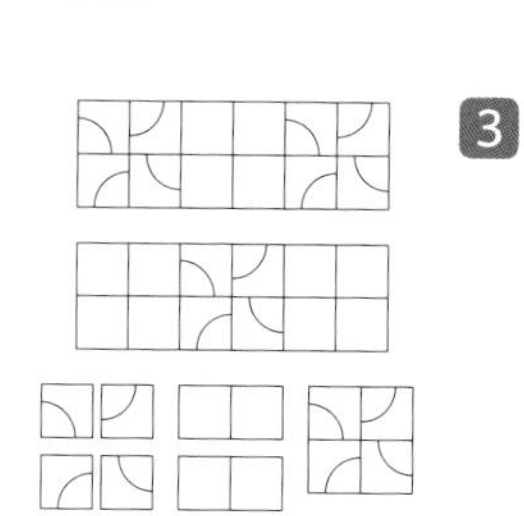

08

981～1013

Share

局部共用圖形

與相鄰的圖案共用一部分並加以延展的圖形，
依整體的感覺進行配色，可使畫面增添趣味，
也能呈現複雜的圖案，帶出向外延伸的感覺。

共用&延伸
Sharing & Spread

看似簡單的設計，以多個圖形的局部共用處加以延伸，製作出複雜的圖形。

981 Ladies Beautiful Star
女士美麗之星

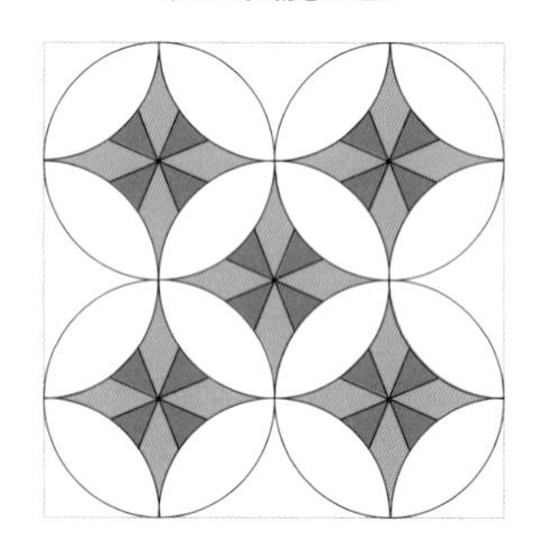

982 Black Beauty, Red Buds
黑美人·紅色花蕾

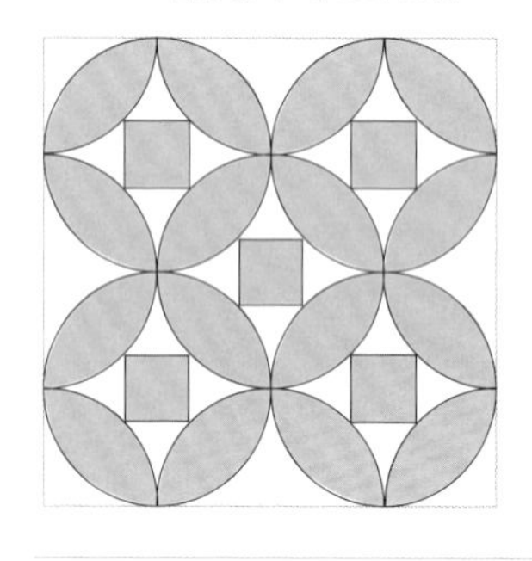
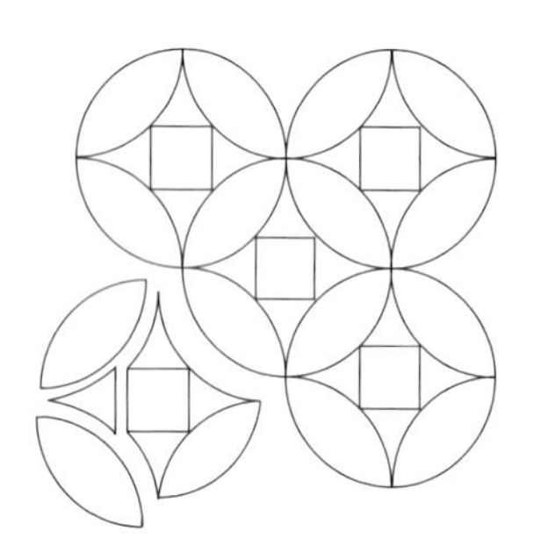

983 Washington Snowball
華盛頓雪球

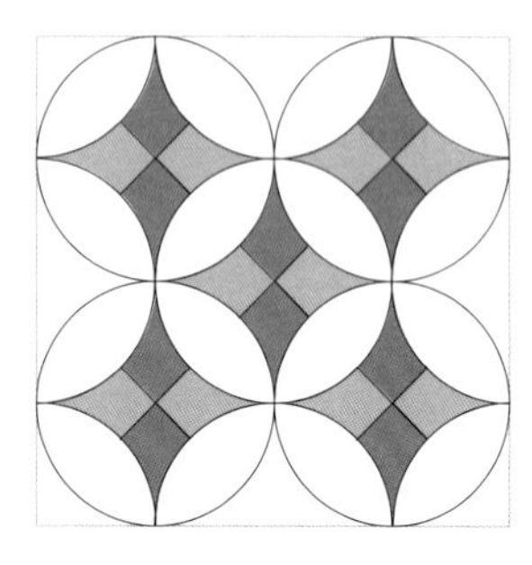
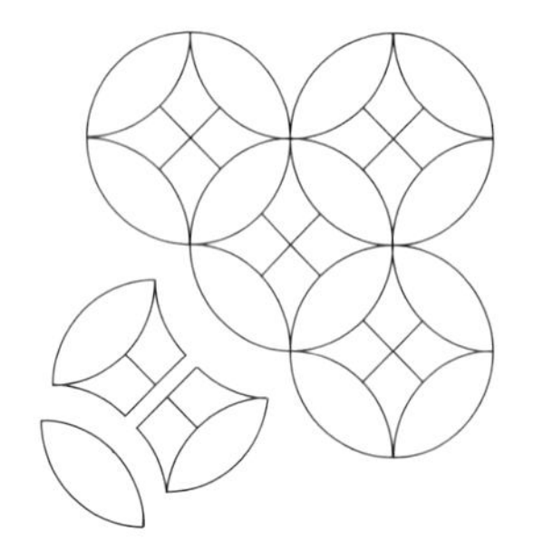

984 Improved Nine Patch, Dinner Plate
九拼片樣式變化款·晚餐盤

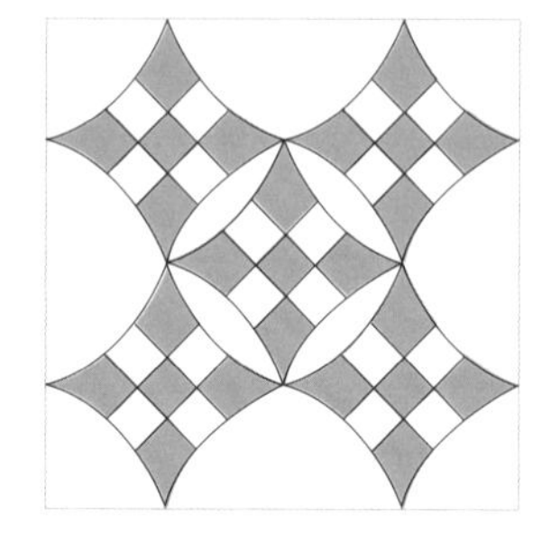

985 Star Chain
星星鎖鍊

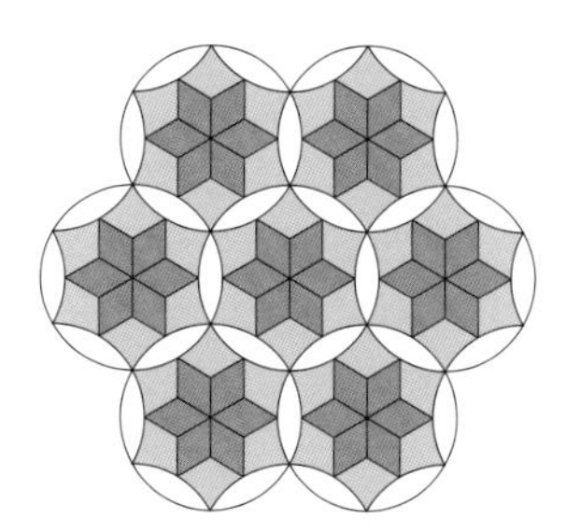
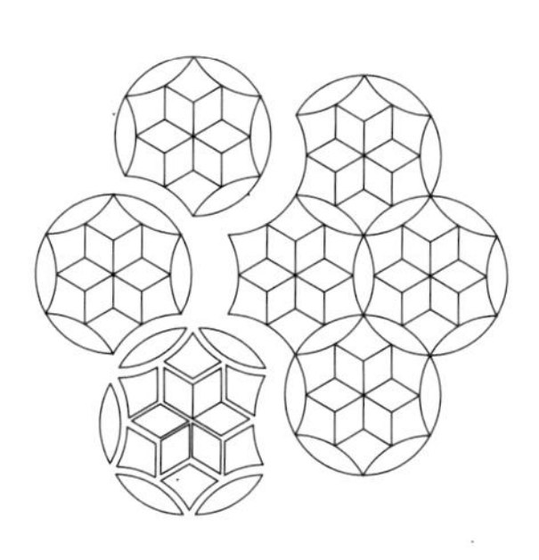

986 Whirling Square
旋轉方塊

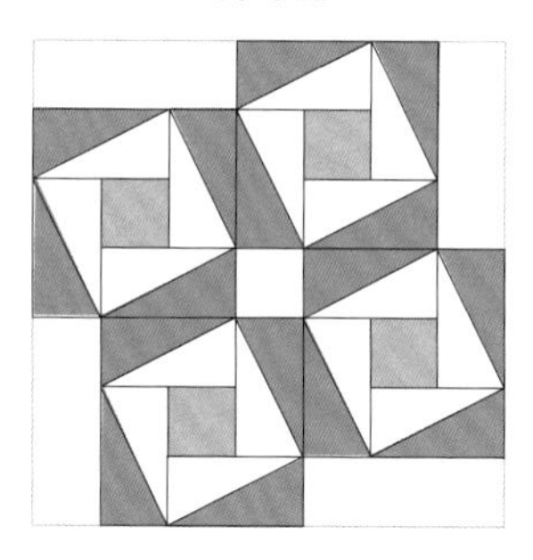
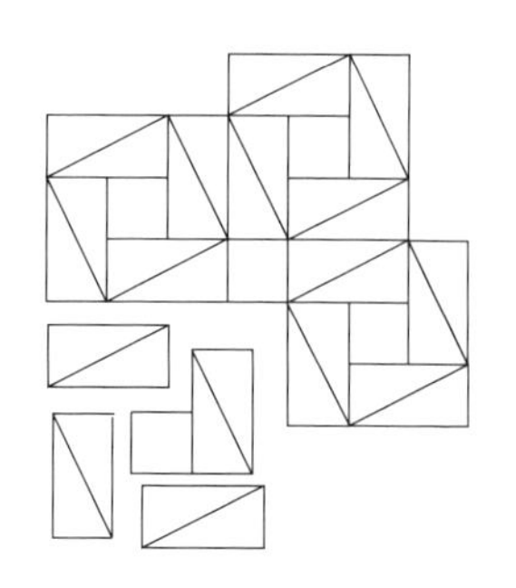

987 Old-Fashioned Quilt
復古時尚

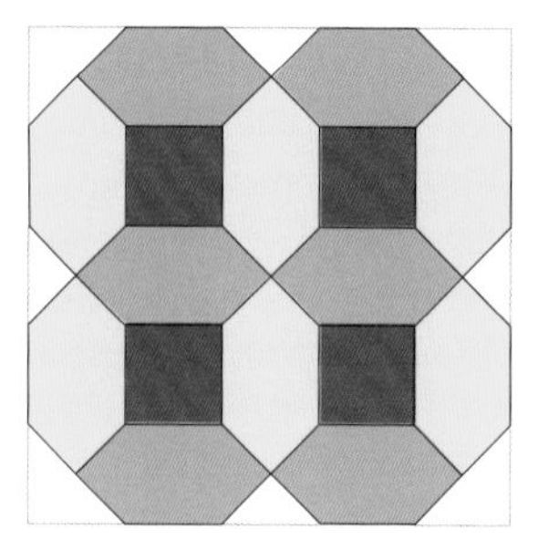
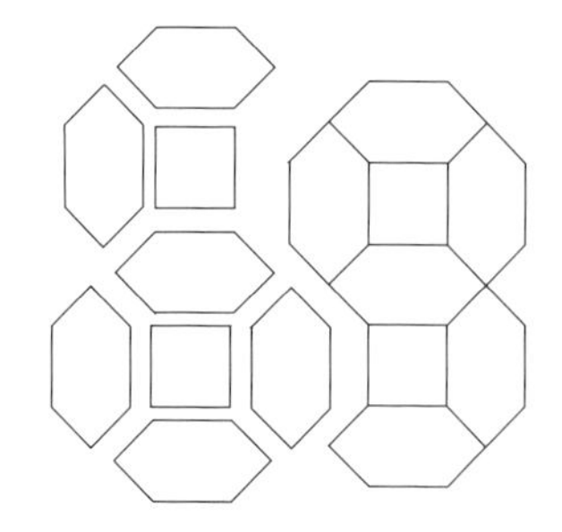

988 Chinese Puzzle, Mosaic Patchwork
中國拼圖·馬賽克拼布

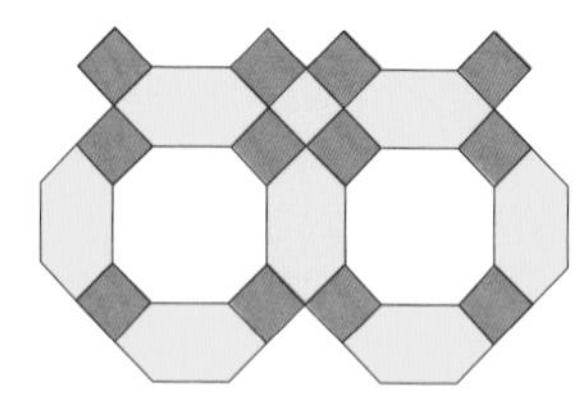
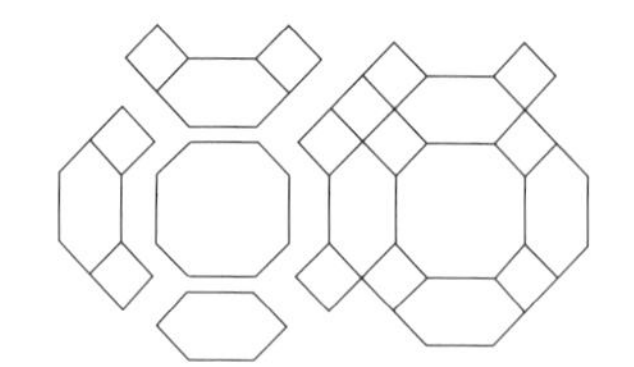

989 The Lover's Chain, Lover's Links
戀人鎖鍊·戀人之鍊

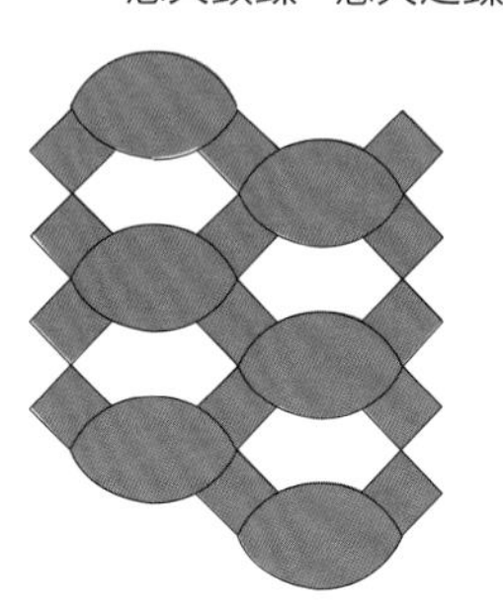
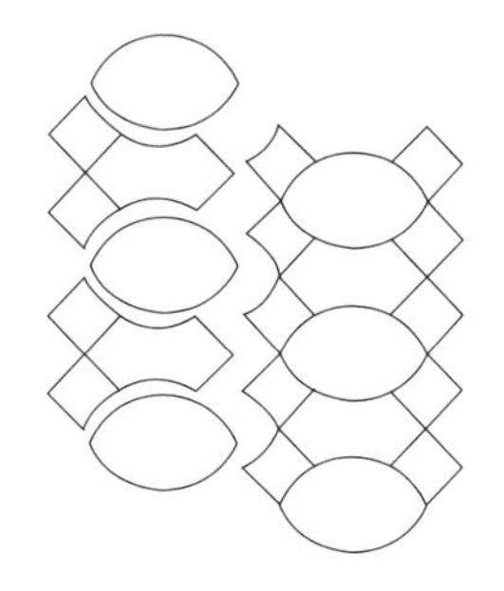

990 Puzzle Tile, Endless Chain
拼圖瓦片·無盡鎖鍊

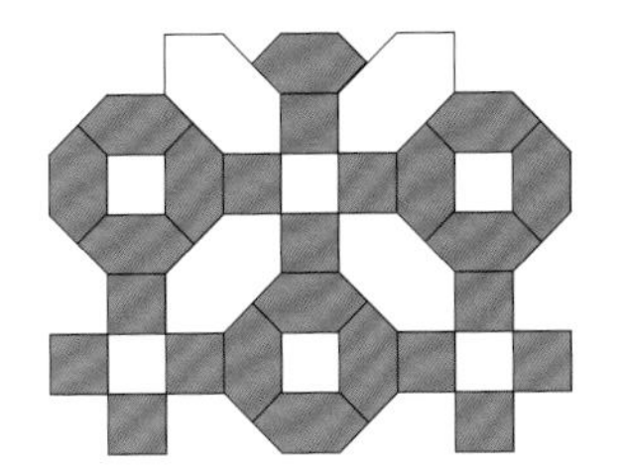

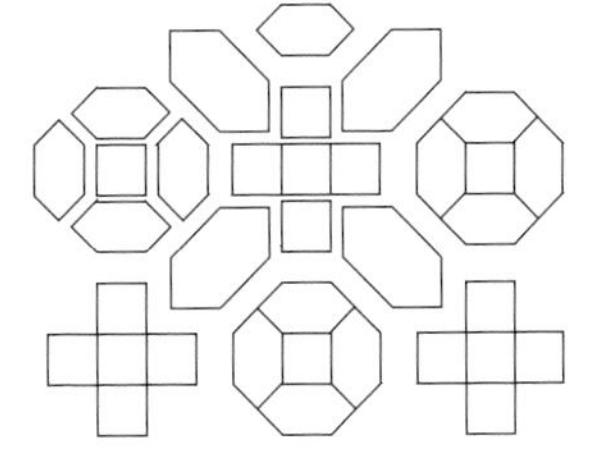

991 Rock Garden
石頭花園

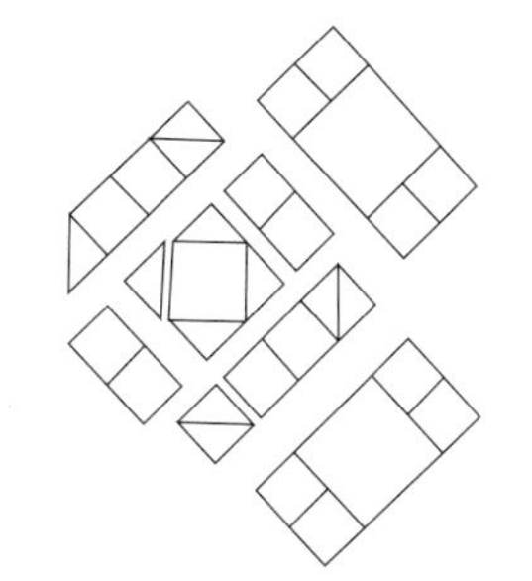

992 Parquetry Design for Patchwork
拼布鑲花設計

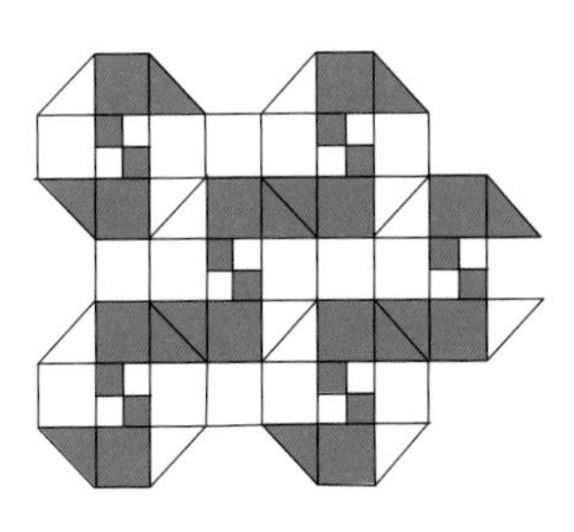

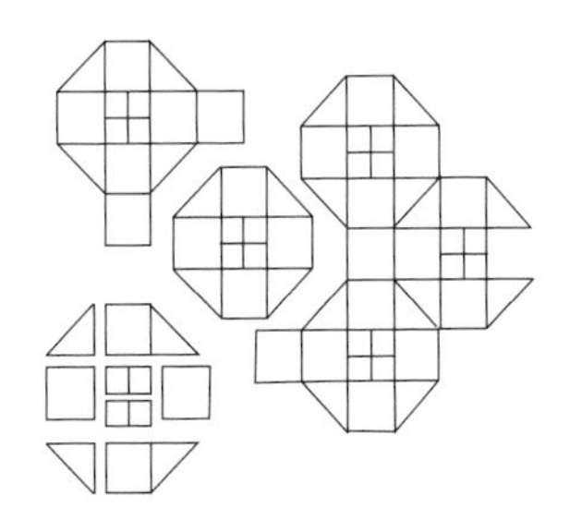

993 Ozark Cobblestones
歐扎克圓石

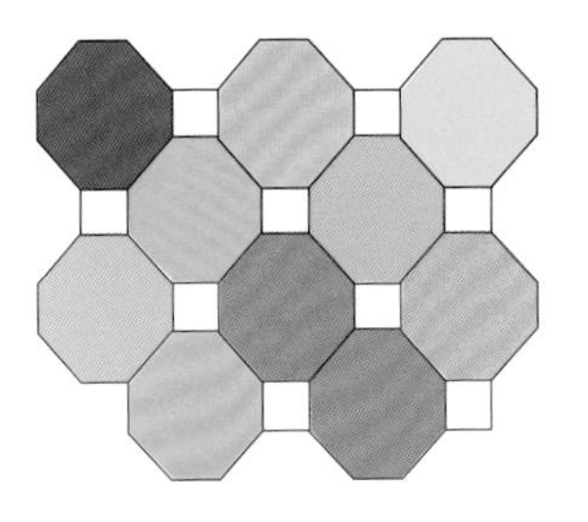

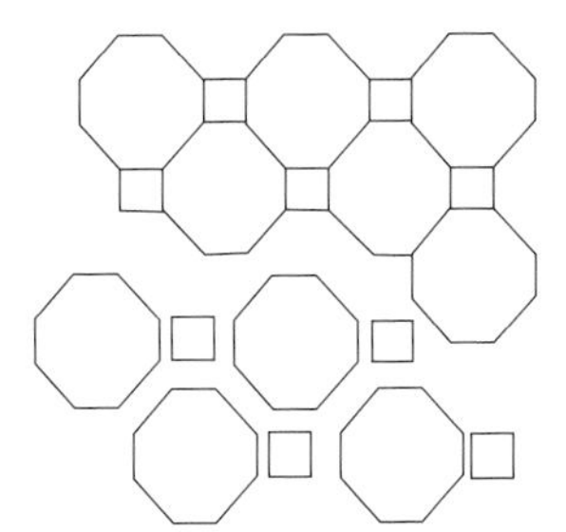

994 The Snowball
雪球

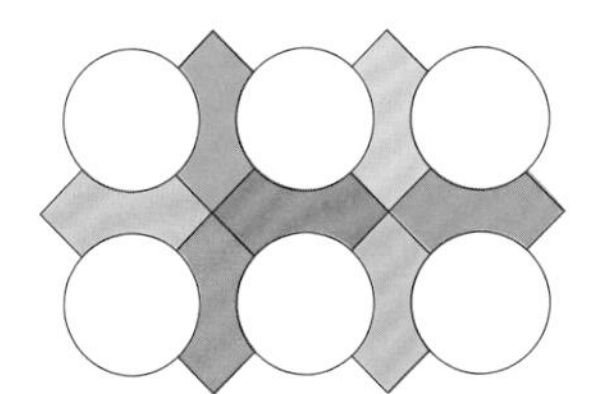

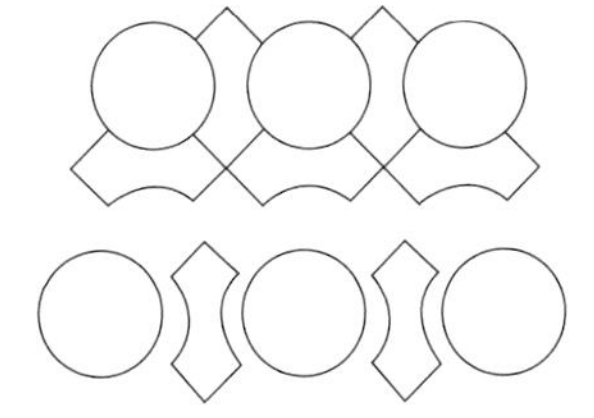

995 Wagon Wheel
馬車之輪

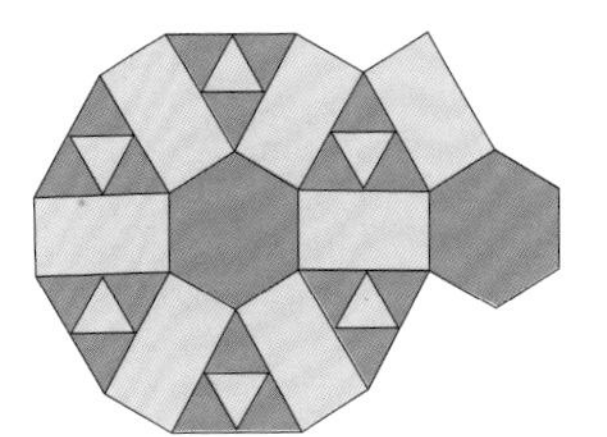

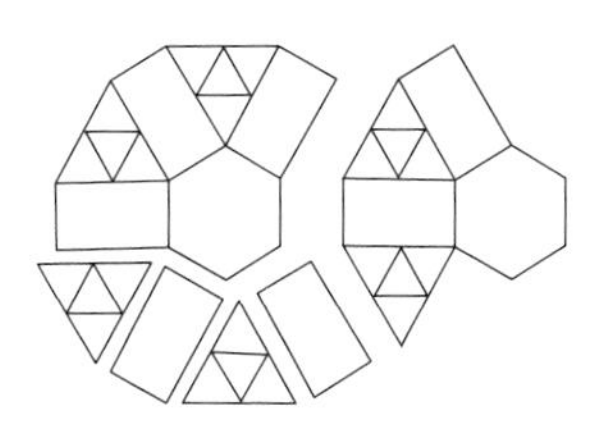

996 Crossroads, Garden Maze
十字路口·花園迷宮

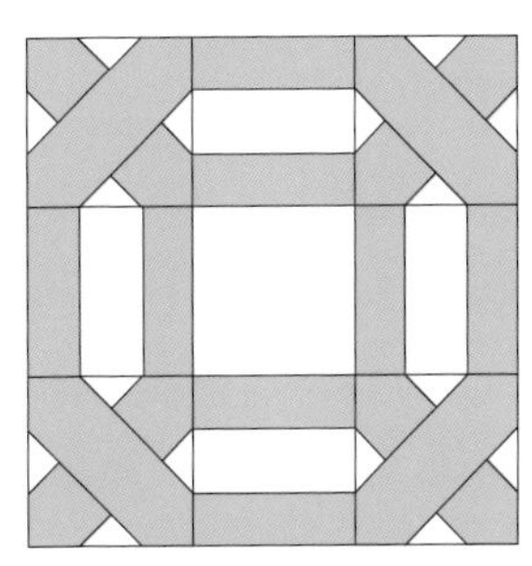

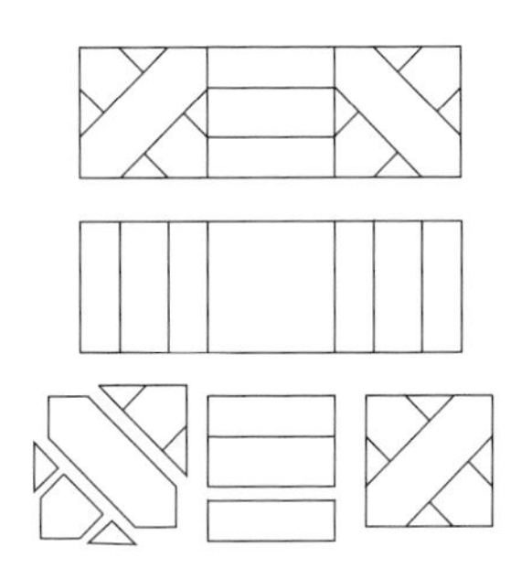

997 Dutch Puzzle
荷蘭拼圖

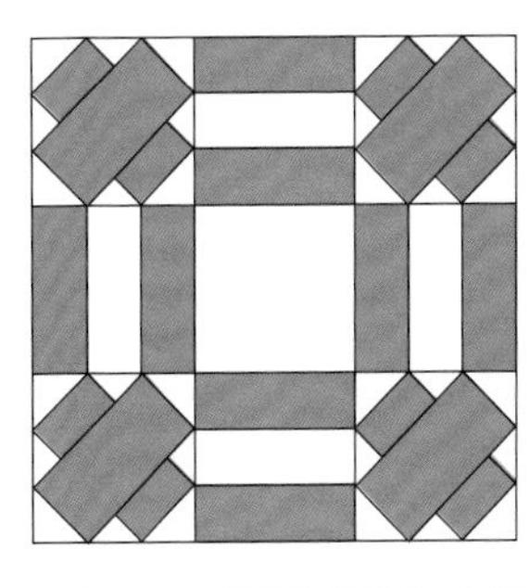

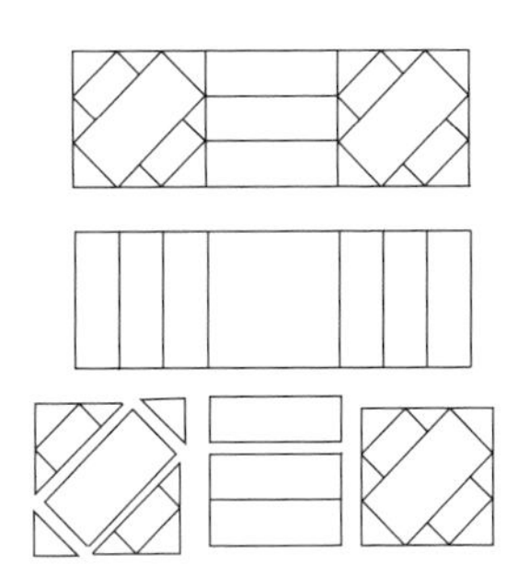

998 Storm at Sea, Rolling Stone
海之風暴·滾動之石

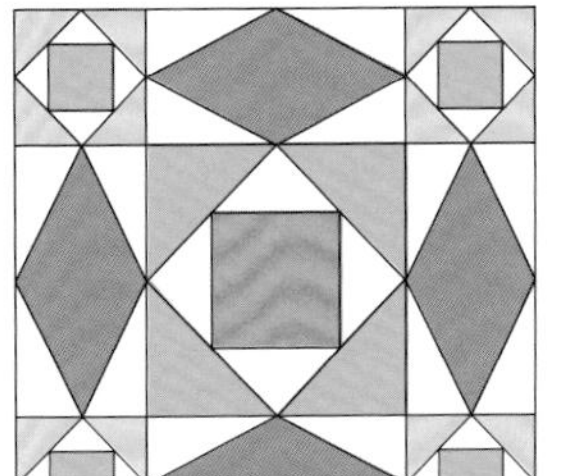

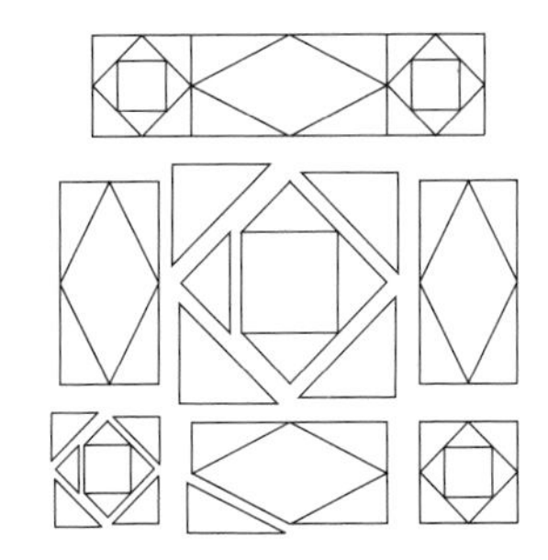

999 Loop the Loop
翻筋斗

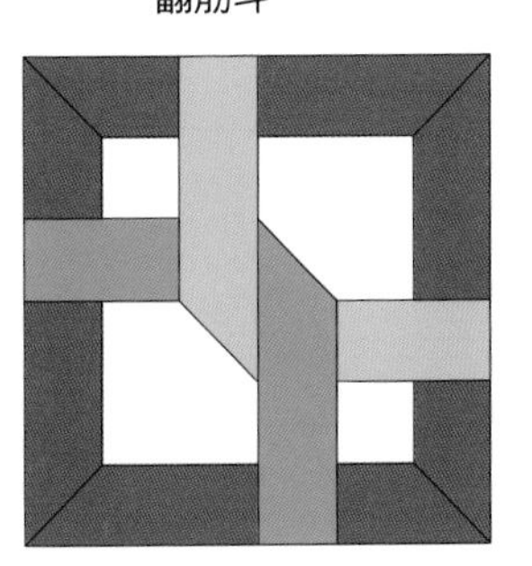

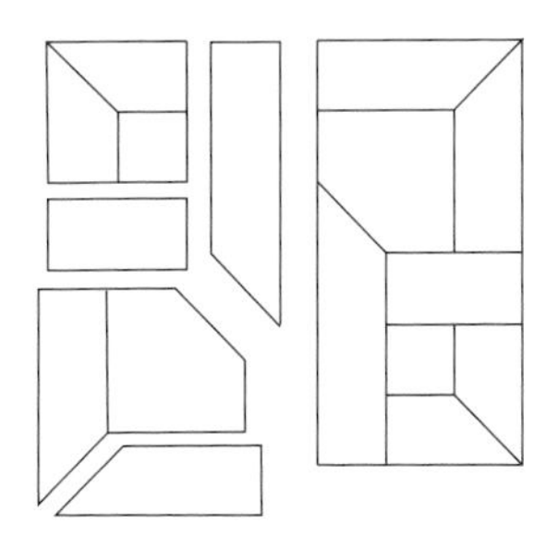

1000 Plaited Block
辮形方塊

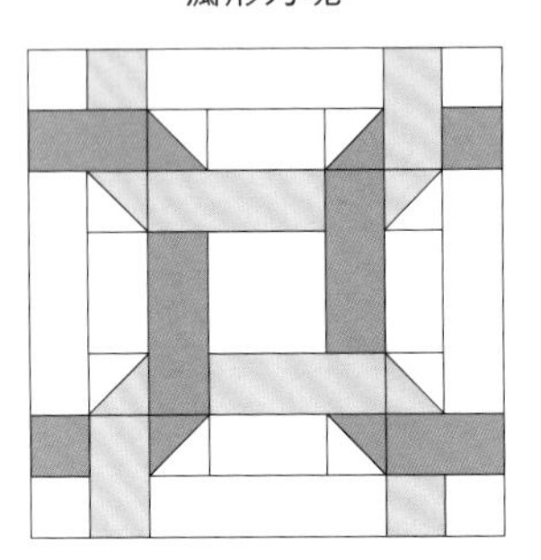
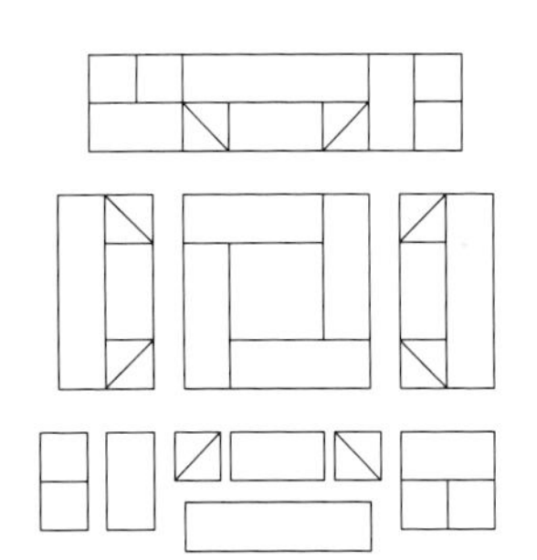

1001 Saracen Chain
撒拉遜鎖鍊

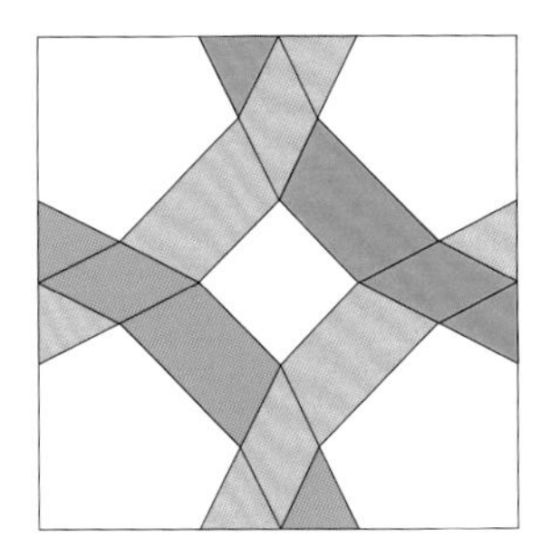
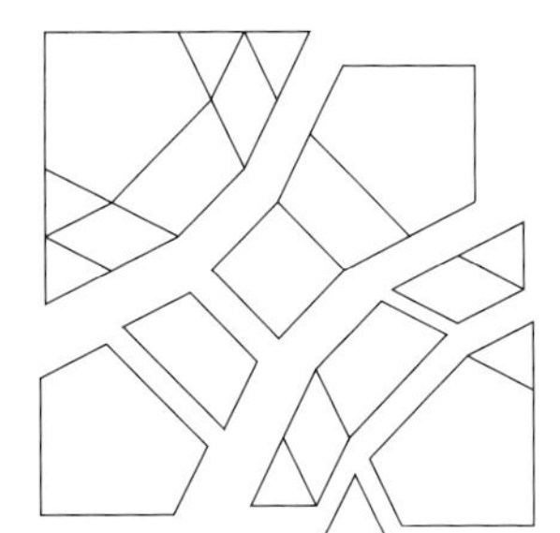

婚戒圖形 Double Wedding Ring

經常使用於婚禮的拼布作品，圖形接近正圓並帶有些微角度的感覺。戒指中間的設計變化豐富，配色也能增加整體精采度。

1002 Double Wedding Ring
婚戒

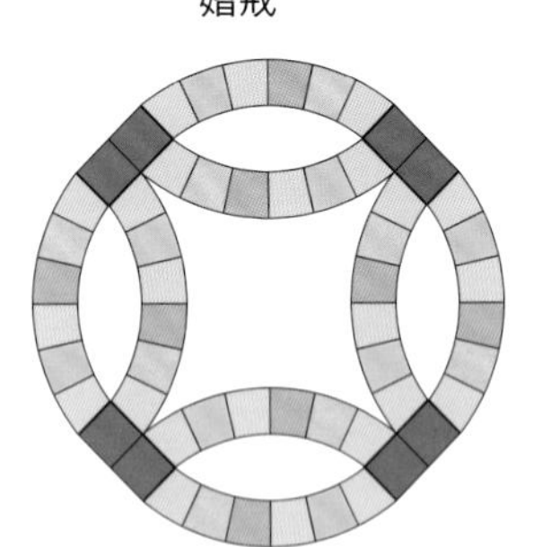
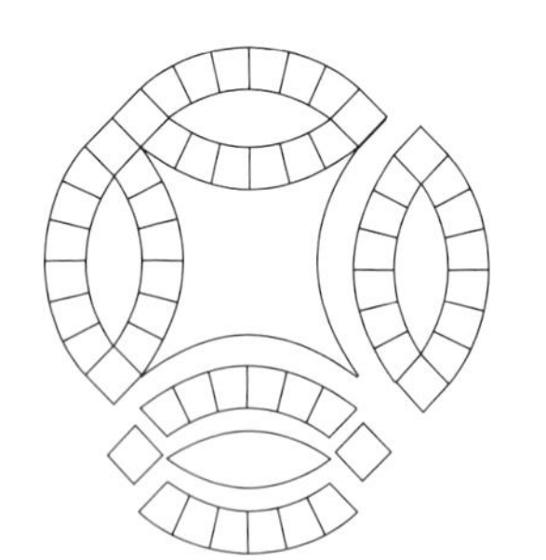

◉ 製圖方法

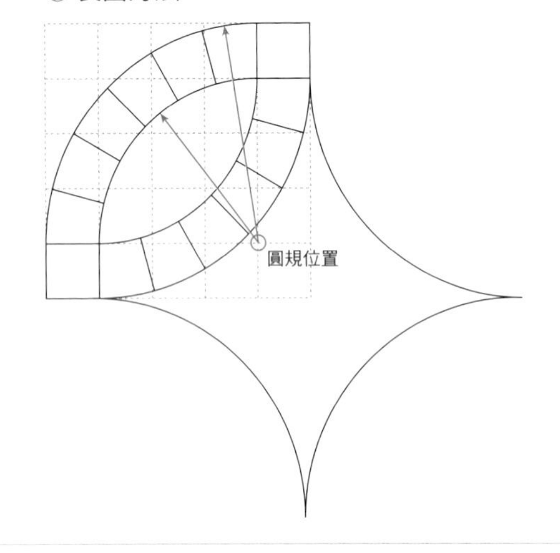

1003 Double Wedding Ring
婚戒

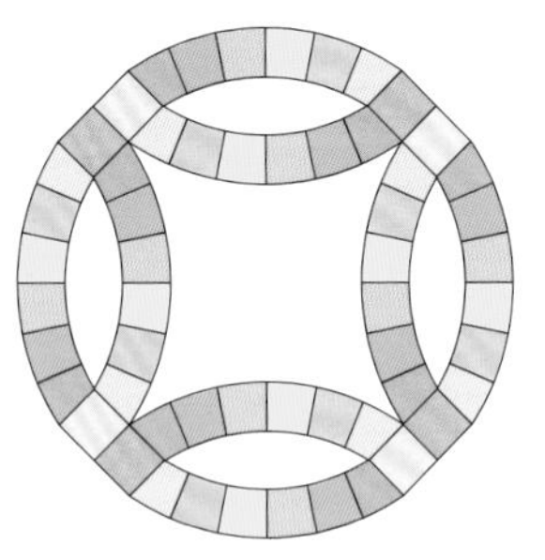
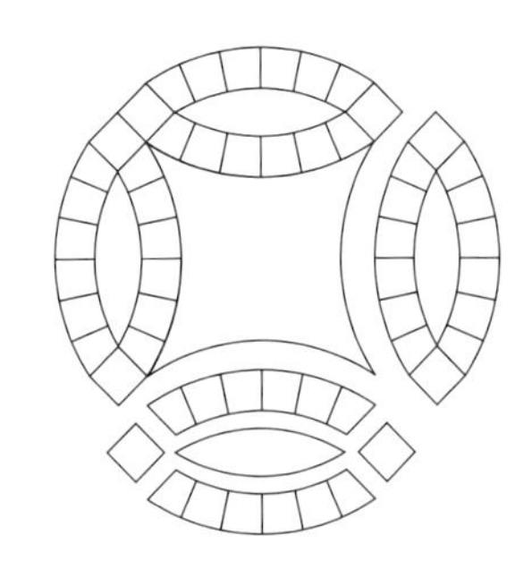

◉ 製圖方法

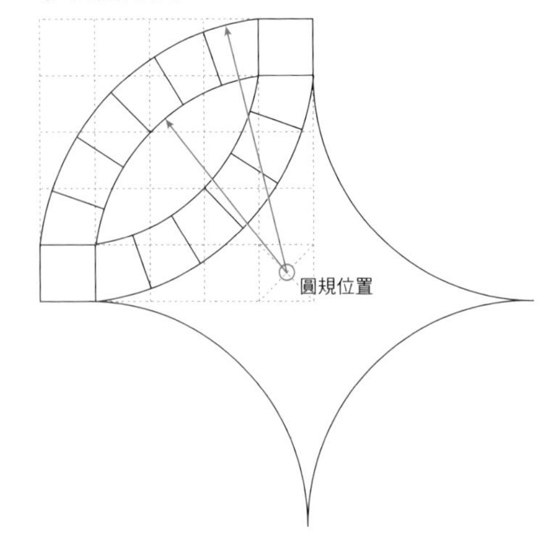

1004 Double Wedding Ring, Endless Chain
婚戒．無盡鎖鍊

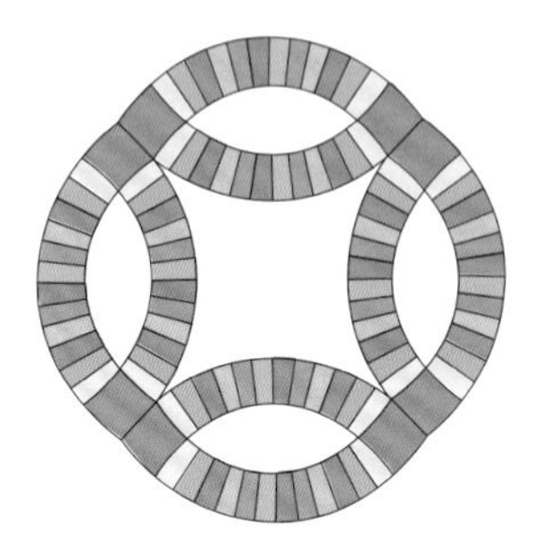
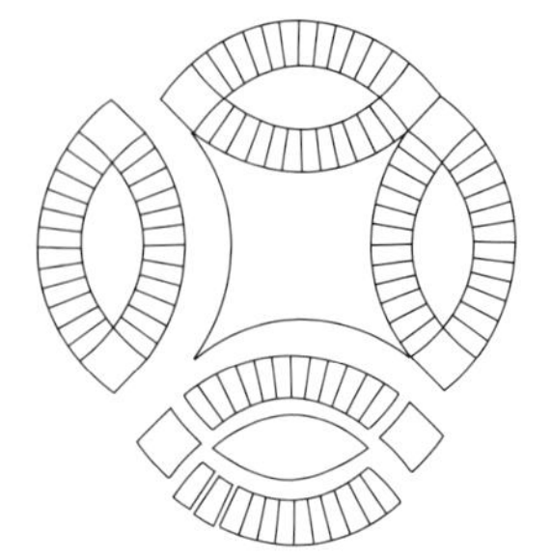

1005 New Wedding Ring
新式婚戒

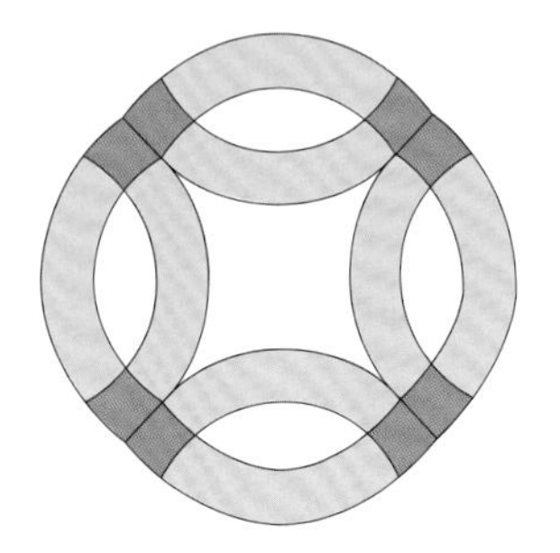
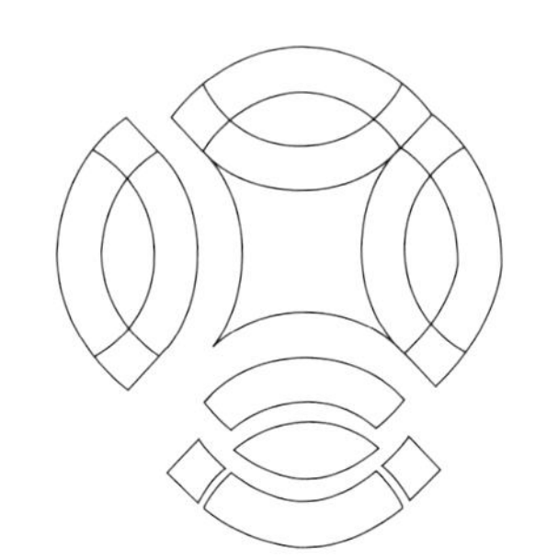

1006 Indian Wedding Ring
印地安婚戒

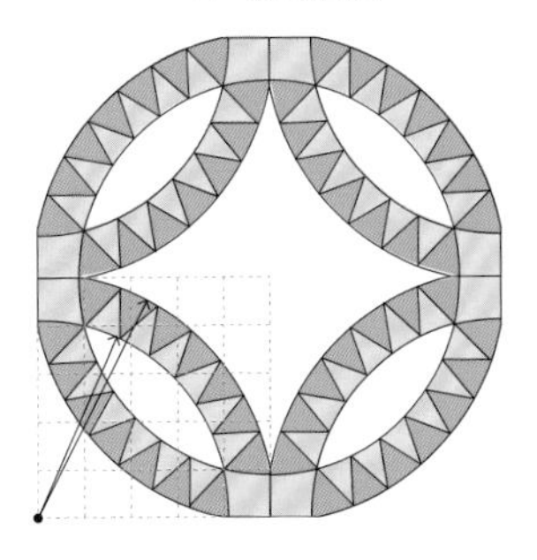

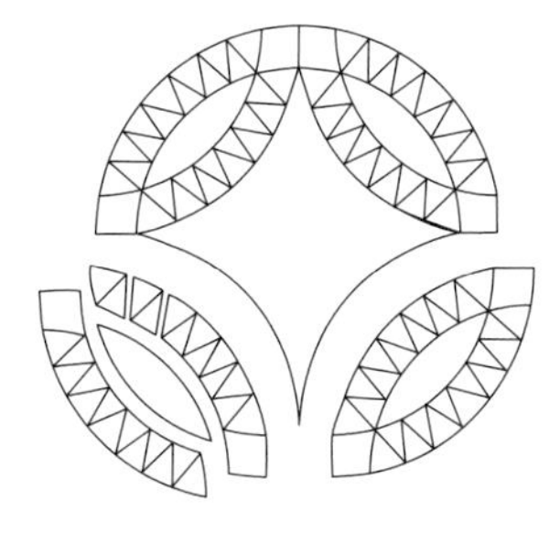

1007 Arab Tent, Chimney Swallow
阿拉伯帳篷．煙囪之燕

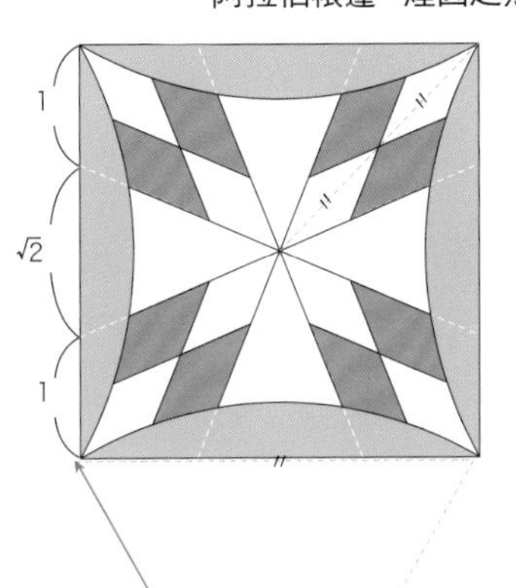

1008 President's Quilt, King's Crown
總統拼布．國王的皇冠

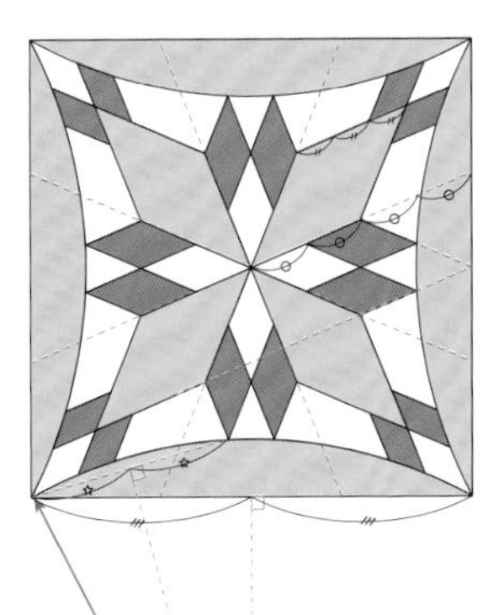

製圖的順序，先畫出中心、上、下、左、右的菱形，為了從菱形畫出弧線，計算出圓規位置，請依下列步驟製作：

①各邊以1：√2：1分割，連接至中心分為八等分。
②自各邊的中點開始依①的分割線為準畫出平行線，完成四個菱形。
③將②的菱形分成四等分。
④參考圖示，計算出圓規位置，穿過③完成的小菱形前端與圖案的角，畫出弧形。

1009 Scuppernong Hull
去皮葡萄

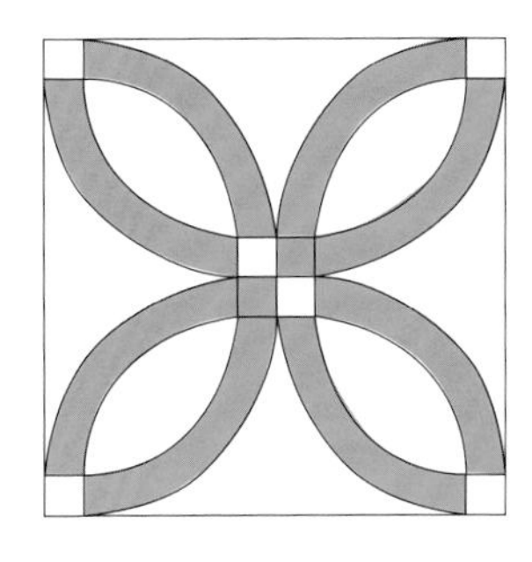

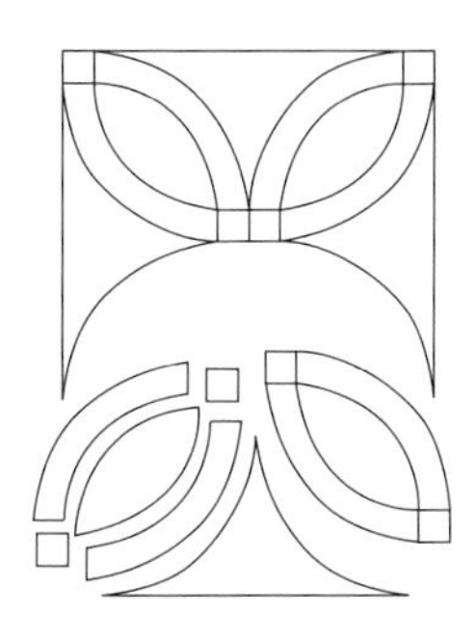

1010 Unnamed
無名

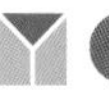

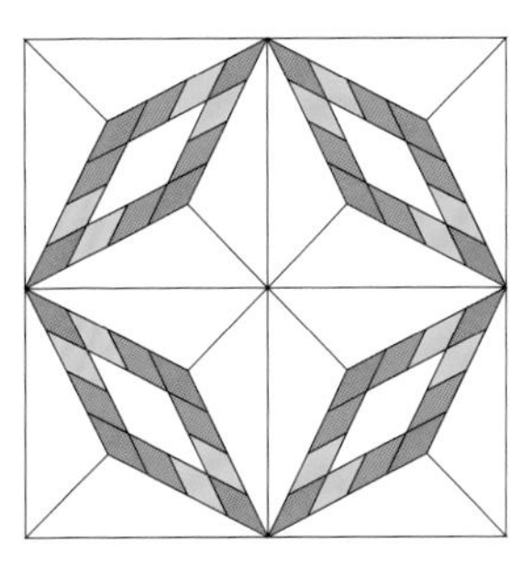

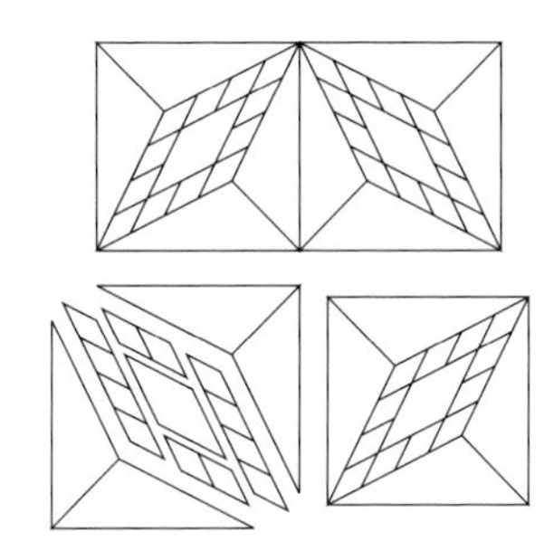

1011 Merry-Go- Round, Morning Glory
旋轉木馬．早晨榮光

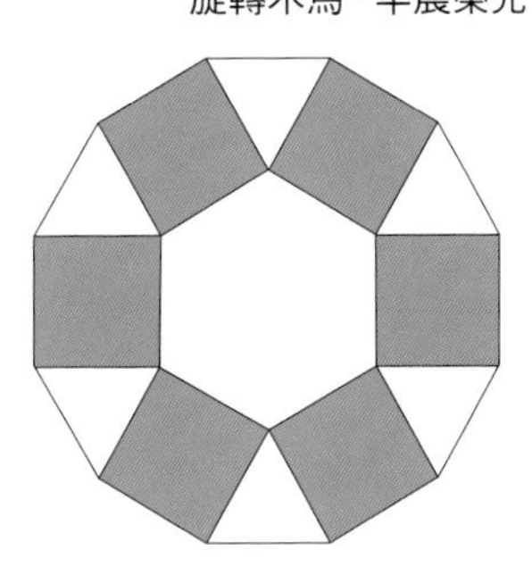

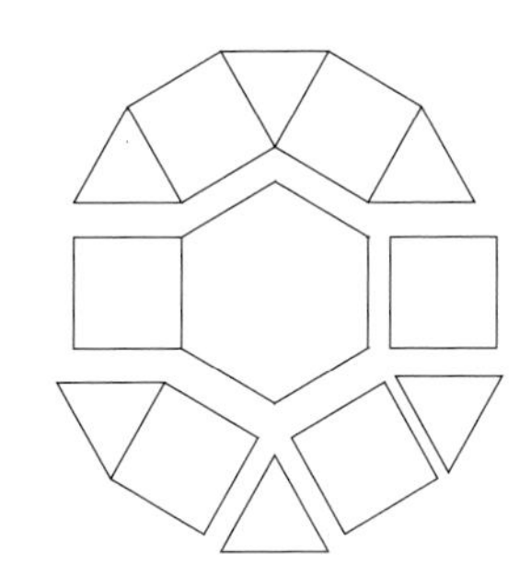

1012 Jack's Chain, Rosalia's Flower Garden
傑克的鎖鍊．羅莎利亞花園

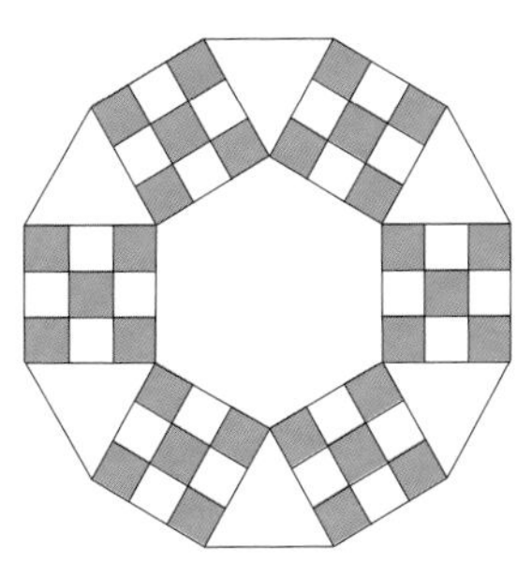

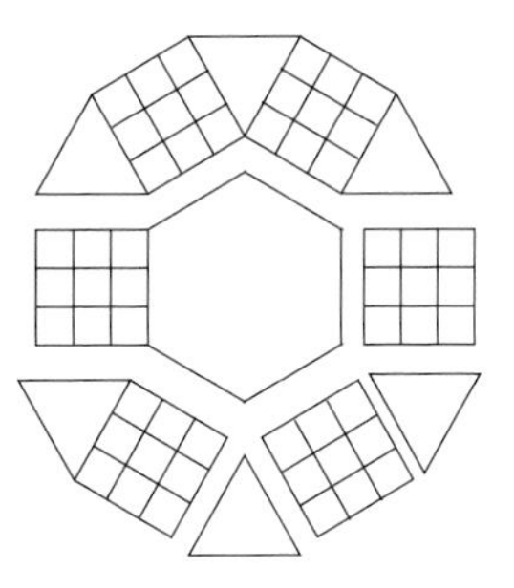

1013 Friendship Knot
友誼領結

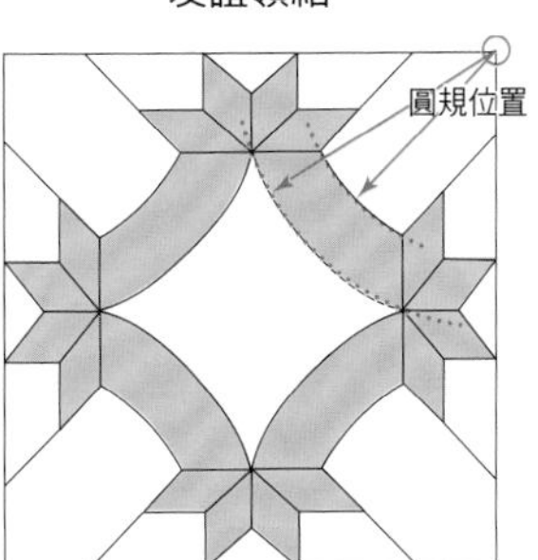

IQSC Object Number:1997.007.0497

Double Wedding Ring 婚戒

1930-1940年　249×215cm

此作品的配色呈現了當時流行色彩的巨變，這種顏色變化決定了二十世紀的拼布作品走向，也是最大的目標之一。第一次世界大戰後，美國的織品製作者依照戰後賠償，接收了自德國染色業者的染色「配方」並開始使用。明亮且有趣的新配色逐漸普及化，對1920年至1930年的拼布製作的普及有很大的貢獻。

婚戒是1930年代的古典設計，這個圖案反映出由小布片構成的拼布擁有的人氣、相連融合為一體，於十九世紀後半十分盛行，特別是在中西部地區擁有超高人氣。

09

1014～1040

Log Cabin

小木屋圖形

以原木堆疊出小木屋的形狀而得名，
中心的正方形是象徵家族團圓的暖爐，
古董作品中以紅色為配色的作品居多。
以明暗的對比、方塊的位置、配色
來變化出種類豐富的各式圖案吧！

1014 Log Cabin
小木屋

1015 Log Cabin
小木屋

1016 Courthouse Steps
法院的階梯

1017 Couthouse Steps
法院的階梯

1018 White House Steps
白宮的階梯

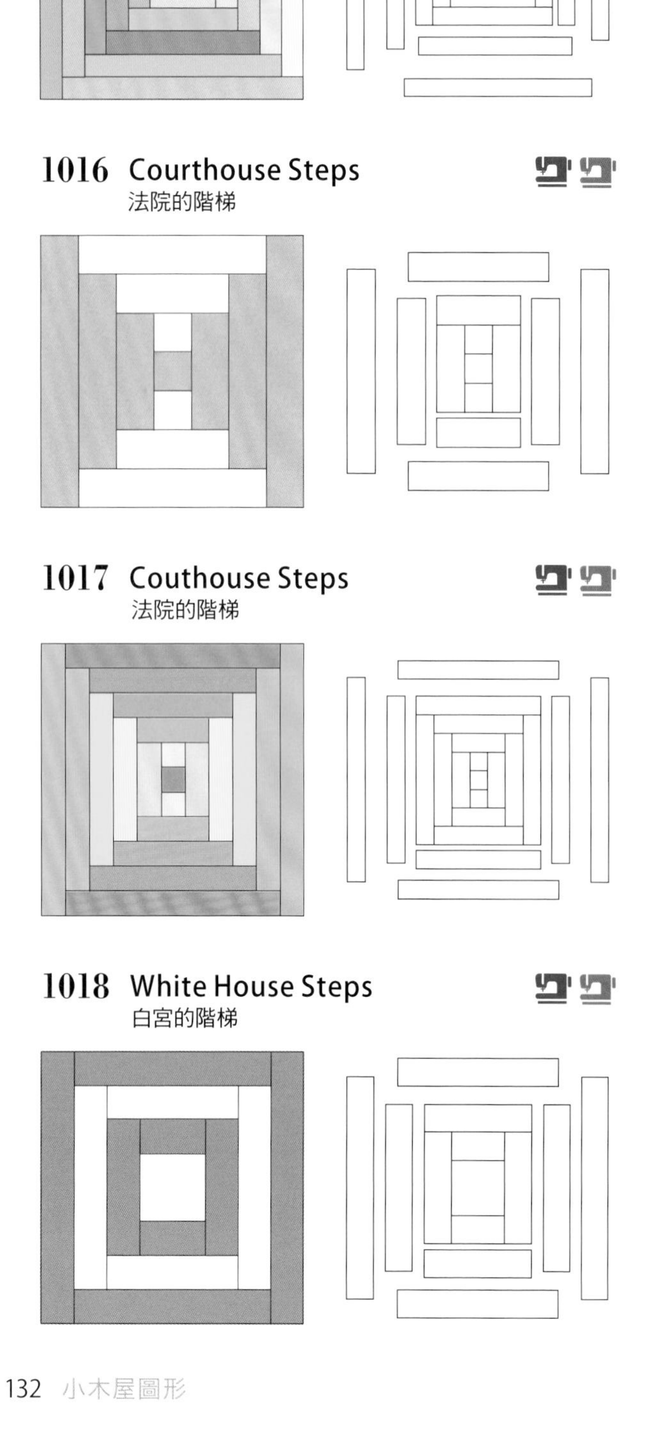

1019 Spiral Log Cabin
螺旋小木屋

1020 Pineapple Log Cabin Variation
鳳梨小木屋

1021 Streak of Lightning, Pineapple Variation
光之紋路．鳳梨圖形變化款

1022 Maltese Cross, Pinapple Variation
馬爾蒂斯十字架．鳳梨圖形變化款

1023 Streak of Lightning
光之紋路

1024 Log Cabin Sherbet
小木屋雪酪

1025 Geometric Block
幾何方塊

1026 Colorado Log Cabin
科羅拉多小木屋

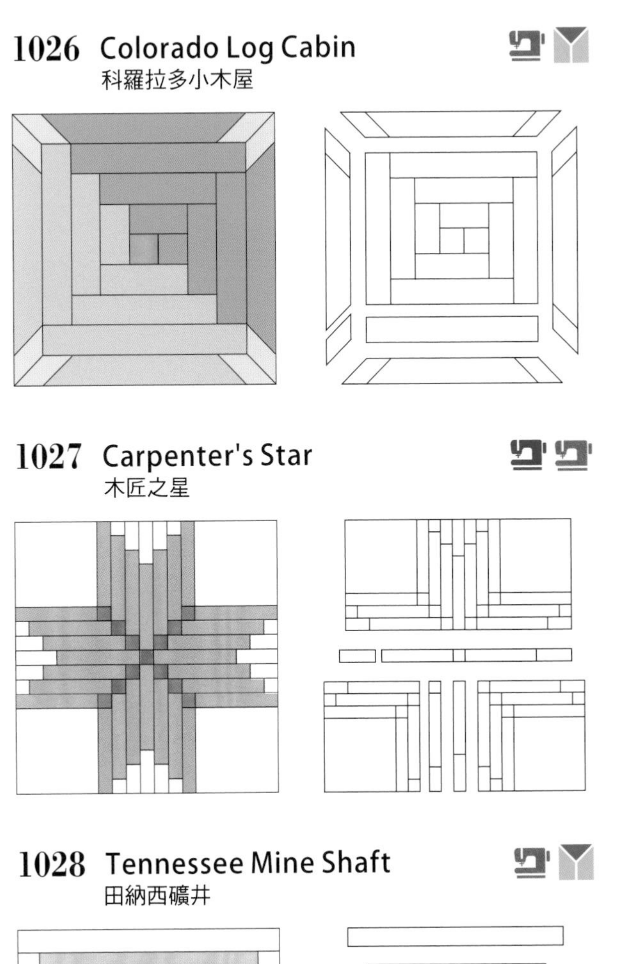

1027 Carpenter's Star
木匠之星

1028 Tennessee Mine Shaft
田納西礦井

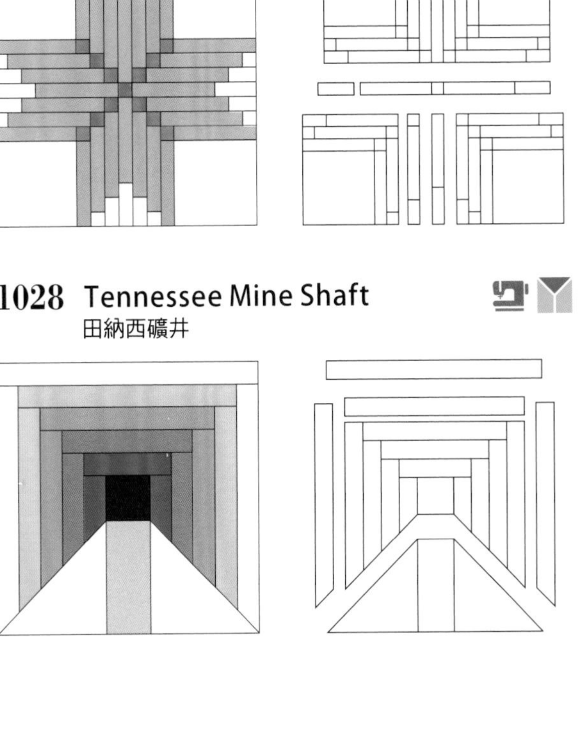

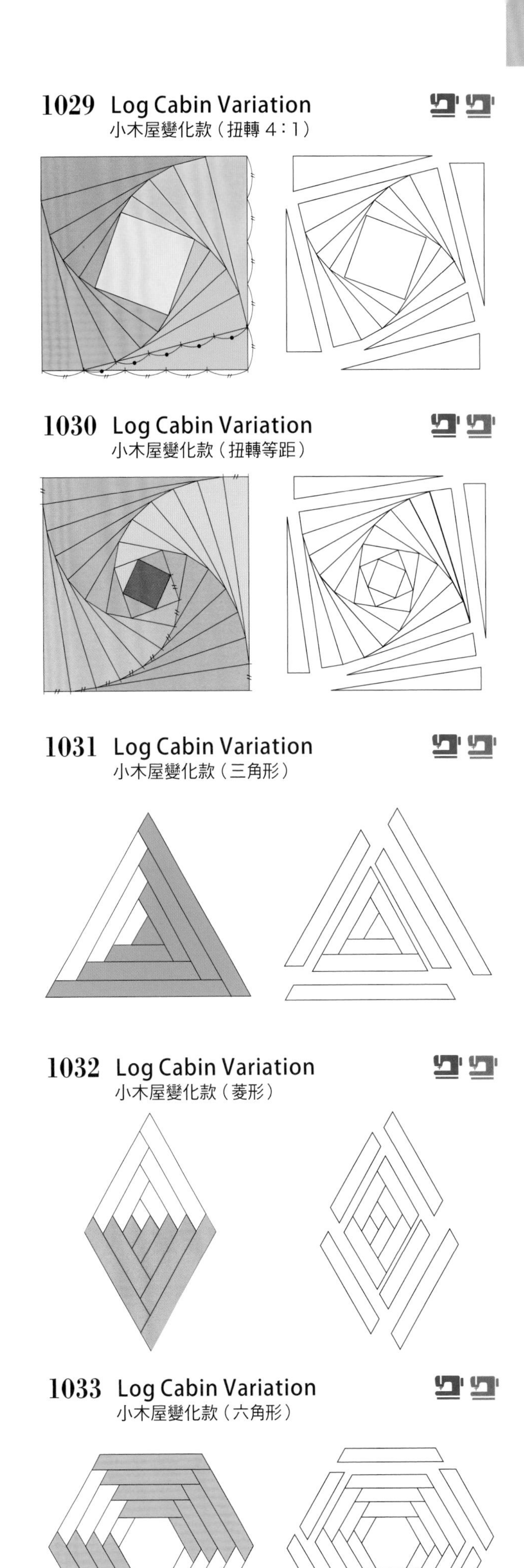

1029 Log Cabin Variation
小木屋變化款（扭轉 4：1）

1030 Log Cabin Variation
小木屋變化款（扭轉等距）

1031 Log Cabin Variation
小木屋變化款（三角形）

1032 Log Cabin Variation
小木屋變化款（菱形）

1033 Log Cabin Variation
小木屋變化款（六角形）

1034 Log Cabin Variation
小木屋變化款（有弧形的形狀1）

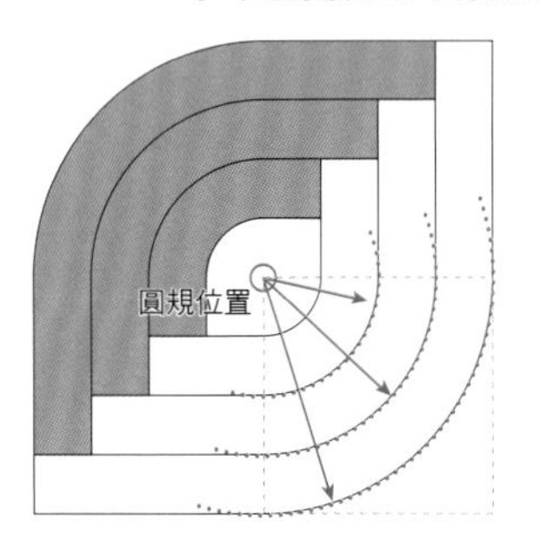

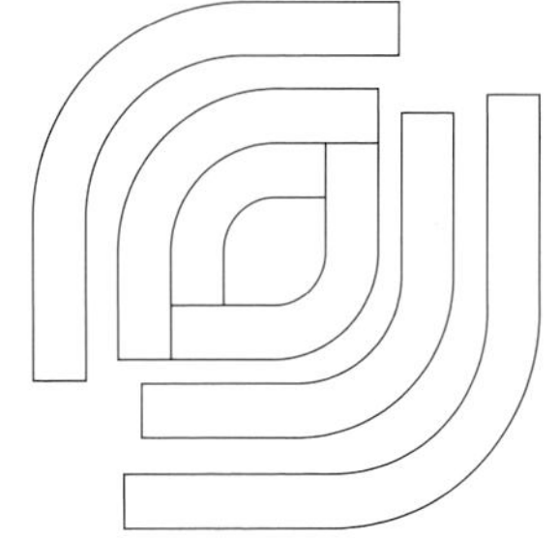

1035 Log Cabin Variation
小木屋變化款（隨機）

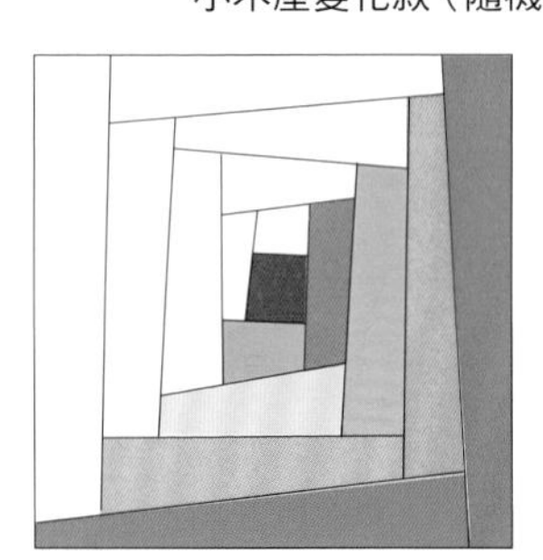

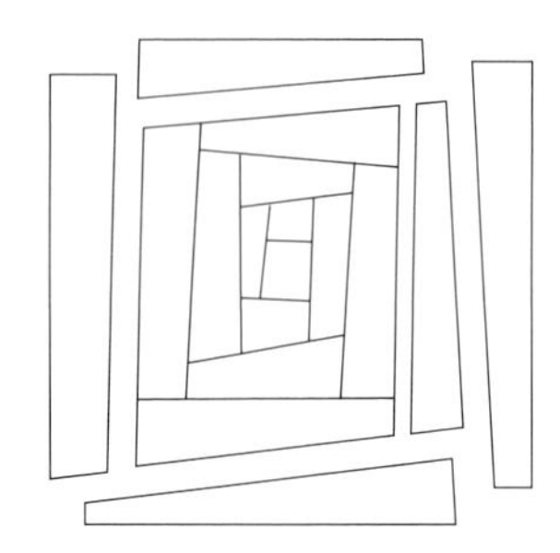

1036 Log Cabin Variation
小木屋變化款（正方形1：2）

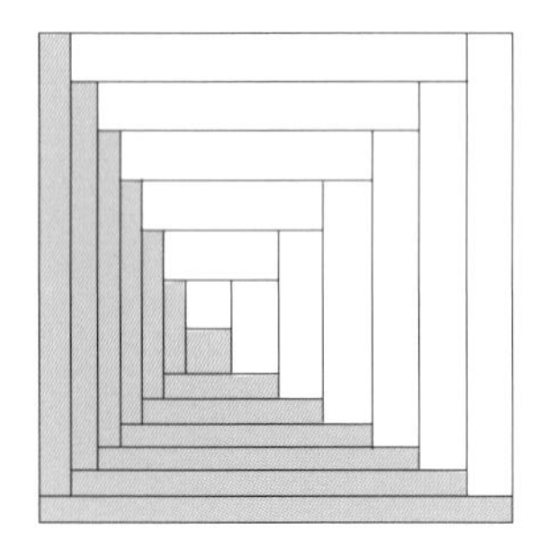

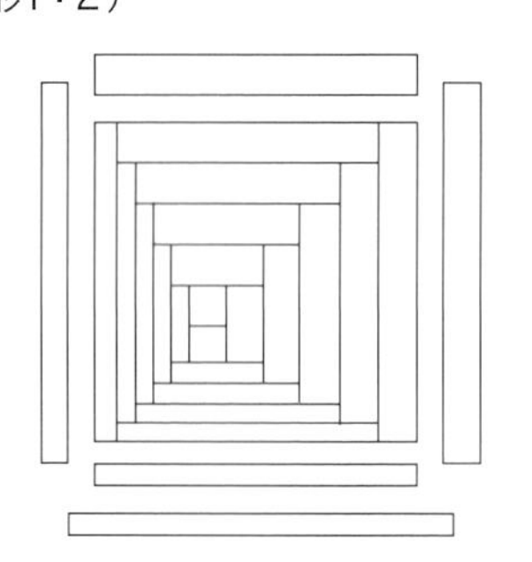

1037 Log Cabin Variation
小木屋變化款（三角形1：2）

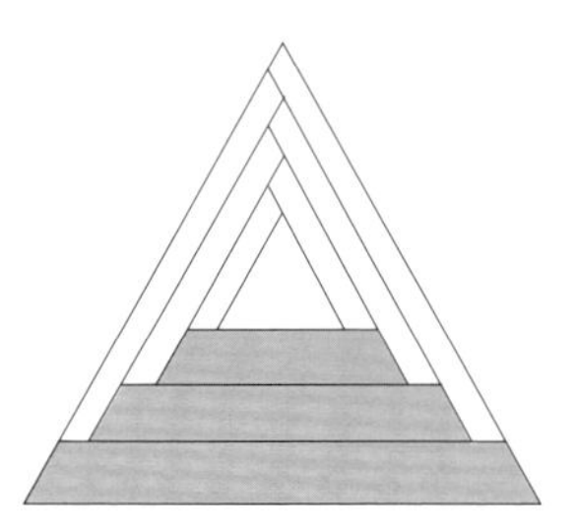

1038 Log Cabin Variation
小木屋變化款（菱形1：2）

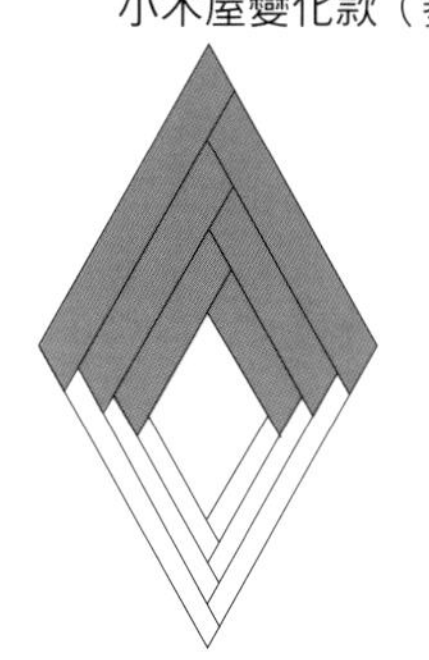

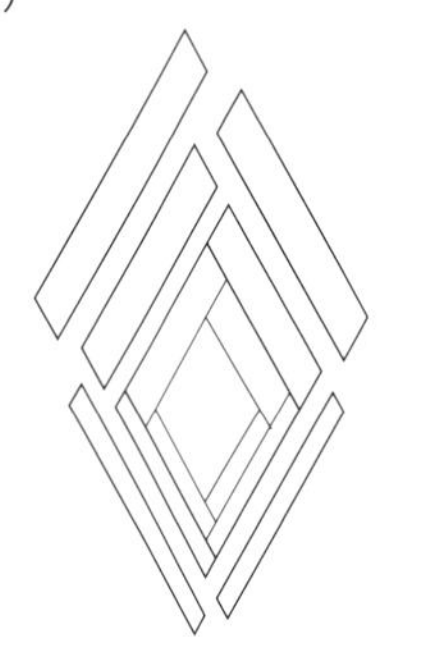

1039 Log Cabin Variation
小木屋變化款（山形）

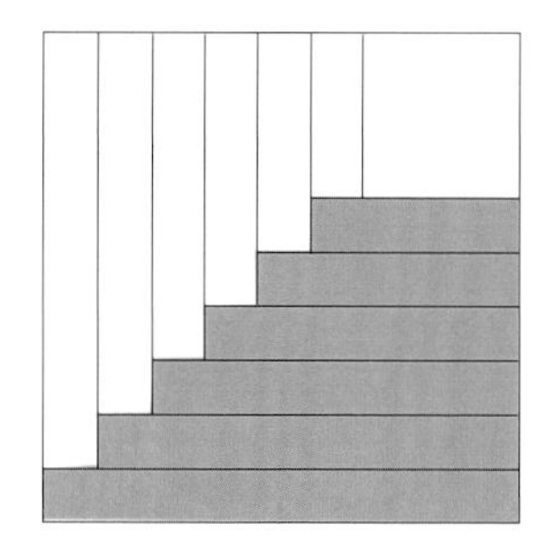

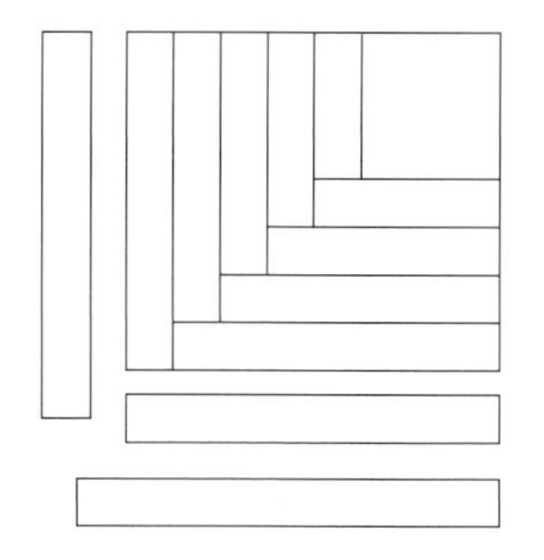

1040 Log Cabin Variation
小木屋變化款（有弧形的形狀2）

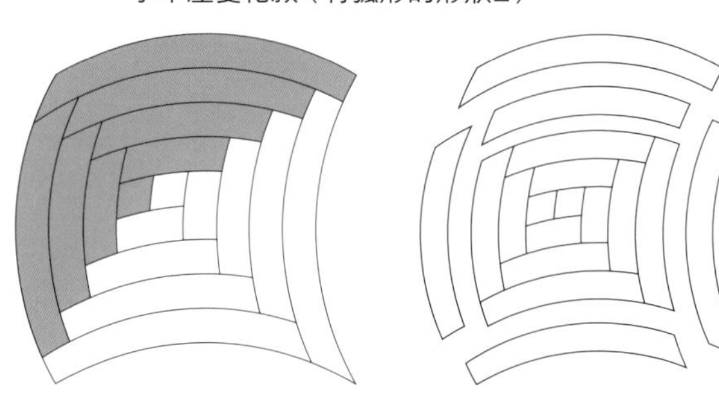

◉ 1040の製圖方法

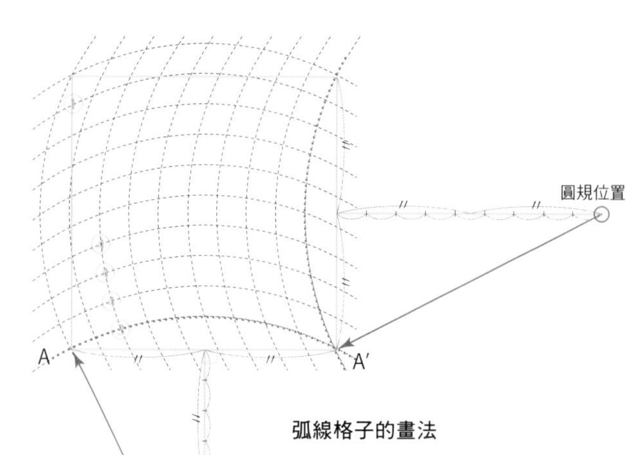

弧線格子的畫法

① 畫出正方形。

② 畫出與邊線垂直交叉，將邊線分為兩等分的線。

③ 於②的線上，自交點向外側畫出一邊邊長為點O，以點O作為圓規中心以OA為半徑畫出圓弧AA'。

④ 沿著②至中心點畫出每段的寬度，往內側移動畫出與③相同半徑的圓弧。

⑤ 改變水平、垂直方向，進行步驟②至④。

沿著格子取出段落

⑥ 圓弧的格子上自外側開始，依右圖的編號順序取出段落。

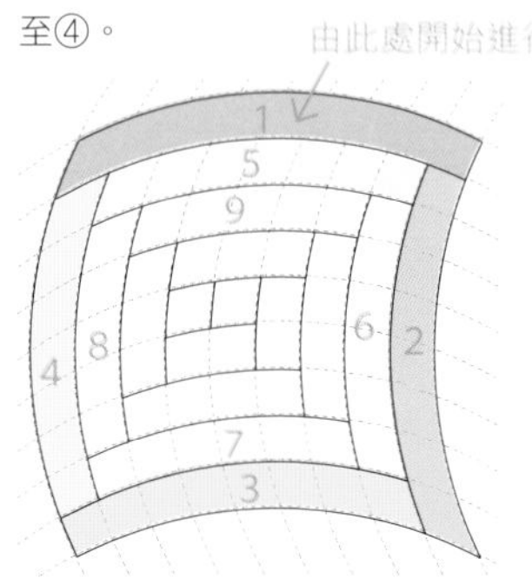

10

1041～1050

Borders
邊框圖形

邊框是設計作品時很重要的角色。
一般常見的三角形排列，
就像斜紋布一樣分割，
但只要加點變化重疊分割，
就能增加複雜度。

1041 Pyramids
金字塔

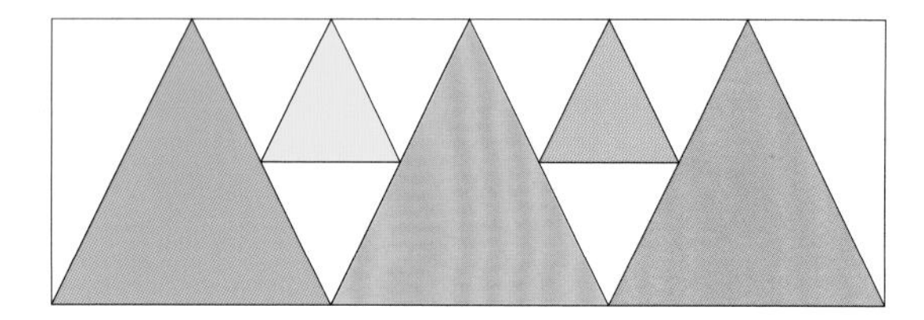
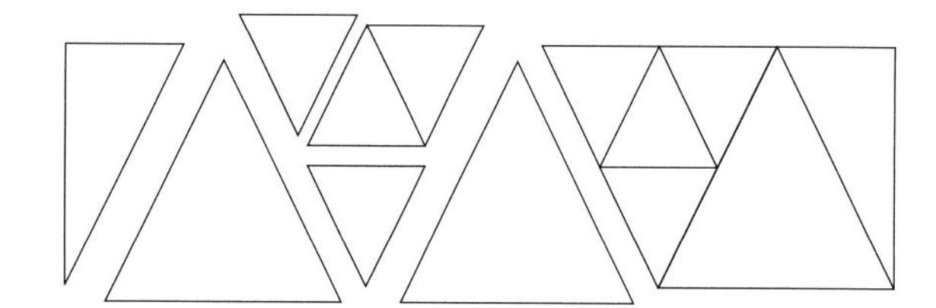

1042 Flight of Geese
飛行的鵝

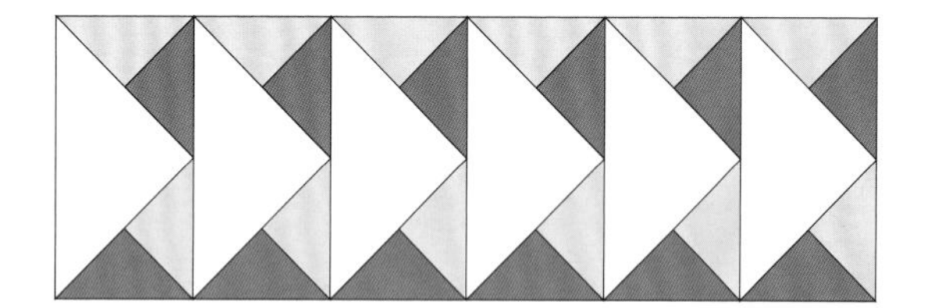
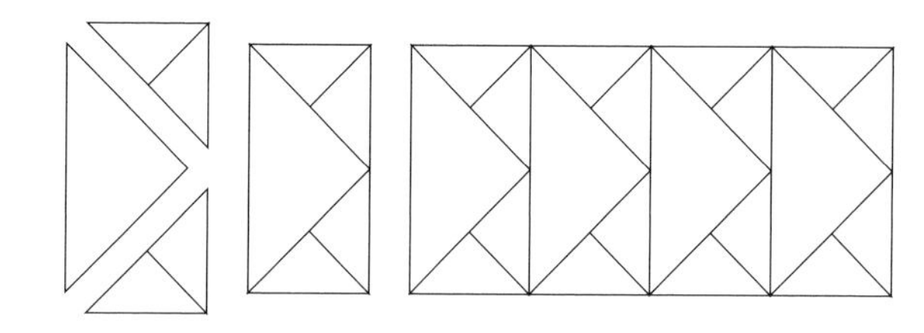

1043 Nothing Wasted
毫無浪費

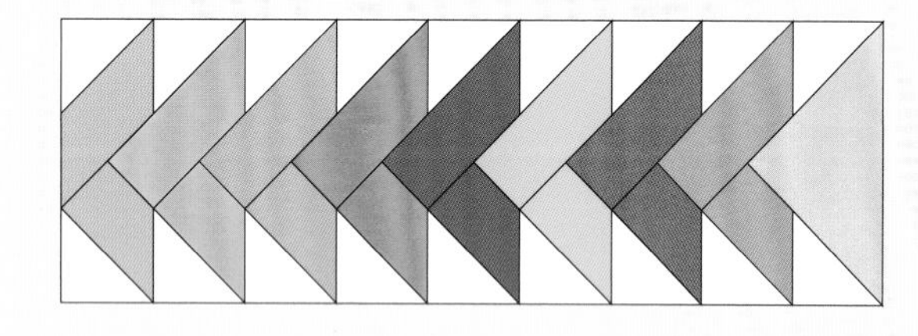
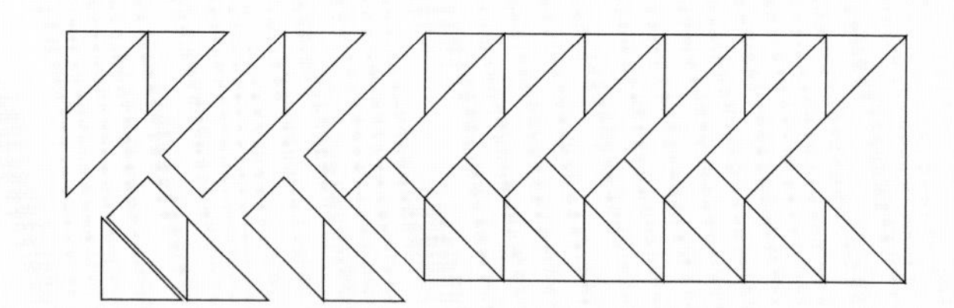
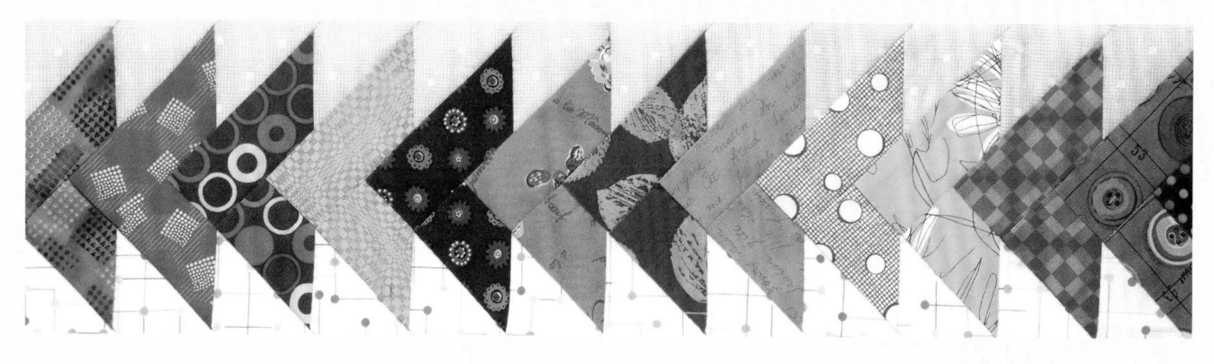

1044 Arabesque
蔓藤花紋

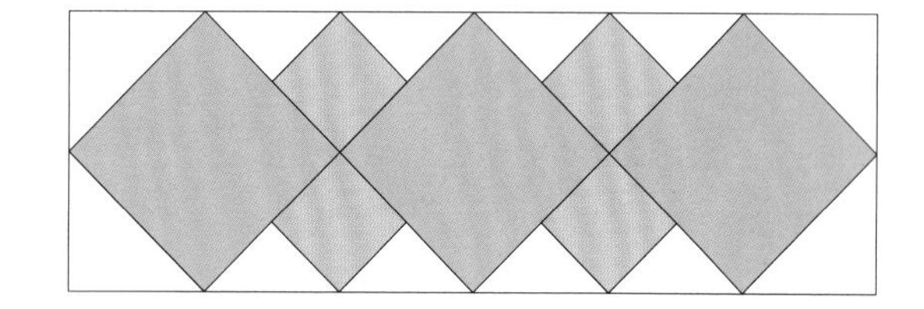
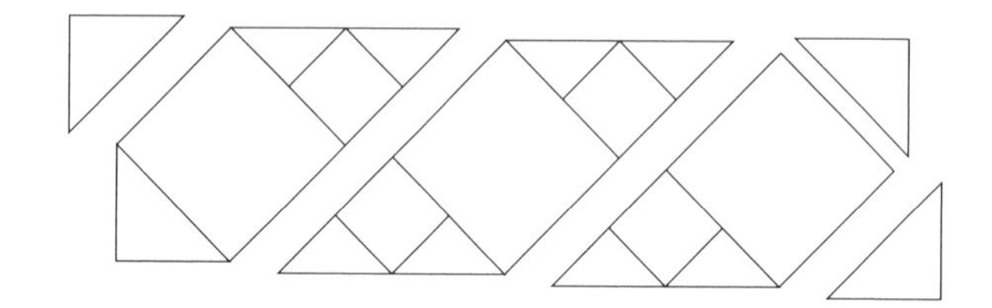

1045 Hawks in Flight
飛行的鷹

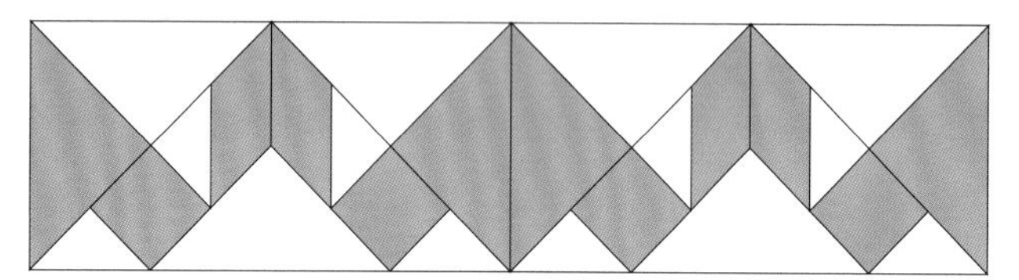

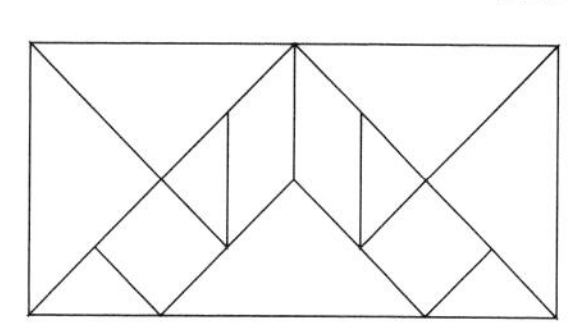

1046 Course Woven, Fine Woven
排列梭織・變致梭織

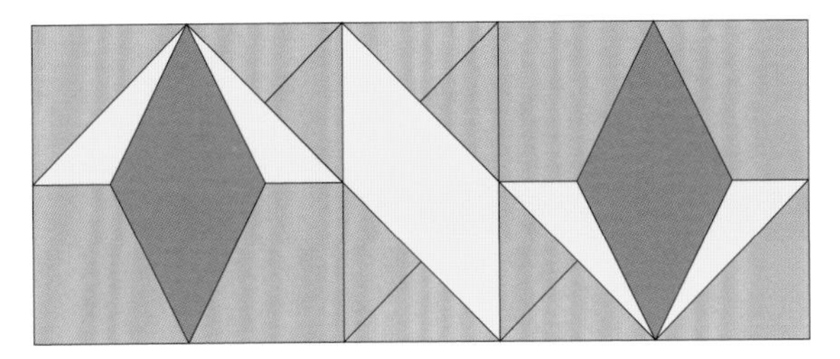

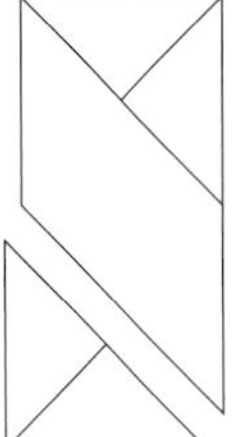
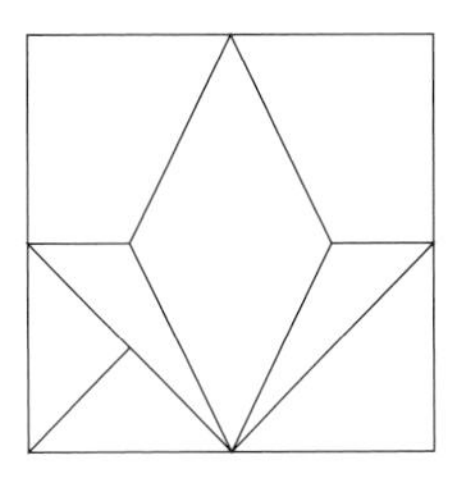

1047 Sylvia's Beige and Brown
西爾維亞的米色＆褐色

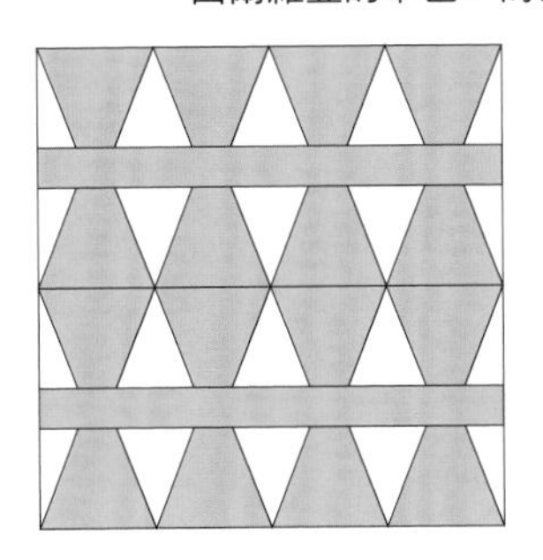
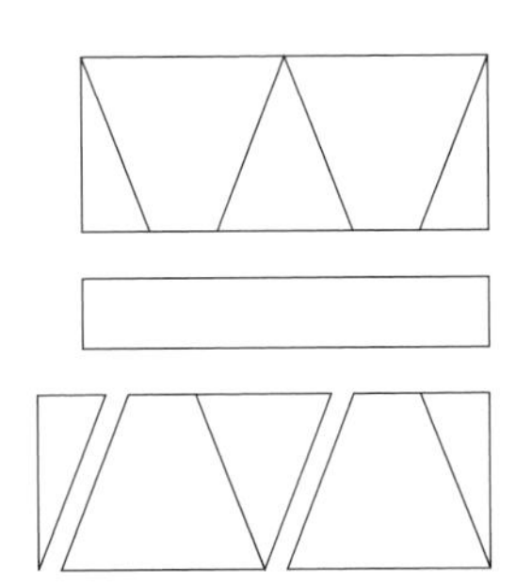

1048 Chaos
混亂

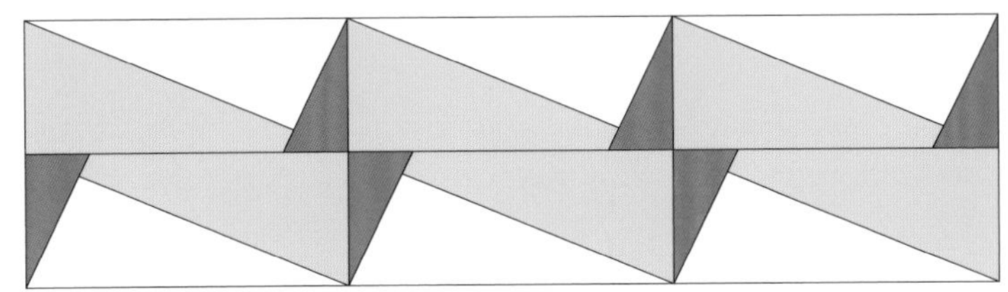
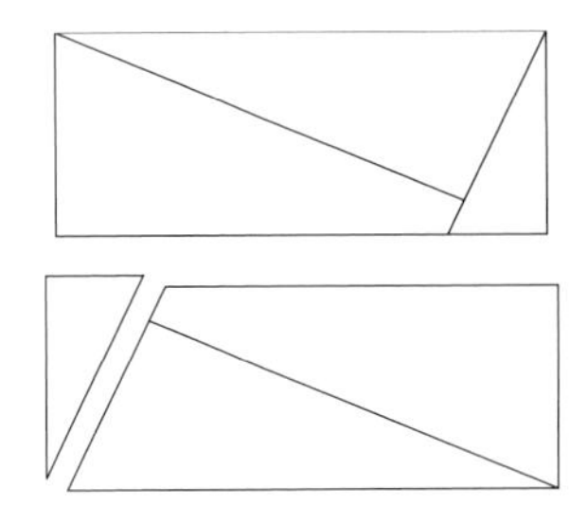

1049 Patience Corners Border
耐心角落邊框

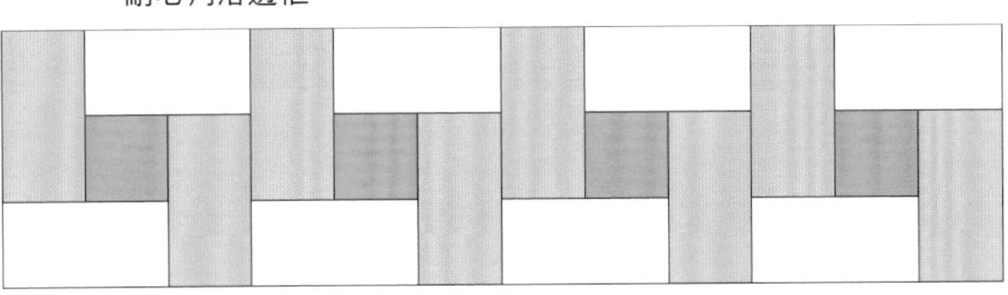
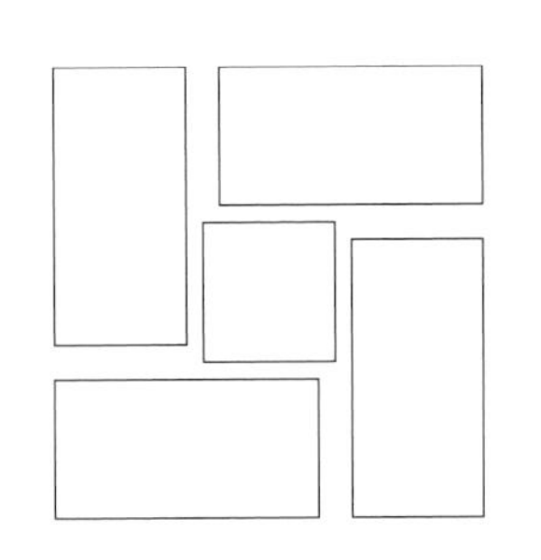
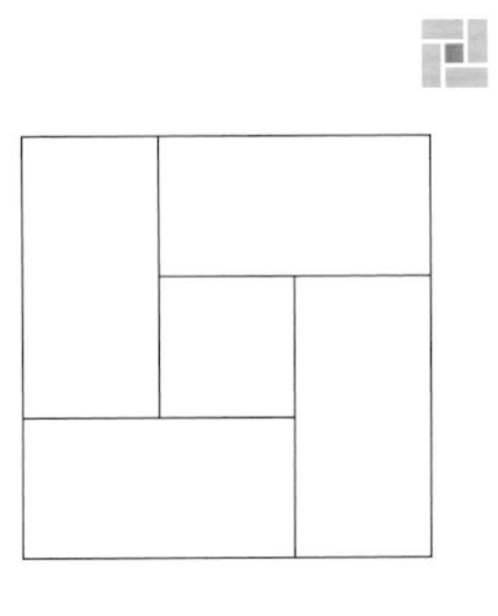

1050 Pyramids, Pieced Pyramids
金字塔・拼接金字塔

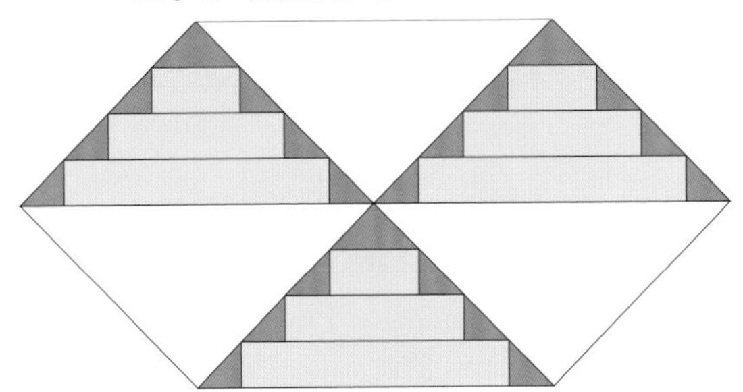
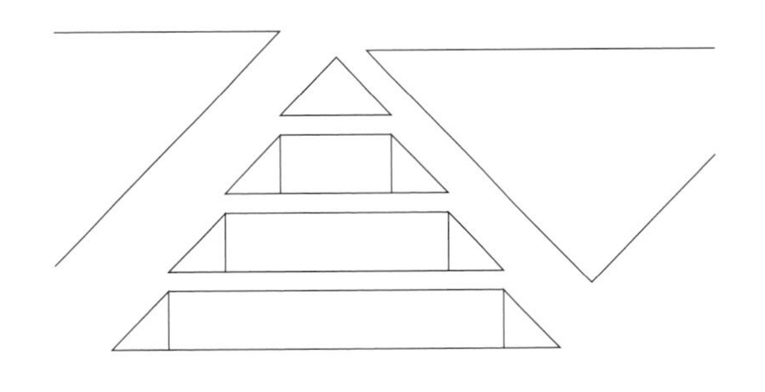

How to Design 如何著手設計

本篇分享了拼接多個圖形的設計範本，以圖示呈現拼接特殊效果、局部共用圖形延伸的參考。
另外，也舉出了單一圖形、小木屋……等等拼接多個圖形使種類變化增加的範例。

1. 呈現特殊效果

萬花筒

拼接多個圖形，依顏色與明暗的不同，大小圓像萬花筒一樣有各種重疊的組合。

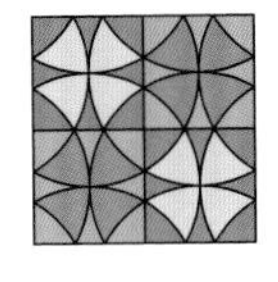
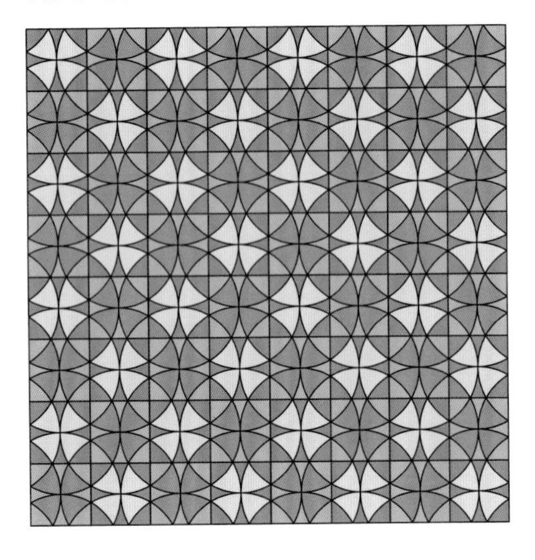

No.974
蜿蜒之路

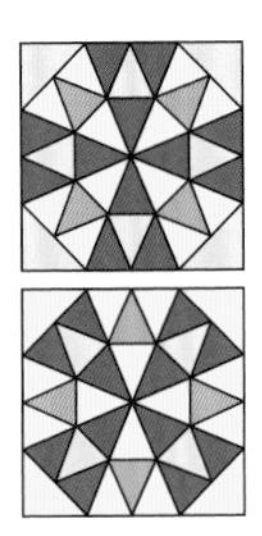

No.920
早晨之星

3D拼接

3D 拼接的組合方式能使作品看起來有立體感，連續的設計創造特殊的視覺效果，
若能善用配色與明暗對比的搭配，更能呈現立體感。

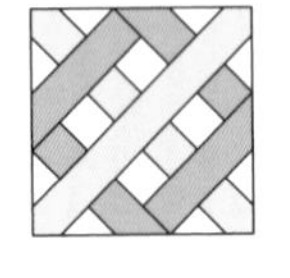
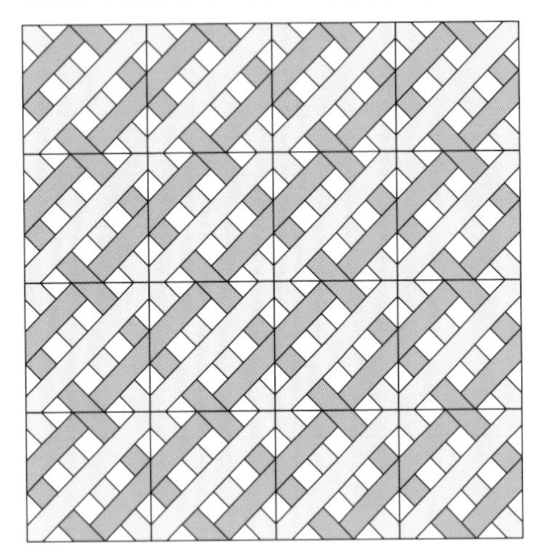

No.463
肯塔基鎖鍊

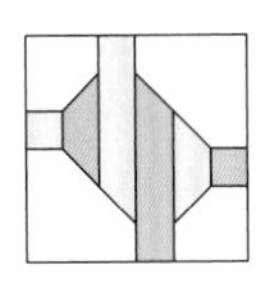
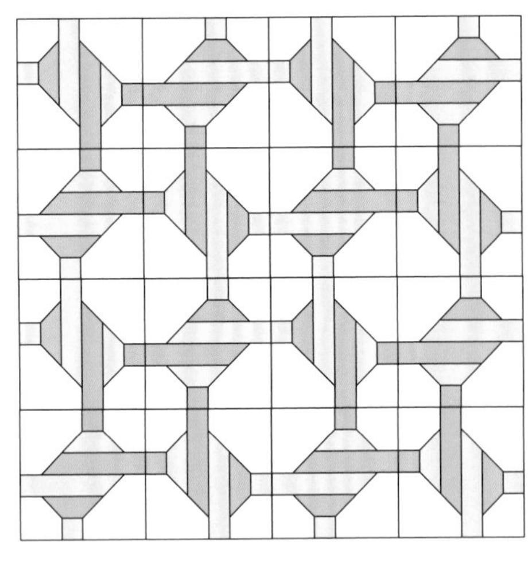

No.473
愛的領結

明暗對比

明暗比例各半的圖案，可以在一個圖形中，以相同的布片交換排列呈現。
對比分明給人深刻的印象，若搭配漸層技巧，便能夠作出富有現代感的作品。

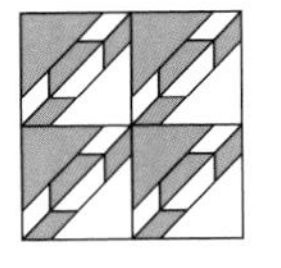
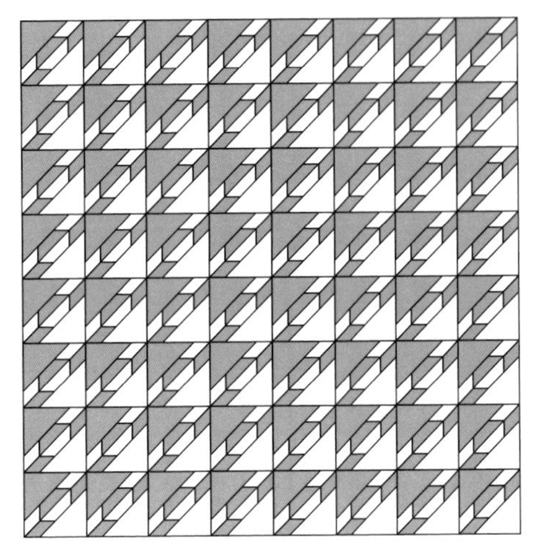

No.43
印地安楔形

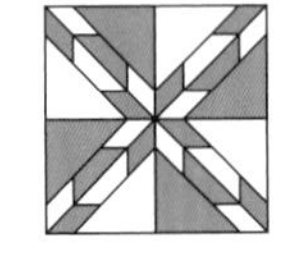
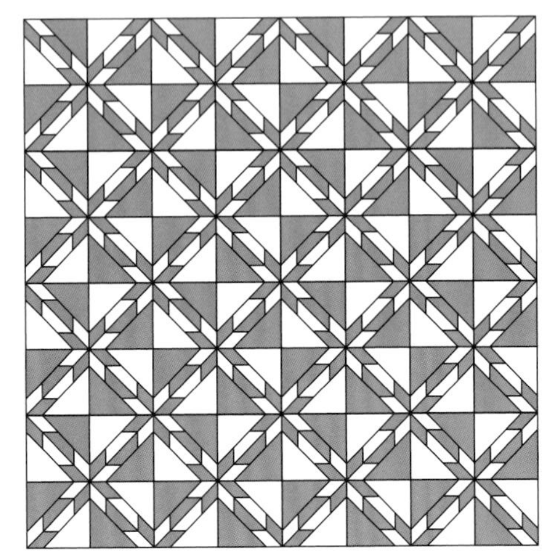

No.45
獵人之星

2. 單拼片

使用同一形狀重覆排列，填充滿整個平面的設計。簡單的重覆排列，透過各種不同的配色組合，就能呈現視覺效果纖細且複雜的圖案。畫法請見基礎製圖（P.3）。特殊的製圖⑤・⑧・⑫也有補充說明。

單拼片的種類

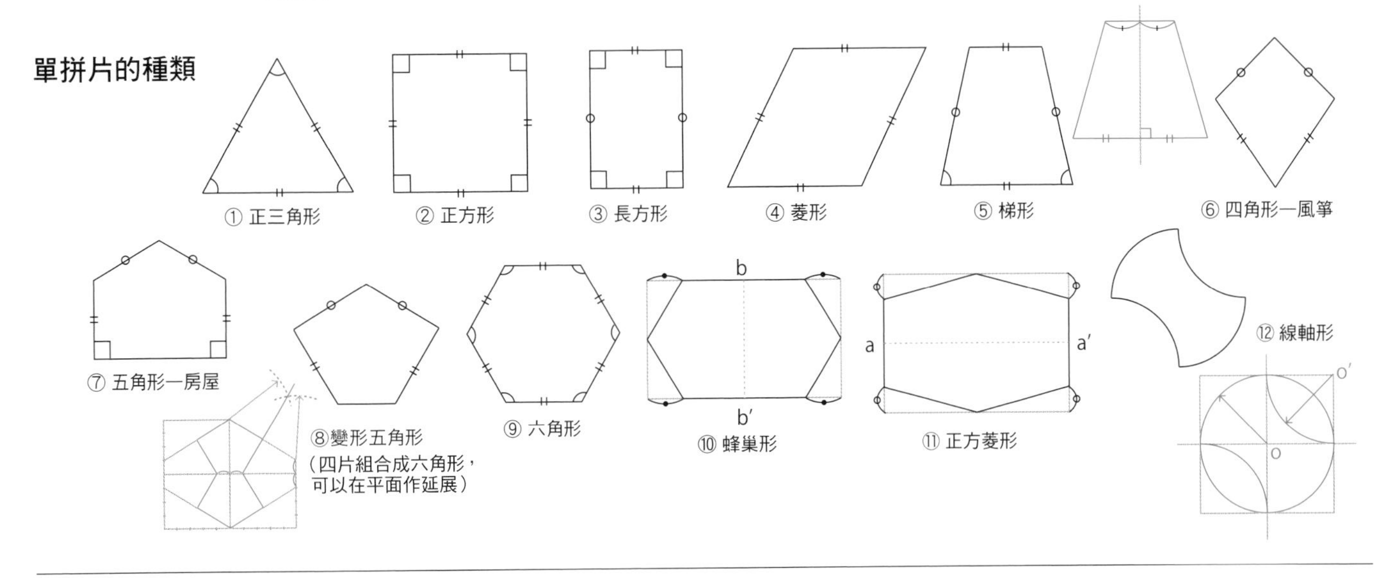

3. 局部共用圖形

多個圖形的局部以共用產生連結，創作出更大的圖形。若能思考整體的配色與明暗比例……相信一定能設計出更加有趣、複雜的圖案。

No.969　橘瓣

運用圓弧曲線作出像橘瓣一樣的形狀。於1850年至1875年與1930年至1940年左右誕生了許多作品，創作相當自由，能以圓形、正方形來製圖，又被稱作哈密瓜拼片、花瓣拼布……

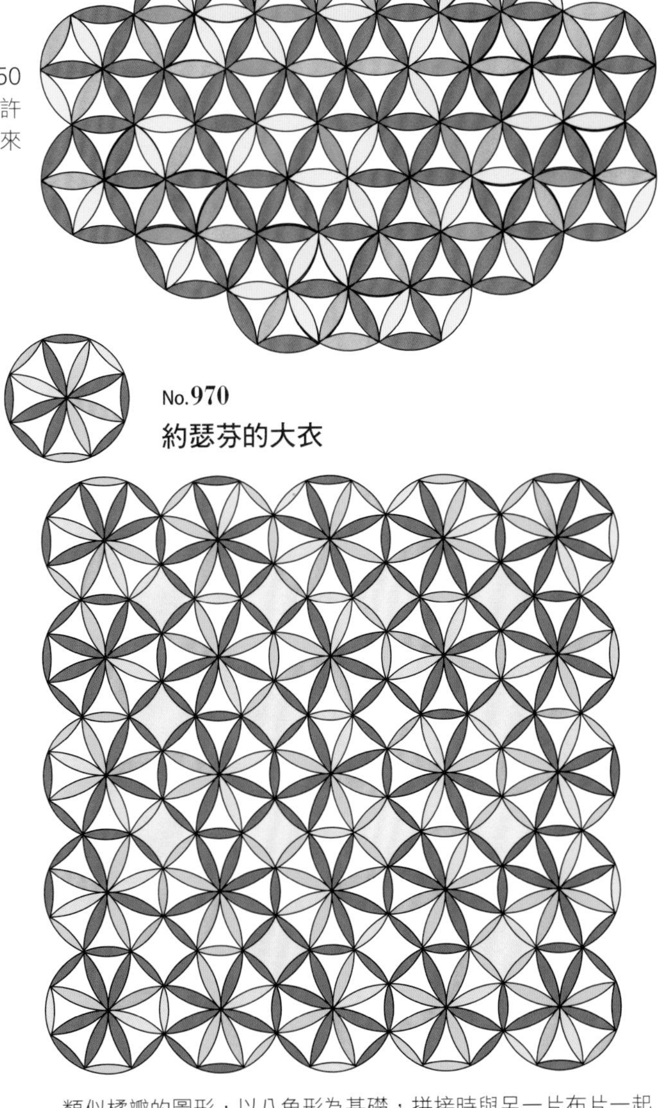

No.970
約瑟芬的大衣

類似橘瓣的圖形，以八角形為基礎，拼接時與另一片布片一起組合。

No.998
海之風暴

以正方形與長方形的方塊組合為基礎，雖然是直線的組合，卻能感覺到有如曲線般柔軟的視覺效果，與旁邊的方塊有一塊局部共用，使背景的星星有浮起來的效果，透過配色不同，便能產生不同的可能性，是相當有人氣的傳統圖案。

婚戒圖形 變化樣式

這款浪漫的作品有許多變化——有緩和線條的圓形、帶有角度的圓形、菱形，或是圓的中央隔出小布片，發展出各式各樣的圖案。若能在留白處加上精美刺繡，相信一定能創造出被手藝精湛的拼布人稱作「大師的拼布作品」的完美佳作。

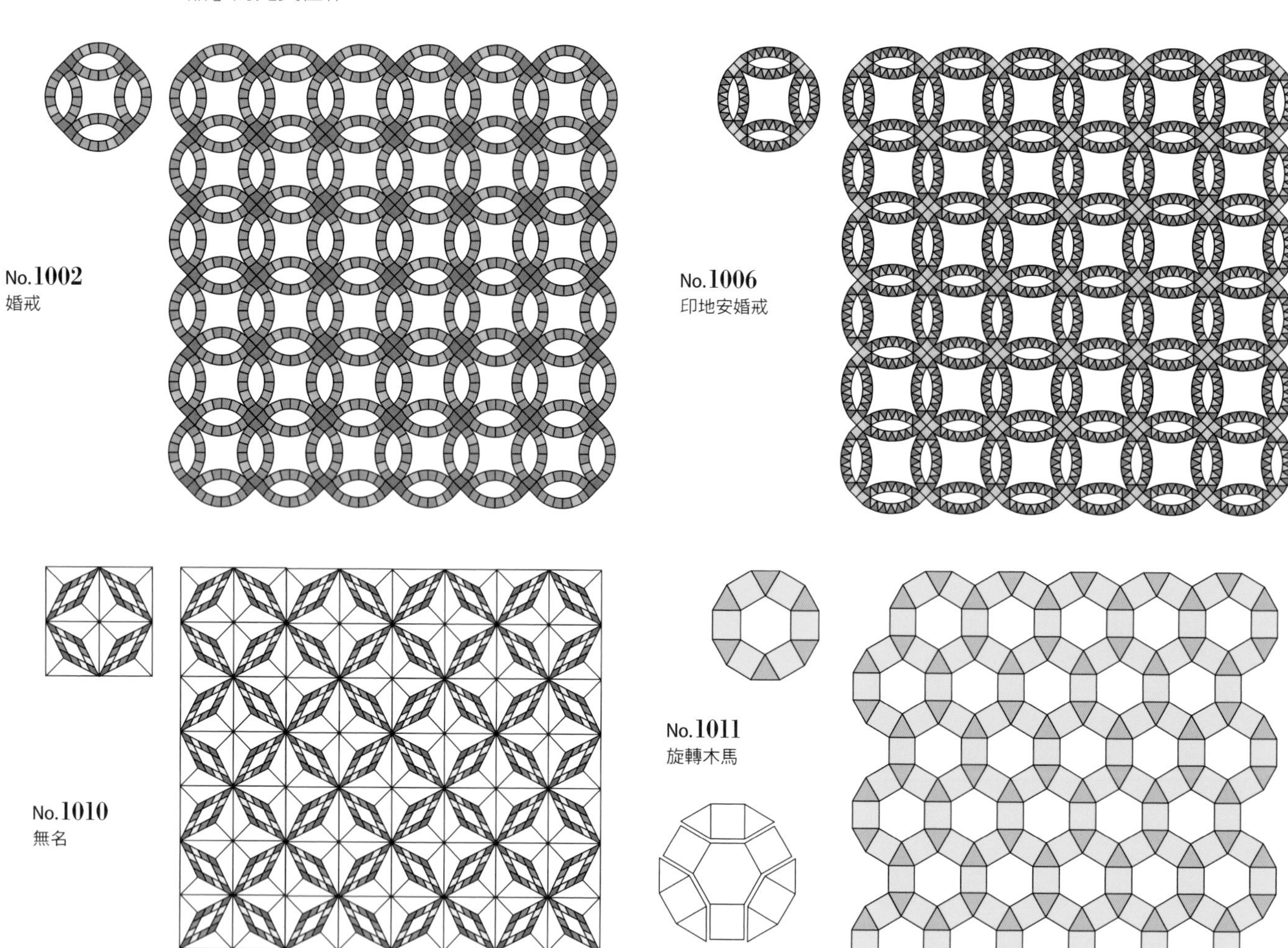

4. 小木屋圖形

小木屋圖形擁有多樣的變化性，無論是依對角線改變比例的偏離中央小木屋圖案，還是以寬度不同的斜紋布組成條狀，偏離中心改變明暗的比重，變成另一種圖形，雖然僅以直線構成，卻能達到曲線般的視覺效果，十分不可思議。

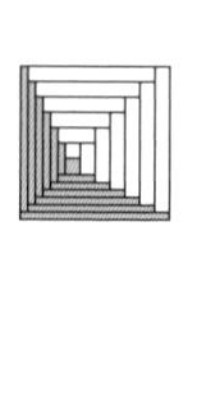

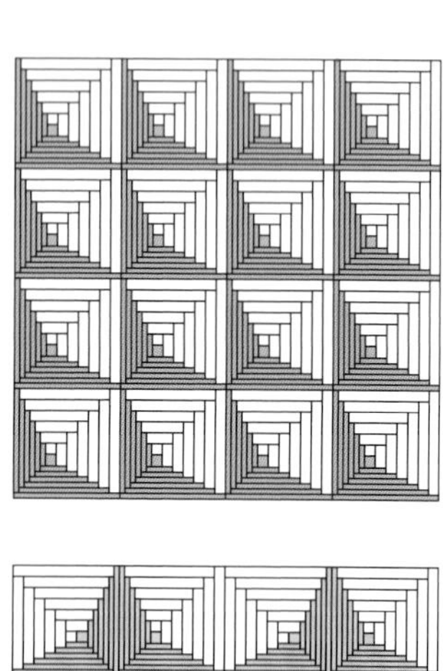

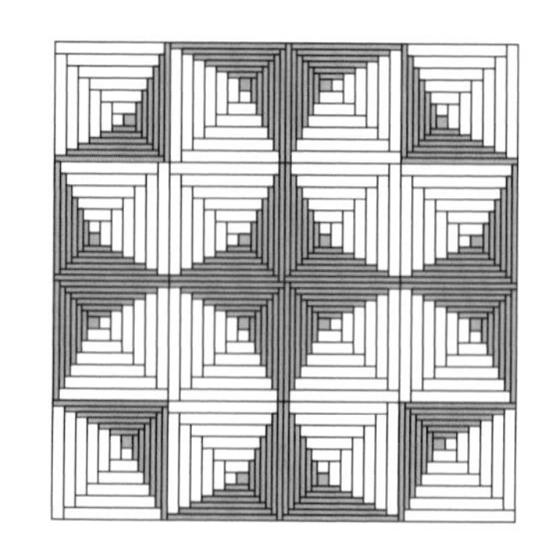

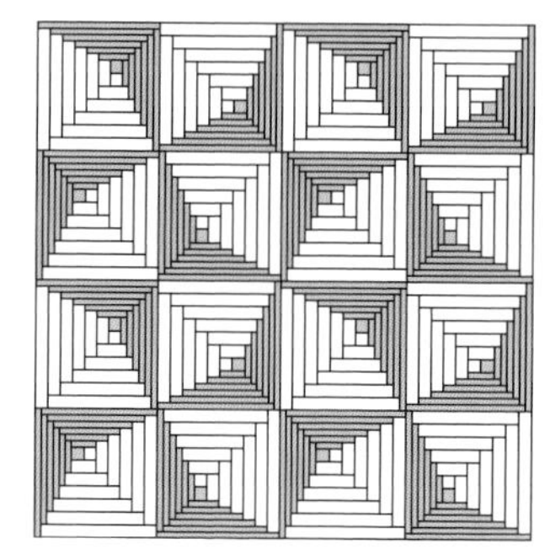

Friendship Album Quilt
Friendship Album Quilt
1850-1851年　238×207cm

IQSC Object Number : 1997.007.859

拼布美學 PATCHWORK 24

拼布職人必藏聖典！
拼接圖案1050 BEST選：
傳統圖案＋設計圖案＋製圖技法＋拼接技巧 ALL IN ONE！

監　　修／公益財團法人 日本手芸普及協會
譯　　者／楊淑慧
發 行 人／詹慶和
總 編 輯／蔡麗玲
執行編輯／黃璟安
特約編輯／李盈儀
編　　輯／蔡毓玲・劉蕙寧・陳姿伶・白宜平・李佳穎
執行美編／韓欣恬
美術設計／陳麗娜・周盈汝・翟秀美
出 版 者／雅書堂文化事業有限公司
發 行 者／雅書堂文化事業有限公司
郵政劃撥帳號／18225950
戶　　名／雅書堂文化事業有限公司
地　　址／新北市板橋區板新路206號3樓
網　　址／www.elegantbooks.com.tw
電子信箱／elegant.books@msa.hinet.net
電　　話／(02)8952-4078
傳　　真／(02)8952-4084

2015年11月初版一刷　定價580元

PATCHWORK PATTERN BOOK 1050(NV70261)

總經銷／朝日文化事業有限公司
進退貨地址／新北市中和區橋安街15巷1號7樓
電話／(02) 2249-7714　傳真／(02) 2249-8715

國家圖書館出版品預行編目(CIP)資料

拼布職人必藏聖典！拼接圖案1050 BEST選：傳統圖案＋設計圖案＋製圖技法＋拼接技巧 ALL IN ONE！ /公益財團法人 日本手藝普及協會監修. -- 初版. -- 新北市：雅書堂文化, 2015.11
面；　公分. -- (拼布美學；24)
ISBN 978-986-302-121-6 (平裝)

1.拼布藝術

426.7　　104021704

STAFF

參考文獻／
<<5500 Quilt Block Designs>>
Maggie Malone著
<<Encyclopedia Of Pieced Quilt Patterns>>
Barbara Brackman著
<<The Quilter's Album of Patchwork Patterns>>
Jinny Bayer著
<<Masterpiece Quilts from the James Collection>>
International Quilt Study Center收藏

圖像借用／
International Quilt Study Center&Museum
編輯長／岡本洋子
編輯人員／幾野孝子 大友直美 木藤紀子 窪田光土里 桑原美幸 嶋村利枝 横井由紀
攝影／本間伸彥 森谷則秋
書籍設計／加藤美貴子
複寫／小林絵美子 下川絵理
編輯協助／內山さをり 菅谷由希子 平田裕子
編輯／（公益財團法人）日本手芸普及協會
編輯負責／小林良子 Quilt Japan 編輯部

2 格

3 格

4 格

5 格

6 格

7 格

11 格

使用根號√分割

任意分割

(藍色)翻車拼接

(紅色)機縫拼接

機縫·效果分類索引

（圖案……編號　頁數）

3D

明暗對比

萬花筒